CATIA V5工程应用精解丛书

CATIA V5-6 R2016 曲面设计教程

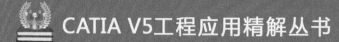

北京兆迪科技有限公司 编著

扫描二维码
获取随书学习资源

机械工业出版社
CHINA MACHINE PRESS

本书全面、系统地介绍了 CATIA V5-6R2016 的曲面设计方法和技巧，包括曲面设计的发展概况、曲面造型的数学概念、线框的构建、简单曲面的创建、复杂曲面设计、曲线与曲面的编辑、曲面中的圆角、自由曲面设计、曲线和曲面的信息与分析、自顶向下设计、产品的逆向设计以及曲面设计综合范例等。

在内容安排上，为了使读者能够更快地掌握该软件的基本功能，书中结合大量的实例对 CATIA V5-6R2016 软件中的一些抽象的曲面概念、命令和功能进行讲解，以范例的形式讲述了一些实际生产一线曲面产品的设计过程，能使读者较快地进入曲面设计状态；在写作方式上，本书紧贴软件的实际操作界面，使初学者能够尽快地上手，提高学习效率。

本书附赠学习资源，制作了大量 CATIA 曲面设计技巧和具有针对性的实例教学视频并进行了详细的语音讲解，学习资源中还包含本书所有的模型文件、范例文件和练习素材文件。

本书内容全面，条理清晰，实例丰富，讲解详细，可作为工程技术人员的 CATIA 曲面自学教程和参考书籍，也可以作为大中专院校学生和各类培训学校学员的 CATIA 课程上课或上机练习教材。

图书在版编目（CIP）数据

CATIA V5-6R2016 曲面设计教程/北京兆迪科技有限公司编著．—5 版．—北京：机械工业出版社，2017.10
（2024.8 重印）
(CATIA V5 工程应用精解丛书)
ISBN 978-7-111-57932-8

I. ①C… II. ①北… III. ①曲面—机械设计—计算机辅助设计—应用软件—教材 IV. ①TH122

中国版本图书馆 CIP 数据核字（2017）第 219357 号

机械工业出版社（北京市百万庄大街 22 号　邮政编码：100037）
策划编辑：丁　锋　责任编辑：丁　锋
责任校对：张　薇　封面设计：张　静
责任印制：常天培

固安县铭成印刷有限公司印刷

2024 年 8 月第 5 版第 5 次印刷
184mm×260 mm · 24.25 印张 · 440 千字
标准书号：ISBN 978-7-111-57932-8
定价：69.90 元

电话服务
客服电话：010-88361066
010-88379833
010-68326294

网络服务
机　工　官　网：www.cmpbook.com
机　工　官　博：weibo.com/cmp1952
金　　书　　网：www.golden-book.com
机工教育服务网：www.cmpedu.com

前　言

CATIA 是法国达索（Dassault）系统公司的大型高端 CAD/CAE/CAM 一体化应用软件，在世界 CAD/CAE/CAM 领域中处于优势地位。2012 年，Dassault Systemes 推出了全新的 CATIA V6 平台。但作为经典的 CATIA 版本——CATIA V5 在国内外仍然拥有较多的用户，并且已经过渡到 V6 版本的用户仍然需要在内部或外部继续使用 V5 版本进行团队协同工作。为了使 CATIA 各版本之间具有高度兼容性，Dassault Systemes 随后推出了 CATIA V5-6 版本，对现有 CATIA V5 的功能系统进行加强与更新，同时用户还能够继续与使用 CATIA V6 的内部各部门、客户和供应商展开无缝协作。

本书全面、系统地介绍了 CATIA V5-6R2016 的曲面设计方法和技巧，其特色如下：

- 内容全面，与其他的同类书籍相比，包括更多的 CATIA 曲面设计内容。
- 范例丰富，对软件中的主要命令和功能，先结合简单的范例进行讲解，然后安排一些较复杂的综合范例帮助读者深入理解、灵活运用。
- 讲解详细，条理清晰，保证自学的读者能独立学习书中介绍的 CATIA 曲面功能。
- 写法独特，采用 CATIA V5-6R2016 软件中真实的对话框和按钮等进行讲解，使初学者能够直观、准确地操作软件，从而大大提高学习效率。
- 附加值高，本书附赠学习资源，制作了大量 CATIA 曲面设计技巧和具有针对性实例的教学视频并进行了详细的语音讲解，可以帮助读者轻松、高效地学习。

本书由北京兆迪科技有限公司编著，参加编写的人员有詹友刚、王焕田、刘静、雷保珍、刘海起、魏俊岭、任慧华、詹路、冯元超、刘江波、周涛、段进敏、赵枫、邵为龙、侯俊飞、龙宇、施志杰、詹棋、高政、孙润、李倩倩、黄红霞、尹泉、李行、詹超、尹佩文、赵磊、王晓萍、陈淑童、周攀、吴伟、王海波、高策、冯华超、周思思、黄光辉、党辉、冯峰、詹聪、平迪、管璇、王平、李友荣。本书难免存在疏漏之处，恳请广大读者予以指正。

电子邮箱：zhanygjames@163.com　咨询电话：010-82176248，010-82176249。

编　者

本 书 导 读

为了能更好地学习本书的知识，请您仔细阅读下面的内容。

读者对象

本书可作为工程技术人员的 CATIA V5-6R2016 自学入门与提高指南，也可作为大中专院校的学生和各类培训学校学员的 CATIA V5-6R2016 课程上课或上机练习教材。

写作环境

本书使用的操作系统为 64 位的 Windows 7，系统主题采用 Windows 经典主题。本书采用的写作蓝本是 CATIA V5-6R2016。

学习资源使用

为方便读者练习，特将本书所有的学习素材文件、练习文件、实例文件等放入随书附赠的学习资源中，读者在学习过程中可以打开这些实例文件进行操作和练习。

本书附赠学习资源，建议读者在学习本书前，先将学习资源中的所有文件复制到计算机硬盘的 D 盘中。在 D 盘上 cat2016.8 目录下共有 3 个子目录。

（1）drafting 子目录：包含系统配置文件。

（2）work 子目录：包含本书的全部已完成的实例文件。

（3）video 子目录：包含本书讲解的视频文件（含语音讲解）。读者学习时，可在该子目录中按顺序查找所需的视频文件。

学习资源中带有“ok”扩展名的文件或文件夹表示已完成的范例。

建议读者在学习本书前，先将随书学习资源中的所有文件复制到计算机硬盘的 D 盘中。

相比于老版本的软件，CATIA V5-6R2016 在功能、界面和操作上变化极小，经过简单的设置后，几乎与老版本完全一样（书中已介绍设置方法）。因此，对于软件新老版本操作完全相同的内容部分，学习资源中仍然使用老版本的视频讲解，对于绝大部分读者而言，并不影响软件的学习。

本书约定

- 本书中有关鼠标操作的简略表述说明如下。
  - ☑ 单击：将鼠标指针移至某位置处，然后按一下鼠标的左键。
  - ☑ 双击：将鼠标指针移至某位置处，然后连续快速地按两次鼠标的左键。
  - ☑ 右击：将鼠标指针移至某位置处，然后按一下鼠标的右键。
  - ☑ 单击中键：将鼠标指针移至某位置处，然后按一下鼠标的中键。

☑ 滚动中键：只是滚动鼠标的中键，而不能按中键。

☑ 选择（选取）某对象：将鼠标指针移至某对象上，单击以选取该对象。

☑ 拖移某对象：将鼠标指针移至某对象上，然后按下鼠标的左键不放，同时移动鼠标，将该对象移动到指定的位置后再松开鼠标的左键。

● 本书中的操作步骤分为 Task、Stage 和 Step 三个级别，说明如下：

☑ 对于一般的软件操作，每个操作步骤以 Step 字符开始。例如，下面是草绘环境中绘制样条曲线操作步骤的表述：

Step1. 选择命令。选择下拉菜单 插入(I) → 轮廓(P) ▸ → 样条(S) ▸ → 样条线 命令。

Step2. 定义样条曲线的控制点。单击一系列点，可观察到一条“橡皮筋”样条附着在鼠标指针上。

Step3. 按两次 Esc 键结束样条线的绘制。

☑ 每个 Step 操作视其复杂程度，其下面可含有多级子操作，例如 Step1 下可能包含（1）、（2）、（3）等子操作，（1）子操作下可能包含①、②、③等子操作，①子操作下可能包含 a）、b）、c）等子操作。

☑ 如果操作较复杂，需要几个大的操作步骤才能完成，则每个大的操作冠以 Stage1、Stage2、Stage3 等，Stage 级别的操作下再分 Step1、Step2、Step3 等操作。

☑ 对于多个任务的操作，则每个任务冠以 Task1、Task2、Task3 等，每个 Task 操作下则可包含 Stage 和 Step 级别的操作。

● 由于已建议读者将随书学习资源中的所有文件复制到计算机硬盘的 D 盘中，书中在要求设置工作目录或打开学习资源文件时，所述的路径均以“D:”开始。

技术支持

本书由北京兆迪科技有限公司编著，该公司专门从事 CAD/CAM/CAE 技术的研究、开发、咨询及产品设计与制造服务，并提供 CATIA、Ansys 和 Adams 等软件的专业培训及技术咨询。读者在学习本书的过程中如果遇到问题，可通过访问该公司的网站 http://www.zalldy.com/来获得技术支持。咨询电话：010-82176248，010-82176249。

目　录

第 1 章　曲面设计概要

本章提要　随着时代的进步，人们的生活水平和生活质量都在不断地提高，追求完美日益成为时尚。对消费产品来说，人们在要求其具有完备的功能外，越来越追求外形的美观。因此，产品设计者在很多时候需要用复杂的曲面来表现产品外观。本章将针对曲面设计进行概要性讲解，主要内容包括曲面设计的发展概况、曲面设计的基本方法和CATIA所有曲面应用模块简介。

1.1　曲面设计的发展概况

曲面造型（Surface Modeling）是随着计算机技术和数学方法的不断发展而逐步产生和完善起来的。它是计算机辅助几何设计（Computer Aided Geometric Design，CAGD）和计算机图形学（Computer Graphics）的一项重要内容，主要研究在计算机图像系统的环境下，对曲面的表达、创建、显示以及分析等。

早在 1963 年，美国波音飞机公司的 Ferguson 首先提出将曲线曲面表示为参数的矢量函数方法，并引入参数三次曲线。从此曲线曲面的参数化形式成为形状数学描述的标准形式。

到了 1971 年，法国雷诺汽车公司的 Bezier 又提出一种控制多边形设计曲线的新方法，这种方法很好地解决了整体形状控制问题，从而将曲线曲面的设计向前推进了一大步。然而 Bezier 的方法仍存在连接问题和局部修改问题。

直到 1975 年，美国 Syracuse 大学的 Versprille 首次提出具有划时代意义的有理 B 样条（NURBS）方法。NURBS 方法可以精确地表示二次规则曲线曲面，从而能用统一的数学形式表示规则曲面与自由曲面。这一方法的提出，终于使非均匀有理 B 样条方法成为现代曲面造型中最为广泛流行的技术。

随着计算机图形技术以及工业制造技术的不断发展，曲面造型在近几年又得到了长足的发展，这主要表现在以下几个方面：

（1）从研究领域来看，曲面造型技术已从传统的研究曲面表示、曲面求交和曲面拼接，扩充到曲面变形、曲面重建、曲面简化、曲面转换和曲面等距性等。

（2）从表示方法来看，以网格细分为特征的离散造型方法得到了广泛的运用。这种曲面造型方法在生动逼真的特征动画和雕塑曲面的设计加工中更是独具优势。

（3）从曲面造型方法来看，出现了一些新的方法。如：基于物理模型的曲面造型方法、基于偏微分方程的曲面造型方法和流曲线曲面造型方法等。

1.2 曲面造型的数学概念

曲面造型技术随着数学相关研究领域的不断深入而得到长足的进步，多种曲线、曲面被广泛应用。我们在此主要介绍其中最基本的一些曲线、曲面的理论及构造方法，使读者在原理和概念上有一个大致的了解。

1. 贝塞尔（Bezier）曲线与曲面

Bezier 曲线与曲面是法国雷诺公司的 Bezier 在 1962 年提出的一种构造曲线曲面的方法，是三次曲线的形成原理。这是由 4 个位置矢量 Q0、Q1、Q2 和 Q3 定义的曲线。通常将 Q0，Q1……Q*n* 组成的多边形折线称为 Bezier 控制多边形，多边形的第一条折线和最后一条折线代表曲线起点和终点的切线方向，其他折线用于定义曲线的阶次与形状。

2. B 样条曲线与曲面

B 样条曲线继承了 Bezier 曲线的优点，仍采用特征多边形及权函数定义曲线，所不同的是权函数不采用伯恩斯坦基函数，而采用 B 样条基函数。

B 样条曲线与特征多边形十分接近，同时便于局部修改。与 Bezier 曲面生成过程相似，由 B 样条曲线可很容易地推广到 B 样条曲面。

3. 非均匀有理 B 样条（NURBS）曲线与曲面

NURBS 是 Non-Uniform Rational B-Splines 的缩写，是非均匀有理 B 样条的意思。具体解释如下。

- Non-Uniform（非统一）：指一个控制顶点的影响力的范围能够改变。当创建一个不规则曲面的时候，这一点非常有用。同样，统一的曲线和曲面在透视投影下也不是无变化的，对于交互的 3D 建模来说，这是一个严重的缺陷。
- Rational（有理）：指每个 NURBS 物体都可以用数学表达式来定义。
- B-Spline（B 样条）：指用路线来构建一条曲线，在一个或更多的点之间以内插值替换。

NURBS 技术提供了对标准解析几何和自由曲线、曲面的统一数学描述方法，它可通过调整控制顶点和因子，方便地改变曲面的形状，同时也可方便地转换对应的 Bezier 曲面，因此NURBS方法已成为曲线和曲面建模中最为流行的技术。STEP产品数据交换标准也将非均匀有理B样条（NURBS）作为曲面几何描述的唯一方法。

4．NURBS曲面的特性及曲面连续性定义

（1）NURBS曲面的特性。NURBS用数学方法来描述形体，采用解析几何图形，曲线或曲面上任何一点都有其对应的坐标（x，y，z），所以具有高度的精确性。NURBS曲面可以由任何曲线生成。

对于NURBS曲面而言，剪切是不会对曲面的uv方向产生影响的，也就是说不会对网格产生影响，如图1.2.1a和图1.2.1b所示，剪切前后网格（u方向和v方向）并不会发生实质的改变。这也是通过剪切四边面来构成三边面和五边面等多边面的理论基础。

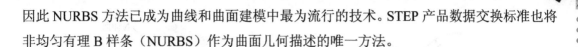

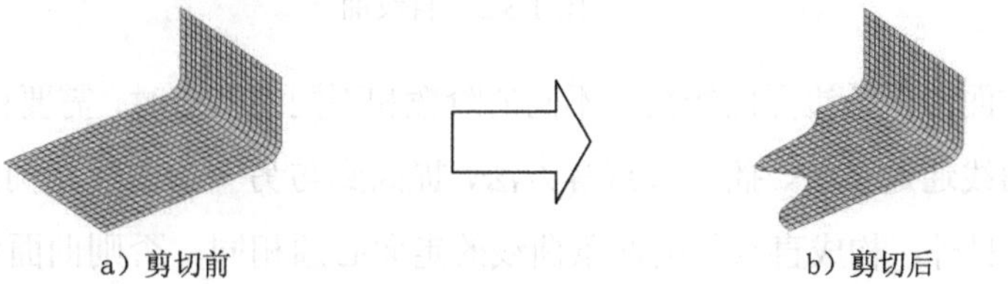

a）剪切前　　b）剪切后

图1.2.1　剪切曲面

（2）曲面G1与G2连续性定义。G*n*表示两个几何对象间的实际连续程度。例如：

- G0意味着两个对象相连或两个对象的位置是连续的。
- G1意味着两个对象光滑连接，一阶微分连续，或者是相切连续的。
- G2意味着两个对象光滑连接，二阶微分连续，或者两个对象的曲率是连续的。
- G3意味着两个对象光滑连接，三阶微分连续。
- G*n*的连续性是独立于表示（参数化）的。

1.3　曲面造型方法

曲面造型的方法有多种，下面介绍最常见的几种方法。

1．拉伸面

将一条截面曲线沿一定的方向滑动所形成的曲面称为拉伸面，如图1.3.1b所示。

2．直纹面

将两条形状相似且具有相同次数和相同节点矢量的曲线上的对应点用直线段相连，便构成直纹面，如图1.3.2b所示。圆柱面和圆锥面其实都是直纹面。

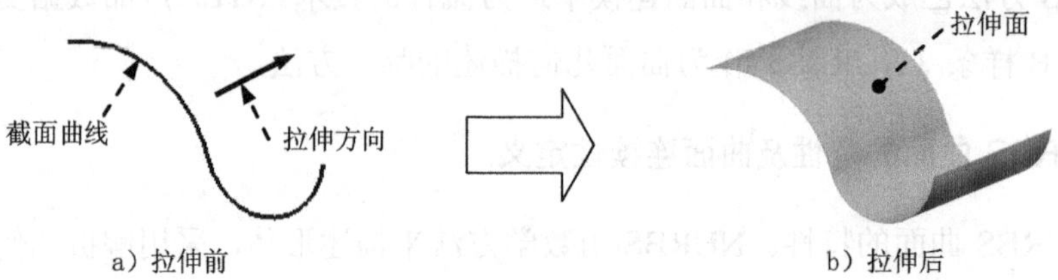

图 1.3.1　拉伸面

图 1.3.2　直纹面

当构成直纹面的两条边界曲线具有不同的阶数和不同的节点时，需要首先将次数或节点数较低的一条曲线通过升阶、插入节点等方法，提高到与另一条曲线相同的次数或节点数，再创建直纹面。另外，构成直纹面的两条曲线的走向必须相同，否则曲面将会出现扭曲。

3. 旋转面

将一条截面曲线沿着某一旋转轴旋转一定的角度，就形成了一个旋转面，如图 1.3.3b 所示。

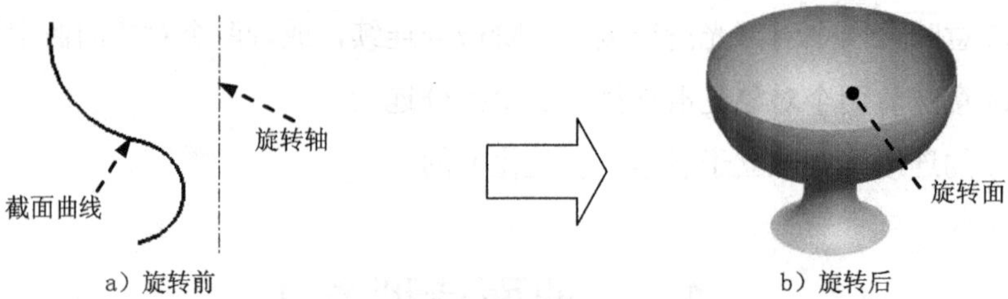

图 1.3.3　旋转面

4. 扫描面

将截面曲线沿着轨迹曲线扫描而形成的曲面称为扫描面，如图 1.3.4b 所示。

截面曲线和轨迹曲线可以有多条，截面曲线形状可以不同，可以封闭也可以不封闭，生成扫描时，软件会自动过渡，生成光滑连续的曲面。

5. 混合面

混合面是以一系列曲线为骨架进行形状控制，且通过这些曲线自然过渡生成的曲面，如图 1.3.5b 所示。

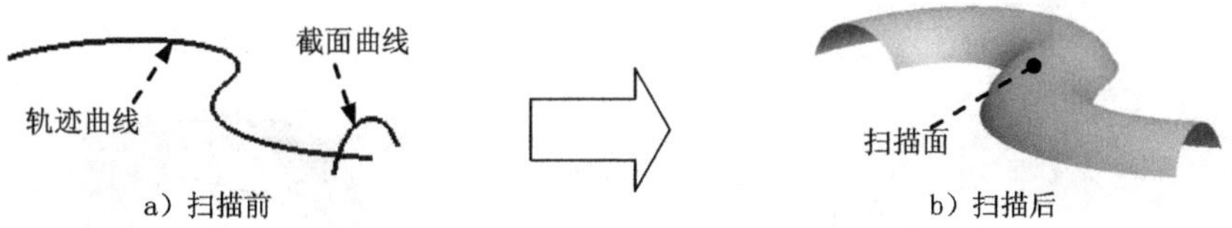

图 1.3.4　扫描面

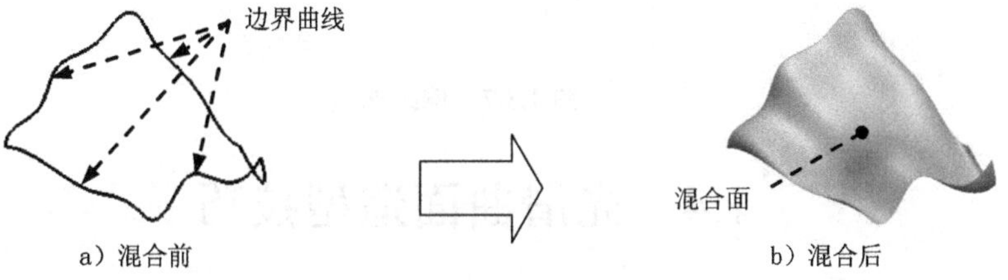

图 1.3.5　混合面

6．网格曲面

网格曲面是在两组相互交叉、形成一张网格骨架的截面曲线上生成的曲面。网格曲面生成的思想是首先构造出曲面的特征网格线（U 线和 V 线），比如，用曲面的边界线和曲面的截面线来确定曲面的初始骨架形状，然后用自由曲面插值特征网格生成曲面，如图 1.3.6b 所示。

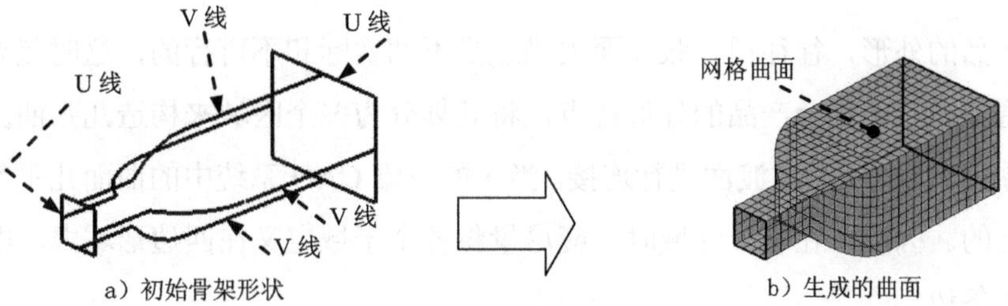

图 1.3.6　网格曲面

由于骨架曲线采用不同方向上的两组截面线形成一个网格骨架，控制两个方向的变化趋势，使特征网格线能基本上反映出设计者想要的曲面形状，在此基础上，插值网格骨架生成的曲面必将满足设计者的要求。

7．偏距曲面

偏距曲面就是把曲面特征沿某方向偏移一定的距离来创建的曲面，如图 1.3.7b 所示。机械加工或钣金零件在装配时为了得到光滑的外表面，往往需要确定一个曲面的偏距曲面。

现在常用的偏距曲面的生成方法一般是先将原始曲面离散细分，然后求取原始曲面离散点上的等距点，最后将这些等距点拟合成等距面。

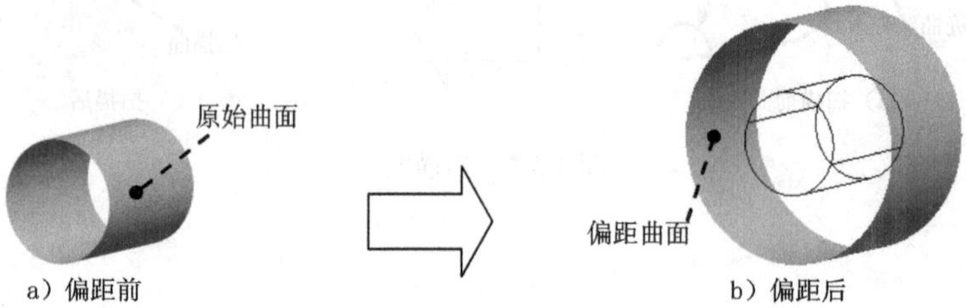

图 1.3.7　偏距曲面

1.4　光滑曲面造型技巧

一个美观的产品外形往往是光滑而圆顺的。光滑的曲面，从外表看流线顺畅，不会引起视觉上的凸凹感，从理论上看是指具有二阶几何连续、不存在奇点与多余拐点、曲率变化较小以及应变较小等特点的曲面。

要保证构造出来的曲面既光滑又能满足一定的精度要求，就必须掌握一定的曲面造型技巧，下面我们就一些常用的技巧进行介绍。

1. 区域划分，先局部再整体

一个产品的外形，往往用一张曲面去描述是不切实际和不可行的，这时就要根据应用软件曲面造型方法，结合产品的外形特点，将其划分为多个区域来构造几张曲面，然后再将它们合并在一起，或用过渡面进行连接。当今的三维 CAD 系统中的曲面几乎都是定义在四边形域上的。因此，在划分区域时，应尽量将各个子域定义在四边形域内，即每个子面片都具有 4 条边。

2. 创建光滑的控制曲线是关键

控制曲线的光滑程度往往决定着曲面的品质。要创建一条高质量的控制曲线，主要应从以下几点着手：①要达到精度的要求；②曲率主方向要尽可能一致；③曲线曲率要大于将进行圆角过渡的半径值。

在创建步骤上，首先利用投影、插补和光滑等手段生成样条曲线，然后根据其曲率图的显示来调整曲线段，从而实现交互式的曲线修改，达到光滑的效果。有时也可通过调整空间曲线的参数一致性，或生成足够数目的曲线上的点，再通过这些点重新拟合曲线，以达到使曲面光滑的目的。

3．光滑连接曲面片

曲面片的光滑连接，应具备以下两个条件：①要保证各连接面片间具有公共边；②要保证各曲面片的控制线连接光滑。其中第二条是保证曲面片连接光滑的必要条件，可通过修改控制线的起点和终点的约束条件，使其曲率或切线在接点处保持一致。

4．还原曲面，再塑轮廓

一个产品的曲面轮廓往往是已经修剪过的，如果我们直接利用这些轮廓线来构造曲面，常常难以保证曲面的光滑性。所以造型时要充分考察零件的几何特点，利用延伸和投影等方法将三维空间轮廓线还原为二维轮廓线，并去掉细节部分，然后还原出“原始”的曲面，最后再利用面的修剪方法获得理想的曲面外轮廓。

5．注重实际，从模具的角度考察曲面质量

再漂亮的曲面造型，如果不注重实际的生产制造，也毫无用处。产品三维造型的最终目的是制造模具。产品零件大多由模具生产出来，因此，在三维造型时，要从模具的角度去考虑，在确定产品出模方向后，应检查曲面能否出模，是否有倒扣现象（即拔模斜度为负值），如发现问题，应对曲面进行修改或重构曲面。

6．随时检查，及时修改

在进行曲面造型时，要随时检查所建曲面的状况，注意检查曲面是否光滑、有无扭曲和曲率变化等情况，以便及时修改。

检查曲面光滑的方法主要有以下两种：第一，对构造的曲面进行渲染处理，可通过透视、透明度和多重光源等处理手段产生高清晰度的、逼真的彩色图像，再根据处理后的图像光亮度的分布规律判断出曲面的光滑度。图像明暗度变化比较均匀，则曲面光滑性好。第二，可对曲面进行高斯曲率分析，进而显示高斯曲率的彩色光栅图像，这样可以直观地了解曲面的光滑性情况。

1.5　CATIA 曲面模块简介

当今，在 CAD/CAM 系统的曲面造型领域中，有一些功能强大的软件系统，如法国达索公司的 CATIA、美国 SDRC 公司的 I-DEASMasterSeries、德国 SIEMENS 公司的 NX 以及美国 PTC 公司的 Pro/ENGINEER 等。CATIA 拥有远远强于其竞争对手的曲面设计模块，被广泛应用于各个领域的产品开发中，特别是在汽车业和航空业，更是得到了广泛应用。

在 CATIA 诸多的工作台中，以下一些工作台常用于曲面造型设计，下面做简单介绍。

1. 创成式曲面设计（Generic Shape Design）

简称 GSD，非常完整的参数化曲线和曲面创建工具，除了可以完成所有曲线操作以外（可以完成拉伸、旋转、偏移、扫掠、填充、桥接和放样等曲面的创建，包含曲面的修剪、分割、接合及倒角等常用的编辑工具，连续性最高能达到 G2），还能生成封闭片体（包络体）并对包络体进行编辑，完全达到普通三维 CAD 软件的曲面造型功能。

2. 自由曲面设计（Free Style Surface）

简称 FSS，除了包括 GSD 中的所有功能外，还可完成曲面控制点（可实现多曲面到整个产品外形同步调整控制点、变形），自由约束边界，移除参数，达到汽车 A 面标准的曲面桥接、倒角和光顺等功能，所有命令都可以非常轻松地达到 G2。凭借 GSD 和 FSS，CATIA 曲面功能已经超越了所有 CAD 软件。

3. 自由风格草图绘制（FreeStyle Sketch Tracer）

可以导入现有的设计手绘草图或图片，根据产品的三视图或照片描出基本外形曲线。

4. 数字曲面编辑器（Digitized Shape Editor）

根据输入的点云数据，进行采样、编辑、裁剪，以达到最接近产品外形的要求，可生成高质量的小三角片体，应用于逆向工程中。

5. 快速曲面重建（Quick Surface Reconstruction）

根据输入的点云数据或小三角片体生成曲线曲面，以供曲面造型，或直接生成曲面，应用于逆向工程中。

6. 小三角片体外形编辑（Shape Sculpter）

可以对小三角片体进行各种操作。

7. 汽车白车身紧固（Automotive BIW Fastening）

设计汽车白车身各钣金件之间的焊接方式和焊接几何尺寸。

8. 想象与造型（Image & Shape）

基于细分曲面的造型工具，通过拖移基础曲面的控制网格，可以极其快速地完成产品外形概念设计。

9. 曲面修复专家（Healing Assistant）

曲面缝补工具，可以自动找出曲面中的破面等缺陷并进行缝补。

1.6 CATIA V5-6 曲面模块的特点

2012 年，Dassault Systemes 推出了全新的 CATIA V6 平台。但作为最经典的 CATIA 版本——CATIA V5 在国内外仍然拥有最多的用户，并且已经过渡到 V6 版本的用户仍然需要在内部或外部继续使用 V5 版本进行团队协同工作。为了使 CATIA 各版本之间具有高度兼容性，Dassault Systemes 随后推出了 CATIA V5-6 版本，对现有 CATIA V5 的功能系统进行加强与更新，同时用户还能够继续与使用 CATIA V6 的内部各部门、客户和供应商展开无缝协作。

CATIA V5-6 自 2012 年发布以来，进行了大量的改进，其曲面建模功能也有较大的提升。相比较早的 CATIA V5 版本的软件，它具有以下几个特点。

1. 加强 V5 与 V6 的兼容性

Dassault Systemes 推出 CATIA V5-6 的主要目的就是为了实现 V5 和 V6 的用户在功能层面实现数据共享和编辑。在 CATIA V6 版本中创建的三维模型，现在可以被发送到 V5 中，而且保留其核心特征。这些特征可以在 V5 中直接进入和修改，设计可以反复演变，工程师可以自由创建和修改功能部分。所有行业的原始设备制造商或供应商，无论他们是 V5 用户还是 V6 用户，在设计过程中，可更加灵活地修改和交换设计方案。

2. 增加对 STEP AP242 标准的支持

STEP AP242（Application Protocol For Managed Model-based 3D Engineering）是航空航天和汽车工业进行数据交换、浏览和 3D 模型长期归档的标准。CATIA V5-6 通过对该标准的支持，可以导入和导出 ISO 标准的 BRep（Boundary Representation，边界表示）曲面，提供一个独立于供应商、以 ISO 标准为基础的数据压缩和交换工具。

3. 多种增强功能简化了 A 级曲面的工作流程

随着 CATIA V5-6 的推出，CATIA ICEM 外形设计扩展了其高端 A 级曲面建模功能。利用 ICEMSURF 扩展互操作性，ICEMSURF 和 CATIA ICEM 的组合提供了一套从构思到细节设计全 A 级过程的完美补充工具，使用户能够快速创建高质量的 A 级曲面，同时通过用户界面的增强功能和改进的图形性能为企业用户带来更高的生产力。

第2章 线框的构建

本章提要 线框是曲面的基础，是曲面造型设计中必须用到的元素。因此，了解和掌握线框的创建方法，是学习曲面的基础。利用 CATIA 的线框构建功能可以建立多种曲线元素，其中包括点、基准特征、直线、圆、圆弧和样条曲线等元素。本章主要介绍 CATIA 创成式曲面设计工作台中的线框工具，内容包括：

- 一般点的创建。
- 点复制。
- 极值点的创建。
- 极坐标极值。
- 直线的创建。
- 圆的创建。
- 样条线的创建。
- 折线的创建。
- 平面的创建。

2.1 概　　述

创成式外形设计工作台可以在设计过程的初始阶段创建线框模型的结构元素。通过使用线框特征和基本的曲面特征可以创建具有复杂外形的零件，丰富了现有的三维机械零件设计。在 CATIA 中，通常将在三维空间创建的点、线（包括直线和曲线）、平面称为线框；在三维空间中建立的各种面，称为曲面；将一个曲面或几个曲面的组合称为面组。值得注意的是：曲面是没有厚度的几何特征，不要将曲面与实体里的“厚（薄壁）”特征相混淆，“厚”特征有一定的厚度值，其本质上是实体，只不过它很薄而已。

使用创成式外形设计工作台创建具有复杂外形的零件的一般过程如下：

（1）构建曲面轮廓的线框结构模型。

（2）将线框结构模型生成单独的曲面。

（3）对曲面进行偏移、桥接和修剪等操作。

（4）将各个单独的曲面接合成一个整体的面组。

（5）将曲面（面组）转化为实体零件。

（6）修改零件，得到符合用户需求的零件。

2.2 点的创建

2.2.1 一般点的创建

使用下拉菜单 插入 → 线框 → 点... 命令，可以创建一般点。一般点的创建有多种方法，可以根据其依附性将创建方法分为如下几种：坐标、曲线上、平面上、曲面上、圆/球面/椭圆中心、曲线上的切线和两点之间等。下面通过具体的实例分别介绍以上创建点方法的操作过程。

1. 坐标

该方法是确定相对于现有参考点的三坐标值来创建点。下面以图 2.2.1 所示的实例，说明利用坐标方式创建点的一般过程。

a）创建前　　b）创建后

图 2.2.1　坐标方式创建点

Step1. 打开文件 D:\cat2016.8\work\ch02.02.01\point_coordinates.CATPart。

Step2. 选择命令。选择下拉菜单 插入 → 线框 → 点... 命令，系统弹出图 2.2.2 所示的“点定义”对话框（一）。

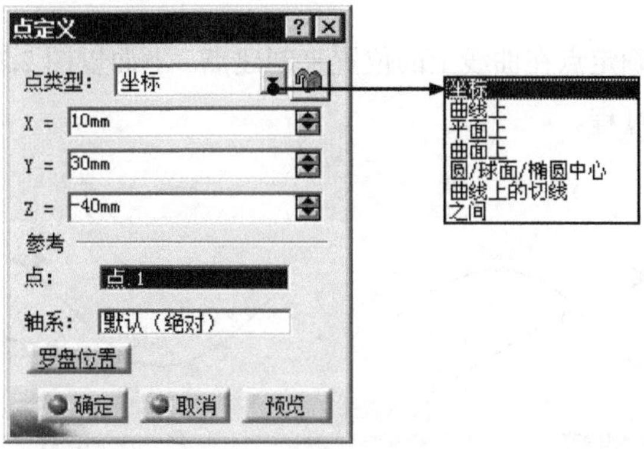

图 2.2.2　“点定义”对话框（一）

Step3. 定义点类型。在“点定义”对话框的 点类型： 下拉列表中选择 坐标 选项。

Step4. 选择参考点。单击“点定义”对话框 参考 区域的 点： 后面的文本框，然后在图形区选择图 2.2.1b 所示的点。

Step5. 定义点坐标。在“点定义”对话框的 X 文本框中输入值 10；在 Y 文本框中输入值 30；在 Z 文本框中输入值-40。

Step6. 完成点的创建。“点定义”对话框中的其他设置保持系统默认，单击 确定 按钮，完成点的创建，如图 2.2.1b 所示。

图 2.2.2 所示“点定义”对话框（一）中各按钮的说明如下。

- 点类型：下拉列表：此下拉列表用于定义创建点的类型，包括坐标、曲线上、平面上、曲面上、圆/球面/椭圆中心、曲线上的切线和之间7 个选项。
  - ☑ 坐标选项：通过给定点的具体坐标创建点。
  - ☑ 曲线上选项：选择此项可以在选定的曲线上创建点。
  - ☑ 平面上选项：选择此项可以在选定的平面上创建点。
  - ☑ 曲面上选项：选择此项可以在选定的曲面上创建点。
  - ☑ 圆/球面/椭圆中心选项：通过选择圆弧或球面来创建点。
  - ☑ 曲线上的切线选项：选择此项在选定曲线的切线与选定曲线的交点处创建点。
  - ☑ 之间选项：选择此项可以在选定的两点间创建点。
- X 文本框：在此文本框中给定点的 X 坐标。
- Y 文本框：在此文本框中给定点的 Y 坐标。
- Z 文本框：在此文本框中给定点的 Z 坐标。
- 参考区域：此区域用户可选择点的参考对象，包括点：和轴系：两个文本框。
  - ☑ 点：文本框：激活此文本框后可以在图形区选择所需的参考点。
  - ☑ 轴系：文本框：激活此文本框后可以在图形区选择所需的参考轴系（坐标系）。

2. 曲线上

该方法可以通过确定点在曲线上的位置来创建点。下面以图 2.2.3 所示的实例，说明在曲线上创建点的一般过程。

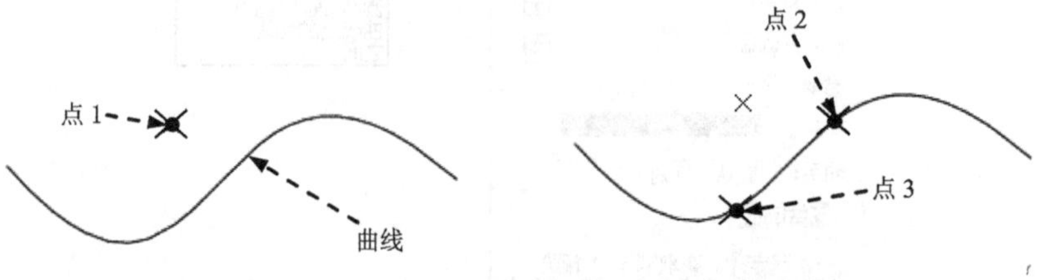

a）创建前　　b）创建后

图 2.2.3　在曲线上创建点

Step1. 打开文件 D:\cat2016.8\work\ch02.02.01\point_curve.CATPart。

Step2. 选择命令。选择下拉菜单 插入 → 线框 ▸ → 点... 命令，系统弹出“点定义”对话框。

Step3. 定义点类型。在“点定义”对话框的 点类型： 下拉列表中选择 曲线上 选项，此时“点定义”对话框如图 2.2.4 所示。

Step4. 选取参考曲线。单击 曲线： 后的文本框，然后在图形区选取图 2.2.3a 所示的曲线。

Step5. 设置点参数。在“点定义”对话框的 与参考点的距离 区域中选中 曲线长度比率 选项，在 比率： 文本框中输入值 0.4。

Step6. 完成点的创建。“点定义”对话框中的其他设置保持系统默认，单击 确定 按钮，完成点的创建，如图 2.2.3b 所示的点 2。

说明：在创建过程中如单击 点： 后的文本框再选择图 2.2.3a 所示的点 1 为参考点，其余设置与以上操作保持一致，则得到图 2.2.3b 所示的点 3。

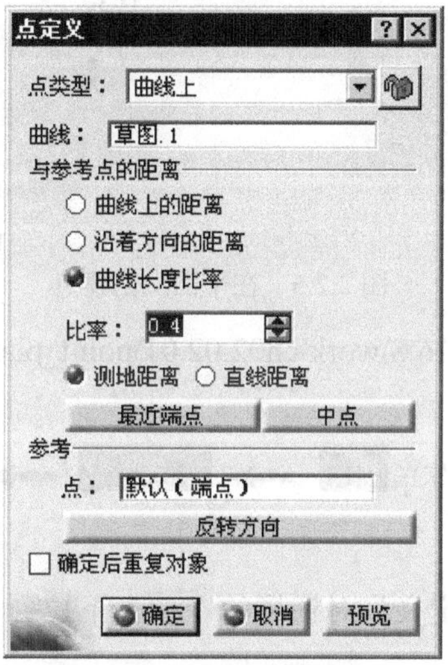

图 2.2.4 “点定义”对话框（二）

图 2.2.4 所示“点定义”对话框（二）中部分按钮的说明如下。

- 曲线： 文本框：单击此文本框后可在图形区选择创建点的参考曲线。
- 与参考点的距离 区域：此区域用于设定点在曲线上的定位方式，包括如下几个选项。
  - ☑ 曲线上的距离 选项：选择此选项通过给定点在曲线上的距离值确定点位置。
  - ☑ 沿着方向的距离 选项：选择此选项通过给定点沿某一方向的偏移值确定点位置。
  - ☑ 曲线长度比率 选项：选择此选项通过给定点在曲线上的比率值（根据曲线长度测定）确定点位置。
  - ☑ 测地距离 选项：选中此选项表示新点到参考点之间的距离为两点间曲线部分的长度距离。
  - ☑ 直线距离 选项：选中此选项表示新点到参考点之间的距离为两点间的直线距离。
  - ☑ 最近端点 按钮：单击该按钮在离点选位置最近的端点处创建新点。

☑ 中点 按钮：单击该按钮则在曲线的中点位置创建新点。

- 参考 区域：此区域用于设置参考元素，包括 点: 文本框和 反转方向 按钮。

☑ 点: 文本框：此文本框用于选择创建点的参考点。

☑ 反转方向 按钮：单击此按钮可以改变创建点相对参考点的位置至另一侧。

3. 平面上

该方法可以通过确定点在平面上的位置来创建点。下面以图 2.2.5 所示的实例，说明在平面上创建点的一般过程。

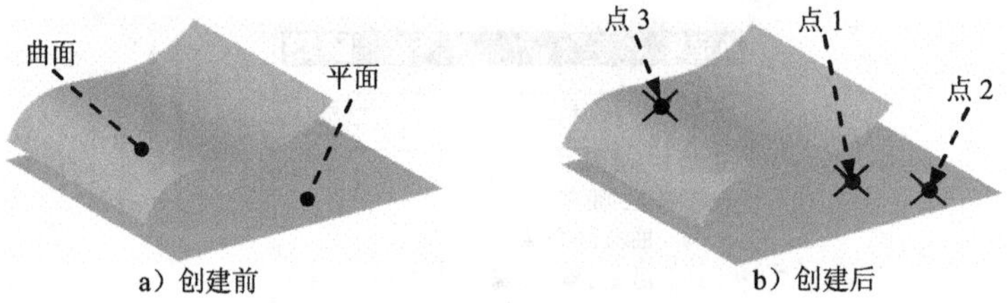

图 2.2.5　在平面上创建点

Step1. 打开文件 D:\cat2016.8\work\ch02.02.01\point_plane.CATPart。

Step2. 创建点 1。

（1）选择命令。选择下拉菜单 插入 ➡ 线框 ▸ ➡ 点... 命令，系统弹出“点定义”对话框。

（2）定义点类型。在“点定义”对话框的 点类型: 下拉列表中选择 平面上 选项，此时“点定义”对话框如图 2.2.6 所示。

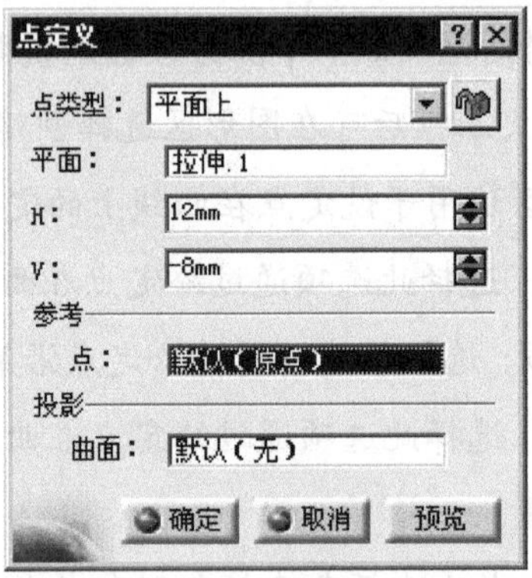

图 2.2.6　“点定义”对话框（三）

（3）选取参考平面。单击 平面: 后的文本框，然后在图形区选择图 2.2.5a 所示的平面，单击鼠标初步确定平面的位置。

（4）设置点参数。在“点定义”对话框 H: 文本框中输入值 12，在 V: 文本框中输入值-8。

（5）完成点的创建。“点定义”对话框中的其他设置保持系统默认，单击 确定 按钮，完成点的创建，如图 2.2.5b 所示的点 1。

Step3. 创建点 2。

（1）选择命令。选择下拉菜单 插入 → 线框 → 点... 命令，系统弹出“点定义”对话框。

（2）定义点类型。在“点定义”对话框的 点类型： 下拉列表中选择 平面上 选项。

（3）选取参考平面。单击 平面： 后的文本框，然后在图形区选择图 2.2.5a 所示的平面。

（4）选取参考点。单击 参考 区域中 点： 后的文本框，然后在图形区选择图 2.2.5b 所示的点 1，并单击鼠标初步确定点的位置。

（5）设置点参数。在“点定义”对话框 H： 文本框中输入值 10，在 V： 文本框中输入值-8。

（6）完成点的创建。“点定义”对话框中的其他设置保持系统默认，单击 确定 按钮，完成点的创建，如图 2.2.5b 所示的点 2。

说明：虽然点 1 和点 2 都是通过输入数值确定位置的，但是两点的参考对象是不同的。在创建点时如果不选取参考点则系统默认原点为参考点。

Step4. 创建点 3。

（1）选择命令。选择下拉菜单 插入 → 线框 → 点... 命令，系统弹出“点定义”对话框。

（2）定义点类型。在“点定义”对话框的 点类型： 下拉列表中选择 平面上 选项。

（3）选取参考平面。单击 平面： 后的文本框，然后在图形区选择图 2.2.5a 所示的平面，并放置点。

（4）设置点参数。在“点定义”对话框 H： 文本框中输入值-10，在 V： 文本框中输入值 12。

（5）选取投影曲面。单击 投影 区域中 曲面： 后的文本框，然后在图形区选择图 2.2.5a 所示的曲面。

（6）完成点的创建。“点定义”对话框中的其他设置保持系统默认，单击 确定 按钮，完成点的创建，如图 2.2.5b 所示的点 3。

图 2.2.6 所示“点定义”对话框（三）中部分按钮的说明如下。

- 平面： 文本框：单击此文本框后可在图形区选择创建点的参考平面。
- H： 文本框：用于输入创建点 H 方向的坐标值。
- V： 文本框：用于输入创建点 V 方向的坐标值。

- 参考区域：此区域用于选择创建点的参考点。

☑ 点：文本框：单击此文本框可以选择创建点的参考点。

- 投影区域：此区域用于设定创建点的投影面。

☑ 曲面：文本框：单击此文本框可以在图形区选择点要投影到的曲面。

4. 曲面上

该方法可以通过确定点在曲面上的位置来创建点。下面以图 2.2.7 所示的实例，说明在曲面上创建点的一般过程。

Step1. 打开文件 D:\cat2016.8\work\ch02.02.01\point_surface.CATPart。

Step2. 创建点 1。

（1）选择命令。选择下拉菜单 插入 → 线框 → 点... 命令，系统弹出“点定义”对话框。

a）创建前　　b）创建后

图 2.2.7　在曲面上创建点

（2）定义点类型。在“点定义”对话框的 点类型： 下拉列表中选择 曲面上 选项，此时“点定义”对话框如图 2.2.8 所示。

（3）选取参考曲面。单击 曲面： 后的文本框，然后在图形区选择图 2.2.7a 所示的曲面。

（4）选取创建方向。单击 方向： 后的文本框，然后在图形区选择图 2.2.9 所示的边线。

（5）确定距离。在 距离： 文本框中输入值 8。

（6）完成点的创建。“点定义”对话框中的其他设置保持系统默认，单击 确定 按钮，完成点的创建，如图 2.2.7b 所示的点 1。

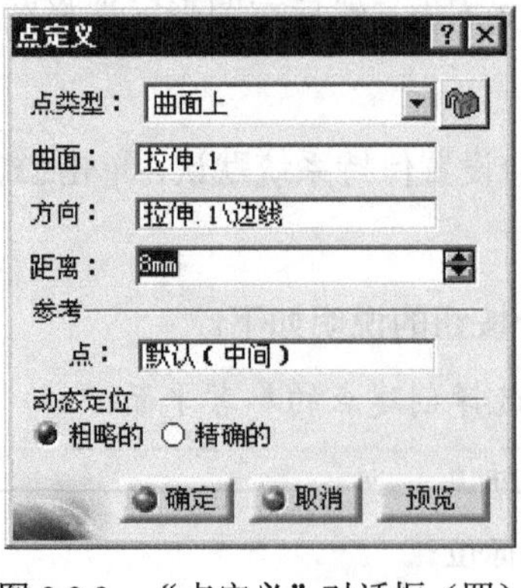

图 2.2.8　“点定义”对话框（四）

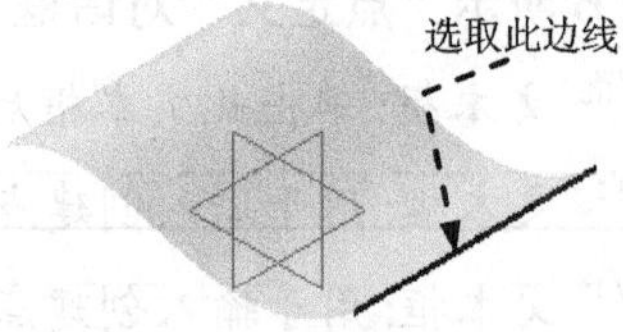

图 2.2.9　选取方向边线

Step3. 创建点 2。

（1）选择命令。选择下拉菜单 插入 → 线框 → 点... 命令，系统弹出“点定义”对话框。

（2）定义点类型。在“点定义”对话框的 点类型： 下拉列表中选择 曲面上 选项。

（3）选取参考曲面。单击 曲面： 后的文本框，然后在图形区选择图 2.2.7a 所示的曲面。

（4）选取创建方向。单击 方向： 后的文本框，然后在图形区选取 zx 平面。

（5）确定距离。在 距离： 文本框中输入值 20。

（6）选择参考点。单击 参考 区域中 点： 后的文本框，然后在图形区选择图 2.2.7b 所示的点 1。

（7）完成点的创建。“点定义”对话框中的其他设置保持系统默认，单击 确定 按钮，完成点的创建，如图 2.2.7b 所示的点 2。

图 2.2.8 所示“点定义”对话框（四）中部分按钮的说明如下。

- 曲面： 文本框：单击此文本框后可在图形区选择创建点的参考曲面。
- 方向： 文本框：单击此文本框后可在图形区选择创建点的参考方向。
- 距离： 文本框：用于输入创建点与参考点的距离值，如果不选择则以原点为参考点。

5. 圆/球面/椭圆中心

该方法可以在圆/球面/椭圆中心上创建点。下面以图 2.2.10 所示的实例，说明在圆/球面/椭圆中心上创建点的一般过程。

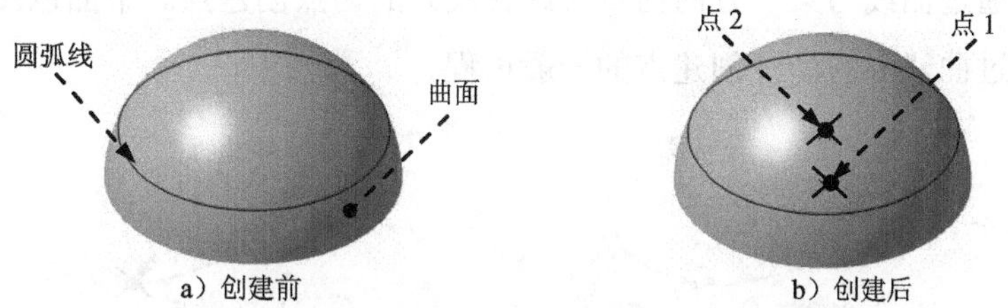

图 2.2.10 在圆/球面/椭圆中心上创建点

Step1. 打开文件 D:\cat2016.8\work\ch02.02.01\point_ball_center.CATPart。

Step2. 创建点 1。

（1）选择命令。选择下拉菜单 插入 → 线框 → 点... 命令，系统弹出“点定义”对话框。

（2）定义点类型。在“点定义”对话框的 点类型： 下拉列表中选择 圆/球面/椭圆中心 选项，此时“点定义”对话框如图 2.2.11 所示。

（3）选取参考曲面。单击 圆/球面/椭圆： 后的文本框，然后在图形区选择图 2.2.10a 所示的曲面。

（4）完成点的创建。单击“点定义”对话框中的 确定 按钮，完成点的创建，如图 2.2.10b 所示的点 1。

图 2.2.11 “点定义”对话框（五）

Step3. 创建点 2。

（1）选择命令。选择下拉菜单 插入 → 线框 → 点... 命令，系统弹出“点定义”对话框。

（2）定义点类型。在“点定义”对话框的 点类型： 下拉列表中选择 圆/球面/椭圆中心 选项。

（3）选取参考线。单击 圆/球面/椭圆： 后的文本框，然后在图形区选择图 2.2.10a 所示的圆弧线。

（4）完成点的创建。单击“点定义”对话框中的 确定 按钮，完成点的创建，如图 2.2.10b 所示的点 2。

图 2.2.11 所示“点定义”对话框（五）中部分按钮的说明如下。

- 圆/球面/椭圆： 文本框：单击此文本框后可在图形区选择创建点的参考曲面或曲线。

6. 曲线上的切线

该方法可以通过曲线与某一方向向量（或直线）的切点创建点。下面以图 2.2.12 所示的实例，说明通过曲线上的切线创建点的一般过程。

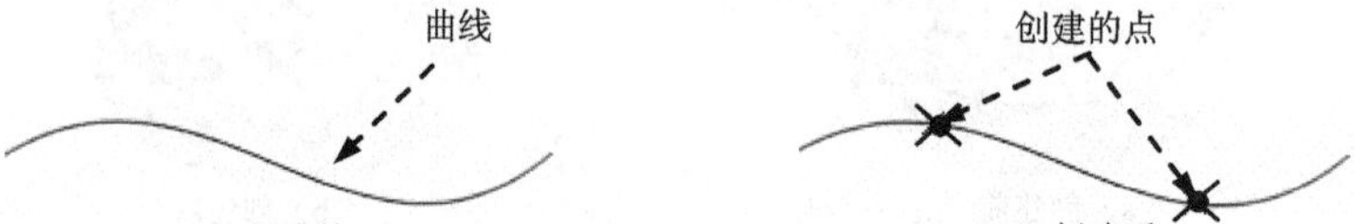

a）创建前　　b）创建后

图 2.2.12 通过曲线的切线创建点

Step1. 打开文件 D:\cat2016.8\work\ch02.02.01\point_curve_tangent.CATPart。

Step2. 选择命令。选择下拉菜单 插入 → 线框 → 点... 命令，系统弹出“点定义”对话框。

Step3. 定义点类型。在“点定义”对话框的 点类型： 下拉列表中选择 曲线上的切线 选项，此时“点定义”对话框如图 2.2.13 所示。

Step4. 选取参考曲线。单击 曲线： 后的文本框，然后在图形区选择图 2.2.12a 所示的曲线。

Step5. 选取参考方向。单击 方向： 后的文本框，然后在图形区中选取 zx 平面为参考方向。

图 2.2.13 “点定义”对话框（六）

Step6. 完成点的创建。单击“点定义”对话框中的 确定 按钮，系统弹出图 2.2.14 所示的“多重结果管理”对话框，在对话框中选中 保留所有子元素。单选项，单击 确定 按钮，完成点的创建，如图 2.2.12b 所示。

图 2.2.13 所示“点定义”对话框（六）中部分按钮的说明如下。

- 曲线： 文本框：单击此文本框后可在图形区选择创建点的参考曲线。
- 方向： 文本框：单击此文本框后可在图形区选择创建点的曲线切线的方向。

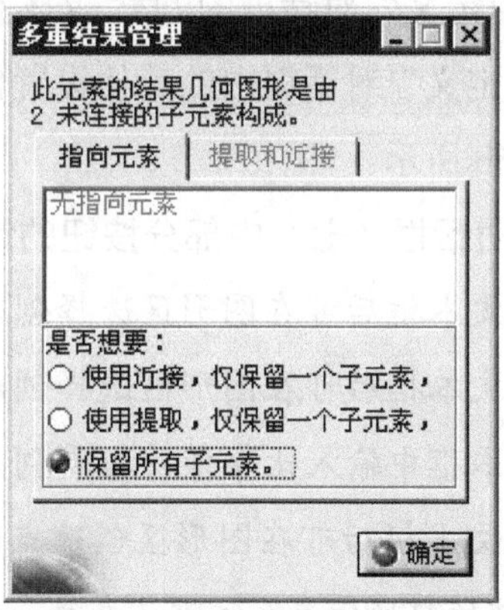

图 2.2.14 “多重结果管理”对话框

7. 两点之间

该方法可以在两点之间创建点。下面以图 2.2.15 所示的实例，说明在两点之间创建点的一般过程。

图 2.2.15 在两点之间创建点

Step1. 打开文件 D:\cat2016.8\work\ch02.02.01\point_between.CATPart。

Step2. 选择命令。选择下拉菜单 插入 → 线框 → 点... 命令，系统弹出“点定义”对话框。

Step3. 定义点类型。在“点定义”对话框的 点类型： 下拉列表中选择 之间 选项，此时“点定义”对话框如图 2.2.16 所示。

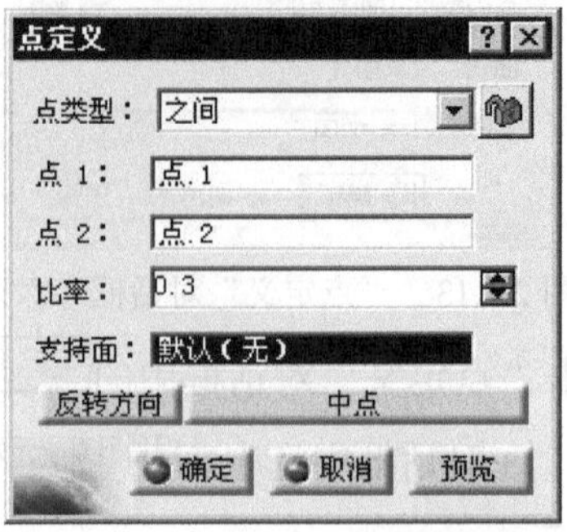

图 2.2.16 “点定义”对话框（七）

Step4. 选取参考点。单击 点 1： 后的文本框，然后在图形区选择图 2.2.15a 所示的点 1；单击 点 2： 后的文本框，然后在图形区选择图 2.2.15a 所示的点 2。

Step5. 确定点位置。在“点定义”对话框的 比率： 文本框中输入值 0.3。

Step6. 完成点的创建。“点定义”对话框中的其他设置保持系统默认，单击 确定 按钮，完成点的创建，如图 2.2.15b 所示。

图 2.2.16 所示“点定义”对话框（七）中部分按钮的说明如下。

- 点 1： 文本框：单击此文本框后可在图形区选择创建点的第一个参考点。
- 点 2： 文本框：单击此文本框后可在图形区选择创建点的第二个参考点。
- 比率： 文本框：在此文本框中输入比率值，控制创建点的位置。
- 支持面： 文本框：单击此文本框后可在图形区创建点的依附面或依附曲线。
- 反转方向 按钮：比率值的起始位置系统默认在第一参考点，该按钮可以切换起始点。
- 中点 按钮：单击此按钮系统在两参考点中间创建新点。

2.2.2 点复制

此处的点复制主要是指点的复制，在复制点的同时能创建相应的基准平面（基准特征在后面章节会有介绍）。下面通过图 2.2.17 所示的实例，说明点复制的操作过程。

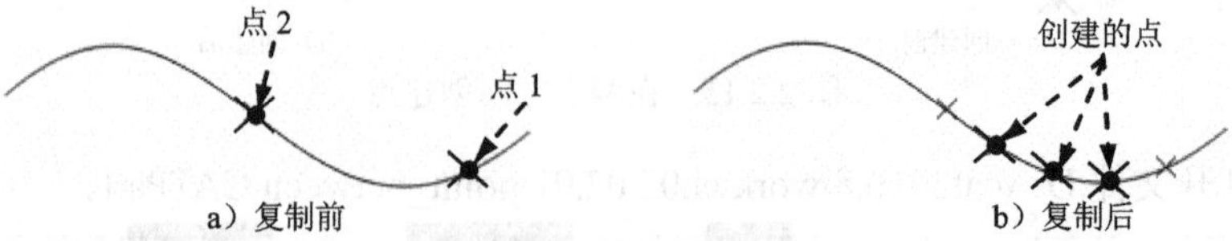

图 2.2.17 点复制

Step1. 打开文件 D:\cat2016.8\work\ch02.02.02\point_copy.CATPart。

Step2. 选择命令。选择下拉菜单 插入 → 线框 → 点复制... 命令，系统弹出图 2.2.18 所示的“点复制”对话框。

Step3. 选取参考点。在图形区选取图 2.2.17a 所示的点 2；单击 第二点： 后的文本框，然后选取图 2.2.17a 所示的点 1。

说明：在选择第一点后会出现图 2.2.19 所示的方向箭头，单击“点复制”对话框中的 反转方向 按钮，可以改变其方向。

Step4. 定义类型。在“点复制”对话框的 参数： 下拉列表中选择 实例 选项，并在 实例： 文本框中输入值 3。

Step5. 完成点的复制。“点复制”对话框中的其他设置保持系统默认，单击 确定 按钮，完成点的复制，如图 2.2.17b 所示。

图 2.2.18 所示“点复制”对话框中部分按钮的说明如下。

- 第一点： 文本框：激活此文本框选取创建点的第一个参考点。
- 曲线： 文本框：激活此文本框选取创建点的参考曲线（如果前面选择的第一参考点已经在某一条曲线上，系统会自动选取该点所在的曲线作为创建点的参考曲线）。

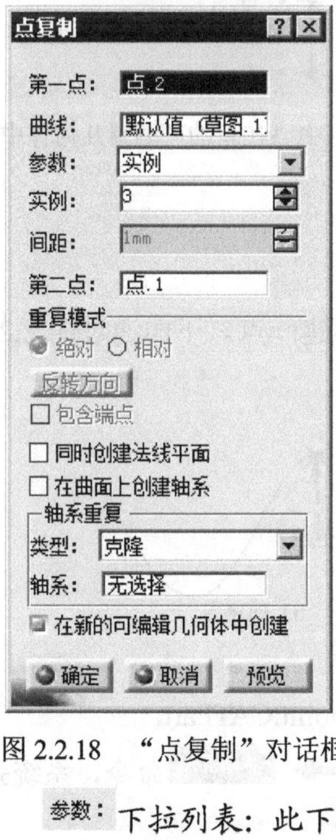

图 2.2.18 “点复制”对话框

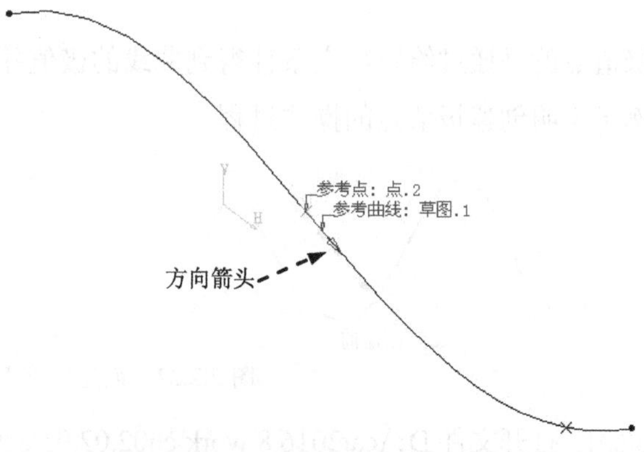

图 2.2.19 复制点方向

- 参数： 下拉列表：此下拉列表用于设置创建复制点的方式（只有在选择了点的情况下此下拉列表中的选项才可用），包括 实例 、 实例与间距 和 间距 三个选项。
  - ☑ 实例 选项：选中此选项，通过输入创建点的个数来创建点。
  - ☑ 实例与间距 选项：选中此选项，通过输入创建点的个数和间距来创建点。
  - ☑ 间距 选项：选中此选项，通过输入间距值来创建点。

- 实例：文本框：在此文本框中输入创建点的个数。
- 间距：文本框：在此文本框中输入创建点的间距（只有选择实例与间距或间距选项后才被激活。
- 第二点：文本框：激活此文本框选取创建点的第二个参考点。
- 反转方向按钮：改变第一参考点的参考方向。
- 包含端点复选框：选中此选项后，系统会自动选择曲线的端点作为参考点。
- 同时创建法线平面复选框：在创建点的同时创建通过此点的曲线的法向平面。
- 在新的可编辑几何体中创建复选框：选中此选项后，在特征树中以一个有序几何图形集的形式显示（图 2.2.20），如果没有选中此选项，创建的新点在特征树中以单个点的形式显示（图 2.2.21）。

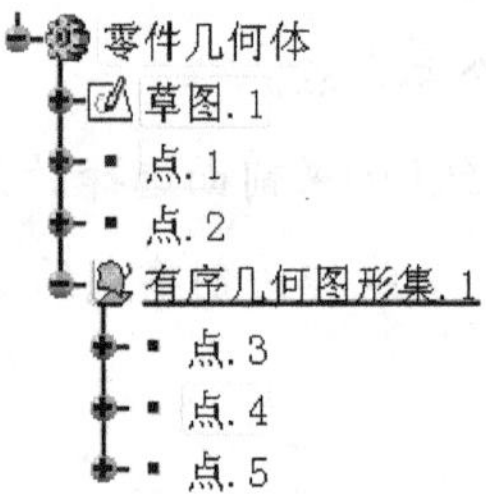

图 2.2.20　选中“在新的可编辑几何体中创建”

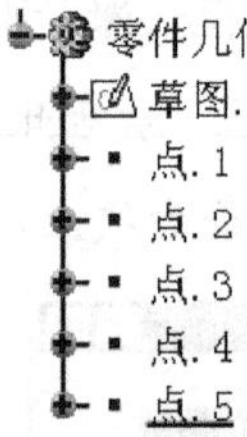

图 2.2.21　取消选中“在新的可编辑几何体中创建”

2.2.3　极值点的创建

极值点就是通过给定特定条件得到曲线的极值并在此创建一点。下面通过图 2.2.22 所示的例子说明创建极值点的操作过程。

a）创建前　　b）创建后

图 2.2.22　创建极值点

Step1. 打开文件 D:\cat2016.8\work\ch02.02.03\extreme_point.CATPart。

Step2. 选择命令。选择下拉菜单插入 → 线框 ▸ → 端点...命令，系统弹出图 2.2.23 所示的“极值定义”对话框。

Step3. 选择对象。在图形区选择图 2.2.22a 所示的曲线。

Step4. 选择方向。在图形区选择 xy 平面为参考方向，此时图形区出现图 2.2.24 所示的方向箭头。

Step5. 完成点的创建。“极值定义”对话框中的其他设置保持系统默认，单击确定按钮，完成点的创建，如图 2.2.22b 所示。

图 2.2.23 所示“极值定义”对话框中部分按钮的说明如下。

- 元素：文本框：选择要分析极值的对象元素。
- 方向：文本框：用于选择极值的参考方向元素。
- 可选方向区域：此区域可以添加其他方向元素控制极值点的创建。
  - ☑ 方向 2：文本框：用于选择极值的第二参考方向。
  - ☑ 方向 3：文本框：用于选择极值的第三参考方向

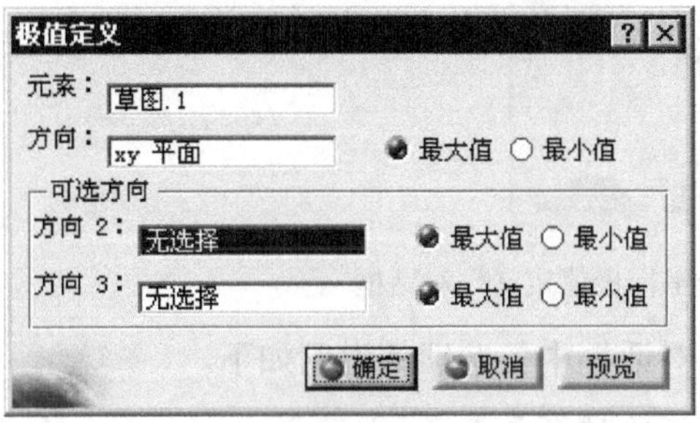

图 2.2.23 “极值定义”对话框

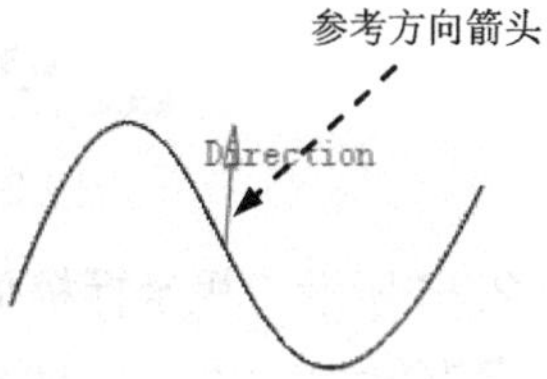

图 2.2.24 参考方向

2.2.4 极坐标极值定义

极坐标极值定义就是通过选择一已知点为坐标原点在曲线上创建极值点的方法。下面通过图 2.2.25 所示的例子说明创建极坐标极值点的操作过程。

a）创建前　　b）创建后

图 2.2.25 创建极值点

Step1. 打开文件 D:\cat2016.8\work\ch02.02.04\point_polar_coordinates.CATPart。

Step2. 选择命令。选择下拉菜单 插入 → 线框 ▸ → 端点坐标... 命令，系统弹出图 2.2.26 所示的“极坐标极值定义”对话框。

Step3. 选择分析类型。在 类型：下拉列表中选择 最大半径 选项。

Step4. 定义轮廓。在 轮廓：文本框中单击将其激活，然后在图形区选取图 2.2.25a 所示的曲线为轮廓曲线。

Step5. 定义支持面。在图形区选择 yz 平面为支持面。

注意：此处选取的支持面必须是轮廓曲线所在的平面。

Step6. 定义原点。在 轴 区域的 原点：文本框中单击，然后在图形区选取图 2.2.25a 所示的曲线端点为原点，同时在 分析 区域的 半径：文本框中显示出分析结果。

Step7. 完成点的创建。“极坐标极值定义”对话框中的其他设置保持系统默认，单击 确定 按钮，完成点的创建，如图 2.2.25b 所示。

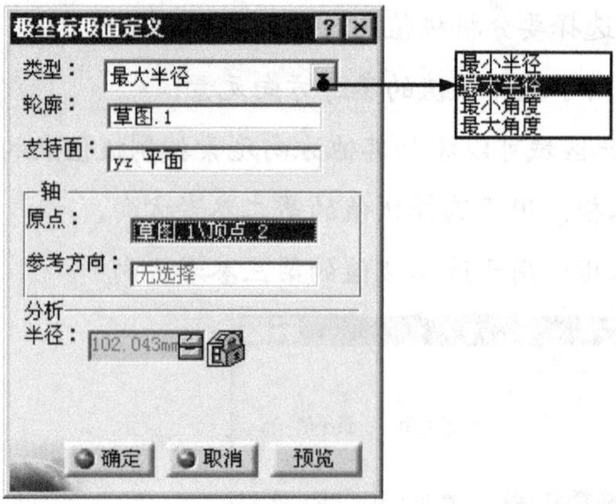

图 2.2.26 “极坐标极值定义”对话框

图 2.2.26 所示“极坐标极值定义”对话框中各选项的说明如下。

- 类型：下拉列表：选择要分析极值的对象元素。
  - ☑ 最小半径选项：分析距离原点最近的极值点。
  - ☑ 最大半径选项：分析距离原点最远的极值点。
  - ☑ 最小角度选项：分析过原点与角度参考方向角度值最小的极值点。
  - ☑ 最大角度选项：分析过原点与角度参考方向角度值最大的极值点。

说明：此处的最小半径和最大半径都是从原点开始测量的；此处的最小角度和最大角度指的是原点和极值点之间的连线与角度参考方向构成的夹角。

- 轮廓：文本框：定义极值分析的轮廓曲线。
- 支持面：文本框：定义极值分析的参考面。
- 轴 区域：定义分析极值点的原点和参考方向。
  - ☑ 原点：文本框：用来定义原点参考。
  - ☑ 参考方向：文本框：此文本框只有在测量角度时才被激活，用来定义测量角度的参考方向。
- 分析 区域：显示最终的分析结果，如果测量的是角度，显示的是角度值；如果测量的是半径，显示的是半径值。

2.3 线的创建

2.3.1 直线

直线在曲面设计中可以作为创建平面、曲线和曲面的参考，也可以作为方向参考和轴线，如在创建直线时选择依附面，则能创建曲面上的直线（曲线）。直线的创建方法主要包括如下几种：点-点、点-方向、曲线的角度/法线、曲线的切线、曲面的法线和角平分线等。下面通过具体的实例分别介绍以上创建直线方法的操作过程。

1. 点与点

该方法是选择两个现有点来创建直线，并可以设置直线的长度及终止限制。下面以图 2.3.1 所示的例子说明通过两点创建直线的操作过程。

图 2.3.1　过两点创建直线

Step1. 打开文件 D:\cat2016.8\work\ch02.03.01\two_point.CATPart。

Step2. 选择命令。选择下拉菜单 插入 → 线框 → 直线... 命令，系统弹出图 2.3.2 所示的“直线定义”对话框（一）。

Step3. 定义创建类型。在“直线定义”对话框的 线型： 下拉列表中选择 点-点 选项。

Step4. 定义通过点。在图像区选择图 2.3.1a 所示的点 2 为第一通过点，点 1 为第二通过点。

Step5. 选取支持曲面。单击 支持面： 后的文本框，在图形区选择图 2.3.1a 所示的曲面。

Step6. 定义直线长度。单击 直到 1： 后的文本框，在图形区选择图 2.3.3 所示的边线 1，单击 直到 2： 后的文本框，在图形区选择图 2.3.3 所示的边线 2。

Step7. 单击 确定 按钮，完成直线的创建。

说明：此例中选取一曲面作为直线的依附面，所以最终得到的是一条曲线，若不选择依附面（此时要给定直线开始和结束的距离）则得到空间直线，如图 2.3.4 所示。本书中再有类似情况不再说明。

图 2.3.2 所示“直线定义”对话框（一）中各按钮的说明如下。

- 线型： 下拉列表：此下拉列表用于定义创建直线的方法，包括以下选项。
  - ☑ 点-点 选项：通过选择两个点创建直线。
  - ☑ 点-方向 选项：通过已知点和给定方向创建直线。
  - ☑ 曲线的角度/法线 选项：通过给定已知点及与参考曲线的角度（或曲线的法线）创建直线。
  - ☑ 曲线的切线 选项：通过给定已知点及与参考曲线的切线创建直线。

☑ 曲面的法线选项：通过给定已知点及与参考曲面的法线创建直线。

☑ 角平分线选项：通过给定已知的两条直线的角平分线创建直线。

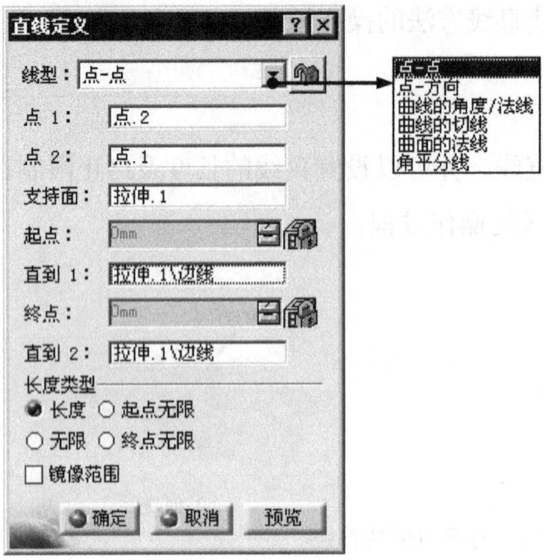

图 2.3.2 “直线定义”对话框（一）

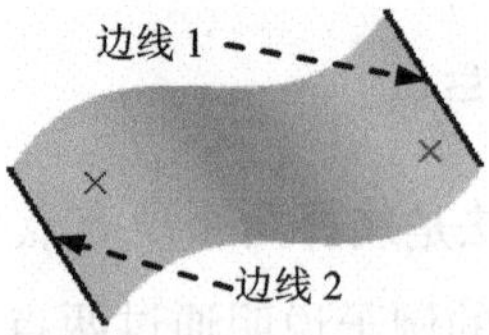

图 2.3.3 定义直线长度

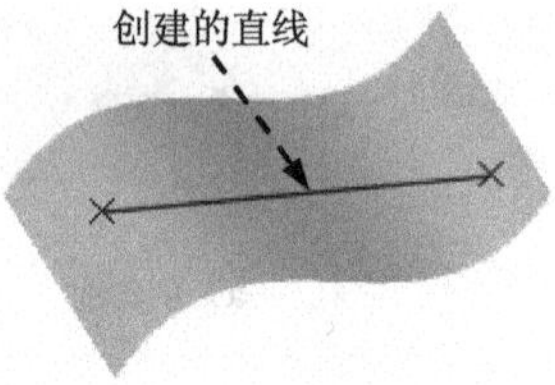

图 2.3.4 创建直线

- 点 1：文本框：激活此文本框选取第一通过点。
- 点 2：文本框：激活此文本框选取第二通过点。
- 支持面：文本框：选择直线的投影面。
- 起点：文本框：定义创建直线的起始点。
- 直到 1：文本框：定义直线起始延伸参照。
- 终点：文本框：定义创建直线的终点。
- 直到 2：文本框：定义直线终点延伸参照。
- 长度类型区域：此区域用来定义创建直线的长度类型，包括以下几个选项。

☑ 长度选项：通过输入具体的长度值来定义直线的长度。

☑ 起点无限选项：规定直线起始方向无限长。

☑ 无限选项：规定整条直线为无限长的直线。

☑ 终点无限选项：规定直线终点方向无限长。

- 镜像范围复选框：选中此选项后，直线朝两个方向的延长长度相等。

2. 点和方向

该方法可以通过已知点和给定方向创建直线。下面以图 2.3.5 所示的例子说明通过点和方向创建直线的操作过程。

Step1. 打开文件 D:\cat2016.8\work\ch02.03.01\point_direction.CATPart。

Step2. 选择命令。选择下拉菜单 插入 → 线框 → 直线... 命令，系统弹出

“直线定义”对话框。

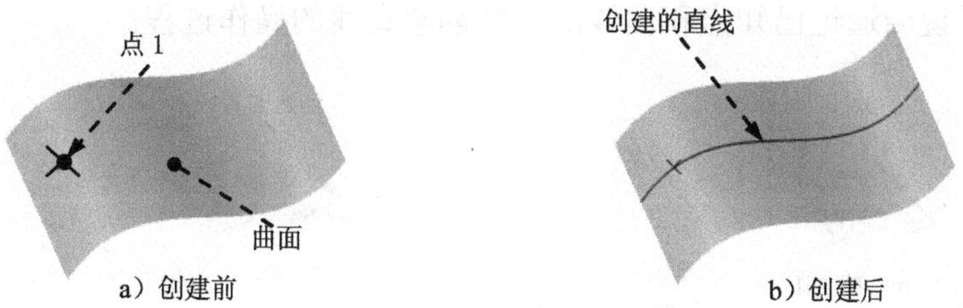

a）创建前　　b）创建后

图 2.3.5　通过点和方向创建直线

Step3. 定义创建类型。在“直线定义”对话框的 线型： 下拉列表中选择 点-方向 选项，此时“直线定义”对话框如图 2.3.6 所示。

Step4. 定义通过点。在图形区选择图 2.3.5a 所示的点 1 为通过点。

Step5. 指定方向。在图形区选择 yz 平面作为直线的参考方向。

Step6. 选取支持曲面。单击 支持面： 后的文本框，在图形区选择图 2.3.5a 所示的曲面。

Step7. 定义直线长度。单击 直到 1： 后的文本框，在图形区选择图 2.3.7 所示的边线 1，单击 直到 2： 后的文本框，在图形区选择图 2.3.7 所示的边线 2。

Step8. 单击 确定 按钮，完成直线的创建。

图 2.3.6 所示“直线定义”对话框（二）中部分按钮的说明如下。

- 点： 文本框：定义直线通过点。
- 方向： 文本框：定义直线的参考方向。
- 反转方向 按钮：定义直线的生成方向。

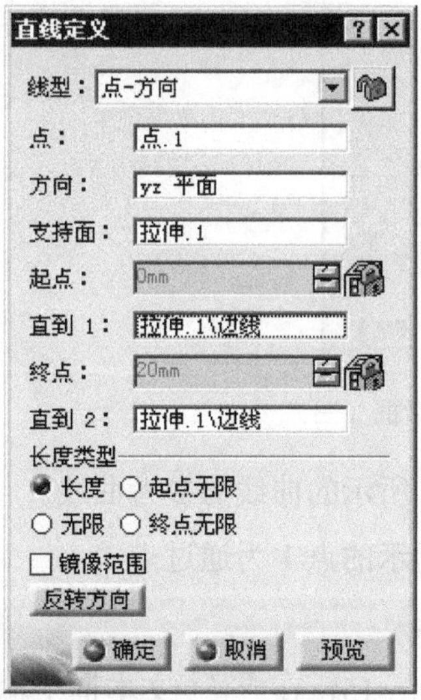

图 2.3.6　“直线定义”对话框（二）

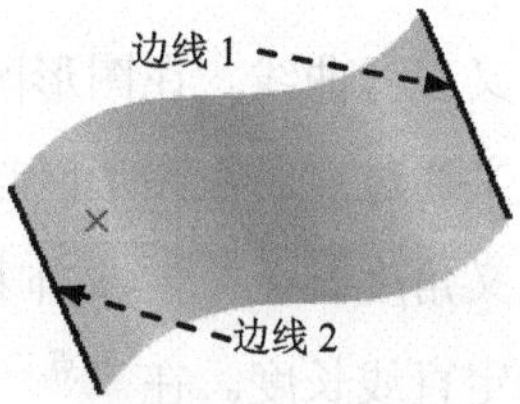

图 2.3.7　定义直线长度

3. 曲线的角度或法线

该方法可以通过给定已知点及与参考曲线的角度创建直线（或曲线的法线）。下面以图 2.3.8 所示的例子说明通过已知点和曲线的角度创建直线的操作过程。

图 2.3.8　利用曲线的角度创建直线

Step1. 打开文件 D:\cat2016.8\work\ch02.03.01\angle_normal_curve.CATPart。

Step2. 选择命令。选择下拉菜单 插入 → 线框 → 直线... 命令，系统弹出“直线定义”对话框。

Step3. 定义创建类型。在“直线定义”对话框的 线型： 下拉列表中选择 曲线的角度/法线 选项，此时“直线定义”对话框如图 2.3.9 所示。

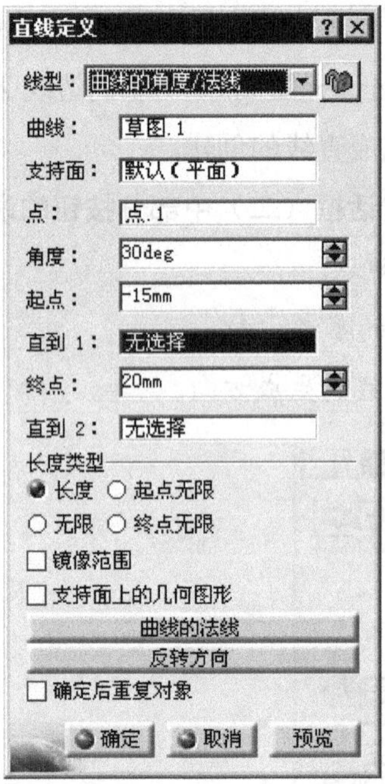

图 2.3.9　“直线定义”对话框（三）

Step4. 定义参考曲线。在图形区选择图 2.3.8a 所示的曲线为参考曲线。

Step5. 定义通过点。在图形区选择图 2.3.8a 所示的点 1 为通过点。

Step6. 定义角度。在 角度： 文本框中输入值 30。

Step7. 确定直线长度。在 起点： 文本框中输入值-15，在 终点： 文本框中输入值 20。

Step8. 完成直线的创建。“直线定义”对话框中的其他设置保持系统默认，单击 确定 按钮，完成直线的创建。

图 2.3.9 所示“直线定义”对话框（三）中各按钮的说明如下。

- 曲线：文本框：选取创建直线的参考曲线。
- 点：文本框：选取直线的通过点。
- 角度：文本框：定义直线与通过点处曲线的切线的角度值。
- 曲线的法线 按钮：单击此按钮，可以创建与通过点处曲线的切线垂直的直线。

4. 曲线的切线

使用下拉菜单 插入 → 线框 → 直线... 命令，可以通过给定已知点及与参考曲线的切线创建直线。下面以图 2.3.10 所示的例子说明通过已知点和曲线的切线创建直线的操作过程。

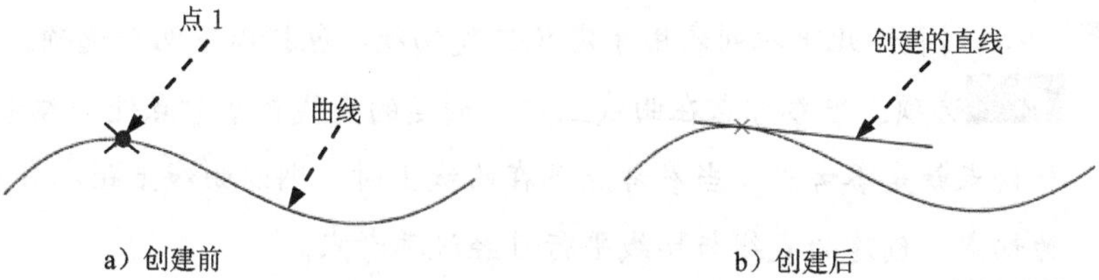

图 2.3.10 利用曲线的切线创建直

Step1. 打开文件 D:\cat2016.8\work\ch02.03.01\tangent_curve.CATPart。

Step2. 选择命令。选择下拉菜单 插入 → 线框 → 直线... 命令，系统弹出“直线定义”对话框。

Step3. 定义创建类型。在“直线定义”对话框的 线型： 下拉列表中选择 曲线的切线 选项，此时“直线定义”对话框如图 2.3.11 所示。

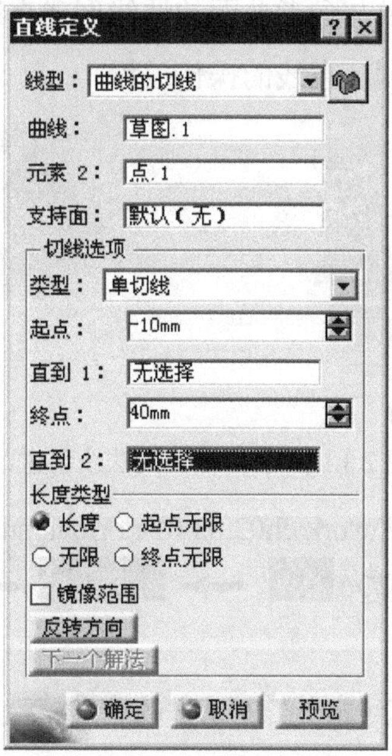

图 2.3.11 “直线定义”对话框（四）

Step4. 定义参考曲线。在图形区选择图 2.3.10a 所示的曲线为参考曲线。

Step5. 定义通过点。在图形区选择图 2.3.10a 所示的点 1 为参考元素 2。

Step6. 定义相切类型。在 切线选项 区域的 类型： 下拉列表中选择 单切线 选项。

Step7. 确定直线长度。在 起点： 文本框中输入值-10，在 终点： 文本框中输入值 40，单击 反转方向 按钮，调整直线方向。

Step8. 完成直线的创建。"直线定义"对话框中的其他设置保持系统默认，单击 确定 按钮，完成直线的创建。

图 2.3.11 所示"直线定义"对话框（四）中各按钮的说明如下。

- 曲线： 文本框：选取创建直线的参考曲线。
- 元素 2： 文本框：选取直线通过点。
- 类型： 下拉列表：此下拉列表用于定义创建切线，包括以下两个选项。
  - ☑ 单切线 选项：当参考点在曲线上时，创建的直线在参考点处与参考曲线相切，相切点就是参考点；当参考点不在曲线上时，则以曲线上距参考点最近的点为切点，创建的直线与切线平行且经过参考点。
  - ☑ 双切线 选项：无论参考点是否在曲线上，创建的直线以参考点为起点且与曲线相切。
- 下一个解法 按钮：选择 双切线 选项后此按钮被激活，单击此按钮可以切换到另外一种可能的情况。

5. 曲面的法线

该方法可以通过给定已知点及与参考曲面的法线创建直线。下面以图 2.3.12 所示的例子说明通过已知点和曲面的法线创建直线的操作过程。

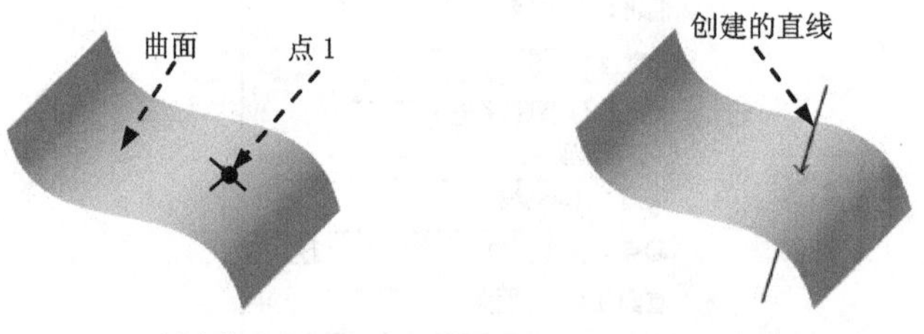

图 2.3.12 利用曲面的法线创建直线

Step1. 打开文件 D:\cat2016.8\work\ch02.03.01\normal_surface.CATPart。

Step2. 选择命令。选择下拉菜单 插入 → 线框 ▸ → ╱ 直线... 命令，系统弹出"直线定义"对话框。

Step3. 定义创建类型。在"直线定义"对话框的 线型： 下拉列表中选择 曲面的法线 选项，此时“直线定义”对话框如图 2.3.13 所示。

Step4. 定义参考曲面。在图形区选择图 2.3.12a 所示的曲面为参考曲面。

Step5. 定义通过点。在图形区选择图 2.3.12a 所示的点 1 为参考点。

Step6. 确定直线长度。在 起点: 文本框中输入值-10，在 终点: 文本框中输入值 15。

Step7. 完成直线的创建。“直线定义”对话框中的其他设置保持系统默认，单击 确定 按钮，完成直线的创建。

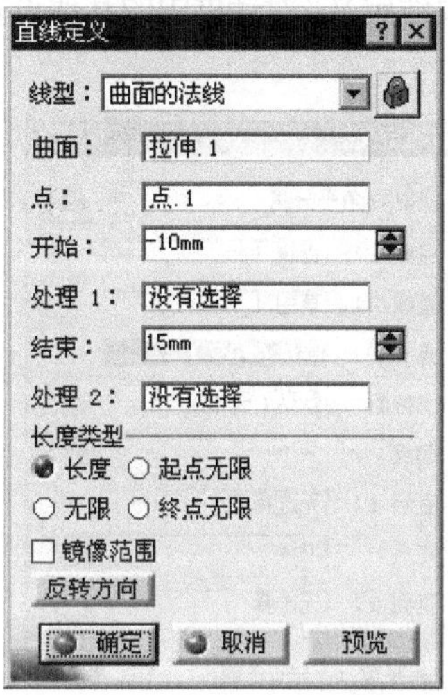

图 2.3.13 “直线定义”对话框（五）

图 2.3.13 所示“直线定义”对话框（五）中各按钮的说明如下。

- 曲面: 文本框：选取创建直线的参考曲面。
- 点: 文本框：选取创建直线的通过点。

6. 角平分线

该方法可以通过给定已知的两条直线的角平分线创建直线。下面以图 2.3.14 所示的例子说明通过已知的两条直线的角平分线创建直线的操作过程。

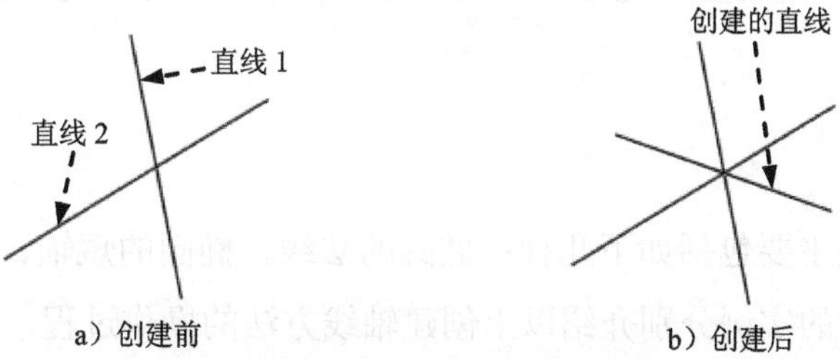

图 2.3.14 利用角平分线创建直线

Step1. 打开文件 D:\cat2016.8\work\ch02.03.01\bisecting.CATPart。

Step2. 选择命令。选择下拉菜单 插入 → 线框 → 直线... 命令，系统弹出

"直线定义"对话框。

Step3. 定义创建类型。在"直线定义"对话框的 线型：下拉列表中选择 角平分线 选项，此时"直线定义"对话框如图 2.3.15 所示。

Step4. 定义参考直线 1。在图形区选择图 2.3.14a 所示的直线 1 为参考直线 1。

Step5. 定义参考直线 2。在图形区选择图 2.3.14a 所示的直线 2 为参考直线 2。

Step6. 确定直线长度。在 起点：文本框中输入值-20，在 终点：文本框中输入值 20。

Step7. 完成直线的创建。"直线定义"对话框中的其他设置保持系统默认，单击 确定 按钮，完成直线的创建。

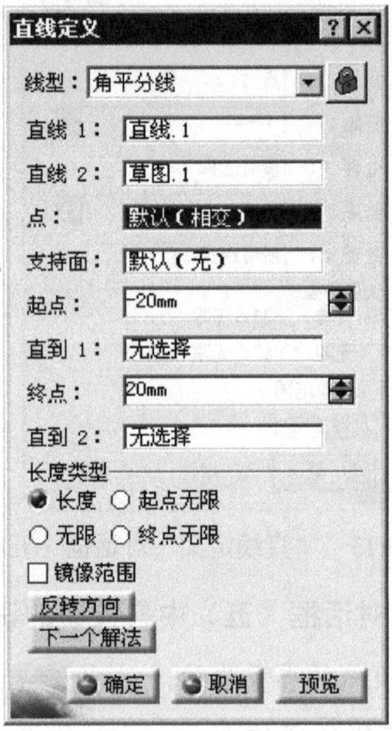

图 2.3.15 "直线定义"对话框（六）

图 2.3.15 所示"直线定义"对话框（六）中各按钮的说明如下。

- 直线 1：文本框：选取第一条参考直线。
- 直线 2：文本框：选取第二条参考直线。
- 点：文本框：定义直线通过点，默认为两参考直线的相交点。

2.3.2 轴线

轴线的创建方法主要包括如下几种：椭圆的法线、椭圆的短轴、圆的参考方向和旋转轴线。下面通过具体的实例分别介绍以上创建轴线方法的操作过程。

1. 椭圆的法线

该方法可以通过已知椭圆的法线创建轴线。下面以图 2.3.16 所示的例子说明通过已知椭圆的法线创建轴线的操作过程。

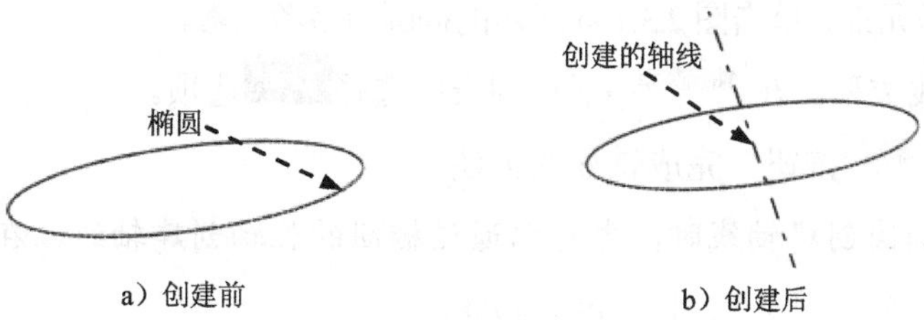

图 2.3.16　利用椭圆的法线创建轴线

Step1. 打开文件 D:\cat2016.8\work\ch02.03.02\asix_oblong.CATPart。

Step2. 选择命令。选择下拉菜单 插入 → 线框 ▸ → 轴线... 命令，系统弹出图 2.3.17 所示的“轴线定义”对话框（一）。

Step3. 定义参考元素。单击图 2.3.16a 所示的椭圆为参考元素。

Step4. 定义轴线类型。在 轴线类型： 下拉列表中选择 椭圆的法线 选项。

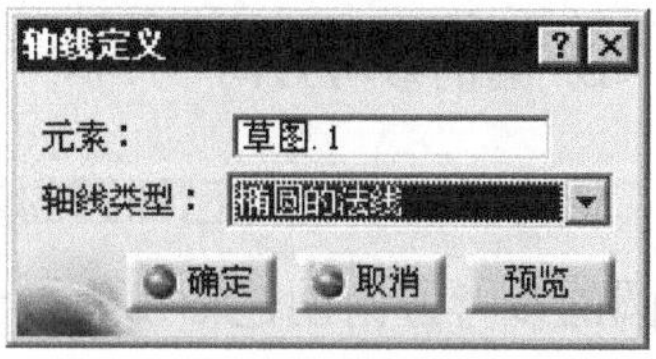

图 2.3.17　“轴线定义”对话框（一）

Step5. 单击 确定 按钮，完成轴线的创建。

说明：在创建轴线时，通过图 2.3.18 所示的图形也可以创建轴线，此时选择轴线类型命令显示为 长圆形的法线。

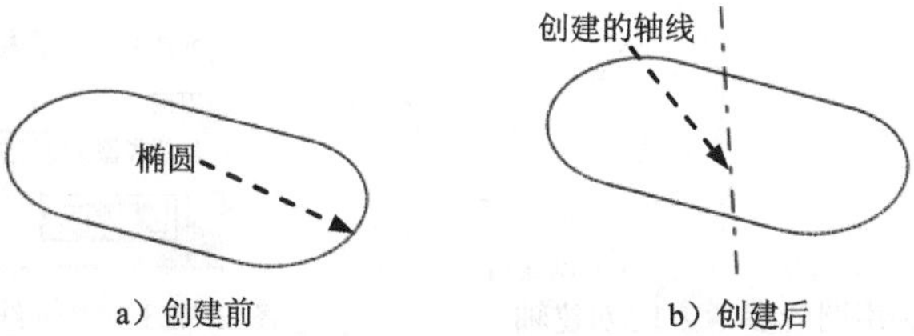

图 2.3.18　利用长圆形的法线创建轴线

2. 椭圆的短轴

该方法可以通过已知椭圆的短轴创建轴线。下面以图 2.3.19 所示的例子说明通过已知椭圆的短轴创建轴线的操作过程。

Step1. 打开文件 D:\cat2016.8\work\ch02.03.02\asix_ellipse.CATPart。

Step2. 选择命令。选择下拉菜单 插入 → 线框 ▸ → 轴线... 命令，系统弹出图 2.3.20 所示的“轴线定义”对话框（二）。

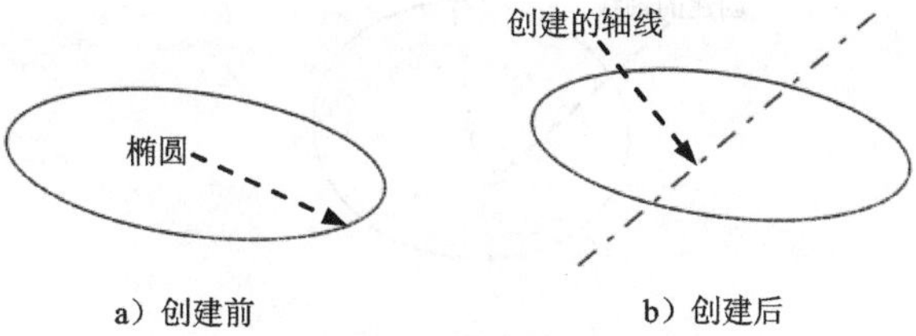

图 2.3.19　利用椭圆的短轴创建轴线

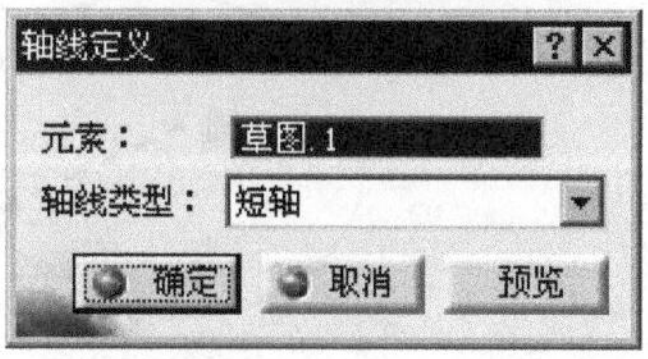

图 2.3.20　“轴线定义”对话框（二）

Step3. 定义参考元素。单击图 2.3.19a 所示的椭圆为参考元素。

Step4. 定义轴线类型。在 轴线类型： 下拉列表中选择 短轴 选项。

Step5. 单击 确定 按钮，完成轴线的创建。

说明：在通过椭圆创建轴线时，也可以通过椭圆的长轴创建轴线，在 轴线类型： 下拉列表中选择 长轴 命令，创建图 2.3.21b 所示的轴线。

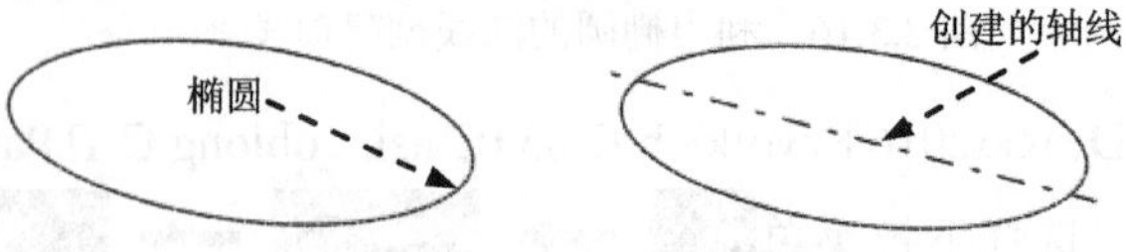

a）创建前　　b）创建后

图 2.3.21　利用椭圆的长轴创建轴线

3. 圆的参考方向

该方法可以通过已知圆的参考方向创建轴线。下面以图 2.3.22 所示的例子说明通过已知圆的参考方向创建轴线的操作过程。

Step1. 打开文件 D:\cat2016.8\work\ch02.03.02\asix_circle.CATPart。

Step2. 选择命令。选择下拉菜单 插入 → 线框 → 轴线... 命令，系统弹出图 2.3.23 所示的“轴线定义”对话框（三）。

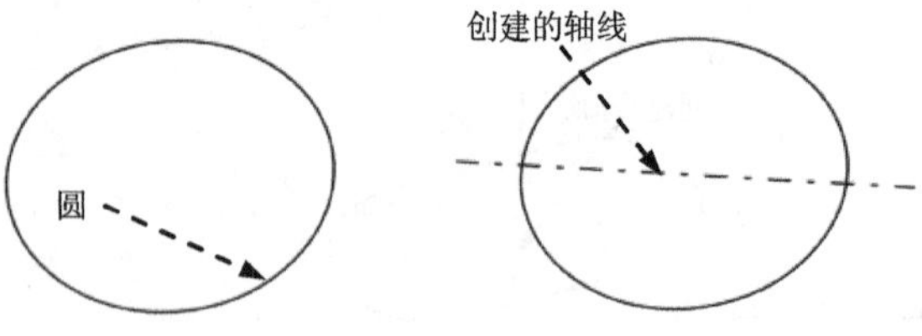

a）创建前　　b）创建后

图 2.3.22　利用圆的参考方向创建轴

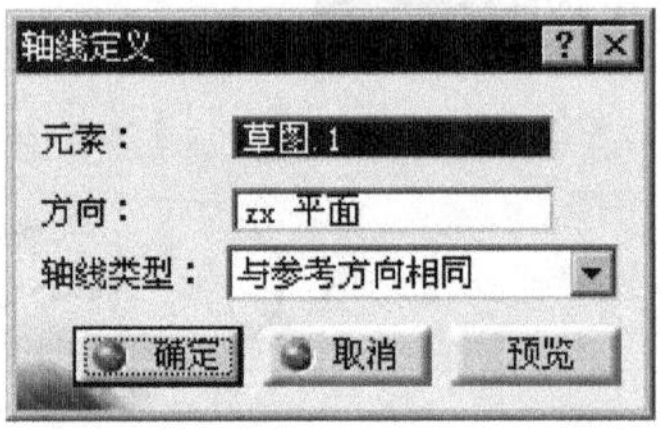

图 2.3.23　“轴线定义”对话框（三）

Step3. 定义参考元素。单击图 2.3.22a 所示的圆为参考元素。

Step4. 定义参考方向。单击 方向： 文本框选择 zx 平面。

Step5. 定义轴线类型。在 轴线类型： 下拉列表中选择 与参考方向相同 选项。

Step6. 单击 确定 按钮，完成轴线的创建。

说明：在通过圆创建轴线时，也可以通过圆的参考方向的法线创建轴线，在 轴线类型： 下拉列表中选择 参考方向的法线 命令，创建图 2.3.24b 所示的轴线；还可以通过圆的法线创建轴线，在 轴线类型： 下拉列表中选择 圆的法线 命令，创建图 2.3.25b 所示的轴线。

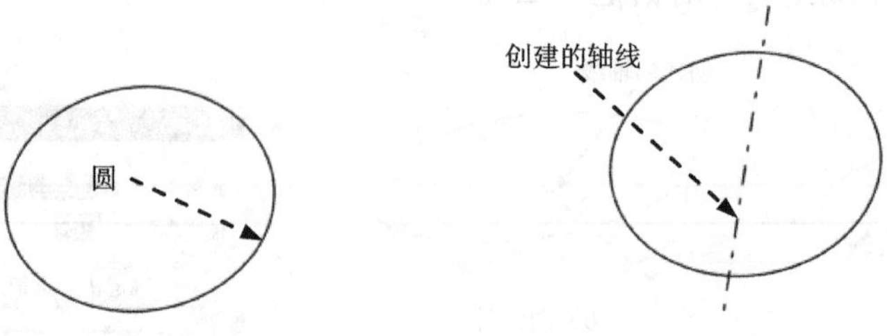

a）创建前　　b）创建后

图 2.3.24　利用圆的参考方向的法线创建轴线

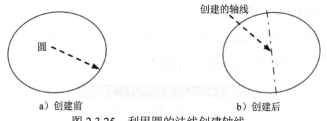

a）创建前　　　　b）创建后

图 2.3.25　利用圆的法线创建轴线

4. 旋转轴线

该方法可以通过已知的旋转面创建轴线。下面以图 2.3.26 所示的例子说明通过已知的旋转面创建轴线的操作过程。

Step1. 打开文件 D:\cat2016.8\work\ch02.03.02\asix_revolute.CATPart。

Step2. 选择命令。选择下拉菜单 插入 → 线框 → 轴线... 命令，系统弹出图 2.3.27 所示的“轴线定义”对话框（四）。

Step3. 定义参考元素。单击图 2.3.26a 所示的旋转面为参考元素。

Step4. 单击 确定 按钮，完成轴线的创建。

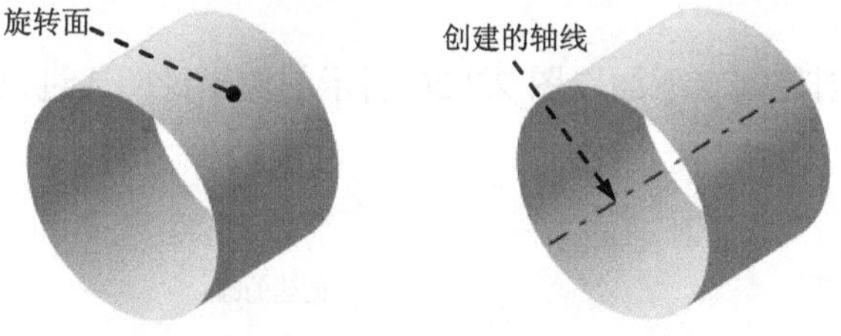

a）创建前　　　　b）创建后

图 2.3.26　利用旋转面创建轴线

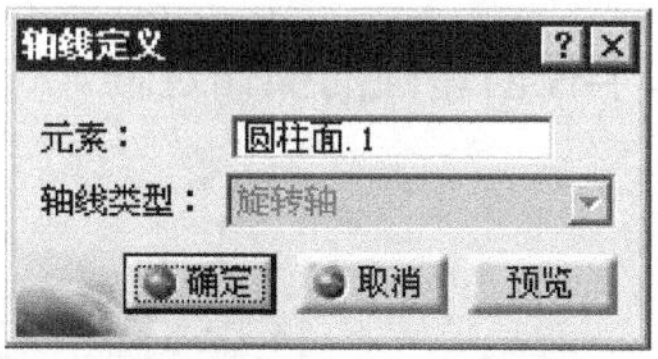

图 2.3.27　“轴线定义”对话框（四）

2.3.3　折线

使用下拉菜单 插入 → 线框 → 折线... 命令，可以通过已知的点创建折线。下面以图 2.3.28 所示的例子说明通过已知的点创建折线的操作过程。

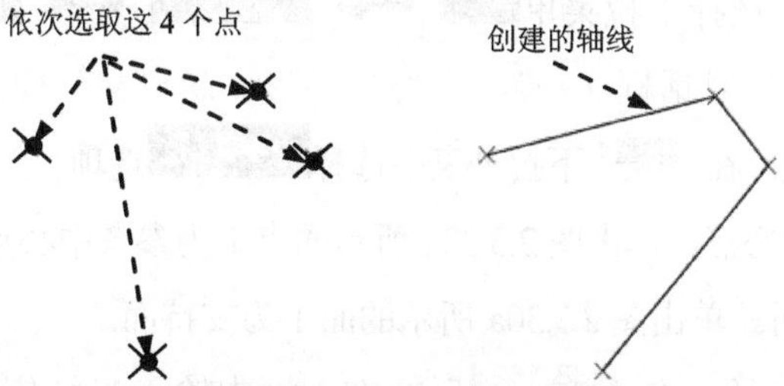

a）创建前　　　　b）创建后

图 2.3.28　利用点创建折线

Step1. 打开文件 D:\cat2016.8\work\ch02.03.03\crease_line.CATPart。

Step2. 选择命令。选择下拉菜单 插入 → 线框 → 折线... 命令，系统弹出

图 2.3.29 所示的“折线定义”对话框。

Step3. 定义参考点。依次单击图 2.3.28a 所示的 4 个点为参考点。

Step4. 单击 确定 按钮，完成折线的创建。

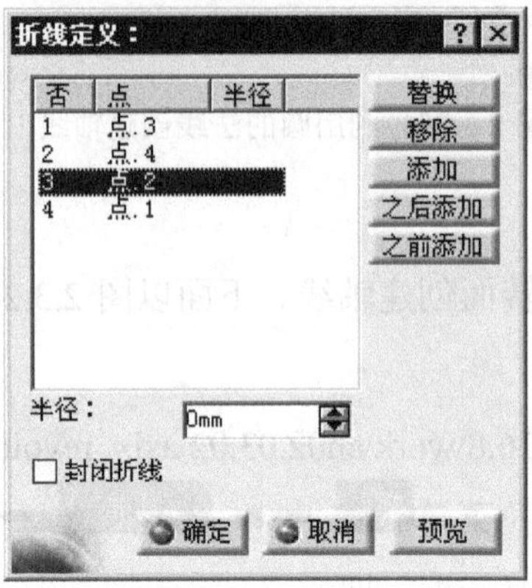

图 2.3.29 “折线定义”对话框

2.3.4 圆

1. 中心和半径

该方法可以通过已知的点和半径创建圆。下面以图 2.3.30 所示的例子说明通过已知的点和半径创建圆的操作过程。

a）创建前　　　　b）创建后

图 2.3.30 利用点和半径创建圆

Step1. 打开文件 D:\cat2016.8\work\ch02.03.04\center_radius.CATPart。

Step2. 选择命令。选择下拉菜单 插入 → 线框 → 圆... 命令，系统弹出图 2.3.31 所示的“圆定义”对话框（一）。

Step3. 定义圆类型。在 圆类型： 下拉列表中选择 中心和半径 选项。

Step4. 定义参考中心点。单击图 2.3.30a 所示的点 1 为参考中心点。

Step5. 定义支持面。单击图 2.3.30a 所示的面 1 为支持面。

Step6. 定义圆的半径。在 半径： 后的文本框中输入半径值 15，其他参数设置如图 2.3.31 所示。

Step7. 单击 确定 按钮，完成圆的创建。

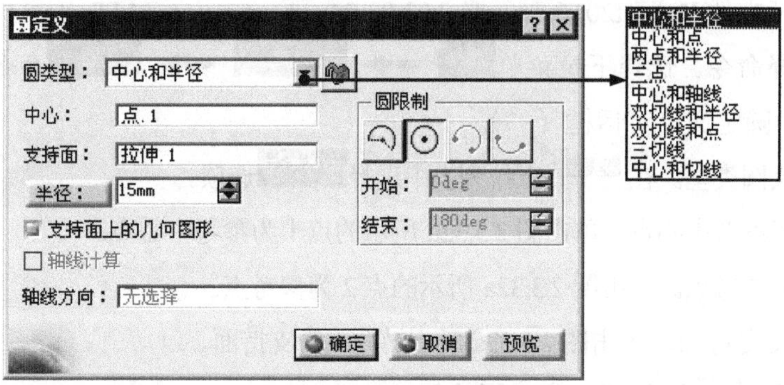

图 2.3.31 “圆定义”对话框（一）

图 2.3.31 所示“圆定义”对话框（一）中各按钮的说明如下。

- 圆类型：下拉列表：用于定义圆的创建类型。
- 中心：文本框：定义圆的中心点。
- 支持面：文本框：定义圆的生成方向参考。
- 半径：按钮：输入圆的半径值。
- 支持面上的几何图形复选框：选中此选项后，生成的圆将投影到支持面上。
- 轴线计算复选框：选中此选项后，在生成圆的同时还会生成圆的轴线（选中支持面上的几何图形选项后，此选项不可用）。
- 轴线方向：文本框：定义生成圆的轴线的方向。
- 圆限制区域：用于定义圆的限制类型和圆弧起始点位置。
  - ☑ 按钮：用于定义部分圆弧。
  - ☑ 按钮：用于定义整圆。
  - ☑ 按钮：用于对已有的圆弧进行修剪。
  - ☑ 按钮：用于对已有的圆弧进行补充。
  - ☑ 开始：文本框：定义圆弧的开始位置。
  - ☑ 结束：文本框：定义圆弧的结束位置。

2. 中心和点

该方法可以通过已知的两个点创建圆。下面以图 2.3.32 所示的例子说明通过已知的两个点创建圆的操作过程。

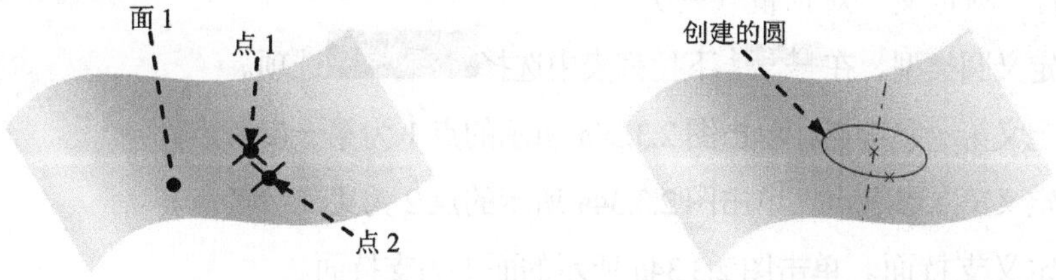

a）创建前　　b）创建后

图 2.3.32 利用两个点创建圆

Step1. 打开文件 D:\cat2016.8\work\ch02.03.04\center_point.CATPart。

Step2. 选择命令。选择下拉菜单 插入 → 线框 → 圆... 命令，系统弹出图 2.3.33 所示的“圆定义”对话框（二）。

Step3. 定义圆类型。在 圆类型： 下拉列表中选择 中心和点 选项。

Step4. 定义参考中心点。单击图 2.3.32a 所示的点 1 为参考中心点。

Step5. 定义参考点。单击图 2.3.32a 所示的点 2 为参考点。

Step6. 定义支持面。单击图 2.3.32a 所示的面 1 为支持面。

Step7. 单击 确定 按钮，完成圆的创建。

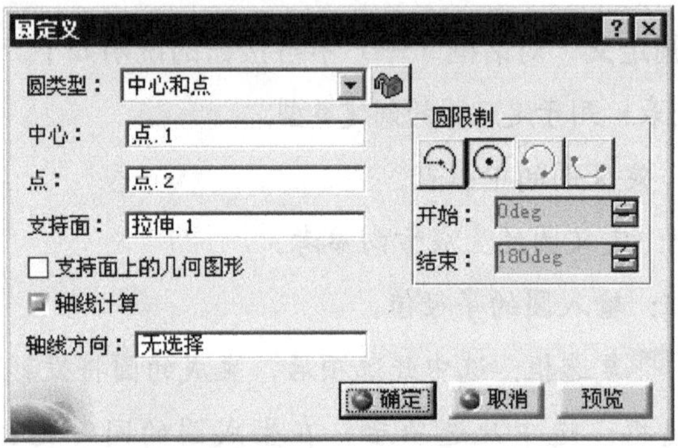

图 2.3.33 “圆定义”对话框（二）

3. 两个点和半径

使用下拉菜单 插入 → 线框 → 圆... 命令，可以通过已知的两个点和半径创建圆。下面以图 2.3.34 所示的例子说明通过已知的两个点和半径创建圆的操作过程。

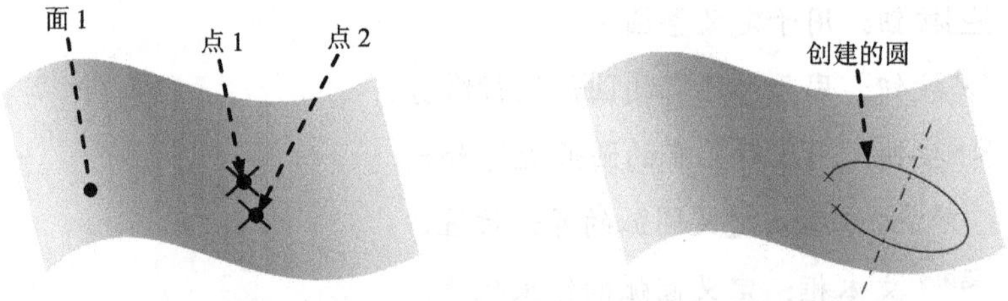

a）创建前　　b）创建后

图 2.3.34 利用两个点和半径创建圆

Step1. 打开文件 D:\cat2016.8\work\ch02.03.04\two_point_radius.CATPart。

Step2. 选择命令。选择下拉菜单 插入 → 线框 → 圆... 命令，系统弹出图 2.3.35 所示的“圆定义”对话框（三）。

Step3. 定义圆类型。在 圆类型： 下拉列表中选择 两个点和半径 选项。

Step4. 定义第一参考点。单击图 2.3.34a 所示的点 1 为第一参考点。

Step5. 定义第二参考点。单击图 2.3.34a 所示的点 2 为第二参考点。

Step6. 定义支持面。单击图 2.3.34a 所示的面 1 为支持面。

Step7. 定义圆的半径。在半径：后的文本框中输入值 20。

Step8. 定义圆限制类型。在圆限制区域中单击按钮。

Step9. 单击确定按钮，完成圆的创建。

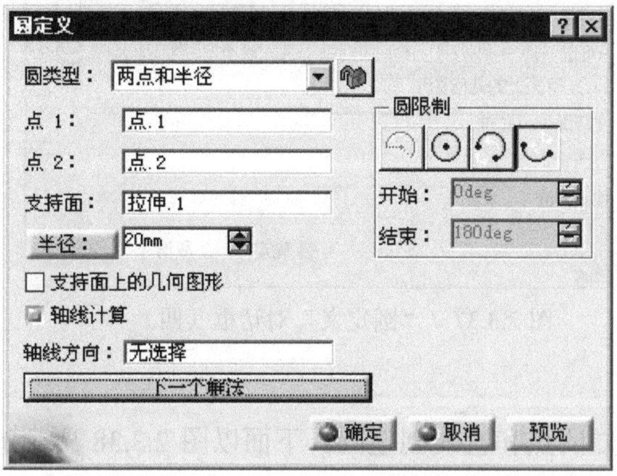

图 2.3.35　“圆定义”对话框（三）

4. 3 个点

该方法可以通过已知的 3 个点创建圆。下面以图 2.3.36 所示的例子说明通过已知的 3 个点创建圆的操作过程。

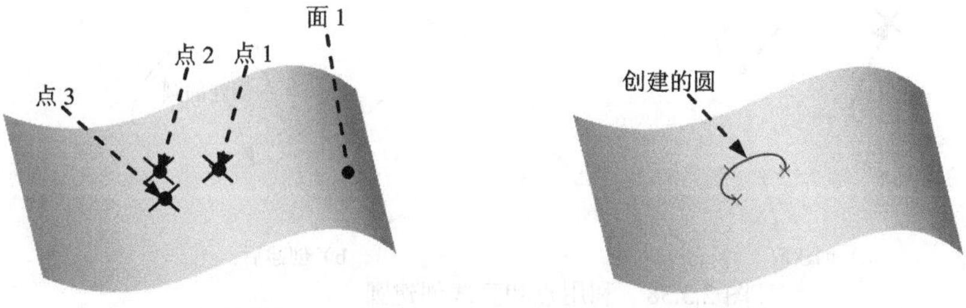

a）创建前　　b）创建后

图 2.3.36　利用 3 个点创建圆

Step1. 打开文件 D:\cat2016.8\work\ch02.03.04\three_point.CATPart。

Step2. 选择命令。选择下拉菜单插入 → 线框 → 圆...命令，系统弹出图 2.3.37 所示的“圆定义”对话框（四）。

Step3. 定义圆类型。在圆类型：下拉列表中选择三点选项。

Step4. 定义第一参考点。单击图 2.3.36a 所示的点 1 为第一参考点。

Step5. 定义第二参考点。单击图 2.3.36a 所示的点 2 为第二参考点。

Step6. 定义第三参考点。单击图 2.3.36a 所示的点 3 为第三参考点。

Step7. 定义支持面。在可选区域中选中支持面上的几何图形选项，单击图 2.3.36a 所示的面 1 为支持面，其他设置如图 2.3.37 所示。

Step8. 单击确定按钮，完成圆的创建。

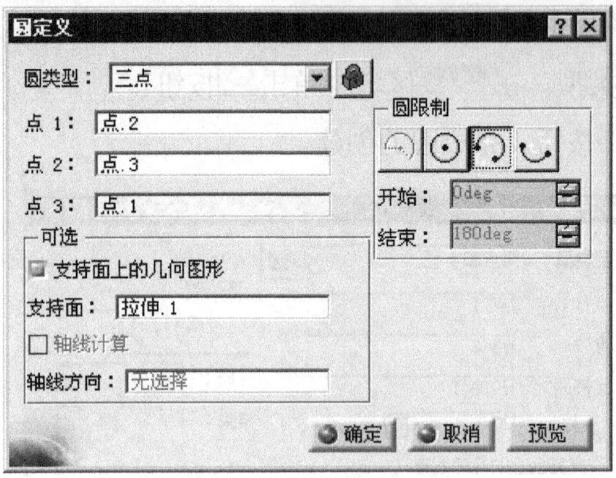

图 2.3.37 “圆定义”对话框（四）

5. 中心和轴线

该方法可以通过已知的点和直线创建圆。下面以图 2.3.38 所示的例子说明通过已知的点和直线创建圆的操作过程。

Step1. 打开文件 D:\cat2016.8\work\ch02.03.04\center_asix.CATPart。

Step2. 选择命令。选择下拉菜单 插入 → 线框 → 圆... 命令，系统弹出图 2.3.39 所示的“圆定义”对话框（五）。

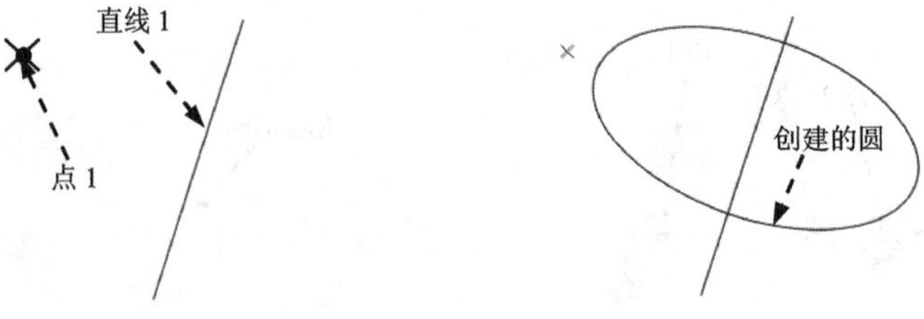

a）创建前　　b）创建后

图 2.3.38 利用点和直线创建圆

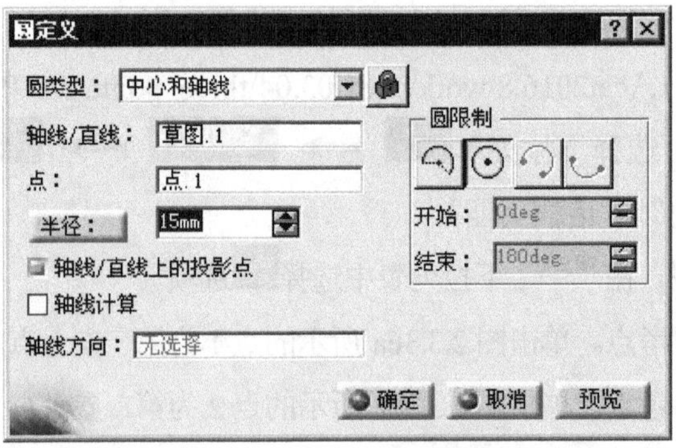

图 2.3.39 “圆定义”对话框（五）

Step3. 定义圆类型。在 圆类型： 下拉列表中选择 中心和轴线 选项。

Step4. 定义参考轴线/直线。单击图 2.3.38a 所示的直线 1 为参考轴线/直线。

Step5. 定义参考点。单击图 2.3.38a 所示的点 1 为参考点。

Step6. 定义圆的半径。在 半径： 后的文本框中输入值 15。

Step7. 单击 确定 按钮，完成圆的创建。

6. 双切线和半径

该方法可以通过已知的相切元素和半径创建圆。下面以图 2.3.40 所示的例子说明通过已知的相切元素和半径创建圆的操作过程。

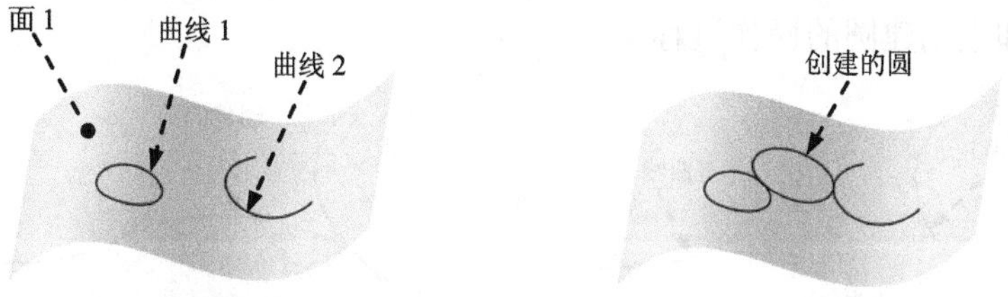

a）创建前　　　　b）创建后

图 2.3.40　利用相切元素和半径创建圆

Step1. 打开文件 D:\cat2016.8\work\ch02.03.04\both_tangent_radius.CATPart。

Step2. 选择命令。选择下拉菜单 插入 → 线框 ▸ → ◯ 圆... 命令，系统弹出图 2.3.41 所示的“圆定义”对话框（六）。

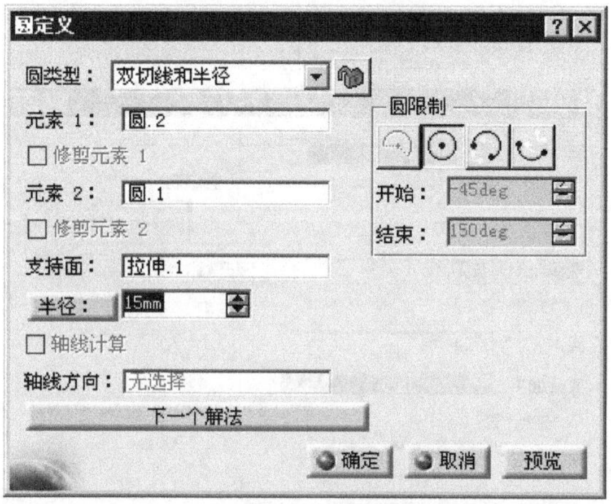

图 2.3.41　“圆定义”对话框（六）

Step3. 定义圆类型。在 圆类型： 下拉列表中选择 双切线和半径 选项。

Step4. 定义第一相切元素。单击图 2.3.40a 所示的曲线 1 为第一相切元素。

Step5. 定义第二相切元素。单击图 2.3.40a 所示的曲线 2 为第二相切元素。

Step6. 定义支持面。单击图 2.3.40a 所示的面 1 为支持面。

Step7. 定义圆的半径。在 半径： 后的文本框中输入值 15。

Step8. 单击 确定 按钮，完成圆的创建。

图 2.3.41 所示“圆定义”对话框（六）中部分按钮的说明如下。

- 元素 1: 文本框：定义与圆相切的第一相切元素。
- 修剪元素 1 选项：定义用于修剪圆弧的第一个修剪元素。
- 元素 2: 文本框：定义与圆相切的第二相切元素。
- 修剪元素 2 选项：定义用于修剪圆弧的第二个修剪元素。

7. 双切线和点

该方法可以通过已知的相切元素和点创建圆。下面以图 2.3.42 所示的例子说明通过已知的相切元素和点创建圆的操作过程。

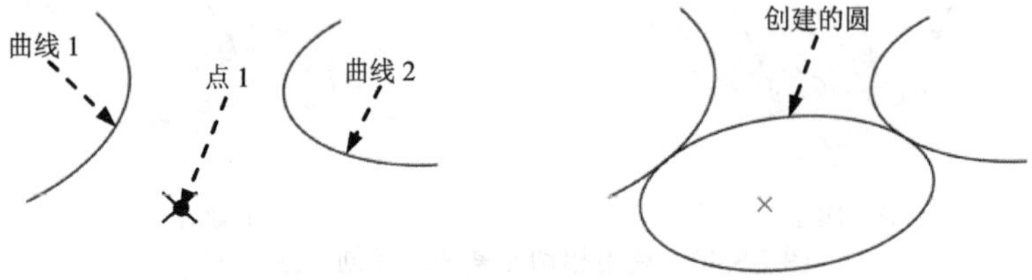

a）创建前　　b）创建后

图 2.3.42　利用相切元素和点创建圆

Step1. 打开文件 D:\cat2016.8\work\ch02.03.04\both_tangent_point.CATPart。

Step2. 选择命令。选择下拉菜单 插入 → 线框 → 圆... 命令，系统弹出图 2.3.43 所示的“圆定义”对话框（七）。

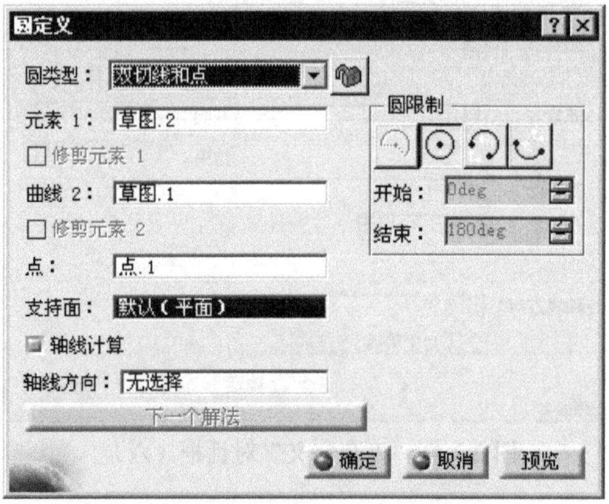

图 2.3.43　“圆定义”对话框（七）

Step3. 定义圆类型。在 圆类型： 下拉列表中选择 双切线和点 选项。

Step4. 定义第一相切元素。单击图 2.3.42a 所示的曲线 1 为第一相切元素。

Step5. 定义第二相切曲线。单击图 2.3.42a 所示的曲线 2 为第二相切曲线。

Step6. 定义参考点。单击图 2.3.42a 所示的点 1 为参考点。

Step7. 单击 确定 按钮，完成圆的创建。

8. 三切线

该方法可以通过已知的相切元素创建圆。下面以图 2.3.44 所示的例子说明通过已知的相切元素创建圆的操作过程。

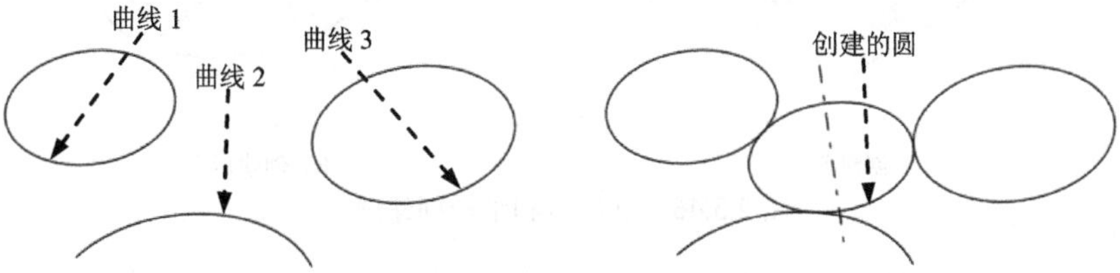

a）创建前　　b）创建后

图 2.3.44　利用相切元素创建圆

Step1. 打开文件 D:\cat2016.8\work\ch02.03.04\three_tangent.CATPart。

Step2. 选择命令。选择下拉菜单 插入 → 线框 → 圆... 命令，系统弹出图 2.3.45 所示的“圆定义”对话框（八）。

Step3. 定义圆类型。在 圆类型： 下拉列表中选择 三切线 选项。

Step4. 定义第一相切元素。单击图 2.3.44a 所示的曲线 1 为第一相切元素。

Step5. 定义第二相切元素。单击图 2.3.44a 所示的曲线 2 为第二相切元素。

Step6. 定义第三相切元素。单击图 2.3.44a 所示的曲线 3 为第三相切元素。

Step7. 单击 确定 按钮，完成圆的创建。

说明：单击 确定 按钮后，创建的圆如果不是自己需要的圆弧，可以单击对话框中的 下一个解法 按钮来选择合适的解。

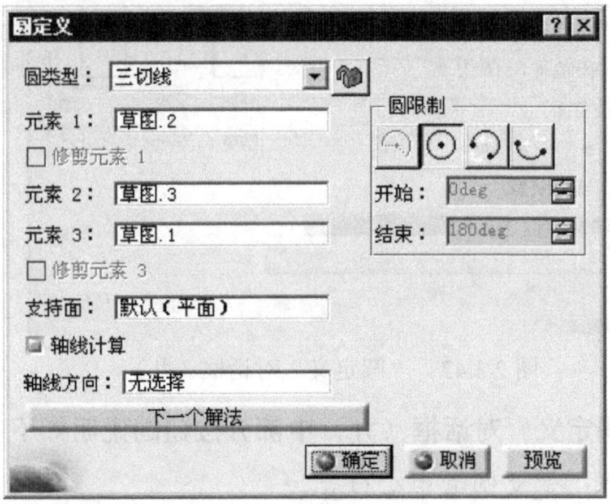

图 2.3.45　“圆定义”对话框（八）

9. 中心和切线

该方法可以通过已知的点和半径创建圆。下面以图 2.3.46 所示的例子说明通过已知的点和半径创建圆的操作过程。

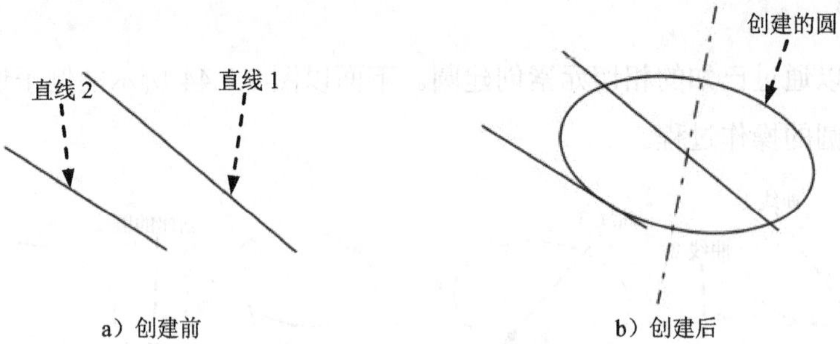

图 2.3.46　利用点和半径创建圆

Step1. 打开文件 D:\cat2016.8\work\ch02.03.04\center_tangent.CATPart。

Step2. 选择命令。选择下拉菜单 插入 → 线框 ▸ → ◯ 圆... 命令，系统弹出图 2.3.47 所示的“圆定义”对话框（九）。

Step3. 定义圆类型。在 圆类型： 下拉列表中选择 中心和切线 选项。

Step4. 定义中心元素。单击图 2.3.46a 所示的直线 1 为中心元素。

Step5. 定义相切曲线。单击图 2.3.46a 所示的直线 2 为切线曲线。

Step6. 定义支持面。右击 支持面： 文本框，在弹出的快捷菜单中选择 YZ 平面 选项，选择 yz 平面为支持面。

Step7. 定义圆的半径。在 半径： 后的文本框中输入值 18。

Step8. 单击 确定 按钮，完成圆的创建。

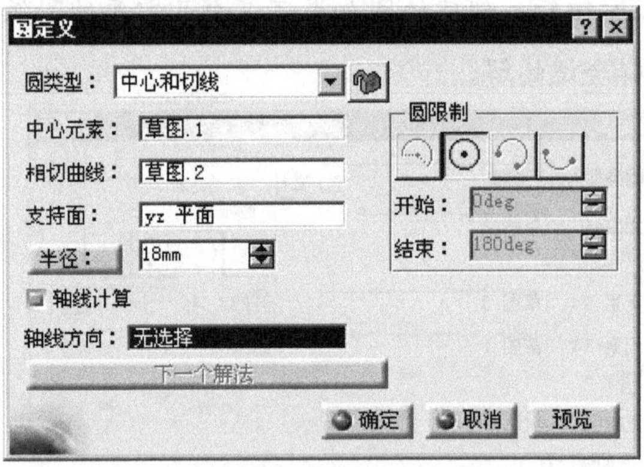

图 2.3.47　“圆定义”对话框（九）

图 2.3.47 所示“圆定义”对话框（九）中部分按钮的说明如下。

- 中心元素：文本框：定义圆弧中心位置。
- 切线曲线：文本框：用于定义与圆弧相切的对象。

2.3.5　圆角

使用下拉菜单 插入 → 线框 ▸ → 圆角... 命令，可以通过已知的曲线创建 3D

圆角。下面以图 2.3.48 所示的例子说明通过已知的曲线创建 3D 圆角的操作过程。

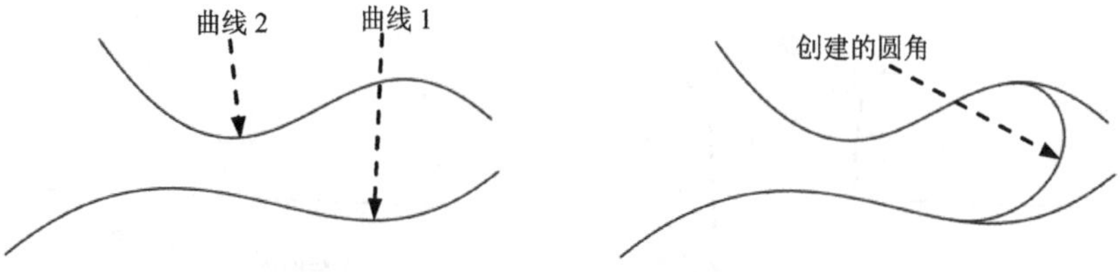

a）创建前　　　　b）创建后

图 2.3.48　利用曲线创建 3D 圆角

Step1. 打开文件 D:\cat2016.8\work\ch02.03.05\corner_3d.CATPart。

Step2. 选择命令。选择下拉菜单 插入 → 线框 → 圆角... 命令，系统弹出图 2.3.49 所示的“圆角定义”对话框。

Step3. 定义圆角类型。在 圆角类型： 下拉列表中选择 3D 圆角 选项。

Step4. 定义第一参考元素。单击图 2.3.48a 所示的曲线 1 为第一参考元素。

Step5. 定义第二参考元素。单击图 2.3.48a 所示的曲线 2 为第二参考元素。

Step6. 定义圆角半径。在 半径： 文本框中输入圆角半径值 15。

Step7. 单击 确定 按钮，完成圆角的创建。

图 2.3.49 所示“圆角定义”对话框中各按钮的说明如下。

- 圆角类型： 下拉列表：在此下拉列表中定义圆角类型。
- 顶点上的圆角 选项：在顶点处创建圆角。
- 元素 1： 文本框：定义创建圆角的第一相切元素。
- 修剪元素 1 选项：定义用于修剪圆角的第一个修剪元素。
- 元素 2： 文本框：定义创建圆角的第二相切元素。
- 修剪元素 2 选项：定义用于修剪圆角的第二个修剪元素。
- 半径： 文本框：输入圆角半径大小。

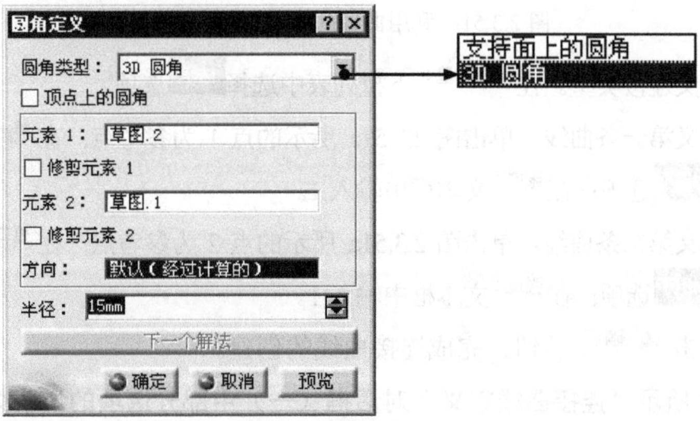

图 2.3.49　“圆角定义”对话框

说明：在 圆角类型： 下拉列表中，支持面上的圆角选项是基于平面的圆角命令，其操作过程如图 2.3.50 所示。

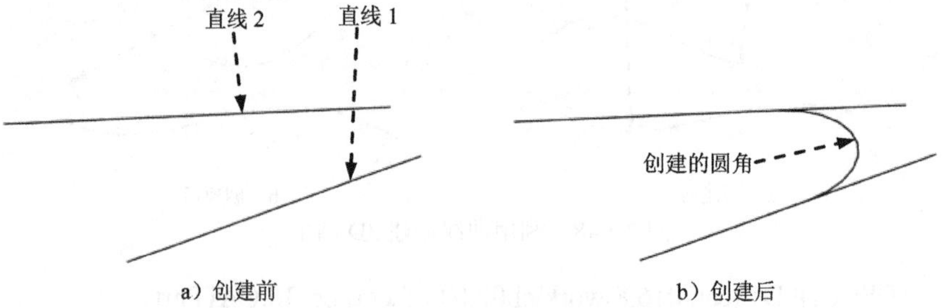

图 2.3.50 利用直线创建圆角

2.3.6 连接曲线

1. 法线

使用下拉菜单 插入 → 线框 → 连接曲线... 命令，可以通过已知曲线的法线创建连接曲线。下面以图 2.3.51 所示的例子说明通过已知曲线的法线创建连接曲线的操作过程。

Step1. 打开文件 D:\cat2016.8\work\ch02.03.06\join_curve_normal.CATPart。

Step2. 选择命令。选择下拉菜单 插入 → 线框 → 连接曲线... 命令，系统弹出图 2.3.52 所示的“连接曲线定义”对话框（一）。

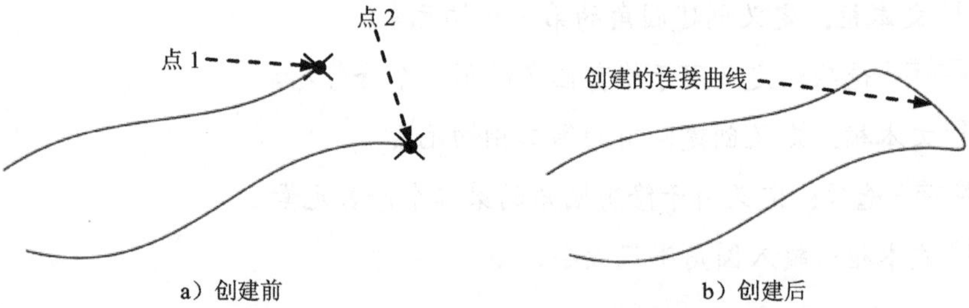

图 2.3.51 利用曲线的法线创建连接曲线

Step3. 定义连接类型。在 连接类型： 下拉列表中选择 法线 选项。

Step4. 定义第一条曲线。单击图 2.3.51a 所示的点 1 为参考点；在 第一条曲线： 区域的 连续： 下拉列表中选择 相切 选项；在 张度： 文本框中输入 1。

Step5. 定义第二条曲线。单击图 2.3.51a 所示的点 2 为参考点；在 第二条曲线： 区域的 连续： 下拉列表中选择 相切 选项；在 张度： 文本框中输入 1。

Step6. 单击 确定 按钮，完成连接曲线的创建。

图 2.3.52 所示“连接曲线定义”对话框（一）中部分选项的说明如下。

- 连接类型： 下拉列表：定义创建连接曲线的类型。

- 第一曲线：区域：定义要连接的第一条曲线。
  - ☑ 点：文本框：选取连接点。
  - ☑ 曲线：文本框：选取连接曲线，如果上面选择的点在某一条曲线上，系统会自动选择该曲线。

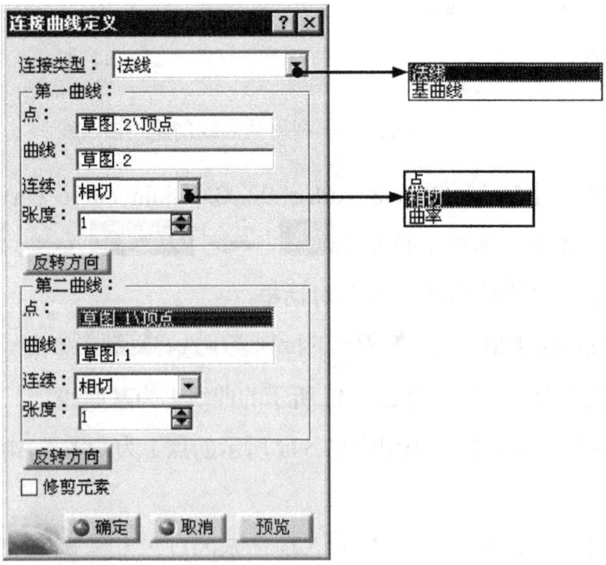

图 2.3.52 “连接曲线定义”对话框（一）

  - ☑ 连续：下拉列表：定义已知曲线和连接曲线的连接类型，包括点、相切和曲率3 个选项。
  - ☑ 张度：文本框：设置连接曲线与已知曲线连接处“延伸长度”。
- 反转方向按钮：调整连接曲线的连接方向。
- 第二曲线：区域：定义要连接的第二条曲线。
- 修剪元素选项：选中此选项后，系统将连接曲线以外的部分修剪掉，如图 2.3.53b 所示。

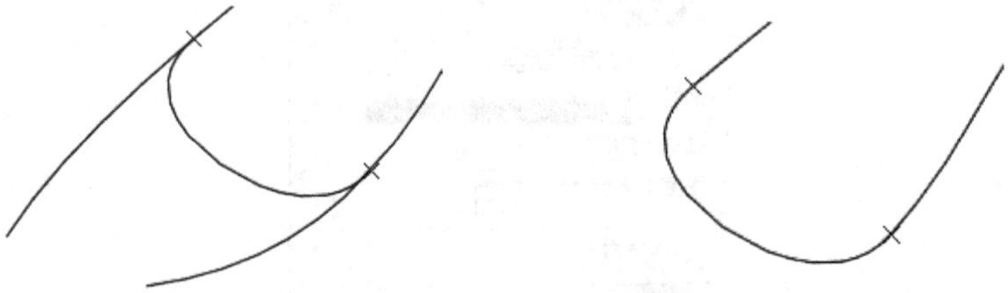

a）修剪元素前　　b）修剪元素后

图 2.3.53 选中修剪元素选项

2. 基曲线

使用下拉菜单 插入 → 线框 ▸ → 连接曲线... 命令，可以通过已知的基曲线创建连接曲线。下面以图 2.3.54 所示的例子说明通过已知的基曲线创建连接曲线的操作过程。

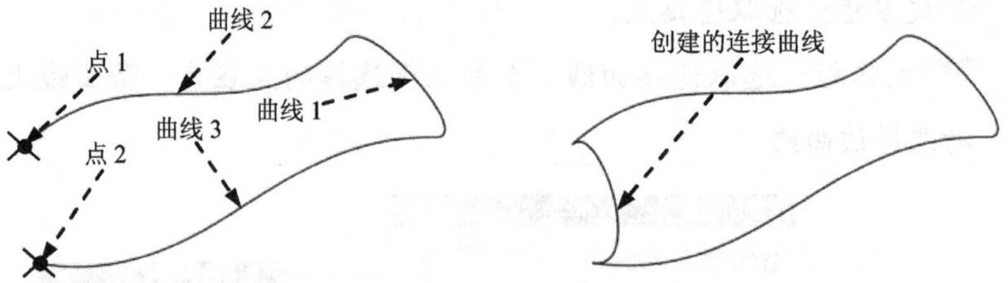

a）创建前　　b）创建后

图 2.3.54　利用基曲线创建连接曲线

Step1. 打开文件 D:\cat2016.8\work\ch02.03.06\join_curve_curve.CATPart。

Step2. 选择命令。选择下拉菜单 插入 → 线框 → 连接曲线... 命令，系统弹出图 2.3.55 所示的“连接曲线定义”对话框（二）。

Step3. 定义连接类型。在 连接类型： 下拉列表中选择 基曲线 选项。

Step4. 定义基曲线。单击图 2.3.54a 所示的曲线 1 为基曲线。

Step5. 定义第一条曲线。单击图 2.3.54a 所示的点 1 为参考点，单击图 2.3.54a 所示的曲线 2 为参考曲线。

Step6. 定义第二条曲线。单击图 2.3.54a 所示的点 2 为参考点，单击图 2.3.54a 所示的曲线 3 为参考曲线。

Step7. 单击 确定 按钮，完成连接曲线的创建。

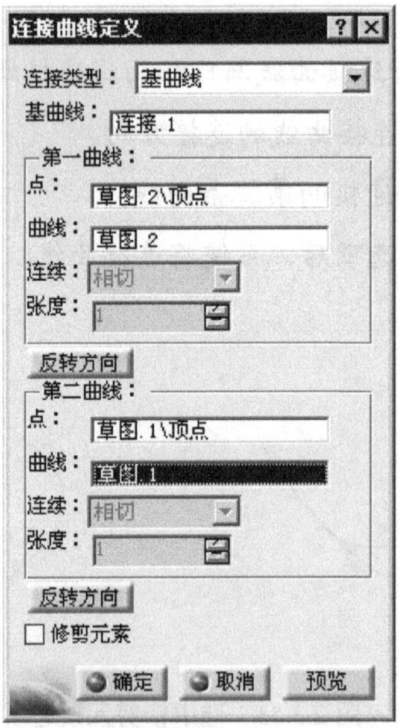

图 2.3.55　“连接曲线定义”对话框（二）

图 2.3.55 所示“连接曲线定义”对话框（二）中部分选项的说明如下。

- 基曲线： 文本框：基曲线就是用来确定连接曲线生成方向的基准曲线，激活此文本框选取作为基曲线的曲线。如图 2.3.56 所示，在使用基线创建连接曲线时，如果选取图 2.3.56a 中的曲线 1 作为基曲线，创建出的连接曲线如图 2.3.56a 所示（连接曲线生成方向偏向曲线 1）；如果选取图 2.3.56b 中的曲线 2 作为基曲线，创建出的连接曲线如图 2.3.56b 所示（连接曲线生成方向偏向曲线 2）。

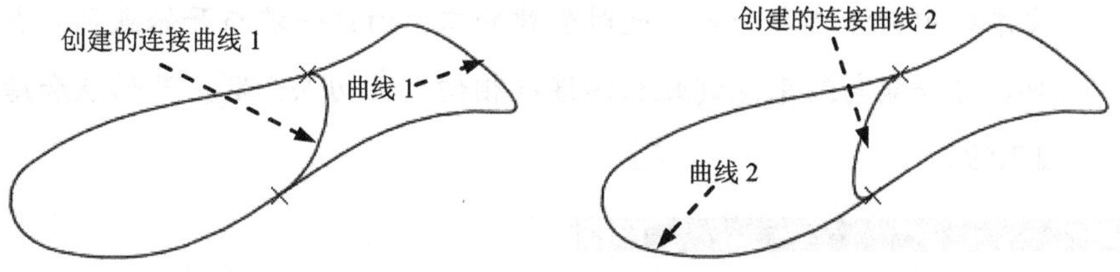

a）选取曲线 1 做基线　　b）选取曲线 2 做基线

图 2.3.56　利用基曲线创建连接曲线

2.3.7　二次曲线

使用下拉菜单 插入 → 线框 ▸ → 二次曲线... 命令，可以在空间的两点之间创建二次曲线。下面以图 2.3.57 所示的例子说明在空间两点之间创建二次曲线的操作过程。

Step1. 打开文件 D:\cat2016.8\work\ch02.03.07\conic.CATPart。

Step2. 选择命令。选择下拉菜单 插入 → 线框 ▸ → 二次曲线... 命令，系统弹出图 2.3.58 所示的“二次曲线定义”对话框。

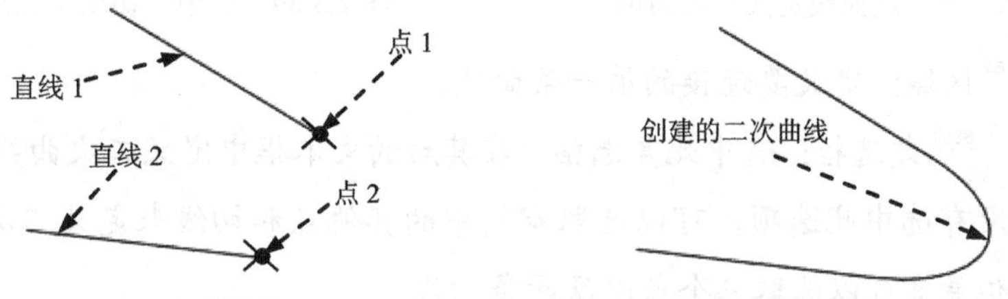

a）创建前　　b）创建后

图 2.3.57　创建二次曲线

Step3. 定义支持面。激活“二次曲线定义”对话框中 支持面 后的文本框，然后在特征树中选取 yz 平面为支持面。

Step4. 定义约束限制。选取图 2.3.57a 所示的点 1 为开始点，选取点 2 为结束点，选取直线 1 为开始切线，选取直线 2 为结束切线。

Step5. 定义中间约束。在“二次曲线定义”对话框的 中间约束 区域的 参数 后的文本框中输入值 0.3，其他设置采用系统默认。

Step6. 单击 确定 按钮，完成二次曲线的创建。

图 2.3.58 所示“二次曲线定义”对话框中部分选项的说明如下。

- 支持面 文本框：定义创建二次曲线的类型。

● 约束限制 区域：此区域用来定义二次曲线与已知对象间的几何约束关系。

☑ 点 区域：用来定义二次曲线的开始点和结束点。

☑ 切线 区域：用来定义二次曲线的开始切线和结束切线。

☑ 切线相交点 复选框：定义二次曲线的切线相交点，选中此选项后，在其后的 点 文本框中激活选取一点，此时创建的二次曲线一端与开始点到此点的连线相切，另一端与结束点到此点的连线相切，且切点分别为开始点和结束点（图 2.3.59）。

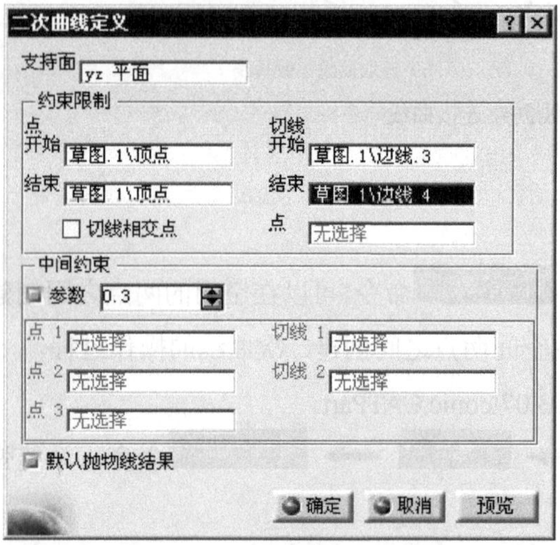

图 2.3.58 “二次曲线定义”对话框

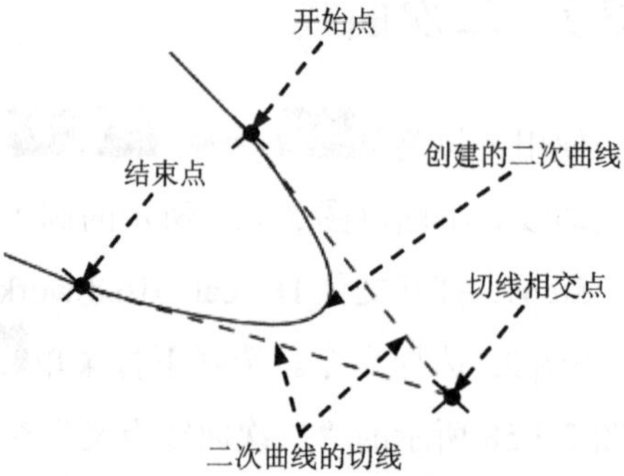

图 2.3.59 选中“切线相交点”复选框

● 中间约束 区域：定义要连接的第一条曲线。

☑ 参数 复选框：选中此复选框，在其后的文本框中定义二次曲线的参数；如果没有选中此选项，可以选取空间中的其他点和切线来定义二次曲线的形状，但最多可以选取三个点以及两条切线。

说明： 二次曲线参数包括以下 3 种类型：当参数值大于 0 小于 0.5 时，曲线形状为椭圆；当参数值等于 0.5 时，曲线形状为抛物线；当参数值大于 0.5 小于 1 时，曲线形状为双曲线。

● 默认抛物线结果 复选框：选中此复选框，在默认情况下，二次曲线为抛物线。

2.3.8 样条线

使用下拉菜单 插入 → 线框 ▸ → 样条线... 命令，可以通过空间一系列的点创建样条线。下面以图 2.3.60 所示的例子说明创建样条线的操作过程。

Step1. 打开文件 D:\cat2016.8\work\ch02.03.08\Spline.CATPart。

Step2. 选择命令。选择下拉菜单 插入(I) → 线框 ▸ → 样条线... 命令，系统弹出图 2.3.61 所示的“样条线定义”对话框。

Step3. 定义参考点。依次单击图 2.3.60a 所示的点 1、点 2、点 3 和点 4 为参考点。

Step4. 单击 确定 按钮，完成样条线的创建。

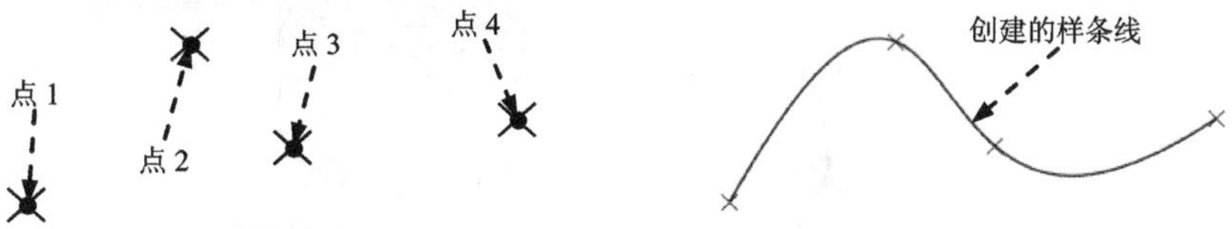

a）创建前　　b）创建后

图 2.3.60　利用点创建样条线

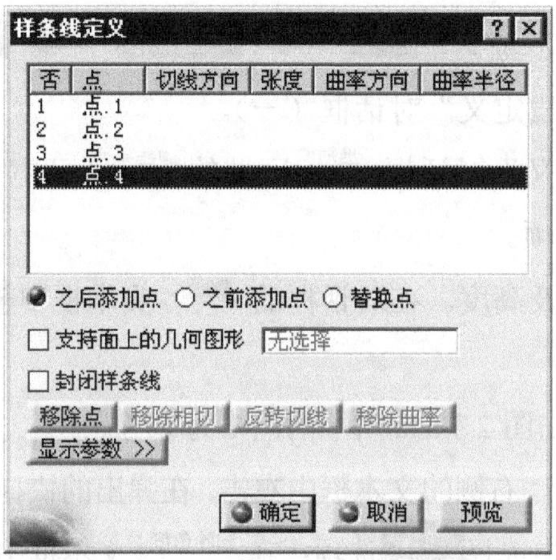

图 2.3.61　“样条线定义”对话框

图 2.3.61 所示“样条线定义”对话框中部分选项的说明如下。

- 支持面上的几何图形 复选框：选中此选项，然后选取支持面，将样条线投影到支持面上（选取的点必须是支持面上的点）（图 2.3.62）。
- 封闭样条线 复选框：选中此选项将样条线封闭（图 2.3.63）。

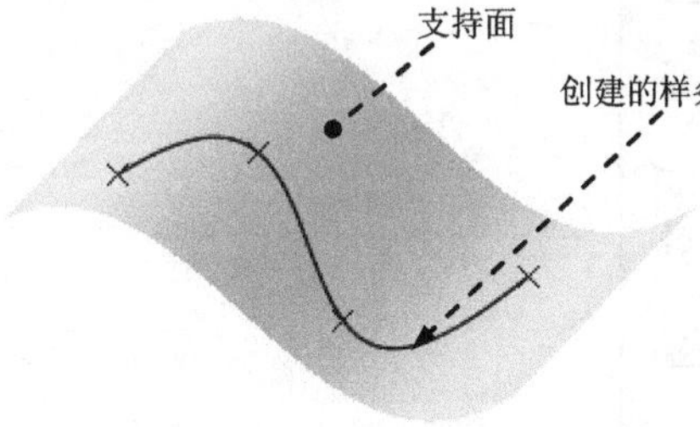

图 2.3.62　支持面上的样条线

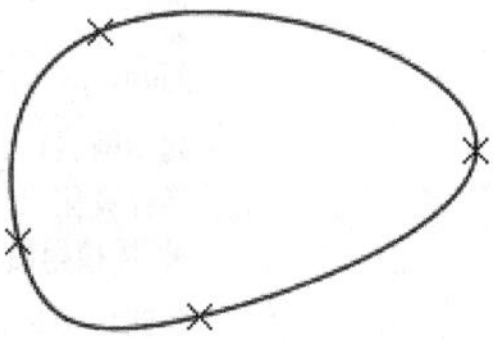

图 2.3.63　封闭样条线

2.3.9　螺旋线

使用下拉菜单 插入 → 线框 ▸ → 螺旋线... 命令，可以通过已知的点创建螺旋线。下面以图 2.3.64 所示的例子说明通过已知的点创建螺旋线的操作过程。

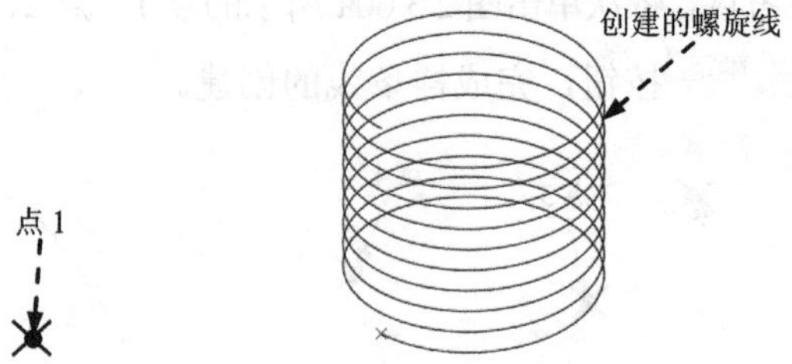

a）创建前　　　　b）创建后

图 2.3.64　利用点创建螺旋线

Step1. 打开文件 D:\cat2016.8\work\ch02.03.09\Helix.CATPart。

Step2. 选择命令。选择下拉菜单 插入 → 线框 → 螺旋线... 命令，系统弹出图 2.3.65 所示的“螺旋曲线定义”对话框（一）。

Step3. 在“螺旋曲线定义”对话框 类型 区域的 螺旋类型: 下拉列表中选择 高度和螺距 选项，然后选中 常量螺距 单选项。

Step4. 定义螺旋线间距及高度。在对话框的 螺距: 文本框中输入值 2，在 高度: 文本框中输入值 20。

Step5. 定义参考点。单击图 2.3.64a 所示的点 1 为参考点。

Step6. 定义参考轴。在 轴: 右侧的文本框中右击，在弹出的快捷菜单中选择 Z 轴 选项。

Step7. 在 方向: 下拉列表中选择 逆时针 选项；在 起始角度: 文本框中输入值 0。

Step8. 单击 确定 按钮，完成螺旋线的创建。

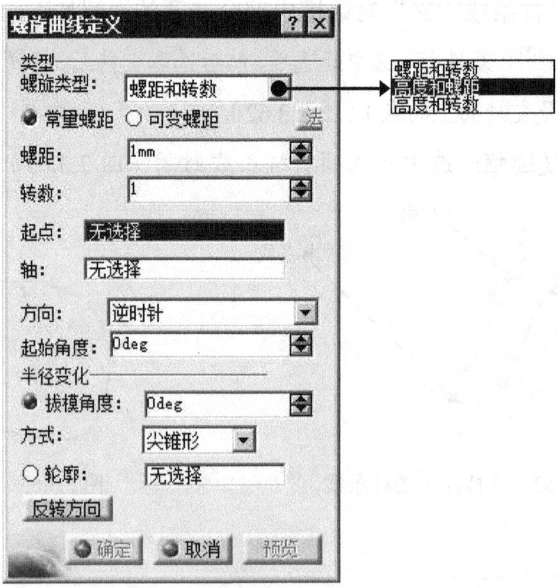

图 2.3.65　“螺旋曲线定义”对话框（一）

说明：在创建螺旋线时，还可以通过 半径变化 区域的 拔模角度: 和 轮廓: 选项改变螺旋线的形状。当选中 拔模角度：选项时，在 拔模角度：右侧的文本框中输入拔模角度值 20，在 方式：下拉列表中选择尖锥形选项，其操作过程及对话框如图 2.3.66 和图 2.3.67 所示。当选中 轮廓：选项时，选择图 2.3.68a 所示的草图 1 作为轮廓曲线，其操作过程及对话框如图 2.3.68 和图 2.3.69 所示。

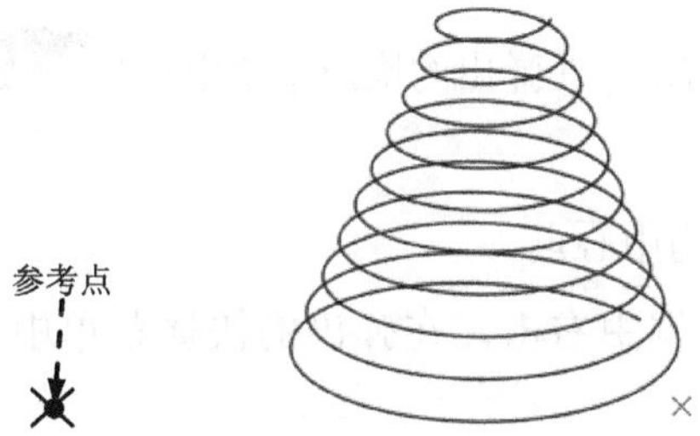

a）创建前　　b）创建后

图 2.3.66　利用点和拔模角度创建螺旋线

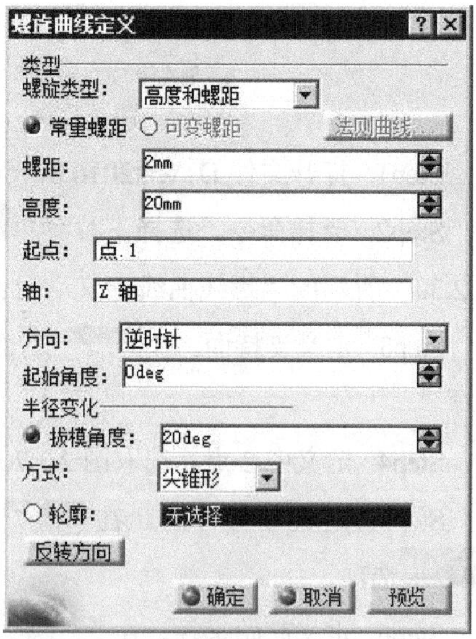

图 2.3.67　“螺旋曲线定义”对话框（二）

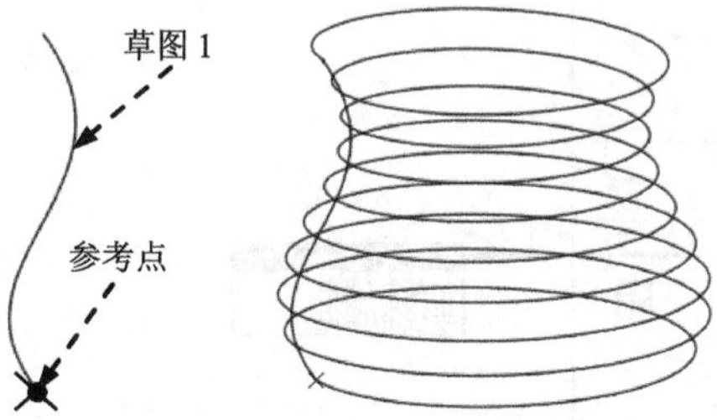

a）创建前　　b）创建后

图 2.3.68　利用点和轮廓线创建螺旋线

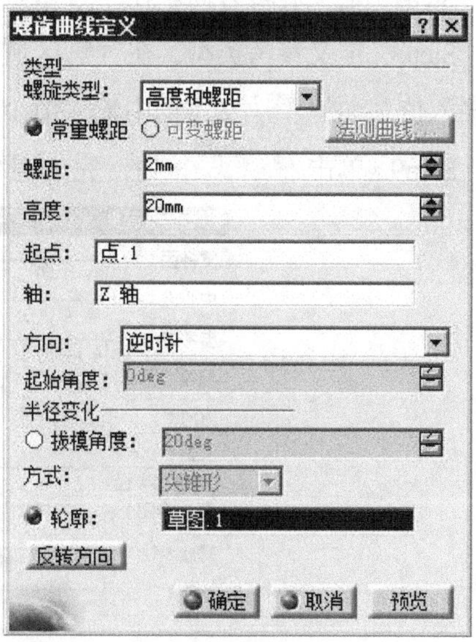

图 2.3.69　“螺旋曲线定义”对话框（三）

2.3.10　螺线

使用下拉菜单 插入 → 线框 → 螺线 命令，可以通过已知的点创建螺线。下面以图 2.3.70 所示的例子说明通过已知的点创建螺线的操作过程。

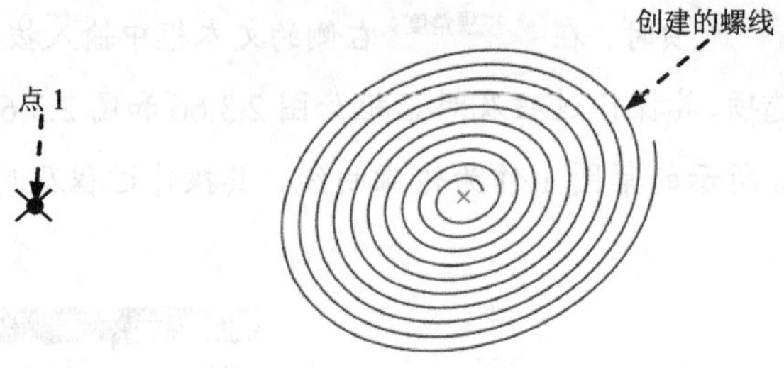

a）创建前　　b）创建后

图 2.3.70　利用点创建螺线

Step1. 打开文件 D:\cat2016.8\work\ch02.03.10\spiral.CATPart。

Step2. 选择命令。选择下拉菜单 插入 → 线框 ▸ → 螺线... 命令，系统弹出图 2.3.71 所示的“螺线曲线定义”对话框（四）。

Step3. 定义支持面。在 支持面： 右侧的文本框中右击，在弹出的快捷菜单中选择 XY 平面 选项。

Step4. 定义中心点。选取图 2.3.70a 所示的点 1 为中心点。

Step5. 定义参考方向。在 参考方向： 右侧的文本框中右击，在弹出的快捷菜单中选择 X 部件 选项。

Step6. 定义起始半径。在 起始半径： 文本框中输入值 2。

Step7. 定义旋转方向。在 方向： 下拉列表中选择 逆时针 选项。

Step8. 定义参考类型。在 类型 区域的下拉列表中选择 角度和半径 选项；在 终止角度： 文本框中输入值 0；在 转数： 文本框中输入值 10；在 终止半径： 文本框中输入值 20。

Step9. 单击 确定 按钮，完成螺线的创建。

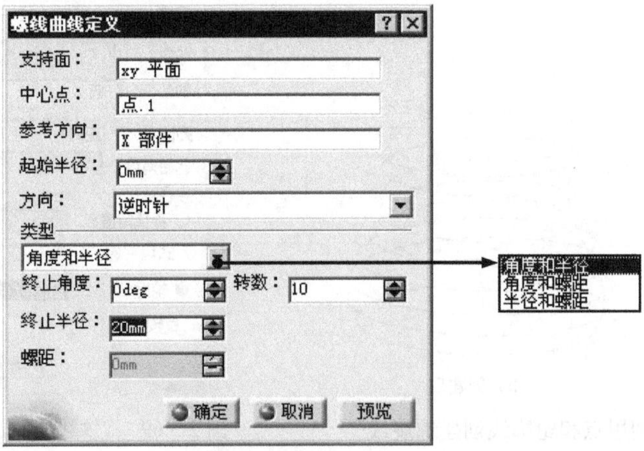

图 2.3.71　“螺线曲线定义”对话框（四）

2.3.11　脊线

脊线是指一条穿越一系列平面（或平面曲线）并在和各平面的交点处保持和平面垂直的曲线。创建脊线主要包括两种方法：通过平面创建脊线和通过曲线创建脊线。

1. 通过平面创建脊线

使用下拉菜单 插入 → 线框 ▸ → 脊线... 命令，可以通过空间一系列的平面创建脊线。下面以图 2.3.72 所示的例子说明创建脊线的操作过程。

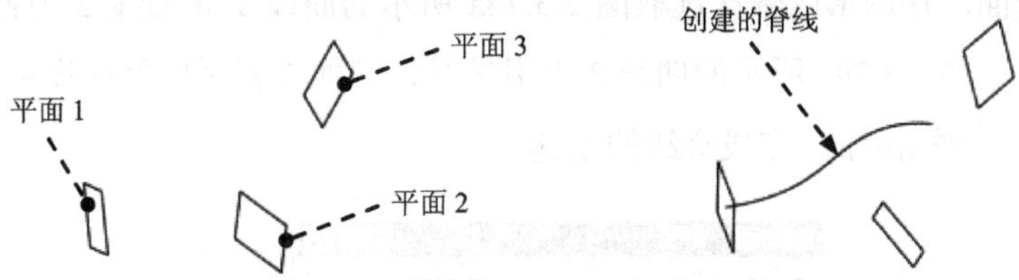

a）创建前　　b）创建后

图 2.3.72　通过平面创建脊线

Step1. 打开文件 D:\cat2016.8\work\ch02.03.11\Spine01.CATPart。

Step2. 选择命令。选择下拉菜单 插入 → 线框 ▸ → 脊线... 命令，系统弹出图 2.3.73 所示的“脊线定义”对话框。

Step3. 定义截面。在图形区依次选取图 2.3.72a 所示的平面 1、平面 2 和平面 3 作为参考截面，单击“脊线定义”对话框中的 反转方向 按钮，其他设置采用默认设置。

Step4. 单击 确定 按钮，完成脊线的创建。

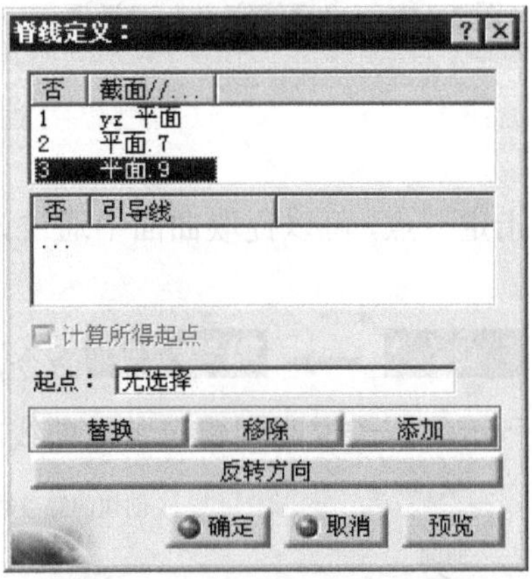

图 2.3.73　“脊线定义”对话框

2. 通过曲线创建脊线

使用下拉菜单 插入 → 线框 ▸ → 脊线... 命令，可以通过空间一系列的曲线创建脊线。下面以图 2.3.74 所示的例子说明通过曲线创建脊线的操作过程。

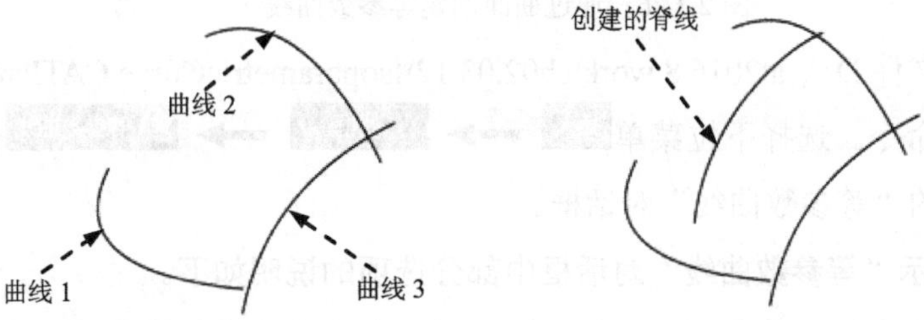

a）创建前　　b）创建后

图 2.3.74　通过曲线创建脊线

Step1. 打开文件 D:\cat2016.8\work\ch02.03.11\Spine02.CATPart。

Step2. 选择命令。选择下拉菜单 插入 → 线框 ▸ → 脊线... 命令，系统弹出图 2.3.75 所示的“脊线定义”对话框。

Step3. 定义截面。在图形区依次选取图 2.3.74a 所示的曲线 1 和曲线 2 为截面曲线，激活引导线区域，选取图 2.3.74a 所示的曲线 3 为引导线，其他设置采用默认设置。

Step4. 单击 确定 按钮，完成脊线的创建。

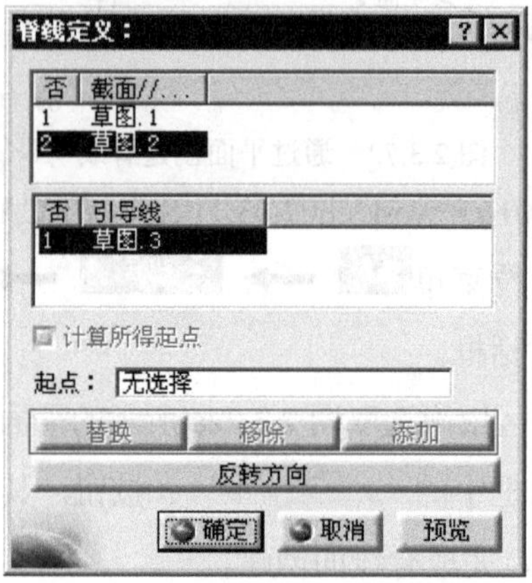

图 2.3.75 “脊线定义”对话框

2.3.12 等参数曲线

等参数曲线就是在曲面上指定一点，可以提取曲面中通过该点的 U 向或 V 向参数相等且与原曲面相关联的曲线。

使用下拉菜单 插入 → 线框 ▸ → 等参数曲线 命令，可以在已有的曲面上提取等参数曲线。下面以图 2.3.76 所示的例子说明创建等参数曲线的操作过程。

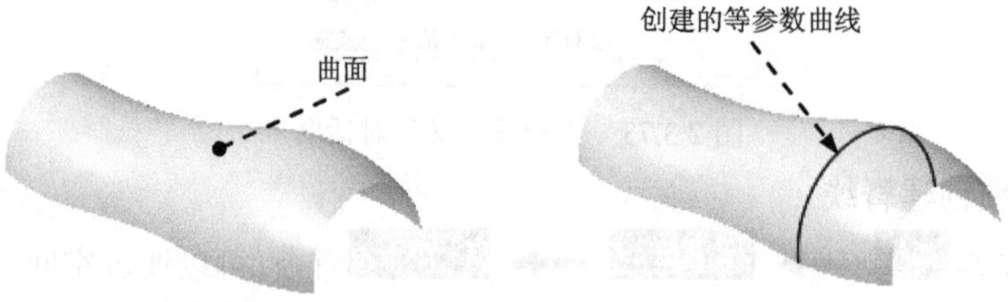

a）创建前　　b）创建后

图 2.3.76 通过曲面创建等参数曲线

Step1. 打开文件 D:\cat2016.8\work\ch02.03.12\IsoparametricCurve.CATPart。

Step2. 选择命令。选择下拉菜单 插入 → 线框 ▸ → 等参数曲线 命令，系统弹出图 2.3.77 所示的“等参数曲线”对话框。

图 2.3.77 所示“等参数曲线”对话框中部分选项的说明如下。

- 支持面：文本框：单击此文本框，用户可以在绘图区指定等参数曲线的支持面。

- 点：文本框：单击此文本框，用户可以在绘图区指定等参数曲线的参考点。
- 方向：文本框：单击此文本框，用户可以在绘图区指定等参数曲线的方向。
- 按钮：用于在支持面的 U/V 方向交换曲线方向。
- 已交换的单元：文本框：单击此文本框，用户可以在绘图区指定等参数曲线已交换的单元。

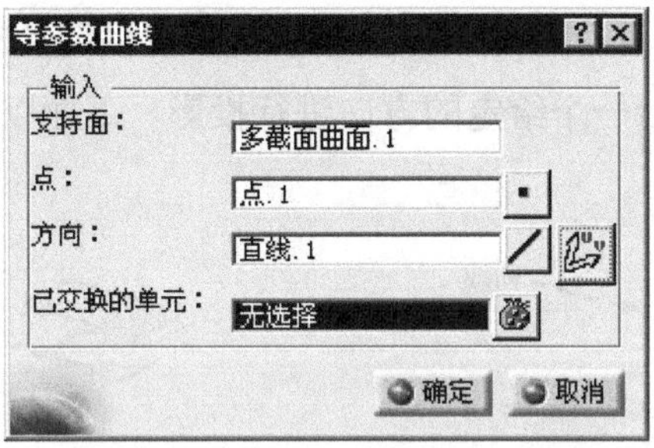

图 2.3.77　“等参数曲线”对话框

Step3. 定义支持面。在图形区选取图 2.3.76a 所示的曲面为支持面。

Step4. 定义点和方向。在图 2.3.78 所示曲面位置单击选取一点，系统自动确定方向，同时系统弹出“工具控制板”工具栏（图 2.3.79）。

说明：此处可以单击“等参数曲线”对话框中的“交换曲线方向”按钮来切换曲线的 UV 方向。

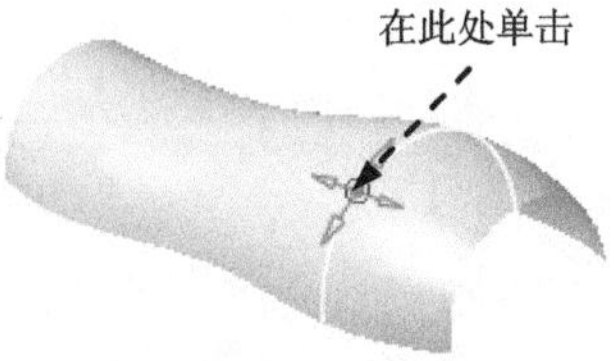

图 2.3.78　定义点和方向

图 2.3.79　工具控制板

Step5. 定义点的位置。在图形区右击 Step4 中选取的点，在弹出的快捷菜单（图 2.3.80）中选择 编辑 命令，系统弹出图 2.3.81 所示的“调谐器”对话框，在对话框中输入图 2.3.81 所示的参数，单击 关闭 按钮。

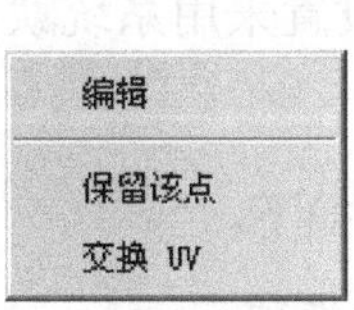

图 2.3.80　快捷菜单

图 2.3.81　“调谐器”对话框

Step6. 单击“等参数曲线”对话框中的 确定 按钮，完成等参数曲线的创建。

说明： 等参数指系统在用户指定的剖面线串上等参数分布连接点。如果剖面线串是直线，则等距离分布连接点，如果剖面线串是曲线，则等弧长在曲线上分布连接点。

2.3.13 投影

使用“投影”命令，可以将空间的点、线框或点和线框的任意组合向一个曲面上投影，投影时可以选择法向投影或沿一个给定的方向进行投影。下面以图 2.3.82 所示的例子说明创建投影曲线的操作过程。

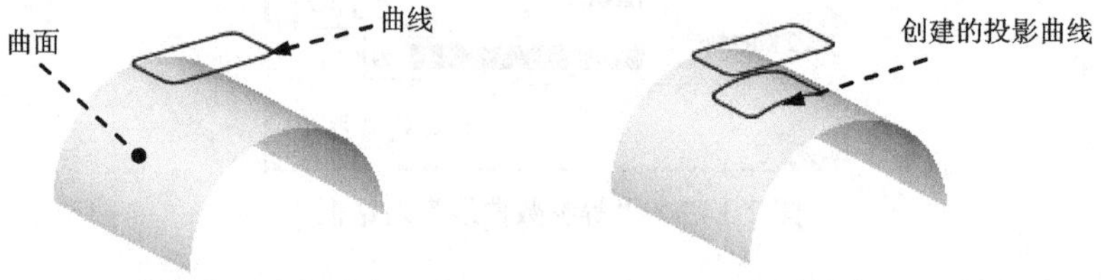

a）创建前　　b）创建后

图 2.3.82　创建投影曲线

Step1. 打开文件 D:\cat2016.8\work\ch02.03.13\project.CATPart。

Step2. 选择命令。选择下拉菜单 插入 → 线框 ▸ → 投影... 命令，系统弹出图 2.3.83 所示的“投影定义”对话框和图 2.3.84 所示的“工具控制板”工具栏。

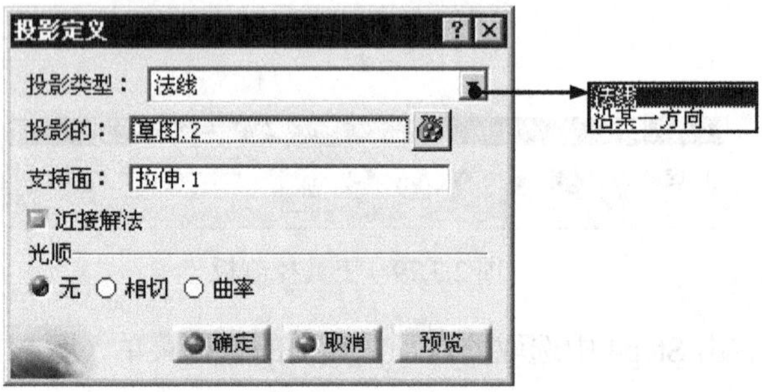

图 2.3.83　“投影定义”对话框

图 2.3.84　“工具控制板”工具栏

Step3. 确定投影类型。在“投影定义”对话框的 投影类型： 下拉列表中选择 法线 选项。

Step4. 定义投影对象。在 投影的： 后的文本框中单击，然后选取图 2.3.82a 所示的曲线为投影曲线。

Step5. 定义支持面。在图形区中选取图 2.3.82a 所示的曲面为支持面。

Step6. 完成投影曲线。“投影定义”对话框中的其他设置采用系统默认，单击 确定 按钮，完成投影曲线的创建。

图 2.3.83 所示“投影定义”对话框中部分选项的说明如下。

- 投影类型： 文本框：用于定义投影类型，包括以下两个选项。

☑ 法线：沿着与曲面垂直的方向进行投影。

☑ 沿某一方向：沿着指定的方向进行投影（图 2.3.85）。

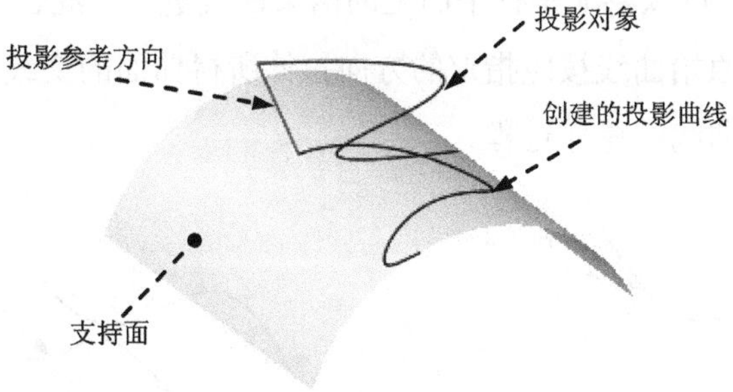

图 2.3.85　“沿某一方向”投影

- 投影的：区域：用于定义投影元素。
- 支持面：区域：用于定义投影支持面。
- 近接解法复选框：当选取的投影支持面在投影方向上重复出现时，选中此选项后，系统会自动找到离投影曲线最近的那部分曲面进行投影（图 2.3.86），否则系统会在整个曲面上进行投影（图 2.3.87）。
- 光顺区域：在此区域中可以对创建的投影曲线进行光顺处理。

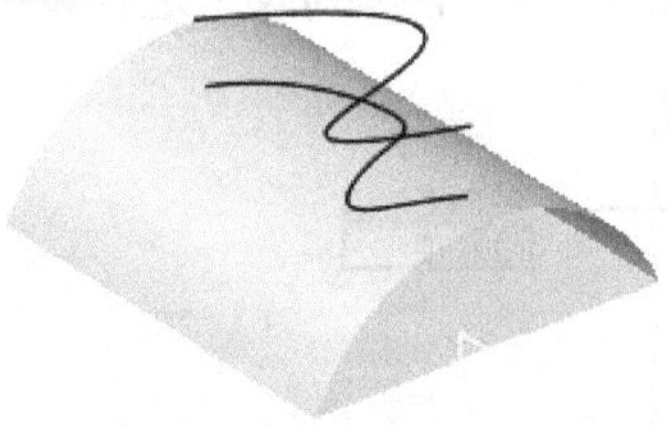

图 2.3.86　使用“近接解法”投影

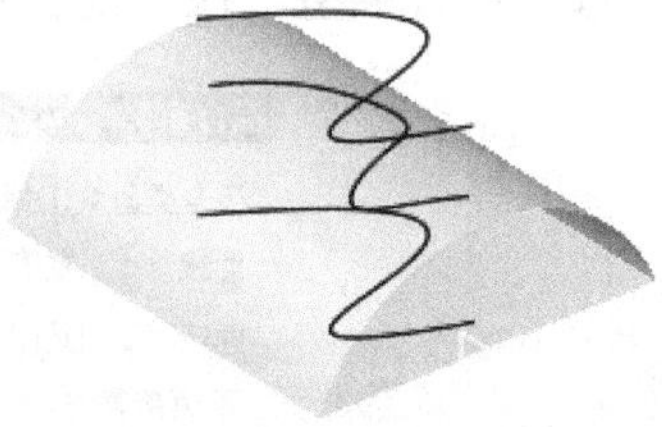

图 2.3.87　不使用“近接解法”投影

说明：在使用投影命令时有一个副作用。将投影对象投影到支持面上时，可能失去连续性，投影后的结果将继承支持面的连续性；如果需要调整曲线的光顺性，可以使用光顺区域的选项进行控制（图 2.3.88）。

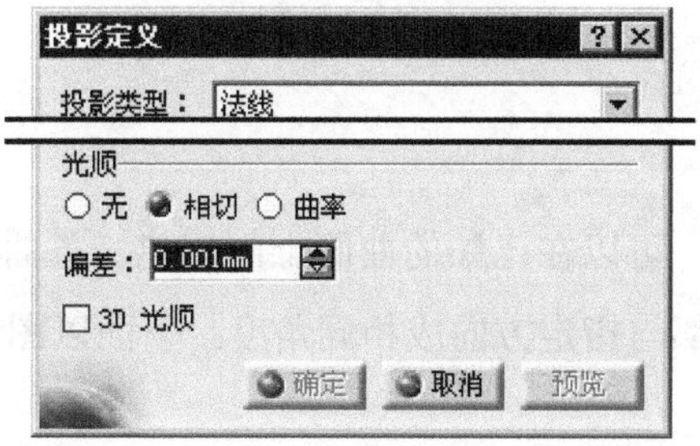

图 2.3.88　“光顺”控制区域

2.3.14　混合

使用“混合”命令，可以将非平行平面上的两条曲线进行“混合”创建一条空间曲线。混合曲线实际上就是将原始曲线按照指定的方向拉伸所得曲面的交线。下面以图 2.3.89 所示的例子说明创建混合曲线的操作过程。

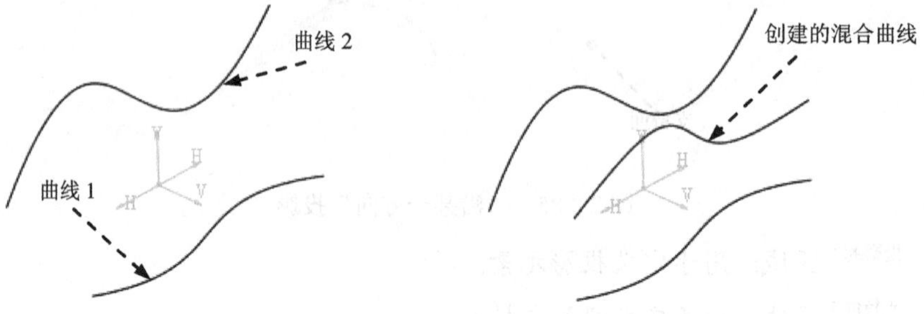

a）创建前　　　　b）创建后

图 2.3.89　创建混合曲线

Step1. 打开文件 D:\cat2016.8\work\ch02.03.14\combine.CATPart。

Step2. 选择命令。选择下拉菜单 插入 → 线框 ▸ → 混合... 命令，系统弹出图 2.3.90 所示的“混合定义”对话框。

Step3. 选择混合类型。在“混合定义”对话框的 混合类型： 下拉列表中选择 法线 选项。

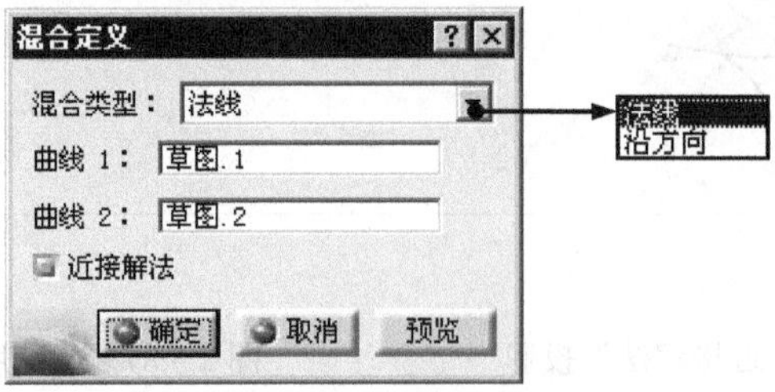

图 2.3.90　“混合定义”对话框

Step4. 定义混合曲线。单击 曲线 1： 后的文本框，然后选取图 2.3.89a 所示的曲线 1；单击 曲线 2： 后的文本框，然后选取图 2.3.89a 所示的曲线 2。

Step5. 单击 确定 按钮，完成混合曲线的创建。

2.3.15　反射线

使用“反射线”命令，可以在已知的曲面上面创建一条曲线，该曲线所在曲面上的每个点处的法线（或切线）都与指定方向成相同角度。下面以图 2.3.91 所示的例子说明创建反射线的操作过程。

Step1. 打开文件 D:\cat2016.8\work\ch02.03.15\reflect_lines.CATPart。

Step2. 选择命令。选择下拉菜单 插入 → 线框 ▸ → 反射线... 命令，系统弹出

图 2.3.92 所示的“反射线定义”对话框。

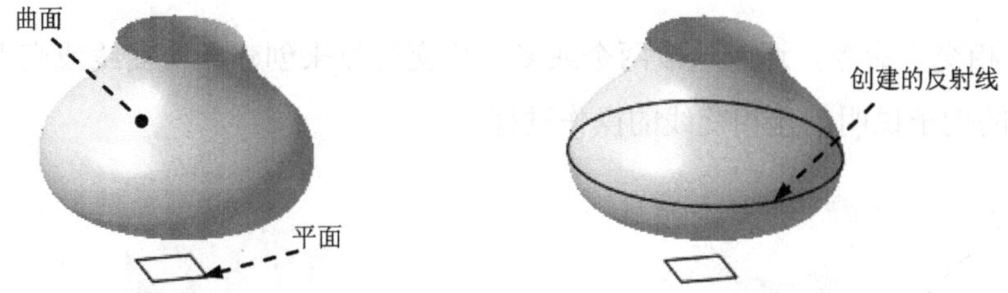

a）创建前　　b）创建后

图 2.3.91　创建反射线

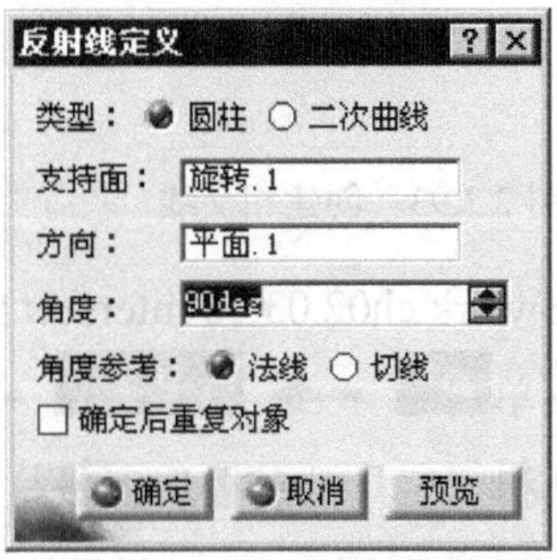

图 2.3.92　“反射线定义”对话框

Step3. 定义反射类型。在“反射线定义”对话框的类型：区域选中圆柱单选项。

Step4. 定义支持面。单击支持面：后的文本框，然后选取图 2.3.91a 所示的曲面为支持面。

Step5. 定义方向。单击方向：后的文本框，然后选取图 2.3.91a 所示的平面为方向参考。

Step6. 定义角度。在角度：文本框中输入角度值 90。

Step7. 定义角度参考。在角度参考：区域选中法线单选项。

Step8. 单击确定按钮，完成反射线的创建。

说明：对于圆柱类型的反射线，可以假设有一束平行光线沿指定的方向照射到曲面表面并发生反射，入射角相同的入射点组成的曲线即为“反射线”。

图 2.3.92 所示“反射线定义”对话框中部分选项的说明如下。

- 类型：区域：用于定义反射类型，包括以下两个选项。
  - ☑ 圆柱：假设入射光线为平行光源。
  - ☑ 二次曲线：假设入射光线为点光源。
- 支持面：文本框：用于定义反射的支持面。
- 方向：文本框：用于定义反射的参考方向。
- 角度：文本框：用于定义反射角度。
- 角度参考：区域：用于定义反射的角度参考类型，包括以下两个选项。
  - ☑ 法线：指定角度为入射光线与入射点法线的夹角，即入射角。
  - ☑ 切线：指定角度为入射光线与入射点切线的夹角，即入射角的余角。

2.3.16 相交

使用“相交”命令，通过选取两个或多个相交对象来创建相交曲线或交点。下面以图 2.3.93 所示的例子说明创建相交线的操作过程。

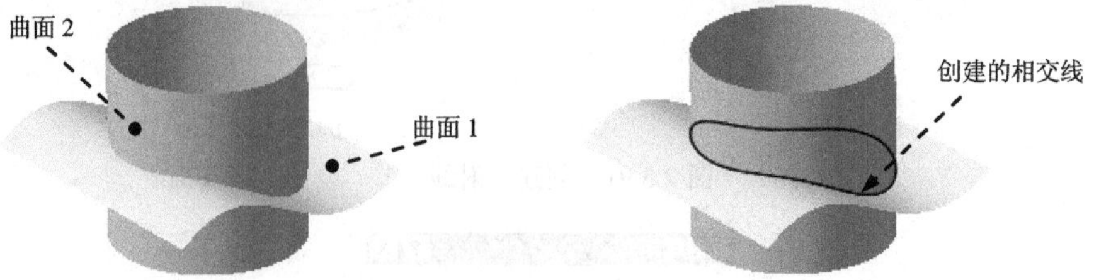

a）创建前　　　　b）创建后

图 2.3.93　创建相交线

Step1. 打开文件 D:\cat2016.8\work\ch02.03.16\intersect.CATPart。

Step2. 选择命令。选择下拉菜单 插入 → 线框 ▸ → 相交... 命令，系统弹出图 2.3.94 所示的“相交定义”对话框和“工具控制板”工具栏（图 2.3.95）。

Step3. 定义相交元素。在图形区选取图 2.3.93a 所示的曲面 1 和曲面 2 为相交元素。

Step4. 单击 确定 按钮，完成相交线的创建。

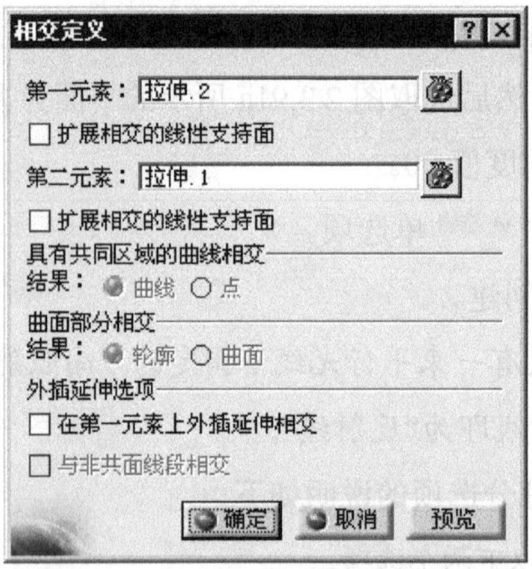

图 2.3.94　“相交定义”对话框

图 2.3.95　“工具控制板”工具栏

图 2.3.94 所示“相交定义”对话框中部分选项的说明如下。

- 第一元素：文本框：用于定义第一相交元素。
- 第二元素：文本框：用于定义第二相交元素。
- 扩展相交的线性支持面 复选框：选中此选项可用于扩展第一元素、第二元素或两个元素使其“相交”从而得到相交的点或者曲线。操作方法和对话框如图 2.3.96 和图 2.3.97 所示。
- 具有共同区域的曲线相交 区域：用于针对第一元素和第二元素具有重合段的曲线相交时所

产生的结果进行处理，包括两个选项。

☑ 曲线：选中此选项后，系统将相交部分的曲线作为相交结果（图 2.3.98b）。

☑ 点：选中此选项后，系统将相交部分的交点作为相交结果（图 2.3.98c）。

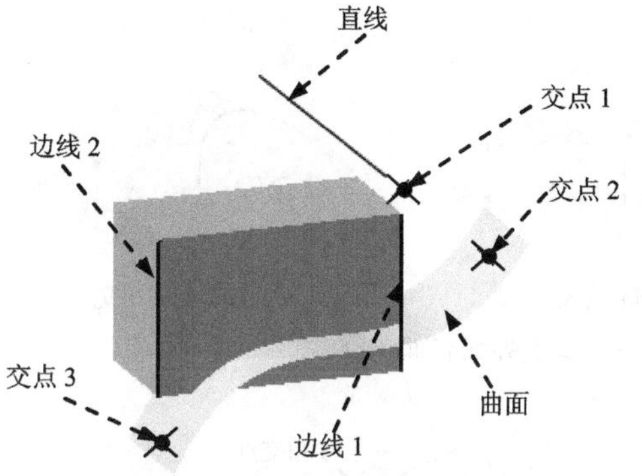

图 2.3.96 选中“扩展相交的线性支持面”

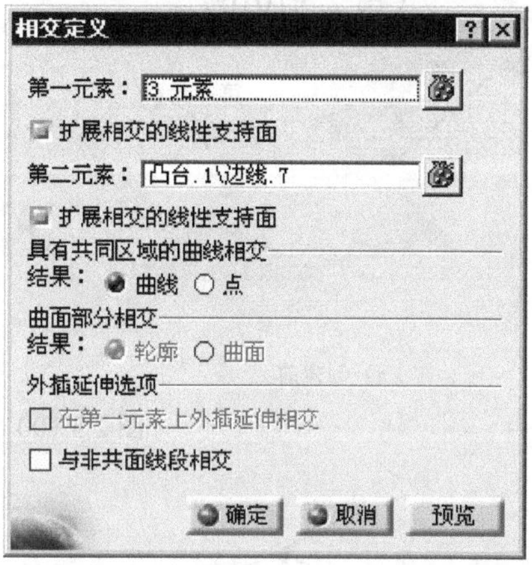

图 2.3.97 “相交定义”对话框

● 曲面部分相交 区域：用于针对第一元素和第二元素分别为曲面和几何体相交时所产生的结果进行处理，包括以下两个选项。

☑ 轮廓：选中此选项后，系统将相交部分的轮廓曲线作为相交结果（图 2.3.99b）。

☑ 曲面：选中此选项后，系统将相交部分的曲面作为相交结果（图 2.3.99c）。

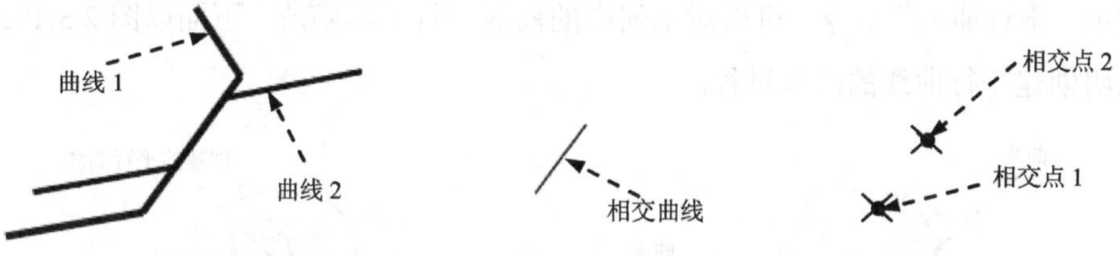

a）创建前　b）结果为曲线　c）结果为点

图 2.3.98 具有共同区域的曲线相交

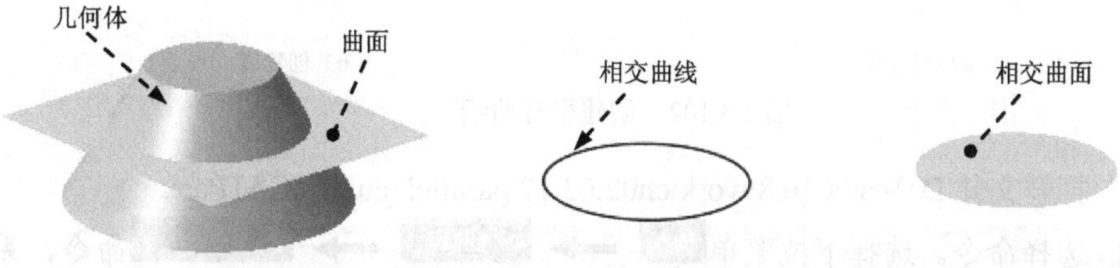

a）创建前　b）结果为曲线　c）结果为曲面

图 2.3.99 曲面部分相交

● 外插延伸选项 区域：用于对相交的两元素进行延伸控制。

☑ 在第一元素上外插延伸相交：选中此选项后，可以将第二元素延伸至第一元素相交（图 2.3.100b）。

☑ 与非共面线段相交：选中此选项后可以使非共面的两条不相交的直线执行相交（图 2.3.101b）。

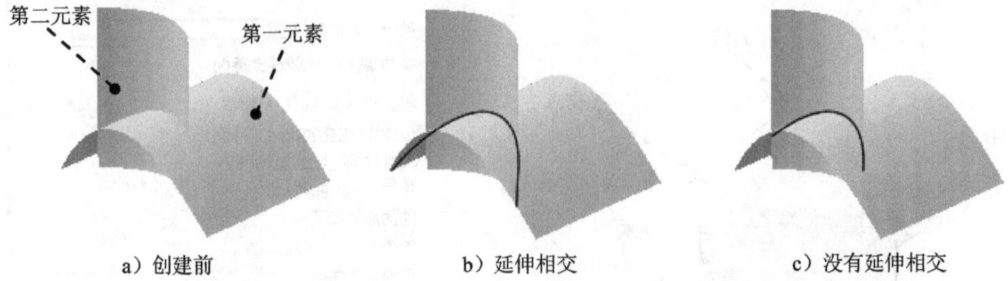

图 2.3.100　在第一元素上外插延伸相交

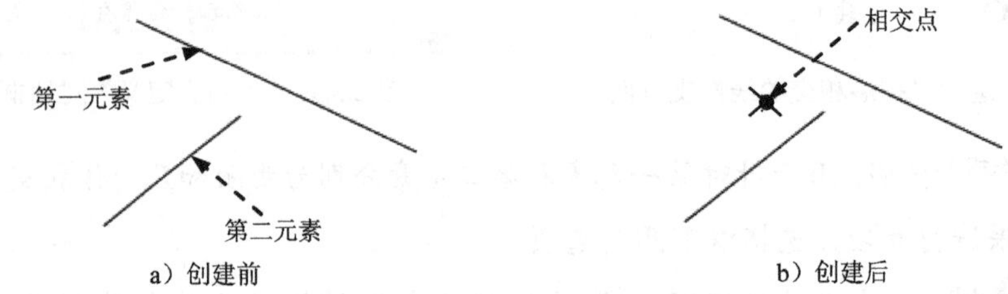

图 2.3.101　与非共面线段相交

2.3.17　平行曲线

使用“平行曲线”命令，可以对空间中的曲线进行平移缩放。下面以图 2.3.102 所示的例子说明创建平行曲线的操作过程。

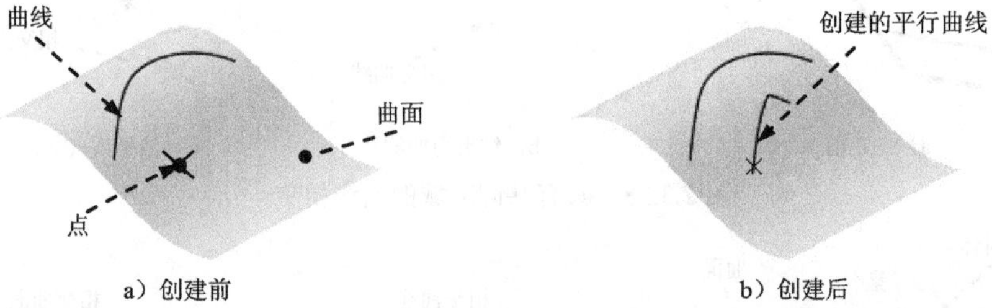

图 2.3.102　创建平行曲线

Step1. 打开文件 D:\cat2016.8\work\ch02.03.17\parallel_curves.CATPart。

Step2. 选择命令。选择下拉菜单 插入 → 线框 ▸ → 平行曲线... 命令，系统弹出图 2.3.103 所示的“平行曲线定义”对话框。

Step3. 定义平移曲线。在图形区选取图 2.3.102a 所示的曲线。

Step4. 定义支持面。在图形区选取图 2.3.102a 所示的曲面为支持面。

Step5. 定义通过点。在图形区选取图 2.3.102a 所示的点为通过点。

Step6. 定义参数。在“平行曲线定义”对话框的参数区域的平行模式：下拉列表中选择直线距离选项；在平行圆角类型：下拉列表中选择尖的选项，其他选项接受系统默认设置。

Step7. 单击确定按钮，完成平行曲线的创建。

图 2.3.103 所示“平行曲线定义”对话框中部分选项的说明如下。

- 常量：文本框：通过指定距离值来定义平行曲线的位置。
- 点：文本框：通过指定点来定义平行曲线的位置。此方法只适用于相切连续的曲线。
- 平行模式：下拉列表：用于定义计算平行曲线和原始曲线之间距离的模式。
  - ☑ 直线距离：平行曲线和原始曲线之间的最短距离。
  - ☑ 测地距离：在平行曲线和原始曲线之间沿曲线测量。
- 平行圆角类型：下拉列表：用于定义创建平行曲线时，尖角的处理类型。
  - ☑ 尖的：平行曲线保持和原始曲线一样的尖角类型。
  - ☑ 圆的：平行曲线在尖角处自动添加倒圆角，此选项只适用于向原始曲线外侧偏移的情况。
- 反转方向按钮：调整平行曲线的偏移方向。如果通过指定点来创建平行曲线，此选项无效。
- 双侧复选框：选中此选项，可以一次性在原始曲线的两侧对称地创建平行曲线。如果通过指定点来创建平行曲线，此选项无效。

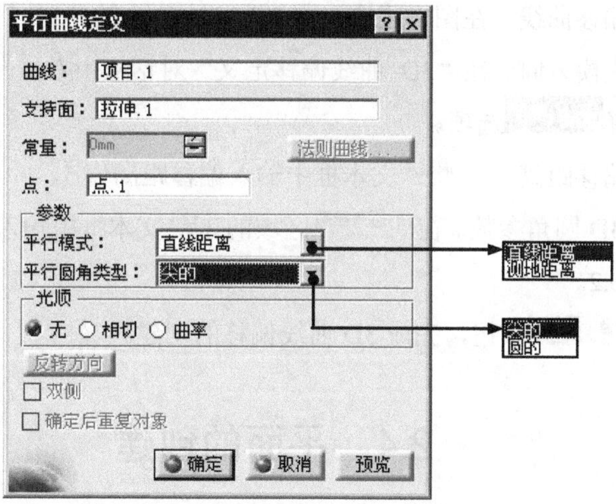

图 2.3.103 “平行曲线定义”对话框

2.3.18 3D 曲线偏移

使用“3D 曲线偏移”命令，可以将 3D 曲线偏移，创建出新的 3D 曲线。下面以图 2.3.104 所示的例子说明创建 3D 曲线偏移的操作过程。

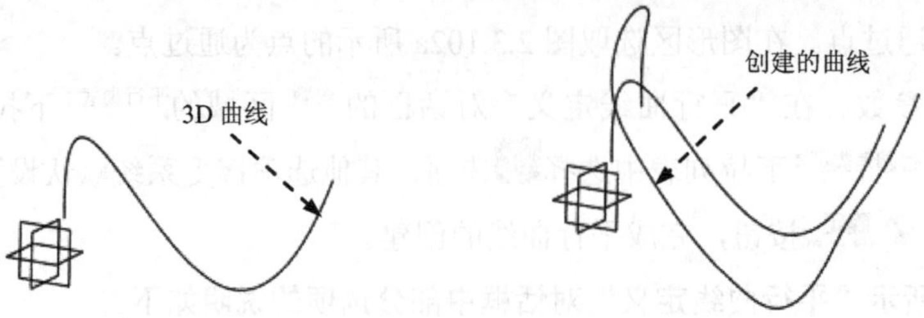

a）创建前　　b）创建后

图 2.3.104　创建 3D 曲线偏移

Step1. 打开文件 D:\cat2016.8\work\ch02.03.18\3D_curve_offset.CATPart。

Step2. 选择命令。选择下拉菜单 插入 → 线框 ▸ → 偏移 3D 曲线... 命令，系统弹出图 2.3.105 所示的“3D 曲线偏移定义”对话框。

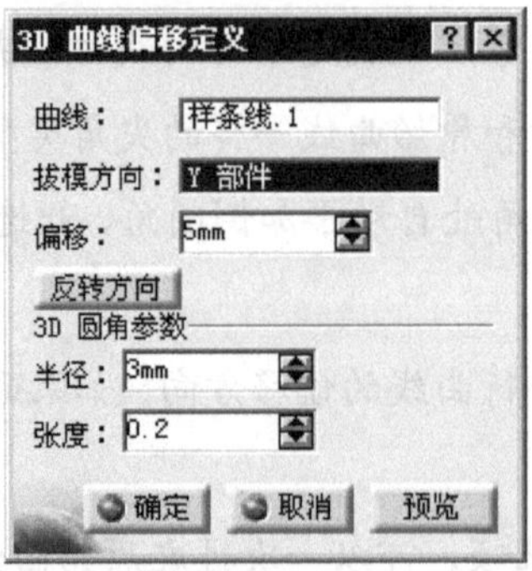

图 2.3.105　“3D 曲线偏移定义”对话框

Step3. 定义偏移曲线。在图形区选取图 2.3.104a 所示的曲线。

Step4. 定义拔模方向。在“3D 曲线偏移定义”对话框中右击 拔模方向： 文本框，在弹出的快捷菜单中选择 Y 部件 选项。

Step5. 定义偏移距离。在 偏移： 文本框中输入偏移距离值 5。

Step6. 定义 3D 圆角参数。在 3D 圆角参数 区域的 半径： 文本框中输入半径值 3；在 张度： 文本框中输入张度值 0.2。

Step7. 单击 确定 按钮，完成 3D 曲线偏移的创建。

2.4　平面的创建

平面的创建方法主要包括如下几种：偏移平面、平行通过点、平面的角度/法线、通过 3 点、通过两条直线、通过点和直线和通过平面曲线等。下面通过具体的实例分别介绍以上创建平面的操作过程。

2.4.1 偏移平面

使用“偏移平面”命令，通过对已有的平面进行偏移，创建新的平面。下面以图 2.4.1 所示的例子说明创建偏移平面的操作过程。

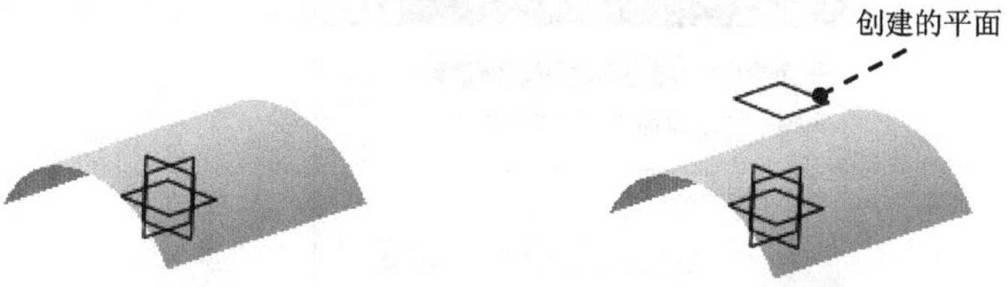

a）创建前　　b）创建后

图 2.4.1　创建偏移平面

Step1. 打开文件 D:\cat2016.8\work\ch02.04.01\offset_plane.CATPart。

Step2. 选择命令。选择下拉菜单 插入 → 线框 ▸ → 平面... 命令，系统弹出图 2.4.2 所示的“平面定义”对话框（一）。

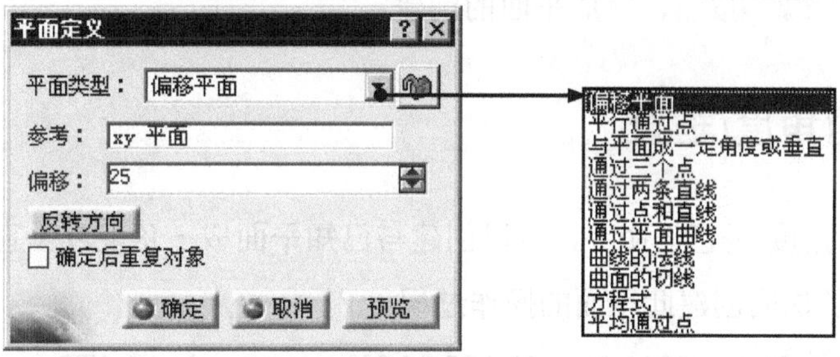

图 2.4.2　“平面定义”对话框（一）

Step3. 定义平面类型。在“平面定义”对话框的 平面类型： 下拉列表中选择 偏移平面 选项。

Step4. 选取参考平面。右击 参考： 文本框，在弹出的快捷菜单中选择 XY 平面 选项。

Step5. 定义偏移距离。在 偏移： 文本框中输入偏移距离值 25。

Step6. 单击 确定 按钮，完成偏移平面的创建。

2.4.2 平行通过点

使用“平行通过点”命令，可以过一个指定的点创建与已知平面平行的平面。下面以图 2.4.3 所示的例子说明创建平行通过点平面的操作过程。

a）创建前　　b）创建后

图 2.4.3　通过平行通过点创建平面

Step1. 打开文件 D:\cat2016.8\work\ch02.04.02\parallel_point.CATPart。

Step2. 选择命令。选择下拉菜单 插入 → 线框 ▸ → 平面... 命令，系统弹出图 2.4.4 所示的“平面定义”对话框（二）。

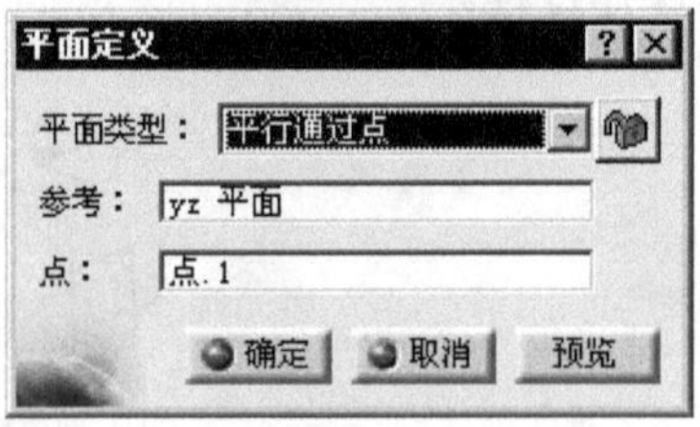

图 2.4.4 “平面定义”对话框（二）

Step3. 定义平面类型。在“平面定义”对话框的 平面类型： 下拉列表中选择 平行通过点 选项。

Step4. 选取参考平面。在图形区选取 yz 平面为参考平面。

Step5. 定义通过点。单击 点： 文本框，然后在图形区选取图 2.4.3a 所示的点。

Step6. 单击 确定 按钮，完成平面的创建。

2.4.3 平面的角度/垂直

使用“平面的角度/垂直”命令，可以创建与已知平面成一角度或垂直的平面。下面以图 2.4.5 所示的例子说明创建此平面的操作过程。

Step1. 打开文件 D:\cat2016.8\work\ch02.04.03\angle_vertical.CATPart。

a）创建前　　b）创建后

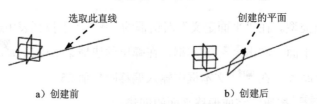

图 2.4.5 创建与平面成一角度或垂直的平面

Step2. 选择命令。选择下拉菜单 插入 → 线框 ▸ → 平面... 命令，系统弹出图 2.4.6 所示的“平面定义”对话框（三）。

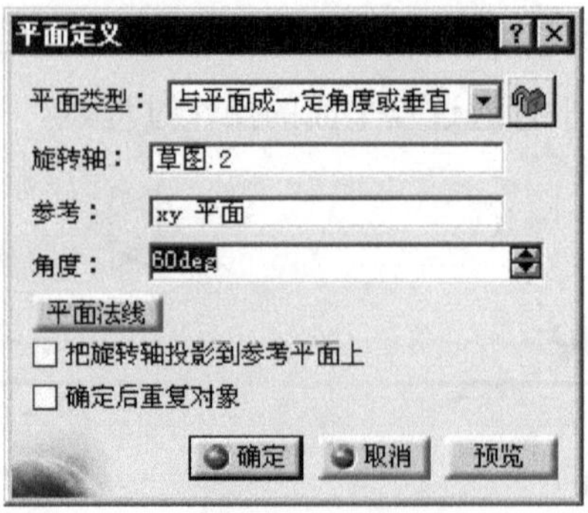

图 2.4.6 “平面定义”对话框（三）

Step3. 定义平面类型。在“平面定义”对话框的 平面类型： 下拉列表中选择 与平面成一定角度或垂直 选项。

Step4. 定义旋转轴。在图形区选取图 2.4.5a 所示的直线作为旋转轴。

Step5. 选取参考平面。在图形区选取 xy 平面为参考平面。

Step6. 定义夹角。在 角度： 文本框中输入平面与已知平面的夹角值 60。

说明：如果要创建与已知平面垂直的平面可以在 角度： 文本框中输入值 90，也可以单击对话框中的 平面法线 按钮。

Step7. 单击 确定 按钮，完成平面的创建。

2.4.4 通过 3 个点

使用“通过 3 个点”命令，可以通过空间任意 3 个非共线的点来创建新平面。下面以图 2.4.7 所示的例子说明通过 3 个点创建平面的操作过程。

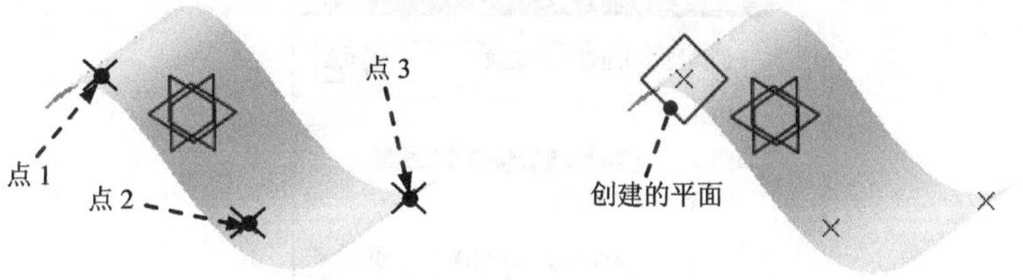

a）创建前 b）创建后

图 2.4.7 通过 3 个点创建平面

Step1. 打开文件 D:\cat2016.8\work\ch02.04.04\three_point.CATPart。

Step2. 选择命令。选择下拉菜单 插入 → 线框 ▸ → 平面... 命令，系统弹出图 2.4.8 所示的“平面定义”对话框（四）。

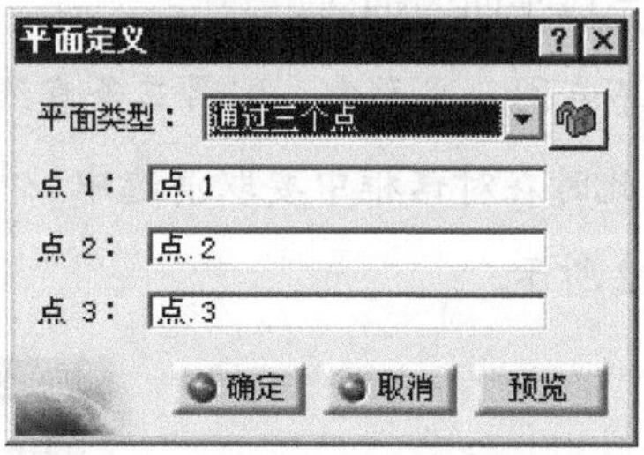

图 2.4.8 “平面定义”对话框（四）

Step3. 定义平面类型。在“平面定义”对话框的 平面类型： 下拉列表中选择 通过三个点 选项。

Step4. 选取通过点。在图形区依次选取图 2.4.7a 所示的点 1、点 2 和点 3 为通过点。

Step5. 单击 确定 按钮，完成平面的创建。

2.4.5 通过两条直线

使用“通过两条直线”命令，可以通过空间任意两条直线来创建新平面。下面以图 2.4.9 所示的例子说明通过两条直线创建平面的操作过程。

a）创建前　　b）创建后

图 2.4.9　通过两条直线创建平面

Step1. 打开文件 D:\cat2016.8\work\ch02.04.05\two_lines.CATPart。

Step2. 选择命令。选择下拉菜单 插入 → 线框 ▸ → 平面... 命令，系统弹出图 2.4.10 所示的“平面定义”对话框（五）。

图 2.4.10　“平面定义”对话框（五）

Step3. 定义平面类型。在“平面定义”对话框的 平面类型： 下拉列表中选择 通过两条直线 选项。

Step4. 选取通过直线。在图形区依次选取图 2.4.9a 所示的直线 1 和直线 2。

Step5. 在“平面定义”对话框中选中 不允许非共面曲线 选项。

Step6. 单击 确定 按钮，完成平面的创建。

说明： 如果选取的两条直线不在同一平面内，则第二条直线的向量将被移到第一条直线的位置以定义平面的第二方向，此时在对话框中要取消选中 不允许非共面曲线 选项。其操作过程和对话框如图 2.4.11 和图 2.4.12 所示。

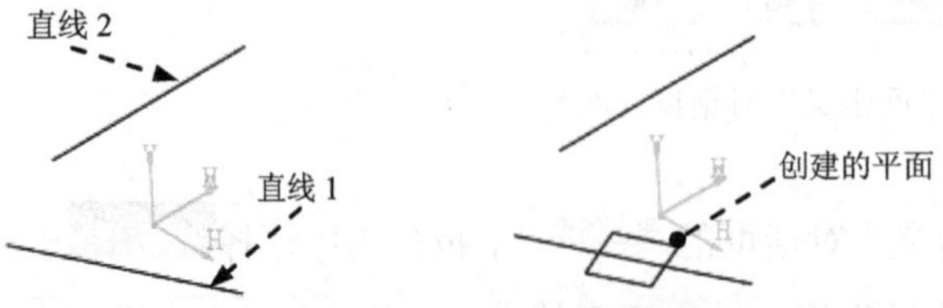

a）创建前　　b）创建后

图 2.4.11　通过非共面两条直线创建平面

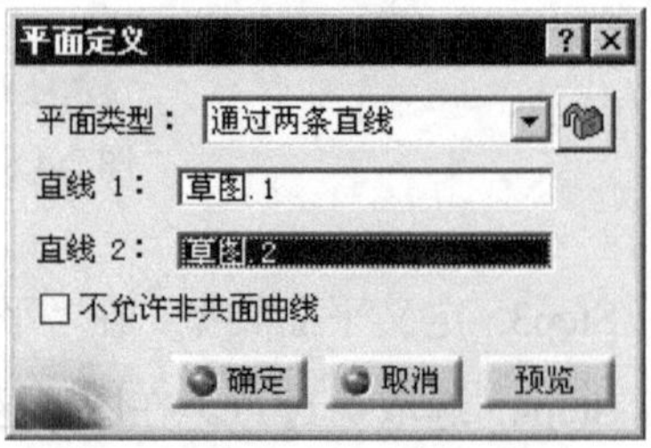

图 2.4.12　“平面定义”对话框（六）

2.4.6　通过点和直线

使用“通过点和直线”命令，可以通过空间任意一个点和直线（点和直线非共线）来创建新平面。下面以图 2.4.13 所示的例子说明通过点和直线创建平面的操作过程。

a）创建前　　b）创建后

图 2.4.13　通过点和直线创建平面

Step1. 打开文件 D:\cat2016.8\work\ch02.04.06\point_line.CATPart。

Step2. 选择命令。选择下拉菜单 插入 → 线框 → 平面... 命令，系统弹出图 2.4.14 所示的“平面定义”对话框（七）。

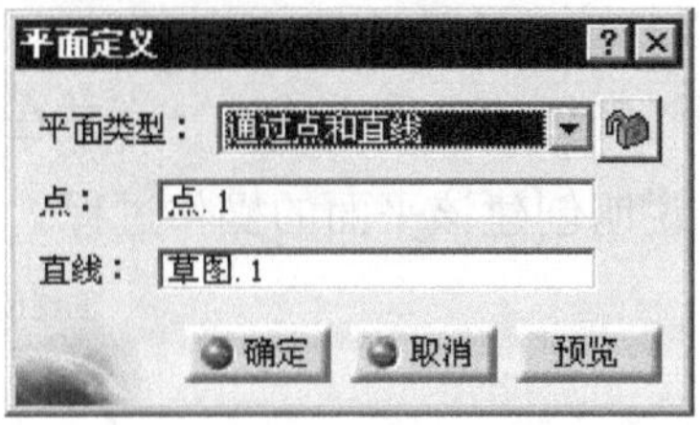

图 2.4.14　“平面定义”对话框（七）

Step3. 定义平面类型。在“平面定义”对话框的 平面类型： 下拉列表中选择 通过点和直线 选项。

Step4. 选取通过点和直线。在图形区依次选取图 2.4.13a 所示的点和直线。

Step5. 单击 确定 按钮，完成平面的创建。

2.4.7　通过平面曲线

使用“通过平面曲线”命令，可以通过空间一条平面曲线来创建新平面。下面以图 2.4.15 所示的例子说明通过平面曲线创建平面的操作过程。

a）创建前　　b）创建后

图 2.4.15　通过平面曲线创建平面

Step1. 打开文件 D:\cat2016.8\work\ch02.04.07\plane_curve.CATPart。

Step2. 选择命令。选择下拉菜单插入 → 线框 ▸ → 平面...命令，系统弹出图 2.4.16 所示的“平面定义”对话框（八）。

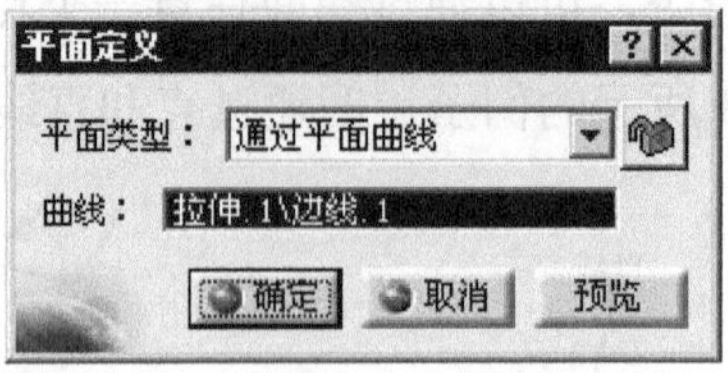

图 2.4.16 “平面定义”对话框（八）

Step3. 定义平面类型。在“平面定义”对话框的平面类型：下拉列表中选择通过平面曲线选项。

Step4. 定义曲线。在图形区选取图 2.4.15a 所示的边线。

Step5. 单击确定按钮，完成平面的创建。

2.4.8 曲线的法线

使用“曲线法线”命令，通过在已知曲线上指定一点并在该点处创建与曲线垂直的平面。下面以图 2.4.17 所示的例子说明创建该平面的操作过程。

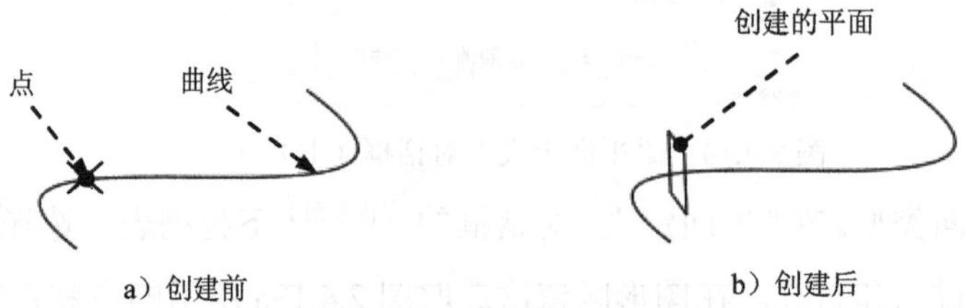

图 2.4.17 通过曲线的法线创建平面

Step1. 打开文件 D:\cat2016.8\work\ch02.04.08\curve_ scribe.CATPart。

Step2. 选择命令。选择下拉菜单插入 → 线框 ▸ → 平面...命令，系统弹出图 2.4.18 所示的“平面定义”对话框（九）。

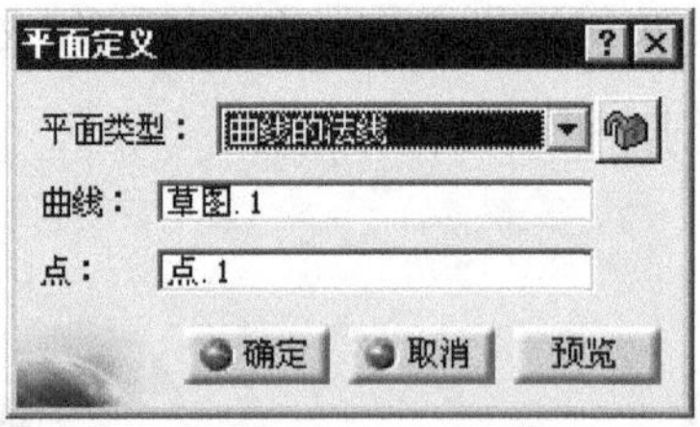

图 2.4.18 “平面定义”对话框（九）

Step3. 定义平面类型。在“平面定义”对话框的平面类型：下拉列表中选择曲线的法线选项。

Step4. 定义曲线。在图形区选取图 2.4.17a 所示的曲线。

Step5. 定义点。在图形区选取图 2.4.17a 所示的点。

说明： 如果此处没有指定点，系统默认点为曲线的中间点。

Step6. 单击 确定 按钮，完成平面的创建。

2.4.9 曲面的切线

使用“曲面的切线”命令，通过在已知曲面上指定一点并在该点处创建与曲面相切的平面。下面以图 2.4.19 所示的例子说明通过曲面的切线创建平面的操作过程。

Step1. 打开文件 D:\cat2016.8\work\ch02.04.09\surface_tangent.CATPart。

Step2. 选择命令。选择下拉菜单 插入 → 线框 → 平面... 命令，系统弹出图 2.4.20 所示的“平面定义”对话框（十）。

Step3. 定义平面类型。在“平面定义”对话框的 平面类型： 下拉列表中选择 曲面的切线 选项。

Step4. 定义曲面。在图形区选取图 2.4.19a 所示的曲面。

Step5. 定义点。在图形区选取图 2.4.19a 所示的点。

Step6. 单击 确定 按钮，完成平面的创建。

a）创建前　　b）创建后

图 2.4.19　通过曲面的切线创建平面

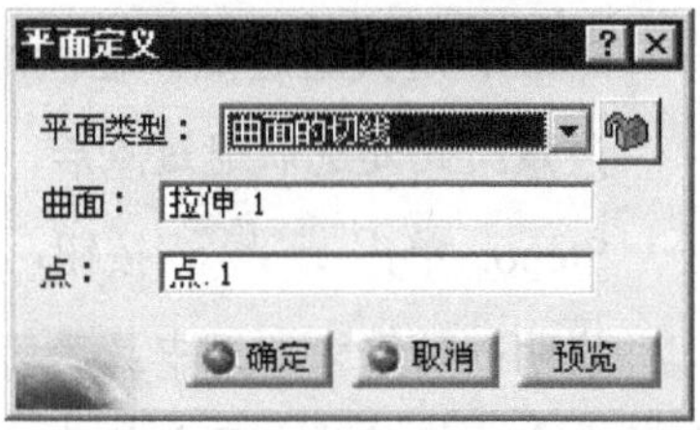

图 2.4.20　“平面定义”对话框（十）

2.4.10 方程式

使用“方程式”命令，通过定义平面方程 Ax+By+Cz=D 中 A、B、C 和 D 各项的参数值来创建平面。下面以图 2.4.21 所示的例子说明通过方程式创建平面的操作过程。

a）创建前　　b）创建后

图 2.4.21　通过方程式创建平面

Step1. 打开文件 D:\cat2016.8\work\ch02.04.10\equation.CATPart。

Step2. 选择命令。选择下拉菜单 插入 → 线框 → 平面... 命令，系统弹出图 2.4.22 所示的“平面定义”对话框（十一）。

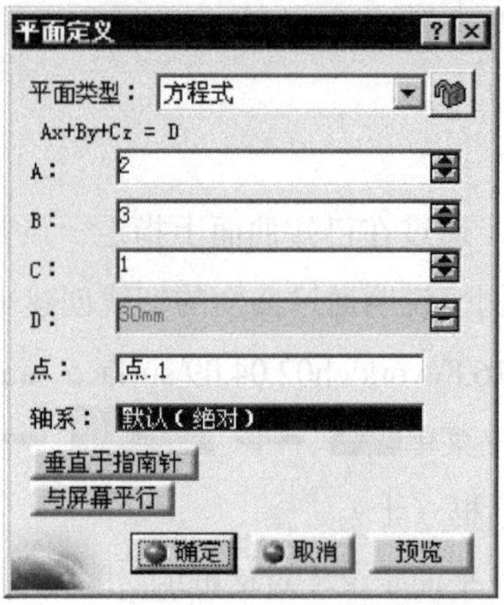

图 2.4.22 “平面定义”对话框（十一）

Step3. 定义平面类型。在“平面定义”对话框的 平面类型： 下拉列表中选择 方程式 选项。

Step4. 定义平面方程参数。在“平面定义”对话框中输入 A、B、C 和 D 各项值分别为 2、3、1 和 30。

Step5. 定义通过点。在图形区选取图 2.4.21a 所示的点。

注意：此处选取通过点后，D 项值变成灰色不可修改，只能修改 A、B 和 C 三项的值。

Step6. 单击 确定 按钮，完成平面的创建。

说明：轴系文本框中显示的是当前局部轴系，如果当前没有局部轴系，默认显示为绝对轴系。当选择了某个局部轴系时，A、B、C 和 D 的值将随着选定的轴系发生变化，从而使平面位置保持不变。

图 2.4.22 所示“平面定义”对话框（十一）中部分选项的说明如下。

- 垂直于指南针 按钮：单击此按钮，使创建的平面与指南针方向垂直（图 2.4.23）。
- 与屏幕平行 按钮：单击此按钮，使创建的平面与屏幕当前视图平行（图 2.4.24）。

图 2.4.23 垂直于指南针

图 2.4.24 与屏幕平行

2.4.11 平均通过点

使用“平均通过点”命令，通过选择 3 个或 3 个以上的点（点阵）来创建平面，选择的所有点均匀分布在平面的两侧。下面以图 2.4.25 所示的例子说明平均通过点创建平面的操作过程。

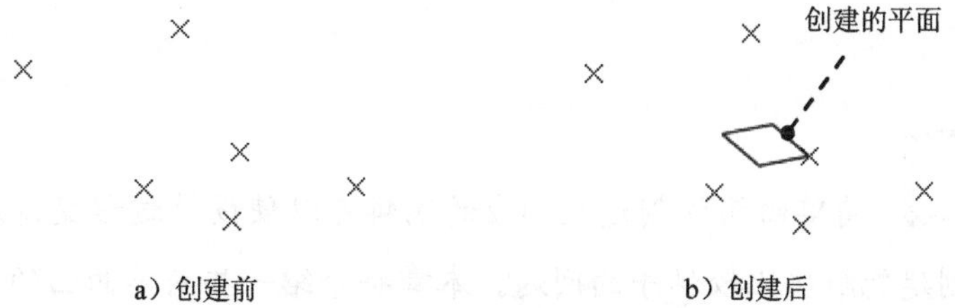

图 2.4.25 平均通过点创建平面

Step1. 打开文件 D:\cat2016.8\work\ch02.04.11\mean_throuth_points.CATPart。

Step2. 选择命令。选择下拉菜单 插入 → 线框 → 平面... 命令，系统弹出图 2.4.26 所示的“平面定义”对话框（十二）。

Step3. 定义平面类型。在“平面定义”对话框的 平面类型： 下拉列表中选择 平均通过点 选项。

Step4. 定义通过点。在图形区选取图 2.4.25a 所示的所有点。

Step5. 单击 确定 按钮，完成平面的创建。

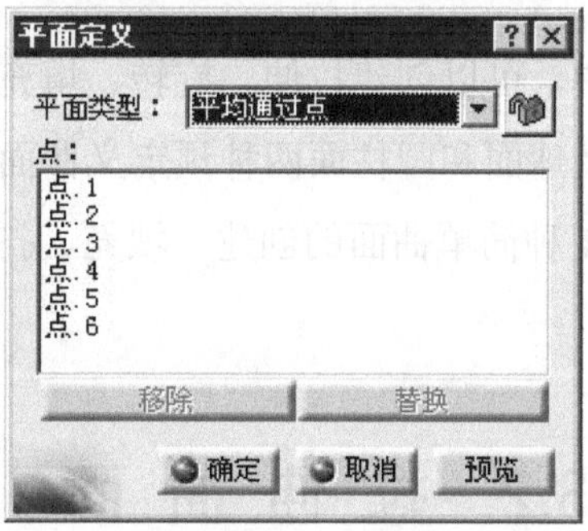

图 2.4.26 “平面定义”对话框（十二）

第 3 章　简单曲面的创建

本章提要　简单曲面的创建及相应的编辑可以使设计过程变得清晰而简单。有时候简单曲面的创建能解决比较棘手的问题。本章将介绍一些简单曲面的创建，主要内容包括：

- 拉伸曲面。
- 旋转曲面。
- 球面。
- 圆柱面。

3.1　概　　述

在创成式外形设计工作台中，可以创建拉伸、旋转、填充、扫掠、桥接和多截面扫掠 6 种基本曲面和偏移曲面，以及球面和圆柱面两种预定义曲面。在本节中主要讲解拉伸曲面、旋转曲面、球面和圆柱面 4 种简单曲面的创建。填充、扫掠、桥接、多截面扫掠和偏移曲面将在下一章进行讲解。

3.2　拉 伸 曲 面

拉伸曲面是将曲线、直线、曲面边线沿着指定方向进行拉伸而形成的曲面。下面以图 3.2.1 所示的实例来说明创建拉伸曲面的一般操作过程。

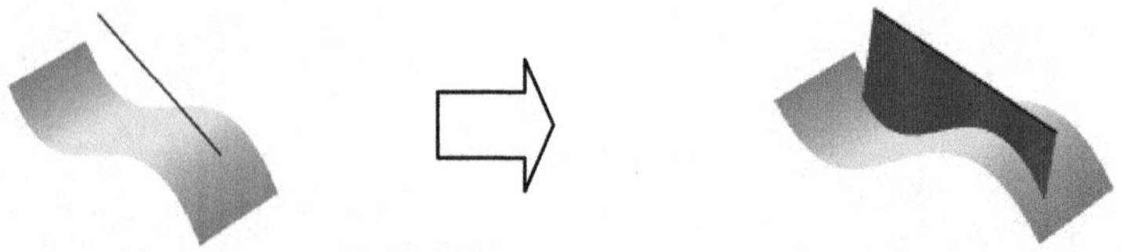

a）"拉伸"前　　　　b）"拉伸"后

图 3.2.1　创建拉伸曲面

Step1. 打开文件 D:\cat2016.8\work\ch03.02\Extrude.CATPart。

Step2. 选择命令。选择 插入 → 曲面 ▸ → 拉伸... 命令，系统弹出图 3.2.2 所示的"拉伸曲面定义"对话框。

Step3. 选择拉伸轮廓。选取图 3.2.3 所示的直线为拉伸轮廓。

图 3.2.2 “拉伸曲面定义”对话框

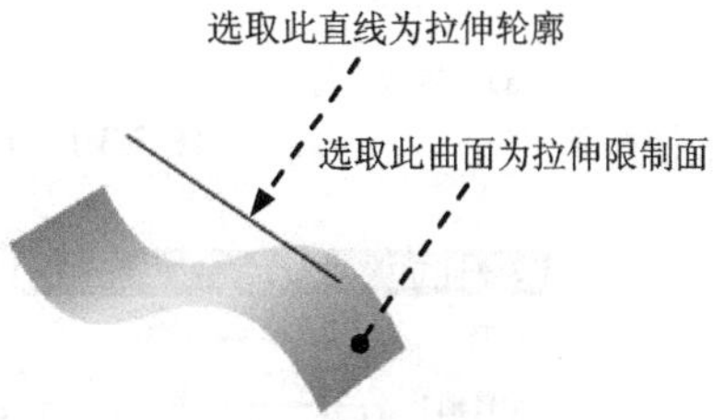

图 3.2.3 选择拉伸轮廓与拉伸限制面

Step4. 定义拉伸方向。选择 xy 平面，系统会以 xy 平面的法线方向作为拉伸方向。

Step5. 定义拉伸限制。在“拉伸曲面定义”对话框的 限制 1 区域的类型：下拉列表中选择 直到元素 选项，然后在图形区选取图 3.2.3 所示的曲面为拉伸限制面。

说明：

- “拉伸曲面定义”对话框中的 限制 2 区域是用来设置与 限制 1 方向相对的拉伸参数。
- 拉伸“方向”不仅可以选择平面，也可以选择一条直线，系统会将其方向作为拉伸方向。
- 拉伸“限制”不仅可以用尺寸定义拉伸长度，还可以选择一个几何元素作为拉伸的限制。它可以是点、平面或者曲面，但不能是线。如果指定的拉伸限制是点，则系统会将垂直于经过指定点的拉伸方向的平面作为拉伸的限制面。

Step6. 单击 确定 按钮，完成拉伸曲面的创建。

3.3 旋转曲面

旋转曲面是将曲线绕一根轴线进行旋转，从而形成的曲面。下面以图 3.3.1 为例来说明创建旋转曲面的一般操作过程。

Step1. 打开文件 D:\cat2016.8\work\ch03.03\Revolve.CATPart。

Step2. 选择命令。选择 插入 → 曲面 → 旋转... 命令，系统弹出图 3.3.2 所示的“旋转曲面定义”对话框。

Step3. 选择旋转轮廓。选择图 3.3.3 所示的曲线为旋转轮廓线。

Step4. 定义旋转轴。在“旋转曲面定义”对话框的 旋转轴： 文本框中右击，从系统弹出的快捷菜单中选择 Z 轴 作为旋转轴。

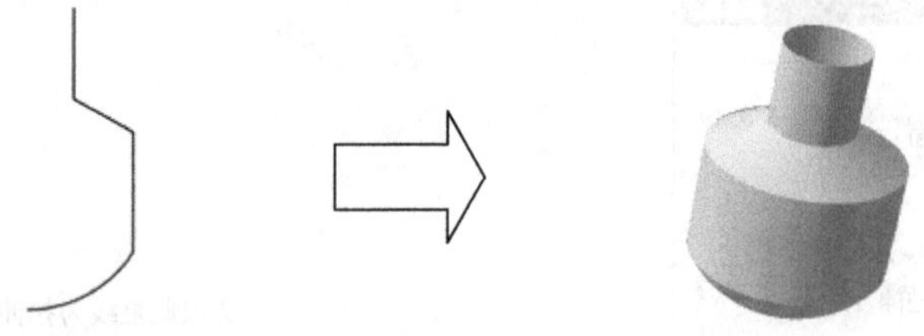

a)“旋转”前　　　　b)“旋转”后

图 3.3.1　创建旋转曲面

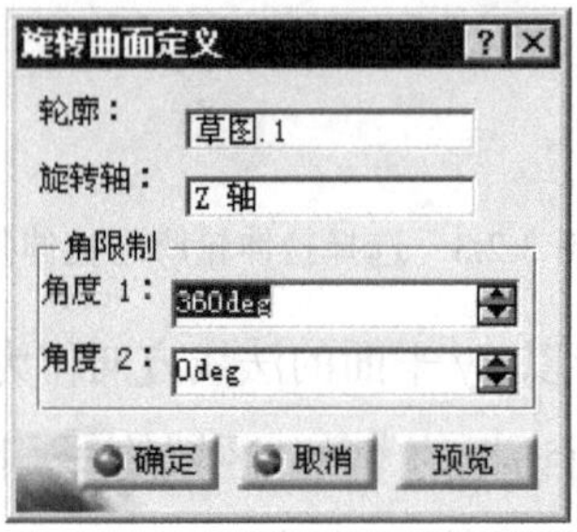

图 3.3.2　“旋转曲面定义”对话框

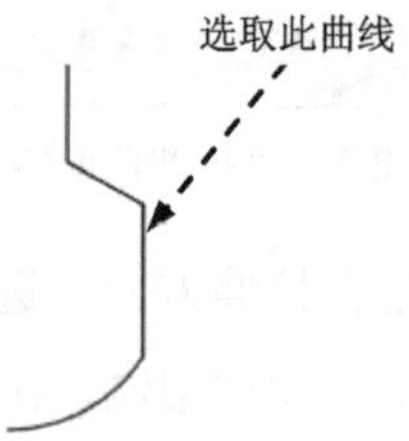

图 3.3.3　选择旋转轮廓线

Step5. 定义旋转角度。在“旋转曲面定义”对话框角限制 区域的角度 1：文本框中输入旋转角度值 360。

说明：如果轮廓是包含轴线的草图，则系统会自动将该轴指定为旋转轴。

Step6. 单击 确定 按钮，完成旋转曲面的创建。

3.4　球　　面

下面以图 3.4.1 为例来说明创建球面的一般操作过程。

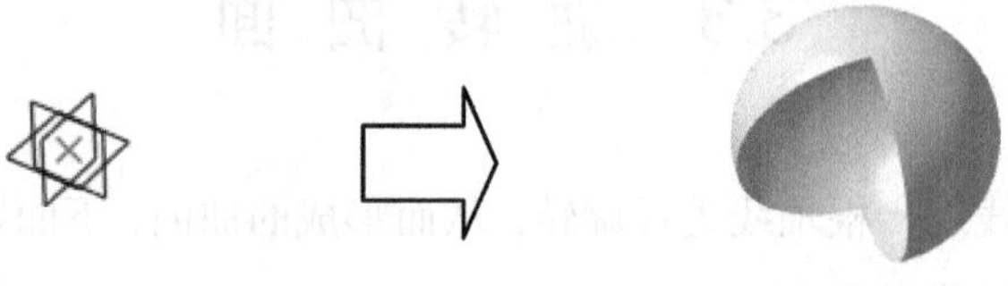

a）创建球面前　　　　b）创建球面后

图 3.4.1　创建球面

Step1. 打开文件 D:\cat2016.8\work\ch03.04\Sphere.CATPart。

Step2. 选择命令。选择 插入 → 曲面 ▸ → 球面... 命令，系统弹出图 3.4.2 所示的“球面曲面定义”对话框。

Step3. 定义球面中心。选择图 3.4.3 所示的点为球面中心。

Step4. 定义球面半径。在“球面曲面定义”对话框的球面半径：文本框中输入球面半径值 20。

Step5. 定义球面角度。在对话框的纬线起始角度：文本框中输入值-90；在纬线终止角度：文本框中输入值 90，在经线起始角度：文本框中输入值 0，在经线终止角度：文本框中输入值 270。

说明：

- 单击对话框的按钮（图 3.4.2），形成一个完整的球面，如图 3.4.4 所示。
- 球面轴线决定经线和纬线的方向，因此也决定球面的方向。如果没有选取球面轴线，则系统将 xyz 轴系定义为当前的轴系，并自动采用默认的轴线。

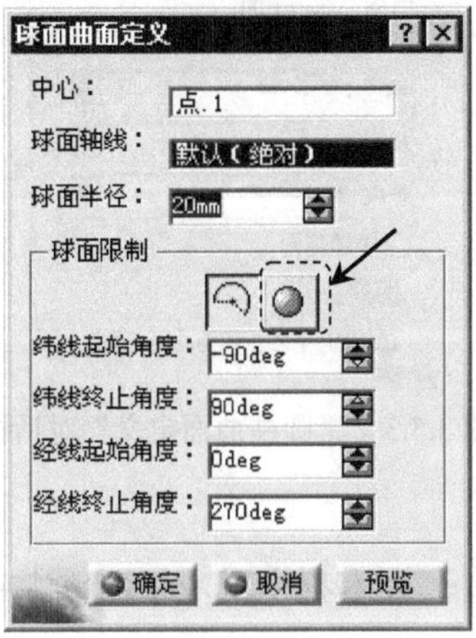

图 3.4.2 “球面曲面定义”对话框

图 3.4.3 选择球面中心

图 3.4.4 完整球面

Step6. 单击确定按钮，得到图 3.4.1b 所示的球面。

3.5 圆 柱 面

使用下拉菜单插入 → 曲面 → 圆柱面... 命令，可以通过空间一点及一个方向生成圆柱曲面。下面以图 3.5.1 所示的实例来说明创建圆柱面的一般操作过程。

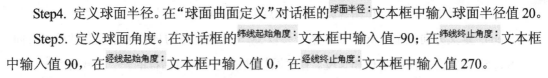

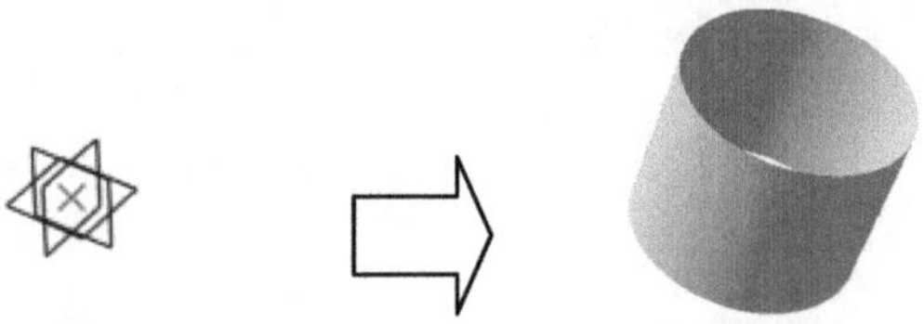

a）创建前　　b）创建后

图 3.5.1 创建圆柱面

Step1. 打开文件 D:\cat2016.8\work\ch03.05\Cylinder.CATPart。

Step2. 选择命令。选择下拉菜单插入 → 曲面 → 圆柱面... 命令，系统弹出“圆柱曲面定义”对话框。

Step3. 定义中心点。选择图 3.5.2 所示的点为圆柱面的中心点。

Step4. 定义方向。选择 xy 平面，系统会以 xy 平面的法线方向作为生成圆柱面的方向。

Step5. 确定圆柱面的半径和长度。在“圆柱曲面定义”对话框的参数:区域的半径:文本框中输入值 30，在长度 1文本框中输入值 50，如图 3.5.3 所示。

Step6. 单击确定按钮，完成圆柱曲面的创建。

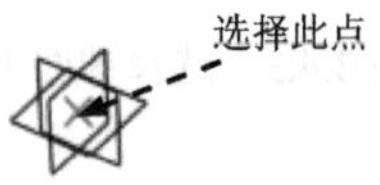

图 3.5.2　定义圆柱面点

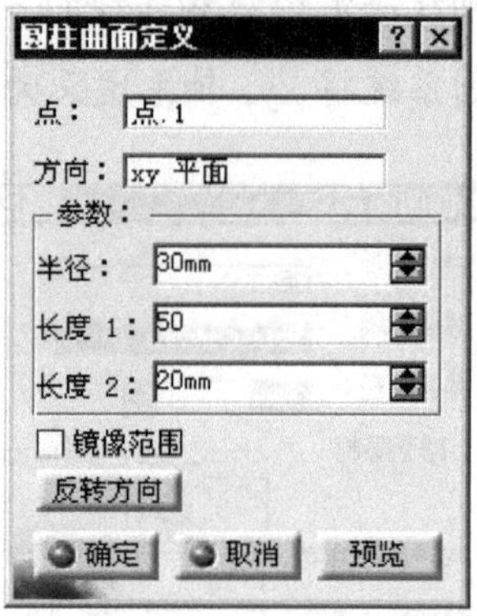

图 3.5.3　“圆柱曲面定义”对话框

说明：

- 在“圆柱曲面定义”对话框参数:区域的长度 2:文本框中输入相应的值可沿长度 1:相反的方向生成圆柱面。
- 定义圆柱面轴线的方向时，可以选取一条直线将其方向作为圆柱面轴线的方向，也可以选取一个平面将其法线方向作为圆柱面轴线的方向。

第 4 章　复杂曲面设计

本章提要　在 CATIA V5-6R2016 中，有非常强大的曲面造型功能，这是目前其他 CAD 软件所无法比拟的。曲面造型功能模块主要有创成式曲面设计（Generative Shape Design）、自由曲面造型（FreeStyle）、汽车白车身设计（Automotive BiW Fastening）和快速曲面重建（Quick Surface Reconstruction）等模块。这些模块与零件设计模块集成在一个程序中，可以相互切换，进行混合设计。与一般实体零件的创建相比，曲面零件的创建过程和方法比较特殊，技巧性也很强，掌握起来不太容易。本章将介绍创成式曲面设计工作台中的复杂曲面创建工具。主要内容包括：

- 偏移曲面。
- 多截面曲面。
- 扫掠曲面。
- 填充曲面。
- 桥接曲面。

4.1　偏 移 曲 面

曲面的偏移用于创建一个或多个现有面的偏移曲面，偏移曲面包括一般偏移曲面、可变偏移曲面和粗略偏移曲面。下面分别对这 3 种偏移曲面进行介绍。

4.1.1　一般偏移曲面

一般偏移曲面是指将选定曲面按指定方向偏移指定距离后生成的曲面，通常情况下只能选择一个单独的曲面进行偏移。下面以图 4.1.1 所示的模型为例介绍一般偏移曲面的创建方法。

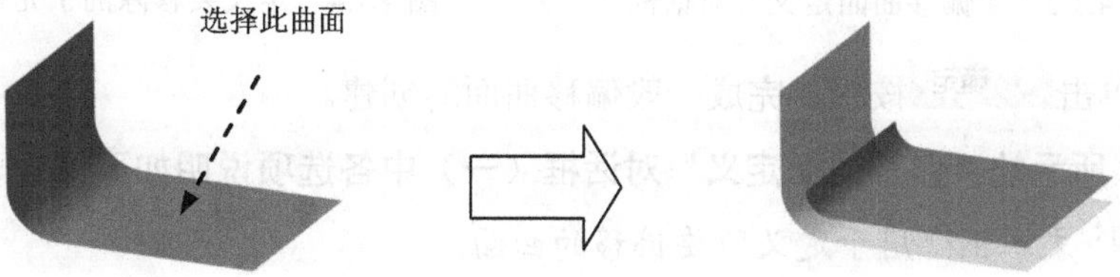

a）偏移前　　b）偏移后

图 4.1.1　一般偏移曲面

Step1. 打开文件 D:\cat2016.8\work\ch04.01.01\general_offset.CATPart。

Step2. 选择命令。选择下拉菜单 插入 → 曲面 ▸ → 偏移... 命令，系统弹出“偏移曲面定义”对话框（一），如图 4.1.2 所示。

Step3. 定义偏移曲面和偏移距离。在图形区选取图 4.1.1a 所示的曲面作为偏移曲面，在“偏移曲面定义”对话框 偏移: 后的文本框中输入值 5，单击 反转方向 按钮，调整偏移方向。

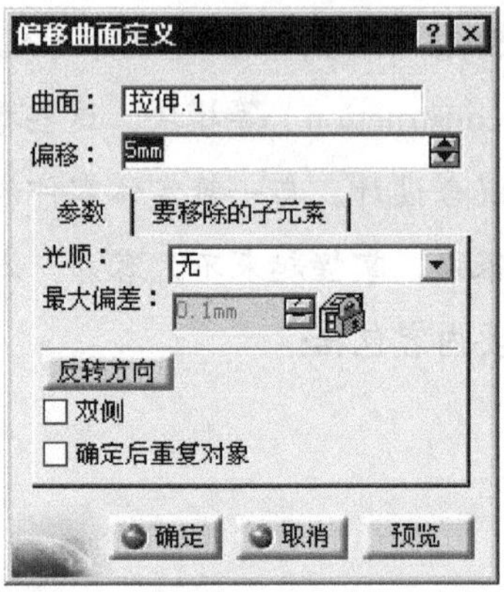

图 4.1.2 “偏移曲面定义”对话框（一）

Step4. 定义要移除的子元素。在对话框中单击 要移除的子元素 选项卡，系统弹出图 4.1.3 所示的“偏移曲面定义”对话框（二），然后在图形区选取图 4.1.4 所示的曲面为要移除的子元素。

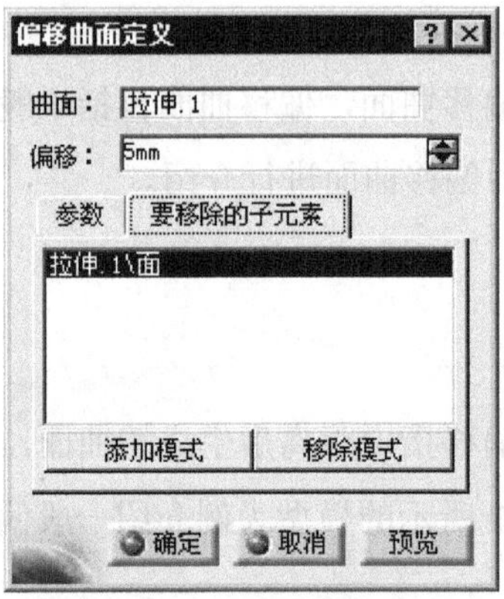

图 4.1.3 “偏移曲面定义”对话框（二）

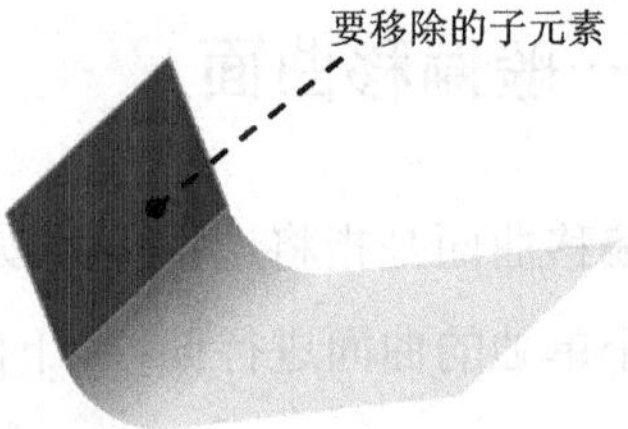

图 4.1.4 定义要移除的子元素

Step5. 单击 确定 按钮，完成一般偏移曲面的创建。

图 4.1.2 所示的“偏移曲面定义”对话框（一）中各选项说明如下。

- 曲面: 文本框：用于定义所要偏移的曲面。
- 偏移: 文本框：指定偏移的距离。
- 参数 选项卡：用于指定偏移曲面的质量。

- ☑ 光顺：下拉列表：用于定义偏移质量的类型，包括无、自动和手动3 种类型。
- ☑ 最大偏差：文本框：用于定义偏差质量的偏差值。只有当光顺类型为手动时才有效。

- 要移除的子元素选项卡：用于指定要从偏移元素中移除的子元素。
- 反转方向按钮：单击此按钮，可以切换偏移曲面方向。
- 双侧复选框：选中此选项后，将在原始曲面两侧生成偏移曲面。
- 确定后重复对象复选框：选中此选项后，单击确定按钮，系统弹出“对象复制”对话框，在此对话框中输入实例数即可复制偏移出指定个数的曲面（包括原始曲面）。

4.1.2 可变偏移曲面

可变偏移曲面是指在创建偏移曲面时，曲面中的一个或几个子元素偏移值是可变的。下面以图 4.1.5 所示的模型为例介绍可变偏移曲面的创建方法。

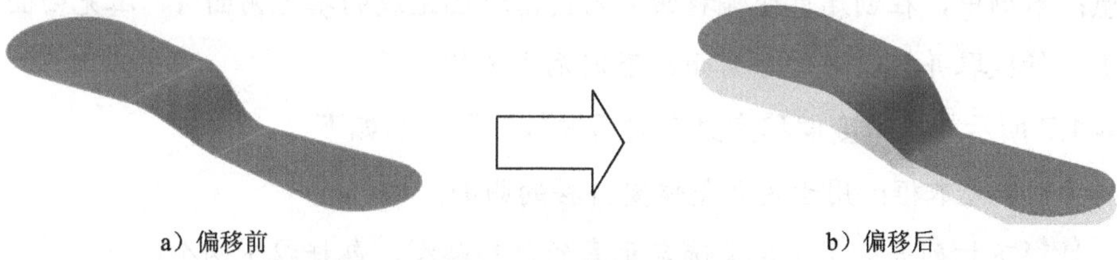

图 4.1.5 可变偏移曲面

Step1. 打开文件 D:\cat2016.8\work\ch04.01.02\variable_offset.CATPart。

Step2. 选择命令。选择下拉菜单插入 → 曲面 → 可变偏移...命令，系统弹出“可变偏移定义”对话框。

Step3. 定义基曲面。在特征树中选取“接合 1”为基曲面。

Step4. 定义偏移参数。

（1）在对话框参数选项卡中单击，激活参数文本框。

（2）在图形区依次选取图 4.1.6 所示的填充曲面 1、桥接曲面 1 和填充曲面 2 为要偏移的曲面。

（3）在参数选项卡中单击选取“填充 1”，然后在参数值文本框中输入值 5；单击选取“桥接 1”，然后在偏移：下拉列表中选择变量选项；单击选取“填充 2”，然后在参数值文本框中输入值 10。

（4）此时“可变偏移定义”对话框如图 4.1.7 所示。

说明：在定义桥接曲面时，在偏移：下拉列表中选择变量选项，即定义桥接曲面的偏移值是根据填充曲面 1 和填充曲面 2 的偏移值变化的，注意在定义填充曲面 1 和填充曲面 2 的偏移值时，不要让两曲面偏移值相差太大，否则桥接曲面无法偏移成功。

Step5. 单击 确定 按钮，完成可变偏移曲面的创建。

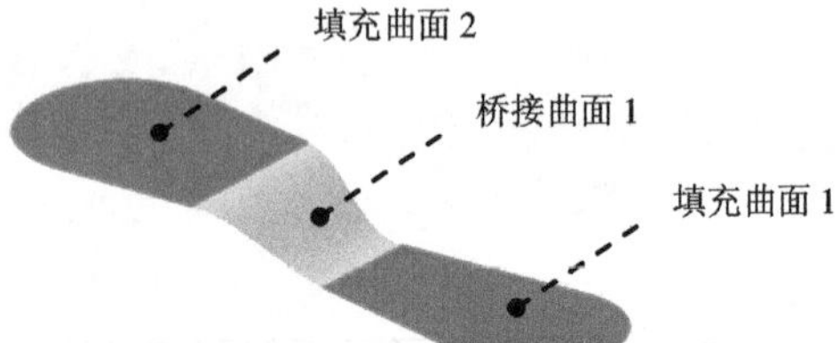

图 4.1.6　选取偏移曲面

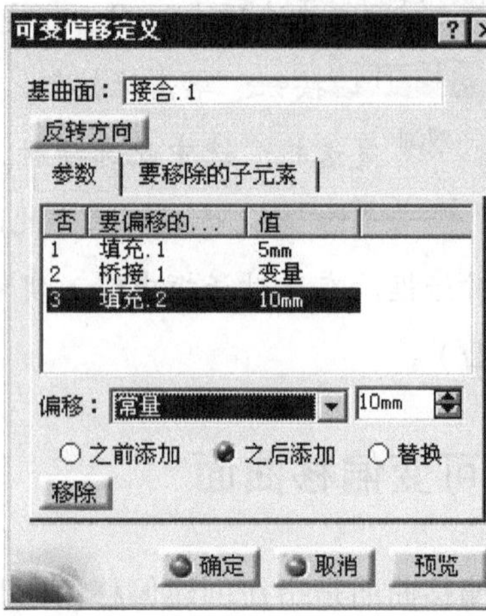

图 4.1.7　“可变偏移定义”对话框

注意：本例中，在创建可变偏移曲面之前需对已完成的填充曲面 1、填充曲面 2 和桥接曲面 1 进行提取并接合成一个曲面，否则无法进行偏移。

图 4.1.7 所示的“可变偏移定义”对话框各选项说明如下。

- 基曲面：文本框：用于定义整体要偏移的曲面。
- 偏移：下拉列表：用于定义选定元素的偏移类型，包括以下两个选项。
  - ☑ 变量选项：选择此选项后，选定元素的偏移距离是可变的，其具体的偏移距离要根据与其相连元素的偏移距离来确定。
  - ☑ 常量选项：选择此选项后，选定元素的偏移距离是一个固定值，此时可以在其后的文本框中输入偏移距离值。
- 之前添加 单选项：在选定元素之前添加其他元素。
- 之后添加 单选项：在选定元素之后添加其他元素。
- 替换 单选项：替换选定元素。
- 移除 按钮：单击此按钮，移除选定元素。

4.1.3　粗略偏移曲面

粗略偏移曲面用于对曲面进行大致的偏移，创建与初始曲面近似的曲面。下面以图 4.1.8 所示的模型为例介绍粗略偏移曲面的创建方法。

Step1. 打开文件 D:\cat2016.8\work\ch04.01.03\rough_offset.CATPart。

Step2. 选择命令。选择下拉菜单 插入 → 曲面 ▸ → 粗略偏移... 命令，系统弹出“粗略偏移曲面定义”对话框，如图 4.1.9 所示。

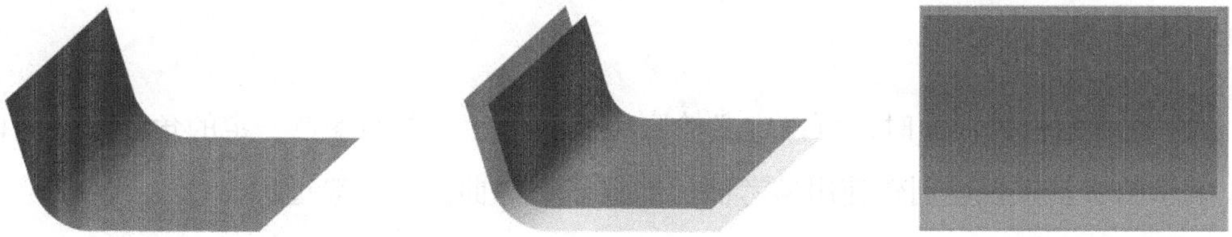

a）偏移前　　b）偏移后　　c）偏移后（右视图）

图 4.1.8　粗略偏移曲面

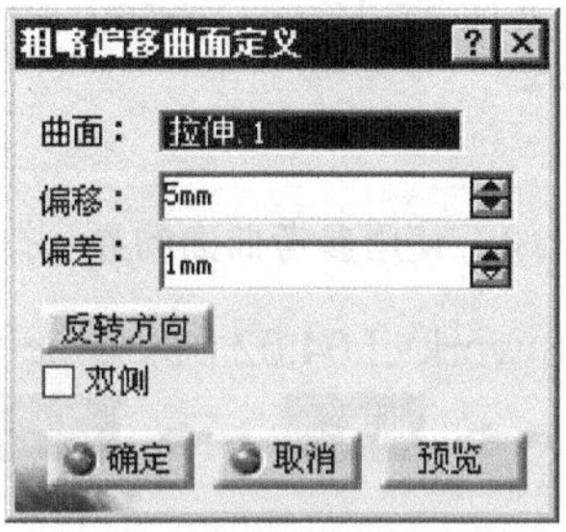

图 4.1.9　“粗略偏移曲面定义”对话框

Step3. 定义偏移曲面。在特征树中选取拉伸 1 为偏移曲面。

Step4. 定义粗略偏移参数。在对话框 偏移： 后的文本框中输入值 5，在 偏差： 后的文本框中输入值 1。

说明：在偏移曲面时，给定的偏差值越大，曲面变形也越大，偏差值必须大于 1 且小于曲面的偏移值。本例中设置偏差值为 1 是为了让读者能更清楚地看到粗略偏移曲面和一般偏移曲面的区别。通过观察偏移后的右视图，可以发现偏移后的曲面比偏移前的曲面窄了（图 4.1.8c）。

Step5. 单击 确定 按钮，完成粗略偏移曲面的创建。

4.2　扫掠曲面

扫掠曲面就是沿一条（或多条）引导线移动一条轮廓线而成的曲面。引导线可以是开放曲线，也可以是闭合曲线。创建扫掠曲面包括适应性扫掠、显示扫掠、直线扫掠、圆扫掠和二次曲线扫掠 5 种方式。

4.2.1　显示扫掠

使用显示扫掠方式创建扫掠曲面，需要定义一条轮廓线、一条或两条引导线，还可以使用一条脊线。用此方式创建扫掠曲面时有 3 种方式，分别为使用参考曲面、使用两条引导曲线和按拔模方向。

1. 使用参考曲面

在创建显示扫掠曲面时，可以定义轮廓线与某一参考曲面保持一定的角度。下面以图 4.2.1 所示的实例来说明创建使用参考曲面的显示扫掠曲面的一般过程。

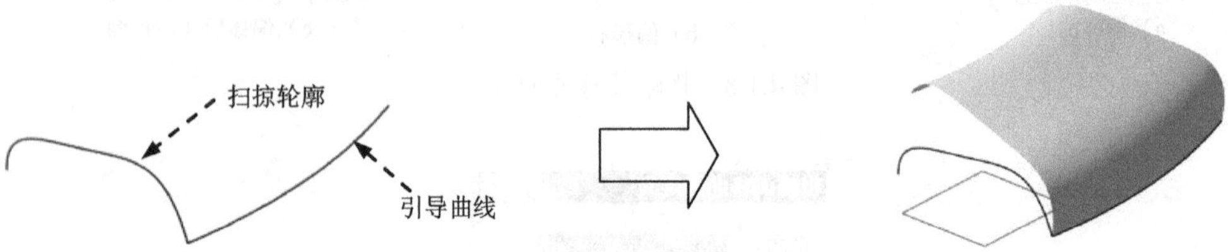

a)“显示扫掠”前　　b)“显示扫掠”后

图 4.2.1　使用参考曲面的显示扫掠

Step1. 打开文件 D:\cat2016.8\work\ch04.02.01\explicit_sweep_01.CATPart。

Step2. 选择命令。选择 插入 → 曲面 → 扫掠... 命令，此时系统弹出“扫掠曲面定义”对话框。

Step3. 定义扫掠类型。在“扫掠曲面定义”对话框的 轮廓类型： 中单击“显示”按钮，在 子类型： 下拉列表中选择 使用参考曲面，如图 4.2.2 所示。

Step4. 定义扫掠轮廓和引导曲线。选取图 4.2.3 所示的曲线 1 为扫掠轮廓，选取图 4.2.3 所示的曲线 2 为引导曲线。

Step5. 定义参考平面和角度。选取 xy 平面为参考平面，在 角度： 后的文本框中输入值 30，其他选项采用系统默认设置。

Step6. 单击 确定 按钮，完成扫掠曲面的创建。

图 4.2.2 所示的“扫掠曲面定义”对话框（一）中各选项说明如下。

- 轮廓类型： 区域：用于定义扫掠轮廓类型，包括、、和 4 种类型。
- 子类型： 下拉列表：用于定义指定轮廓类型下的子类，此处包括 使用参考曲面、使用两条引导曲线 和 使用拔模方向 3 种类型。
- 脊线： 文本框：系统默认脊线为第一条引导曲线，用户也可以根据需要定义其他的曲线作为脊线，也可以选择直线或方向矢量作为脊线。在扫掠曲面中，脊线用于控制曲面的姿态，扫掠曲面的任一截面均与脊线垂直。
- 光顺扫掠 区域：用于对扫掠曲面的光顺性进行处理。在创建曲面时，如出现曲线（一般是引导曲线）不连续的情况，会造成曲面内部不连续，此时可以对扫掠曲面进行自动修正，保证曲面内部连续，但曲面与曲线会有细微的偏差。包括以下两个选项。

☑ 角度修正：复选框：选中此复选框，按照给定角度值移除不连续部分，以执行光顺扫掠操作。

☑ 与引导线偏差：复选框：选中此选项，按照给定偏差值来执行光顺扫掠操作。

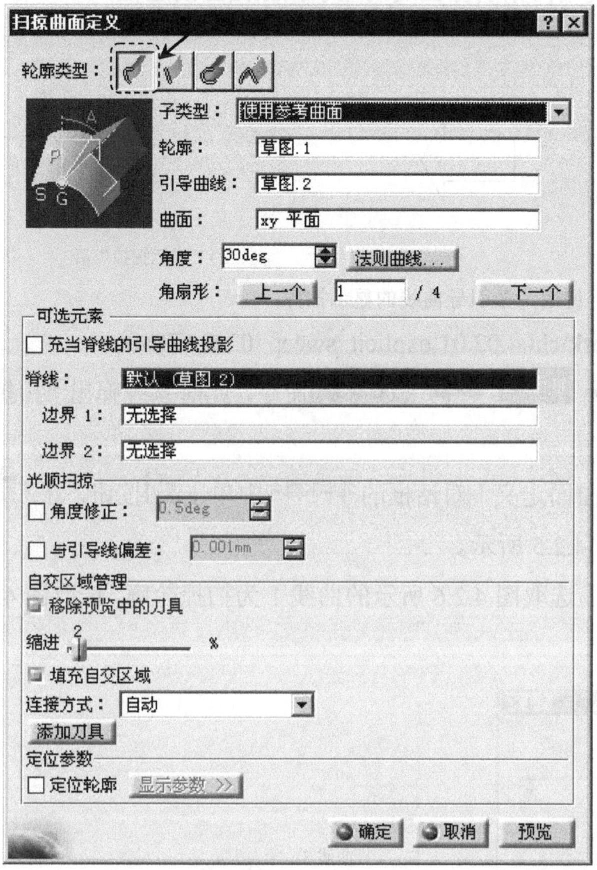

图 4.2.2 “扫掠曲面定义”对话框（一）

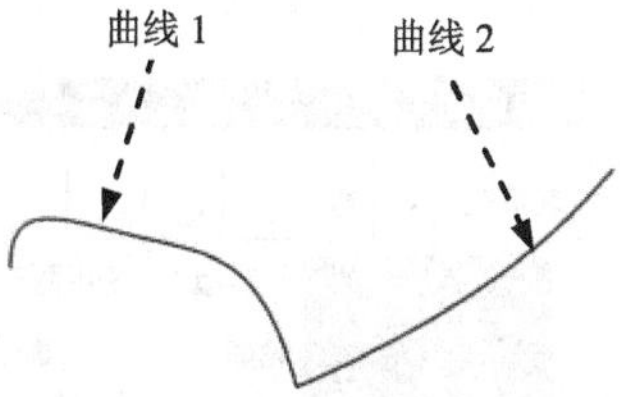

图 4.2.3 定义轮廓与引导曲线

- 自交区域管理区域：此区域主要用于对扫掠过程中出现的自相交区域进行处理。

☑ 移除预览中的刀具复选框：选中此选项，系统将自动移除由自交区域管理添加的刀具，系统默认是选中此选项的。

☑ 缩进滑动条：拖动此滑动条可以调整缩进量，范围在0~20%之间。

☑ 填充自交区域复选框：选中此选项后，系统将对出现自相交的区域进行填充。

☑ 连接方式：下拉列表：用于定义填充区域的连接方式，包括自动、标准和类似引导线3种连接方式。此功能只有在选中填充自交区域选项后才有效。

- 定位参数区域：此区域主要用于设置定位轮廓参数。

☑ 定位轮廓复选框：系统默认取消选中，即使用定位轮廓。若选中此选项，可以自定义定位轮廓参数。

2. 使用两条引导曲线

在使用两条引导曲线创建扫掠曲面时，可以定义一条轮廓线在两条引导线上扫掠。下面以图 4.2.4 所示的实例来说明创建使用两条引导曲线的显示扫掠曲面的过程。

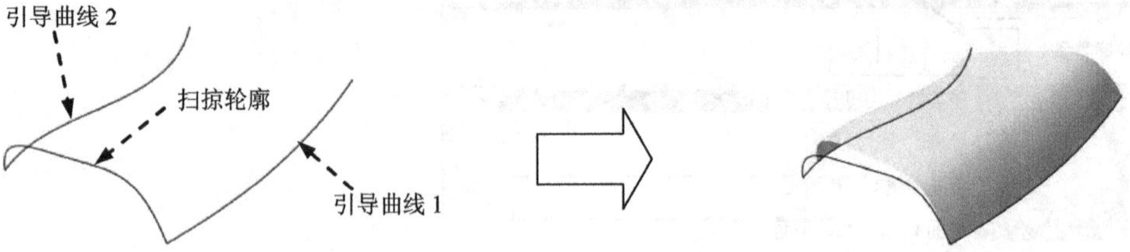

a）“显示扫掠”前　　b）“显示扫掠”后

图 4.2.4　使用两条引导曲线的显示扫掠

Step1. 打开文件 D:\cat2016.8\work\ch04.02.01\explicit_sweep_02.CATPart。

Step2. 选择命令。选择 插入 ➡ 曲面 ▸ ➡ 扫掠... 命令，此时系统弹出“扫掠曲面定义”对话框。

Step3. 定义扫掠类型。在“扫掠曲面定义”对话框的 轮廓类型： 中单击 按钮，在 子类型： 下拉列表中选择 使用两条引导曲线，如图 4.2.5 所示。

Step4. 定义扫掠轮廓和引导曲线。选取图 4.2.6 所示的曲线 1 为扫掠轮廓，选取图 4.2.6 所示的曲线 2 和曲线 3 为引导曲线。

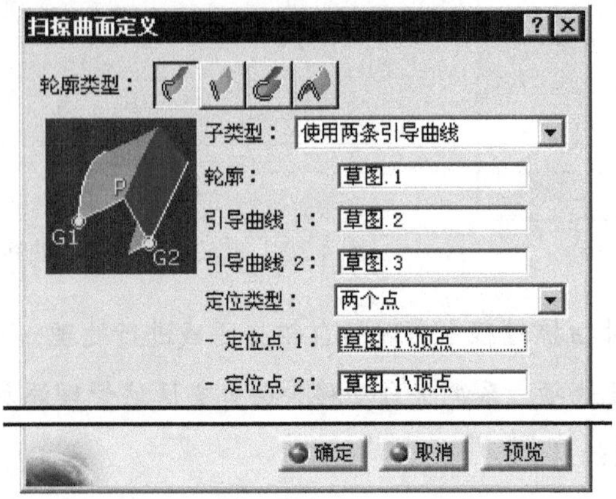

图 4.2.5　“扫掠曲面定义”对话框（二）

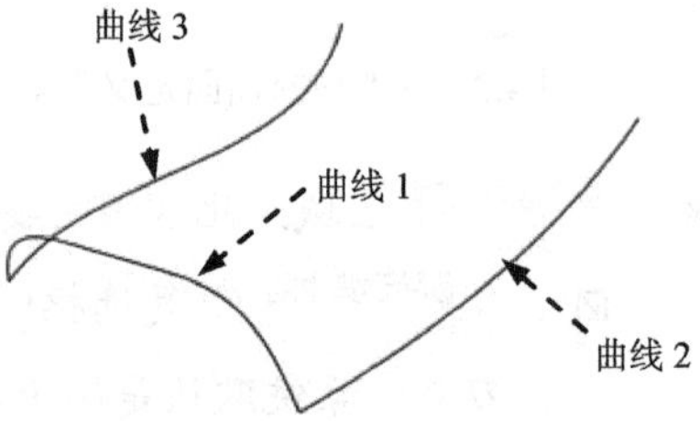

图 4.2.6　定义轮廓与引导曲线

Step5. 定义定位类型和参考。在 定位类型： 下拉列表中选择 两个点 选项，激活 - 定位点 1： 后的文本框，在图形区选取图 4.2.7 所示的点 1 作为定位点 1，激活 - 定位点 2： 后的文本框，选取图 4.2.7 所示的点 2 作为定位点 2，其他选项采用系统默认设置。

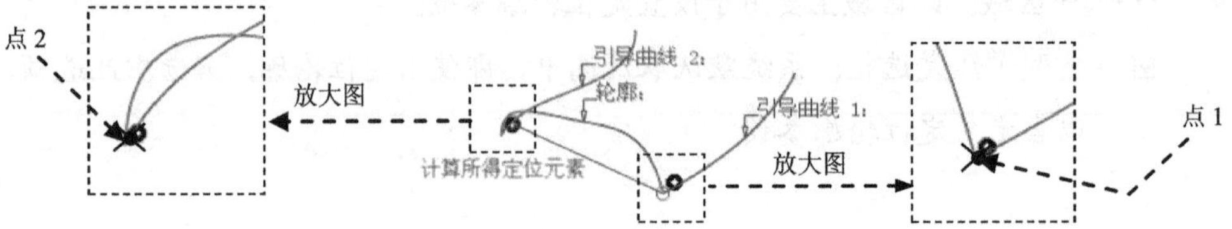

图 4.2.7　选取定位点

说明：定位类型包括“两个点”“点和方向”两种类型。当选择“两个点”类型时，需要在图形区选取两个点来定义曲面形状，此时生成的曲面沿第一个点的法线方向；当选择“点和方向”类型时，需要在图形区选取一个点和一个方向参考（通常选取一个平面），此时生成的曲面通过点并沿平面的法线方向。

Step6. 单击 确定 按钮，完成扫掠曲面的创建。

3. 按拔模方向

在使用按拔模方向创建显示扫掠曲面时，可以在创建的扫掠曲面上面添加拔模特征。下面以图 4.2.8 所示的模型为例，说明创建按拔模方向的显示扫掠曲面的过程。

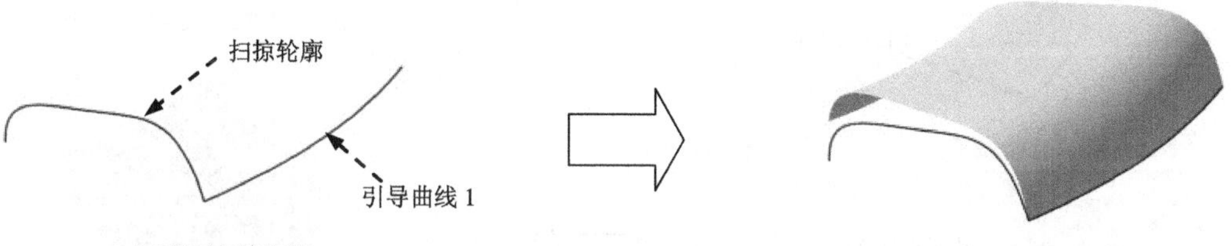

a)“显示扫掠”前　　b)“显示扫掠”后

图 4.2.8　按拔模方向的显示扫掠

Step1. 打开文件 D:\cat2016.8\work\ch04.02.01\explicit_sweep_03.CATPart。

Step2. 选择命令。选择 插入 → 曲面 → 扫掠... 命令，此时系统弹出“扫掠曲面定义”对话框。

Step3. 定义扫掠类型。在“扫掠曲面定义”对话框的 轮廓类型： 中单击 按钮，在 子类型： 下拉列表中选择 使用拔模方向，如图 4.2.9 所示。

Step4. 定义扫掠轮廓和引导曲线。选取图 4.2.10 所示的曲线 1 为扫掠轮廓，选取图 4.2.10 所示的曲线 2 为引导曲线。

Step5. 定义拔模参照。选取 yz 平面作为方向参照，在 角度： 后的文本框中输入值 10。

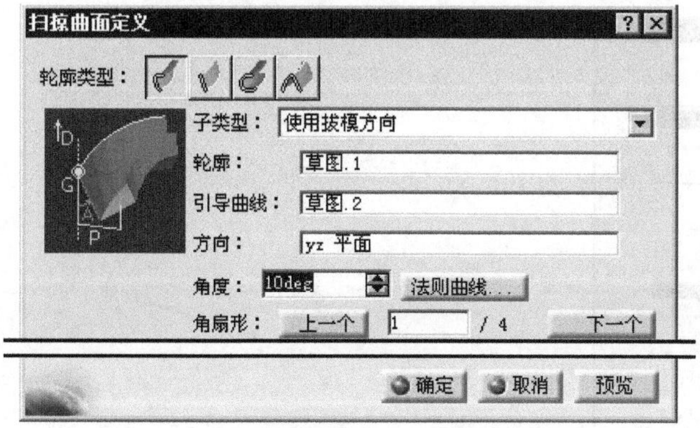

图 4.2.9　“扫掠曲面定义”对话框（三）

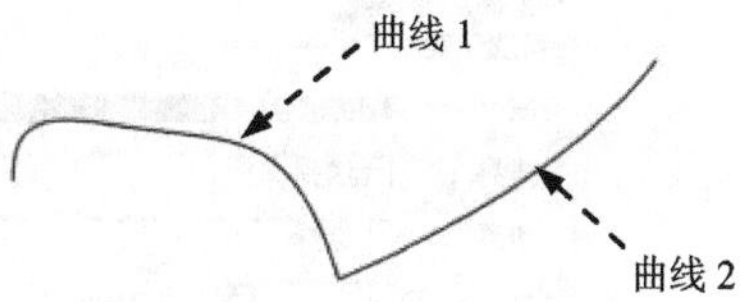

图 4.2.10　定义轮廓与引导曲线

Step6. 单击 确定 按钮，完成扫掠曲面的创建。

4.2.2 直线式扫掠

使用直线扫掠方式创建曲面时，系统自动以直线作为轮廓线，所以只需要定义两条引导线。用此方式创建扫掠曲面时有 7 种方式，下面将逐一对其进行介绍。

1. 两极限

两极限指通过定义曲面边界参照扫掠出的曲面，该曲面边界是通过选取两条曲线定义的。下面以图 4.2.11 所示的模型为例，介绍创建两极限类型的直线式扫掠曲面的一般过程。

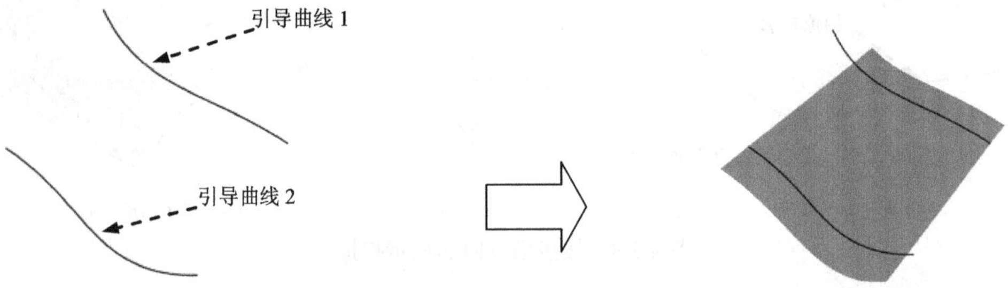

a)“直线式扫掠”前　　b)“直线式扫掠”后

图 4.2.11　两极限类型的直线式扫掠

Step1. 打开文件 D:\cat2016.8\work\ch04.02.02\two_limits.CATPart。

Step2. 选择命令。选择 插入 → 曲面 → 扫掠... 命令，此时系统弹出“扫掠曲面定义”对话框。

Step3. 定义扫掠类型。在“扫掠曲面定义”对话框的 轮廓类型： 中单击“直线”按钮，在 子类型： 下拉列表中选择 两极限，如图 4.2.12 所示。

Step4. 定义引导曲线。选取图 4.2.13 所示的曲线 1 为引导曲线 1，选取图 4.2.13 所示曲线 2 为引导曲线 2。

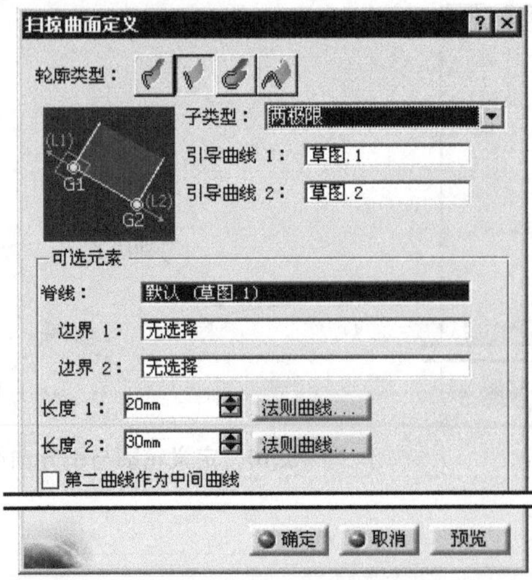

图 4.2.12　“扫掠曲面定义”对话框（四）

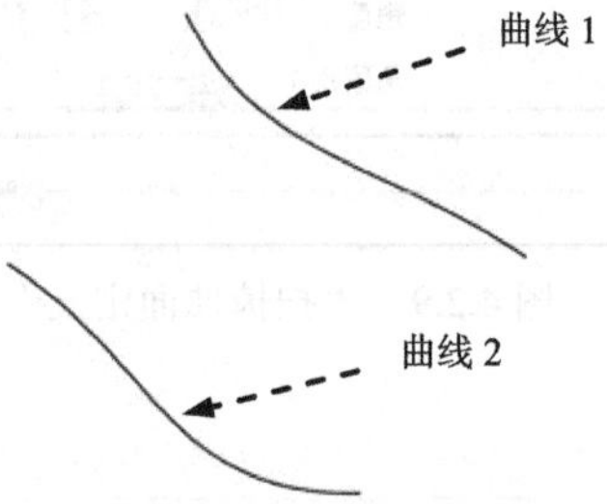

图 4.2.13　定义引导曲线

Step5. 定义曲面边界。在对话框长度 1：后的文本框中输入值 20，在长度 2：后的文本框中输入值 30，其他选项采用系统默认设置。

Step6. 单击确定按钮，完成扫掠曲面的创建。

2. 极限和中间

下面以图 4.2.14 所示的模型为例，介绍创建极限和中间类型的直线式扫掠曲面的一般过程。

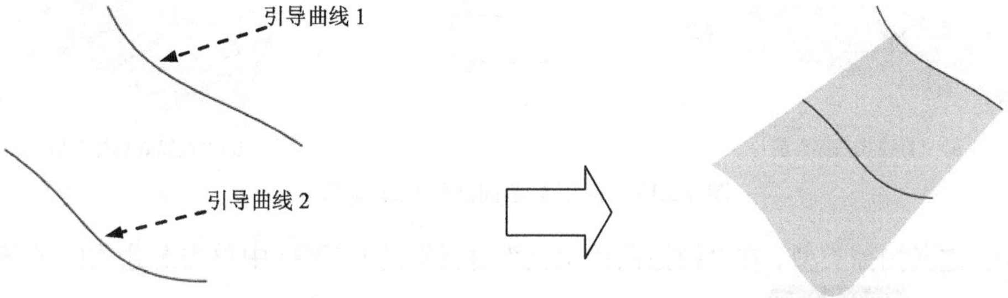

a）“直线式扫掠”前　　b）“直线式扫掠”后

图 4.2.14　极限和中间类型的直线式扫掠

Step1. 打开文件 D:\cat2016.8\work\ch04.02.02\limits_middle.CATPart。

Step2. 选择命令。选择插入 → 曲面 → 扫掠...命令，此时系统弹出“扫掠曲面定义”对话框。

Step3. 定义扫掠类型。在“扫掠曲面定义”对话框的轮廓类型：中单击按钮，在子类型：下拉列表中选择极限和中间，如图 4.2.15 所示，此时系统默认选中第二曲线作为中间曲线复选框。

Step4. 定义引导曲线。选取图 4.2.16 所示的曲线 1 为引导曲线 1，选取图 4.2.16 所示的曲线 2 为引导曲线 2。

Step5. 单击确定按钮，完成扫掠曲面的创建。

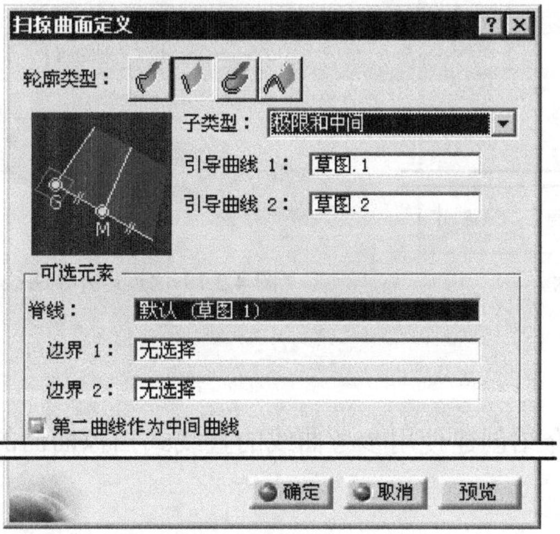

图 4.2.15　“扫掠曲面定义”对话框（五）

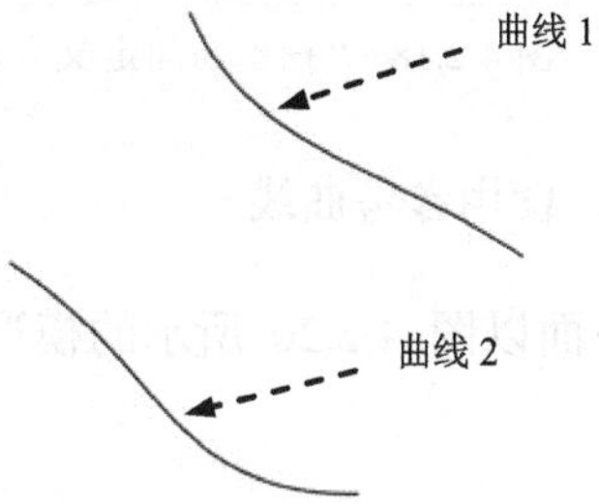

图 4.2.16　定义引导曲线

3. 使用参考曲面

下面以图 4.2.17 示的模型为例，介绍创建使用参考曲面的直线式扫掠曲面的一般过程。

Step1. 打开文件 D:\cat2016.8\work\ch04.02.02\reference_surface.CATPart。

Step2. 选择命令。选择 插入 → 曲面 ▸ → 扫掠... 命令，此时系统弹出“扫掠曲面定义”对话框。

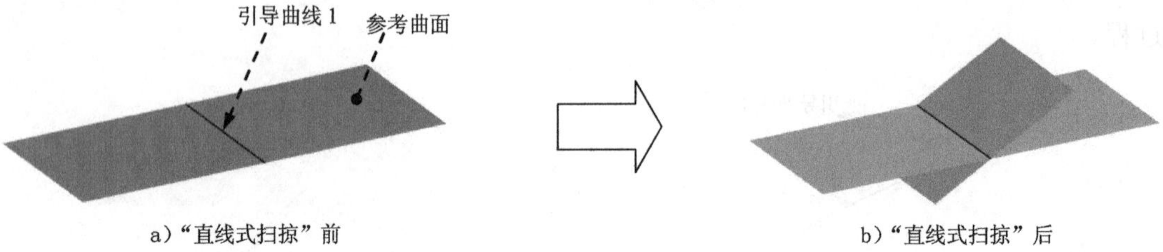

a）“直线式扫掠”前　　b）“直线式扫掠”后

图 4.2.17 使用参考曲面的直线式扫掠

Step3. 定义扫掠类型。在“扫掠曲面定义”对话框的 轮廓类型： 中单击按钮，在 子类型： 下拉列表中选择 使用参考曲面，如图 4.2.18 示。

Step4. 定义引导曲线和参考曲面。选取图 4.2.19 示的曲线 1 为引导曲线，选取图 4.2.19 示的曲面 1 为参考曲面。

说明： *参考曲面也可以是基准平面。*

Step5. 定义扫掠曲面参数。在 角度： 后的文本框中输入值 30，在对话框 长度 1： 后的文本框中输入值 30，在 长度 2： 后的文本框中输入值 20。

Step6. 单击 确定 按钮，完成扫掠曲面的创建。

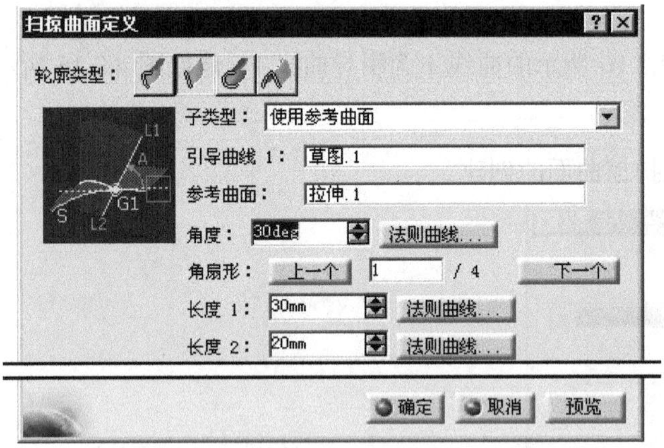

图 4.2.18 “扫掠曲面定义”对话框（六）

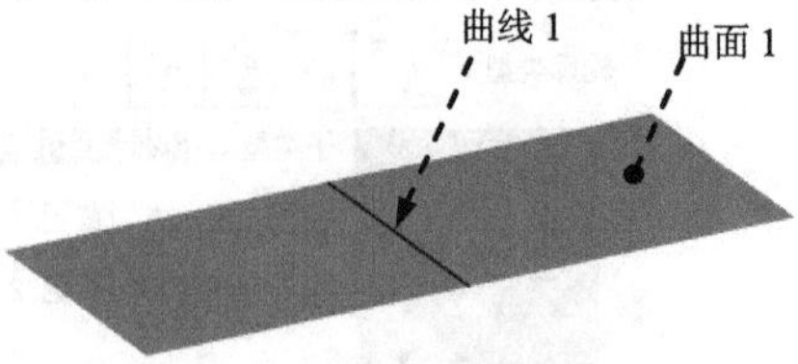

图 4.2.19 定义引导曲线

4. 使用参考曲线

下面以图 4.2.20 所示的模型为例，介绍创建使用参考曲线的直线式扫掠曲面的一般过程。

Step1. 打开文件 D:\cat2016.8\work\ch04.02.02\reference_cruve.CATPart。

Step2. 选择命令。选择 插入 → 曲面 → 扫掠... 命令，此时系统弹出“扫掠曲面定义”对话框。

Step3. 定义扫掠类型。在“扫掠曲面定义”对话框的 轮廓类型： 中单击 按钮，在 子类型： 下拉列表中选择 使用参考曲线，如图 4.2.21 所示。

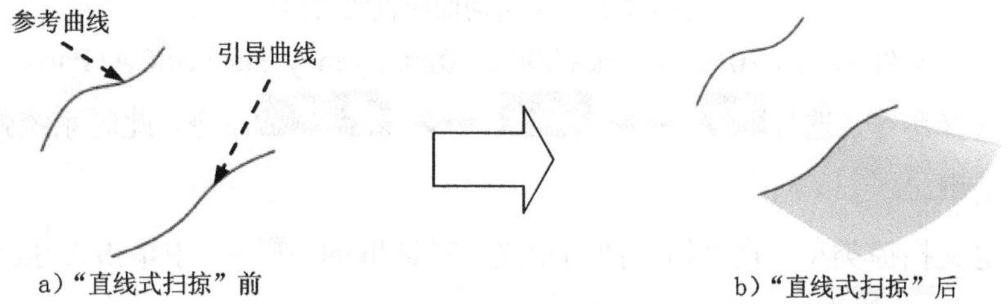

a）“直线式扫掠”前　　b）“直线式扫掠”后

图 4.2.20　使用参考曲线的直线式扫掠

Step4. 定义引导曲线和参考曲线。选取图 4.2.22 所示的曲线 1 为引导曲线，选取图 4.2.22 所示的曲线 2 为参考曲线。

Step5. 定义扫掠曲面参数。在 角度： 后的文本框中输入值 45，在对话框 长度 1： 后的文本框中输入值 60，在 长度 2： 后的文本框中输入值 0。

Step6. 单击 确定 按钮，完成扫掠曲面的创建。

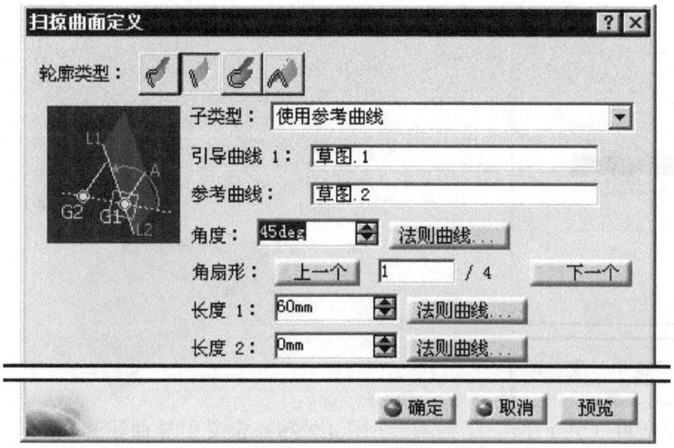

图 4.2.21　“扫掠曲面定义”对话框（七）

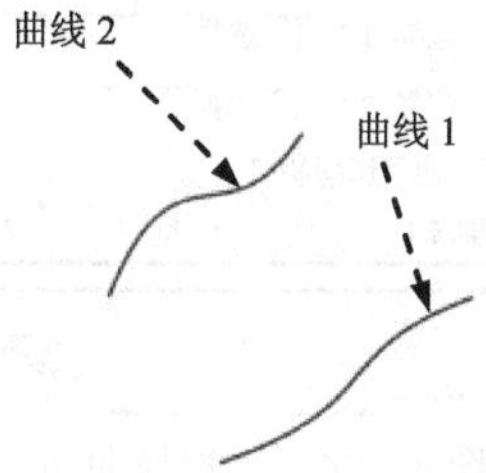

图 4.2.22　定义引导曲线

5．使用切面

使用切面创建直线式扫掠曲面，是指以指定的引导曲线作为扫掠轮廓，以引导曲线上任意一点到指定面相切的连线作为轨迹线，扫掠出来的曲面。下面以图 4.2.23 所示的模型为例，介绍创建使用切面的直线式扫掠曲面的一般过程。

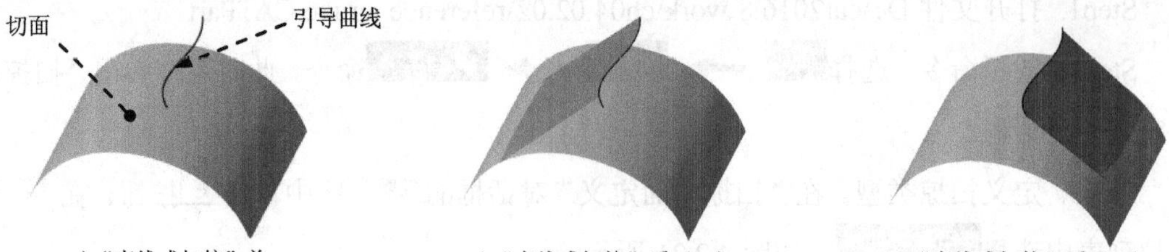

a）“直线式扫掠”前　　b）“直线式扫掠”后（一）　　c）“直线式扫掠”后（二）

图 4.2.23　使用切面的直线式扫掠

Step1. 打开文件 D:\cat2016.8\work\ch04.02.02\tangency_surface.CATPart。

Step2. 选择命令。选择 插入 → 曲面 ▸ → 扫掠... 命令，此时系统弹出“扫掠曲面定义”对话框。

Step3. 定义扫掠类型。在“扫掠曲面定义”对话框的 轮廓类型： 中单击 按钮，在 子类型： 下拉列表中选择 使用切面，如图 4.2.24 所示。

Step4. 定义引导曲线和切面。选取图 4.2.25 所示的曲线 1 为引导曲线，选取图 4.2.25 所示的面 1 为切面。

Step5. 单击 确定 按钮，完成扫掠曲面的创建。

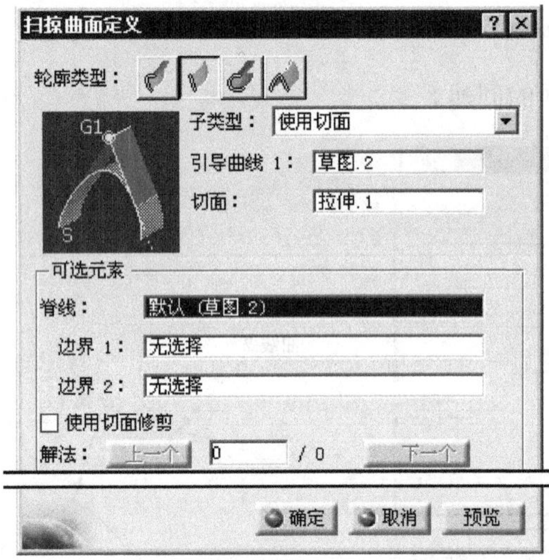

图 4.2.24　“扫掠曲面定义”对话框（八）

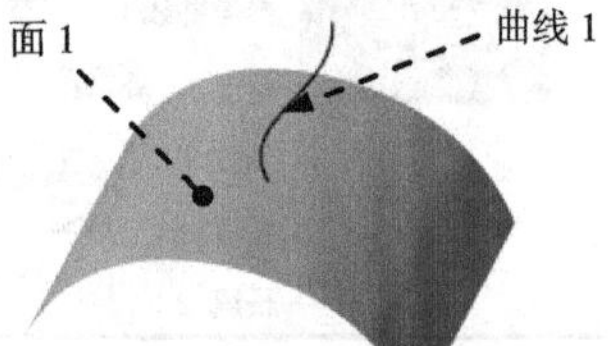

图 4.2.25　定义引导曲线和切面

说明：创建完扫掠曲面后，在特征树中右击 扫掠.1，在弹出的快捷菜单中选择 扫掠.1 对象 ▸ → 定义... 命令，系统再次弹出“扫掠曲面定义”对话框（图 4.2.26），通过单击对话框中的 上一个 或 下一个 按钮，可以切换生成的曲面，结果如图 4.2.23b 和 4.2.23c 所示。

6．使用拔模方向

下面以图 4.2.27 所示的模型为例，介绍创建使用拔模方向的直线式扫掠曲面的一般过程。

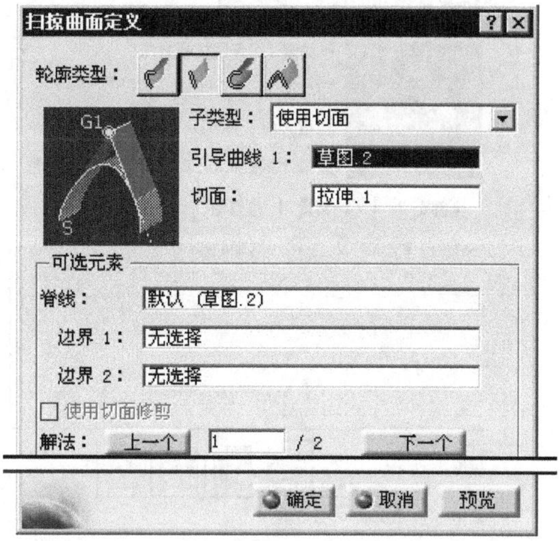

图 4.2.26 “扫掠曲面定义”对话框（九）

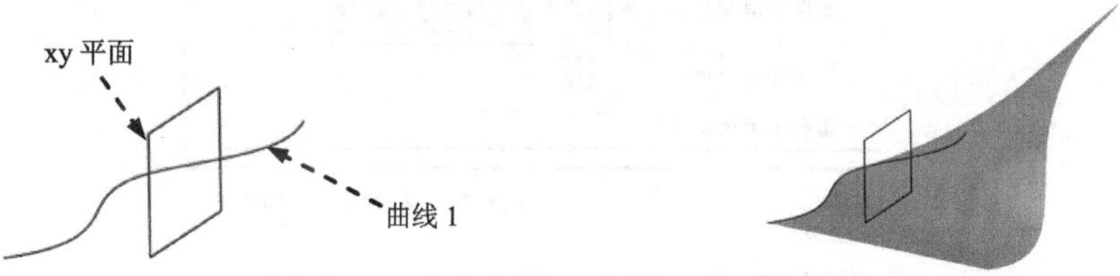

a）“直线式扫掠”前　　b）“直线式扫掠”后

图 4.2.27 使用拔模方向的直线式扫掠

Step1. 打开文件 D:\cat2016.8\work\ch04.02.02\draft_direction.CATPart。

Step2. 选择命令。选择 插入 → 曲面 → 扫掠... 命令，此时系统弹出“扫掠曲面定义”对话框。

Step3. 定义扫掠类型。在“扫掠曲面定义”对话框的 轮廓类型: 中单击按钮，在 子类型: 下拉列表中选择 使用拔模方向，如图 4.2.28 所示。

Step4. 定义引导曲线和拔模方向。选取图 4.2.27a 所示的曲线 1 为引导曲线，选取 xy 平面为拔模方向参照。

Step5. 定义曲面参数。选择 拔模计算模式: 类型为 正方形；单击 法则曲线... 按钮，系统弹出“法则曲线定义”对话框，在 法则曲线类型 区域选择 S 型 选项，在 起始值: 后的文本框中输入值 0，在 结束值: 后的文本框中输入值 45，如图 4.2.29 所示，单击 关闭 按钮，完成法则曲线的定义。

Step6. 定义扫掠长度。在 长度类型 1: 区域选择（标准）选项，在 长度 1: 后的文本框中输入值 100，其他选项采用系统默认设置。

Step7. 单击 确定 按钮，完成扫掠曲面的创建。

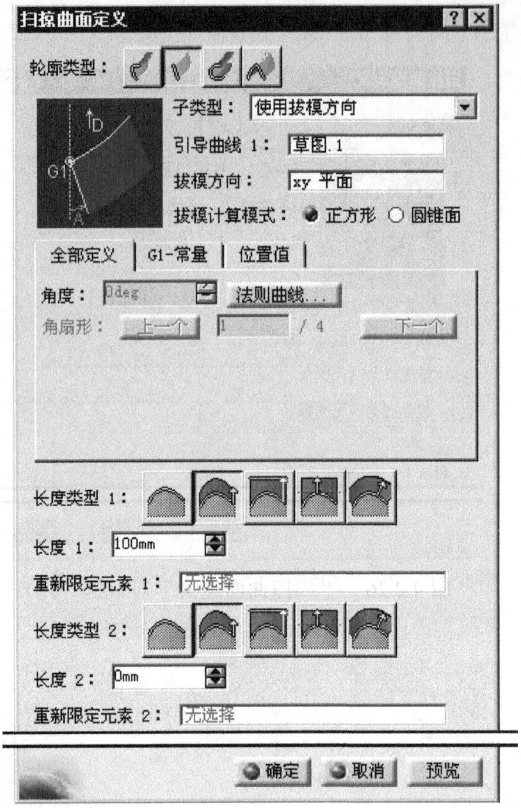

图 4.2.28 “扫掠曲面定义”对话框（十）

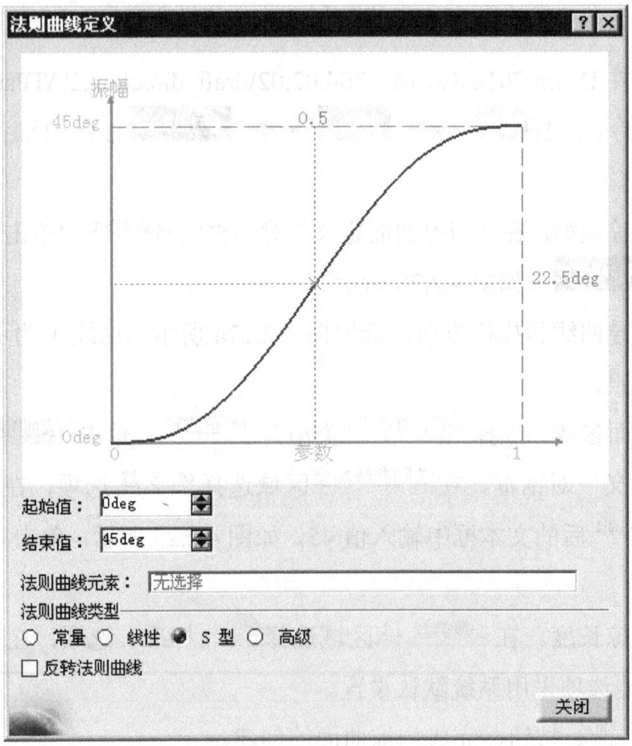

图 4.2.29 “法则曲线定义”对话框

图 4.2.28 所示的“扫掠曲面定义”对话框（十）的各选项说明如下。

- 全部定义选项卡：主要用于定义整个扫掠拔模斜度角。
- G1-常量选项卡：主要用于定义引导曲线上任何相切连续部位的拔模斜度角。
- 位置值选项卡：主要用于定义引导曲线上给定点的拔模斜度角。
- 长度类型 1：区域：用于定义扫掠曲面的长度。包括（从曲线）、（标准）、（从/到）、（从极值）和（沿曲面）5 种类型。
- 重新限定元素 1：文本框：用于定义扫掠曲面重新限定的点或平面，以替换长度 1。

图 4.2.29 所示的“法则曲线定义”对话框各选项说明如下。

- 起始值：文本框：用于定义法则曲线起始处的角度值。
- 结束值：文本框：用于定义法则曲线结束处的角度值。
- 法则曲线元素：文本框：用于定义法则曲线的参考。
- 法则曲线类型区域：用于定义法则曲线的种类，包括常量、线性、S 型和高级 4 种类型。

☑ 常量：选中此单选项，法则曲线为一水平直线，此时只需定义起始值即可。

☑ 线性：选中此单选项，法则曲线为一次曲线，需要定义起始值和端值。

☑ S 型：选中此单选项，法则曲线为 S 形曲线，需要定义起始值和端值。

☑ 高级：选中此单选项，可以激活法则曲线元素：后的文本框，此时可以选择一条自定义法则曲线。

- 反转法则曲线复选框：选中此复选框，则将之前定义的法则曲线起始值和端值颠倒。

7. 使用双切面

下面以图 4.2.30 所示的模型为例，介绍创建使用双切面的直线式扫掠曲面的一般过程。

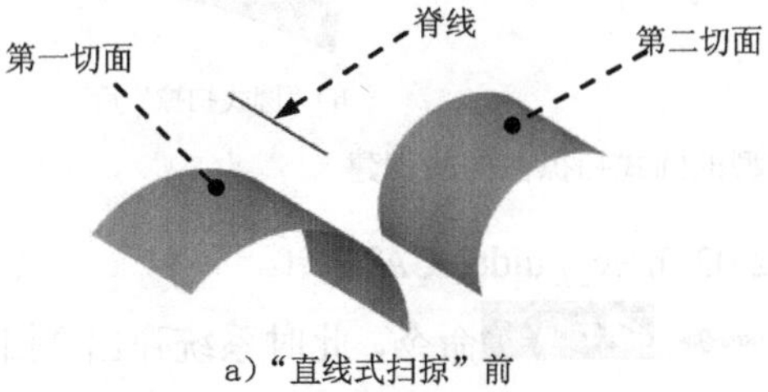

a）“直线式扫掠”前

b）“直线式扫掠”后

图 4.2.30 使用双切面的直线式扫掠

Step1. 打开文件 D:\cat2016.8\work\ch04.02.02\two_tangency_surf.CATPart。

Step2. 选择命令。选择插入 ➡ 曲面 ➡ 扫掠...命令，此时系统弹出“扫掠曲面定义”对话框。

Step3. 定义扫掠类型。在“扫掠曲面定义”对话框的轮廓类型：中单击按钮，在子类型：

下拉列表中选择使用双切面，如图 4.2.31 所示。

Step4. 定义脊线和切面。选取图 4.2.32 所示的曲线 1 为脊线，选取图 4.2.32 所示的面 1 为第一切面，选择面 2 为第二切面。

Step5. 单击 确定 按钮，完成扫掠曲面的创建。

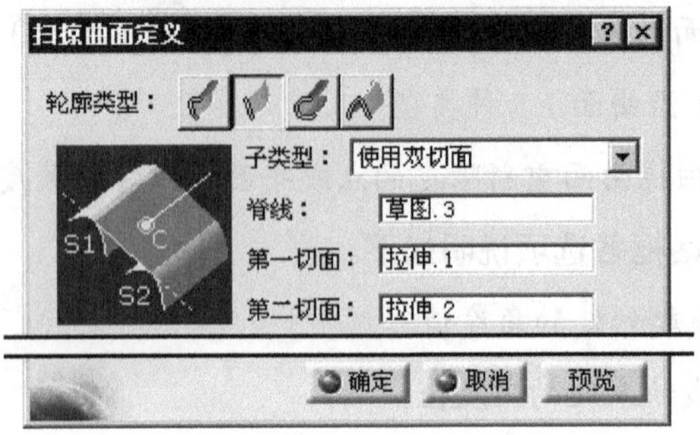

图 4.2.31 “扫掠曲面定义”对话框（十一）

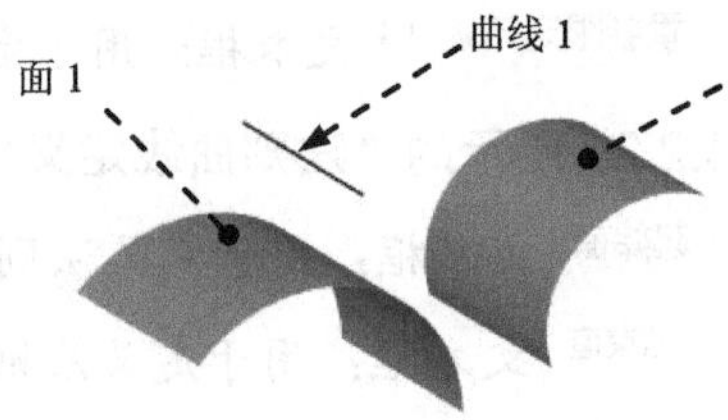

图 4.2.32 定义引导曲线和切面

4.2.3 圆式扫掠

使用圆式扫掠方式创建扫掠曲面时，系统自动以圆弧作为轮廓线，只需要定义引导线。用此方式创建扫掠曲面时有 7 种方式，下面将逐一对其进行介绍。

1. 三条引导线

通过指定三条引导线来创建圆式扫掠曲面。下面以图 4.2.33 所示的模型为例，介绍创建三条引导线类型的圆式扫掠曲面的一般过程。

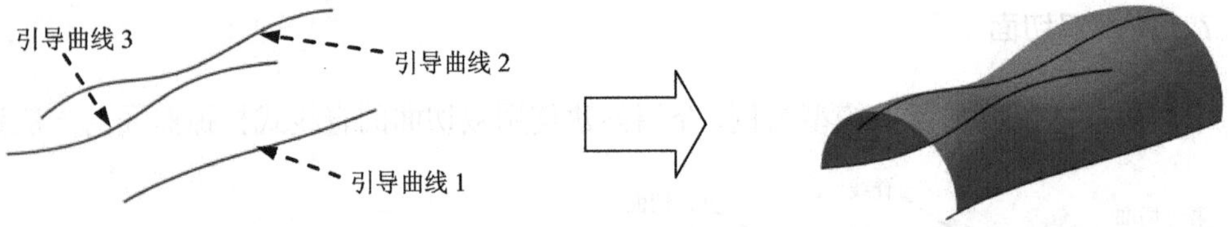

a）“圆式扫掠”前　　b）“圆式扫掠”后

图 4.2.33 三条引导线类型的圆式扫掠曲面的创建

Step1. 打开文件 D:\cat2016.8\work\ch04.02.03\three_guides.CATPart。

Step2. 选择命令。选择 插入 → 曲面 ▸ → 扫掠... 命令，此时系统弹出“扫掠曲面定义”对话框。

Step3. 定义扫掠类型。在“扫掠曲面定义”对话框的 轮廓类型： 中单击“圆”按钮，在 子类型： 下拉列表中选择三条引导线，如图 4.2.34 所示。

Step4. 定义引导曲线。选取图 4.2.35 所示的曲线 1 为引导曲线 1，选取曲线 2 为引导曲线 2，选取曲线 3 为引导曲线 3。

Step5. 单击 确定 按钮，完成扫掠曲面的创建。

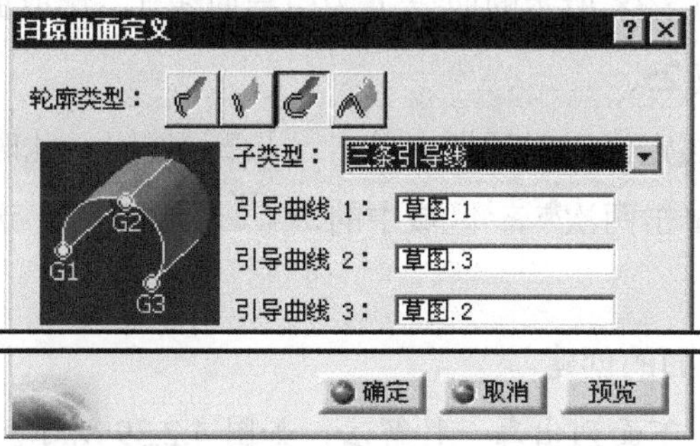

图 4.2.34　“扫掠曲面定义”对话框（十二）

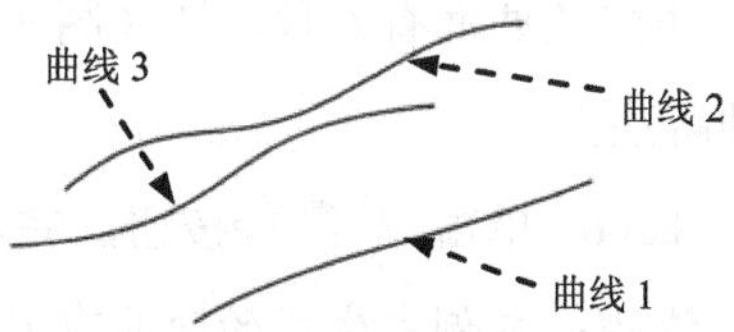

图 4.2.35　定义引导曲线

2. 两个点和半径

下面以图 4.2.36 所示的模型为例，介绍创建两个点和半径类型的圆式扫掠曲面的一般过程。

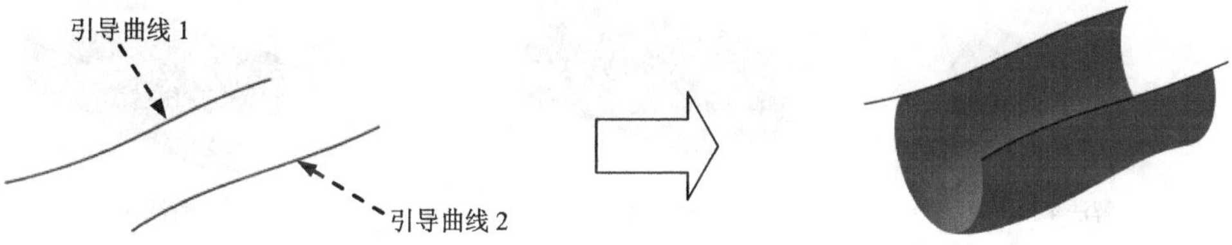

图 4.2.36　两个点和半径类型的圆式扫掠

Step1. 打开文件 D:\cat2016.8\work\ch04.02.03\two_guides_radius.CATPart。

Step2. 选择命令。选择 插入 → 曲面 → 扫掠... 命令，此时系统弹出“扫掠曲面定义”对话框。

Step3. 定义扫掠类型。在“扫掠曲面定义”对话框的 轮廓类型： 中单击 按钮，在 子类型： 下拉列表中选择 两个点和半径，如图 4.2.37 所示。

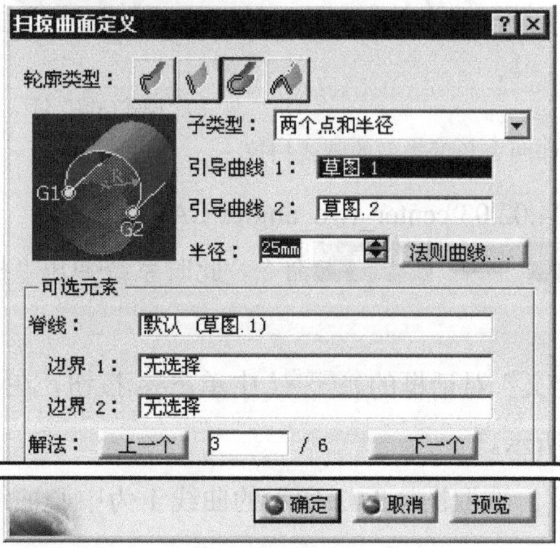

图 4.2.37　“扫掠曲面定义”对话框（十三）

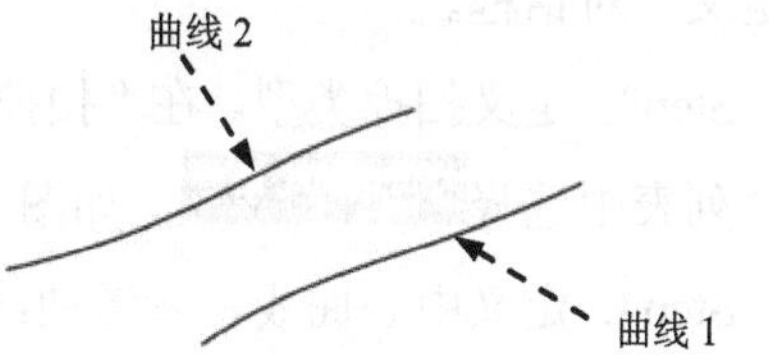

图 4.2.38　定义引导曲线

说明：此处选择的两个点和半径中的“两个点”实际上是两条引导线的意思。

Step4. 定义引导曲线和半径。选取图 4.2.38 所示的曲线 1 为引导曲线 1，选取曲线 2 为引导曲线 2，在半径：后的文本框中输入值 25。

Step5. 定义生成的曲面。在“扫掠曲面定义”对话框中单击预览按钮，此时可以看到生成的曲面有 6 种解法（图 4.2.39），单击两次解法：区域中的下一个按钮，选择第 3 种解法。

Step6. 单击确定按钮，完成扫掠曲面的创建。

说明：本例中生成的曲面有 6 种解法，下面列出每一种解法，如图 4.2.39 所示。

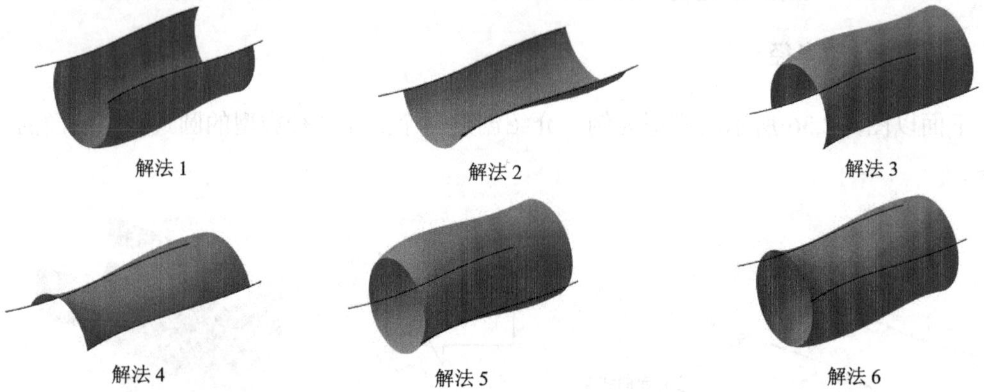

图 4.2.39 生成曲面的 6 种解法

3. 中心和两个角度

下面以图 4.2.40 所示的模型为例，介绍创建中心和两个角度的圆式扫掠曲面的一般过程。

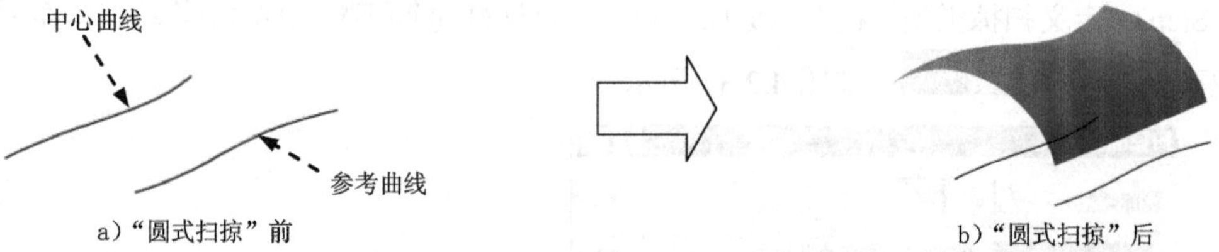

图 4.2.40 中心和两个角度类型的圆式扫掠

Step1. 打开文件 D:\cat2016.8\work\ch04.02.03\center_two_angles.CATPart。

Step2. 选择命令。选择插入 → 曲面 → 扫掠...命令，此时系统弹出“扫掠曲面定义”对话框。

Step3. 定义扫掠类型。在“扫掠曲面定义”对话框的轮廓类型：中单击按钮，在子类型：下拉列表中选择中心和两个角度，如图 4.2.41 所示。

Step4. 定义中心曲线、参考曲线和角度。选取图 4.2.42 所示的曲线 1 为中心曲线，选取曲线 2 为参考曲线，在角度 1：后的文本框中输入角度值 20，在角度 2：后的文本框中输入角度值 90，其他选项采用系统默认设置。

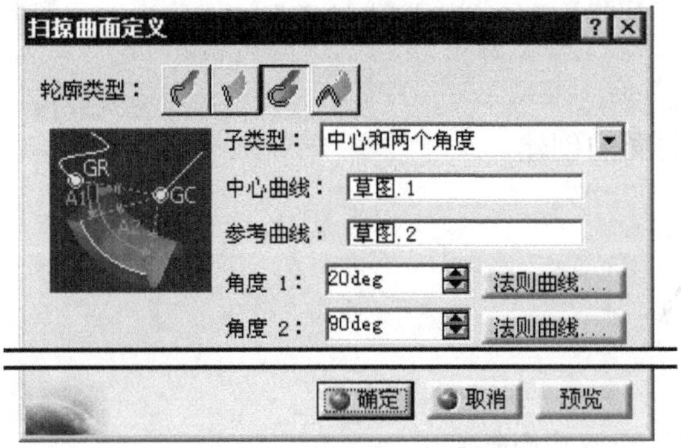

图 4.2.41 “扫掠曲面定义”对话框（十四）

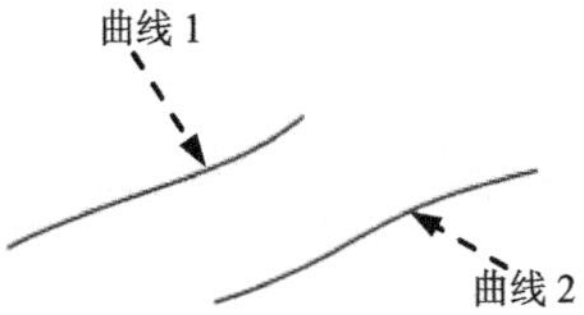

图 4.2.42 定义引导曲线和参考曲线

Step5. 单击确定按钮，完成扫掠曲面的创建。

4. 圆心和半径

下面以图 4.2.43 所示的模型为例，介绍创建圆心和半径的圆式扫掠曲面的一般过程。

a）“圆式扫掠”前　　b）“圆式扫掠”后

图 4.2.43 圆心和半径类型的圆式扫掠

Step1. 打开文件 D:\cat2016.8\work\ch04.02.03\center_radius.CATPart。

Step2. 选择命令。选择插入 → 曲面 → 扫掠...命令，此时系统弹出“扫掠曲面定义”对话框。

Step3. 定义扫掠类型。在“扫掠曲面定义”对话框的轮廓类型：中单击按钮，在子类型：下拉列表中选择圆心和半径，如图 4.2.44 所示。

图 4.2.44 “扫掠曲面定义”对话框（十五）

Step4. 定义中心曲线和半径。选取图 4.2.45 所示的曲线 1 为中心曲线，单击 法则曲线... 按钮，系统弹出“法则曲线定义”对话框，在法则曲线类型区域选择 线性 选项，在起始值：后的文本框中输入值 10，在结束值：后的文本框中输入值 30，单击 关闭 按钮，完成法则曲线的定义。

Step5. 单击 确定 按钮，完成扫掠曲面的创建。

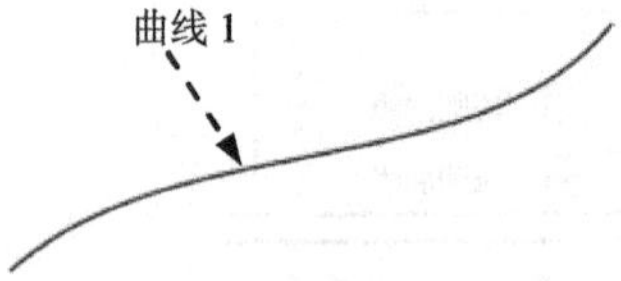

图 4.2.45　定义中心曲线

5. 两条引导线和切面

下面以图 4.2.46 所示的模型为例，介绍创建两条引导线和切面的圆式扫掠曲面的一般过程。

Step1. 打开文件 D:\cat2016.8\work\ch04.02.03\two_guides_surf.CATPart。

Step2. 选择命令。选择 插入 → 曲面 ▸ → 扫掠... 命令，此时系统弹出“扫掠曲面定义”对话框。

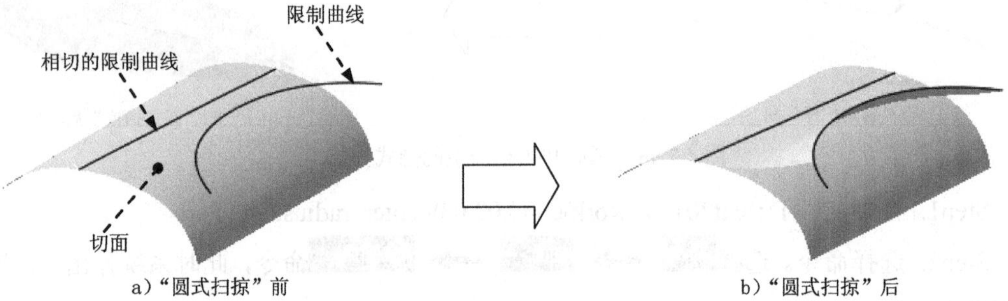

图 4.2.46　两条引导线和切面的圆式扫掠

Step3. 定义扫掠类型。在“扫掠曲面定义”对话框的轮廓类型：中单击 按钮，在子类型：下拉列表中选择两条引导线和切面，如图 4.2.47 所示。

Step4. 定义相切的限制曲线。选取图 4.2.48 所示的曲线 1 为相切的限制曲线。

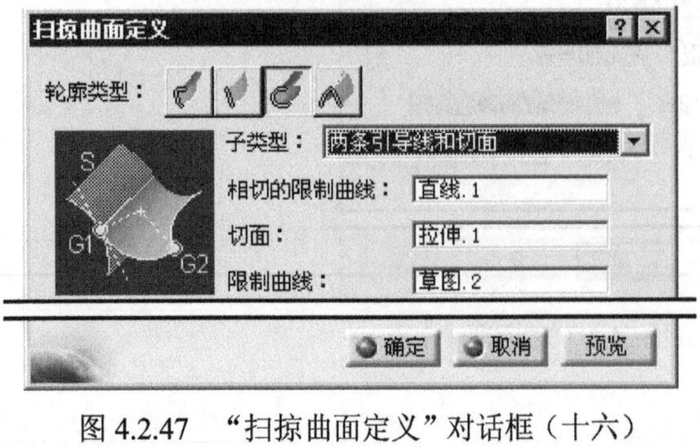

图 4.2.47　“扫掠曲面定义”对话框（十六）

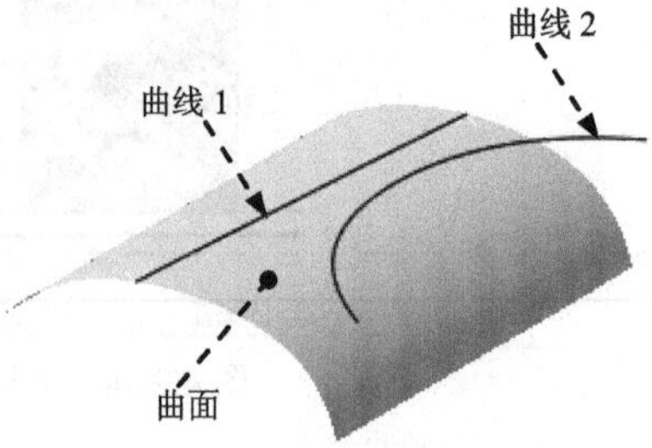

图 4.2.48　定义元素

说明： 此处选取的“相切的限制曲线”必须是切面上的曲线。

Step5. 定义切面。选取图 4.2.48 所示的曲面 1 为切面。

Step6. 定义限制曲线。选取图 4.2.48 所示的曲线 2 为限制曲线。

Step7. 单击 确定 按钮，完成扫掠曲面的创建。

6. 一条引导线和切面

下面以图 4.2.49 所示的模型为例，介绍创建一条引导线和切面的圆式扫掠曲面的一般过程。

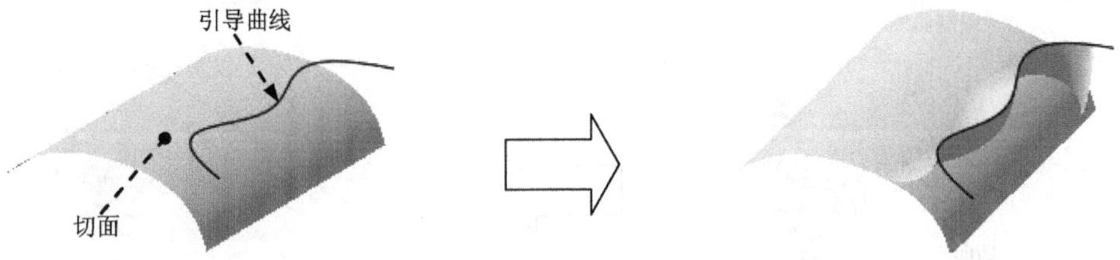

a）“圆式扫掠”前　　b）“圆式扫掠”后

图 4.2.49　一条引导线和切面的圆式扫掠

Step1. 打开文件 D:\cat2016.8\work\ch04.02.03\one_guides_surf.CATPart。

Step2. 选择命令。选择 插入 → 曲面 → 扫掠... 命令，此时系统弹出“扫掠曲面定义”对话框。

Step3. 定义扫掠类型。在“扫掠曲面定义”对话框的 轮廓类型： 中单击 按钮，在 子类型： 下拉列表中选择 一条引导线和切面，如图 4.2.50 所示。

Step4. 定义引导曲线。选取图 4.2.51 所示的曲线 1 为引导曲线。

Step5. 定义切面。选取图 4.2.51 所示的曲面 1 为切面。

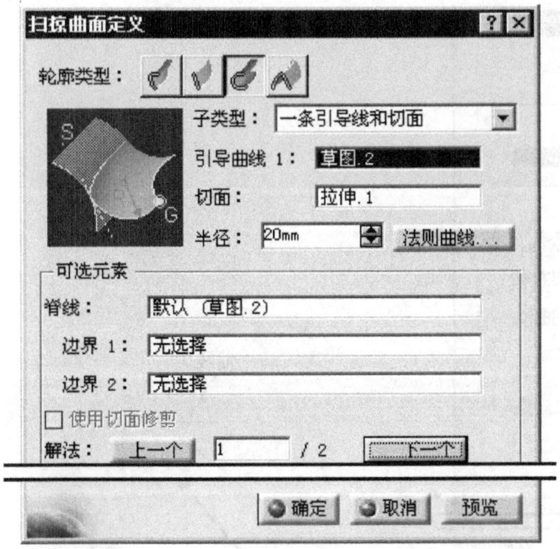

图 4.2.50　“扫掠曲面定义”对话框（十七）

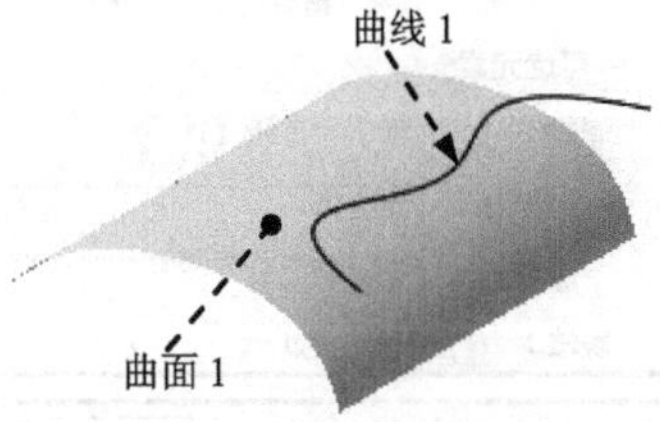

图 4.2.51　定义引导曲线和切面

Step6. 定义半径。在半径：文本框中输入半径值 20。

Step7. 定义生成的曲面。在"扫掠曲面定义"对话框中单击预览按钮，此时可以看到生成的曲面有两种解法，单击一次解法：区域中的下一个按钮，选择第二种解法。

Step8. 单击确定按钮，完成扫掠曲面的创建。

7. 限制曲线和切面

下面以图 4.2.52 所示的模型为例，介绍创建限制曲线和切面的圆式扫掠曲面的一般过程。

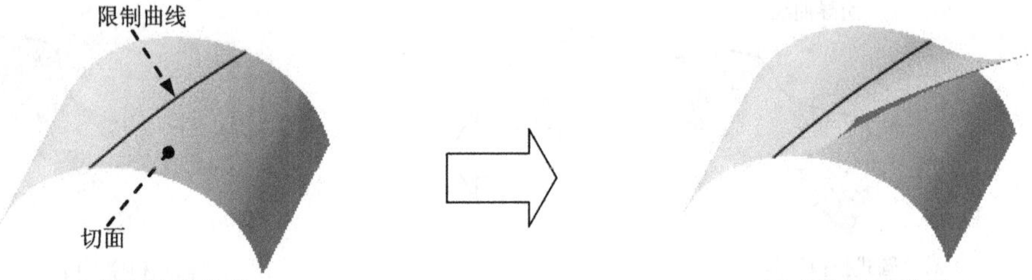

a)"圆式扫掠"前　　b)"圆式扫掠"后

图 4.2.52　限制曲线和切面的圆式扫掠

Step1. 打开文件 D:\cat2016.8\work\ch04.02.03\limit_curve_surf.CATPart。

Step2. 选择命令。选择插入 → 曲面 → 扫掠...命令，此时系统弹出"扫掠曲面定义"对话框。

Step3. 定义扫掠类型。在"扫掠曲面定义"对话框的轮廓类型：中单击按钮，在子类型：下拉列表中选择限制曲线和切面，如图 4.2.53 所示。

Step4. 定义限制曲线。选取图 4.2.54 所示的曲线 1 为限制曲线。

Step5. 定义切面。选取图 4.2.54 所示的曲面 1 为切面。

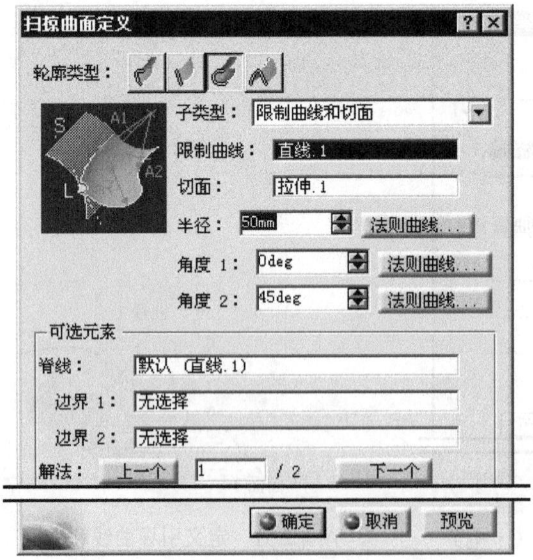

图 4.2.53　"扫掠曲面定义"对话框（十八）

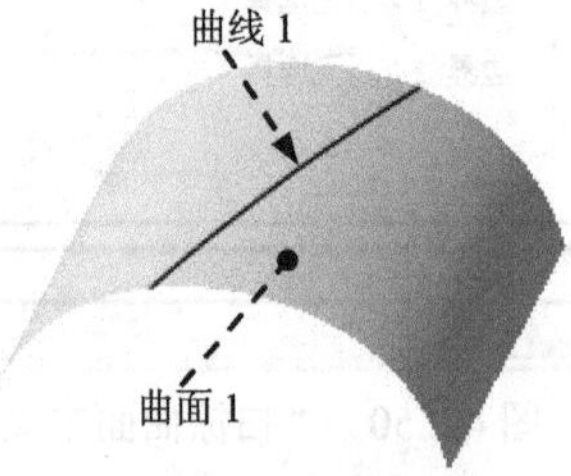

图 4.2.54　定义限制曲线和切面

Step6. 定义半径。在 半径： 文本框中输入半径值为 50，其他参数采用系统默认设置值。

Step7. 单击 确定 按钮，完成扫掠曲面的创建。

4.2.4 二次曲线式扫掠

使用二次曲线式扫掠方式创建曲面时，系统自动以二次曲线作为轮廓线。用此方式创建扫掠曲面有 4 种方式，下面将逐一对其进行介绍。

1. 两条引导曲线

下面以图 4.2.55 所示的模型为例，介绍创建两条引导曲线类型的二次曲线式扫掠曲面的一般过程。

Step1. 打开文件 D:\cat2016.8\work\ch04.02.04\two_guides.CATPart。

Step2. 选择命令。选择 插入 → 曲面 ▸ → 扫掠... 命令，此时系统弹出“扫掠曲面定义”对话框。

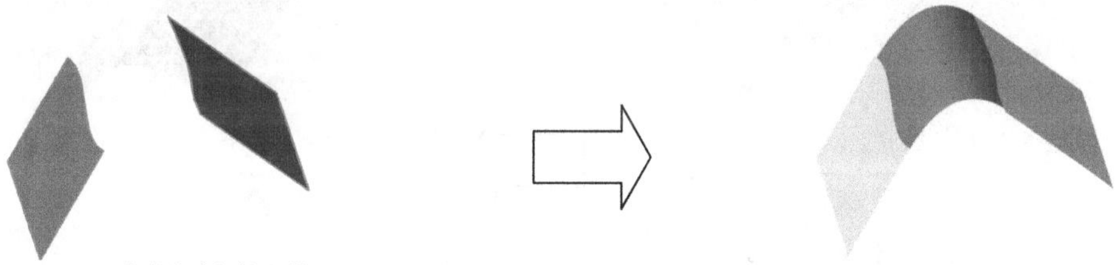

a）“二次曲线式扫掠”前　　b）“二次曲线式扫掠”后

图 4.2.55 两条引导曲线类型的二次曲线式扫掠

Step3. 定义扫掠类型。在“扫掠曲面定义”对话框的 轮廓类型： 中单击“二次曲线”按钮，在 子类型： 下拉列表中选择 两条引导曲线，如图 4.2.56 所示。

Step4. 定义引导曲线和参数。选取图 4.2.57 所示的曲线 1 为引导曲线 1，选取图 4.2.57 所示的面 1 为相切面；选取曲线 2 为结束引导曲线，选取图 4.2.57 所示的面 2 为相切面，在 参数： 后的文本框中输入值 0.5，其他采用系统默认参数。

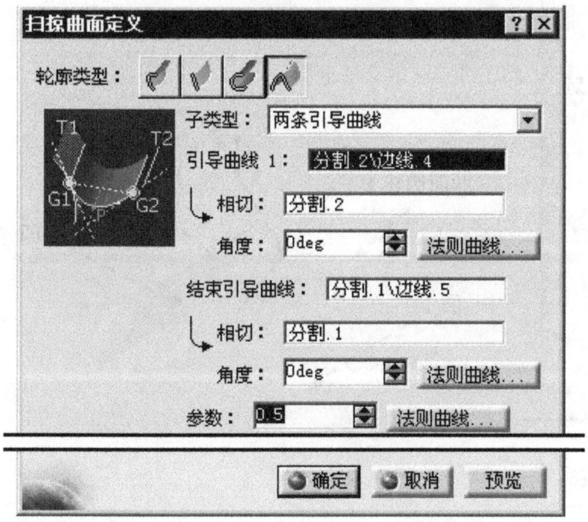

图 4.2.56 “扫掠曲面定义”对话框（十九）

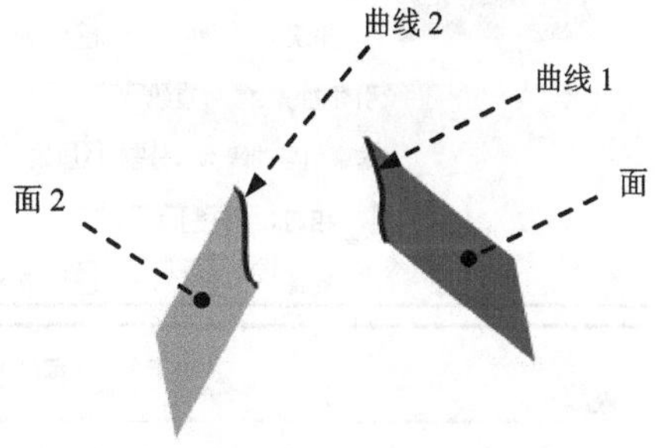

图 4.2.57 定义引导曲线

说明：此处的参数用于定义系统默认扫掠轮廓的曲线形状，当参数大于 0 小于 0.5 时，轮廓为椭圆；当参数等于 0.5 时，轮廓为抛物线；当参数大于 0.5 小于 1 时，轮廓为双曲线。

Step5. 单击 确定 按钮，完成扫掠曲面的创建。

2. 3 条引导曲线

通过定义曲面边界参照扫掠出曲面，该曲面边界是通过选取 3 条曲线定义的。下面以图 4.2.58 所示的模型为例，介绍创建 3 条引导曲线类型的二次曲线式扫掠曲面的过程。

Step1. 打开文件 D:\cat2016.8\work\ch04.02.04\three_guides.CATPart。

Step2. 选择命令。选择 插入 → 曲面 ▸ → 扫掠... 命令，此时系统弹出“扫掠曲面定义”对话框。

Step3. 定义扫掠类型。在“扫掠曲面定义”对话框的 轮廓类型： 中单击 按钮，在 子类型： 下拉列表中选择 三条引导曲线，如图 4.2.59 所示。

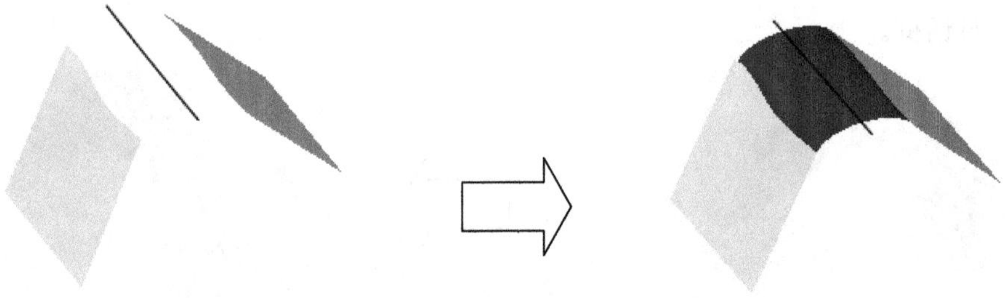

a)“二次曲线式扫掠”前　　b)“二次曲线式扫掠”后

图 4.2.58　3 条引导曲线类型的二次曲线式扫掠

Step4. 定义引导曲线和参数。选取图 4.2.60 所示的曲面边线 1 为引导曲线 1，选取图 4.2.60 所示的面 1 为相切面；选取直线 2 为引导曲线 2；选取曲面边线 2 为结束引导曲线；选取面 2 为相切面，其他采用系统默认参数。

Step5. 单击 确定 按钮，完成扫掠曲面的创建。

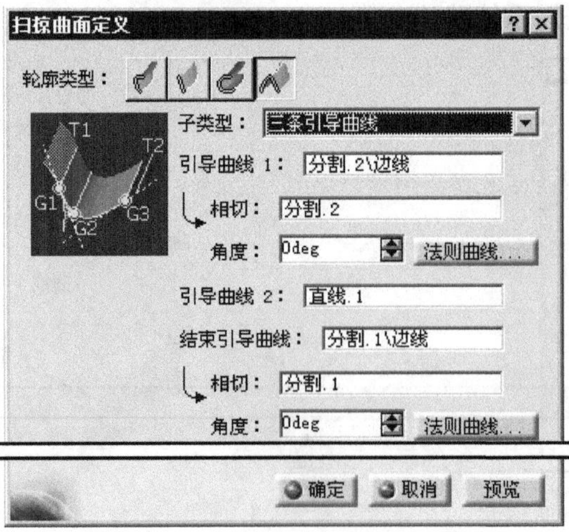

图 4.2.59 “扫掠曲面定义”对话框（二十）

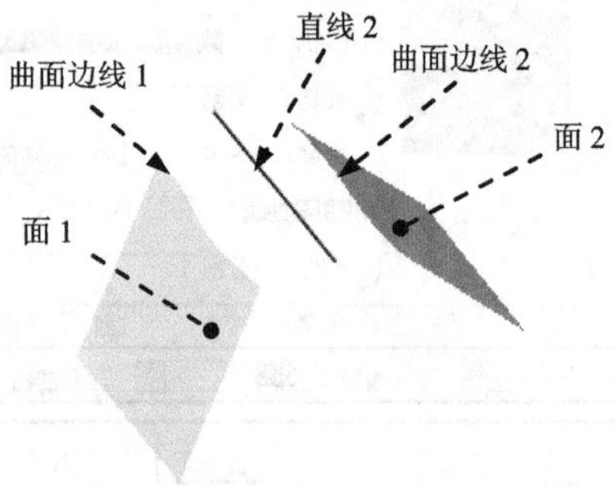

图 4.2.60　定义引导曲线

3．4 条引导曲线

通过定义曲面边界参照扫掠出曲面，该曲面边界是通过选取 4 条曲线定义的。下面以图 4.2.61 所示的模型为例，介绍创建 4 条引导曲线类型的二次曲线式扫掠曲面的一般过程。

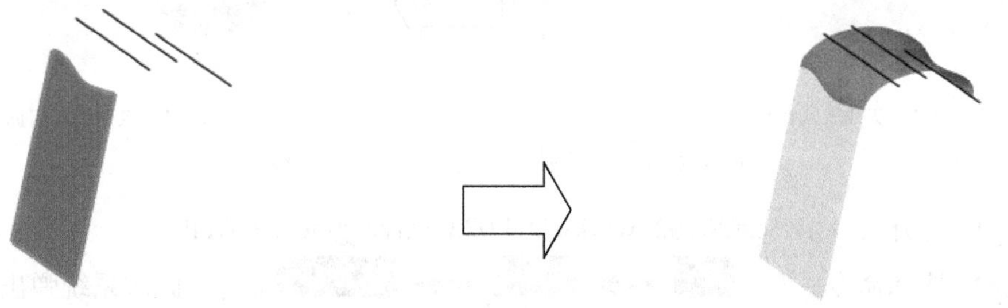

a)“二次曲线式扫掠”前　　　b)“二次曲线式扫掠”后

图 4.2.61　4 条引导曲线类型的二次曲线式扫掠

Step1. 打开文件 D:\cat2016.8\work\ch04.02.04\four_guides.CATPart。

Step2. 选择命令。选择 插入 → 曲面 ▸ → 扫掠... 命令，此时系统弹出“扫掠曲面定义”对话框。

Step3. 定义扫掠类型。在“扫掠曲面定义”对话框的 轮廓类型： 中单击 按钮，在 子类型： 下拉列表中选择 四条引导曲线，如图 4.2.62 所示。

Step4. 定义引导曲线和参数。选取图 4.2.63 所示的曲面边线为引导曲线 1，选取图 4.2.63 所示的面 1 为相切面；选取直线 2 为引导曲线 2；选取直线 1 为引导曲线 3；选取直线 3 为结束引导曲线，其他采用系统默认参数。

Step5. 单击 确定 按钮，完成扫掠曲面的创建。

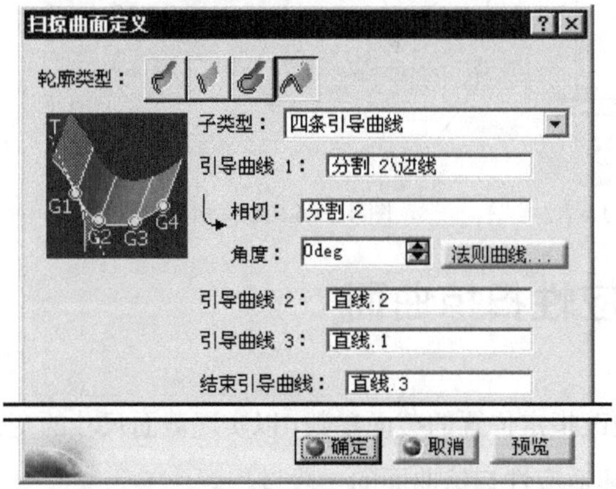

图 4.2.62　“扫掠曲面定义”对话框（二十一）

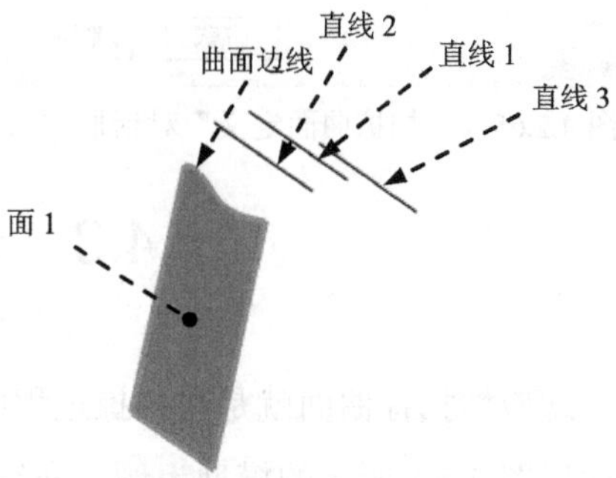

图 4.2.63　定义引导曲线

4．5 条引导曲线

通过定义曲面边界参照扫掠出的曲面，该曲面边界是通过选取五条曲线定义的。下面以图 4.2.64 所示的模型为例，介绍创建五条引导曲线类型的二次曲线式扫掠曲面的一般过程。

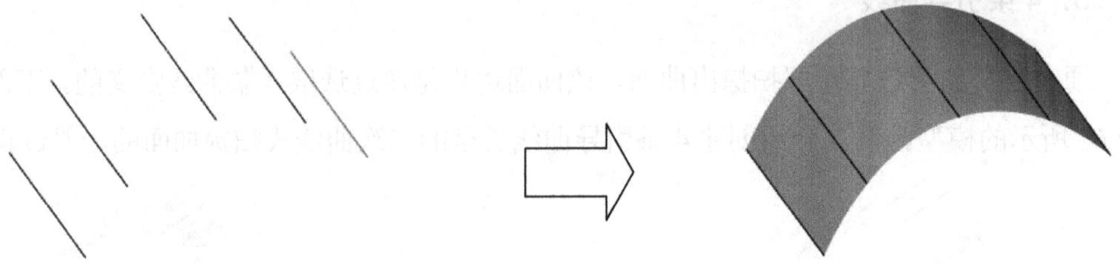

a）“二次曲线式扫掠”前　　b）“二次曲线式扫掠”后

图 4.2.64　五条引导曲线类型的二次曲线式扫掠

Step1. 打开文件 D:\cat2016.8\work\ch04.02.04\five_guides.CATPart。

Step2. 选择命令。选择 插入 → 曲面 ▸ → 扫掠... 命令，此时系统弹出“扫掠曲面定义”对话框。

Step3. 定义扫掠类型。在“扫掠曲面定义”对话框的 轮廓类型： 中单击按钮，在 子类型： 下拉列表中选择 五条引导曲线，如图 4.2.65 所示。

Step4. 定义引导曲线和参数。在图形区依次选取图 4.2.66 所示的直线 1、直线 2、直线 3、直线 4 和直线 5。

Step5. 单击 确定 按钮，完成扫掠曲面的创建。

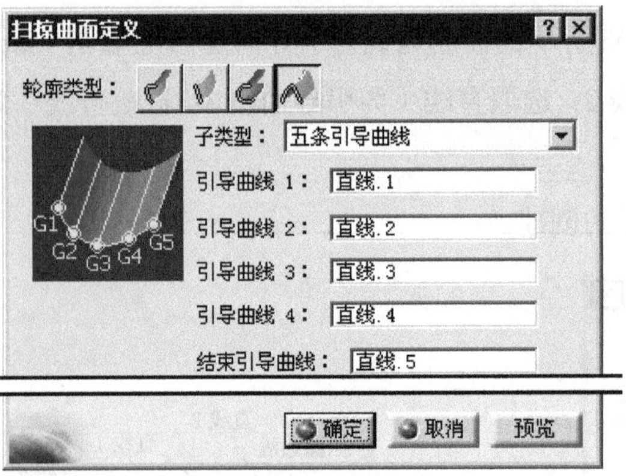

图 4.2.65　“扫掠曲面定义”对话框（二十二）

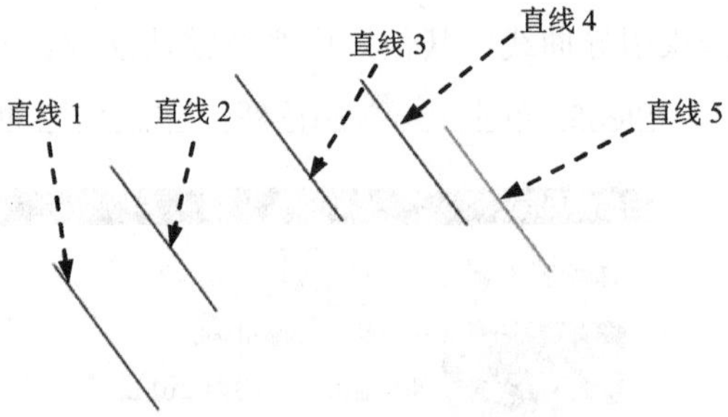

图 4.2.66　定义引导曲线

4.3　适应性扫掠曲面

适应性扫掠曲面就是在扫掠过程中更改指定位置的截面参数，以实现截面尺寸的变化。下面以图 4.3.1 所示的模型为例，介绍创建适应性扫掠曲面的一般过程。

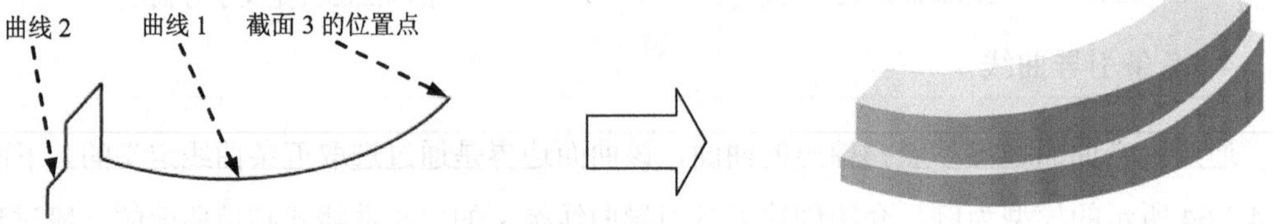

a）“适应性扫掠”前　　b）“适应性扫掠”后

图 4.3.1　创建适应性扫掠曲面

Step1. 打开文件 D:\cat2016.8\work\ch04.03\Adaptive_sweep.CATPart。

Step2. 选择命令。选择 插入 ⟶ 曲面 ⟶ 适应性扫掠... 命令，此时系统弹出图 4.3.2 所示的“适应性扫掠定义”对话框。

Step3. 定义引导曲线。在图形区依次选取图 4.3.1a 所示的曲线 1 为引导曲线。

Step4. 定义草图。在图形区依次选取图 4.3.1a 所示的曲线 2 为草图。

Step5. 添加截面 2。在对话框中单击 截面 选项卡，在图 4.3.2 所示的 点.1 下方空白位置处右击，在弹出的快捷菜单中选择 创建中点 命令，系统自动添加 用户截面。2 点.2。

Step6. 添加截面 3。在图形区中选取图 4.3.1a 所示的曲线端点为截面参考位置，系统自动添加 用户截面。3 草图.1\顶点.1。

Step7. 修改截面参数。在对话框中单击 参数 选项卡，在 当前截面: 右侧的下拉列表中选择 用户截面。2 选项，设置图 4.3.3 所示的参数；选择 用户截面。3 选项，设置图 4.3.4 所示的参数。

Step8. 单击 确定 按钮，完成扫掠曲面的创建。

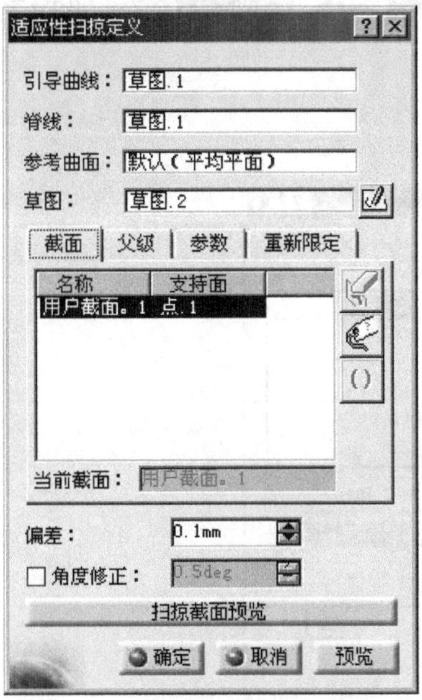

图 4.3.2 “适应性扫掠定义”对话框

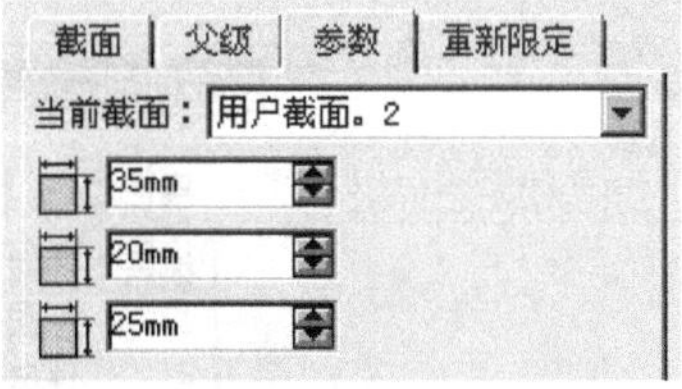

图 4.3.3 设置截面 2 参数

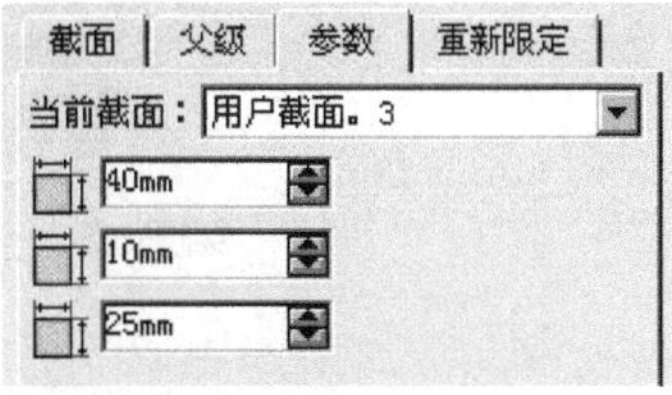

图 4.3.4 设置截面 3 参数

说明：如果在对话框中单击 扫掠截面预览 按钮，可以查看扫掠曲面中的部分截面，如图 4.3.5 所示。

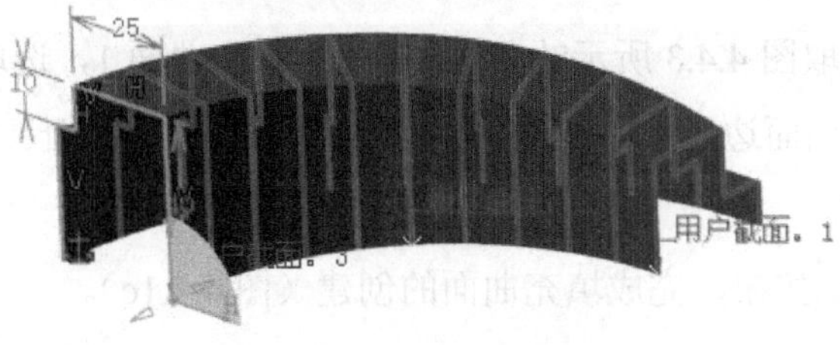

图 4.3.5 扫掠截面预览

4.4 填充曲面

填充曲面是由一组曲线或曲面的边线围成封闭区域中形成的曲面，它也可以通过空间中的一个点。下面以图 4.4.1 所示的实例来说明创建填充曲面的一般操作过程。

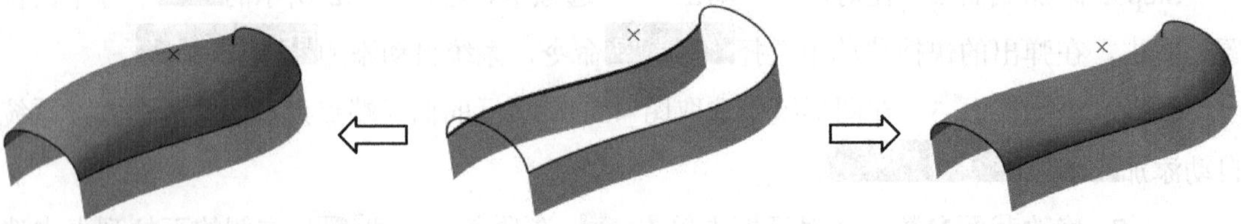

b）通过点填充　　a）填充前　　c）通过边线填充

图 4.4.1　填充曲面

Step1. 打开文件 D:\cat2016.8\work\ch04.04\fill_surfaces.CATPart。

Step2. 选择命令。选择下拉菜单 插入 → 曲面 → 填充... 命令，此时系统弹出图 4.4.2 所示的“填充曲面定义”对话框。

Step3. 定义填充边界和支持面。

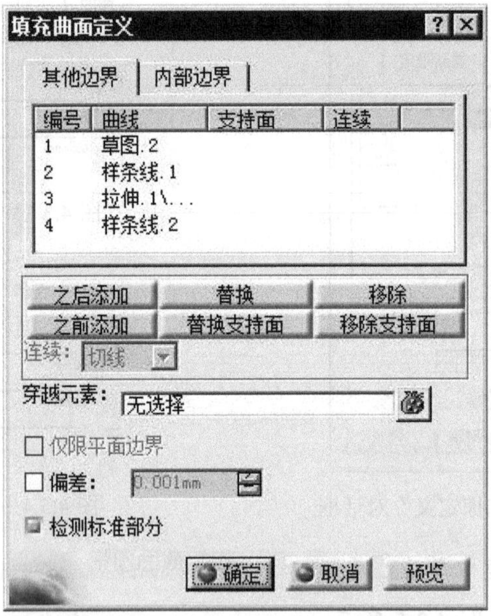

图 4.4.2　“填充曲面定义”对话框

（1）在图形区中选取图 4.4.3 所示的曲线 1，然后单击曲面 1，选取其为支持面。

（2）单击曲线 2 和曲面边线 3，然后单击曲面 2，选取其为曲面边线 3 的支持面，最后选取曲线 4。

Step4. 单击 确定 按钮，完成填充曲面的创建（图 4.4.1c）。

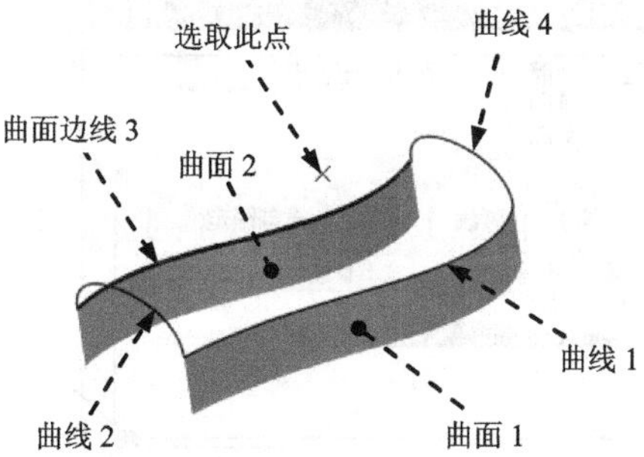

图 4.4.3　定义填充边界

说明：

- 在选取填充边界曲线时要按顺序选取，填充的对象可以是单个封闭的草图，也可以是由多条曲线或曲面边界组成的线框，要注意的是填充的线框必须封闭（小于 0.1mm 的间隙也可）。
- 支持面用于定义填充曲面与公共边线处原有曲面之间的连续关系，与支持面顺利连续的必要条件是：与公共边线两端点相连的填充曲线必须与原曲面存在相应的连续关系。
- 选完轮廓线后在“填充曲面定义”对话框的 穿越元素： 文本框中单击（图 4.4.2），选择图 4.4.3 所示的点，单击 确定 按钮，结果如图 4.4.1b 所示。

4.5　创建多截面曲面

“多截面曲面”就是通过多个截面轮廓线扫掠生成的曲面，这样生成的曲面中的各个截面可以是不同的。创建多截面扫掠曲面时，可以使用引导线、脊线，也可以设置各种耦合方式。下面以图 4.5.1 所示的实例来说明创建多截面曲面的一般操作过程。

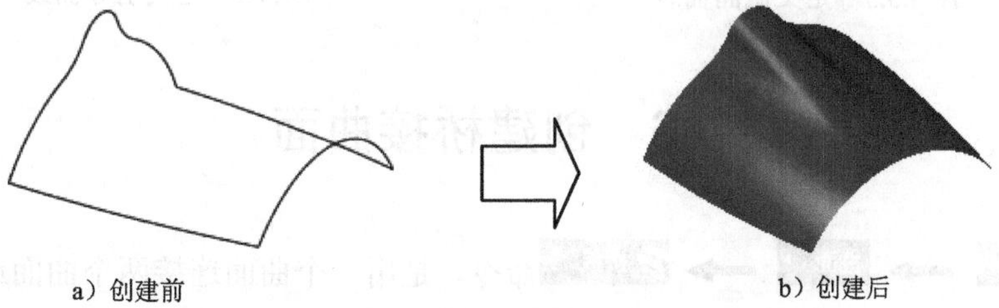

a）创建前　　b）创建后

图 4.5.1　创建多截面曲面

Step1．打开文件 D:\cat2016.8\work\ch04.05\Multi_sections_Surface.CATPart。

Step2．选择命令。选择 插入 → 曲面 ▸ → 多截面曲面... 命令，此时系统弹出图 4.5.2 所示的“多截面曲面定义”对话框。

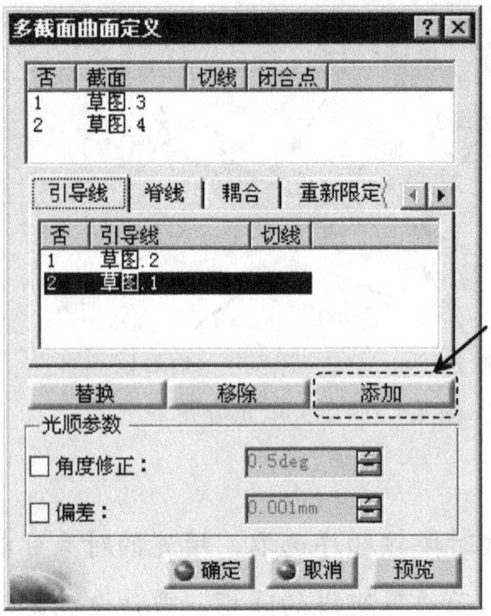

图 4.5.2 “多截面曲面定义”对话框

Step3. 定义截面曲线。分别选取图 4.5.3 所示的曲线 1 和曲线 2 作为截面曲线。

Step4. 定义引导曲线。单击“多截面曲面定义”对话框中的引导线列表框，分别选取图 4.5.4 所示的曲线 3 和曲线 4 为引导线。

Step5. 单击确定按钮，完成多截面扫掠曲面的创建。

说明：如果需要添加截面或引导线，只需激活相应的列表框后单击“多截面曲面定义”对话框中的添加按钮（图 4.5.2）。

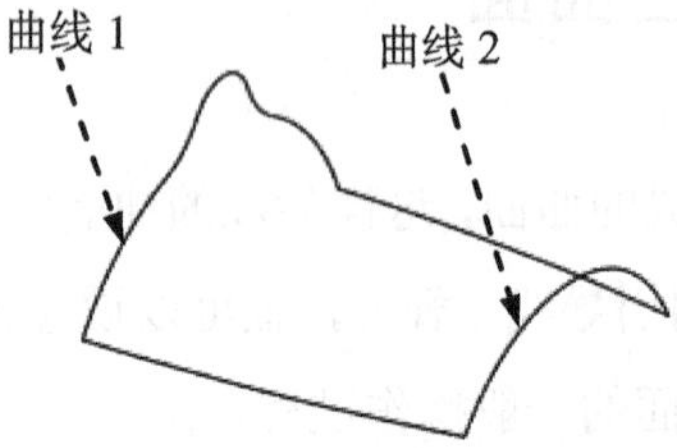

图 4.5.3 定义截面曲线

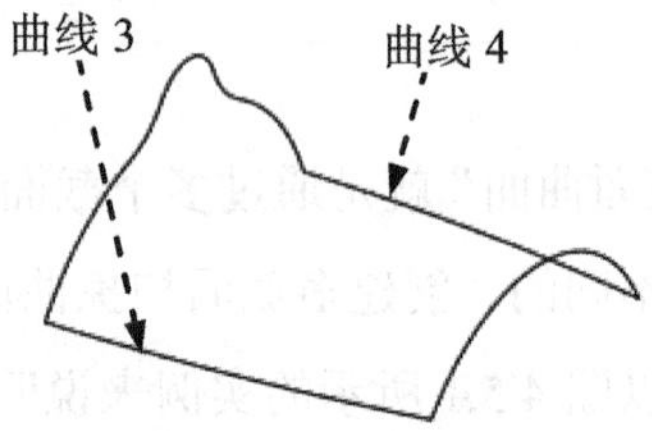

图 4.5.4 定义引导曲线

4.6 创建桥接曲面

使用插入 → 曲面 → 桥接...命令，是用一个曲面连接两个曲面或曲线，并可以使生成的曲面与被连接的曲面具有某种连续性。下面以图 4.6.1 所示的实例来说明创建桥接曲面的一般过程。

Step1. 打开文件 D:\cat2016.8\work\ch04.06\Blend_surface.CATPart。

Step2. 选择命令。选择插入 → 曲面 → 桥接...命令，系统弹出图 4.6.2 所示的“桥接曲面定义”对话框。

Step3. 定义桥接曲线和支持面。选取曲面边线 1 和曲面边线 2 分别为第一曲线和第二曲线，选取图 4.6.3 所示的曲面 1 和曲面 2 分别为第一支持面和第二支持面。

Step4. 定义桥接方式。单击“桥接曲面定义”对话框中的基本选项卡，在第一连续：下拉列表中选择相切选项，在第一相切边框：下拉列表中选择双末端选项，如图 4.6.3 所示。

Step5. 单击确定按钮，完成桥接曲面的创建。

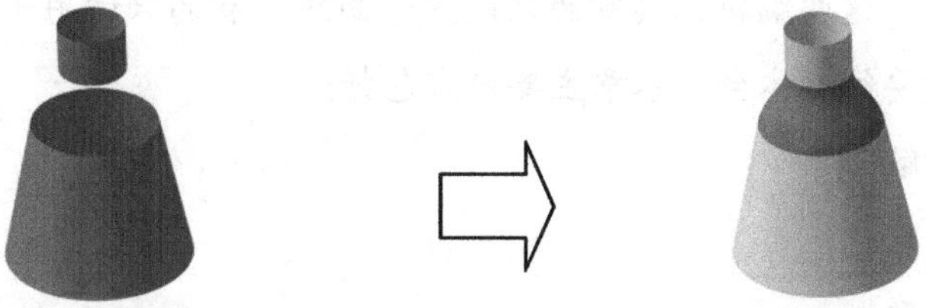

a)“桥接”前　　b)“桥接”后

图 4.6.1　桥接曲面

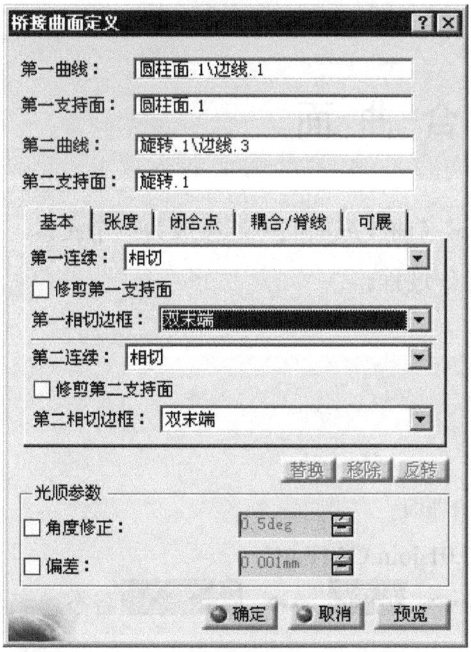

图 4.6.2　“桥接曲面定义”对话框

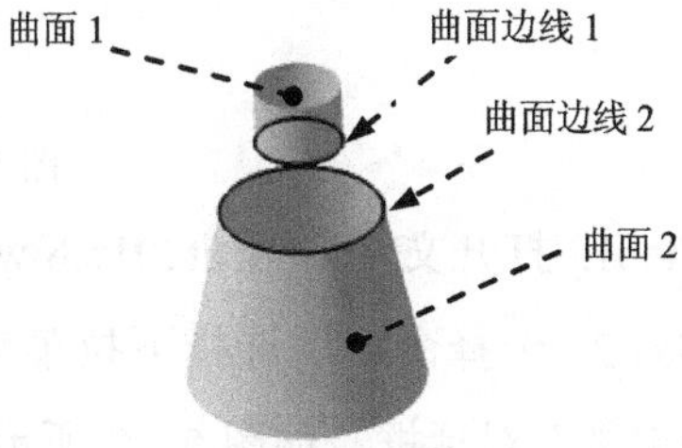

图 4.6.3　定义桥接曲线和支持面

第5章 曲线与曲面的编辑

本章提要 在CATIA曲面设计中，需要随时对曲线和曲面进行编辑，如复制，修剪、合并和加厚等。CATIA创成式外形设计工作台中的“操作”工具栏中提供了常用的曲线与曲面编辑工具，这些编辑工具有的只适用于曲线，有的只适用于曲面，有的两者皆适用，读者在学习时要细心体会。本章主要内容包括：

- 接合、拆解。
- 分割、修剪。
- 边界、提取。
- 光顺、修复。
- 平移、对称。

5.1 接合曲面

使用“接合”命令可以将多个独立的元素（曲线或曲面）连接成为一个元素。下面以图5.1.1所示的实例来说明接合曲面的一般操作过程。

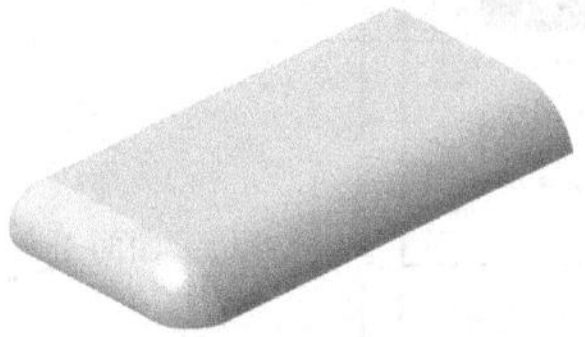

图5.1.1 接合曲面

Step1. 打开文件D:\cat2016.8\work\ch05.01\join.CATPart。

Step2. 选择命令。选择下拉菜单 插入 → 操作▸ → 接合... 命令，系统弹出“接合定义”对话框，如图5.1.2所示。

Step3. 定义要接合的元素。在图形区选取图5.1.3所示的曲面1和曲面2作为要接合的曲面。

Step4. 单击 确定 按钮，完成接合曲面的创建。

图5.1.2所示的“接合定义”对话框中各选项说明如下。

- 添加模式：单击此按钮，然后可以在图形区选取要接合的元素，默认情况下此按钮被按下。
- 移除模式：单击此按钮，然后可以在图形区选取已被选取的元素作为要移除的项目。

- 参数：此选项卡用于定义接合的参数。

☑ 检查相切：用于检查要接合元素是否相切。选中此复选框，然后单击 预览 按钮，如果要接合的元素没有相切，则系统会给出提示。

☑ 检查连接性：用于检查要接合元素是否相连接。

☑ 检查多样性：用于检查要接合元素接合后是否有多种选择。此选项只用于定义曲线。

☑ 简化结果：选中此复选框，系统自动尽可能地减少接合结果中的元素数量。

☑ 忽略错误元素：选中此复选框，系统自动忽略不允许创建接合的曲面和边线。

☑ 合并距离：用于定义合并距离的公差值，系统默认公差值为 0.001mm。

☑ 角阈值：选中此复选框并指定角度值，则只能接合小于此角度值的元素。

- 组合：此选项卡主要用于定义组合曲面的类型。

☑ 无组合：选择此选项，则不能选取任何元素。

☑ 全部：选择此选项，则系统默认选取所有元素。

☑ 点连续：选择此选项后，可以在图形区选取与选定元素存在点连续关系的元素。

☑ 切线连续：选择此选项后，可以在图形区选取与选定元素相切的元素。

☑ 无拓展：选择此选项，则不自动拓展任何元素，但是可以指定要组合的元素。

- 要移除的子元素：此选项卡用于定义在接合过程中要从某元素中移除的子元素。

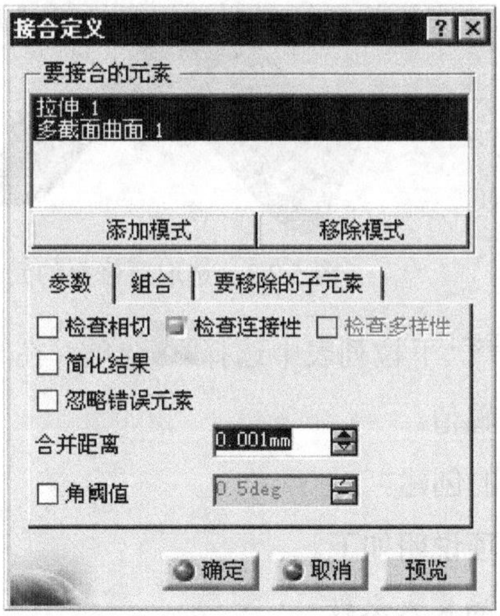

图 5.1.2 “接合定义”对话框

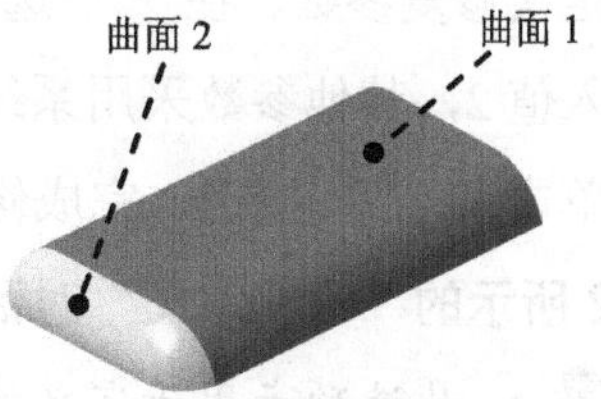

图 5.1.3 选取要接合的曲面

5.2 修复曲面

修复曲面用于修复两曲面之间存在的缝隙，通常在接合曲面或检查连接元素后使用。

下面以图 5.2.1 所示的实例来说明修复曲面的一般操作过程。

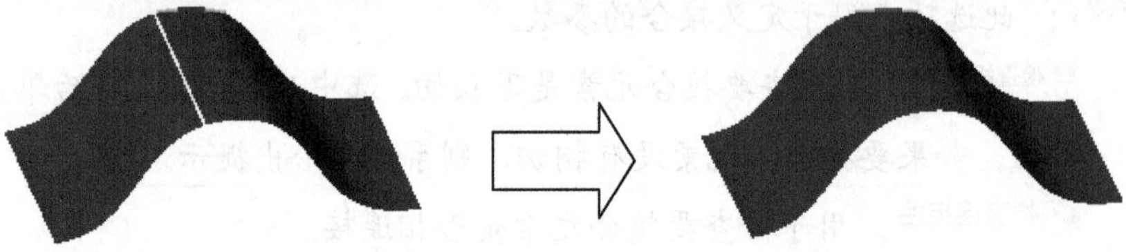

a）修复前　　　　b）修复后

图 5.2.1　修复曲面

Step1. 打开文件 D:\cat2016.8\work\ch05.02\healing.CATPart。

Step2. 选择命令。选择下拉菜单 插入 → 操作 ▸ → 修复... 命令，系统弹出图 5.2.2 所示的“修复定义”对话框。

Step3. 定义要修复的元素。在图形区中选取图 5.2.3 所示的曲面 1 和曲面 2 为要修复的元素。

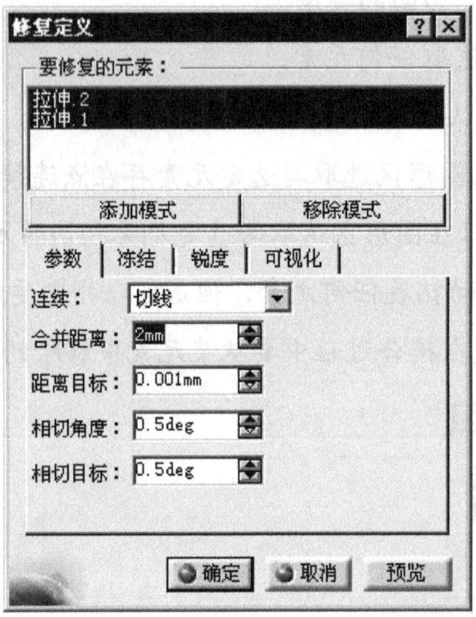

图 5.2.2　“修复定义”对话框

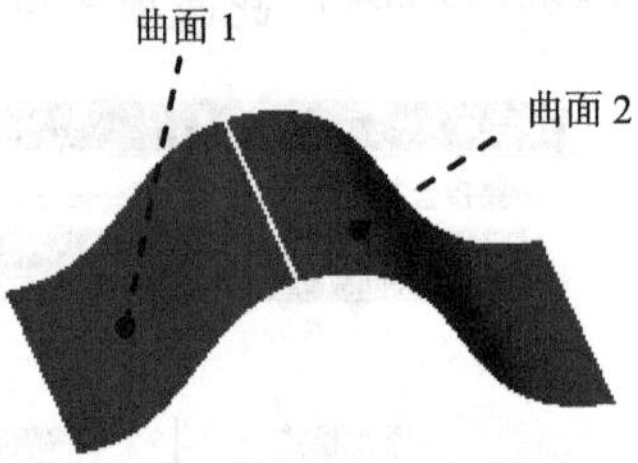

图 5.2.3　选取要修复的元素

Step4. 定义修复参数。在 参数 选项卡的 连续： 下拉列表中选择 切线 选项，在 合并距离： 后的文本框中输入值 2，其他参数采用系统默认设置值。

Step5. 单击 确定 按钮，完成修复曲面的创建。

图 5.2.2 所示的“修复定义”对话框各选项说明如下。

- 参数：此选项卡用于定义修复曲面的基本参数。
  - ☑ 连续：此下拉列表用于定义修复曲面的连接类型，包括 点 连续和 切线 连续两种。
  - ☑ 合并距离：用于定义修复曲面间的最大距离，若小于此最大距离，则将这两个修复曲面视为一个元素。
  - ☑ 距离目标：用于定义点连续的修复过程的目标距离。

☑ 相切角度：用于定义修复曲面间的最大角度。若小于此最大角度，则将这两个修复曲面视为相切连续。只有在连续：下拉列表中选择切线选项时，此文本框才有效。

☑ 相切目标：用于定义相切连续的修复过程的目标角度。只有在连续：下拉列表中选择切线选项时，此文本框才有效。

- 冻结：此选项卡主要用于定义不受影响的边线或面。
- 锐度：此选项卡主要用于定义需要保持锐化的边线。
- 可视化：此选项卡主要用于定义显示修复曲面的解法。

5.3 取消修剪曲面

取消修剪曲面功能用于还原被修剪或者被分割的曲面。下面以如图 5.3.1 所示的模型为例，来讲解创建取消修剪曲面的一般过程。

a）取消修剪前　　b）取消修剪后

图.5.3.1　取消修剪曲面

Step1. 打开文件 D:\cat2016.8\work\ch05.03\untrim.CATPart。

Step2. 选择命令。选择下拉菜单 插入 → 操作 ▸ → 取消修剪... 命令，系统弹出图 5.3.2 所示的“取消修剪”对话框。

Step3. 定义取消修剪元素。选取图 5.3.3 所示的曲面作为取消修剪的元素。

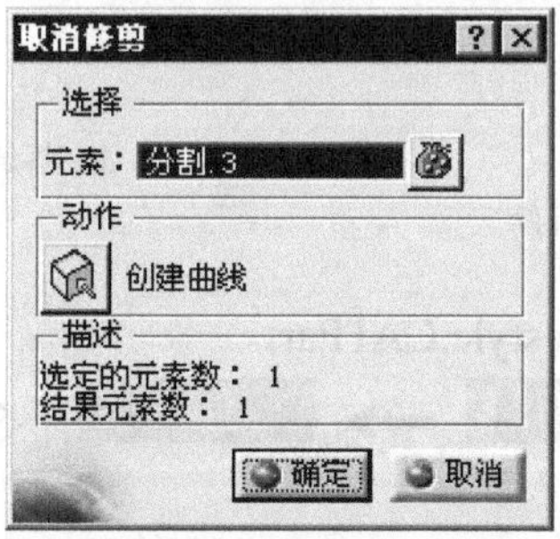

图 5.3.2　“取消修剪”对话框

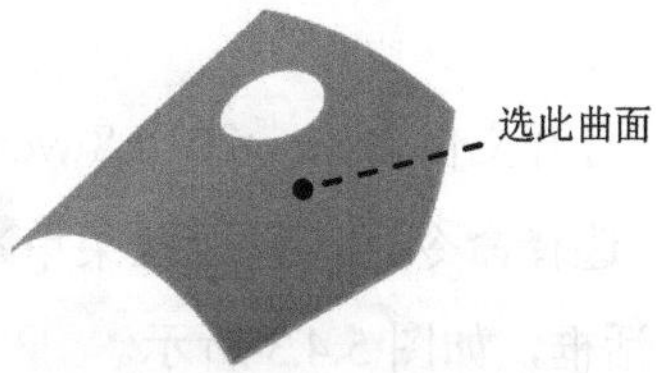

图 5.3.3　定义取消修剪元素

Step4. 单击 确定 按钮，完成取消修剪曲面的创建。

说明：在定义取消修剪元素时，大致可分为 3 种情况。当选取面时，还原到初始曲面；

当选取内部封闭环时，只还原所选轮廓曲线（图 5.3.4）；当选取外部边界时（单击“取消修剪”对话框中的按钮，可以打开相应的对话框，用于定义多个相应的元素），系统默认还原与此边界相连的所有部分（图 5.3.5）。

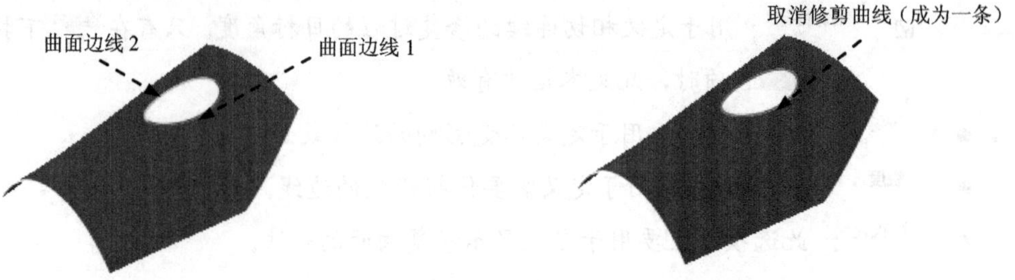

a）取消修剪前　　b）取消修剪后

图 5.3.4　取消修剪内部封闭环

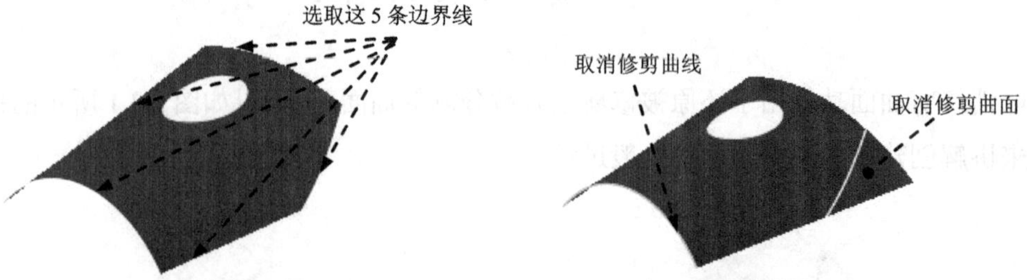

a）取消修剪前　　b）取消修剪后

图 5.3.5　取消修剪外部边界

5.4　拆　　解

拆解功能用于将包含多个元素的曲线或曲面分解成独立的单元。下面以图 5.4.1 所示的模型为例，来讲解创建拆解元素的一般过程。元素拆解前后特征树如图 5.4.2 所示。

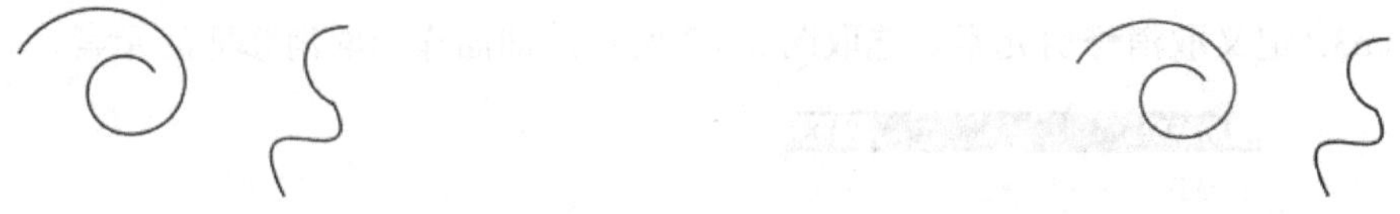

a）拆解前　　b）拆解后

图 5.4.1　拆解

Step1. 打开文件 D:\cat2016.8\work\ch05.04\freestyle.CATPart。

Step2. 选择命令。选择下拉菜单 插入 → 操作 ▸ → 拆解... 命令，系统弹出“拆解”对话框，如图 5.4.3 所示。

说明：在“拆解”对话框中包括两种拆解模式，并且系统会自动统计出完全拆解和部分拆解后的元素数。

Step3. 定义拆解模式和拆解元素。在“拆解”对话框中单击“仅限域”选项，在图形区选取图 5.4.4 所示的草图为拆解元素。

Step4. 单击 确定 按钮，完成拆解元素的创建。

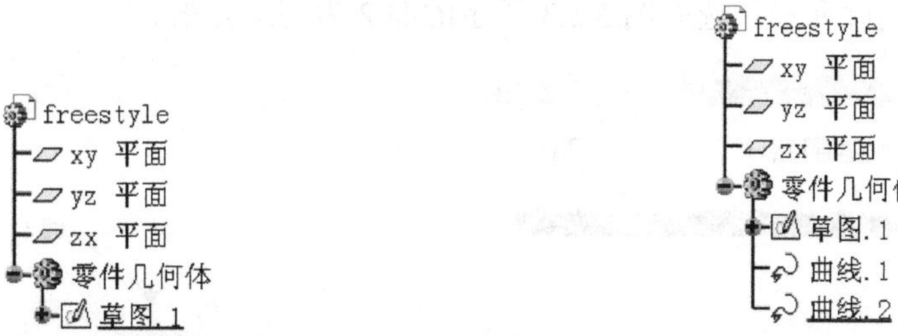

a）拆解前　　b）拆解后

图 5.4.2　特征树

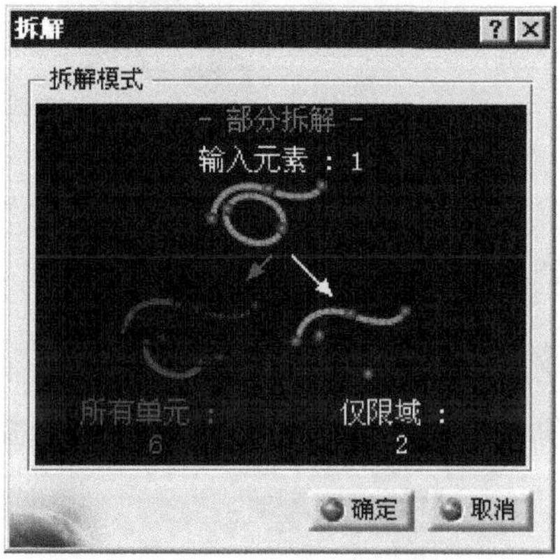

图 5.4.3　“拆解”对话框

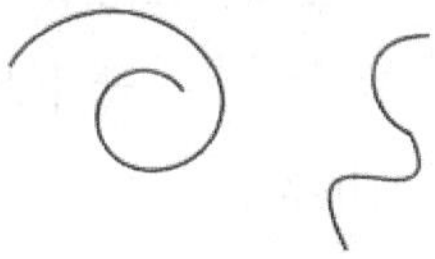

图 5.4.4　拆解元素

5.5　分　　割

分割命令用于定义使用切除元素分割曲面或线框。可以用点、线框或曲面分割线框，也可以用线框或其他曲面去分割曲面元素。下面以图 5.5.1 所示的模型为例，介绍创建分割元素的一般过程。

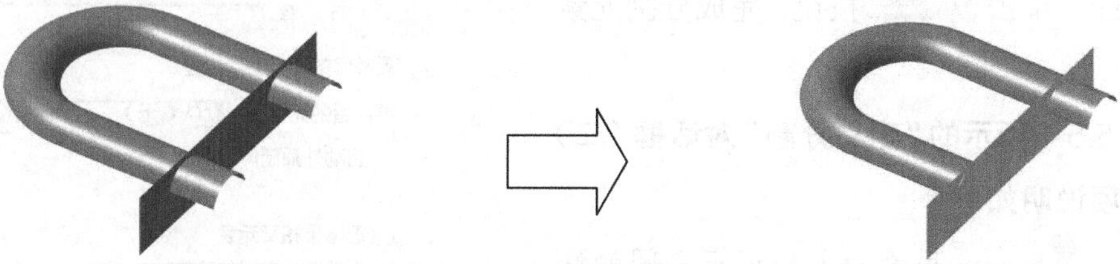

a）“分割”前　　b）“分割”后

图 5.5.1　分割元素

Step1. 打开文件 D:\cat2016.8\work\ch05.05\split.CATPart。

Step2. 选择命令。选择 插入 → 操作 ▸ → 分割... 命令，此时系统弹出图 5.5.2

所示“定义分割”对话框（一）和“工具控制板”工具栏。

Step3. 定义要切除的元素。在图形区选取图 5.5.3 所示的面 1 为要切除的元素。

Step4. 定义切除元素。选取图 5.5.3 所示的面 2 为切除元素。

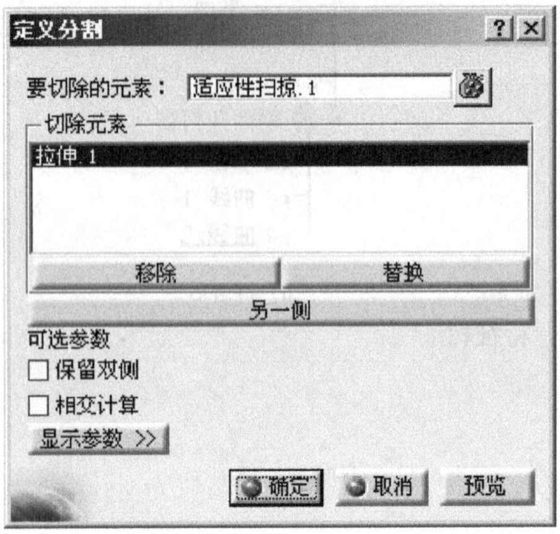

图 5.5.2 “定义分割”对话框（一）

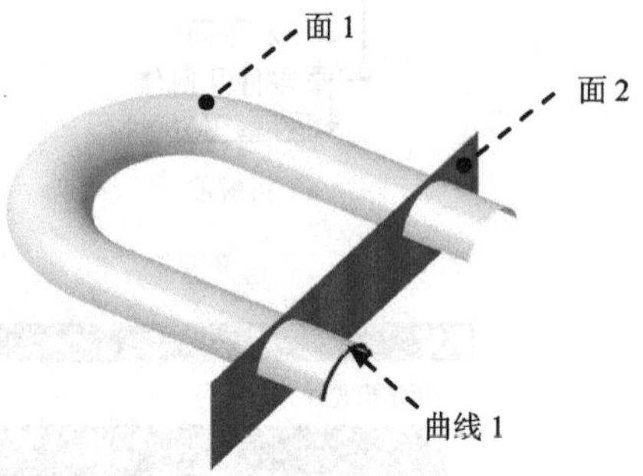

图 5.5.3 定义切除元素

图 5.5.2 所示的“定义分割”对话框（一）中各选项说明如下。

- 可选参数 区域：用于定义分割的可选参数，主要包括以下两个内容。
  - ☑ 保留双侧：选中此复选框，则分割后不会移除元素，只是将一个整体分割为两部分。
  - ☑ 相交计算：选中此复选框，系统将在分割处创建相交线。

Step5. 定义移除元素。单击对话框中的 显示参数 >> 按钮，系统弹出图 5.5.4 所示的“定义分割”对话框（二），单击以激活 要移除的元素： 后的文本框，然后选取图 5.5.3 所示的曲线 1 为要移除的元素。

Step6. 单击 确定 按钮，完成分割元素的创建。

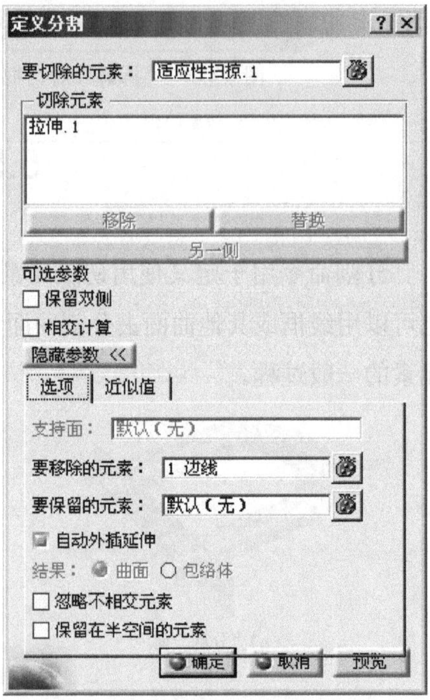

图 5.5.4 “定义分割”对话框（二）

图 5.5.4 所示的“定义分割”对话框（二）中各选项说明如下。

- 曲面：用于面上的线框之间的修剪，修剪曲线时，只保留曲面上的部分。
- 要移除的元素：：单击以激活此后的文本框，然后可以在图形区选取一条或多条边线来定义要移除的子元素。

- 要保留的元素：单击以激活此后的文本框，然后可以在图形区选取一条或多条边线来定义要保留的子元素。
- 自动外插延伸：选中此选项，当切除元素不足够大，不足以切除要切除的元素时，可以选中此复选框，将切除元素沿切线延伸至要切除元素的边界。要注意避免切除元素延伸到要切除元素边界之前发生自身相交。

5.6 修 剪

“修剪”是利用相交曲面或相交曲线进行相互裁剪，并可以选择各自的保留部分，最后保留的部分会结合成一个新的元素。下面以图 5.6.1 所示的实例来说明曲面修剪的一般操作过程。

c）保留内侧　　a）修剪前　　b）保留外侧

图 5.6.1 曲面的修剪

Step1. 打开文件 D:\cat2016.8\work\ch05.06\trim.CATPart。

Step2. 选择命令。选择 插入 → 操作 ▸ → 修剪... 命令，系统弹出图 5.6.2 所示的“修剪定义”对话框。

Step3. 定义修剪类型。在“修剪定义”对话框的 模式: 下拉列表中选择 标准 选项，如图 5.6.2 所示。

Step4. 定义修剪元素。选取图 5.6.3 所示的曲面 1 和曲面 2 为修剪元素。

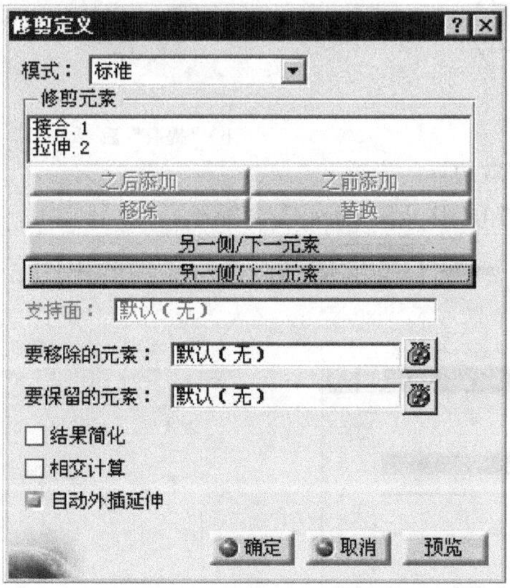

图 5.6.2 “修剪定义”对话框

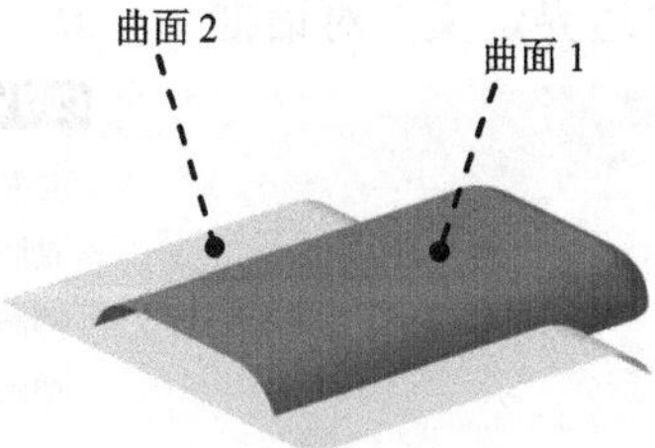

图 5.6.3 定义修剪元素

Step5. 单击 确定 按钮，完成曲面的修剪操作。

说明：在选取曲面后，单击“修剪定义”对话框中的 另一侧/下一元素 和 另一侧/上一元素 按钮可以改变修剪方向，结果如图 5.6.1c 所示。

图 5.6.2 所示的“修剪定义”对话框中各选项说明如下。

- 模式：：用于定义修剪类型。
  - ☑ 标准：此模式可用于一般曲线与曲线、曲面与曲面或曲线和曲面的修剪。
  - ☑ 段：此模式只用于修剪曲线，选定的曲线全部保留。
- 结果简化：选中此复选框，系统自动尽可能地减少修剪结果中面的数量。
- 相交计算：选中此复选框，系统将在两曲面相交的地方创建相交线。
- 自动外插延伸：选中此选项，当修剪元素不足够大，不足以修剪掉要修剪的元素时，可以选中此复选框，将修剪元素沿切线延伸至要修剪元素的边界。要注意避免修剪元素延伸到要修剪元素边界之前发生自身相交。

5.7 边/面的提取

本节主要讲解从曲面或实体模型中提取边界和曲面的方法。包括提取边界、提取曲面和多重提取，下面将逐一进行介绍。

5.7.1 提取边界

下面以图 5.7.1 所示的模型为例，介绍从曲面提取边界的一般过程。

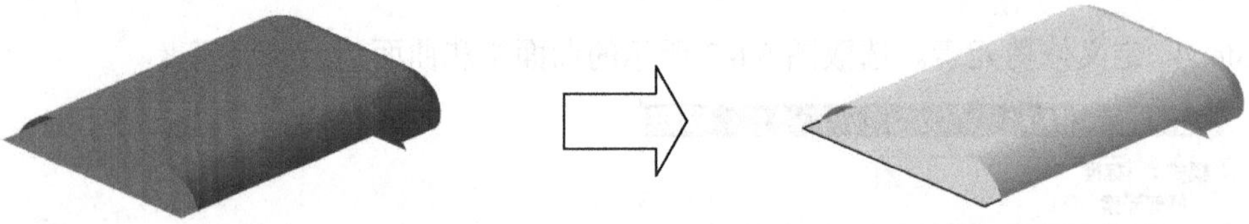

a）“提取”前　　b）“提取”后

图 5.7.1 提取边界

Step1. 打开文件 D:\cat2016.8\work\ch05.07.01\Boundaries.CATPart。

Step2. 选择命令。选择 插入 → 操作 ▸ → 边界... 命令，系统弹出图 5.7.2 所示的“边界定义”对话框（一）。

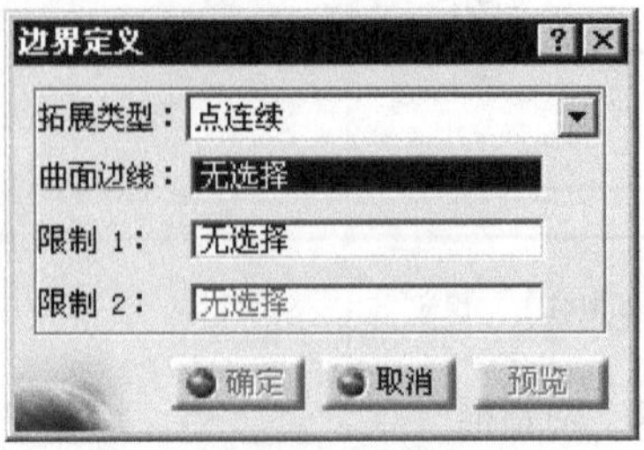

图 5.7.2 “边界定义”对话框（一）

Step3. 定义要提取边界的曲面。采用系统默认的拓展类型，在图形区选取图 5.7.1a 所示的曲面为要提取边界的曲面，此时“边界定义”对话框（二）如图 5.7.3 所示，同时，系统默认提取曲面的两个边界，如图 5.7.4 所示。

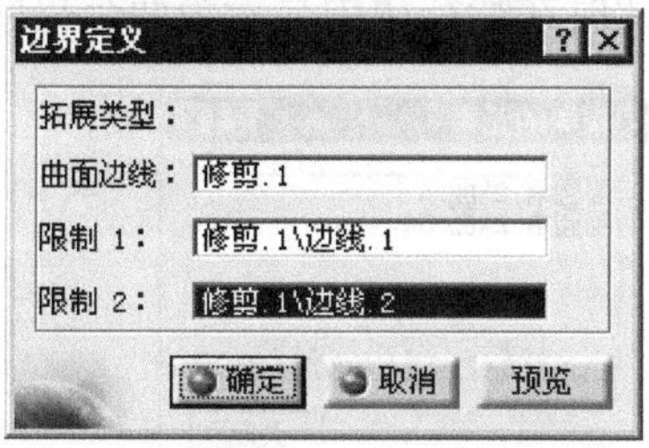

图 5.7.3 “边界定义”对话框（二）

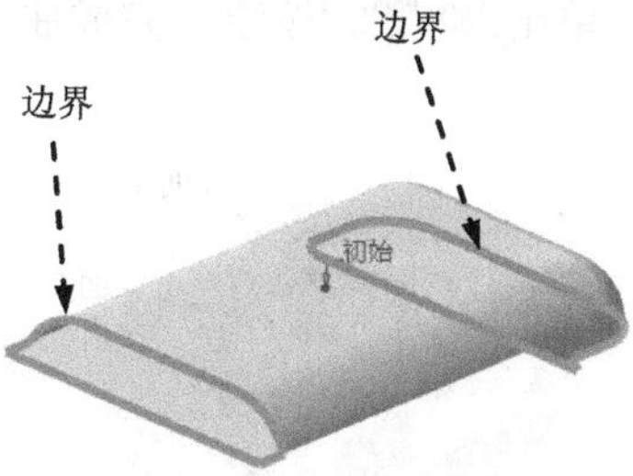

图 5.7.4 自动提取边界

Step4. 定义限制。单击以激活“边界定义”对话框 限制 1： 后的文本框，在图形区选取图 5.7.5 所示的边线 1 作为限制 1；单击以激活“边界定义”对话框 限制 2： 后的文本框，在图形区选取图 5.7.5 所示的边线 2 作为限制 2，限制方向如图 5.7.5 所示。

Step5. 单击 确定 按钮，完成曲面边界的提取。

5.7.2 提取曲面

下面以图 5.7.6 所示的模型为例，介绍从实体中提取曲面的一般过程。

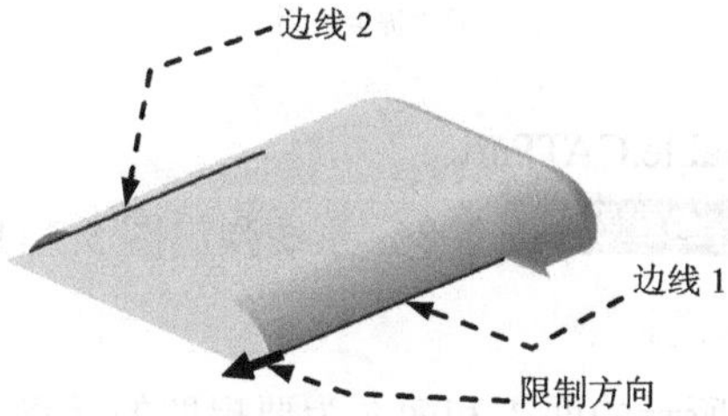

图 5.7.5 定义限制

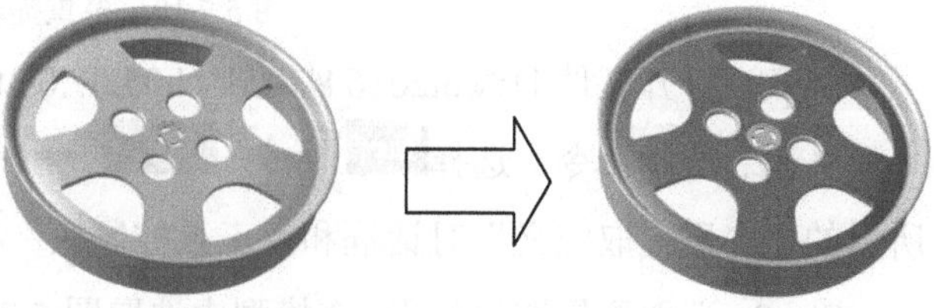

a)“提取”前　　b)“提取”后

图 5.7.6 提取曲面

Step1. 打开文件 D:\cat2016.8\work\ch05.07.02\turntable.CATPart。

Step2. 选择命令。选择 插入 → 操作 ▸ → 提取... 命令，系统弹出图 5.7.7 所示的“提取定义”对话框和“工具控制板”工具栏。

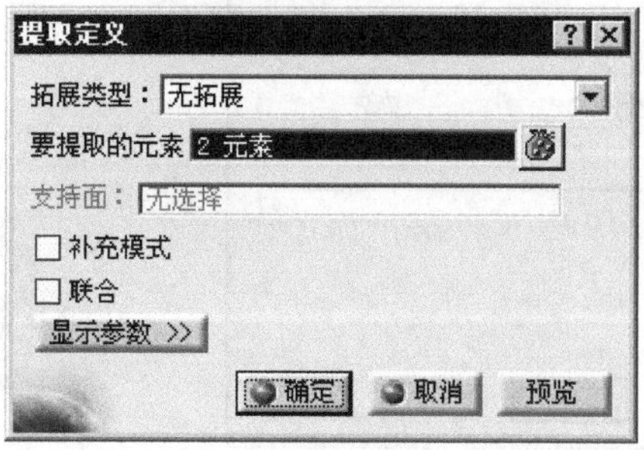

图 5.7.7 “提取定义”对话框

Step3. 选取要提取的元素。在模型中选取图 5.7.8 所示的面 1 和面 2 为要提取的元素。

说明：单击"提取定义"对话框中的按钮，可以打开相应的对话框，可以选取多个要提取的元素（图 5.7.9）。

Step4. 单击 ● 确定 按钮，完成曲面的提取，此时在特征树中显示为两个提取特征。

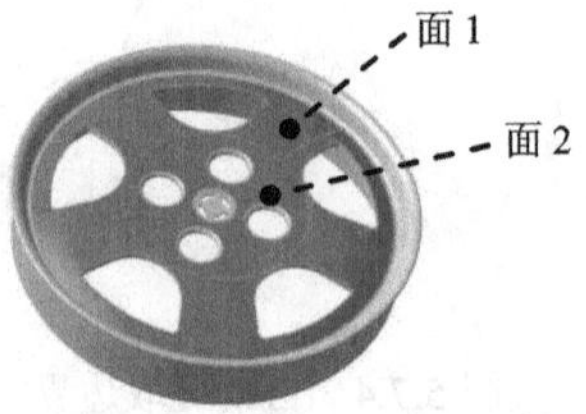

图 5.7.8　选取要提取的面　　　　图 5.7.9　"要提取的元素"对话框

5.7.3　多重提取

下面以图 5.7.10 所示的模型为例，介绍创建多重提取的一般过程。

a）"提取"前　　　　　　　　　　b）"提取"后

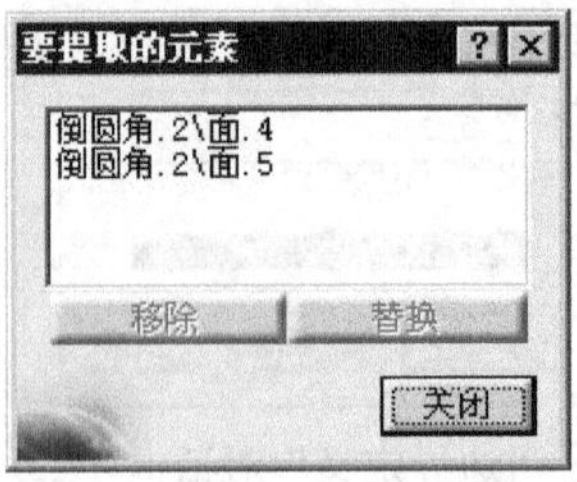

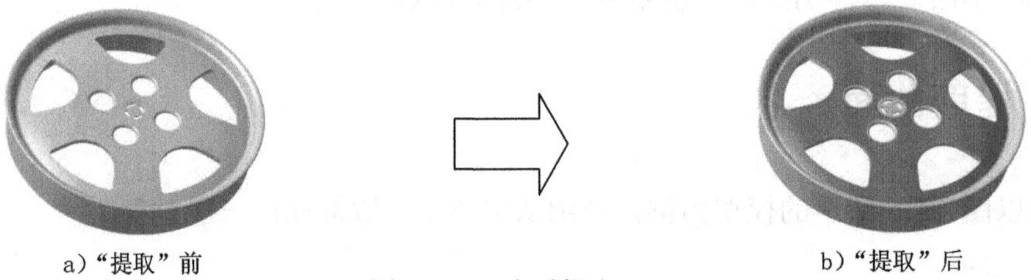

图 5.7.10　多重提取

Step1. 打开文件 D:\cat2016.8\work\ch05.07.03\turntable.CATPart。

Step2. 选择命令。选择 插入 ➡ 操作 ➡ 多重提取 命令，系统弹出图 5.7.11 所示的"多重提取定义"对话框和"工具控制板"工具栏。

Step3. 选取要提取的元素。在模型中选取图 5.7.12 所示的面 1 和面 2 为要提取的元素。

Step4. 单击 ● 确定 按钮，完成多重提取，此时在特征树中显示为一个提取特征。

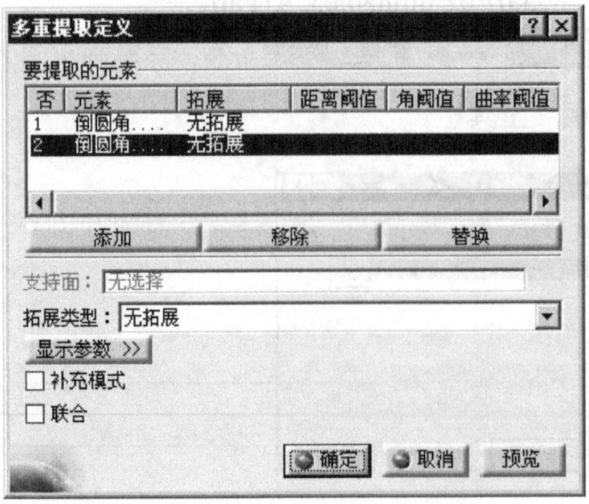

图 5.7.11　"多重提取定义"对话框　　　　图 5.7.12　选取要提取的面

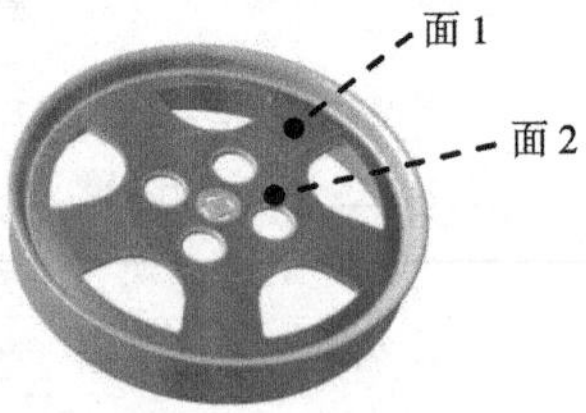

5.8 平　　移

使用平移命令可以将一个或多个元素平移。下面以图 5.8.1 所示的模型为例，介绍创建平移曲面的一般过程。

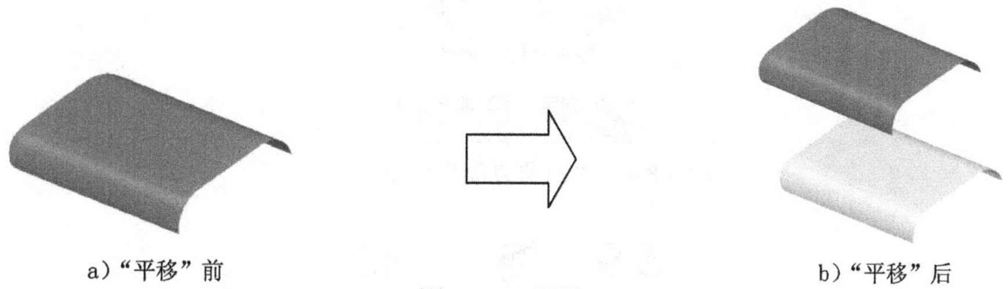

a）“平移”前　　b）“平移”后

图 5.8.1　平移

Step1. 打开文件 D:\cat2016.8\work\ch05.08\move.CATPart。

Step2. 选择命令。选择 插入 → 操作 ▸ → 平移... 命令，系统弹出图 5.8.2 所示的“平移定义”对话框。

Step3. 定义平移类型。在“平移定义”对话框的 向量定义： 下拉列表中选择 方向、距离 选项。

Step4. 定义平移元素。选取图 5.8.3 所示的曲面 1 为要平移的元素。

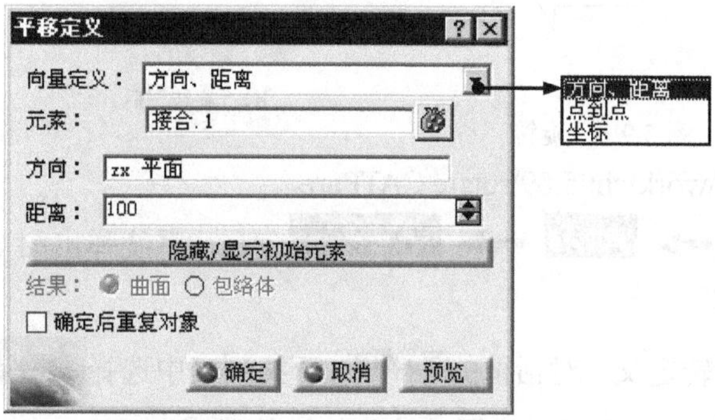

图 5.8.2　“平移定义”对话框

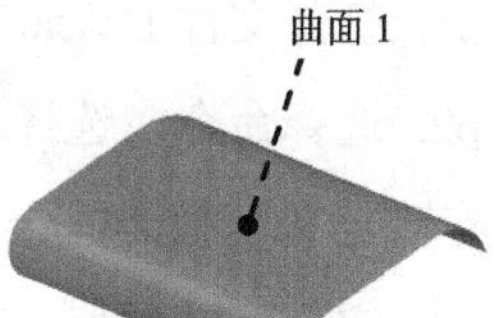

图 5.8.3　定义平移元素

Step5. 定义平移参数。选择 zx 平面为平移方向参考，在 距离： 后的文本框中输入值 100，其他参数采用系统默认设置值。

Step6. 单击 确定 按钮，完成曲面的平移。

图 5.8.2 所示的“平移定义”对话框中各选项说明如下。

- 向量定义：：用于定义平移类型，包括如下 3 个选项。
  - ☑ 方向、距离：通过选择方向参照，然后输入平移距离来平移元素。
  - ☑ 点到点：通过选择点到点的平移作为参照来平移元素。
  - ☑ 坐标：通过输入坐标值来定义元素的平移位置。

- 隐藏/显示初始元素：通过单击此按钮，可以切换初始元素的显示与隐藏。
- ☐ 确定后重复对象：选中此复选框后，在"平移定义"对话框中单击 ● 确定 按钮，系统会弹出图 5.8.4 所示的"对象复制"对话框，通过在此对话框中输入实例数可以定义平移元素的数量（包括初始元素）。

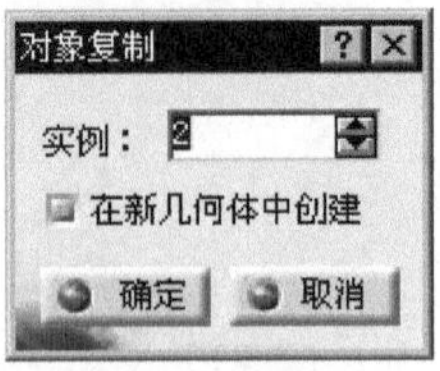

图 5.8.4　"对象复制"对话框

5.9　旋　　转

使用旋转命令可以将一个或多个元素复制并绕一根轴旋转。下面以图 5.9.1 所示的模型为例，介绍创建旋转曲面的一般过程。

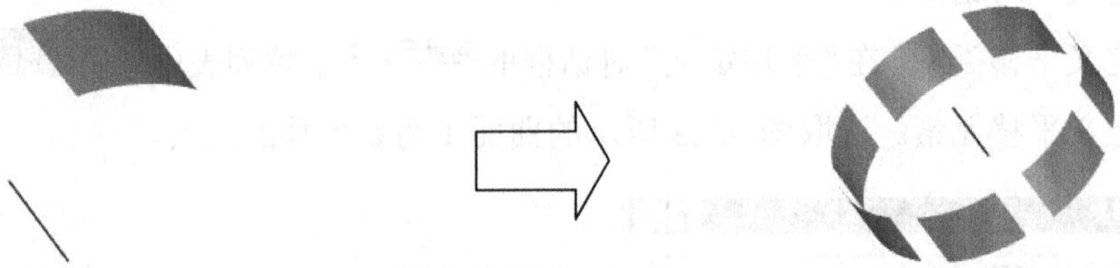

a)"旋转"前　　　　　　　　　　　　　　　b)"旋转"后

图 5.9.1　旋转

Step1. 打开文件 D:\cat2016.8\work\ch05.09\rotate.CATPart。

Step2. 选择命令。选择 插入 ➡ 操作 ▶ ➡ 旋转... 命令，系统弹出图 5.9.2 所示的"旋转定义"对话框。

Step3. 定义旋转类型。在"旋转定义"对话框的 定义模式: 下拉列表中选择 轴线-角度 选项。

Step4. 定义旋转元素。选取图 5.9.3 所示的曲面 1 为要旋转的元素。

Step5. 定义旋转参数。选择图 5.9.3 所示的直线作为旋转轴，在 角度: 后的文本框中输入值 50，选中 ☐ 确定后重复对象 复选框。

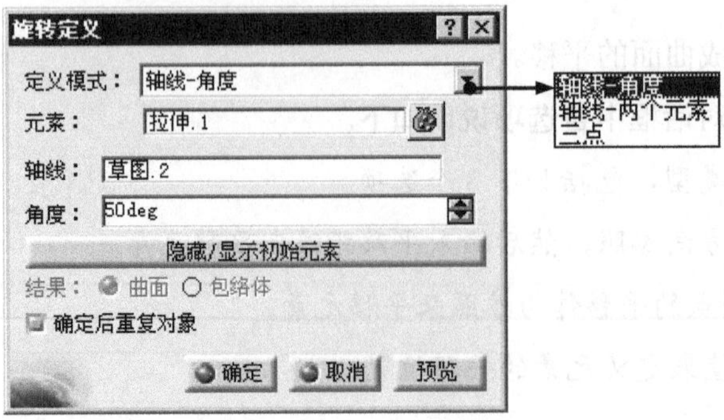

图 5.9.2　"旋转定义"对话框　　　　　　　图 5.9.3　定义旋转元素

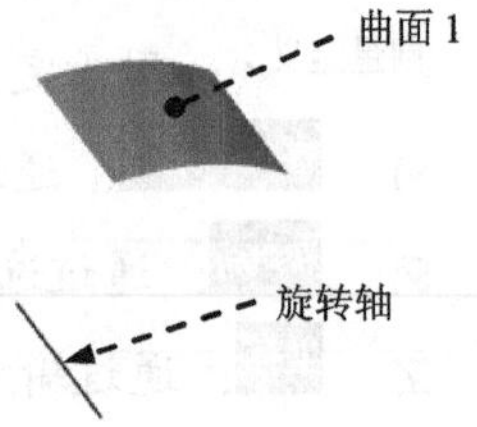

Step6. 单击 确定 按钮，系统弹出“对象复制”对话框，在 实例： 后的文本框中输入值 5，单击 确定 按钮，完成曲面的旋转。

图 5.9.2 所示“旋转定义”对话框中各选项说明如下。

- 定义模式：用于定义旋转类型，包括如下 3 个选项。
  - ☑ 轴线-角度：通过选择旋转轴线，然后输入旋转角度来旋转元素。
  - ☑ 轴线-两个元素：通过选择一根旋转轴，然后选取两个元素作为旋转参考来定义旋转。
  - ☑ 三点：通过选取 3 个点作为参考来定义元素的旋转。

5.10 对　　称

使用对称命令可以将一个或多个元素复制并与选定的参考元素对称放置。下面以图 5.10.1 所示的模型为例，介绍创建对称曲面的一般过程。

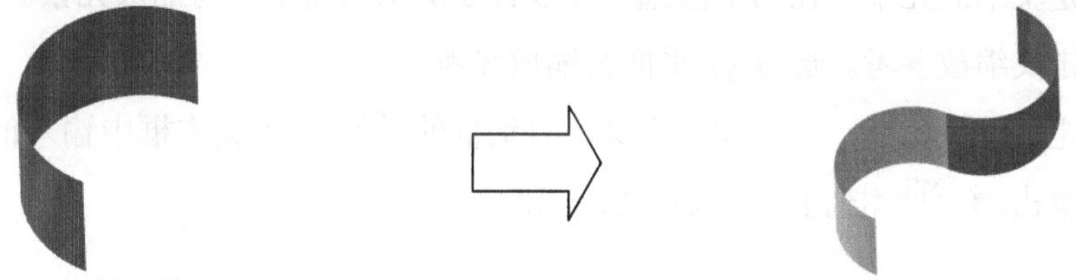

a）“对称”前　　b）“对称”后

图 5.10.1　对称

Step1. 打开文件 D:\cat2016.8\work\ch05.10\symmetryk.CATPart。

Step2. 选择命令。选择 插入 ➡ 操作 ▸ ➡ 对称... 命令，系统弹出图 5.10.2 所示的“对称定义”对话框。

Step3. 定义对称元素。在图形区选取图 5.10.3 所示的面 1 作为对称元素。

Step4. 定义对称参考。选取图 5.10.3 所示的边线作为对称参考。

Step5. 单击 确定 按钮，完成曲面的对称。

说明：如果选取图 5.10.3 所示的点 1 作为对称参考，则生成的对称曲面如图 5.10.4 所示。

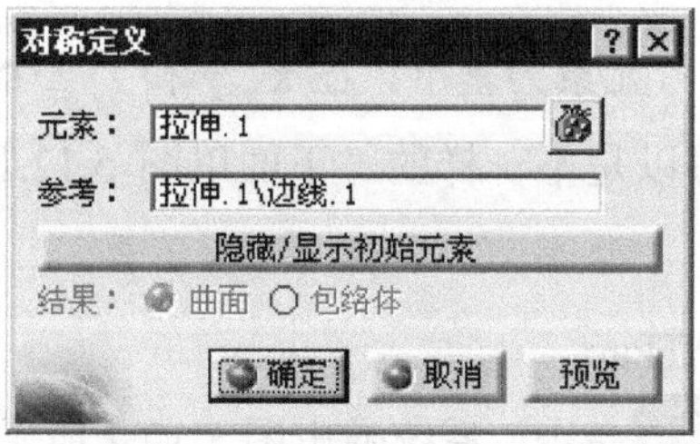

图 5.10.2　“对称定义”对话框

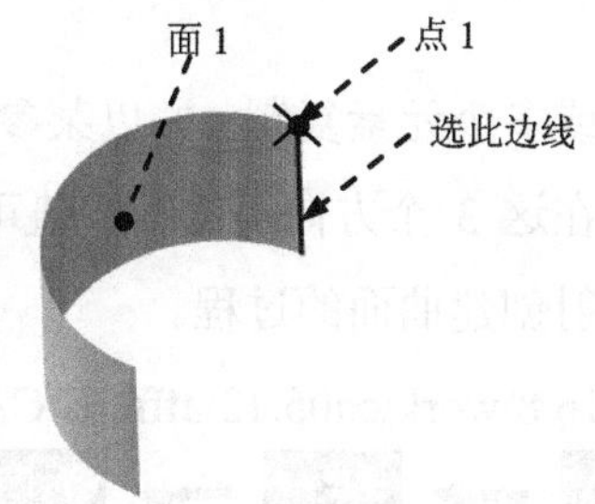

图 5.10.3　定义参考

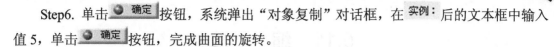

图 5.10.4　以点 1 为参考的对称曲面

5.11 缩 放

使用缩放命令可以将一个或多个元素复制并与按选定的参考缩放给定的比率。下面以图 5.11.1 所示的模型为例，介绍创建缩放曲面的一般过程。

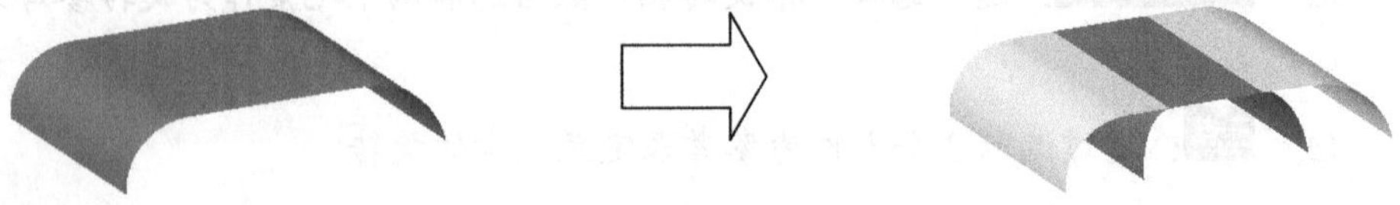
a)“缩放”前 b)“缩放”后

图 5.11.1 缩放

Step1. 打开文件 D:\cat2016.8\work\ch05.11\scaling.CATPart。

Step2. 选择命令。选择 插入 → 操作 → 缩放... 命令，系统弹出图 5.11.2 所示的“缩放定义”对话框。

Step3. 定义缩放元素。在图形区选取图 5.11.3 所示的面 1 作为缩放元素。

Step4. 定义缩放参考。选取 yz 平面为缩放参考。

Step5. 定义缩放比率。在“缩放定义”对话框的 比率： 后的文本框中输入值 0.5。

Step6. 单击 确定 按钮，完成曲面的缩放。

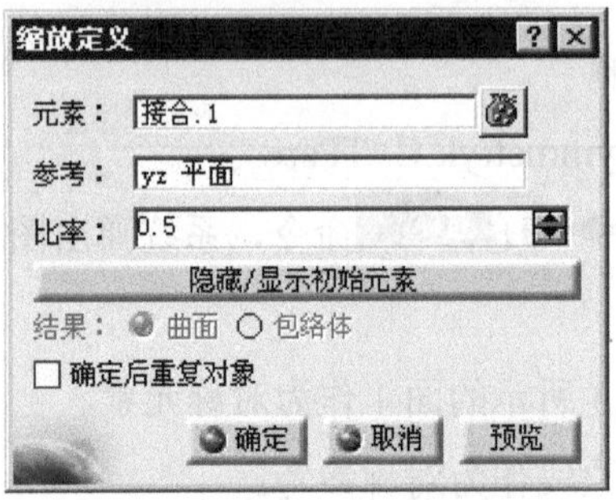

图 5.11.2 “缩放定义”对话框

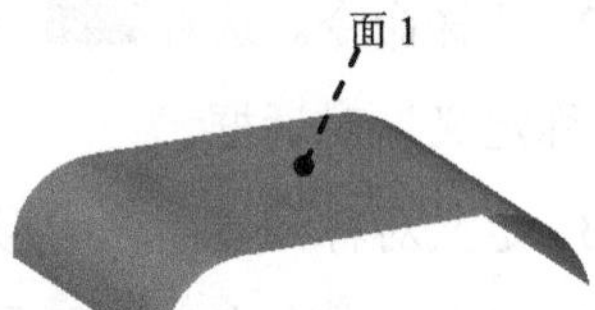

图 5.11.3 定义缩放元素

5.12 仿 射

使用仿射命令可以将一个或多个元素复制，并以某参考元素为基准，在 x、y 和 z 三个方向上进行缩小或放大，并且在这 3 个方向上的缩放值可以是不一样的。下面以图 5.12.1 所示的模型为例，介绍通过仿射创建曲面的过程。

Step1. 打开文件 D:\cat2016.8\work\ch05.12\affinity.CATPart。

Step2. 选择命令。选择 插入 → 操作 → 仿射... 命令，系统弹出图 5.12.2 所示的“仿射定义”对话框。

Step3. 定义仿射元素。在图形区选取图 5.12.3 所示的面 1 作为仿射元素。

Step4. 定义仿射轴系。选取图 5.12.3 所示的点为原点；选取 zx 平面为参考平面；选取图 5.12.3 所示的边线作为 x 轴。

Step5. 定义比率。在“仿射定义”对话框的 比率: 区域的 X: 后的文本框中输入值 0.5；在 Y: 后的文本框中输入值 0.8；在 Z: 后的文本框中输入值 0.6。

Step6. 单击 确定 按钮，完成通过仿射创建曲面的操作。

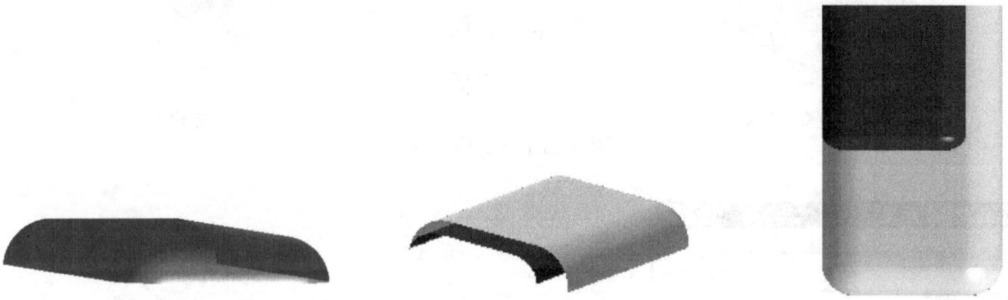

a)“仿射”前　　b)“仿射”后　　c) 左视图

图 5.12.1　仿射

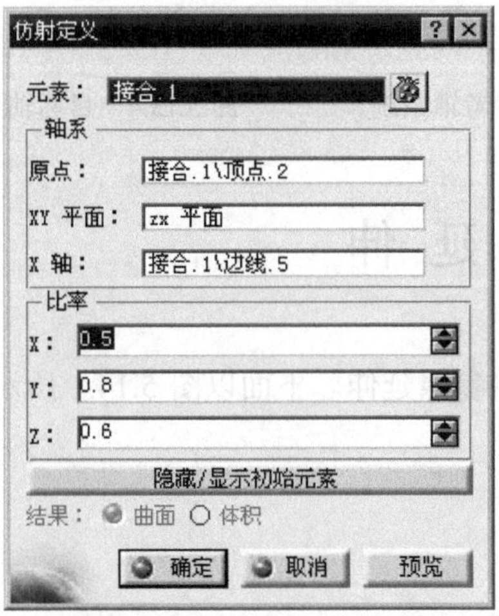

图 5.12.2　“仿射定义”对话框

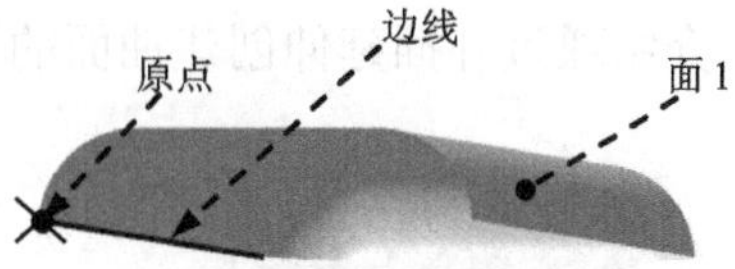

图 5.12.3　定义仿射元素和仿射轴系

5.13 定位变换

使用定位变换命令可以将一个或多个元素复制并按选定的参考轴系调整方位。下面以图 5.13.1 所示的模型为例，介绍通过定位变换创建曲面的一般过程。

Step1. 打开文件 D:\cat2016.8\work\ch05.13\AxisToAxis.CATPart。

Step2. 选择命令。选择 插入 → 操作 → 定位变换... 命令，系统弹出图 5.13.2

所示的“‘定位变换’定义”对话框。

Step3. 定义定位变换元素。在图形区选取图 5.12.3 所示的面 1 作为定位变换元素。

Step4. 定义定位变换轴系。选择图 5.13.3 所示的轴系 1 为参考轴系，选择图 5.13.4 所示的轴系 2 为目标轴系。

Step5. 单击 确定 按钮，完成通过定位变换创建曲面的操作。

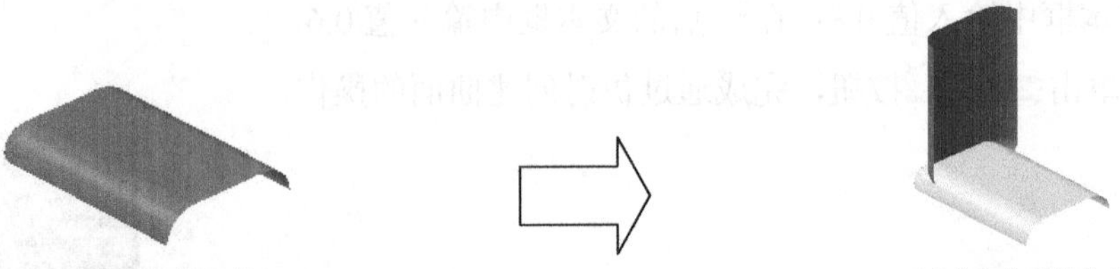

a）“定位变换”前　　b）“定位变换”后

图 5.13.1　定位变换

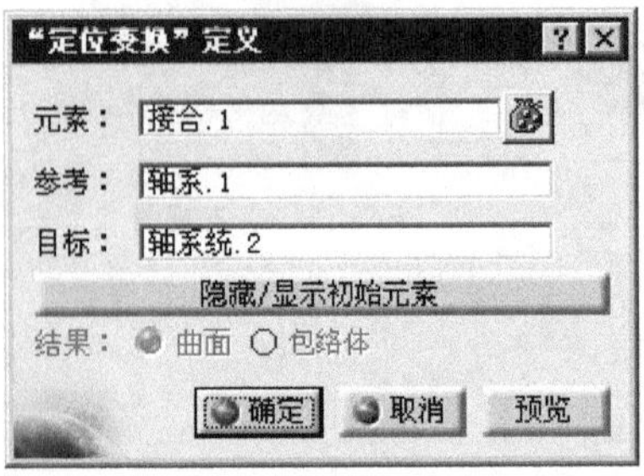

图 5.13.2　“‘定位变换’定义”对话框

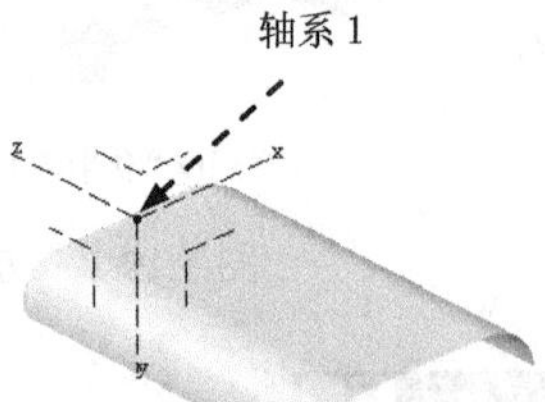

图 5.13.3　参考轴系统

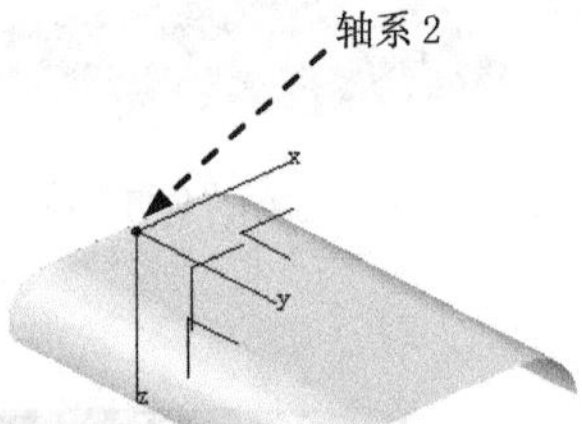

图 5.13.4　目标轴系统

5.14　外插延伸

使用外插延伸命令可以将曲线或曲面沿指定的参照延伸。下面以图 5.14.1 所示的模型为例，介绍通过外插延伸创建曲面的一般过程。

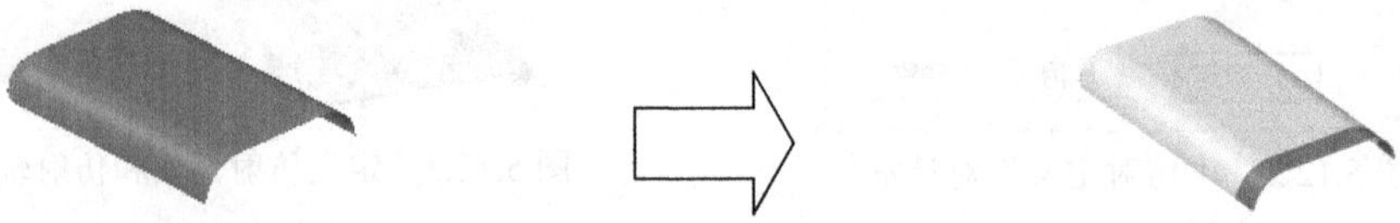

a）“外插延伸”前　　b）“外插延伸”后

图 5.14.1　外插延伸

Step1. 打开文件 D:\cat2016.8\work\ch05.14\Extrapolate.CATPart。

Step2. 选择命令。选择 插入 → 操作 → 外插延伸... 命令，系统弹出图 5.14.2 所示的“外插延伸定义”对话框。

Step3. 定义外插延伸边界。在图形区选取图 5.14.3 所示的曲面边线作为外插延伸边界。

Step4. 定义外插延伸参照。选取图 5.14.3 所示的面 1 为外插延伸参照。

Step5. 定义外插延伸类型。选择“外插延伸定义”对话框 限制 区域 类型： 下拉列表中的 长度选项，在长度：后的文本框中输入值 15，在拓展模式：后的下拉列表中选择相切连续选项，其他选项采用系统默认设置。

Step6. 单击确定按钮，完成外插延伸曲面的创建。

图 5.14.2 所示“外插延伸定义”对话框中各选项说明如下。

- 类型：：用于定义延伸类型，包括如下两个选项。
  - ☑ 长度：通过输入长度值来定义曲面延伸的位置。
  - ☑ 直到元素：通过选取元素来定义延伸曲面位置。
- 常量距离优化：选中此复选框，可以执行常量距离的外插延伸，并创建无变形的曲面。注意，当选中扩展已外插延伸的边线时，此选项不可用。
- 内部边线：：此选项可以确定外插延伸的优先方向，可以选择一条或多条边线进行相切外插延伸。
- 扩展已外插延伸的边线：选中此选项后，可以重新连接基于外插延伸曲面的元素特征。

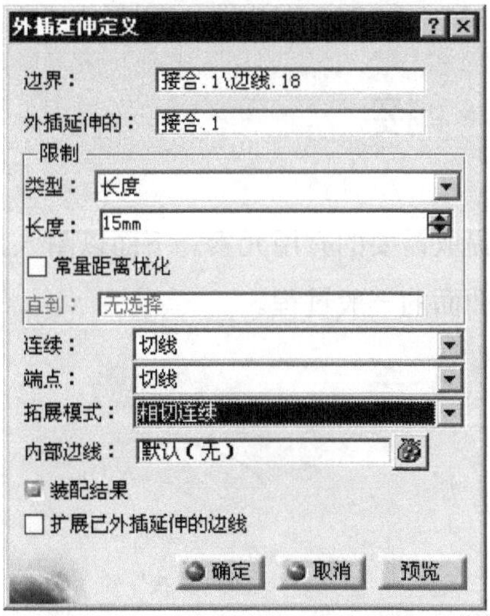

图 5.14.2 “外插延伸定义”对话框

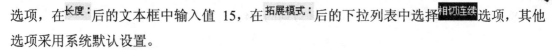

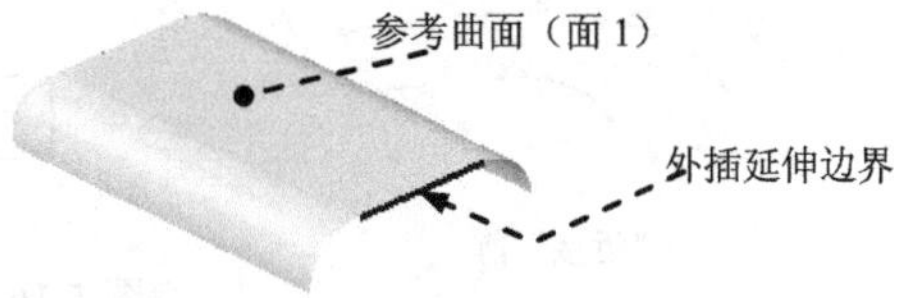

图 5.14.3 定义外插延伸边界

5.15 反 转 方 向

使用反转方向命令可以完成反转曲线或曲面的操作。下面以图 5.15.1 所示的模型为例，介绍通过反转方向创建延伸曲面的一般过程。

Step1. 打开文件 D:\cat2016.8\work\ch05.15\invert_orientation.CATPart。

Step2. 选择命令。选择插入 → 操作 → 反转方向...命令，系统弹出图 5.15.2 所示的“反转定义”对话框。

Step3. 定义反转对象。在图形区选取图 5.15.3 所示的曲面为反转对象。

Step4. 单击 确定 按钮，完成反转方向的创建。

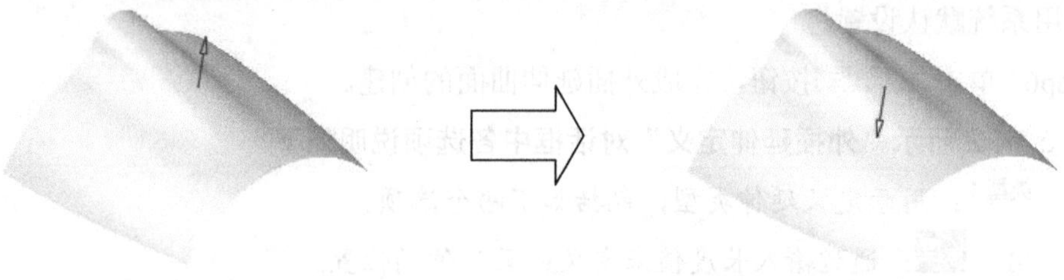

a）“反转方向”前　　　　b）“反转方向”后

图 5.15.1　反转方向

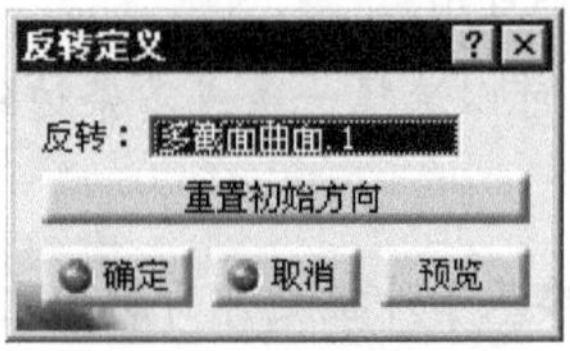

图 5.15.2　“反转定义”对话框

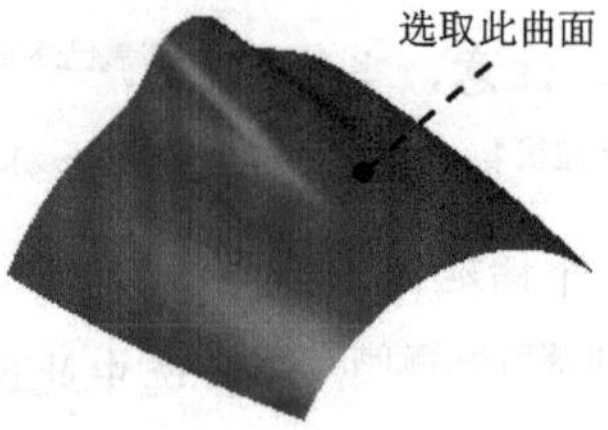

图 5.15.3　定义反转对象

5.16　近　　接

使用“近接”命令可以根据指定的参考就近提取需要的有用元素。下面以图 5.16.1 所示的模型为例，介绍通过“近接”命令创建延伸曲面的一般过程。

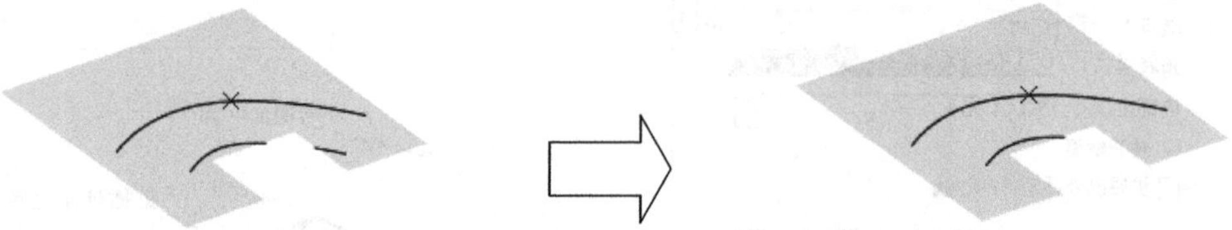

a）“近接”前　　　　b）“近接”后

图 5.16.1　近接

Step1. 打开文件 D:\cat2016.8\work\ch05.16\Near.CATPart。

Step2. 选择命令。选择 插入 → 操作 ▸ → 近/远... 命令，系统弹出图 5.16.2 所示的“近远定义”对话框。

Step3. 定义多重元素。在图形区选取图 5.16.3 所示的曲线 1 作为多重元素。

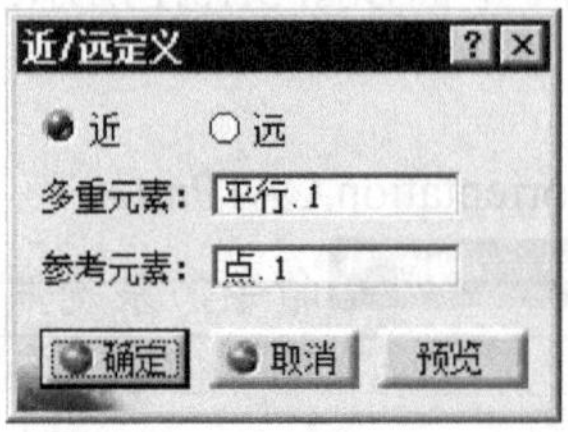

图 5.16.2　“近/远定义”对话框

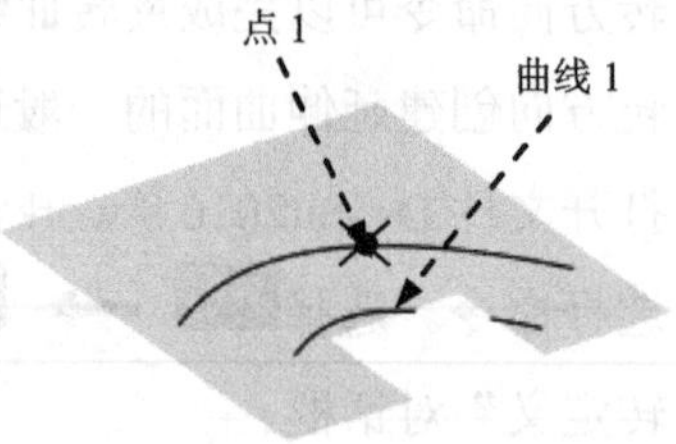

图 5.16.3　定义多重元素和参考元素

Step4. 定义参考元素。选取图 5.16.3 所示的点 1 为参考元素。

Step5. 单击 确定 按钮，完成近接的创建。

5.17 将曲面转化为实体

5.17.1 使用"封闭曲面"命令创建实体

通过"封闭曲面"命令可以将封闭的曲面转化为实体，非封闭曲面则自动以线性的方式转化为实体。此命令在"零件设计"工作台中。下面以图 5.17.1 所示的实例来说明使用封闭曲面命令来创建实体的一般过程。

Step1. 打开文件 D:\cat2016.8\work\ch05.17\Close_surface.CATPart。

说明：此时应切换到"零件设计"工作台。

Step2. 选择命令。选择下拉菜单 插入 → 基于曲面的特征 → 封闭曲面... 命令，此时系统弹出图 5.17.2 所示的"定义封闭曲面"对话框。

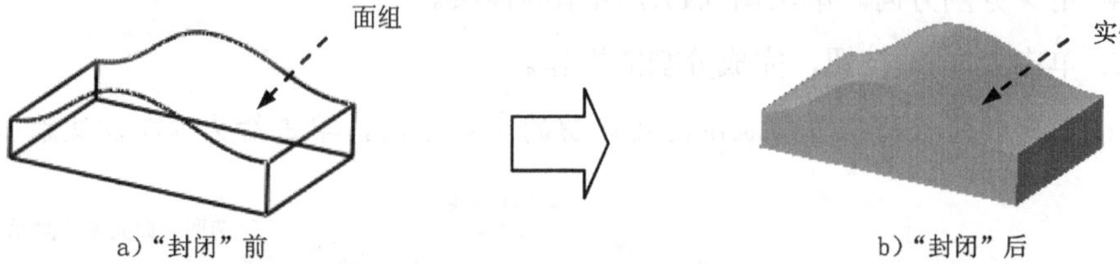

图 5.17.1 用封闭的面组创建实体

Step3. 定义封闭曲面。选取图 5.17.3 所示的面组为要封闭的对象。

Step4. 单击 确定 按钮，完成封闭曲面的创建。

图 5.17.2 "定义封闭曲面"对话框

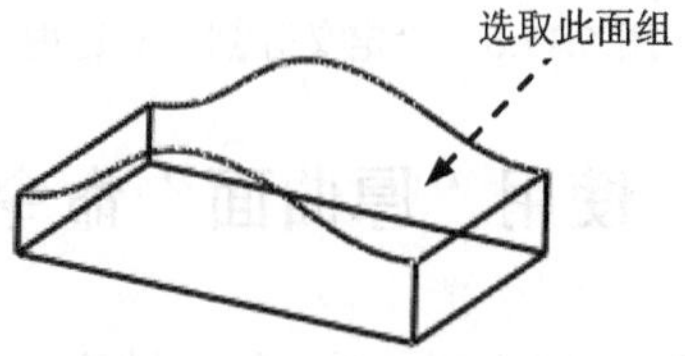

图 5.17.3 选择面组

说明：

- 封闭对象是指需要进行封闭的曲面。
- 利用 封闭曲面... 命令可以将非封闭的曲面转化为实体（图 5.17.4）。

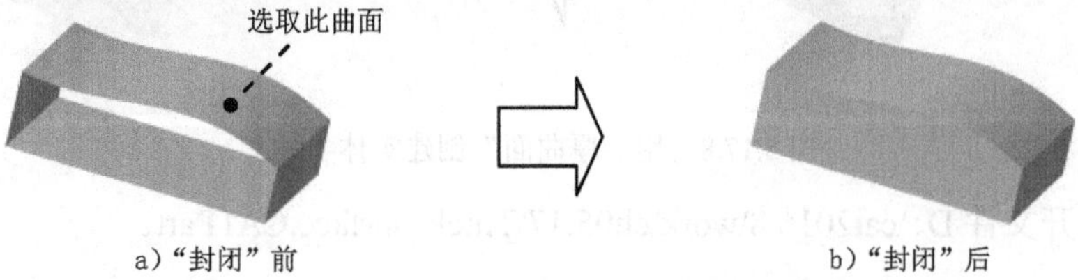

图 5.17.4 用非封闭的面组创建实体

5.17.2 使用“分割”命令创建实体

“分割”命令是通过与实体相交的平面或曲面切除实体的某一部分。此命令在“零件设计”工作台中。下面以图 5.17.5 所示的实例来说明使用分割命令创建实体的一般操作过程。

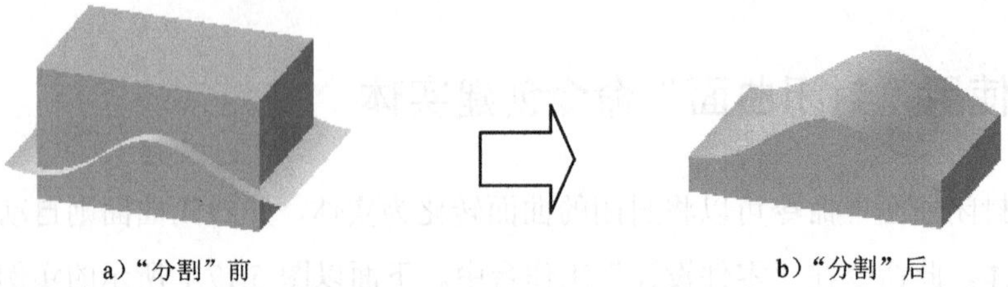

图 5.17.5 用“分割”命令创建实体

Step1. 打开文件 D:\cat2016.8\work\ch05.17\Split.CATPart。

Step2. 选择命令。选择下拉菜单 插入 → 基于曲面的特征 → 分割... 命令，系统弹出图 5.17.6 所示的“定义分割”对话框。

Step3. 定义分割元素。选取图 5.17.7 所示的曲面为分割元素。

Step4. 定义分割方向。单击图 5.17.7 所示的箭头。

Step5. 单击 确定 按钮，完成分割的操作。

说明：图中的箭头所指方向表示需要保留的实体方向，单击箭头可以改变箭头方向。

图 5.17.6 “定义分割”对话框

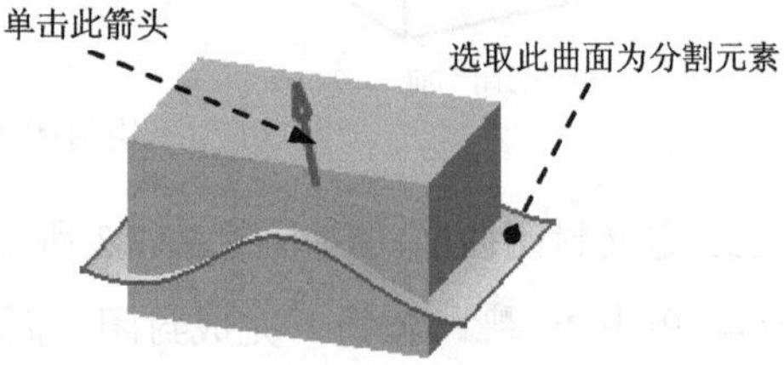

图 5.17.7 选择分割元素

5.17.3 使用“厚曲面”命令创建实体

厚曲面是将曲面（或面组）转化为薄板实体特征，此命令在“零件设计”工作台中。下面以图 5.17.8 所示的实例来说明使用“厚曲面”命令创建实体的一般操作过程。

图 5.17.8 用“厚曲面”创建实体

Step1. 打开文件 D:\cat2016.8\work\ch05.17\Thick_surface.CATPart。

Step2. 选择命令。选择下拉菜单 插入 → 基于曲面的特征 ▸ → 厚曲面... 命令，系统弹出图 5.17.9 所示的“定义厚曲面”对话框。

Step3. 定义加厚对象。选择图 5.17.10 所示的面组为加厚对象。

Step4. 定义加厚值。在对话框的 第一偏移: 文本框中输入值 1。

Step5. 单击 确定 按钮，完成加厚操作。

说明：单击图 5.17.11 所示的箭头或者单击“定义厚曲面”对话框中的 反转方向 按钮，可以调整曲面加厚方向。

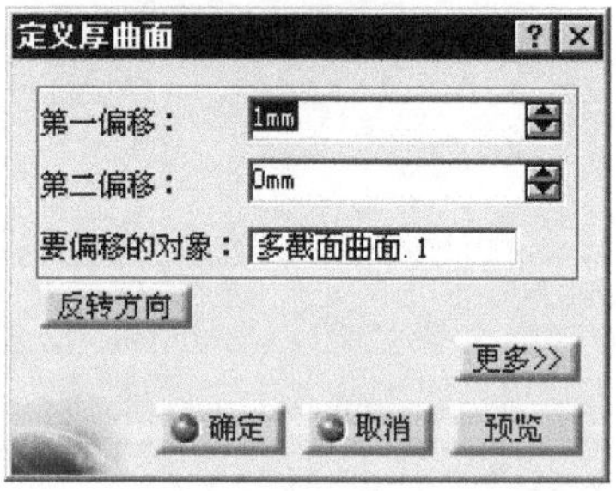

图 5.17.9 “定义厚曲面”对话框

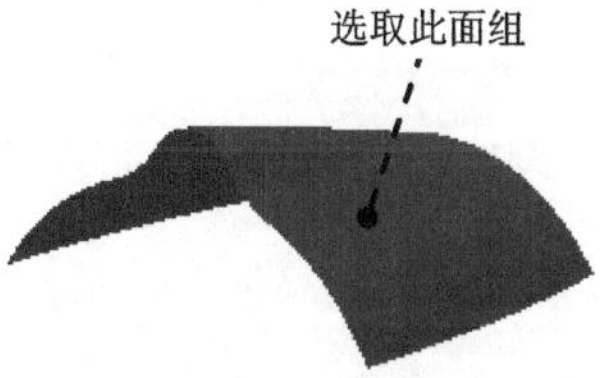

图 5.17.10 选取加厚面

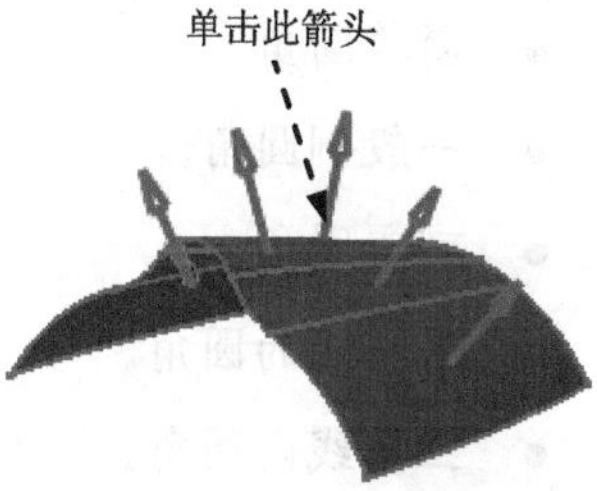

图 5.17.11 切换加厚方向

第 6 章　曲面中的圆角

本章提要　圆角不只出现在产品设计中，在工艺设计中也常常应用，因为圆角不但使产品在外观上看起来没有了生硬的感觉，而且在工艺上起着消除应力的作用。本章将介绍曲面中圆角的创建，主要内容包括：

- 简单圆角。
- 一般倒圆角。
- 可变圆角。
- 面与面的圆角。
- 三切线内圆角。

6.1　概　　述

倒圆角在曲面建模中具有相当重要的地位。倒圆角功能可以在两组曲面或者实体表面之间建立光滑连接的过渡曲面，也可以对曲面自身边线进行圆角。圆角的半径可以是定值，也可以是变化的。倒圆角的类型主要包括简单圆角、一般倒圆角、可变圆角、面与面的圆角和三切线内圆角 5 种。下面介绍这几种倒圆角的具体用法。

6.2　简 单 圆 角

使用简单圆角命令可以在两个曲面上直接生成圆角。该命令在“创成式外形设计”工作台中进行操作（方法：选择下拉菜单开始 ➡ 形状 ➡ 创成式外形设计命令）。下面以图 6.2.1 所示的实例来说明创建简单圆角的一般过程。

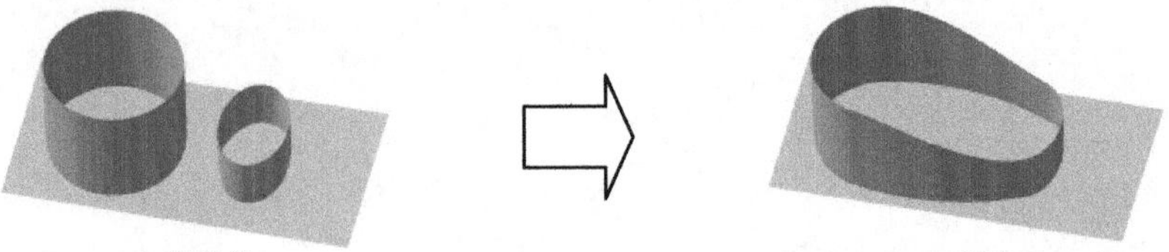

a）圆角前　　b）圆角后

图 6.2.1　简单圆角

Step1. 打开文件 D:\cat2016.8\work\ch06.02\Simple_Fillet.CATPart。

Step2. 选择命令。确认系统处于“创成式外形设计”工作台，选择下拉菜单 插入 → 操作 → 简单圆角 命令，系统弹出图 6.2.2 所示的“圆角定义”对话框。

Step3. 定义圆角类型。在“圆角定义”对话框的 圆角类型 下拉列表中选择 双切线内圆角 选项。

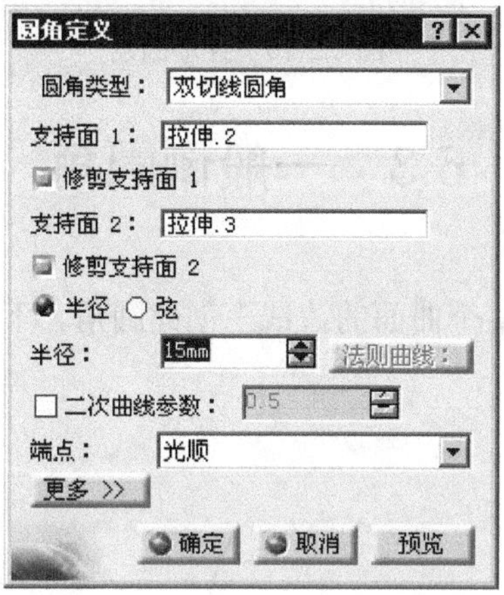

图 6.2.2 “圆角定义”对话框

Step4. 定义支持面。选择图 6.2.3 所示的支持面 1 和支持面 2。

Step5. 定义圆角半径。在对话框中选中 半径 选项，然后在 半径: 文本框中输入半径值 15。

说明： 单击图 6.2.4 所示的两个箭头，改变圆角的相切方向，结果如图 6.2.5 所示。

Step6. 单击 确定 按钮，完成简单圆角的创建。

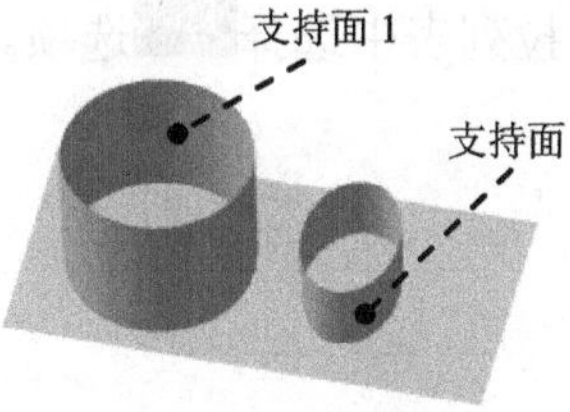

图 6.2.3 选择支持面

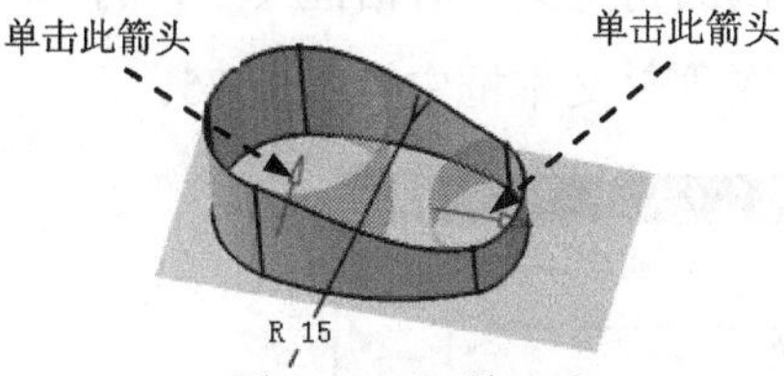

图 6.2.4 切换方向

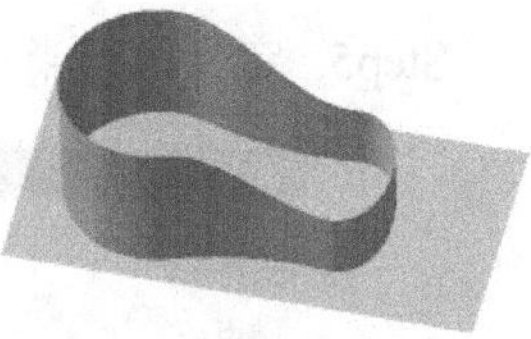
图 6.2.5 创建简单圆角

说明：

- 下面以图 6.2.6~图 6.2.9 为例讲解 端点: 下拉列表的四个选项。

图 6.2.6 光顺

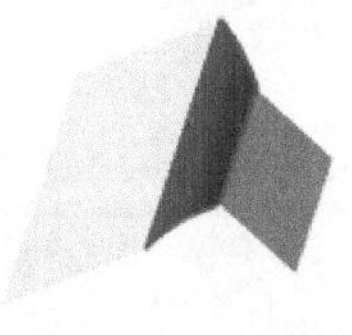
图 6.2.7 直线

图 6.2.8 最大值

图 6.2.9 最小值

- 如果需要创建异形圆角，则可以给圆角加上控制曲线和脊线，如图 6.2.10 所示。

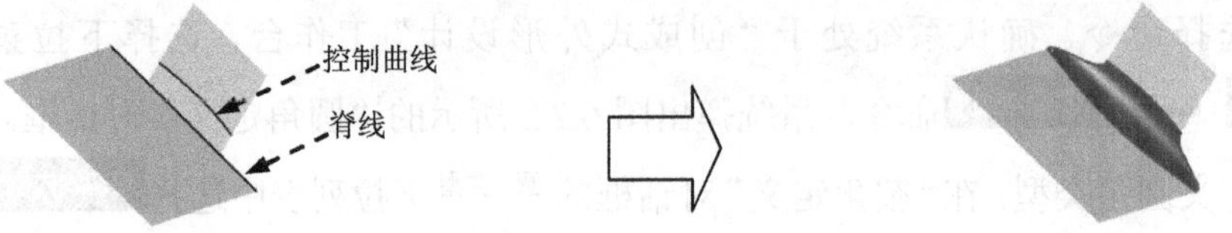

a）圆角前　　b）圆角后

图 6.2.10　异形圆角

6.3　一般倒圆角

使用 倒圆角 命令可以在某个曲面的边线上创建圆角。下面以图 6.3.1 所示的实例来说明创建一般倒圆角的操作过程。

a）“倒圆角”前　　b）“倒圆角”后

图 6.3.1　创建倒圆角

Step1. 打开文件 D:\cat2016.8\work\ch06.03\Shape_Fillet.CATPart。

Step2. 选择命令。选择下拉菜单 插入 ➡ 操作 ▸ ➡ 倒圆角 命令，此时系统弹出图 6.3.2 所示的“倒圆角定义”对话框（一）。

Step3. 定义圆角边线。选取图 6.3.3 所示的曲面边线为圆角边线。

Step4. 定义模式。在“倒圆角定义”对话框（一）的 传播: 下拉列表中选择 相切 选项。

Step5. 定义圆角半径。在 半径: 文本框中输入值 75。

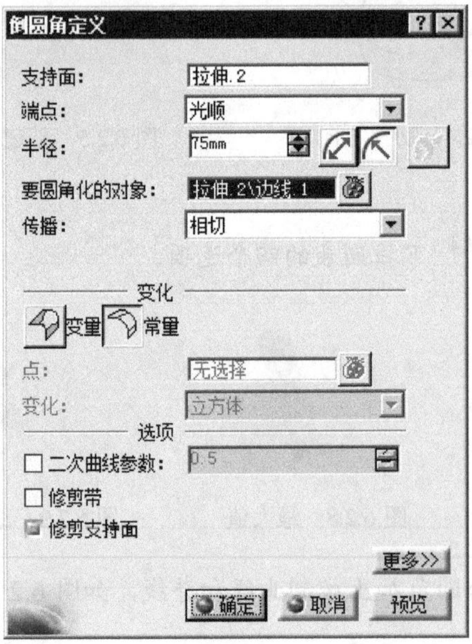

图 6.3.2　“倒圆角定义”对话框（一）

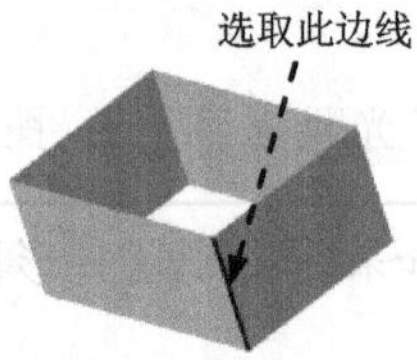

图 6.3.3　定义圆角边线

Step6. 单击“倒圆角定义”对话框（一）中的 确定 按钮，系统弹出图 6.3.4 所示的“更新错误”对话框。

Step7. 单击 确定 按钮，系统弹出图 6.3.5 所示的“特征定义错误”对话框。

Step8. 单击 是(Y) 按钮，系统弹出图 6.3.6 所示的“倒圆角定义”对话框（二）。

Step9. 定义要保留的边线。选择图 6.3.7 所示的边线为要保留的边线。

Step10. 单击 确定 按钮，完成倒圆角的创建。

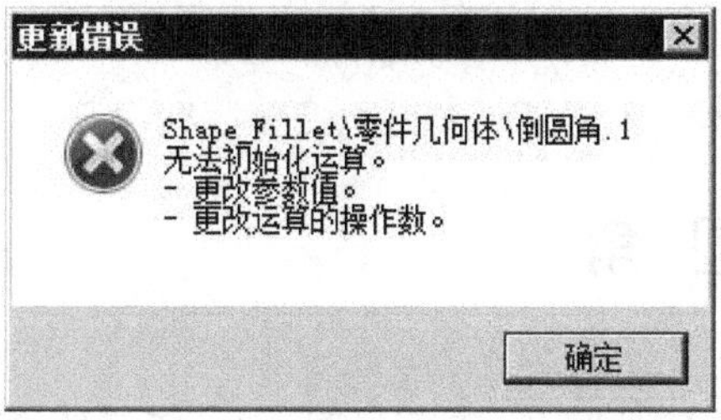

图 6.3.4 “更新错误”对话框

图 6.3.5 “特征定义错误”对话框

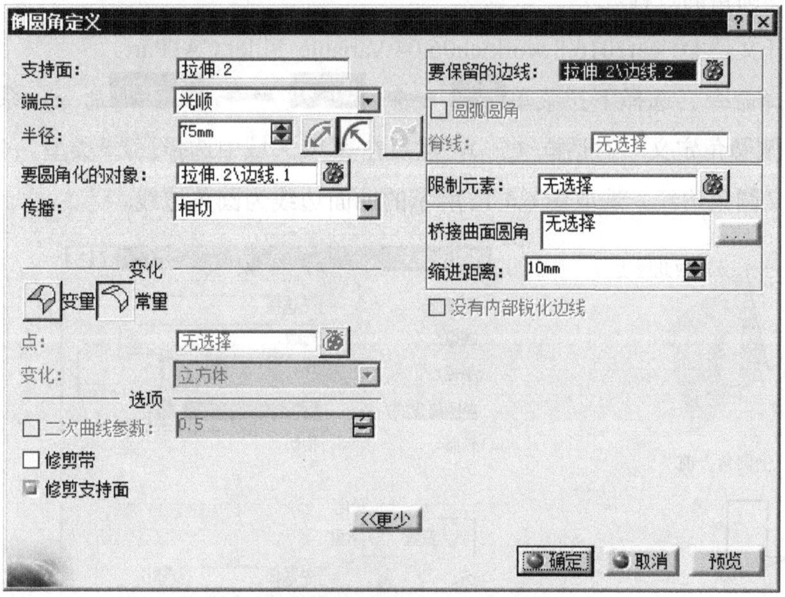

图 6.3.6 “倒圆角定义”对话框（二）

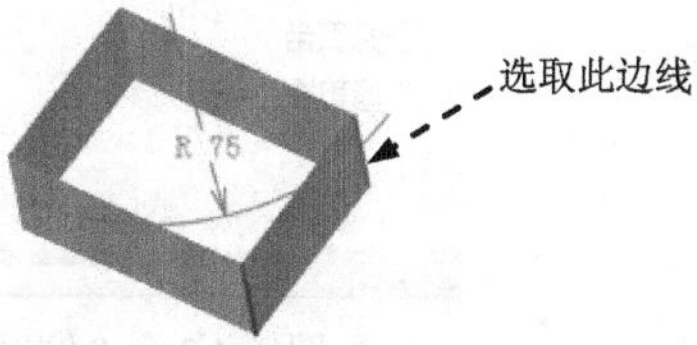

图 6.3.7 定义要保留的边线

说明：

● 如果倒圆角的两条边线离得比较近且圆角半径较大，从而使两个圆角产生叠加时，

可以选中 修剪带 复选框修剪叠加的部分。

- 如果不需要将一条边线整个倒圆角，则可以给要倒的圆角边加个限制元素，且限制其方向，如图 6.3.8a 所示（图 6.3.8 隐藏了限制元素）。

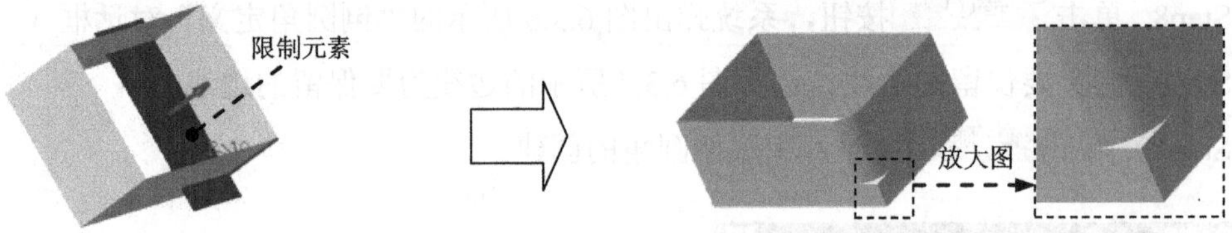

a）圆角前　　b）圆角后

图 6.3.8　部分圆角

6.4 可 变 圆 角

可变圆角可以在某个曲面的边线上创建半径不相同的圆角。下面以图 6.4.1 所示的实例来说明创建可变圆角的过程。

Step1. 打开文件 D:\cat2016.8\work\ch06.04\Variable_Fillet.CATPart。

Step2. 选择命令。选择下拉菜单 插入 → 操作 → 倒圆角 命令，系统弹出图 6.4.2 所示的“倒圆角定义”对话框（一），然后在 变化 区域中选择 变量 类型。

Step3. 定义圆角边线。选取图 6.4.1a 所示的曲面边线为圆角边线。

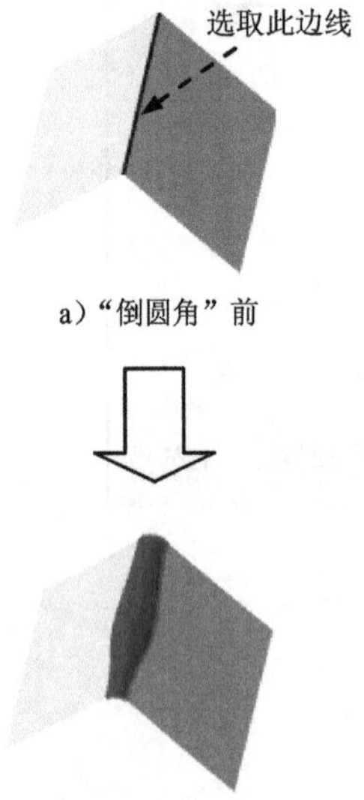

a）“倒圆角”前

b）“倒圆角”后

图 6.4.1　创建可变圆角

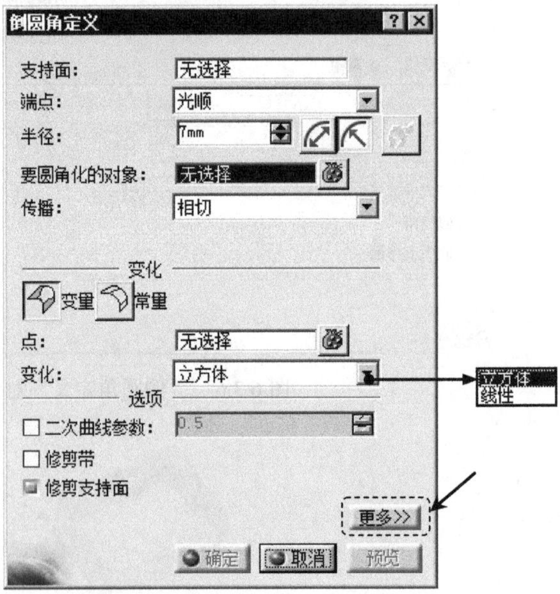

图 6.4.2　“倒圆角定义”对话框（一）

说明：单击“倒圆角定义”对话框（一）中的 更多>> 按钮，展开对话框的隐藏部分（图 6.4.3），在对话框中可以定义可变半径圆角的限制元素。

Step4. 定义倒圆角半径（图 6.4.4）。

（1）单击以激活 点： 文本框（此时可以设置不同边线位置的圆角半径），在模型指定边线的两端双击预览的尺寸线，在系统弹出的“参数定义”对话框中更改半径值，将下端的数值设为 5，上端的数值设为 7。

（2）完成上步操作后，在 点： 文本框右击，在弹出的快捷菜单中选择 创建点 命令，系统弹出图 6.4.5 所示的“点定义”对话框。

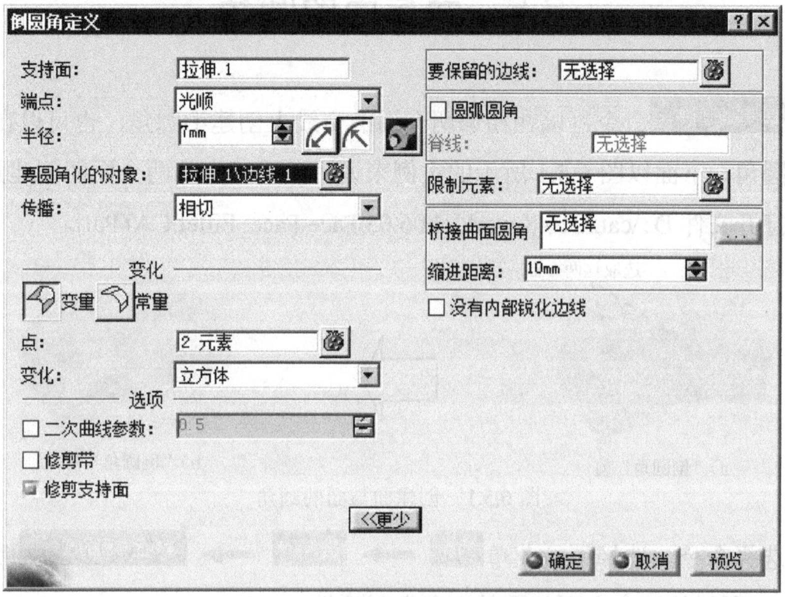

图 6.4.3 “倒圆角定义”对话框（二）

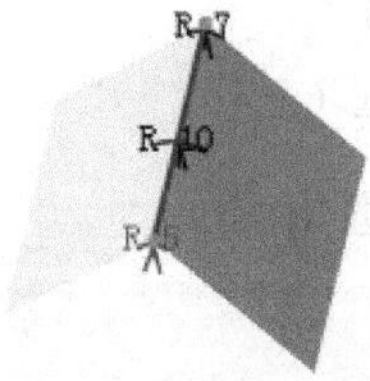

图 6.4.4 定义倒圆角半径

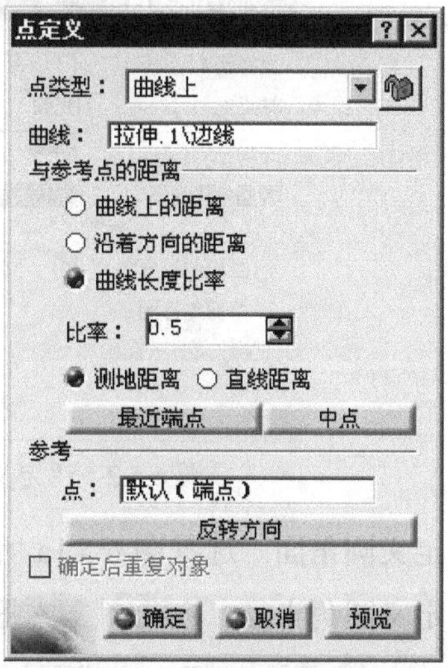

图 6.4.5 “点定义”对话框

（3）定义点的类型。在 点类型： 下拉列表中选择 曲线上 选项，然后选取图 6.4.1a 所示的曲面边线。

（4）定义曲线位置。选中 曲线长度比率 单选项，然后单击 中点 按钮。

（5）单击 确定 按钮完成点的创建，同时系统返回至“倒圆角定义”对话框（ ）。

（6）双击新建点预览的尺寸线，在系统弹出的“参数定义”对话框中更改半径值，将半径值更改为 10。

Step5. 单击对话框中的 确定 按钮，完成可变半径圆角特征的创建。

6.5 面与面的圆角

使用 面与面的圆角... 命令可以在相邻两个面的交线上创建半圆角，也可以在不相交的两个面间创建圆角。下面以图 6.5.1 所示的实例来说明在不相交的两个面间创建圆角的过程。

Step1. 打开文件 D:\cat2016.8\work\ch06.05\Face-Face_Fillet.CATPart。

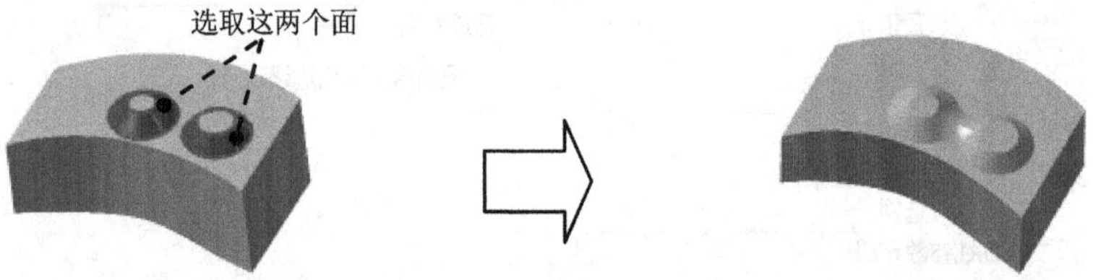

图 6.5.1 创建面与面的圆角

Step2. 选择命令。选择下拉菜单 插入 → 操作 ▸ → 面与面的圆角... 命令，此时系统弹出图 6.5.2 所示的“定义面与面的圆角”对话框（一）。

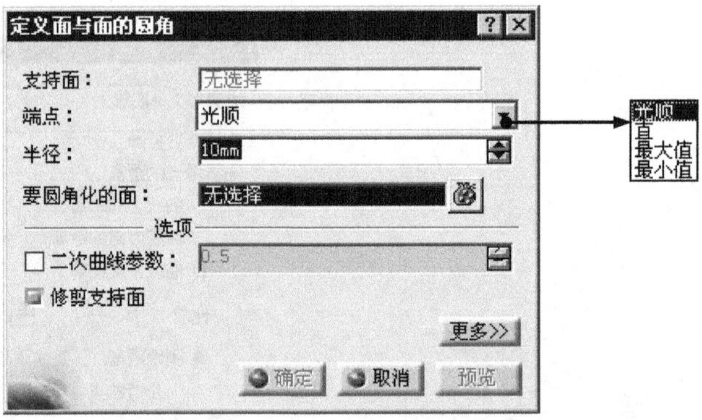

图 6.5.2 “定义面与面的圆角”对话框（一）

Step3. 定义圆角面。选择图 6.5.1a 所示的两个曲面为要圆角的面。

Step4. 定义圆角半径。在 半径： 文本框中输入值 10。

Step5. 单击 确定 按钮，完成面与面的圆角的创建。

说明：

- 如果需要创建不规则的面与面的圆角，则可以给面与面的圆角指定一条保持曲线和一条脊线，如图 6.5.3 所示。

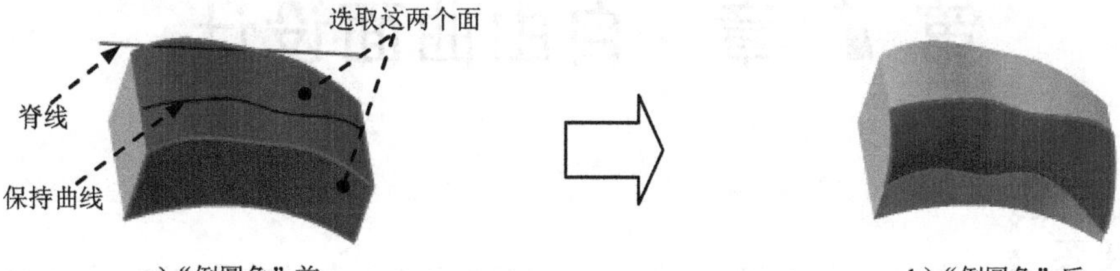

a）“倒圆角”前　　b）“倒圆角”后

图 6.5.3 不规则的面与面的圆角

6.6 三切线内圆角

“三切线内圆角”命令的功能是创建与 3 个指定面相切的圆角。下面以图 6.6.1 所示的简单模型为例，说明创建三切线内圆角特征的过程。

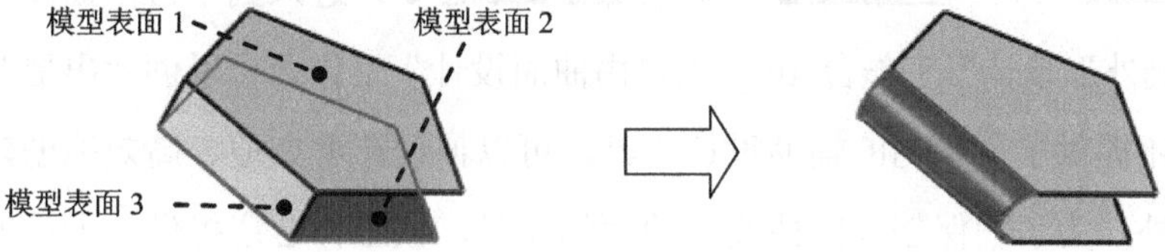

a）圆角前　　b）圆角后

图 6.6.1 三切线内圆角

Step1. 打开文件 D:\cat2016.8\work\ch06.06\trianget_fillet.CATPart。

Step2. 选择命令。选择下拉菜单 插入 → 操作 → 三切线内圆角... 命令，系统弹出图 6.6.2 所示的“定义三切线内圆角”对话框。

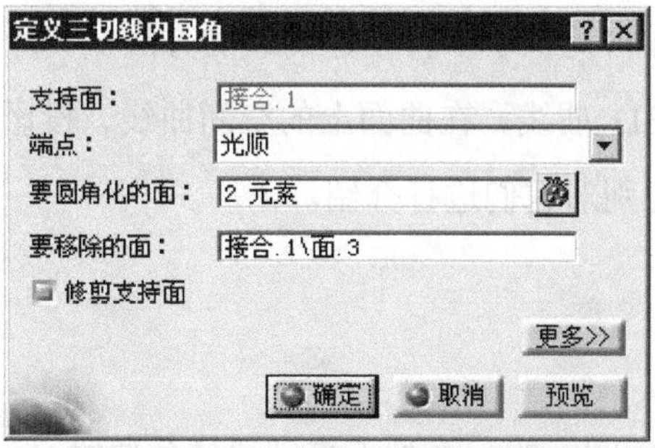

图 6.6.2 “定义三切线内圆角”对话框

Step3. 定义要圆角的面。选取图 6.6.1a 所示的模型表面 1 和模型表面 2 为要圆角的面。

Step4. 选择要移除的面。选择模型表面 3 为要移除的面。

Step5. 单击对话框中的 确定 按钮，完成三切线内圆角的创建。

第 7 章 自由曲面设计

本章提要 “自由曲面设计”工作台是CATIA曲面设计的重要部分。该工作台可以创建完全非参数的曲线和曲面，并提供强大的控制编辑工具。本章主要包括以下内容:

- 曲线的创建。
- 曲面的创建。
- 曲线与曲面操作。
- 曲面修改与变形。

7.1 概　述

用户可通过 开始 → 形状 → 自由样式 命令，进入到“自由曲面设计”工作台。与“创成式外形设计”工作台相比，“自由曲面设计”工作台可以创建出更为复杂的曲面。该工作台还提供了一系列的辅助设计工具，可以使设计者方便、高效地创建和修改曲线或曲面。此外，为了确保创建的曲线、曲面的质量，该工作台还提供了大量的曲线和曲面的分析工具，以便实时地检查曲线和曲面的质量。

7.2 曲线的创建

7.2.1 概述

“自由曲面设计”工作台提供了多种创建曲线的方法，其操作与“创成式外形设计”工作台基本相似，方法有 3D 曲线、在曲面上的空间曲线、投影曲线、桥接曲线、样式圆角和匹配曲线等。下面将分别对它们进行介绍。

7.2.2 3D 曲线

3D 曲线命令可以通过空间上的一系列点来创建样条曲线。

Step1. 新建文件。选择下拉菜单 开始 → 形状 → 自由样式 命令，系统弹出“新建零件”对话框，在 输入零件名称 文本框中输入文件名为 Throughpoints，单击 确定 按钮，进入自由曲面设计工作台。

Step2. 调整视图方位。在“视图”工具栏的下拉列表中选择“正视图”选项。

Step3. 设置活动平面。单击图 7.2.1 所示的“工具仪表盘”工具栏中的按钮，调出图 7.2.2 所示的“快速确定指南针方向”工具栏，并按下按钮。

图 7.2.1 “工具仪表盘”工具栏

图 7.2.2 “快速确定指南针方向”工具栏

说明：

- 3D 曲线的默认位置在当前的活动平面上，活动平面的方向由指南针的方向确定，在自由曲面模块中，指南针起很重要的参考作用，在绘制曲线，创建和编辑曲线时，都要注意指南针的方位。
- 绘制 3D 曲线时，一般是先将模型视图调整到正投影的状态（Step2），然后设置活动平面为正投影平面（或与其平行），在 Step2 与 Step3 的操作过程中，指南针的变化如图 7.2.3 所示。
- 使用快捷键 F5 可以快速切换活动平面。

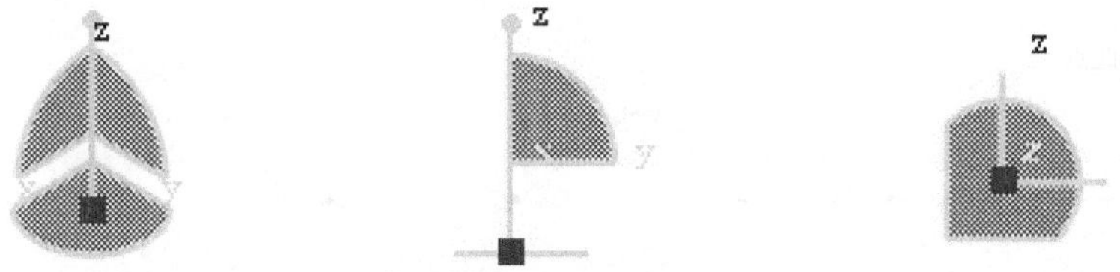

图 7.2.3 指南针的变化

Step4. 选择命令。选择下拉菜单 插入 → Curve Creation ▸ → 3D Curve... 命令，系统弹出图 7.2.4 所示的“3D 曲线”对话框。

Step5. 定义类型。在“3D 曲线”对话框的 创建类型 下拉列表中选择 通过点 选项。

Step6. 定义参考点。依次在图形区图 7.2.5 所示的点 1、点 2、点 3 和点 4 位置处单击鼠标绘制曲线。

- **说明：**在创建曲线时，用户可以通过“快速确定指南针方向”工具栏来确定点的位置。把鼠标指针放到新添加点上，在该点处会出现图 7.2.6 所示的方向控制器。用户可以通过拖动此方向控制器改变添加点的位置。

Step7. 单击 确定 按钮，此时曲线如图 7.2.5 所示。

Step8. 编辑曲线。

（1）调整视图方位。在“视图”工具栏的下拉列表中选择“俯视图”选项。

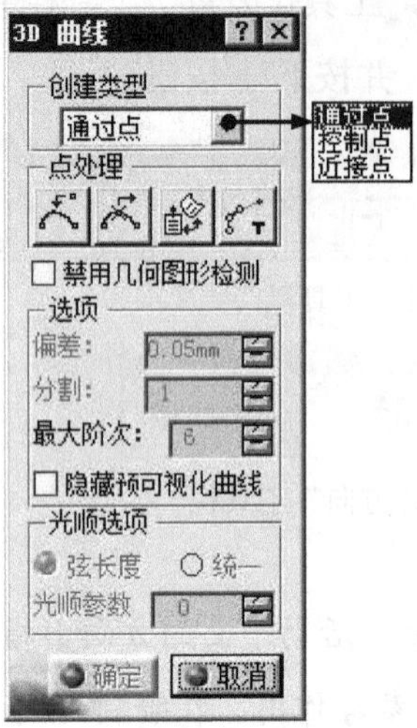

图 7.2.4　“3D 曲线”对话框

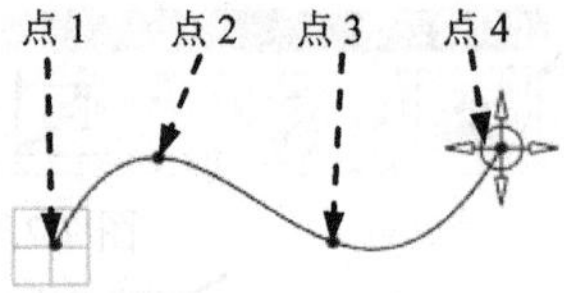

图 7.2.5　3D 曲线

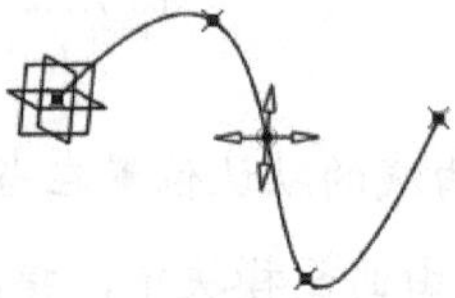

图 7.2.6　方向控制器

（2）设置活动平面。单击“工具仪表盘”工具栏中的按钮，调出“快速确定指南针方向”工具栏，并按下按钮。

（3）双击图形区中的曲线，拖动图 7.2.7 所示的控制点至图 7.2.8 所示的位置。

Step9. 单击 确定 按钮，此时曲线如图 7.2.9 所示。

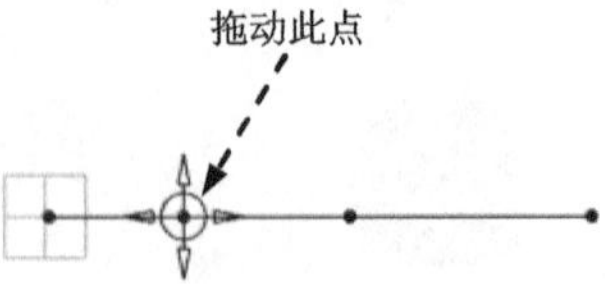

图 7.2.7　拖动控制点

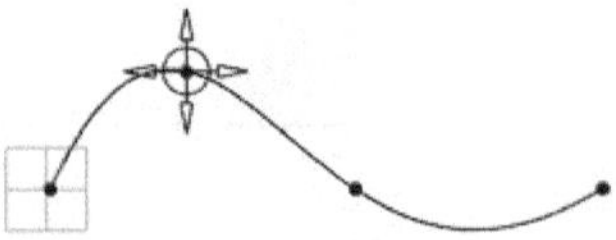

图 7.2.8　拖移结果

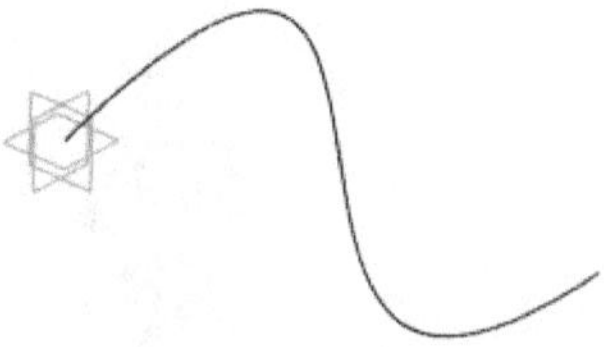

图 7.2.9　3D 曲线

图 7.2.4 所示“3D 曲线”对话框中部分选项的说明如下。

- 创建类型 下拉列表：用于设置创建 3D 曲线的类型，其包括 通过点 选项、控制点 选项和 近接点 选项。
  - ☑ 通过点 选项：选择的点作为样条曲线的通过点。
  - ☑ 控制点 选项：选择的点作为样条曲线控制多边形的顶点，如图 7.2.10 所示。
  - ☑ 近接点 选项：通过设置曲线与选择点之间的最大偏差和阶次来绘制样条，如图 7.2.11 所示。

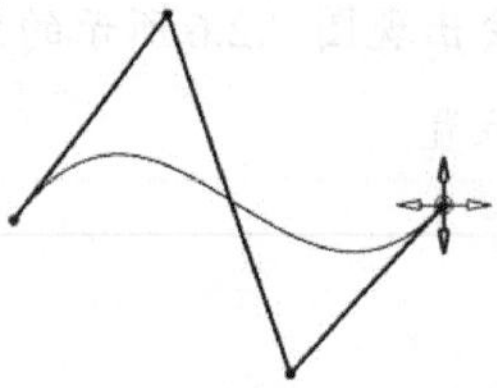

图 7.2.10　“控制点”曲线

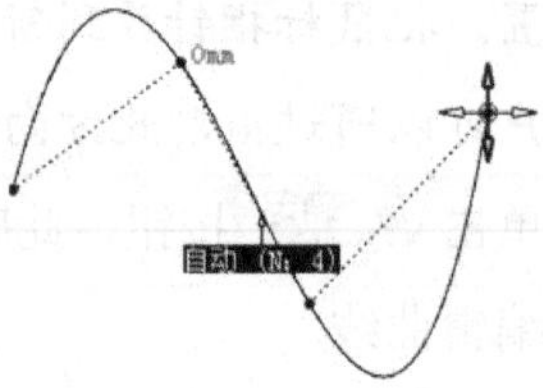

图 7.2.11　“近接点”曲线

- 点处理区域：用于编辑曲线，其包括按钮、按钮和按钮。
 - ☑ 按钮：用于在两个现有点之间添加新点。
 - ☑ 按钮：用于移除现有点。
 - ☑ 按钮：用于给现有点添加约束或者释放现有点的约束。

- ☐ 禁用几何图形检测复选框：当取消选中此复选框时，允许用户在当前平面创建点（即某些几何图形处于鼠标下）。使用"控制（CONTROL）"键，在当前平面中对几何图形上检测到的点进行投影。

- 选项区域：用于设置使用接近点创建样条曲线的参数，其包括偏差：文本框、分割：文本框、最大阶次：文本框和隐藏预可视化曲线复选框。
 - ☑ 偏差：文本框：用于设置曲线与选择点之间的最大偏差。
 - ☑ 分割：文本框：用于设置最大弧限制数。
 - ☑ 最大阶次：文本框：用于设置曲线的最大阶次。
 - ☑ ☐ 隐藏预可视化曲线复选框：当选中此复选框时，可以隐藏正在创建的预可视化曲线。

- 光顺选项区域：用于参数化曲线，其包括 ◉ 弦长度单选项、◉ 统一单选项和光顺参数文本框。此区域仅在创建类型为近接点时，处于可用状态。
 - ☑ ◉ 弦长度单选项：用于设置使用弧长度的方式光顺曲线。
 - ☑ ◉ 统一单选项：用于设置使用均匀的方式光顺曲线。
 - ☑ 光顺参数文本框：用于定义光顺参数值。

说明：

- 若创建曲线时，欲给创建的曲线添加切线或曲率约束，需在曲线的控制点上右击，然后在弹出的快捷菜单中利用相应的命令给曲线添加相应的约束。双击创建成功的 3D 曲线，添加图 7.2.12 所示的控制点。然后在新添加的控制点上右击，系统弹出图 7.2.13 所示的快捷菜单。用户可以使用强加切线命令和强加曲率命令给曲线添加约束。这里主要说明强加切线命令，因为强加曲率命令和强加切线命令基本相似，所以在此就不再赘述。在弹出的快捷菜单中选择强加切线命令后，在新添加点的位置处会出现图 7.2.14 所示的切线矢量箭头和两个圆弧。用户可以拖动两个圆弧上的高亮处来改变切线的方向，也可以在其切线矢量的箭头上右击，然后在弹出的快捷菜单中选择编辑命令，系统弹出图 7.2.15 所示的"向量调谐器"对话框，通过指定"向量调谐器"对话框中的参数改变切线方向和切线矢量长度。

- 在使用控制点选项创建 3D 曲线时，用户可以给两个曲线的交点添加连续性的约束。在图 7.2.16 所示的点位置右击，在弹出的图 7.2.17 所示的快捷菜单中选择所需的连续性。

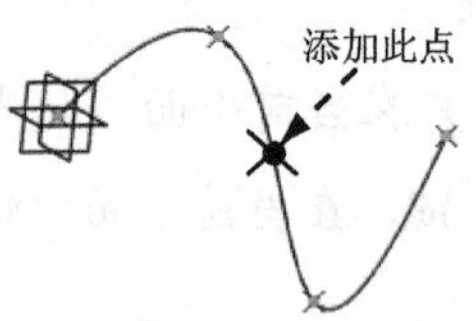

图 7.2.12　添加控制点

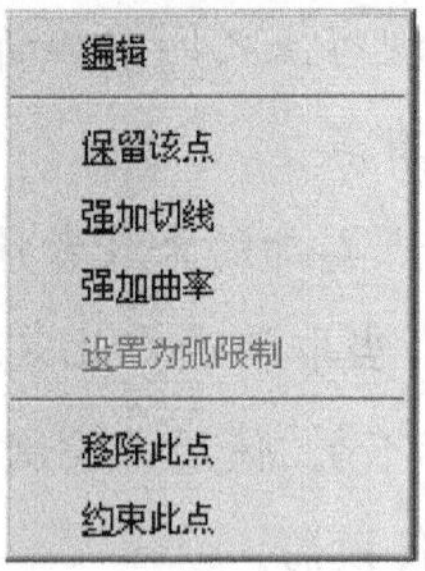

图 7.2.13　快捷菜单（一）

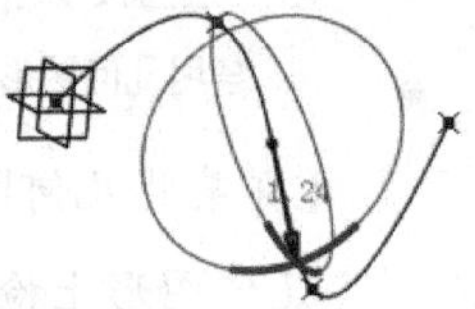

图 7.2.14　强加切线

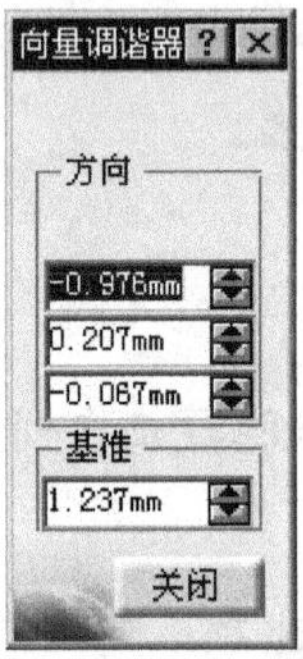

图 7.2.15　“向量调谐器”对话框

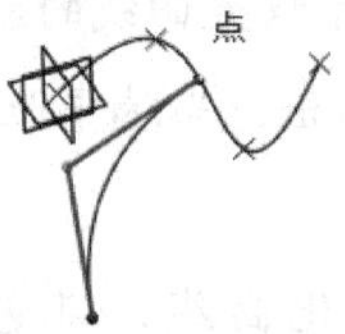

图 7.2.16　设置连续性

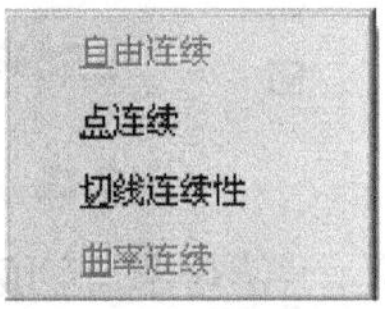

图 7.2.17　快捷菜单（二）

7.2.3　在曲面上的空间曲线

在“自由曲面设计”工作台下也能在现有的曲面上创建空间曲线。下面通过图 7.2.18 所示的例子说明在曲面上创建空间曲线的操作过程。

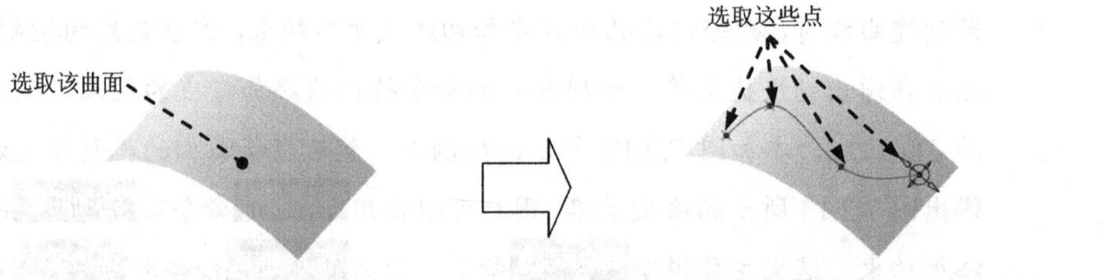

a）创建前　　b）创建后

图 7.2.18　在曲面上创建空间曲线

Step1. 打开文件 D:\cat2016.8\work\ch07.02.03\Curves on a surface.CATPart。

Step2. 选择命令。选择下拉菜单 插入 → Curve Creation ▸ → Curve on Surface... 命令，系统弹出图 7.2.19 所示的“选项”对话框。

图 7.2.19 所示“选项”对话框中各选项的说明如下。

创建类型 下拉列表：用于选择在曲面上创建空间曲线的类型，其包括 逐点 选项和 等参数 选项。

☑ 逐点选项：该选项为使用在曲面上指定每一点的方式创建空间曲线。

☑ 等参数选项：该选项为在曲面上指定以一点的方式创建等参数空间曲线。

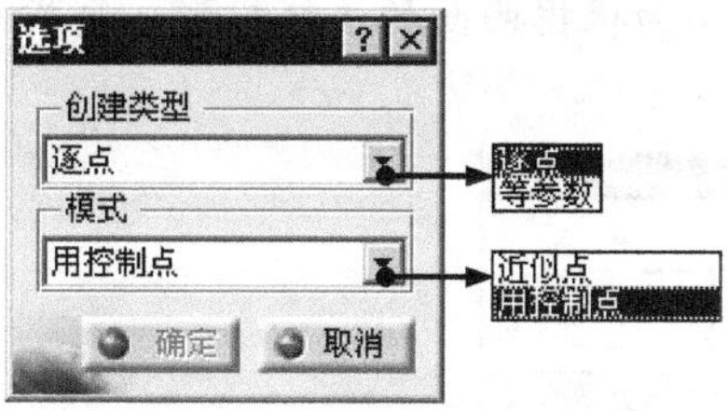

图 7.2.19　“选项”对话框

说明：使用此命令创建出来的等参数曲线是无关联的。

Step3. 定义类型。在“选项”对话框的创建类型下拉列表中选择逐点选项，在模式下拉列表中选择通过点选项。

Step4. 选取创建空间曲线的约束面。在图形区选取图 7.2.18a 所示的曲面为约束面。

Step5. 选取参考点。在图形区从左至右依次选取图 7.2.18b 所示的点。

Step6. 单击确定按钮，完成在曲面上空间曲线的创建。

7.2.4　投影曲线

使用Project Curve...命令可以创建投影曲线。下面通过图 7.2.20 所示的例子说明在曲面上创建投影曲线的操作过程。

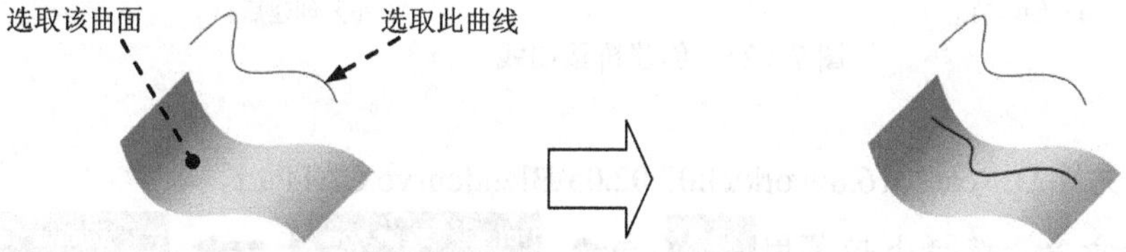

a）创建前　　b）创建后

图 7.2.20　创建投影曲线

Step1. 打开文件 D:\cat2016.8\work\ch07.02.04\ProjectCurv.CATPart。

Step2. 选择命令。选择下拉菜单插入 → Curve Creation ▸ → Project Curve... 命令，系统弹出图 7.2.21 所示的“投影”对话框。

图 7.2.21 所示“投影”对话框中部分选项的说明如下。

- 按钮：该按钮是根据曲面的法线投影。
- 按钮：该按钮是沿指南针给出的方向投影。

Step3. 定义投影曲线和投影面。选取图 7.2.20a 所示的曲线为投影曲线，然后按住 Ctrl 键并选取图 7.2.20a 所示的曲面为投影面。

Step4. 定义投影方向。单击“工具仪表盘”工具栏中的按钮，调出“快速确定指南针方向”工具栏，并按下按钮。

说明：若定义的投影方向为根据曲面的法线投影，则投影曲线如图 7.2.22 所示。

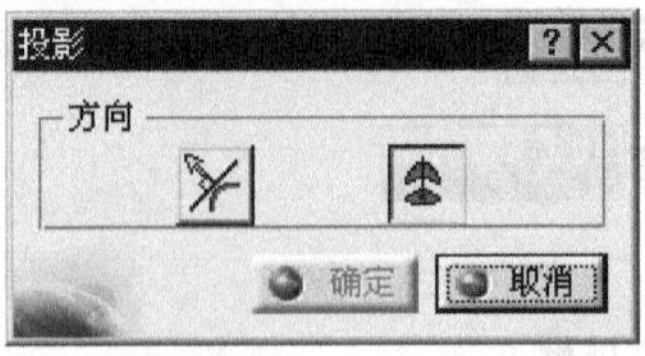

图 7.2.21 “投影”对话框

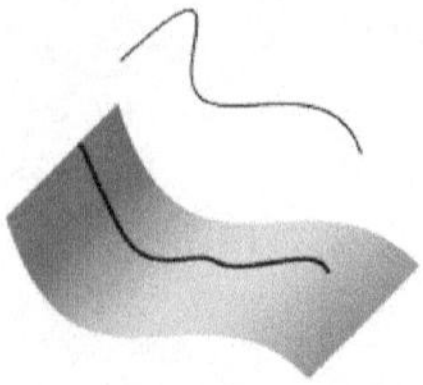

图 7.2.22 根据曲面的法线投影

Step5. 单击 确定 按钮，完成投影曲线的创建，如图 7.2.20b 所示。

7.2.5 桥接曲线

使用 Blend Curve 命令可以创建桥接曲线，即通过创建第三条曲线把两条不相连的曲线连接起来。下面通过图 7.2.23 所示的例子说明桥接曲线的操作过程。

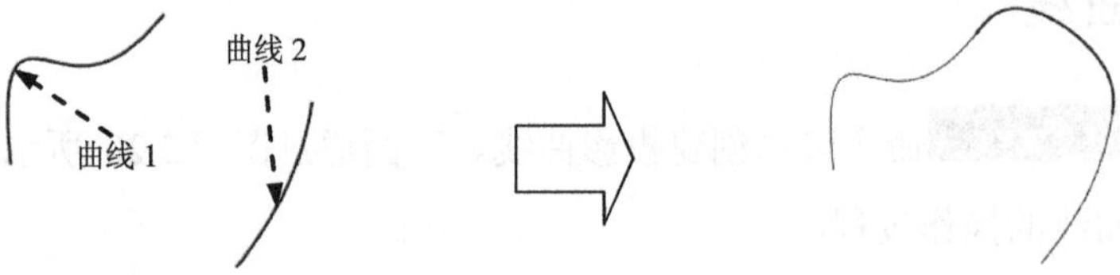

图 7.2.23 创建桥接曲线

Step1. 打开文件 D:\cat2016.8\work\ch07.02.05\Blendcurve.CATPart。

Step2. 选择命令。选择下拉菜单 插入 → Curve Creation ▸ → Blend Curve 命令，系统弹出“桥接曲线”对话框。

Step3. 定义桥接曲线。选择图 7.2.23a 所示的曲线 1 为要桥接的一条曲线，然后选择曲线 2 为要桥接的另一条曲线，此时在绘图区出现图 7.2.24 所示的两个桥接点的连续性显示。

说明：

- 在选择曲线时若靠近曲线某一个端点，则创建的桥接点就会显示在选择靠近曲线的端点处。
- 用户可以通过拖动图 7.2.24 所示的控制器改变桥接点的位置，也可在桥接点处右击，然后选择 编辑 命令，在弹出的图 7.2.25 所示的“调谐器”对话框中设置桥接点的相关参数来改变桥接点的位置。

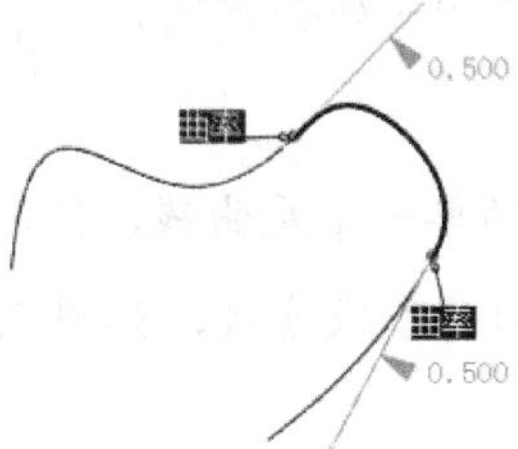

图 7.2.24 连续性

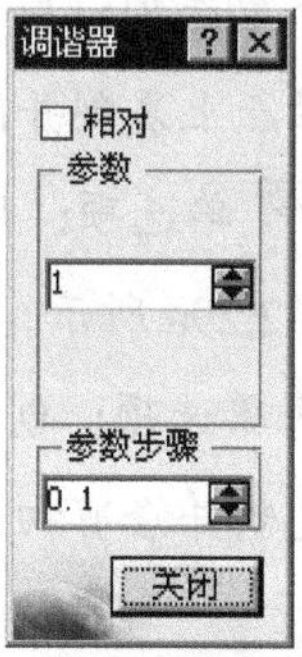

图 7.2.25 “调谐器”对话框

- 单击图 7.2.26 所示的“工具仪表盘”工具栏中的各控标按钮，可以显示控标。

图 7.2.26 “工具仪表盘”工具栏

Step4. 设置桥接点的连续性。在上部的“曲率”两个字上右击，在系统弹出的快捷菜单中选择切线连续命令，将上部桥接点的曲率连续改为相切连续。同样的方法，把下部的曲率连续改为相切连续。

Step5. 单击 确定 按钮，完成桥接曲线的创建，如图 7.2.23b 所示。

7.2.6 样式圆角

使用 Styling Corner... 命令可以创建样式圆角，即在两条相交直线的交点处创建圆角。下面通过图 7.2.27 所示的例子说明创建样式圆角的操作过程。

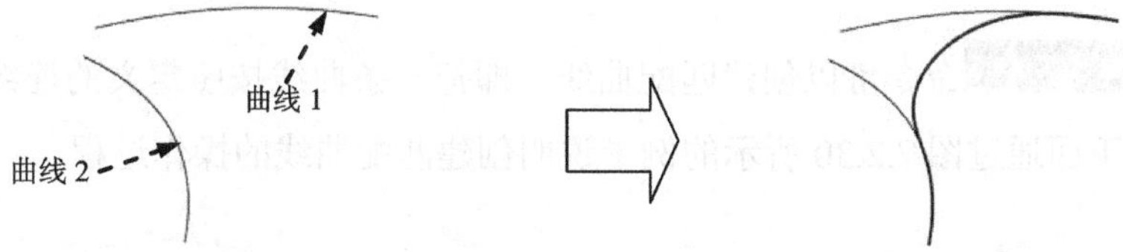

a）创建前　　b）创建后

图 7.2.27 样式圆角

Step1. 打开文件 D:\cat2016.8\work\ch07.02.06\StylingCorner.CATPart。

Step2. 选择命令。选择下拉菜单 插入 → Curve Creation ▸ → Styling Corner... 命令，系统弹出图 7.2.28 所示的“样式圆角”对话框。

图 7.2.28 所示“样式圆角”对话框中部分选项的说明如下。

- 半径 文本框：用于定义样式圆角的半径值。
- 单个分割 复选框：强制限定圆角曲线的控制点数量，从而获得单一弧曲线。

- 修剪 单选项：用于设置创建限制在初始曲线端点的三单元曲线，使用圆角线段在接触点上复制并修剪初始曲线。
- 不修剪 单选项：用于设置仅在初始曲线的相交处创建圆角，未修改初始曲线，如图 7.2.29a 所示。
- 连接 单选项：创建限制在初始曲线端点的单一单元曲线，使用圆角线段在接触点上复制并修剪初始曲线，且初始曲线与圆角线段连接，如图 7.2.29b 所示。

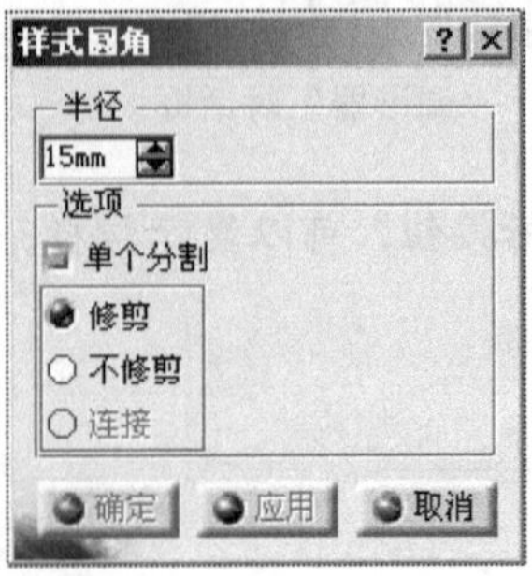

图 7.2.28 “样式圆角”对话框

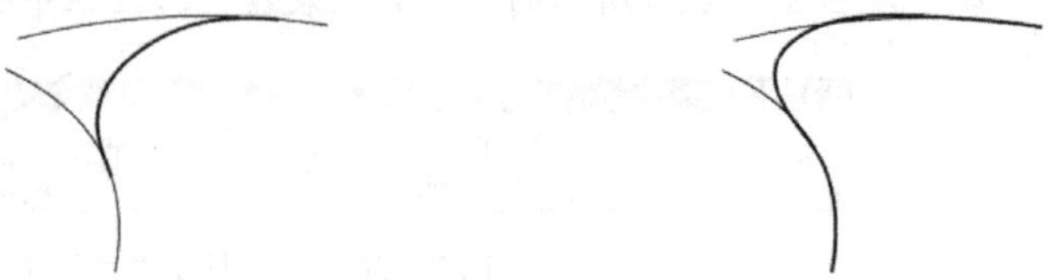

a）无修剪　　b）连接

图 7.2.29 无修剪和连接

Step3. 定义样式圆角边。在绘图区选取图 7.2.27a 所示的曲线 1 和曲线 2 为样式圆角的两条边线。

Step4. 设置样式圆角的参数。在 半径 文本框中输入值 10，选中 单个分割 复选框和 修剪 单选项。

Step5. 单击 应用 按钮，再单击 确定 按钮，完成样式圆角的创建，如图 7.2.27b 所示。

7.2.7 匹配曲线

使用 Match Curve 命令可以创建匹配曲线，即把一条曲线按照定义的连续性连接到另一条曲线上。下面通过图 7.2.30 所示的例子说明创建匹配曲线的操作过程。

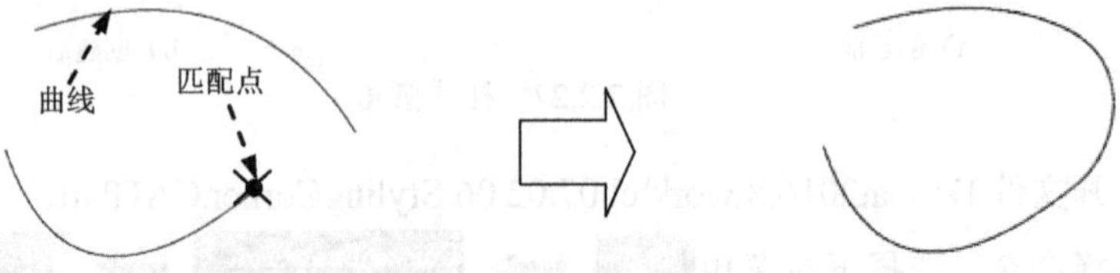

a）创建前　　b）创建后

图 7.2.30 匹配曲线

Step1. 打开文件 D:\cat2016.8\work\ch07.02.07\MatchCurve.CATPart。

Step2. 选择命令。选择下拉菜单 插入 → Curve Creation ▸ → Match Curve 命令，系统弹出图 7.2.31 所示的“匹配曲线”对话框。

图 7.2.31 所示“匹配曲线”对话框中部分选项的说明如下。

- 投影终点 复选框：选中此复选框，系统会将初始曲线的终点沿初始曲线匹配点的切线方向直线最小距离投影到目标曲线上。
- 快速分析 复选框：用于诊断匹配点的质量，其包括距离、连续角度和曲率差异。

Step3. 定义初始曲线和匹配点。选取图 7.2.30a 所示的曲线为初始曲线，然后选取图 7.2.29a 所示的匹配点，此时在绘图区显示匹配曲线的预览曲线，如图 7.2.32 所示。

Step4. 调整匹配曲线的约束。在“点”字上右击，在系统弹出的快捷菜单中选择 切线连续 命令。

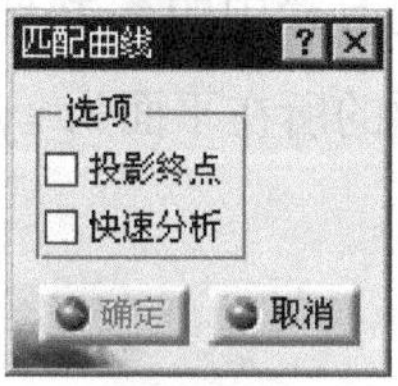

图 7.2.31　“匹配曲线”对话框

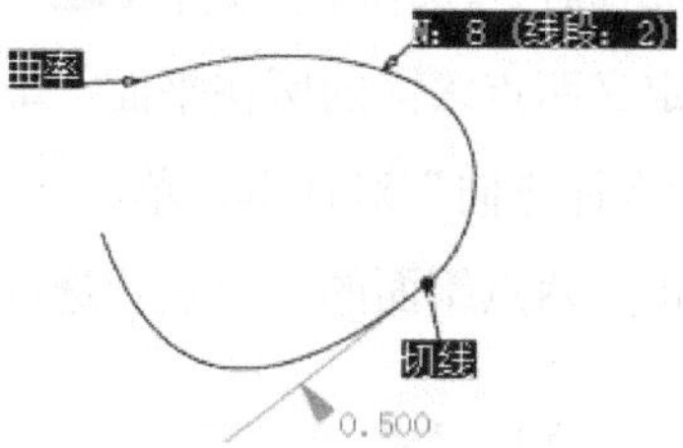

图 7.2.32　匹配曲线过约束

Step5. 单击 确定 按钮，完成匹配曲线的创建，如图 7.2.30b 所示。

说明：

- 在选取曲线时要靠近匹配点的一侧。
- 同时在预览曲线下出现个小叹号，说明匹配曲线受到过多的约束，可以在匹配曲线的阶次上右击，在系统弹出的快捷菜单中选择较高的匹配曲线的阶次。
- 如果在创建匹配曲线时，没有显示匹配曲线的连续、接触点、张度和阶次，用户可以通过单击“工具仪表盘”工具栏中的“连续”按钮、“接触点”按钮、“张度” 按钮和“阶次”按钮显示相关参数。如果想修改这些参数，在绘图区相应的参数上右击，在弹出的快捷菜单中选择相应的命令即可。

7.3　曲面的创建

7.3.1　概述

与“创成式外形设计”工作台相比，“自由曲面设计”工作台提供了多种更为自由的建立曲面的方法，并且建立的曲面可以进行参数的编辑。其方法有缀面、在现有曲面上创建曲面、拉伸曲面、旋转曲面、偏移曲面、外插延伸、桥接、样式圆角、填充、自由填充、网状曲面和扫掠曲面。

7.3.2 缀面

使用 Planar Patch 命令、 3-Point Patch 命令和 4-Point Patch 命令都可以通过已知点来创建曲面，主要有两点缀面、3 点缀面和 4 点缀面。下面分别介绍它们的创建操作过程。

1. 两点缀面

Step1. 打开文件 D:\cat2016.8\work\ch07.03.02\Planar_Patch.CATPart。

Step2. 选择命令。选择下拉菜单 插入 ➡ Surface Creation ▸ ➡ Planar Patch 命令。

Step3. 定义两点缀面的所在平面。单击“工具仪表盘”工具栏中的 按钮，系统弹出“快速确定指南针方向”对话框，单击 按钮（设置两点缀面的所在平面为 xy 平面）。

Step4. 指定两点缀面的一个点。选取图 7.3.1a 所示的点 1。

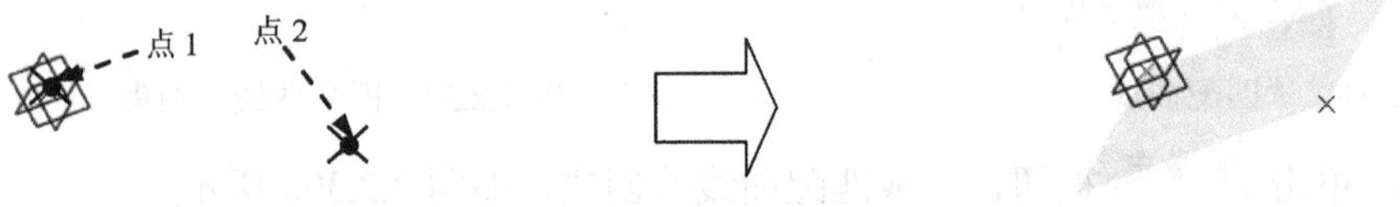

a）创建前　　b）创建后

图 7.3.1　两点缀面

Step5. 设置两点缀面的阶次。在图 7.3.2 所示的位置右击，在弹出的快捷菜单中选择 编辑阶次 命令，同时系统弹出图 7.3.3 所示的“阶次”对话框。在“阶次”对话框的 U 文本框和 V 文本框中均输入值 5，单击 关闭 按钮，完成阶次的设置。

说明：

- 使用 Ctrl 键，创建的缀面将以对应于最初单击处的点为中心，如图 7.3.4 所示；否则，默认情况下，该点对应于一个角或该缀面。

图 7.3.2　设置阶次

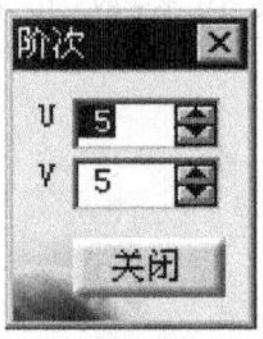

图 7.3.3　“阶次”对话框

- 如果用户想定义两点缀面的尺寸，可以在图 7.3.2 所示的位置右击，在弹出的快捷菜单中选择 编辑尺寸 命令，同时系统弹出图 7.3.5 所示的“尺寸”对话框。通过该对话框可以设置两点缀面的尺寸。

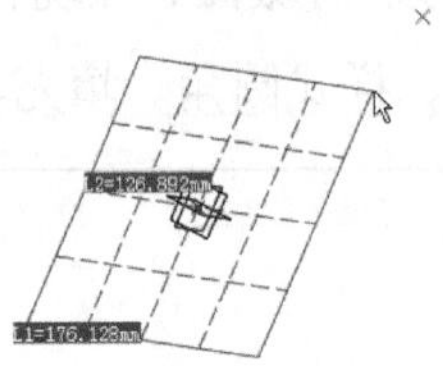

图 7.3.4　使用 Ctrl 键之后

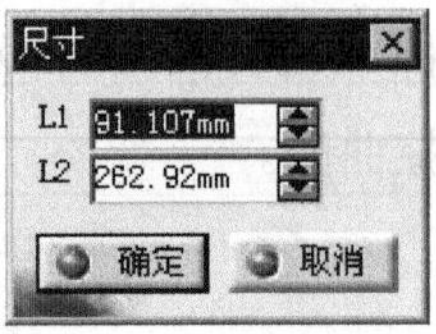

图 7.3.5　“尺寸”对话框

Step6. 指定两点缀面的另一个点。选取图 7.3.1a 所示的点 2，完成图 7.3.1b 所示的两点缀面的创建。

2. 3 点缀面

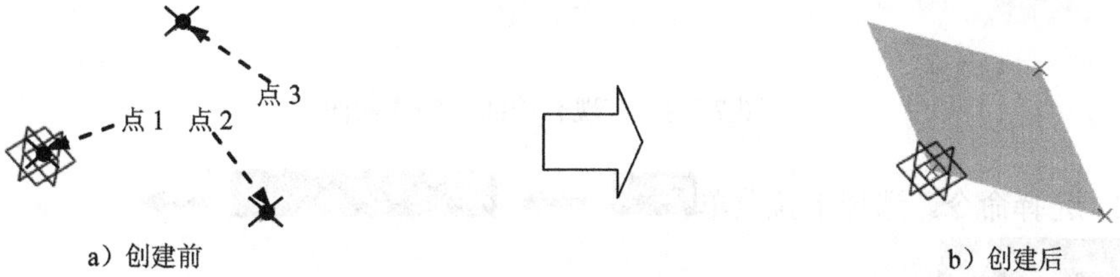

图 7.3.6　3 点缀面

Step1. 打开文件 D:\cat2016.8\work\ch07.03.02\3-point_Patch.CATPart。

Step2. 选择命令。选择下拉菜单 插入 → Surface Creation ▸ → 3-Point Patch 命令。

Step3. 指定 3 点缀面的点。依次选取图 7.3.6a 所示的点 1、点 2 和点 3，完成图 7.3.6b 所示的 3 点缀面的创建。

3. 4 点缀面

Step1. 打开文件 D:\cat2016.8\work\ch07.03.02\4-point_Patch.CATPart。

Step2. 选择命令。选择下拉菜单 插入 → Surface Creation ▸ → 4-Point Patch 命令。

Step3. 指定 4 点缀面的点。依次选取图 7.3.7a 所示的点 1、点 2、点 3 和点 4，完成图 7.3.7b 所示的 4 点缀面的创建。

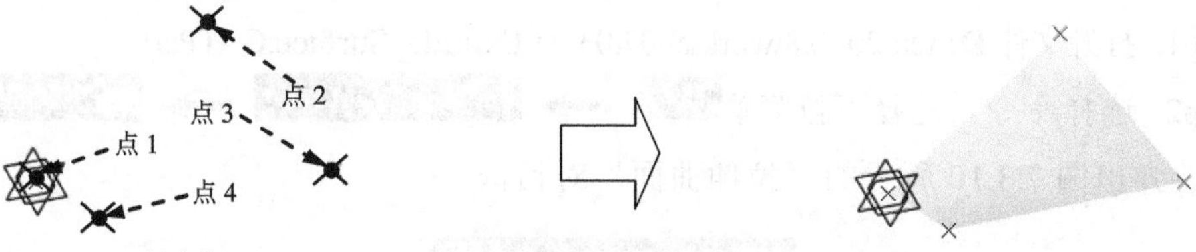

图 7.3.7　4 点缀面

7.3.3　在现有曲面上创建曲面

使用 Geometry Extraction 命令可以在现有的曲面上创建新的曲面。下面通过图 7.3.8 所示的实例，说明在现有曲面上创建曲面的操作过程。

Step1. 打开文件 D:\cat2016.8\work\ch07.03.03\Geometry_Extraction.CATPart。

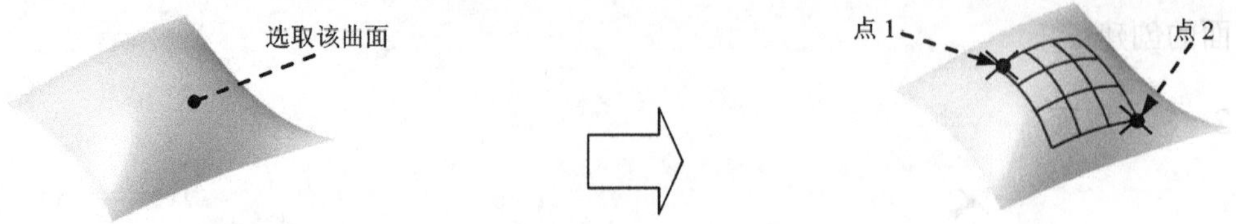

a）创建前　　　　b）创建后

图 7.3.8　在现有曲面上创建曲面

Step2. 选择命令。选择下拉菜单 插入 → Surface Creation ▸ → Geometry Extraction 命令。

Step3. 选择现有的曲面。在绘图区选取图 7.3.8a 所示的曲面。

Step4. 定义创建曲面的范围。在绘图区分别选取图 7.3.8b 所示点 1 和点 2，完成曲面的创建，结果如图 7.3.8b 所示。

7.3.4　拉伸曲面

使用 拉伸曲面... 命令可以选择已知的曲线创建拉伸曲面。下面通过图 7.3.9 所示的实例，说明创建拉伸曲面的操作过程。

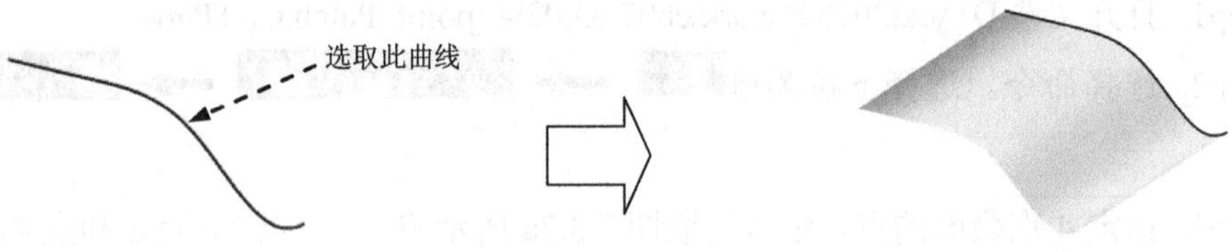

a）创建前　　　　b）创建后

图 7.3.9　拉伸曲面

Step1. 打开文件 D:\cat2016.8\work\ch07.03.04\Extrude_Surface.CATPart。

Step2. 选择命令。选择下拉菜单 插入 → Surface Creation ▸ → 拉伸曲面... 命令，系统弹出图 7.3.10 所示的"拉伸曲面"对话框。

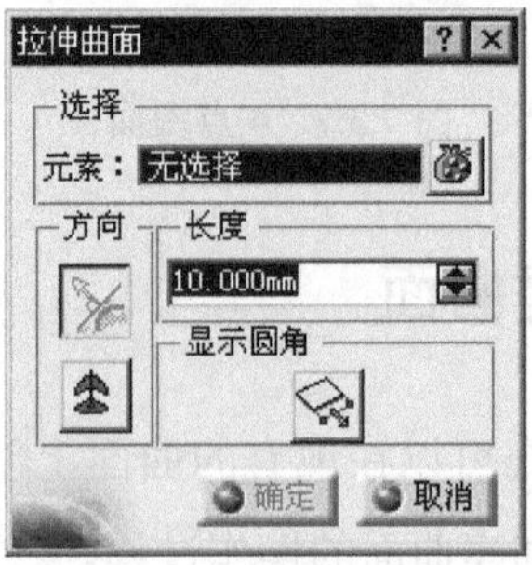

图 7.3.10　"拉伸曲面"对话框

图 7.3.10 所示"拉伸曲面"对话框中部分选项的说明如下。

- 按钮：该按钮是根据曲面的法线拉伸。
- 按钮：该按钮是沿指南针给出的方向拉伸。
- 长度 文本框：用于定义拉伸长度。
- 按钮：用于显示拉伸操纵器。

Step3. 定义拉伸类型和长度。在对话框中单击按钮；在 长度 文本框中输入值 100。

Step4. 定义拉伸方向。单击“工具仪表盘”工具栏中的按钮，系统弹出“快速确定指南针方向”对话框，单击按钮。

Step5. 定义拉伸曲线。在绘图区选取图 7.3.9a 所示的曲线为拉伸曲线。

Step6. 单击 确定 按钮，完成拉伸曲面的创建，如图 7.3.9b 所示。

7.3.5 旋转曲面

使用 Revolve... 命令可以选择已知的曲线和一个旋转轴创建旋转曲面。下面通过图 7.3.11 所示的实例，说明创建旋转曲面的操作过程。

a）创建前　　　　b）创建后

图 7.3.11　旋转曲面

Step1. 打开文件 D:\cat2016.8\work\ch07.03.05\Revolution_Surface.CATPart。

Step2. 选择命令。选择下拉菜单 插入 → Surface Creation ▸ → Revolve... 命令，系统弹出图 7.3.12 所示的“旋转曲面定义”对话框。

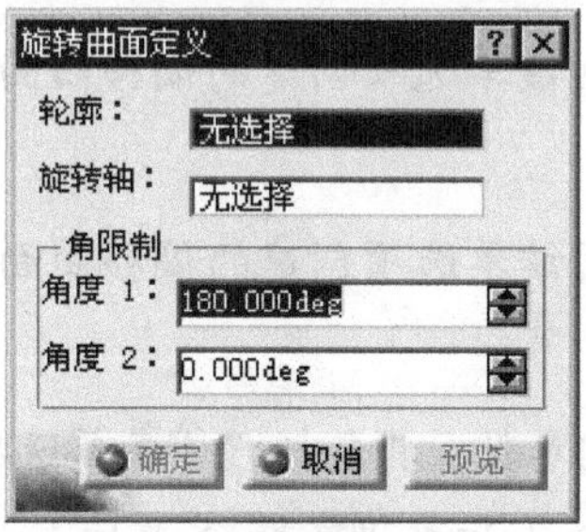

图 7.3.12　“旋转曲面定义”对话框

图 7.3.12 所示“旋转曲面定义”对话框中部分选项的说明如下。

- 轮廓： 文本框：单击此文本框，用户可以在绘图区指定旋转曲面的轮廓。
- 旋转轴： 文本框：单击此文本框，用户可以在绘图区指定旋转曲面的旋转轴。
- 角限制 区域：用于定义旋转曲面的起始角度和终止角度，其包括 角度 1： 文本框和 角度 2： 文本框。

☑ 角度1：文本框：用于定义旋转曲面的起始角度。

☑ 角度2：文本框：用于定义旋转曲面的终止角度。

Step3. 定义旋转曲面的轮廓。在绘图区选取图 7.3.11a 所示的曲线为旋转曲面的轮廓。

Step4. 定义旋转轴。在 旋转轴：文本框中右击，选择 Y 轴选项。

Step5. 定义旋转曲面的旋转角度。在 角度1：的文本框中输入值 180，在 角度2：的文本框中输入值 0。

Step6. 单击 ● 确定 按钮，完成旋转曲面的创建，如图 7.3.11b 所示。

7.3.6 偏移曲面

使用 🔼 Offset.. 命令可以通过偏移已知的曲面来创建新的曲面。下面通过图 7.3.13 所示的实例，说明创建偏移曲面的操作过程。

选取该曲面 偏移曲面

a）创建前 b）创建后

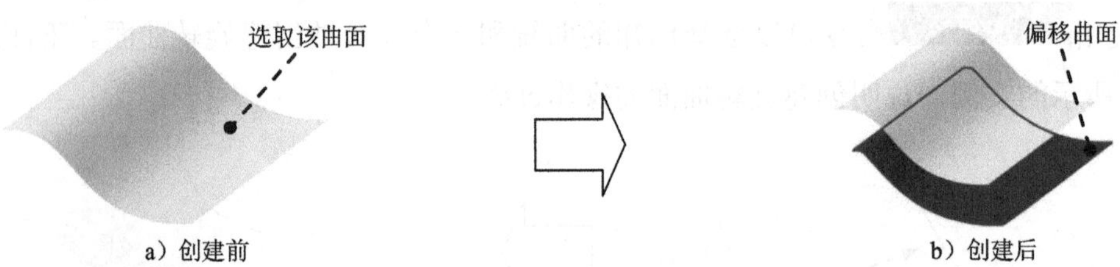

图 7.3.13 偏移曲面

Step1. 打开文件 D:\cat2016.8\work\ch07.03.06\Offset_Surface.CATPart。

Step2. 选择命令。选择下拉菜单 插入 ➡ Surface Creation ▶ ➡ 🔼 Offset... 命令，系统弹出图 7.3.14 所示的"偏移曲面"对话框。

图 7.3.14 所示"偏移曲面"对话框中部分选项的说明如下。

- 类型 区域：用于设置偏移曲面的创建类型，其包括 ● 简单 单选项和 ● 变量 单选项。

 ☑ ● 简单 单选项：使用该单选项创建的偏移曲面是偏移曲面上的所有点到初始曲面的距离均相等。

 ☑ ● 变量 单选项：使用该单选项创建的偏移曲面是由用户指定每个角的偏移距离。

- 限制 区域：用于设置限制参数，其包括 ● 公差 单选项、● 公差 单选项后的文本框、● 阶次 单选项、增量 U：文本框和 增量 V：文本框。

 ☑ ● 公差 单选项：用于设置使用公差限制偏移曲面。

 ☑ ● 阶次 单选项：用于设置使用阶次限制偏移曲面。

 ☑ 增量 U：文本框：用于定义 U 方向上的增量值。

 ☑ 增量 V：文本框：用于定义 V 方向上的增量值。

- 更多… 按钮：用于显示"偏移曲面"对话框中的其他参数。单击此按钮，"偏移曲面”对话框会变成图 7.3.15 所示。

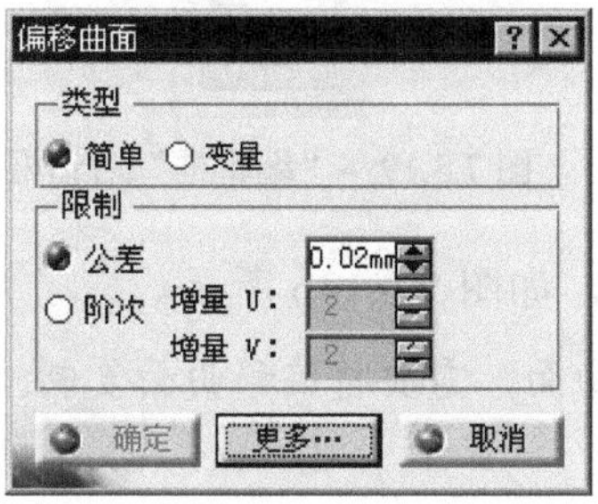

图 7.3.14 “偏移曲面”对话框（一）

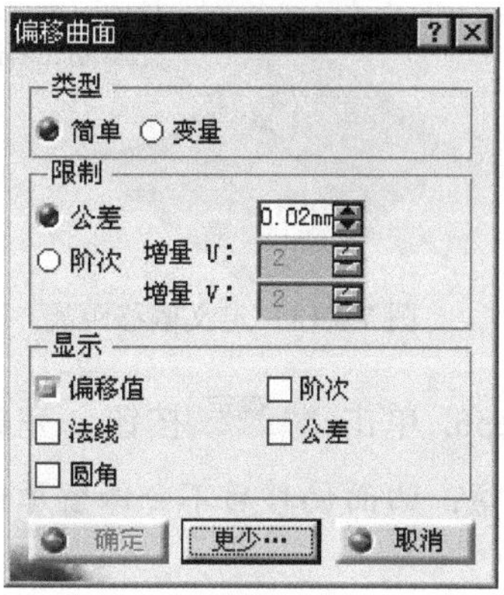

图 7.3.15 “偏移曲面”对话框（二）

图 7.3.15 所示“偏移曲面”对话框中的部分选项说明如下。

- 显示 区域：用于显示偏移曲面的相关参数，其包括 偏移值 复选框、 阶次 复选框、 法线 复选框、 公差 复选框和 圆角 复选框。
  - ☑ 偏移值 复选框：用于显示偏移曲面的偏移值。用户可以通过在偏移值上右击，在弹出的快捷菜单中选择 编辑 命令，之后在系统弹出的“编辑框”对话框中设置偏移值。
  - ☑ 阶次 复选框：用于显示偏移曲面的阶次。
  - ☑ 法线 复选框：用于显示偏移曲面的偏移方向。用户可以通过单击图 7.3.16 所示的偏移方向箭头改变其方向。
  - ☑ 公差 复选框：用于显示偏移曲面的公差。
  - ☑ 圆角 复选框：用于显示偏移曲面的四个角的顶点，如图 7.3.17 所示。在使用“变量”的方式创建偏移曲面时，此复选框处于默认选中状态，方便设置。

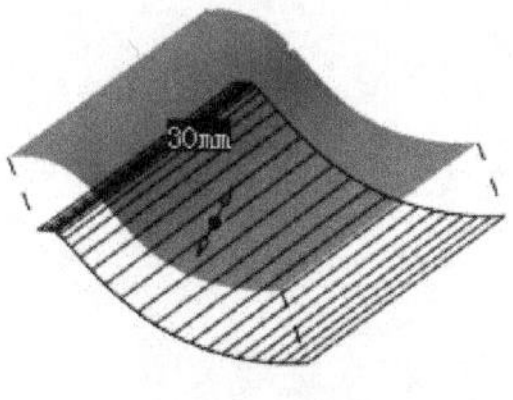

图 7.3.16 偏移方向

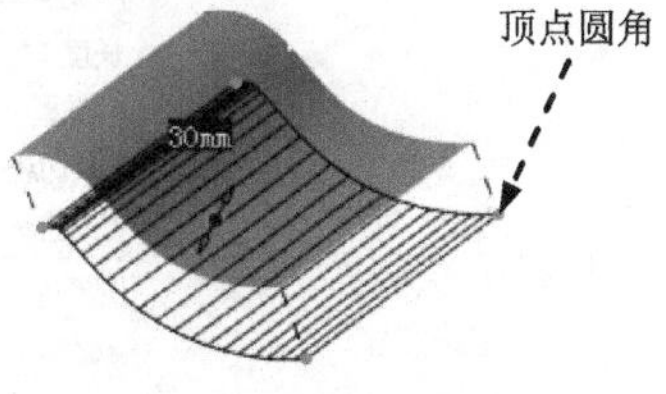

图 7.3.17 圆角

Step3. 定义偏移初始面。在绘图区选取图 7.3.13a 所示的曲面为偏移初始面。

Step4. 定义偏移距离。在图 7.3.18 所示的尺寸上右击，在弹出的快捷菜单中选择 编辑 命令，此时系统弹出图 7.3.19 所示的“编辑框”对话框。在“编辑框”对话框的 编辑值 文本框中输入值 30，单击 关闭 按钮。

Step5. 设置限制参数。在“偏移曲面”对话框的 限制 区域选中 阶次 单选项，并在增量 U: 文本框和 增量 V: 本框中分别输入值 2。

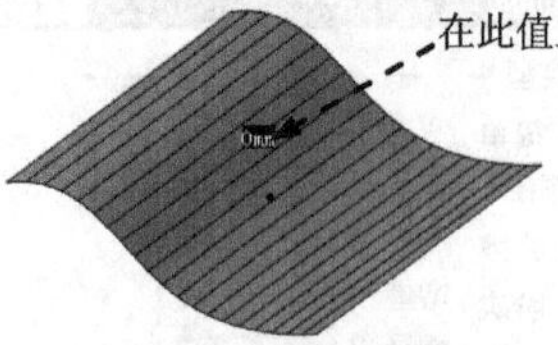

图 7.3.18　定义偏移距离

图 7.3.19　“编辑框”对话框

Step6. 单击 确定 按钮，完成偏移曲面的创建，如图 7.3.13b 所示。

注意：曲面偏移后不会保留原曲面，如要保留原曲面，需要将偏移曲面复制。

7.3.7　外插延伸

使用 Styling Extrapolate... 命令可以将曲线或曲面沿着与原始曲线或曲面的相切方向延伸。下面通过图 7.3.20 所示的实例，说明创建外插延伸曲面的操作过程。

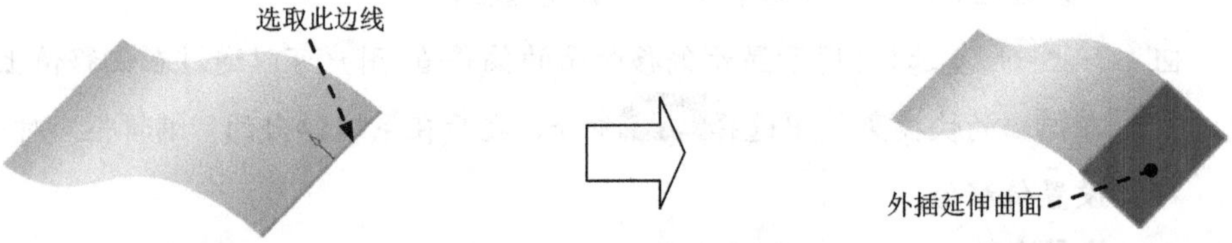

a）创建前　　b）创建后

图 7.3.20　外插延伸曲面

Step1. 打开文件 D:\cat2016.8\work\ch07.03.07\Styling_Extrapolate.CATPart。

Step2. 选择命令。选择下拉菜单 插入 → Surface Creation ▸ → Styling Extrapolate... 命令，系统弹出图 7.3.21 所示的“外插延伸”对话框。

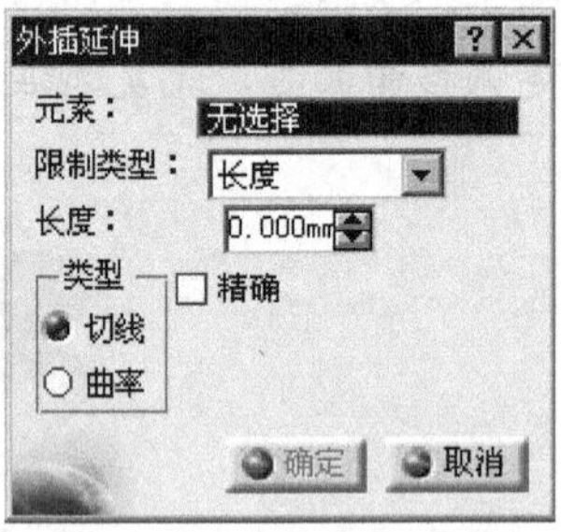

图 7.3.21　“外插延伸”对话框

图 7.3.21 所示“外插延伸”对话框中部分选项的说明如下。

- 类型 区域：用于设置外插延伸的类型，其包括 切线 单选项和 曲率 单选项。
  - ☑ 切线 单选项：使用该单选项是按照指定元素处的切线方向延伸。
  - ☑ 曲率 单选项：使用该单选项是按照指定元素处的曲率方向延伸。
- 长度: 文本框：用于定义外插延伸的长度值。

- 精确复选框：当选中此复选框时，外插延伸使用精确的延伸方式；反之，则使用粗糙的延伸方式。

Step3. 定义延伸边线。在绘图区选取图 7.3.20a 所示的边线为延伸边线。

Step4. 定义外插延伸的延伸类型。在对话框的类型区域选中切线单选项。

Step5. 定义外插延伸的长度值。在对话框的长度：文本框中输入值 50，然后按 Enter 键。

Step6. 单击确定按钮，完成外插延伸曲面的创建，如图 7.3.20b 所示。

7.3.8　桥接

使用Blend Surface...命令可以在两个不相交的已知曲面间创建桥接曲面。下面通过图 7.3.22 所示的实例，说明创建桥接曲面的操作过程。

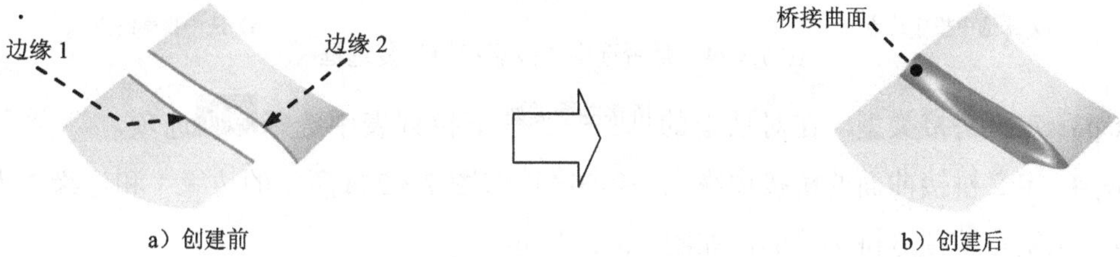

图 7.3.22　桥接曲面

Step1. 打开文件 D:\cat2016.8\work\ch07.03.08\Blend_Surfaces.CATPart。

Step2. 选择命令。选择下拉菜单插入 → Surface Creation → Blend Surface...命令，系统弹出图 7.3.23 所示的“桥接曲面”对话框。

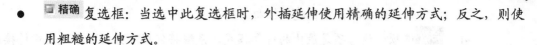

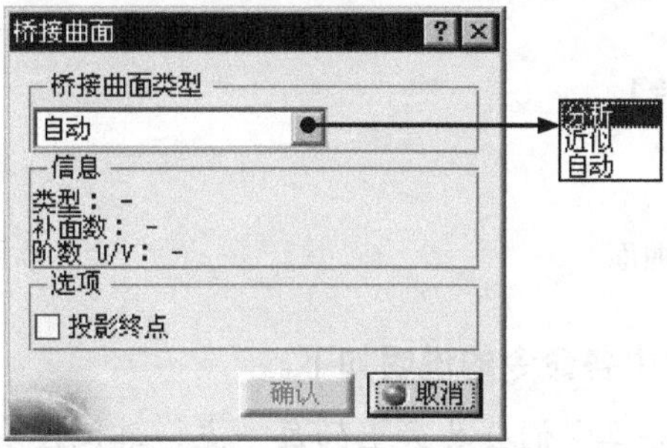

图 7.3.23　“桥接曲面”对话框

图 7.3.23 所示“桥接曲面”对话框中部分选项的说明如下。

- 桥接曲面类型下拉列表：用于选择桥接曲面的桥接类型，其包括分析选项、近似选项和自动选项。
  - ☑ 分析选项：该选项是当选取的桥接曲面边缘为等参的曲线时，系统将根据选取的面的控制点创建精确的桥接曲面。
  - ☑ 近似选项：该选项是无论选取的桥接曲面边缘为什么类型的曲线，系统将根据初始曲面的近似值创建桥接曲面。

☑ 自动选项：该选项是最优的计算模式，系统将使用“分析”方式创建桥接曲面，如果不能创建桥接曲面，则使用“近似”方式创建桥接曲面。

- 信息区域：用于显示桥接曲面的相关信息，其包括“类型”“补面数”“阶数”等相关信息的显示。
- 投影终点复选框：当选中此复选框时，系统会将先选取的较小边缘的终点投影到与之桥接的边缘上，如图 7.3.24 所示。相应文件存放于 D:\cat2016.8\work\ch07.03.08\Blend_Surfaces_01.CATPart。

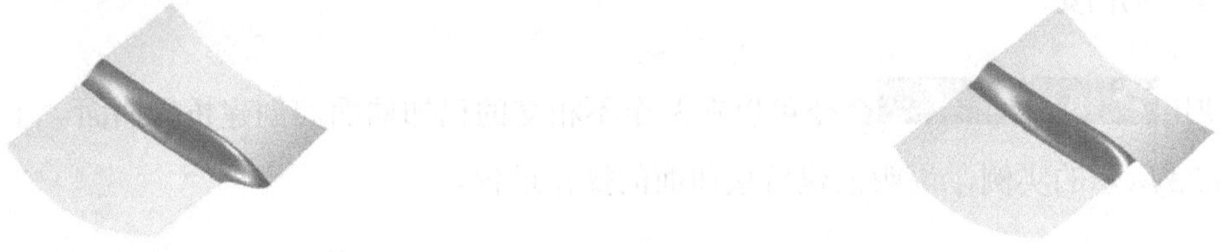

a）未选中投影终点　　b）选中投影终点

图 7.3.24　是否选中“投影终点”复选框

Step3. 定义桥接类型。在对话框的桥接曲面类型下拉列表中选择分析选项。

Step4. 定义桥接曲面的桥接边缘。在绘图区选取图 7.3.22a 所示的边缘 1 和边缘 2 为桥接边缘，系统自动预览桥接曲面，如图 7.3.25 所示。

Step5. 设置桥接边缘的连续性。右击图 7.3.25 所示的“点连续”，在弹出的图 7.3.26 所示的快捷菜单中选择曲率连续命令，用同样方法将另一处的“点连续”设置为“曲率连续”。

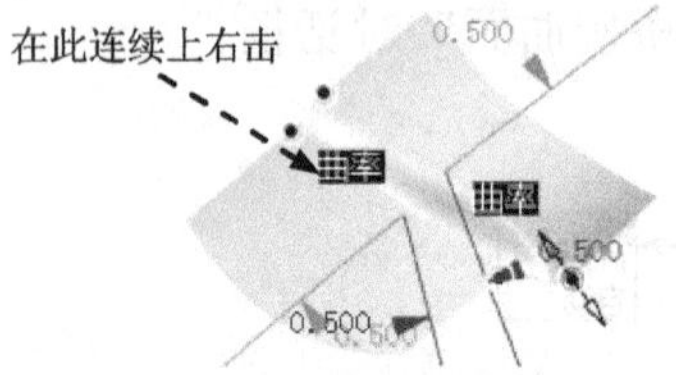

图 7.3.25　预览桥接曲面

图 7.3.26　快捷菜单

图 7.3.26 所示快捷菜单中各命令的说明如下。

- 点连续：连接曲面分享它们公共边上的每一点，其间没有间隙。
- 切线连续：连接曲面分享连接线上每一点的切平面。
- 比例：与切线连续相似，也是分享在连接线上每一点的切平面，但是从一点到另一点的纵向变化是平稳的。
- 曲率连续：连接曲面分享连接线上每一点的曲率和切平面。

Step6. 单击 确定 按钮，完成桥接曲面的创建，如图 7.3.24b 所示。

7.3.9 样式圆角

使用 FSS 样式圆角... 命令可以在两个相交的已知曲面间创建圆角曲面。下面通过图 7.3.27 所示的实例，说明创建圆角曲面的操作过程。

Step1. 打开文件 D:\cat2016.8\work\ch07.03.09\ACA_Fillet.CATPart。

Step2. 选择命令。选择下拉菜单 插入 → Surface Creation ▸ → FSS 样式圆角... 命令，系统弹出图 7.3.28 所示的“样式圆角”对话框（一）。

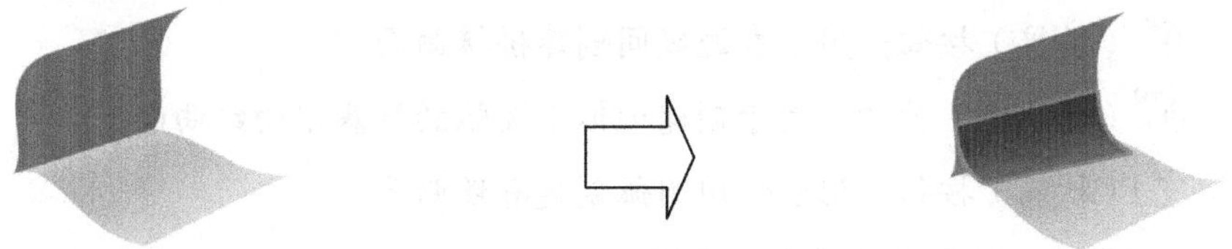

a）创建前　　b）创建后

图 7.3.27　圆角

Step3. 定义圆角对象。选取图 7.3.27a 所示的两个曲面为圆角对象。

Step4. 定义圆角曲面的连续性。在 连续 区域中单击 G2 选项。

Step5. 定义圆角曲面的阶次。单击 近似值 选项卡，“样式圆角”对话框变为图 7.3.29 所示的“样式圆角”对话框（二），在 轨迹方向的几何图形 区域的 最大阶次： 文本框中输入值 6。

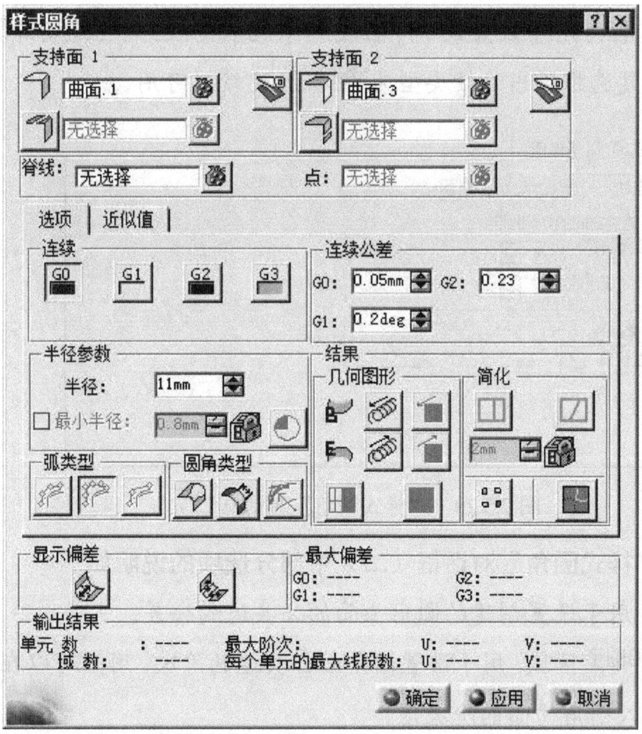

图 7.3.28　“样式圆角”对话框(一)

图 7.3.28 所示“样式圆角”对话框（一）中部分选项的说明如下。

- 连续区域：用于选择连续性的类型，其包括G0、G1、G2和G3四种类型。
  - ☑ G0按钮：圆角后的曲面与源曲面保持位置连续关系。
  - ☑ G1按钮：圆角后的曲面与源曲面保持相切连续关系。
  - ☑ G2按钮：圆角后的曲面与源曲面保持曲率连续关系。
  - ☑ G3按钮：圆角后的曲面与源曲面保持曲率的变化率连续关系。
- 弧类型区域：用于选择圆弧的类型，其包括（桥接）、（近似值）和（精确）3种类型；此下拉列表只适用于G1连续。
  - ☑ （桥接）按钮：用于在迹线间创建桥接曲面。
  - ☑ （近似值）按钮：用于创建近似于圆弧的贝塞尔曲线曲面。
  - ☑ （精确）按钮：用于使用圆弧创建有理曲面。
- 半径：文本框：用于定义圆角的半径。
- 最小半径：复选框：用于设置最小圆角的相关参数。
- 圆角类型区域：用于设置圆角的类型，其包括（可变半径）、（弦圆角）和（最小真值）3种类型。
  - ☑ 复选框：用于设置使用可变半径。
  - ☑ 复选框：用于设置使用弦的长度的穿越部分取代半径来定义圆角面。
  - ☑ 复选框：用于设置最小半径受到系统依靠G2和G3连续计算出来的迹线约束。此复选框仅当连续类型为G2和G3连续时可用。

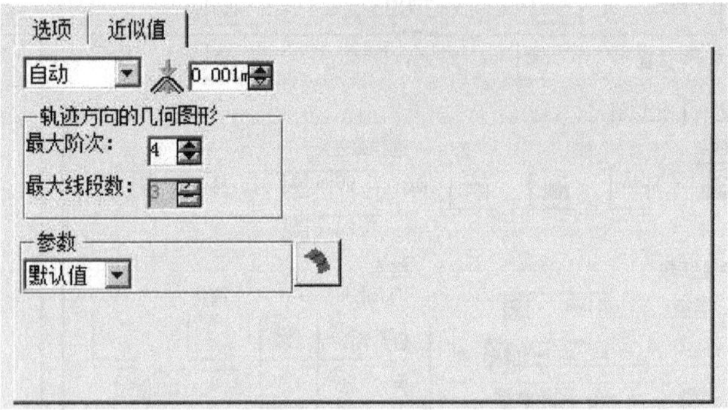

图 7.3.29 “样式圆角”对话框(二)

图 7.3.29 所示“样式圆角”对话框（二）中部分选项的说明如下。

- 文本框：用于设置创建的圆角曲面的公共边的公差。
- 轨迹方向的几何图形区域：用于设置圆角面公共边的阶次。用户可以在其下的最大阶次：文本框中输入圆角曲面的阶次值。
- 参数下拉列表：用于设置圆角曲面的参数类型，其包括默认值选项、补面1选项、补面2选项、平均值选项、桥接选项和弦选项。

☑ 默认值选项：用于设置采用计算的最佳参数。

☑ 补面1选项：用于设置采用第一个初始曲面的参数。

☑ 补面2选项：用于设置采用第二个初始曲面的参数。

☑ 平均值选项：用于设置采用两个初始曲面的平均参数。

☑ 桥接选项：用于设置采用与混合迹线相应的参数。

☑ 弦选项：用于设置采用弦的参数。

Step6. 定义圆角半径。单击选项选项卡，在半径：文本框中输入值30。

Step7. 单击确定按钮，完成圆角的创建，如图7.3.27b所示。

7.3.10 填充

使用Fill...命令可以在一个封闭区域内创建曲面。下面通过图7.3.30所示的实例，说明创建填充曲面的操作过程。

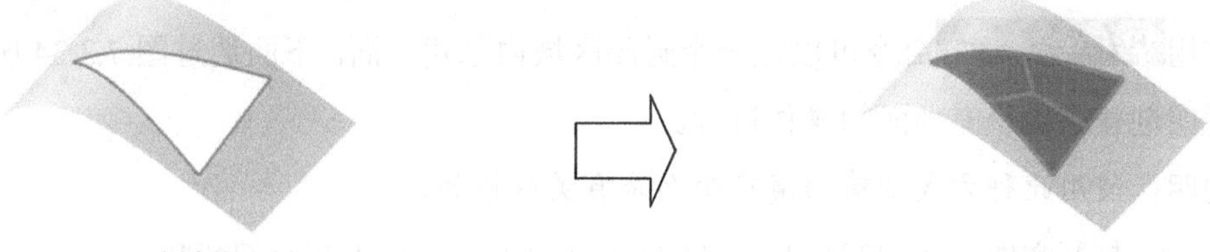

a）创建前　　b）创建后

图7.3.30 填充

说明：使用此种方式创建的填充曲面是没有关联性的。

Step1. 打开文件D:\cat2016.8\work\ch07.03.10\Filling_Surfaces.CATPart。

Step2. 选择命令。选择下拉菜单插入 → Surface Creation ▸ → Fill...命令，系统弹出图7.3.31所示的“填充”对话框。

图7.3.31所示“填充”对话框中部分选项的说明如下。

- 按钮：该按钮是根据曲面的法线填充。
- 按钮：该按钮是沿指南针给出的方向填充。

图7.3.31 “填充”对话框

Step3. 定义填充区域。选取图7.3.30a所示的三角形的3条边线为填充区域，此时在绘图区显示图7.3.32所示的填充曲面的预览图。

Step4. 定义相交点的坐标。右击相交点，在系统弹出的快捷菜单中选择编辑命令，系统弹出图 7.3.33 所示的“调谐器”对话框。按照从上到下的顺序依次在位置区域的 3 个文本框中输入值 2、6 和 32，单击关闭按钮，关闭“调谐器”对话框。

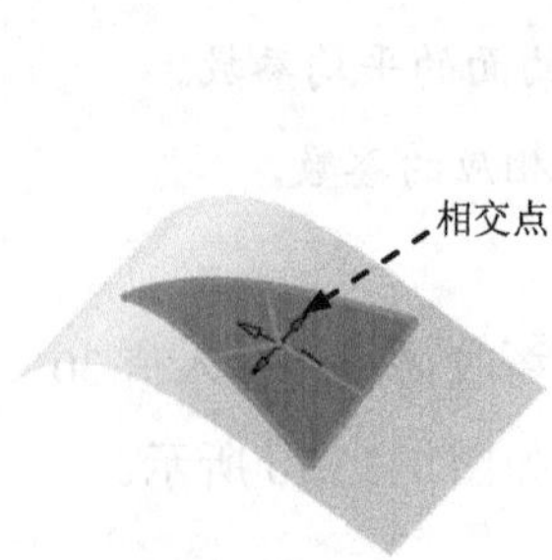

图 7.3.32　填充曲面预览

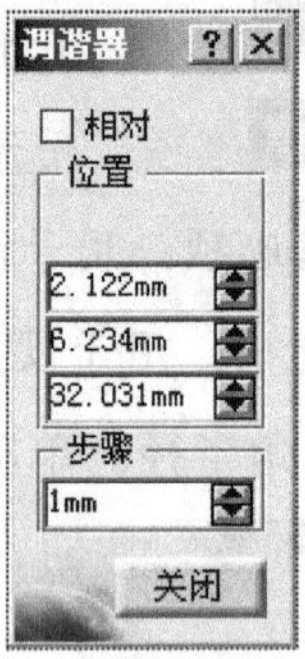

图 7.3.33　“调谐器”对话框

Step5. 单击确定按钮，完成填充曲面的创建，如图 7.3.30b 所示。

7.3.11　自由填充

使用FreeStyle Fill...命令可以在一个封闭区域内创建曲面。下面通过图 7.3.34 所示的实例，说明创建自由填充曲面的操作过程。

说明：使用此种方式创建的填充曲面是有关联性的。

Step1. 打开文件 D:\cat2016.8\work\ch07.03.11\FreeSyle_Filling.CATPart。

Step2. 选择命令。选择下拉菜单插入 ➡ Surface Creation ▸ ➡ FreeStyle Fill...命令，系统弹出图 7.3.35 所示的“填充”对话框。

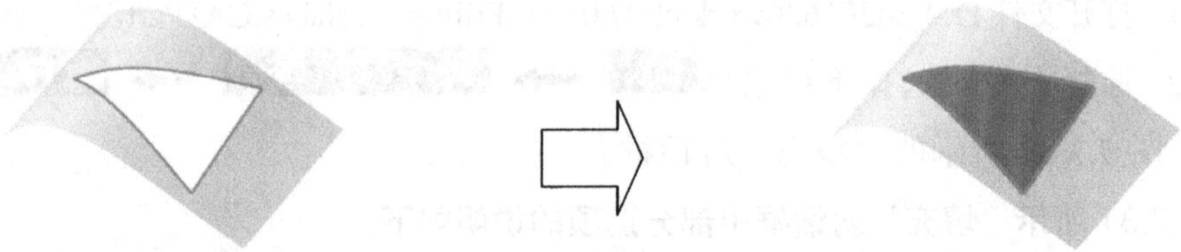

a）创建前　　b）创建后

图 7.3.34　自由填充

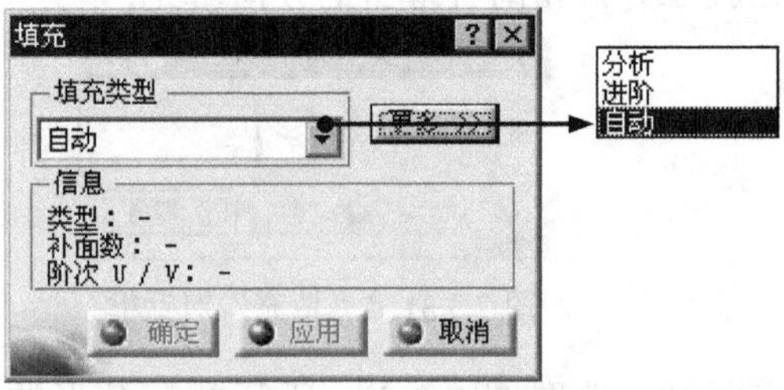

图 7.3.35　“填充”对话框

图 7.3.35 所示“填充”对话框中部分选项的说明如下。

- 填充类型下拉列表：用于选择填充曲面的创建类型，其包括分析选项、进阶选项和自动选项。

☑ 分析选项：用于根据选定的填充元素数目创建一个或多个填充曲面，如图 7.3.36 所示。

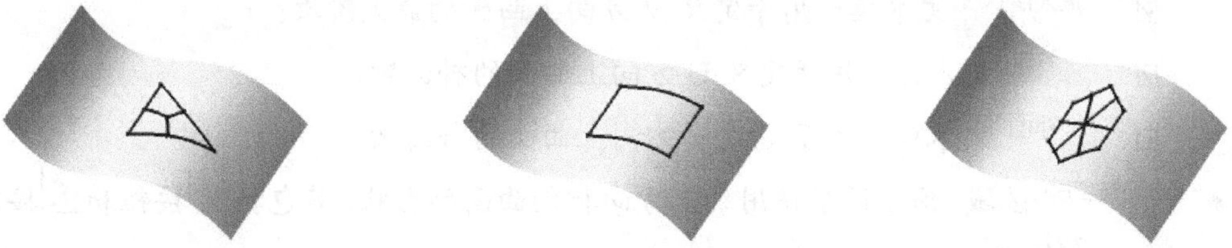

a）三边　　b）四边　　c）六边

图 7.3.36 “分析”选项

☑ 进阶选项：用于创建一个填充曲面。

☑ 自动选项：该选项是最优的计算模式，系统将使用“分析”方式创建填充曲面，如果不能创建填充曲面，则使用“进阶”方式创建填充曲面。

- 信息区域：用于显示桥接曲面的相关信息，其包括“类型”“补面数”“阶次”等相关信息的显示。
- 更多 >>按钮：用于显示“填充”对话框中的其他参数。单击此按钮，显示“填充”对话框的更多参数，如图 7.3.37 所示。

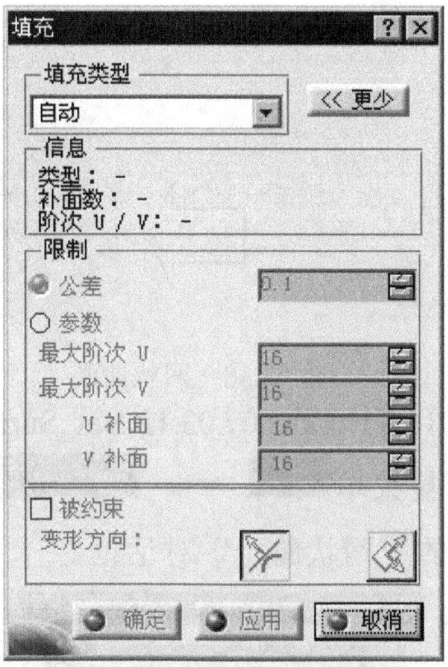

图 7.3.37 “填充”对话框的其他参数

图 7.3.37 所示“填充”对话框的其他参数中部分选项的说明如下。

- 限制区域：用于设置限制参数，其包括公差单选项、公差单选项后的文本框、参数单选项、最大阶次 U 文本框、最大阶次 V 文本框、U 补面文本框和 V 补面文本框。此区域仅当填充类型为进阶时可用。

☑ 公差单选项：用于设置使用公差限制填充曲面，用户可以在其后的文本框中定义公差值。

☑ 参数单选项：用于设置使用参数限制填充曲面。

☑ 最大阶次 U文本框：用于定义 U 方向上曲面的最大阶次。

☑ 最大阶次 V文本框：用于定义 V 方向上曲面的最大阶次。

☑ U 补面文本框：用于定义 U 方向上曲面的补面数。

☑ V 补面文本框：用于定义 V 方向上曲面的补面数。

- 被约束区域：用于设置使用约束方向控制曲面的形状，其包括按钮和按钮。

☑ 按钮：该按钮是根据曲面的法线控制填充曲面的形状。

☑ 按钮：该按钮是沿指南针给出的方向控制填充曲面的形状。

Step3. 定义填充曲面创建类型。在填充类型下拉列表中选择自动选项。

Step4. 定义填充范围。依次选取图 7.3.34a 所示的 3 条边线为填充范围。

Step5. 单击确定按钮，完成自由填充曲面的创建，如图 7.3.34b 所示。

7.3.12 网状曲面

使用 Net Surface... 命令可以通过已知的网状曲线创建面。下面通过图 7.3.38 所示的实例，说明创建网状曲面的操作过程。

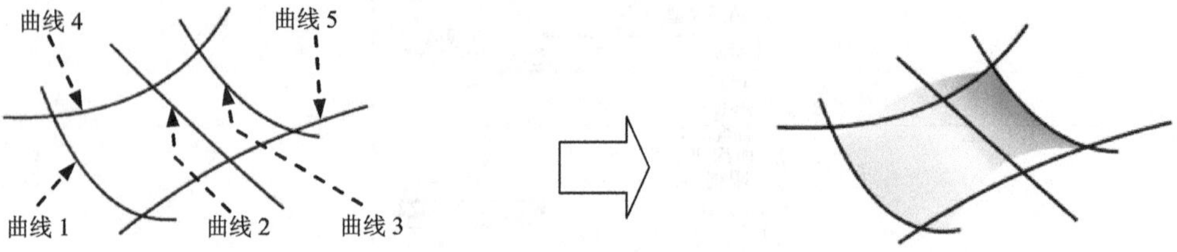

a）创建前　　b）创建后

图 7.3.38　网状曲面

Step1. 打开文件 D:\cat2016.8\work\ch07.03.12\Net_Surface.CATPart。

Step2. 选择命令。选择下拉菜单 插入 → Surface Creation ▶ → Net Surface... 命令，系统弹出图 7.3.39 所示的“网状曲面”对话框。

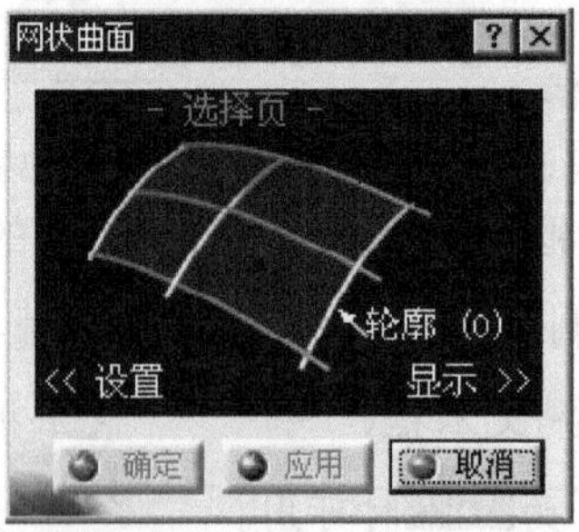

图 7.3.39　“网状曲面”对话框

Step3. 定义引导线。按住 Ctrl 键在绘图区依次选取图 7.3.38a 所示的曲线 1 为主引导线，曲线 2 和曲线 3 为引导线。

Step4. 定义轮廓。在对话框中单击“轮廓”字样，然后按住 Ctrl 键在绘图区依次选取图 7.3.38a 所示的曲线 4 为主轮廓，曲线 5 为轮廓。

Step5. 单击 应用 按钮，预览创建的网状曲面，如图 7.3.40 所示。

Step6. 复制主线的参数到曲面上。在对话框中单击“设置”字样进入“设置页”，然后在“工具仪表盘”工具栏中单击 按钮，显示曲面阶次如图 7.3.41 所示。然后单击“复制（d）网格曲面上”字样，单击 应用 按钮，此时曲面阶次如图 7.3.42 所示。

说明：“复制（d）网格曲面上”是将主引导线和主轮廓曲线上的参数复制到曲面上。

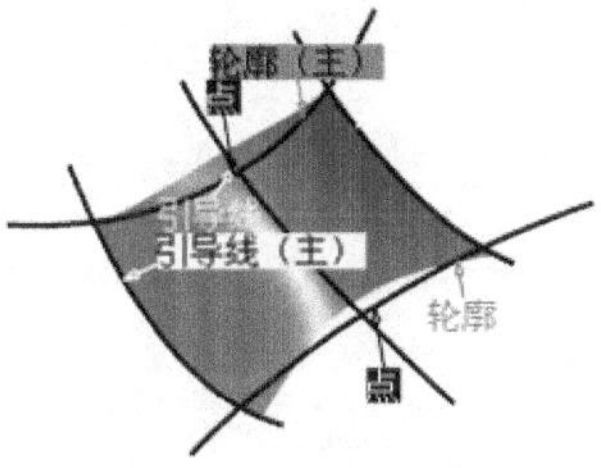

图 7.3.40　预览网状曲面

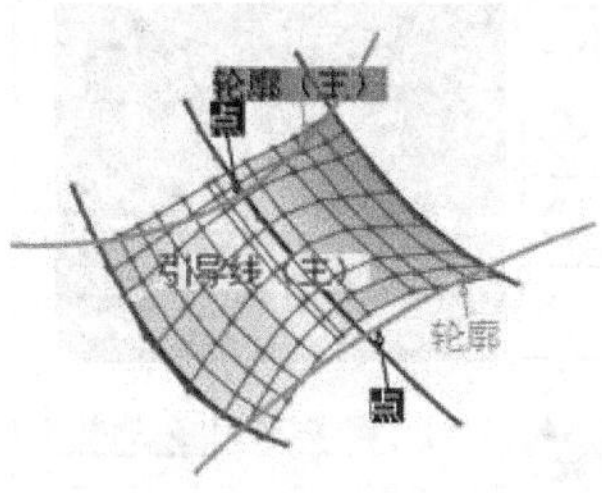

图 7.3.41　显示网状曲面的阶次

图 7.3.42　复制主线参数到曲面上

Step7. 定义轮廓沿引导线的位置。单击“选择”字样，回到“选择页”，单击“显示”字样进入“显示页”；然后单击“移动框架”字样，在绘图区显示图 7.3.43 所示的框架。将鼠标指针靠近绘图区的框架，当在绘图区出现“平面的平行线”字样时右击，系统弹出图 7.3.44 所示的快捷菜单。在该快捷菜单中选择 主引导曲线的垂线 命令，此时在绘图区的框架变成图 7.3.45 所示的方向。

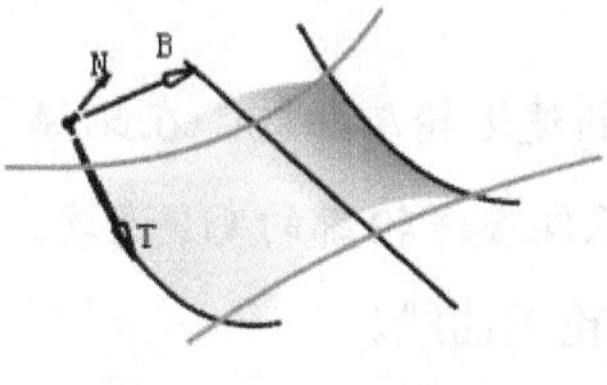

图 7.3.43　显示框架

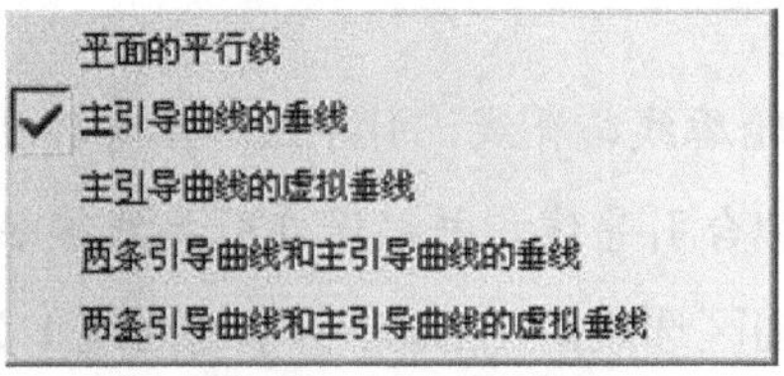

图 7.3.44　快捷菜单

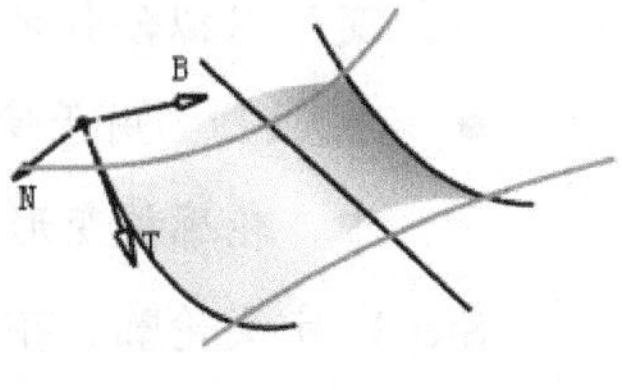

图 7.3.45　调整框架方向

说明：图 7.3.44 所示的快捷菜单用于定义轮廓沿着引导线的位置。

Step8. 单击 确定 按钮，完成网状曲面的创建，如图 7.3.38b 所示。

7.3.13　扫掠曲面

使用 Styling Sweep... 命令可以通过已知的轮廓曲线、脊线和引导线创建曲面。下面通过图 7.3.46 所示的实例，说明创建扫掠曲面的操作过程。

Step1. 打开文件 D:\cat2016.8\work\ch07.03.13\Styling_Sweep.CATPart。

Step2. 选择命令。选择下拉菜单 插入 → Surface Creation ▸ → Styling Sweep...

命令，系统弹出图 7.3.47 所示的“样式扫掠”对话框。

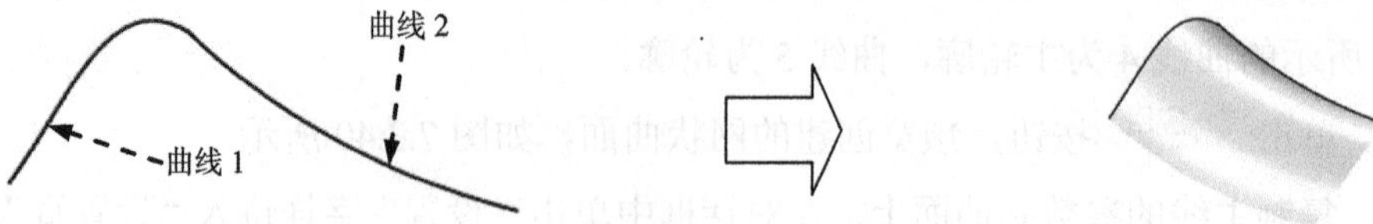

a）创建前　　　　b）创建后

图 7.3.46　扫掠曲面

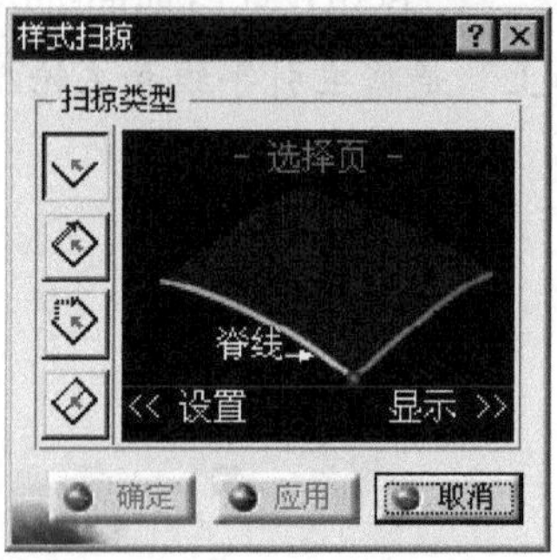

图 7.3.47　“样式扫掠”对话框

图 7.3.47 所示“样式扫掠”对话框中部分选项的说明如下。

- 按钮：用于使用轮廓线和脊线创建简单扫掠。
- 按钮：用于使用轮廓线、脊线和引导线创建扫掠和捕捉。在此模式中，轮廓未变形且仅在引导线上捕捉。
- 按钮：用于使用轮廓线、脊线和引导线创建扫掠和拟合。在此模式中，轮廓被变形以拟合引导线。
- 按钮：用于使用轮廓线、脊线、引导线和参考轮廓创建近轮廓扫掠。在此模式中，轮廓被变形以拟合引导线，并确保在引导线接触点处参考轮廓的 G1 连续。

Step3. 定义轮廓。在绘图区选取图 7.3.46a 所示的曲线 1 为轮廓曲线。

Step4. 定义脊线。在对话框中单击“脊线”字样，然后在绘图区选取图 7.3.46a 所示的曲线 2 为脊线。

Step5. 单击 确定 按钮，完成扫掠曲面的创建，如图 7.3.46b 所示。

说明：

- 用户可以通过单击“设置”字样对扫掠曲面的“最大偏差”“阶次”进行设置。
- 用户可以通过单击“显示”字样对扫掠曲面的“限制点”“信息”“移动框架”等参数进行设置。其中该命令为“移动框架”提供了 4 个子命令，分别为 平移 命令、在轮廓上 命令、固定方向 命令和 轮廓的切线 命令。平移 命令：表示在扫掠过程中，轮廓沿着脊线做平移运动。在轮廓上 命令：表示轮廓沿脊线外形扫掠并保证它们的相对位置不发生改变。固定方向命令：表示轮廓沿着指南针方向做平移扫掠。轮廓的切线命令：表示轮廓沿着指南针方向做平移扫掠，并确保与脊线始终不变的相切位置。

7.4 曲线与曲面操作

7.4.1 断开

使用断开...命令可以中断已知曲面或曲线，从而达到修剪的效果。下面通过图 7.4.1 所示的实例，说明中断的操作过程。

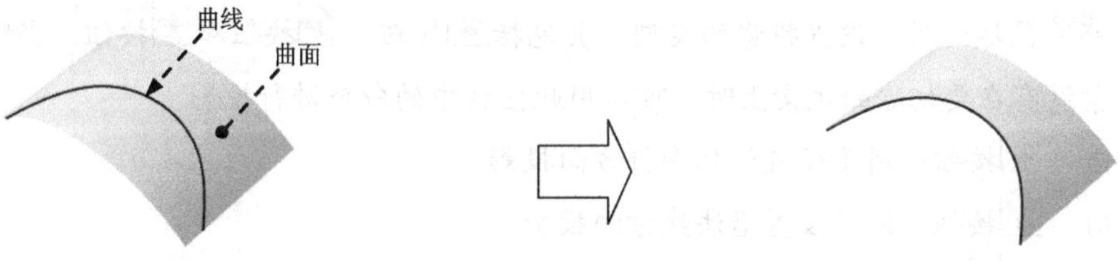

a）创建前　　b）创建后

图 7.4.1　中断

Step1. 打开文件 D:\cat2016.8\work\ch07.04.01\BreakSurface.CATPart。

Step2. 选择命令。选择下拉菜单 插入 → Operations ▸ → 断开... 命令，系统弹出图 7.4.2 所示的“断开”对话框。

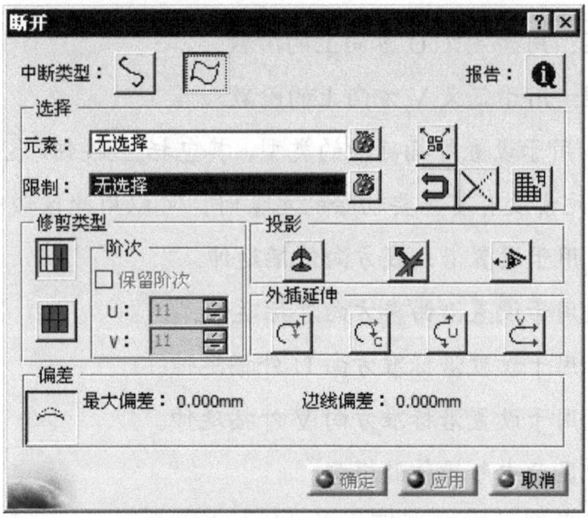

图 7.4.2　“断开”对话框

图 7.4.2 所示“断开”对话框中部分选项的说明如下。

- 中断类型：区域：用于定义中断的类型，其包括按钮和按钮。

☑ 按钮：用于通过一个或多个点、一条或多条曲线、一个或多个曲面中断一条或多条曲线。

☑ 按钮：用于一条或多条曲线、一个或多个平面或曲面中断一个或多个曲面。

- 选择 区域：用于定义要切除元素和限制元素，其包括 元素： 文本框、限制： 文本框和 按钮。
  ☑ 元素： 文本框：选择要切除的元素。
  ☑ 限制： 文本框：选择要切除的元素的限制元素。
  ☑ 按钮：用于中断元素和限制元素。
- 修剪类型 区域：用于设置修剪后控制点网格的类型，其包括 按钮和 按钮。
  ☑ 按钮：用于设置保留原始元素上的控制点网格。
  ☑ 按钮：用于设置按 U/V 方向输入缩短控制点网格。
- 投影 区域：用于设置投影的类型，其包括 按钮、 按钮和 按钮。当限制元素没有在要切除的元素上时，可以用此区域中的命令进行投影。
  ☑ 按钮：用于设置沿指南针方向投影。
  ☑ 按钮：用于设置沿法线方向投影。
  ☑ 按钮：用于设置沿用户视角投影。
- 阶次 子区域：用于定义阶数的相关参数，其包括 保留阶次 复选框、U： 文本框和 V： 文本框。
  ☑ 保留阶次 复选框：用于设置将结果元素的阶数保留为与初始元素的阶数相同。
  ☑ U： 文本框：用于定义 U 方向上的阶数。
  ☑ V： 文本框：用于定义 V 方向上的阶数。
- 外插延伸 区域：用于设置外插延伸的类型，其包括 按钮、 按钮、 按钮和 按钮。当限制元素没有贯穿要切除的元素时，可以用此区域中的命令进行延伸。
  ☑ 按钮：用于设置沿切线方向外插延伸。
  ☑ 按钮：用于设置沿曲率方向外插延伸。
  ☑ 按钮：用于设置沿标准方向 U 外插延伸。
  ☑ 按钮：用于设置沿标准方向 V 外插延伸。
- 按钮：用于显示中断操作的报告。

Step3. 定义要中断类型。在对话框中单击 按钮。

Step4. 定义要中断的曲面。在绘图区选取图 7.4.1a 所示的曲面为要中断的曲面。

Step5. 定义限制元素。在绘图区选取图 7.4.1a 所示的曲线为限制元素。

Step6. 单击 应用 按钮，此时在绘图区显示曲面已经被中断，如图 7.4.3 所示。

Step7. 定义保留部分。在绘图区选取图 7.4.4 所示的曲面为要保留的曲面。

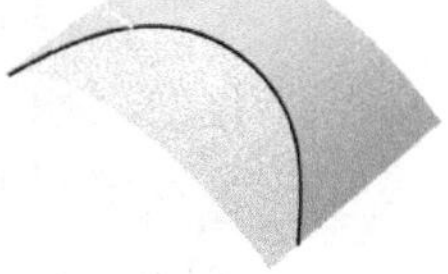

图 7.4.3 中断曲面

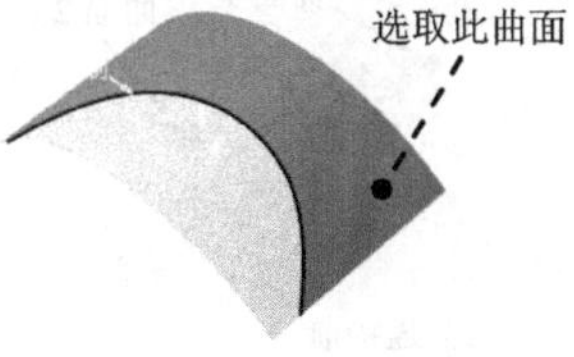

图 7.4.4 定义保留部分

Step8. 单击 确定 按钮，完成中断曲面的创建，如图 7.4.1b 所示。

7.4.2 取消修剪

使用 Untrim... 命令可以取消以前对曲面或曲线所创建的所有修剪操作，从而使其恢复修剪前的状态。下面通过图 7.4.5 所示的实例，说明取消修剪的操作过程。

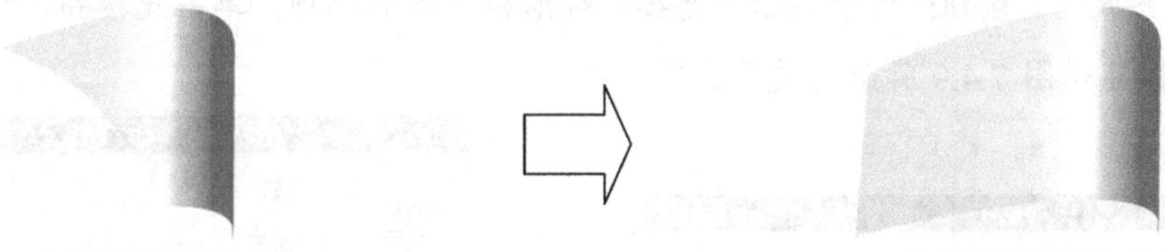

a）取消修剪前　　b）取消修剪后

图 7.4.5 取消修剪

Step1. 打开文件 D:\cat2016.8\work\ch07.04.02\Untrim Surface.CATPart。

Step2. 选择命令。选择下拉菜单 插入 → Operations ▸ → Untrim... 命令，系统弹出图 7.4.6 所示的"取消修剪"对话框。

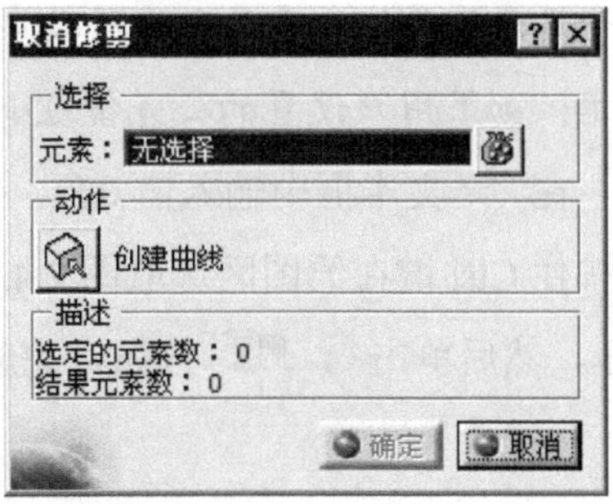

图 7.4.6 "取消修剪"对话框

Step3. 定义取消修剪对象。在绘图区选取图 7.4.5a 所示的曲面为取消修剪的对象。

Step4. 单击 确定 按钮，完成取消修剪的编辑，如图 7.4.5b 所示。

7.4.3 连接

使用 Concatenate... 命令可以将已知的两个曲面或曲线连接到一起，从而使它们成为一个曲面。下面通过图 7.4.7 所示的实例，说明连接的操作过程。

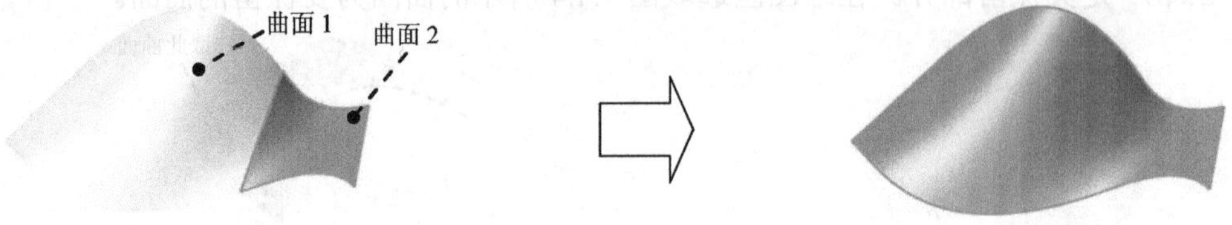

a）连接前　　b）连接后

图 7.4.7　连接

Step1. 打开文件 D:\cat2016.8\work\ch07.04.03\Concatenate.CATPart。

Step2. 选择命令。选择下拉菜单 插入 → Operations ▸ → Concatenate... 命令，系统弹出图 7.4.8 所示的“连接”对话框（一）。

图 7.4.8 所示“连接”对话框（一）中部分选项的说明如下。

- 文本框：用于设置连接公差值。
- 更多 >> 按钮：用于显示“连接”对话框更多的选项。单击此按钮，“连接”对话框显示图 7.4.9 所示的更多选项。

图 7.4.8　“连接”对话框（一）

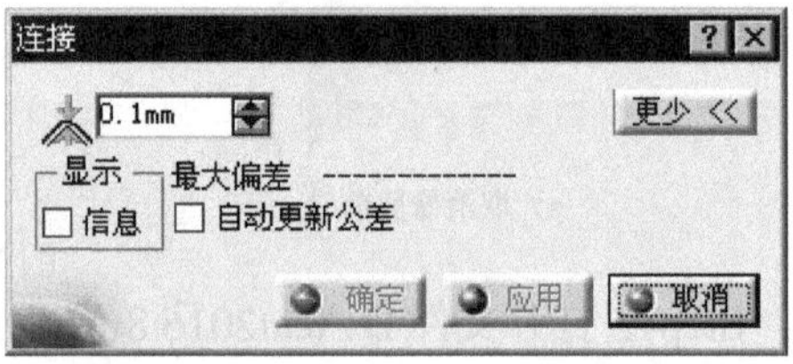

图 7.4.9　“连接”对话框（二）

图 7.4.9 所示“连接”对话框（二）中部分选项的说明如下。

- 信息 复选框：用于显示偏差值、序号和线段数。
- 自动更新公差 复选框：如果用户设置的公差值过小，系统会自动更新误差。

Step3. 定义连接公差值。在 文本框中输入值 0.3。

Step4. 定义连接对象。按住 Ctrl 键在绘图区选取图 7.4.7 所示的曲面 1 和曲面 2。

Step5. 单击 应用 按钮，然后单击 确定 按钮，完成连接曲面的创建，如图 7.4.7b 所示。

7.4.4　分割

使用 Fragmentation... 命令可以将一个已知的多弧几何体沿 U/V 方向分割成若干个单弧几何体，其对象可以是曲线或者曲面。下面通过图 7.4.10 所示的实例，说明分割的操作过程。

Step1. 打开文件 D:\cat2016.8\work\ch07.04.04\Fragmentation.CATPart。

Step2. 选择命令。选择下拉菜单 插入 → Operations ▸ → Fragmentation... 命令，

系统弹出图 7.4.11 所示的“分割”对话框。

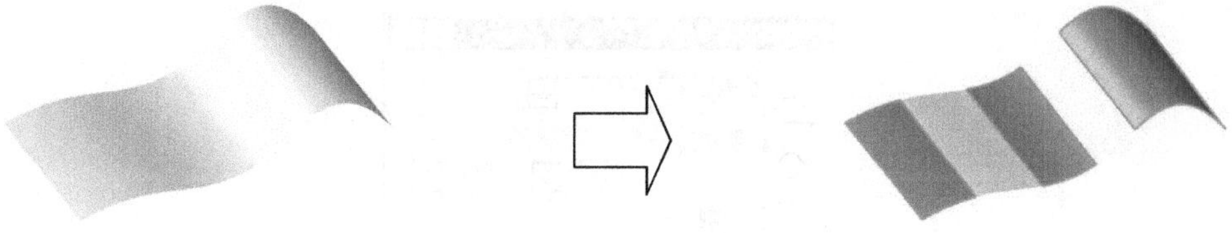

a）分割前　　b）分割后

图 7.4.10　分割

图 7.4.11　“分割”对话框

图 7.4.11 所示“分割”对话框中部分选项的说明如下。

- U方向 单选项：用于设置在 U 方向上分割元素。
- V方向 单选项：用于设置在 V 方向上分割元素。
- UV方向 单选项：用于设置在 U 方向上和 V 方向上分割元素。

Step3. 定义分割类型。在 类型 区域中选中 U方向 单选项，设置在 U 方向上分割元素。

Step4. 定义分割对象。在绘图区选取图 7.4.10a 所示的曲面为分割对象。

Step5. 单击 确定 按钮，完成分割曲面的创建，如图 7.4.10b 所示。

7.4.5　曲线/曲面的转换

使用 Converter Wizard... 命令可以将有关曲线或曲面转换为 NUPBS（非均匀多项式 B 样条）曲线或曲面，并修改所有曲线或曲面上的弧数量（阶次）。下面通过图 7.4.12 所示的实例，说明曲线/曲面的转换的操作过程。

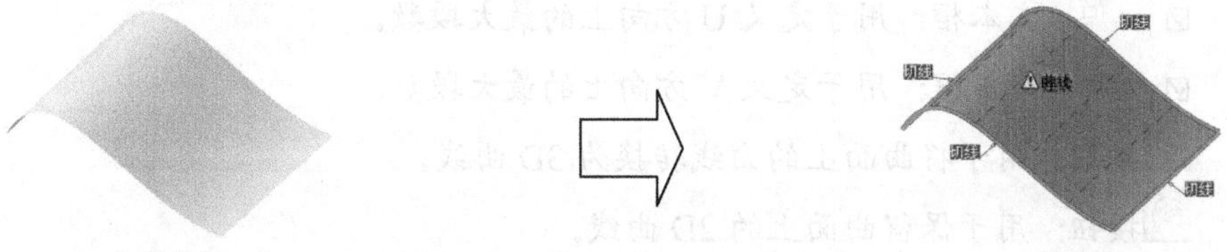

a）转换前　　b）转换后

图 7.4.12　曲线/曲面的转换

Step1. 打开文件 D:\cat2016.8\work\ch07.04.05\Converter Wizard.CATPart。

Step2. 选择命令。选择下拉菜单 插入 → Operations ▸ → Converter Wizard... 命

令，系统弹出图 7.4.13 所示的“转换器向导”对话框（一）。

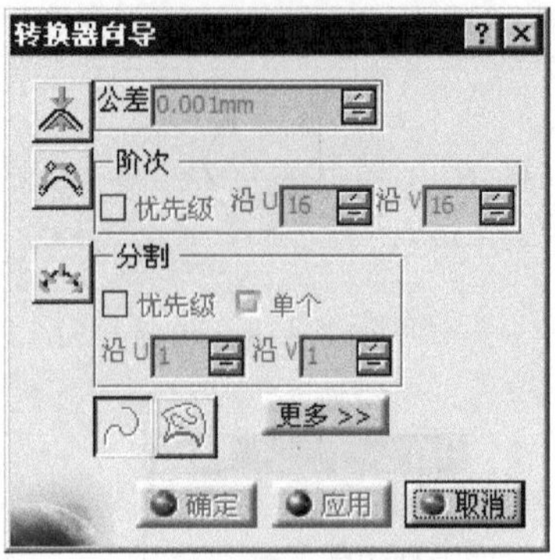

图 7.4.13　“转换器向导”对话框（一）

图 7.4.13 所示“转换器向导”对话框（一）中部分选项的说明如下。

- 按钮：用于设置转换公差值。当此按钮处于按下状态时，公差文本框被激活。
- 按钮：用于设置定义最大阶次控制曲线或者曲面的值。当此按钮处于按下状态时，阶次区域被激活。
- 按钮：用于设置定义最大段数控制的曲线或者曲面。当此按钮处于按下状态时，分割区域被激活。
- 公差文本框：用于设置初始曲线的偏差公差。
- 阶次区域：用于设置最大阶数的相关参数，其包括优先级复选框、沿 U 文本框和沿 V 文本框。
  - ☑ 优先级复选框：用于指示阶数参数的优先级。
  - ☑ 沿 U 文本框：用于定义 U 方向上的最大阶数。
  - ☑ 沿 V 文本框：用于定义 V 方向上的最大阶数。
- 分割区域：用于设置最大段数的相关参数，其包括优先级复选框、单个复选框、沿 U 文本框和沿 V 文本框。
  - ☑ 优先级复选框：：用于指示分段参数的优先级。
  - ☑ 单个复选框：用于设置创建单一线段曲线。
  - ☑ 沿 U 文本框：用于定义 U 方向上的最大段数。
  - ☑ 沿 V 文本框：用于定义 V 方向上的最大段数。
- 按钮：用于将曲面上的曲线转换为 3D 曲线。
- 按钮：用于保留曲面上的 2D 曲线。
- 更多...按钮：用于显示“转换器向导”对话框的更多选项。单击该按钮，可显示图 7.4.14 所示的更多选项。

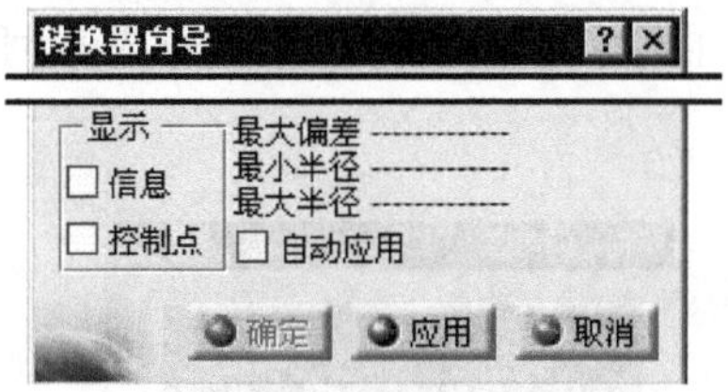

图 7.4.14 “转换器向导”对话框的更多选项

图 7.4.14 所示“转换器向导”对话框的更多选项中部分选项的说明如下。

- 信息 复选框：用于设置显示有关该元素的更多信息，其包括“最大值”“控制点的数量”“曲线的阶数”“曲线中的线段数”。
- 控制点 复选框：用于设置显示曲线的控制点。
- 自动应用 复选框：用于以动态更新结果曲线。

Step3. 定义转换对象。在特征树中选取 拉伸.1 为转换对象。

Step4. 设置转换参数。在“转换器向导”对话框中将、和按钮处于激活状态，然后在 阶次 区域的 沿 U 文本框中输入值 6，在 沿 V 文本框中输入值 6。

Step5. 单击 应用 按钮，然后单击 确定 按钮，完成曲面的转换并隐藏拉伸 1 后如图 7.4.12b 所示。

7.4.6 复制几何参数

使用 Copy Geometric Parameters... 命令可以将目标曲线的阶次和段数等参数复制到其他曲线上。下面通过图 7.4.15 所示的实例，说明复制几何参数的操作过程。

a）复制前 b）复制后

图 7.4.15 复制几何参数

Step1. 打开文件 D:\cat2016.8\work\ch07.04.06\CopyParameters.CATPart。

Step2. 选择命令。选择下拉菜单 插入 → Operations ▸ → Copy Geometric Parameters... 命令，系统弹出图 7.4.16 所示的“复制几何参数”对话框。

Step3. 显示控制点。在“工具仪表盘”工具栏中单击“隐秘显示”按钮，显示控制点。

Step4. 定义模板曲线。选取图 7.4.15a 所示的曲线 1 为模板曲线。

Step5. 定义目标曲线。按住 Ctrl 键选取图 7.4.15a 所示的曲线 2 和曲线 3 为目标曲线。

Step6. 单击 应用 按钮，再单击 确定 按钮，完成几何参数的复制，如图 7.4.15b 所示。

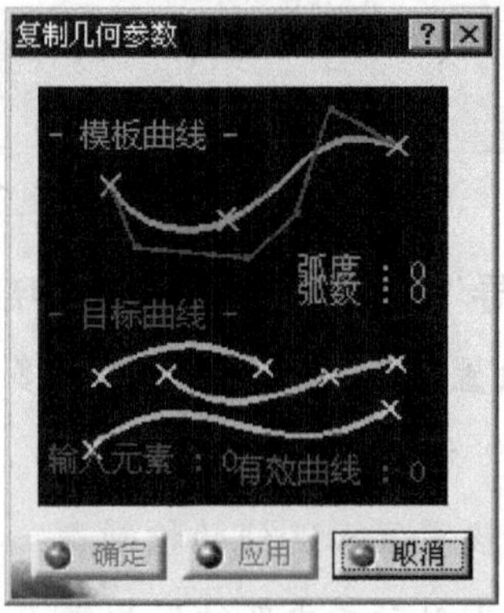

图 7.4.16 “复制几何参数”对话框

7.5 曲面修改与变形

7.5.1 概述

在“自由曲面设计”工作台中，大部分的结果曲面都是基于 NUPBS 的无参数曲面，这种曲面可以根据控制点来调整曲面的形状，是 CATIA“自由曲面设计”工作台中非常强大的曲面修改工具。要想真正得到高质量、符合要求的曲面，往往需要对面进行修整与变形。下面介绍 “自由曲面设计”工作台中的曲面编辑工具。

7.5.2 控制点调整

使用 控制点... 命令可以对已知曲线或者曲面上的控制点进行调整，从而使其变形。下面通过图 7.5.1 所示的实例，说明控制点调整的操作过程。

Step1. 打开文件 D:\cat2016.8\work\ch07.05.02\Control_Points.CATPart。

Step2. 调整视图方位。在“视图”工具栏的 下拉列表中选择“俯视图”选项 。

Step3. 设置活动平面。单击“工具仪表盘”工具栏中的 按钮，调出“快速确定指南针方向”工具栏，并按下 按钮。

Step4. 选择命令。选择下拉菜单 插入 → Shape Modification ▸ → 控制点... 命令，系统弹出图 7.5.2 所示的“控制点”对话框。

图 7.5.2 所示“控制点”对话框中部分选项的说明如下。

- 元素：文本框：激活此文本框，用户可以在绘图区选取要调整的元素。

● 支持面 区域：用于设置平移控制点的方式，其包括按钮、按钮、按钮、按钮、按钮和按钮。

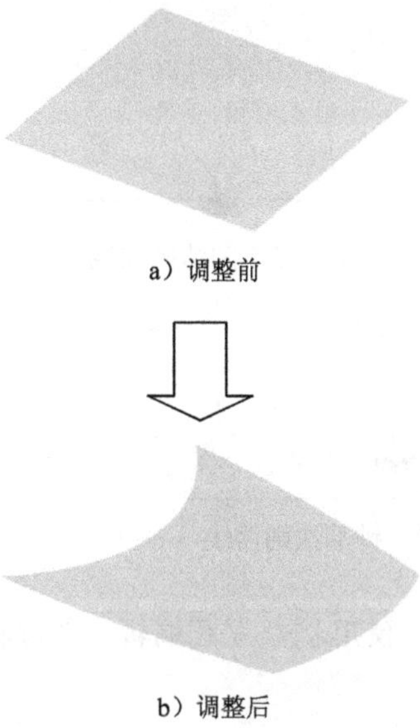

图 7.5.1 控制点调整

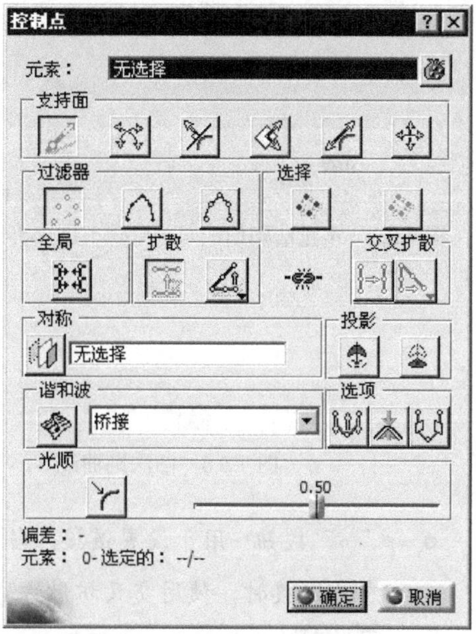

图 7.5.2 “控制点”对话框

☑ 按钮：单击此按钮，则沿指南针法线平移控制点。

☑ 按钮：单击此按钮，则沿网格线平移控制点。

☑ 按钮：单击此按钮，则沿元素的局部法线平移控制点。

☑ 按钮：单击此按钮，则在指南针主平面平移控制点。

☑ 按钮：单击此按钮，则沿元素的局部切线平移控制点。

☑ 按钮：单击此按钮，则在屏幕平面中平移控制点。

● 过滤器 区域：用于设置过滤器的过滤类型，包括按钮、按钮和按钮。

☑ 按钮：单击此按钮，则仅对点进行操作。

☑ 按钮：单击此按钮，则仅对网格进行操作。

☑ 按钮：单击此按钮，则允许同时对点和网格进行操作。

● 选择 区域：用于选择或取消选择控制点，其包括按钮和按钮。

☑ 按钮：用于选择网格的所有控制点。

☑ 按钮：用于取消选择网格的所有控制点。

● 扩散 区域：用于设置扩散的方式，其包括按钮和下拉列表。

☑ 按钮：用于设置以同一个方式将变形拓展至所有选定的点（常量法则曲线）。

☑ 下拉列表：用于设置以指定方式将变形拓展至所有选定的点。其包括选项、选项、选项和选项。选项：线性法则曲线。选项：凹法则曲线。选项：凸法则曲线。选项：钟形法则曲线。各法则曲线如图 7.5.3~图 7.5.7 所示。

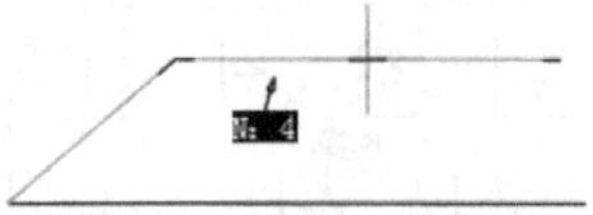

图 7.5.3　常量法则曲线

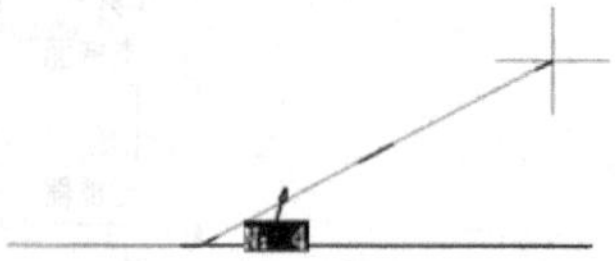

图 7.5.4　线性法则曲线

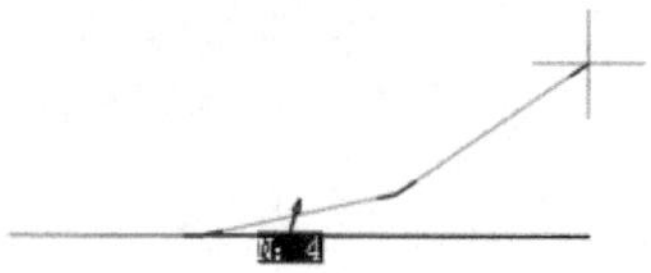

图 7.5.5　凹法则曲线

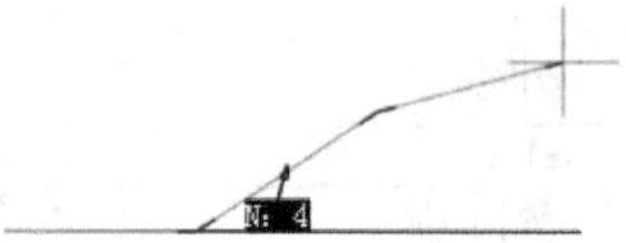

图 7.5.6　凸法则曲线

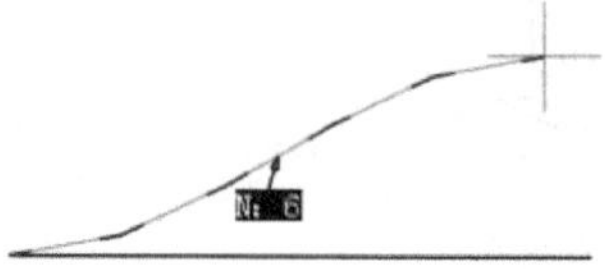

图 7.5.7　钟形法则曲线

- 按钮：用于设置链接。当前状态为取消链接时，使用扩散方式编辑。当前状态为链接时，使用交叉扩散方式编辑。
- 交叉扩散 区域：用于设置交叉扩散的方式，其包括按钮和下拉列表。
  - ☑ 按钮：用于设置以同一个方式将变形拓展至另一网格线上的所有选定点。
  - ☑ 下拉列表：用于设置以指定方式将变形拓展至另一网格线上的所有选定点，其包括选项、选项、选项和选项。选项：交叉线性法则曲线。选项：交叉凹法则曲线。选项：交叉凸法则曲线。选项：交叉钟形法则曲线。
- 对称 区域：用于设置对称参数，其包括按钮和按钮后的文本框。
  - ☑ 按钮：用于设置使用指定的对称平面进行网格对称计算，如图 7.5.8 所示。
  - ☑ 按钮后的文本框：单击此文本框，用户可以在绘图区选取对称平面。
- 投影 区域：用于定义投影方式，其包括按钮和按钮。
  - ☑ 按钮：单击此按钮，按指南针法线对一些控制点进行投影。
  - ☑ 按钮：单击此按钮，按指南针平面对一些控制点进行投影。

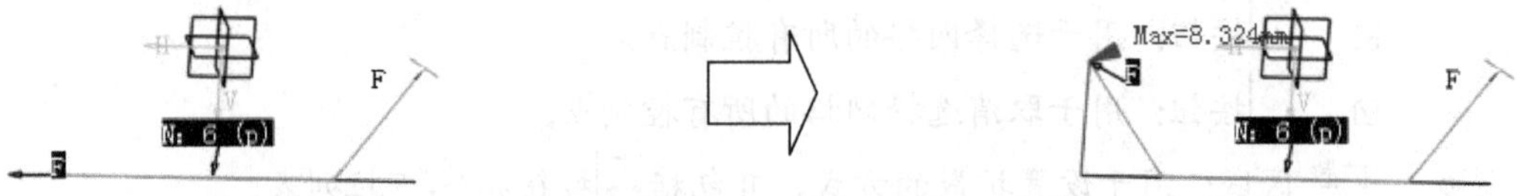

a）对称前　　b）对称后

图 7.5.8　对称

- 谐和波 区域：用于设置谐和波的相关选项，其包括按钮和 桥接 下拉列表。

☑ 按钮：单击此按钮，使用选定的谐和波运算法则计算网格谐和波。

☑ 桥接 下拉列表：用于设置谐和波的控制方式，其包括桥接选项、平均平面选项和三点平面选项。桥接选项：使用桥接曲面的方式控制谐和波。平均平面选项：使用平均平面的方式控制谐和波。三点平面选项：使用3点平面的方式控制谐和波。

- 选项 区域：

☑ 按钮：用于设置在控制点位置显示箭头，以示局部法线并推导变形。

☑ 按钮：用于设置显示当前几何图形和它以前的版本的最大偏差。

☑ 按钮：用于设置显示谐和波平面。

Step5. 定义控制元素。在绘图区选取图 7.5.1a 所示的曲面为控制元素，此时在绘图区显示图 7.5.9 所示的指定曲面的所有控制点。

Step6. 设置网格对称。单击“选择所有点”按钮，激活按钮后的文本框，选取图 7.5.9 所示的 YZ 平面为对称平面，结果如图 7.5.10 所示。

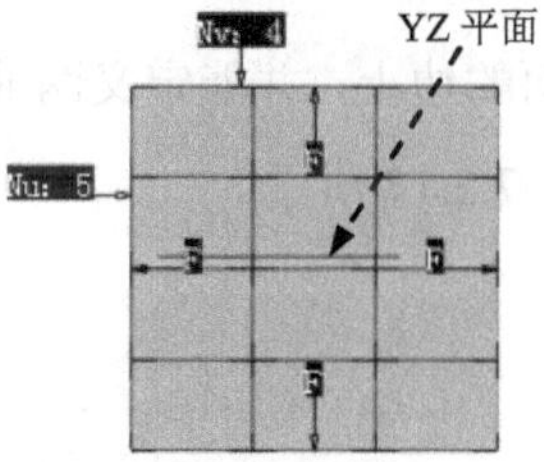

图 7.5.9 控制点

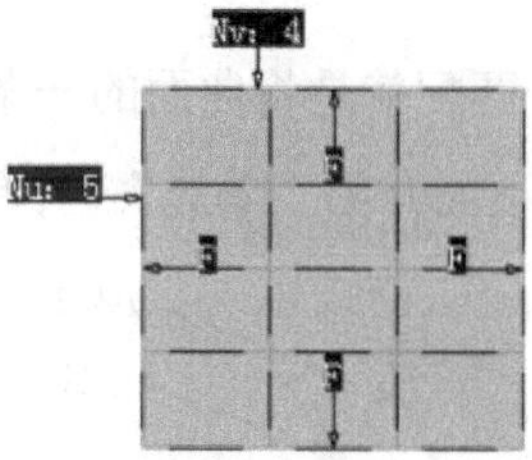

图 7.5.10 设置网格对称

Step7. 调整控制点。

（1）在“控制点”对话框中按下“指南针平面”按钮、“仅限点”按钮和“线性法则曲线”按钮，然后单击按钮。

（2）拖动图 7.5.11 所示的控制点 1，结果如图 7.5.12 所示。

（3）拖动控制点 2 至图 7.5.13 所示的位置。

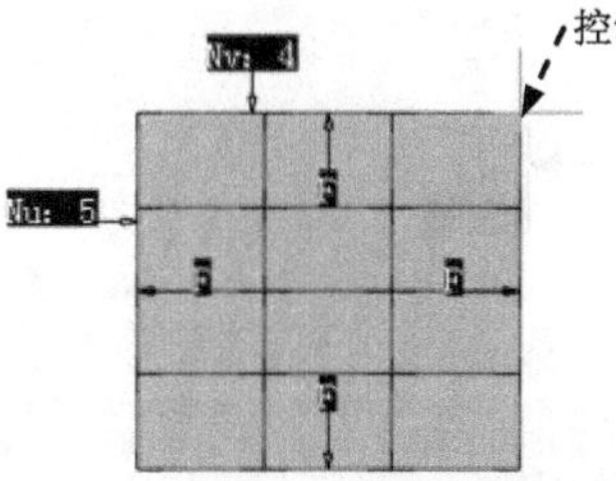

图 7.5.11 拖动控制点 1

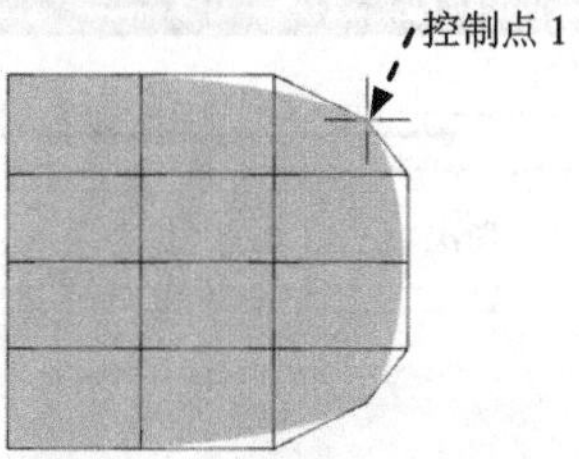

图 7.5.12 控制点 1 的位置

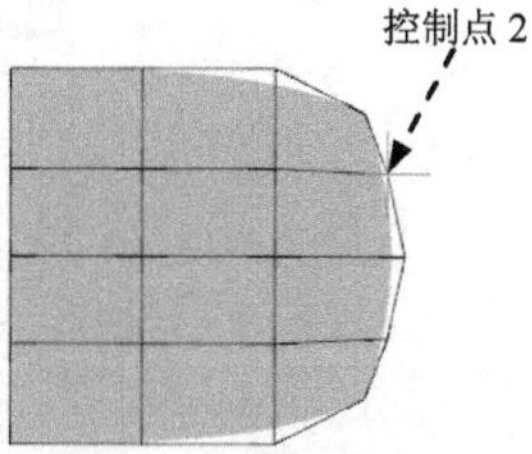

图 7.5.13 拖动控制点 2

（4）拖动控制点 3 至图 7.5.14 所示的位置。

（5）拖动控制点 4 至图 7.5.15 所示的位置。

（6）拖动控制点 5 至图 7.5.16 所示的位置。

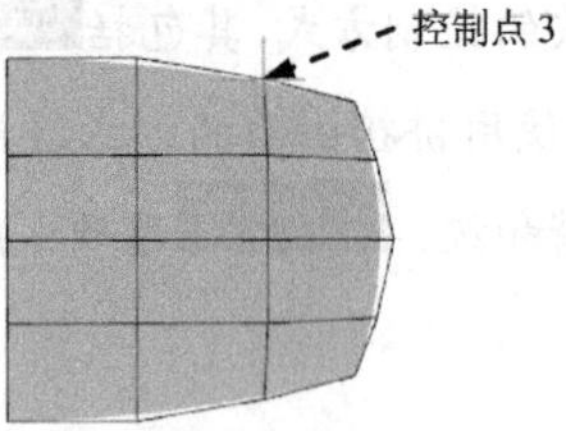

图 7.5.14　拖动控制点 3

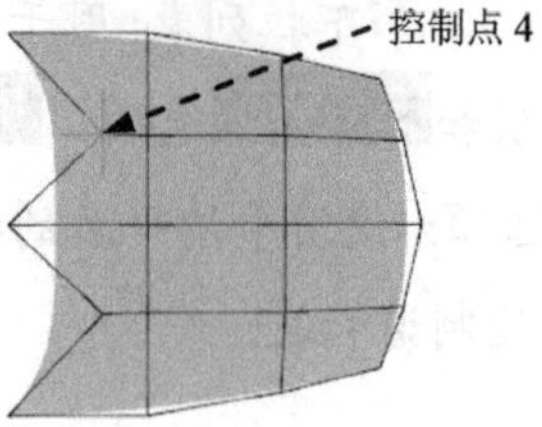

图 7.5.15　拖动控制点 4

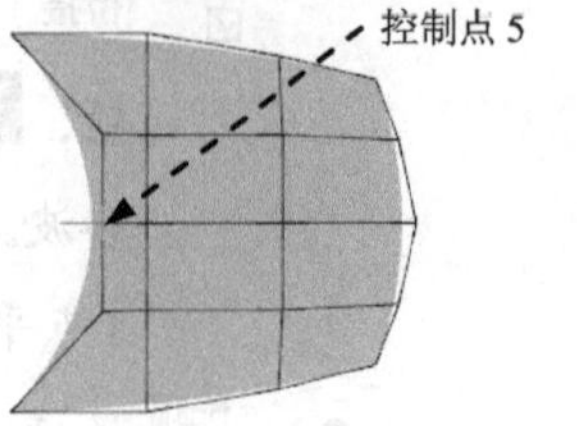

图 7.5.16　拖动控制点 5

Step8. 单击 确定 按钮，完成曲面控制点的调整，如图 7.5.1b 所示。

7.5.3　匹配曲面

匹配曲面可以通过已知曲面变形从而达到与其他曲面按照指定的连续性连接起来的目的。下面介绍匹配曲面的创建操作过程。

1．单边

“单边”匹配就是将曲面的一条边完全贴合到另一曲面的边上，并能定义两曲面之间的连续关系。下面介绍“单边”匹配的一般操作过程，如图 7.5.17 所示。

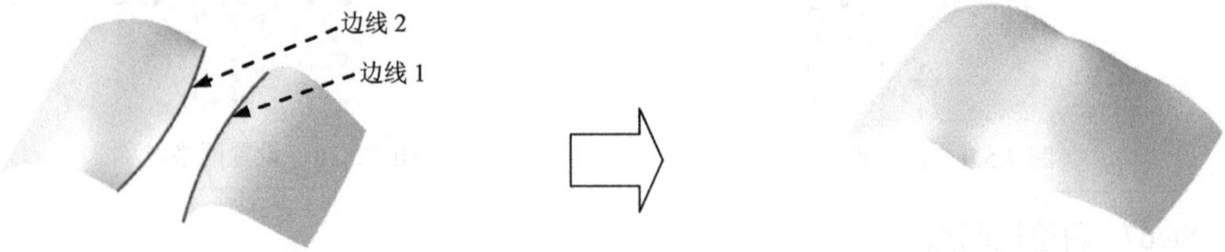

a）创建前　　b）创建后

图 7.5.17　单边匹配

Step1. 打开文件 D:\cat2016.8\work\ch07.05.03\Matching_Surfaces.CATPart。

Step2. 选择命令。选择下拉菜单 插入 → Shape Modification ▸ → Match Surface... 命令，系统弹出图 7.5.18 所示的“匹配曲面”对话框（一）。

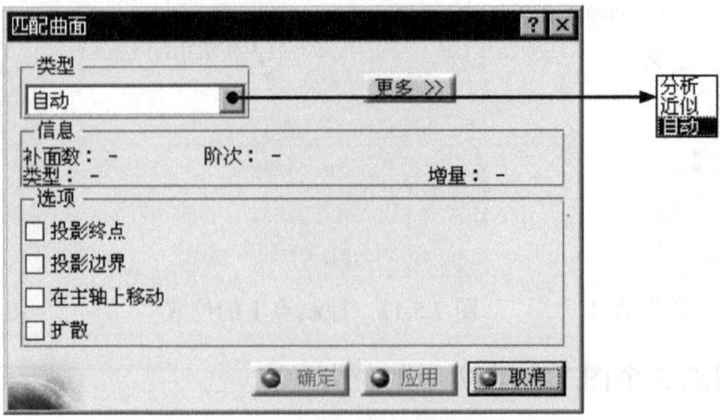

图 7.5.18　“匹配曲面”对话框（一）

图 7.5.18 所示“匹配曲面”对话框（一）中部分选项的说明如下。

- 类型 下拉列表：用于设置创建匹配曲面的类型，其包括 分析 选项、近似 选项和 自动 选项。
  - ☑ 分析 选项：用于利用指定匹配边的控制点参数创建匹配曲面。
  - ☑ 近似 选项：用于将指定的匹配边离散从而近似地创建匹配曲面。
  - ☑ 自动 选项：该选项是最优的计算模式，系统将使用“分析”方式创建匹配曲面，如果不能创建匹配曲面，则使用“近似”方式创建匹配曲面。
  - ☑ 更多 >> 按钮：单击此按钮，显示“匹配曲面”对话框的更多选项，如图 7.5.19 所示。
- 信息 区域：用于显示匹配曲面的相关信息，其包括“补面数”“阶次”“类型”“增量”等相关信息的显示。
- 选项 区域：用于设置匹配曲面的相关选项，其包括 投影终点 复选框、投影边界 复选框、在主轴上移动 复选框和 扩散 复选框。
  - ☑ 投影终点 复选框：用于投影目标曲线上的边界终点。
  - ☑ 投影边界 复选框：用于投影目标面上的边界。
  - ☑ 在主轴上移动 复选框：用于约束控制点，使其在指南针的主轴方向上移动。
  - ☑ 扩散 复选框：用于沿截线方向拓展变形。

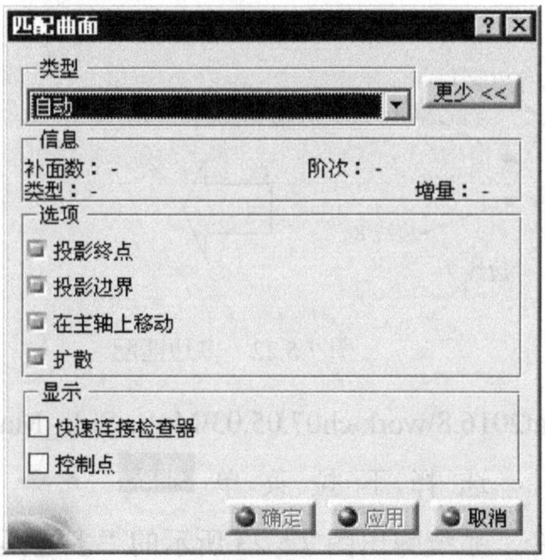

图 7.5.19 “匹配曲面”对话框的更多选项

图 7.5.19 所示“匹配曲面”对话框的更多选项中部分选项的说明如下。

- 显示 区域：用于设置显示的相关选项，其包括 快速连接检查器 复选框和 控制点 复选框。
  - ☑ 快速连接检查器 复选框：用于显示曲面之间的最大偏差。
  - ☑ 控制点 复选框：选中此复选框，系统弹出“控制点”对话框。用户可以通过此对话框对曲面的控制点进行调整。

Step3. 定义匹配边。在绘图区选取图 7.5.17a 所示的边线 1 和边线 2 为匹配边，此时在绘图区显示图 7.5.20 所示的匹配面，然后在“点连续”的位置上右击，在系统弹出的快捷菜单中选择 曲率连续 命令。

Step4. 检查连接。选中 快速连接检查器 复选框，此时在绘图区显示图 7.5.21 所示的连接检查。

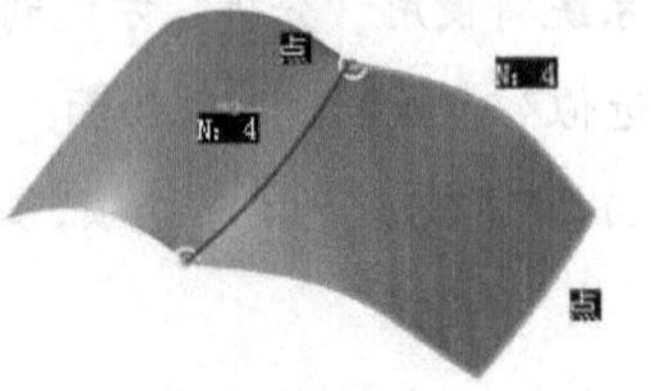

图 7.5.20　匹配面

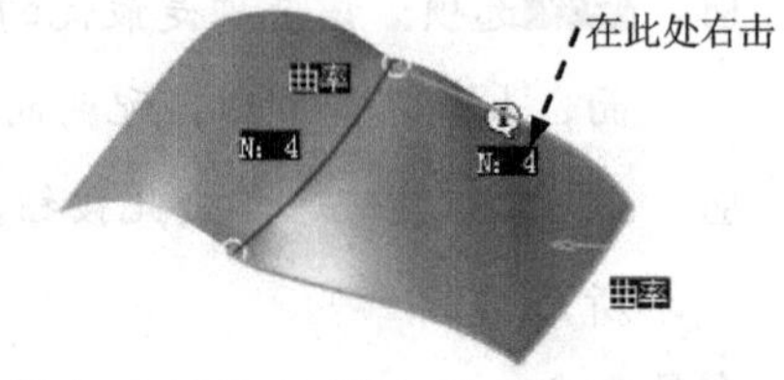

图 7.5.21　连接检查

Step5. 设置曲面阶次。在图 7.5.21 所示的阶次上右击，在系统弹出的快捷菜单中选择 6 选项，将曲面的阶次改为六阶。

Step6. 单击 确定 按钮，完成单边匹配曲面的创建，如图 7.5.17b 所示。

2. 多边

“多边”匹配就是将曲面的所有边线贴合到参考曲面上。下面介绍“多边”匹配的一般操作过程（图 7.5.22）。

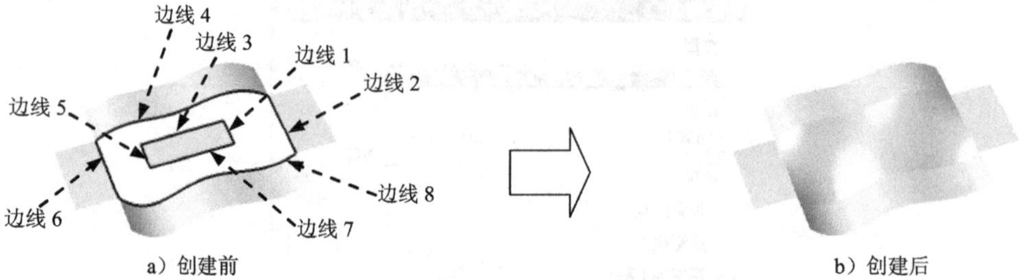

a）创建前　　b）创建后

图 7.5.22　多边匹配

Step1. 打开文件 D:\cat2016.8\work\ch07.05.03\Multi-Side_Match_Surface.CATPart。

Step2. 选择命令。选择下拉菜单 插入 → Shape Modification → Multi-Side Match Surface... 命令，系统弹出图 7.5.23 所示的“多边匹配”对话框。

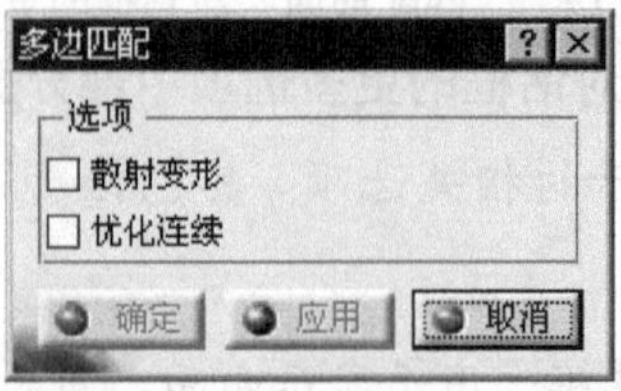

图 7.5.23　“多边匹配”对话框

图 7.5.23 所示“多边匹配”对话框中部分选项的说明如下。

- 选项 区域：用于设置匹配的参数，其包括 散射变形 复选框和 优化连续 复选框。
  - ☑ 散射变形 复选框：用于设置变形将遍布整个匹配的曲面，而不仅是数量有限的控制点。
  - ☑ 优化连续 复选框：用于设置优化用户定义的连续时变形，而不是根据控制点和网格线变形。

Step3. 定义匹配边。在绘图区选取图 7.5.22a 所示的边线 1 和边线 2 为相对应的匹配边，边线 3 和边线 4 为相对应的匹配边，边线 5 和边线 6 为相对应的匹配边，边线 7 和边线 8 为相对应的匹配边，此时在绘图区显示图 7.5.24 所示的匹配曲面。

Step4. 定义连续性。在“点连续”上右击并在系统弹出的快捷菜单中选择 曲率连续 命令，用相同的方法将其余的“点连续”改成“曲率连续”，如图 7.5.25 所示。

说明：在定义连续性时，若系统已默认为“曲率连续”，此时读者就不需要进行此步的操作。

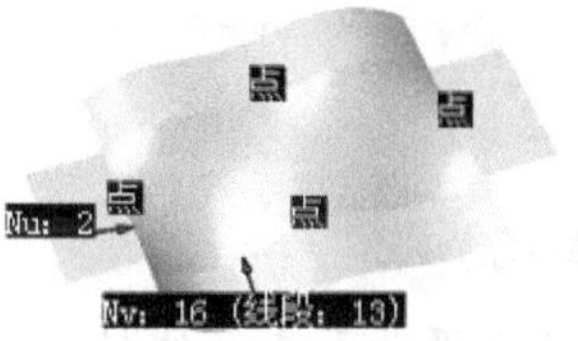

图 7.5.24　匹配曲面

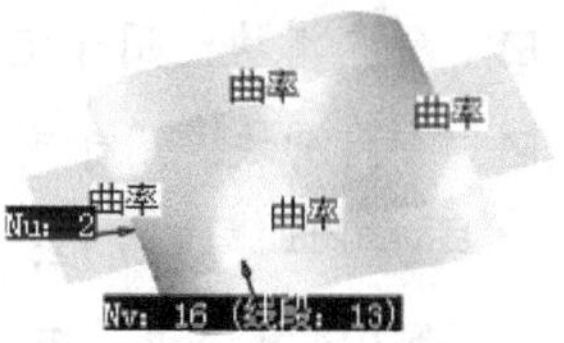

图 7.5.25　曲率连续

Step5. 单击 确定 按钮，完成多边匹配曲面的创建，如图 7.5.22b 所示。

7.5.4　外形拟合

使用 Fit to Geometry... 命令可以对已知曲线或曲面与目标元素的外形进行拟合，以达到逼近目标元素的目的。下面通过图 7.5.26 所示的实例，说明外形拟合的操作过程。

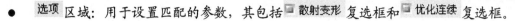

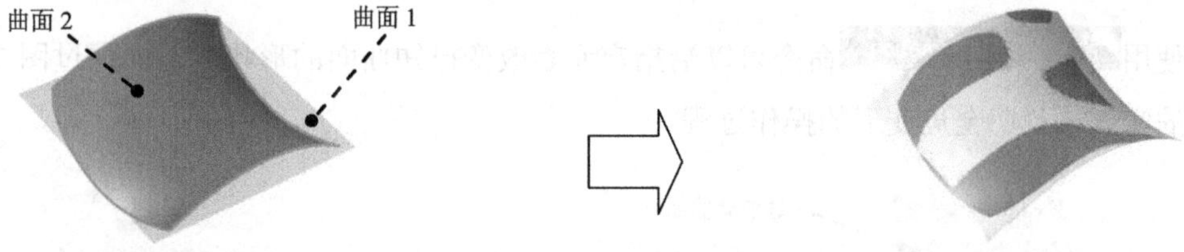

a）创建前　　b）创建后

图 7.5.26　外形拟合

Step1. 打开文件 D:\cat2016.8\work\ch07.05.04\Fit_to_Geometry.CATPart。

Step2. 选择命令。选择下拉菜单 插入 → Shape Modification ▸ → Fit to Geometry... 命令，系统弹出图 7.5.27 所示的“拟合几何图形”对话框。

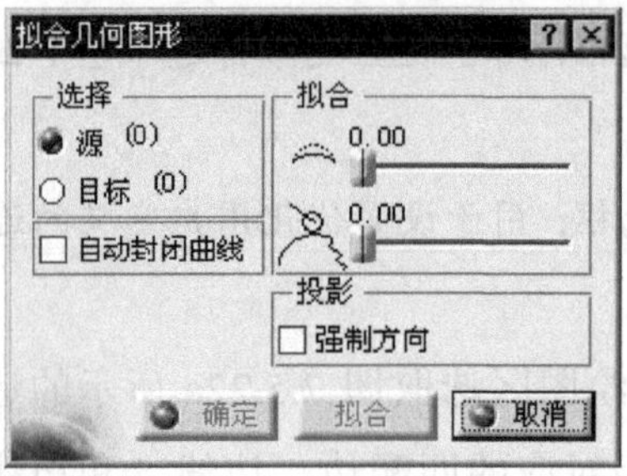

图 7.5.27 “拟合几何图形”对话框

图 7.5.27 所示“拟合几何图形”对话框中部分选项的说明如下。

- 选择区域：用于定义选取源和目标元素，其包括源 (0)单选项和目标 (0)单选项。
  - ☑ 源 (0)单选项：用于允许选择要拟合的元素。
  - ☑ 目标 (0)单选项：用于允许选择目标元素。
- 拟合区域：用于定义拟合的相关参数，其包括滑块和滑块。
  - ☑ 滑块：用于定义张度系数。
  - ☑ 滑块：用于定义光顺系数。
- 自动封闭曲线复选框：用于设置自动封闭拟合曲线。
- 强制方向复选框：用于允许定义投影方向，而不是源曲面或曲线的投影法线。

Step3. 定义源元素和目标元素。在绘图区选取图 7.5.26a 所示的曲面 1 为源元素，在选择区域中选中目标 (0)单选项，选取图 7.5.26a 所示的曲面 2 为目标元素。

Step4. 设置拟合参数。在拟合区域滑动滑块，将张度系数调整为 0.6，然后滑动滑块，将光顺系数调整为 0.51，单击拟合按钮。

Step5. 单击确定按钮，完成外形拟合的创建，如图 7.5.26b 所示。

7.5.5 全局变形

使用Global Deformation...命令可以沿指定元素改变已知曲面的形状。下面通过图 7.5.28 所示的实例，说明全局变形的操作过程。

a）创建前　　b）创建后

图 7.5.28 中间平面全局变形

1. 中间曲面

Step1. 打开文件 D:\cat2016.8\work\ch07.05.05\Global Deformation_01.CATPart。

Step2. 选择命令。选择下拉菜单 插入 ➡ Shape Modification ▸ ➡ Global Deformation... 命令，系统弹出图 7.5.29 所示的“全局变形”对话框。

图 7.5.29 “全局变形”对话框

图 7.5.29 所示“全局变形”对话框中部分选项的说明如下。

- 类型 区域：用于定义全局变形，包括 按钮和 按钮。
  - ☑ 按钮：用于设置使用中间曲面全局变形所选曲面集。
  - ☑ 按钮：用于设置使用轴全局变形所选曲面集。
- 引导线 区域：用于设置引导线的相关参数，其包括 引导线 下拉列表和 引导线连续 复选框。
  - ☑ 引导线 下拉列表：用于设置引导线数量，其包括 无引导线 选项、 1条引导线 选项和 2条引导线 选项。
  - ☑ 引导线连续 复选框：用于设置保留变形元素与引导曲面之间的连续性。

Step3. 定义全局变形类型。在对话框的 类型 区域中单击 按钮。

Step4. 定义全局变形对象。在绘图区选取图 7.5.28a 所示的曲面为全局变形的对象。此时在绘图区会出现图 7.5.30 所示的中间曲面，单击 运行 按钮，系统弹出“控制点”对话框。

Step5. 设置“控制点”对话框参数。在“控制点”对话框的 支持面 区域单击 按钮；在 过滤器 区域单击 按钮。

Step6. 进行全局变形。在中间曲面的右上角处向上拖动，拖动至图 7.5.31 所示的形状。

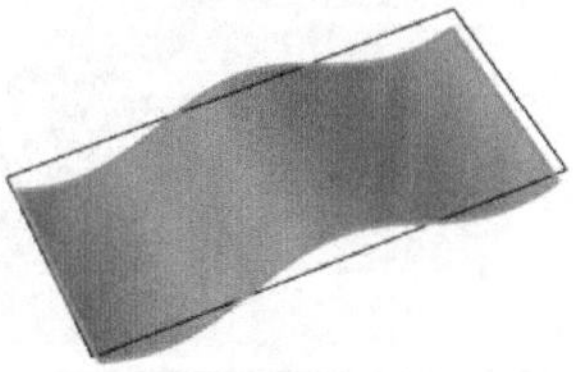

图 7.5.30 中间曲面

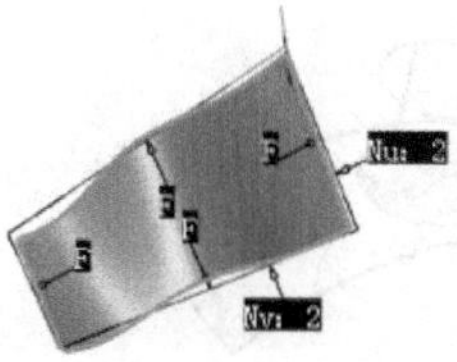

图 7.5.31 变形后

Step7. 单击 确定 按钮，完成全局变形的创建，如图 7.5.28b 所示。

2. 引导曲面

“引导曲面”可以将现有曲面在一定限制元素的约束下实现控制变形，变形对象与控制元素的连接关系始终保持不变。下面以图 7.5.32 所示的模型为例，说明“引导曲面”变形的一般操作过程。

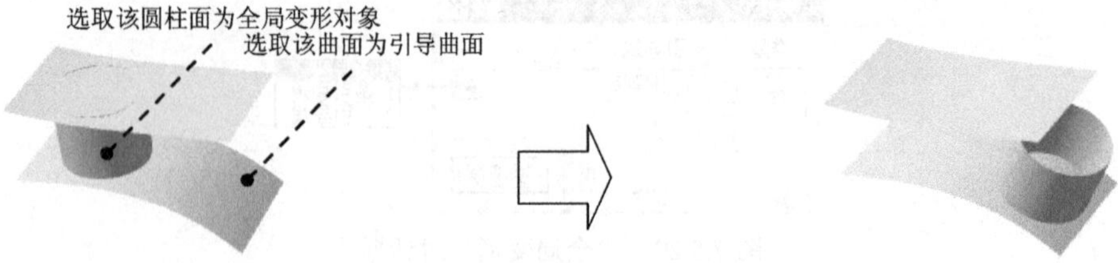

a）创建前　　b）创建后

图 7.5.32　引导曲面全局变形

Step1. 打开文件 D:\cat2016.8\work\ch07.05.05\Global Deformation_02.CAT Part。

Step2. 选择命令。选择下拉菜单 插入 → Shape Modification ▸ → Global Deformation... 命令，系统弹出“全局变形”对话框。

Step3. 定义全局变形类型。在对话框的 类型 区域中单击按钮。

Step4. 定义全局变形对象。按住 Ctrl 键，在绘图区选取图 7.5.32a 所示的圆柱曲面为全局变形的对象。

Step5. 定义引导线数目。在 引导线 区域的下拉列表中选择 1条引导线 选项，取消选中 □引导线连续 复选框，单击 运行 按钮。

Step6. 定义引导曲面。在绘图区选取图 7.5.32a 所示的曲面为引导曲面，此时在绘图区出现图 7.5.33 所示的方向控制器。

Step7. 进行全局变形。在绘图区向左拖动图 7.5.33 所示的方向控制器，将其拖动到图 7.5.34 所示的位置。

Step8. 单击 确定 按钮，完成全局变形的创建，如图 7.5.32b 所示。

说明：如果在 引导线 区域下拉列表中选择 2条引导线 选项，然后选取上下两个曲面，则全局变形对象将沿着两个引导曲面进行移动，如图 7.5.35 所示。

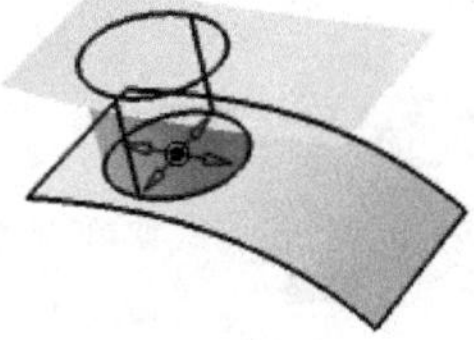

图 7.5.33　方向控制器

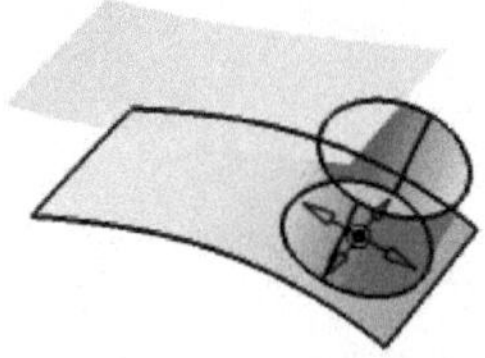

图 7.5.34　拖动方向控制器

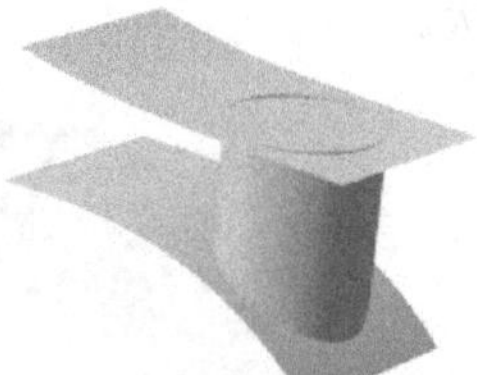

图 7.5.35　两个引导曲面

7.5.6　扩展

使用 Extend... 命令可以扩展已知曲面或曲线的长度。下面通过图 7.5.36 所示的实例，说明扩展的操作过程。

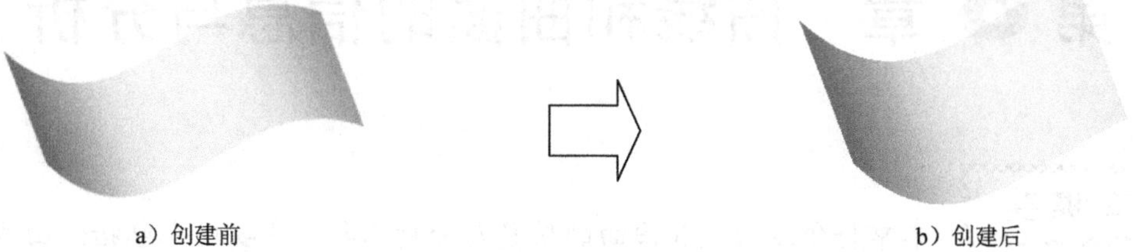

图 7.5.36 扩展

Step1. 打开文件 D:\cat2016.8\work\ch07.05.06\Extend.CATPart。

Step2. 选择命令。选择下拉菜单 插入 → Shape Modification ▸ → Extend... 命令，系统弹出图 7.5.37 所示的“扩展”对话框。

图 7.5.37 所示“扩展”对话框中部分选项的说明如下。

- 保留分段 复选框：用于设置允许负值扩展。

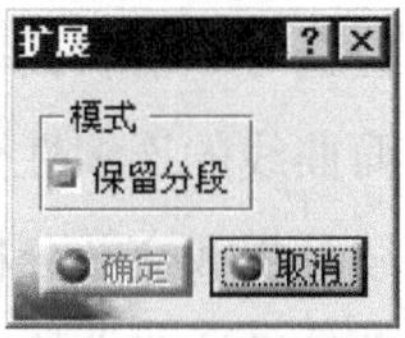

图 7.5.37 “扩展”对话框

Step3. 定义要扩展的曲面。在绘图区选取图 7.5.36a 所示的曲面为要扩展的曲面。

Step4. 设置扩展参数。在对话框中选中 保留分段 选项。

Step5. 编辑扩展。拖动图 7.5.38 所示的方向控制器，拖动后结果如图 7.5.39 所示。

Step6. 单击 确定 按钮，完成扩展曲面的创建，如图 7.5.36b 所示。

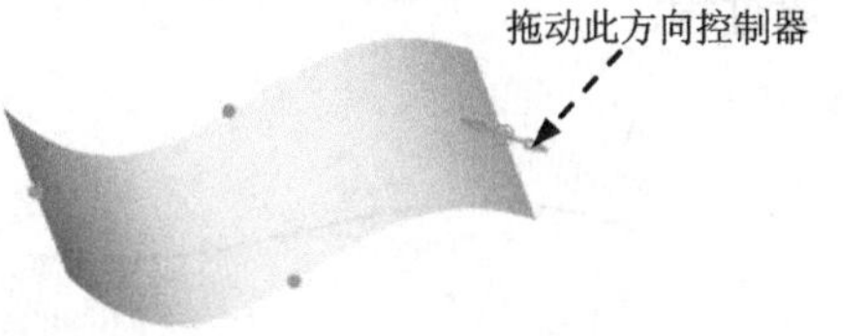

图 7.5.38 方向控制器

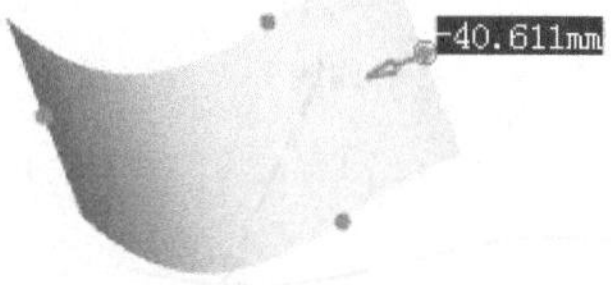

图 7.5.39 拖动结果

第 8 章 曲线和曲面的信息与分析

本章提要 本章将介绍曲线和曲面的信息与分析工具。主要内容包括：曲线的曲率分析与曲线的连续性分析，曲面的高斯曲率分析、拔模分析、映射分析、距离分析和反射线分析等。

8.1 曲线的分析

曲线质量的好坏直接影响到与之相关联的曲面和模型等。CATIA 为用户提供了多种曲线分析的工具，如箭状曲率、曲线连接检查等。箭状曲率是指系统用箭状图形的方式来显示样条曲线上各个点的曲率变化情况。而曲线的连续性分析可以检查曲线的连续性，其包括点连续分析、相切连续分析、曲率连续分析和交叠分析等。组合应用这两种分析工具可以得到高质量的曲线，从而也可以得到满足设计要求的曲面或模型。

8.1.1 曲线的曲率分析

曲线的曲率分析是指在使用曲线创建曲面之前，先检查曲线的质量，从曲率图中观察是否有不规则的“回折”“尖峰”现象，这是判断曲线是否“平滑”的重要依据。下面以图 8.1.1 所示的实例来说明进行曲线的曲率分析的一般过程。

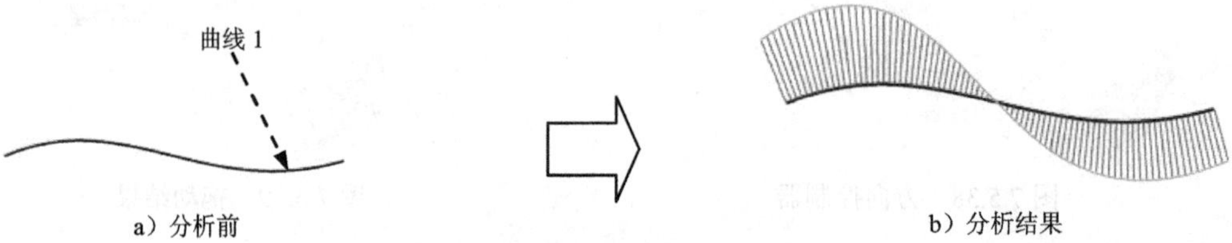

a）分析前　　b）分析结果

图 8.1.1　曲线的曲率分析

Step1. 打开文件 D:\cat2016.8\work\ch08.01\curve_curvature_analys.CATPart。

Step2. 选择命令。选择下拉菜单 插入 → 形状分析 → 箭状曲率分析 命令，此时系统弹出图 8.1.2 所示的“箭状曲率”对话框（一）和“工具控制板”工具栏。

Step3. 定义分析类型。在“箭状曲率”对话框（一）的 类型 区域的下拉列表中选择 曲率 选项。

Step4. 定义对象。在系统 选择要显示/移除分析曲率的曲线 的提示下，选取图 8.1.1a 所示模型中的曲线 1 为要显示曲率分析的曲线。

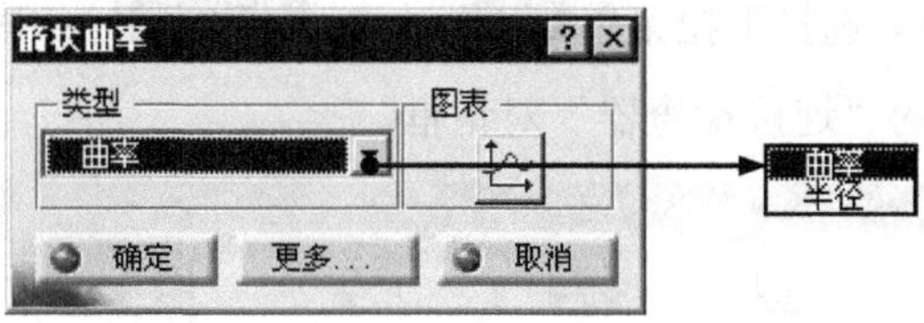

图 8.1.2 “箭状曲率”对话框（一）

Step5. 观察分析结果。完成上步操作后，曲线 1 上出现曲率分布图，将鼠标指针移至曲率分析图的任意曲率线上，系统将自动显示该曲率线对应曲线位置的曲率数值（图 8.1.1b）。

Step6. 单击 确定 按钮，完成曲线的曲率分析。

说明：

- 在“箭状曲率”对话框中单击 更多... 按钮，系统弹出图 8.1.3 所示的“箭状曲率”对话框（二），用户可以根据需要调整曲率图的密度和振幅等参数（图 8.1.4）。

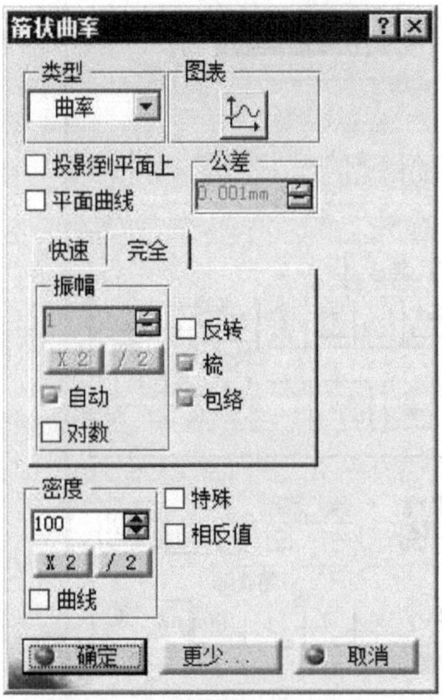

图 8.1.3 “箭状曲率”对话框（二）

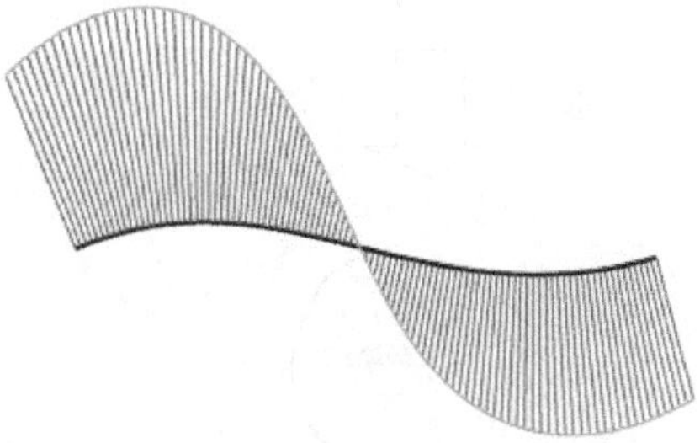

图 8.1.4 曲线曲率分析

- 在“箭状曲率”对话框中单击“显示图表窗口”按钮，系统弹出图 8.1.5 所示的“2D 图表”对话框，在该对话框中可以选择不同的工程图模式，查看曲线的曲率分布。

8.1.2 曲线的连续性分析

使用 连接检查器分析... 命令可以分析曲线的连续性。下面通过图 8.1.6 所示的实例，说明连续性分析的操作过程。

Step1. 打开文件 D:\cat2016.8\work\ch08.01\Curve_Connect_Checker.CATPart。

Step2. 选择命令。选择下拉菜单 插入 → 形状分析 → 连接检查器分析... 命令，系统弹出图 8.1.7 所示的“连接检查器”对话框。

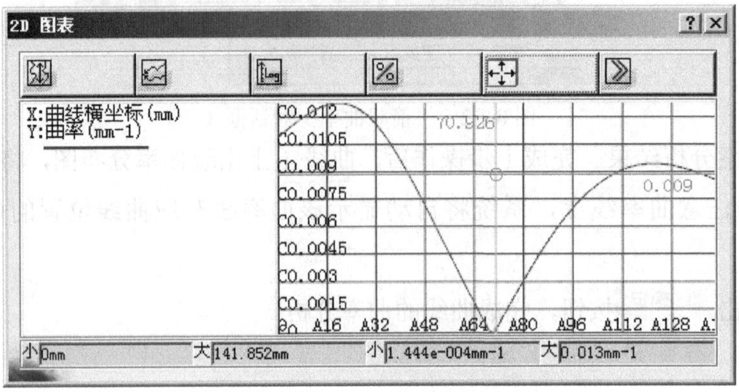

图 8.1.5 “2D 图表”对话框

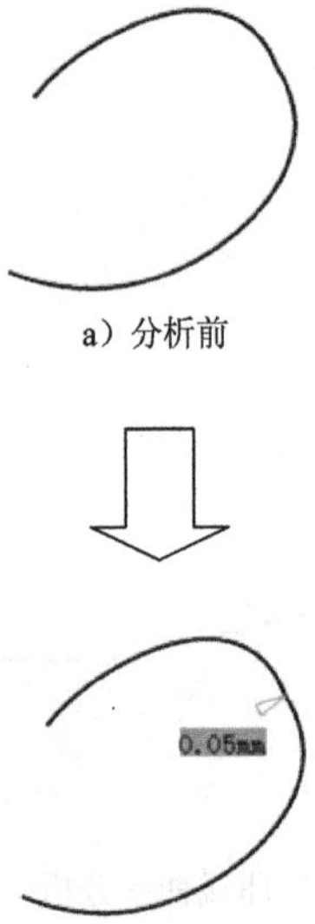

a）分析前

b）分析后

图 8.1.6 连续性分析

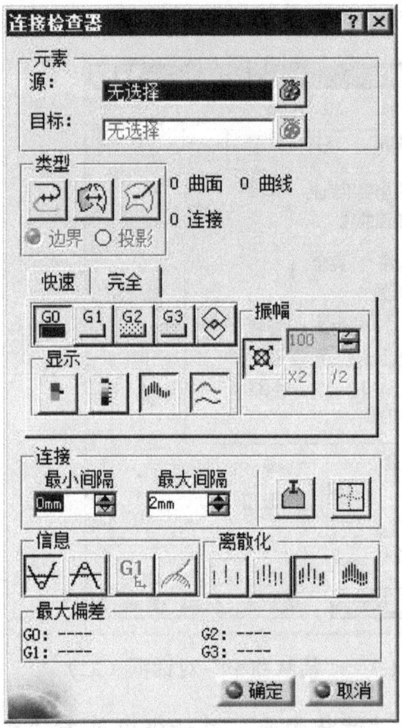

图 8.1.7 “连接检查器”对话框

Step3. 定义分析类型。在 类型 区域中单击“曲线-曲线连接”按钮，并选中 边界 单选项。

Step4. 选择分析对象。选择图 8.1.6a 所示的曲线为分析对象。

Step5. 单击 确定 按钮，完成曲线连接的分析，如图 8.1.6b 所示。

说明：在 完全 选项卡中分别单击 G1、G2、G3 和 按钮的情况如图 8.1.8~图 8.1.11 所示。

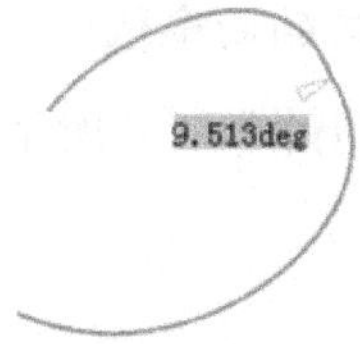

图 8.1.8　G1 连续

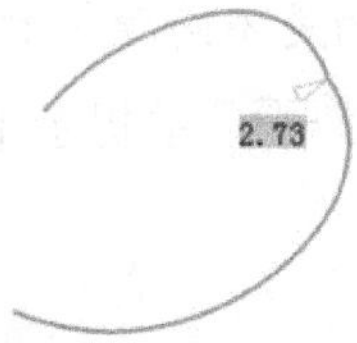

图 8.1.9　G2 连续

图 8.1.10　G3 连续

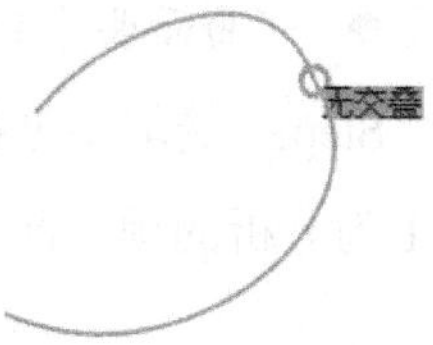

图 8.1.11　交叠缺陷

8.2　曲面的分析

在曲面设计过程中或者曲面设计完成之后都需要对曲面进行必要的分析，从而检查曲面是否达到设计的要求。CATIA“创成式外形设计”工作台和“自由曲面设计”工作台提供了多种曲面分析工具，以便找出曲面缺陷位置，进而对曲面进行修改和编辑。下面介绍几种常用的曲面分析方法。

8.2.1　曲面的曲率分析

曲面的曲率分析工具在创成式外形设计工作台的“分析”工具栏中。下面以图 8.2.1 所示的实例来说明进行曲面曲率分析的一般过程。

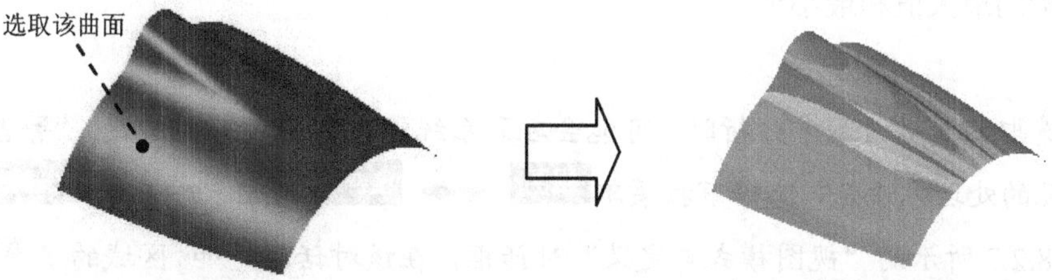

a）分析前　　b）分析结果

图 8.2.1　曲面曲率分析

Step1. 打开文件 D:\cat2016.8\work\ch08.02\surface_curvature_analysis.CATPart。

Step2. 选择分析命令。选择下拉菜单 插入 → 形状分析 → 分析曲面曲率 命令（或单击“分析”工具栏中的按钮），系统同时弹出图 8.2.2 所示的“曲面曲率”对话框（一）和图 8.2.3 所示的“曲面曲率分析.1”对话框（一）。

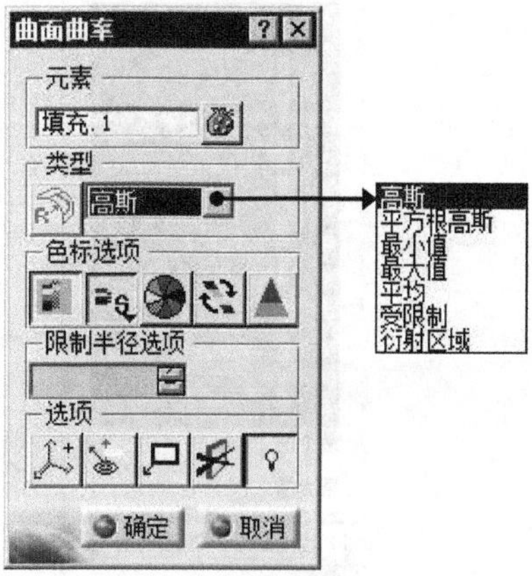

图 8.2.2　“曲面曲率”对话框（一）

注意：

- 只有在“曲面曲率”对话框（一）中按下按钮才会显示“曲面曲率分析.1”对话框（一）。

● “曲面曲率分析.1”对话框（一）中表示的是不同颜色卡所对应的曲率值。

Step3. 选取要分析的项。在系统 选择要显示/移除分析的曲面 的提示下，选择图 8.2.4 所示的曲面 1 为分析的项，此时曲面上出现曲率分布图。

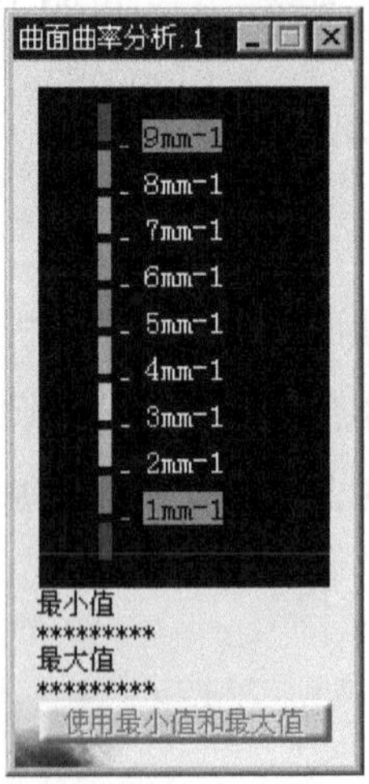

图 8.2.3 “曲面曲率分析.1”对话框（一）

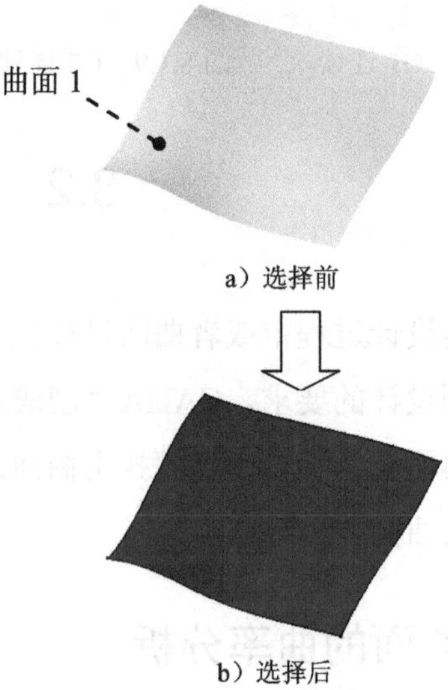

图 8.2.4 曲率分布图

Step4. 查看分析结果。同时在图 8.2.5 所示的“曲面曲率分析.1”对话框（二）中可以看到曲率分析的最大值和最小值。

说明：

用户在选取曲面进行曲率分析时，可能会碰到系统弹出的图 8.2.6 所示的“警告”对话框。这种情况的处理方法是，选择下拉菜单 视图 → 渲染样式 ▸ → 自定义视图 命令，系统弹出图 8.2.7 所示的“视图模式自定义”对话框，在该对话框 网格 区域的 着色 选项卡中选择 材料 单选项，单击对话框中的 确定 按钮。

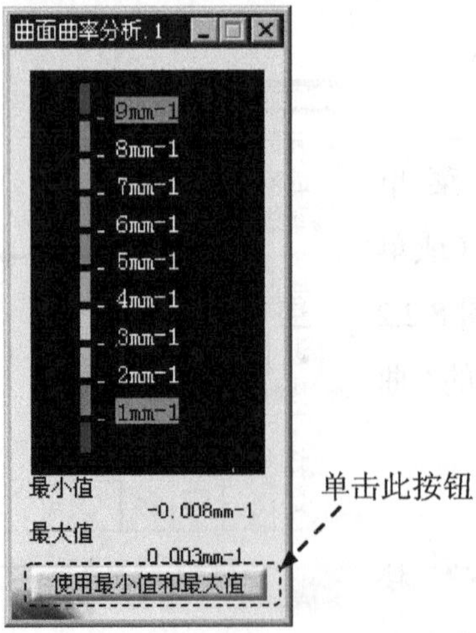

图 8.2.5 “曲面曲率分析.1”对话框（二）

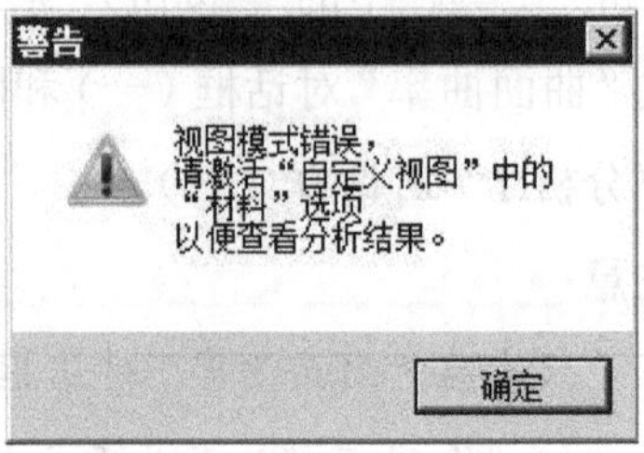

图 8.2.6 “警告”对话框

- 若在图 8.2.5 所示的“曲面曲率分析.1”对话框（二）中单击 使用最小值和最大值 按钮，曲面将显示介于最大值和最小值之间的曲率分布图，如图 8.2.8 所示，这样读者可以更清楚地观察到曲面上的曲率变化。

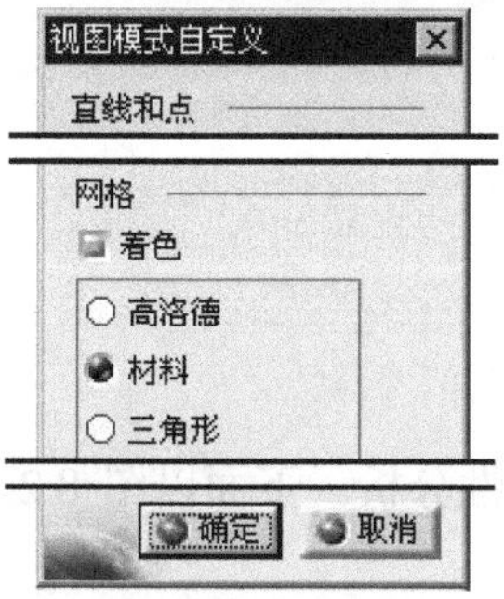

图 8.2.7 “视图模式自定义”对话框

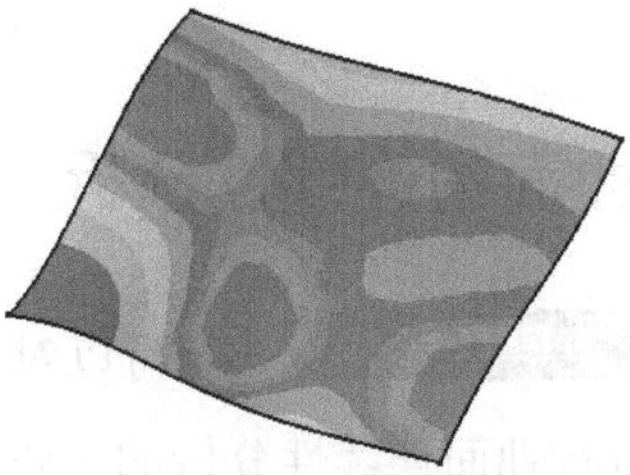

图 8.2.8 曲率分布图

- 在“曲面曲率”对话框的 类型 区域中，可以选择曲率显示的类型，如 最小值、最大值、平均、受限制 和 衍射区域 等，选择不同的曲率类型，曲面显示的曲率图谱和“曲面曲率分析.1”对话框中的 最大值 与 最小值 都会随之改变。如将类型设置为 最大值，“曲面曲率分析.1”对话框（二）将变为图 8.2.9 所示的“曲面曲率分析.1”对话框（三），曲率分布图也随之变化，如图 8.2.10 所示。
- 在“曲面曲率”对话框的 选项 区域中，用户可以合理选择曲率的显示选项和分析选项，以便更清晰地观察曲面曲率图。例如，在图 8.2.11 所示“曲面曲率”对话框（二）的 选项 区域中按下 按钮，再将鼠标移动到曲面曲率图上，此时系统会随鼠标移动指示所在位置的曲率值和最大值、最小值所在方位，如图 8.2.12 所示。

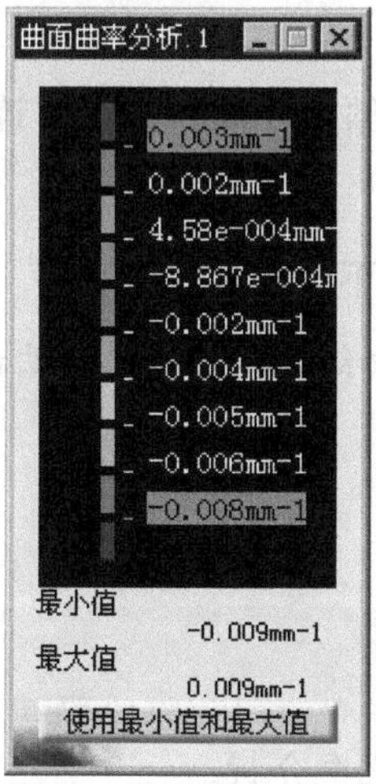

图 8.2.9 “曲面曲率分析.1”对话框（三）

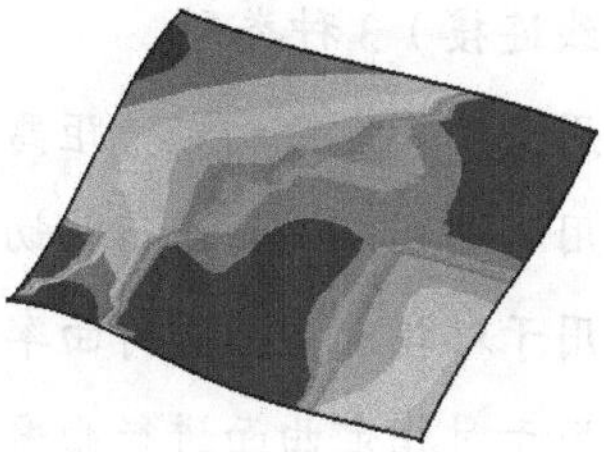

图 8.2.10 曲率分布图

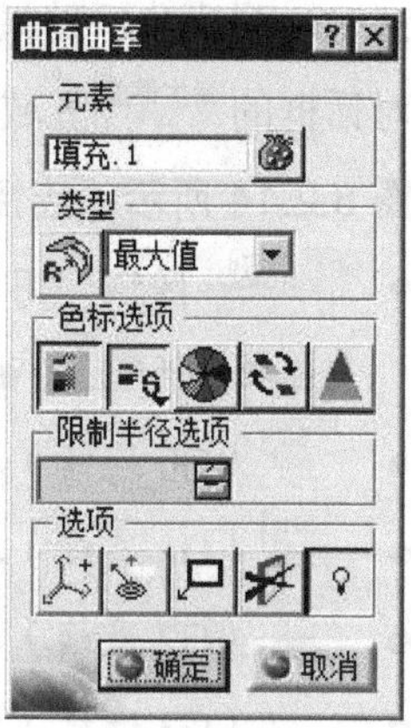

图 8.2.11 “曲面曲率”对话框（二）

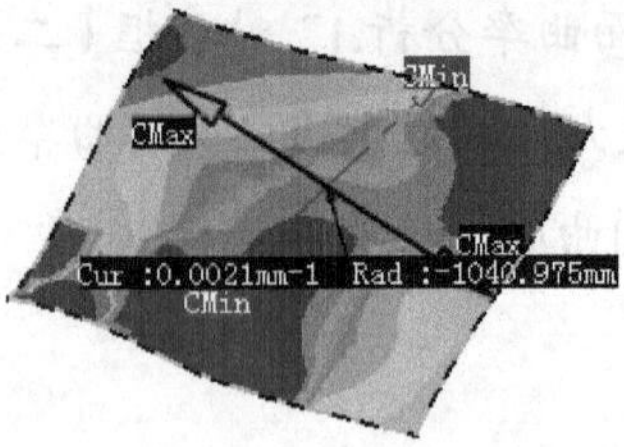

图 8.2.12　曲率分布图

8.2.2　曲面的连续性分析

使用连接检查器分析...命令可以对已知曲面进行连续性分析。下面以图 8.2.13 所示的实例来说明进行曲面连续性分析的一般过程。

Step1. 打开文件 D:\cat2016.8\work\ch08.02\connect_analysis.CATPart。

Step2. 选择命令。选择下拉菜单插入 → 形状分析 → 连接检查器分析...命令，系统弹出图 8.2.14 所示的“连接检查器”对话框。

Step3. 定义分析类型。在“连接检查器”对话框的类型区域中单击“曲面-曲面连接”按钮。

Step4. 选取分析元素。按住 Ctrl 键在图形区选取图 8.2.13a 所示的曲面 1 和曲面 2 为分析元素。

Step5. 定义分析。在对话框连接区域的最大间隔文本框中输入值 0.1；在完全选项卡中单击“G0 连续”按钮；在显示区域中单击“梳”按钮；在振幅区域取消选中“自动缩放”按钮（使其弹起），然后在其后的文本框中输入振幅值 1200；在信息区域单击“最小值”按钮；在离散化区域中单击“中度离散化”按钮。其他参数接受系统默认设置值（图 8.2.14）。

Step6. 观察分析结果。完成上步操作后，曲面上显示分析结果，同时，在“连接检查器”对话框的最大偏差区域中显示全部分析结果（图 8.2.14）。

图 8.2.14 所示“连接检查器”对话框中部分选项的说明如下。

- 类型区域：用于选择连接类型，其包括（曲线-曲线连接）、（曲面-曲面连接）和（曲面-曲线连接）3 种类型。
- G0（G0 连续）按钮：用于对指定曲面进行距离分析。
- G1（G1 连续）按钮：用于对指定曲面进行相切分析。
- G2（G2 连续）按钮：用于对指定曲面进行曲率分析。
- G3（G3 连续）按钮：用于对指定曲面进行曲率的变化率分析。
- 显示区域：用于显示连续性的相关参数，其包括、、和4 种类型。

☑ （有限色标）按钮：用于显示色度标尺。选中此复选框会弹出图 8.2.15 所示的“连接检查器分析”对话框。

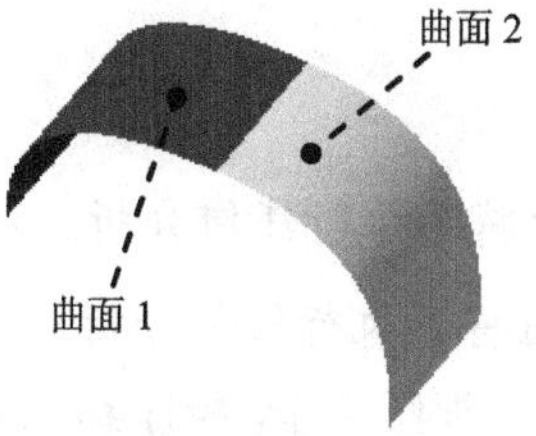

a）分析前

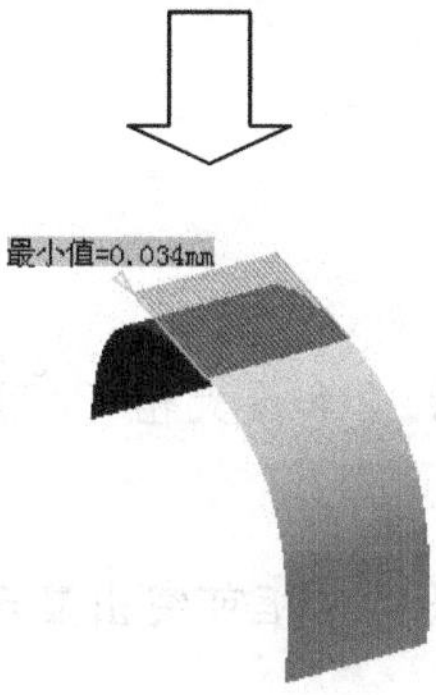

b）分析后

图 8.2.13 曲面连续性分析

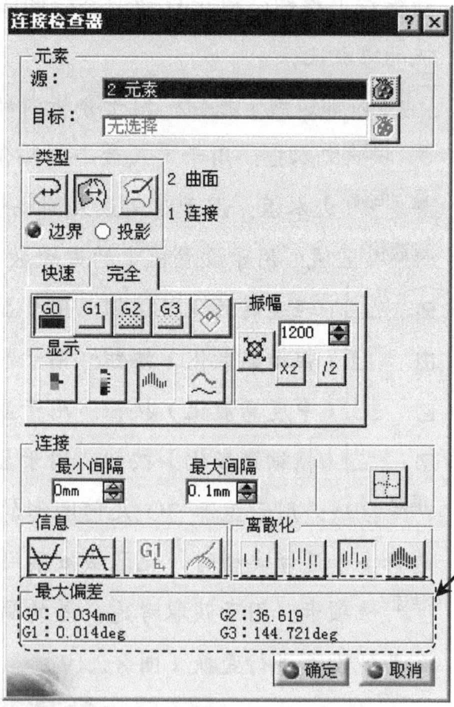

图 8.2.14 “连接检查器”对话框

☑ （完整色标）按钮：用于显示色度标尺。选中此复选框会弹出图 8.2.16 所示的“连接检查器分析”对话框。

☑ （梳）按钮：用于显示与距离对应的个点处的尖峰，当选中此复选框时，分析如图 8.2.17 所示。

☑ （包络）按钮：用于连接所有的尖峰从而形成曲线，当选中此按钮时，分析如图 8.2.18 所示。

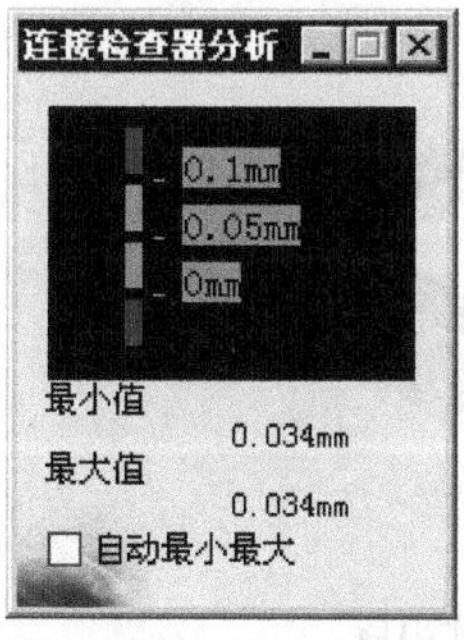

图 8.2.15 有限色标

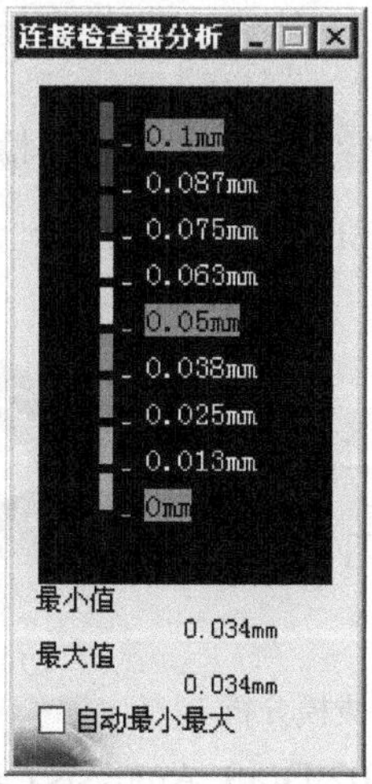

图 8.2.16 完整色标

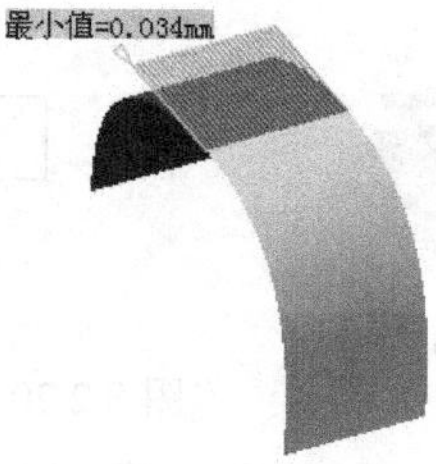

图 8.2.17 梳

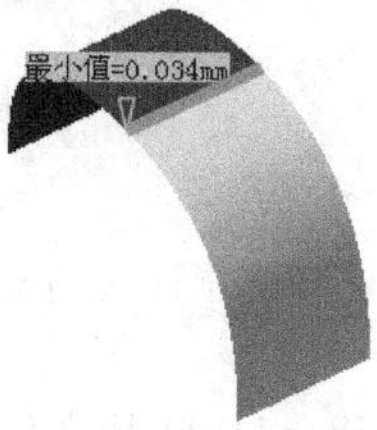

图 8.2.18 包络

- 振幅 区域：用于设置梳缩放的方式，其包括按钮和 100 文本框。（自动缩放）按钮：用于自动调整梳的缩放比。 100 单选项：用于自定义调整梳的缩放比。
- （内部边线）按钮：用于分析内部连接。
- 最小间隔 文本框：用于定义最小间隔值，低于此值将不执行任何分析。
- 最大间隔 文本框：用于定义最大间隔值，高于此值将不执行任何分析。
- 离散化 区域：用于设置梳中的尖峰数，其包括、、和4 种类型。
  - ☑ （轻度离散化）按钮：用于显示 5 个峰值。
  - ☑ （粗糙离散化）按钮：用于显示 15 个峰值。
  - ☑ （中度离散化）按钮：用于显示 30 个峰值。
  - ☑ （精细离散化）按钮：用于显示 45 个峰值。
- 信息 区域：用于显示 3D 几何图形的最小值（按钮）和最大值（按钮）。当选择多个连续类型时，此区域被禁用。
- 快速 选项卡：用于获取考虑公差的简化分析。通过此对话框可突出显示中的颜色及其他设置进行变换（图 8.2.19）。

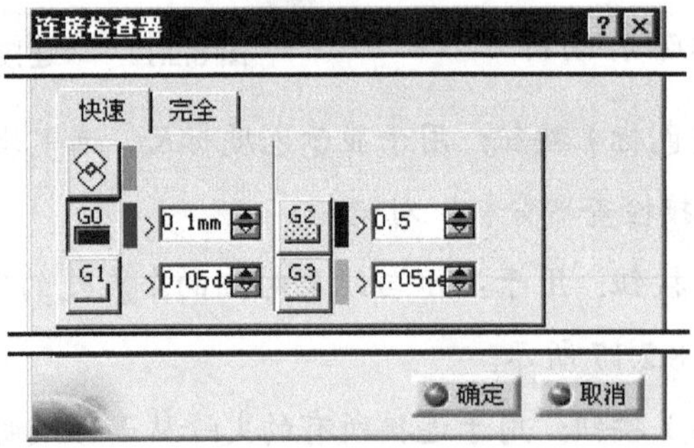

图 8.2.19 “快速”选项卡

8.2.3 曲面的拔模分析

使用 分析拔模特征 命令可以对已知曲面进行拔模分析，可以检测是否能够顺利地进行拔模。下面以图 8.2.20 所示的实例来说明进行曲面的拔模分析的一般过程。

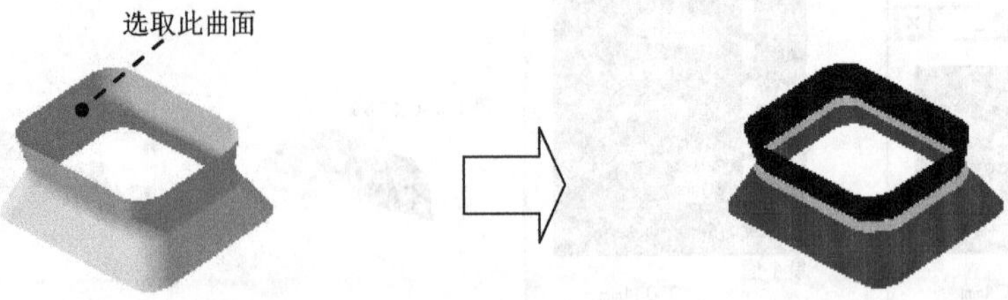

a）分析前　　b）分析后

图 8.2.20 拔模分析

Step1. 打开文件 D:\cat2016.8\work\ch08.02\Draft_Analysis.CATPart。

Step2. 选择命令。选择下拉菜单 插入 → 形状分析 → 拔模分析... 命令，系统弹出图 8.2.21 所示的“拔模分析”对话框。

Step3. 定义分析对象。在绘图区选取图 8.2.20a 所示的曲面为要分析的对象。

Step4. 定义显示模式。在“拔模分析”对话框的 模式 区域单击“切换至全面分析模式”按钮；在 显示 区域中确认“显示或隐藏色标”按钮被按下，此时，系统弹出图 8.2.22 所示的“拔模分析.2”对话框，同时，模型表面被划分成不同的几个颜色区域，表示是模型的不同拔模角度（图 8.2.20b）。

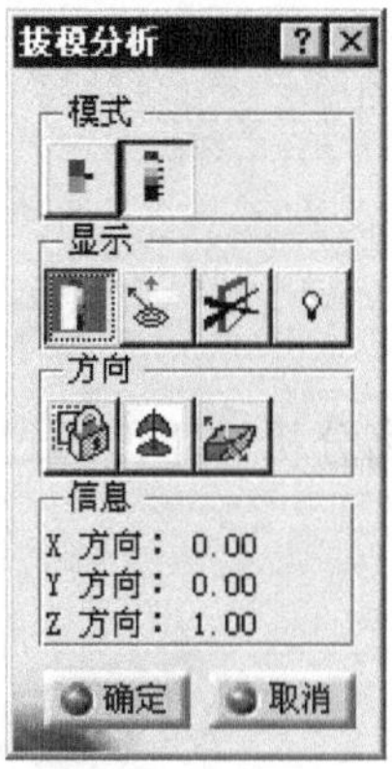

图 8.2.21 “拔模分析”对话框

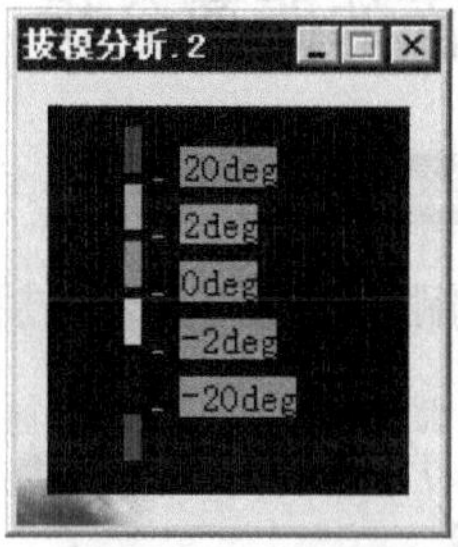

图 8.2.22 “拔模分析.2”对话框

说明：

- 在进行拔模分析时，需将视图调整到“含材料着色”视图环境下。
- 若想在拔模分析的状态下调整曲面形状，则需先选择下拉菜单 插入 → Shape Modification ▸ → 控制点... 命令，然后再进行拔模分析。

图 8.2.21 所示“拔模分析”对话框中部分选项的说明如下。

- 模式 区域：用于定义分析模式，其包括按钮和按钮。
  - ☑ 按钮：用于设置基于选择的颜色范围进行快速分析。
  - ☑ 按钮：用于设置仅使用默认显示的值和颜色进行全面分析。
- 显示 区域：用于定义分析类型，其包括按钮、按钮、和按钮。
  - ☑ 按钮：用于以完整颜色范围或有限颜色范围显示（或隐藏）距离分析。
  - ☑ 按钮：用于进行局部分析。当选中此复选框时，将鼠标指针移动到要进行局部分析的位置，此时在指针下方显示箭头，用于标识指针位置上曲面的法线方向（绿色箭头）、拔模方向（红色箭头）和切线方向（蓝色箭头）。在曲面上移动指针时，显示将动态更新。同时将显示圆弧，以指示该点处曲面的相切平面。
  - ☑ 按钮：用于突出显示展示部分的隐藏。

☑ 按钮：用于进行环境光源明暗的调整。

● 方向 区域：用于设置方向的相关参数，其包括 按钮、 按钮和 按钮。

☑ 按钮：单击该按钮并选择一个方向（直线、平面或使用其法线的平面），或者在指南针操作器可用时使用它的选择方向可以锁定方向。

☑ 按钮：使用指南针定义新的当前拔模方向。单击此按钮后，指南针会出现在要做拔模分析的曲面上，用户可以通过定义指南针的位置改变拔模分析的方向。

☑ 按钮：用于反转拔模方向。

● 信息 区域：用于显示指南针的位置信息。

8.2.4 曲面的距离分析

使用 Distance Analysis... 命令可以对已知元素间进行距离分析。下面通过图 8.2.23 所示的实例，说明距离分析的操作过程。

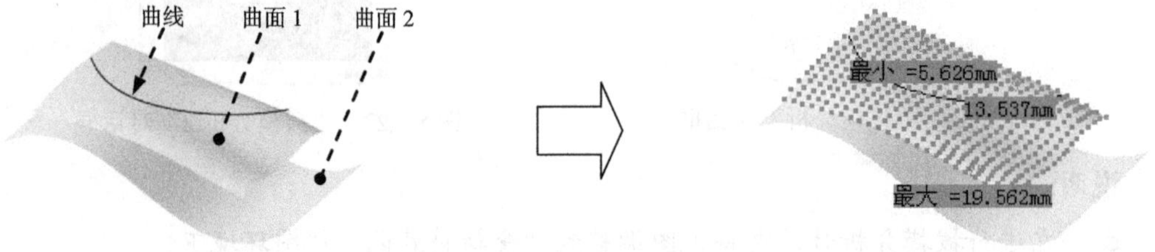

a）分析前　　b）分析后

图 8.2.23　距离分析

Step1. 打开文件 D:\cat2016.8\work\ch08.02\Distance Analysis.CATPart。

Step2. 确认当前工作环境处于“自由曲面设计”工作台，如不是，则切换到该工作台。

Step3. 选择命令。选择下拉菜单 插入 → 形状分析 → Distance Analysis... 命令，系统弹出图 8.2.24 所示的“距离分析”对话框。

Step4. 定义“源”元素。在绘图区选取图 8.2.23a 所示的曲面 1 为“源”元素。

Step5. 定义“目标”元素。在“距离分析”对话框的 元素 区域单击 目标 文本框，然后在绘图区选取图 8.2.23a 所示的曲面 2 为“目标”元素。

图 8.2.24 所示“距离分析”对话框中部分选项的说明如下。

● 元素 区域：用于定义要分析的元素，其包括 源 文本框、 目标 文本框和 按钮。

☑ 源 单选项：用于定义分析的源元素。

☑ 目标 单选项：用于定义分析的目标元素。

☑ 按钮：用于反转计算方向。当在有些情况下无法进行反转计算方向时，该按钮被禁用，如其中一个元素为平面。

- 投影空间区域：定义用于计算的输入元素的预处理，其包括按钮、按钮、按钮、按钮、按钮和按钮。
  - ☑ 按钮：若单击此按钮，则设置不修改元素并在初始元素之间进行计算。
  - ☑ 按钮：若单击此按钮，则计算沿 X 方向进行的元素投影之间的距离。仅在分析曲线之间的距离时可用。
  - ☑ 按钮：若单击此按钮，则计算沿 Y 方向进行的元素投影之间的距离。仅在分析曲线之间的距离时可用。
  - ☑ 按钮：若单击此按钮，则计算沿 Z 方向进行的元素投影之间的距离。仅在分析曲线之间的距离时可用。
  - ☑ 按钮：若单击此按钮，则根据指南针当前的方向进行投影，并在选定元素的投影之间进行计算。

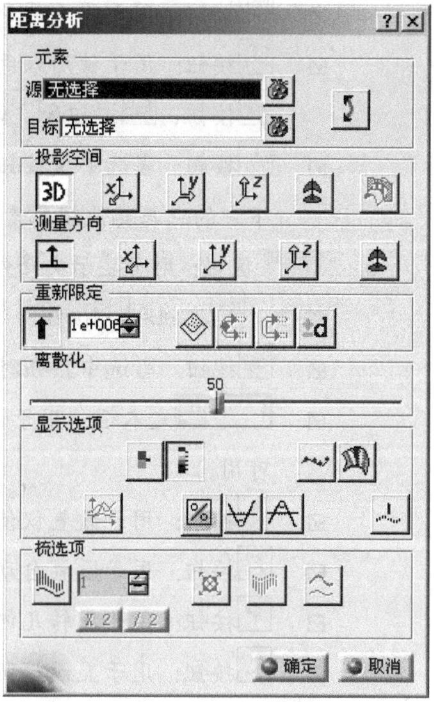

图 8.2.24 “距离分析”对话框

  - ☑ 按钮：若单击此按钮，则计算曲线与包含该曲线的平面交线之间的距离。仅在分析曲线与平面之间的距离时可用。
- 测量方向区域：用于定义计算距离的方向，其包括按钮、按钮、按钮、按钮和按钮。
  - ☑ 按钮：用于设置根据源元素的法线计算距离。
  - ☑ 按钮：用于设置根据 X 轴计算距离。
  - ☑ 按钮：用于设置根据 Y 轴计算距离。
  - ☑ 按钮：用于设置根据 Z 轴计算距离。
  - ☑ 按钮：用于设置根据指南针方向计算距离。
- 显示选项区域：用于定义显示选项，其包括按钮、按钮、按钮、按钮、按钮、按钮、按钮、按钮和按钮。
  - ☑ 按钮：用于显示表示距离变化的 2D 图。
  - ☑ 按钮：用于设置基于选择的颜色范围进行完全分析。
  - ☑ 按钮：用于设置仅使用默认显示的 3 个值和 4 种颜色进行简化分析。
  - ☑ 按钮：用于设置在几何图形上仅显示点外形的距离分析。
  - ☑ 按钮：用于显示最大距离值以及在几何图形上的位置。

☑ 按钮：用于显示最小距离值以及在几何图形上的位置。

☑ 按钮：用于显示两个值之间点的百分比。

☑ 按钮：用于使用颜色分布检查分析。当此按钮处于选中状态时，按钮、按钮、按钮和按钮不可用。

☑ 按钮：当选中该按钮时，允许将鼠标指针移动到离散化元素上，显示指针下方的点与其他组元素之间更精确的距离。

- 梳选项 区域：用于显示尖峰外形的距离分析，其包括按钮、1 文本框、按钮、按钮和按钮。

☑ 按钮：当选中按钮时，其 梳选项 区域被激活。

☑ 1 文本框：用于设置尖峰大小的比率。当选中按钮时，该文本框不可用。

☑ 按钮：用于设置仅使用默认显示的三个值和四种颜色进行简化分析。

☑ 按钮：用于设置自动优化的尖峰大小。

☑ 按钮：用于反转几何图形上的尖峰可视化。

☑ 按钮：用于显示将所有尖峰连接在一起的包络线。

- 离散化 区域：用于设置离散化参数，其中 52 滑块用于减少或增加计算距离时所要考虑“源”元素的点数。
- 文本框：用于设置显示的最大距离值，小于该距离值的结果在模型和图 8.2.26 所示的“Colors”对话框中能够显示，否则系统不予显示。图 8.2.25 和图 8.2.26 所示是最大距离值为 9mm 时的显示结果。

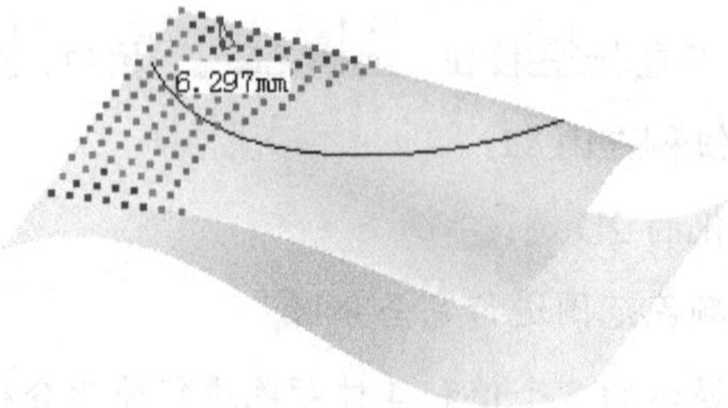

图 8.2.25 “Colors”对话框

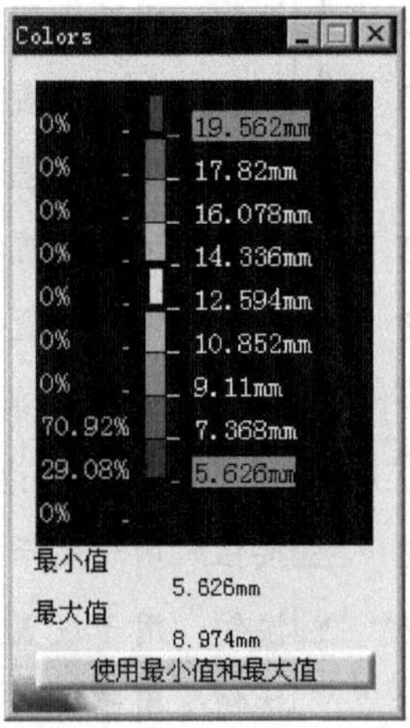

图 8.2.26 “Colors”对话框

Step6. 定义测量方向。在“距离分析”对话框的 测量方向 区域单击按钮，将测量方向改为法向距离，此时在绘图区显示图 8.2.27 所示的分析距离。

Step7. 定义显示选项。单击 显示选项 区域的按钮，系统弹出“Colors”对话框。在“Colors”对话框中单击 使用最小值和最大值 按钮。

Step8. 分析统计分布。在“距离分析”对话框中单击“显示统计信息”按钮，此时“Colors”对话框如图 8.2.28 所示。

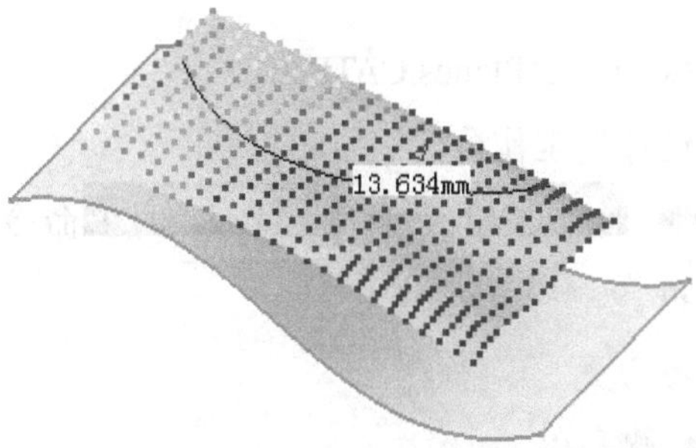

图 8.2.27　方向距离分析

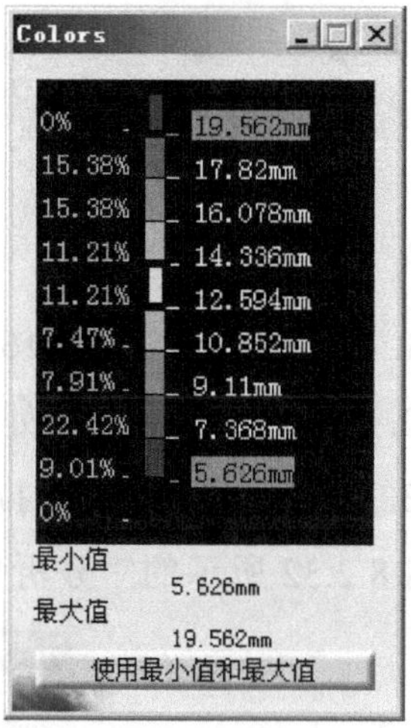

图 8.2.28　“Colors”对话框

Step9. 显示最小值和最大值。在“距离分析”对话框中单击“最小值”按钮和“最大值”按钮，此时在绘图区域显示最小值和最大值，如图 8.2.29 所示。

Step10. 单击 确定 按钮，完成距离的分析，如图 8.2.23b 所示。

说明：若需要在两个面之间做颜色检查，则需在一开始选中图 8.2.23a 所示的曲面 1 为“源”元素，曲面 2 为“目标”元素，之后在“距离分析”对话框的 测量方向 区域单击按钮调整测量方向，再单击 显示选项 区域的按钮，系统弹出“Colors”对话框。在“Colors”对话框中单击 使用最小值和最大值 按钮更新最小最大值。然后单击“结构映射模式”按钮并单击“距离分析”对话框的 确定 按钮，完成两个面之间的距离分析，结果如图 8.2.30 所示（模型显示为“带材料着色”模式）。

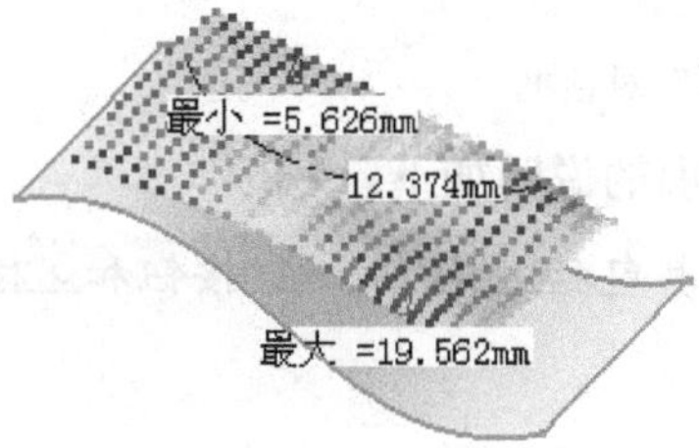

图 8.2.29　最小值和最大值

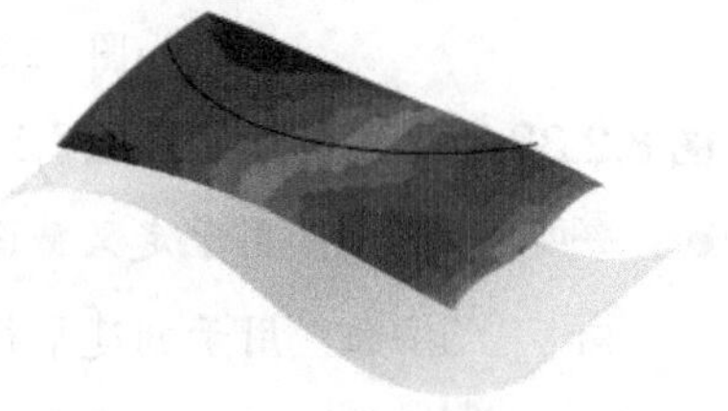
图 8.2.30　面与面之间的颜色分布检查

8.2.5 切除面分析

使用 切除面分析... 命令可以在已知曲面上创建若干切割平面，并对这些切割平面与已知曲面的交线进行曲率分析。下面通过图 8.2.31 所示的实例说明切除面分析的操作过程。

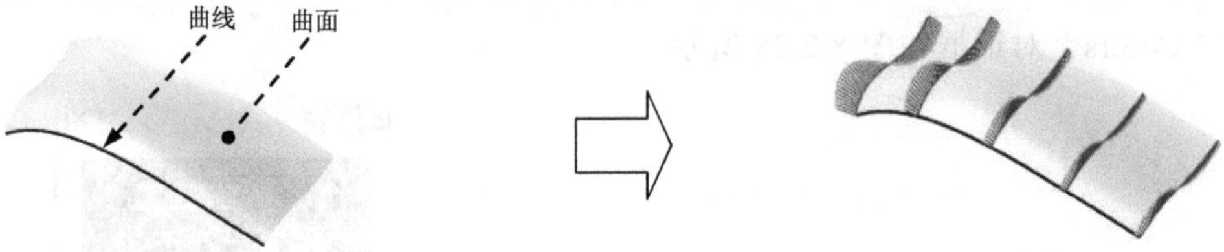

a）分析前　　b）分析后

图 8.2.31　切除面分析

Step1. 打开文件 D:\cat2016.8\work\ch08.02\Cutting_Planes.CATPart。

Step2. 确认当前工作环境处于“自由曲面设计”工作台。

Step3. 选择命令。选择下拉菜单 插入 → 形状分析 → 切除面分析... 命令，系统弹出图 8.2.32 所示的“分析切除面”对话框。

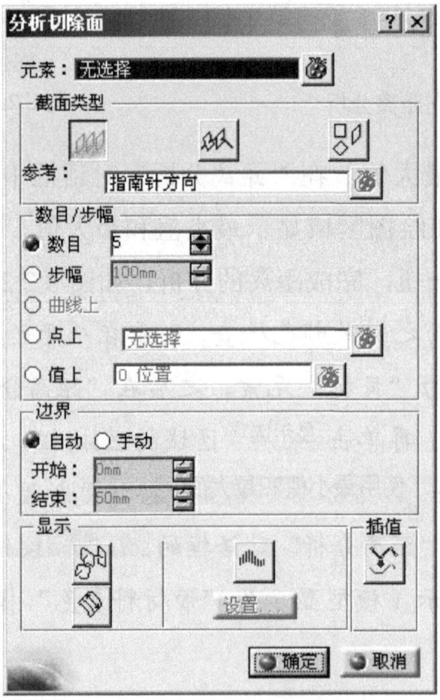

图 8.2.32　“分析切除面”对话框

图 8.2.32 所示“分析切除面”对话框中部分选项的说明如下。

- 截面类型 区域：用于定义截面的创建类型，其包括按钮、按钮和按钮。
  - ☑ 按钮：用于创建平行的截面。
  - ☑ 按钮：用于创建与指定曲线垂直的截面。
  - ☑ 按钮：用于创建独立的截面，并且此独立截面必须是前面创建好的平面或曲面。

- 数目/步幅 区域：用于设置创建截面的相关参数，其包括 ● 数目 单选项、 ● 步幅 单选项和 ● 曲线上 单选项。

 - ☑ ● 数目 单选项：用于定义创建截面的数量，用户可以在其后的文本框中输入值来定义切割平面的数量。

 - ☑ ● 步幅 单选项：用于定义截面的间距，用户可以在其后的文本框中输入值来定义切割平面的间距。

 - ☑ ● 曲线上 单选项：用于设置沿曲线的截面位置。

- 边界 区域：用于定义平行截面的相关参数，其包括 ● 自动 单选项、 ● 手动 单选项、开始：文本框和 结束：文本框。

 - ☑ ● 自动 单选项：用于设置系统自动根据选择的几何图形定义截面的位置。

 - ☑ ● 手动 单选项：用于将截面的位置定义在指定开始值和结束值之间。

 - ☑ 开始：文本框：用于定义截面的开始值。

 - ☑ 结束：文本框：用于定义截面的结束值。

- 显示 区域：用于设置显示的相关选项，其包括 、 、 和 设置... 按钮。

 - ☑ （平面）按钮：用于设置显示创建的截面。

 - ☑ （弧长）按钮：用于设置显示创建的弧长。

 - ☑ （曲率）按钮：用于显示截面与指定曲面交线的曲率。

 - ☑ 设置... 按钮：用于显示"箭状曲率"的相关参数。单击此按钮，系统弹出图 8.2.33 所示的"箭状曲率"对话框，用户可以在该对话框中对"箭状曲率"进行相关的设置。

说明：图 8.2.33 所示的"箭状曲率"对话框在 8.1.1 节中有介绍。

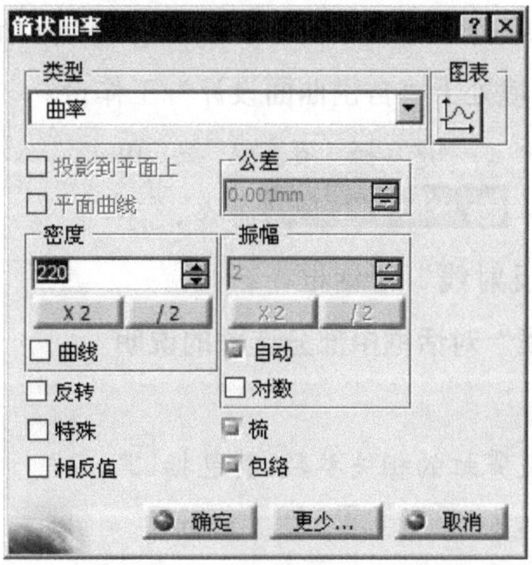

图 8.2.33　"箭状曲率"对话框

Step4. 设置截面类型。在“分析切除面”对话框的截面类型区域中单击“与曲线垂直的平面”按钮。

Step5. 设置截面数量。在数目/步幅区域选中数目单选项，并在其后的文本框中输入值 5。

Step6. 定义要分析的曲线和面。在绘图区选取图 8.2.31a 所示的曲面和曲线为分析对象。

Step7. 定义显示参数。在显示区域中单击“平面”按钮和“曲率”按钮。

Step8. 定义箭状曲率的相关参数。在显示区域单击设置...按钮，系统弹出“箭状曲率”对话框；在类型下拉列表中选择曲率选项，在密度区域的文本框中输入值 50，在振幅区域的文本框中输入值 300，单击确定按钮，完成箭状曲率的参数设置。

Step9. 单击“分析切除面”对话框中的确定按钮，完成切除面分析，如图 8.2.31b 所示。

8.2.6 反射线分析

使用Reflection Lines...命令可以利用反射线对已知曲面进行分析。下面通过图 8.2.34 所示的实例说明反射线分析的操作过程。

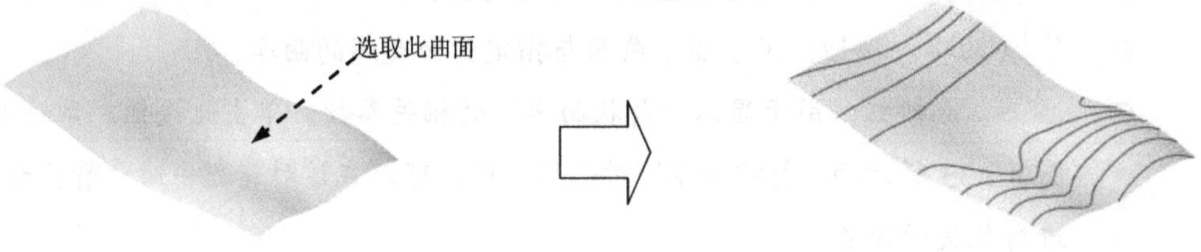

a）分析前　　b）分析后

图 8.2.34　反射线分析

Step1. 打开文件 D:\cat2016.8\work\ch08.02\Analyzing Reflect Curves.CATPart。

Step2. 确认当前工作环境处于“自由曲面设计”工作台。

Step3. 选择命令。选择下拉菜单 插入 → 形状分析 → Reflection Lines... 命令，系统弹出图 8.2.35 所示的“反射线”对话框。

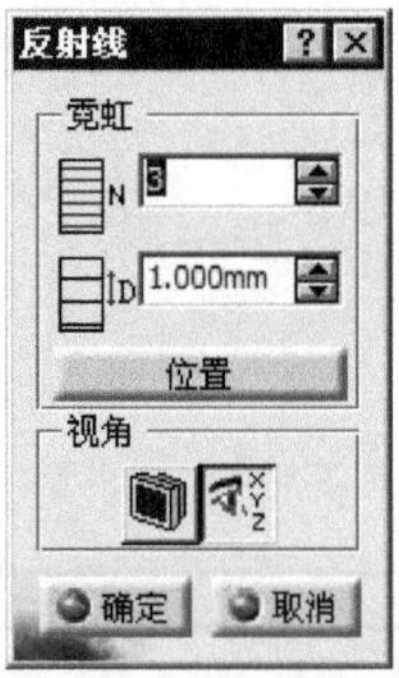

图 8.2.35　“反射线”对话框

图 8.2.35 所示“反射线”对话框中部分选项的说明如下。

- 霓虹区域：用于定义霓虹的相关参数，其包括文本框、文本框和位置按钮。
  - ☑ 文本框：用于定义霓虹的条数。

- ☑ 文本框：用于定义每条霓虹的间距。
- ☑ 位置 按钮：用于自动霓虹定位。

● 视角 区域：用于定义视角的位置，其包括按钮和按钮。

- ☑ 按钮：用于将视角设置到视点位置。
- ☑ 按钮：将用户定义的视角定义到固定的位置。

Step4. 定义要分析的对象。在绘图区选取图 8.2.34a 所示的曲面为要分析的对象。

Step5. 定义霓虹参数。在对话框的 霓虹 区域的文本框中输入值 10，在文本框中输入值 8。

Step6. 定义视角。在“视图”工具栏的下拉列表中选择命令，调整视角为“等轴视图”并在 视角 区域单击按钮。

Step7. 定义指南针位置。在图 8.2.36 所示的指南针的原点位置右击，然后在系统弹出的快捷菜单中选择 编辑... 命令，系统弹出“用于指南针操作的参数”对话框。在 沿 X 的 位置 文本框中输入值 0，在 沿 Y 的 位置 文本框中输入值 0，在 沿 Z 的 位置 文本框中输入值 15，在 沿 X 的 角度 文本框中输入值 30，在 沿 Y 的 角度 文本框中输入值 0，在 沿 Z 的 角度 文本框中输入值 0；单击 应用 按钮，此时指南针方向如图 8.2.37 所示。单击 关闭 按钮，关闭“用于指南针操作的参数”对话框。

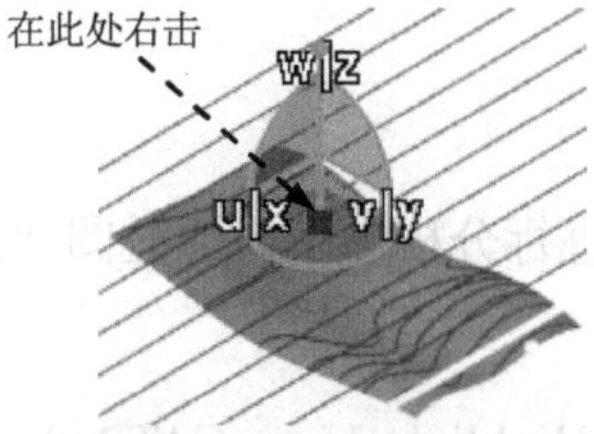

图 8.2.36 定义指南针位置

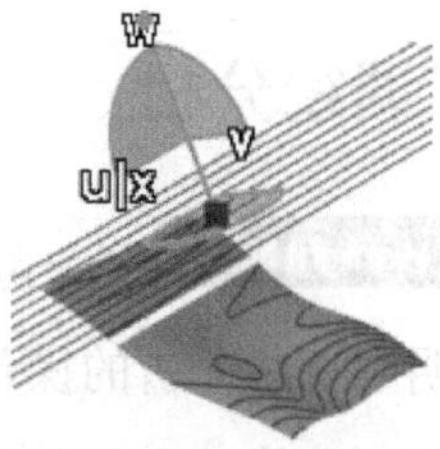

图 8.2.37 改变后的指南针位置

Step8. 在“反射线”对话框中单击 确定 按钮，完成反射线分析，如图 8.2.34b 所示。

8.2.7 衍射线分析

使用 Inflection Lines... 命令可以利用衍射线对已知曲面进行分析。下面通过图 8.2.38 所示的实例说明衍射线分析的操作过程。

a）分析前　　b）分析后

图 8.2.38 衍射线分析

Step1. 打开文件 D:\cat2016.8\work\ch08.02\Analyzing Inflection Lines.CATPart。

Step2. 选择命令。选择下拉菜单 插入 → 形状分析 → Inflection Lines... 命令，系统弹出图 8.2.39 所示的“衍射线”对话框。

图 8.2.39 “衍射线”对话框

图 8.2.39 所示“衍射线”对话框中部分选项的说明如下。

- 定义局部平面 区域：用于选择局部平面的方式，其包括 指南针平面 单选项和 参数 单选项。
  - ☑ 指南针平面 单选项：用于根据指南针定义每个点的局部平面。
  - ☑ 参数 单选项：用于设置根据两个参数方向定义每个点的局部平面。

Step3. 定义要分析的对象。在绘图区选取图 8.2.38a 所示的曲面为要分析的对象。

Step4. 定义局部平面方式。在对话框 定义局部平面 区域中选中 指南针平面 单选项。

Step5. 单击 确定 按钮，完成衍射线分析，如图 8.2.38b 所示。

8.2.8 强调线分析

使用 Highlight lines... 命令可以利用强调线对已知曲面进行分析。下面通过图 8.2.40 所示的实例说明强调线分析的操作过程。

Step1. 打开文件 D:\cat2016.8\work\ch08.02\Analyzing Highlight Lines.CATPart。

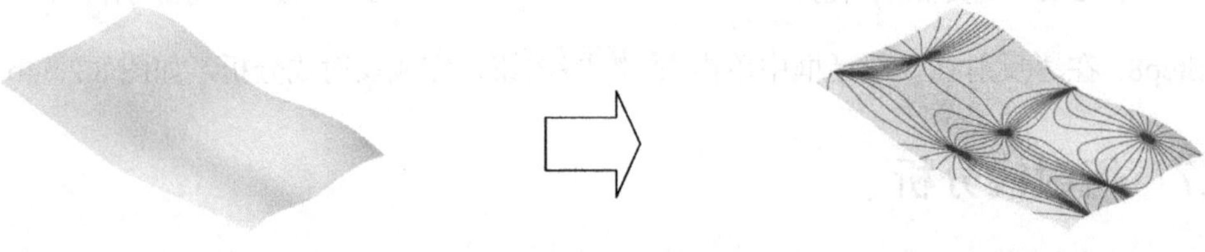

a）分析前　　b）分析后

图 8.2.40 强调线分析

Step2. 选择命令。选择下拉菜单 插入 → 形状分析 → Highlight lines... 命令，系统弹出图 8.2.41 所示的“强调线”对话框。

图 8.2.41 所示“强调线”对话框中部分选项的说明如下。

- 定义强调线 区域：用于选择强调线的突出显示类型，其包括 切线 单选项和 法线 单选项。
  - ☑ 切线 单选项：用于设置突出显示指定曲面上的点的切线方向与指南针的 Z

轴方向成定义的螺旋角度位置。

☑ 法线 单选项：用于设置突出显示指定曲面上的点的法向与指南针的 Z 轴方向成定义的螺旋角度位置。

- 螺纹角 文本框：用于定义螺旋角度值。

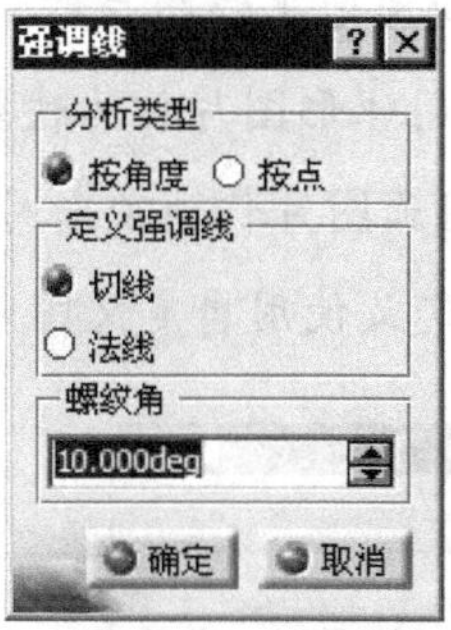

图 8.2.41　“强调线”对话框

Step3. 定义要分析的对象。在绘图区选取图 8.2.40a 所示的曲面为要分析的对象。

Step4. 定义突出显示类型。在“强调线”对话框 定义强调线 区域中选中 切线 单选项。

Step5. 定义螺旋角度。在 螺纹角 文本框中输入值 10。

Step6. 单击 确定 按钮，完成强调线分析，如图 8.2.40b 所示。

8.2.9　映射分析

使用 Environment Mapping... 命令可以对已知曲面进行映射分析。下面通过图 8.2.42 所示的实例说明映射分析的操作过程。

Step1. 打开文件 D:\cat2016.8\work\ch08.02\Environment Mapping Analysi s.CATPart。

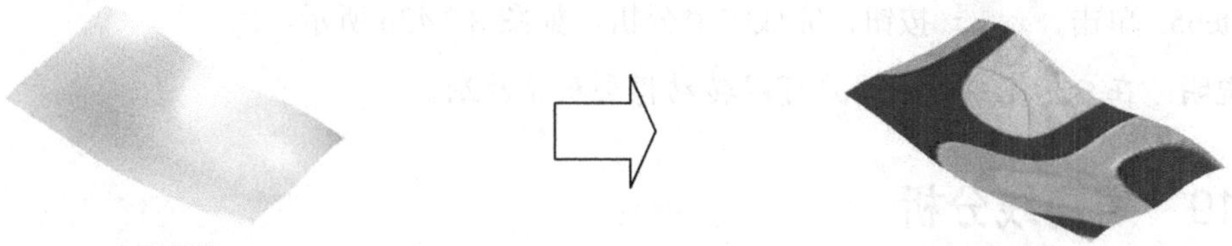

a）分析前　　　　b）分析后

图 8.2.42　映射分析

说明：在进行映射分析时，需将视图调整到“带材料着色”视图环境下。

Step2. 选择命令。选择下拉菜单 插入 → Shape Analysis ▸ → Environment Mapping... 命令，系统弹出图 8.2.43 所示的“映射”对话框。

图 8.2.43 所示“映射”对话框中部分选项的说明如下。

- 图像定义 下拉列表：用于定义图像的类型，其包括 海滩 选项、日落 选项、气球 选项、塔形 选项、地平线 选项、球面 选项、云 选项和 用户定义的文件 选项。

☑ 海滩选项：用于定义使用海滩图片作为映射对象。

☑ 日落选项：用于定义使用日落图片作为映射对象。

☑ 气球选项：用于定义使用气球图片作为映射对象。

☑ 塔形选项：用于定义使用塔形图片作为映射对象。

☑ 地平线选项：用于定义使用地平线图片作为映射对象。

☑ 球面选项：用于定义使用球形图片作为映射对象。

☑ 云选项：用于定义使用云图片作为映射对象。

☑ 用户定义的文件项：用于定义使用自定义图片作为映射对象。

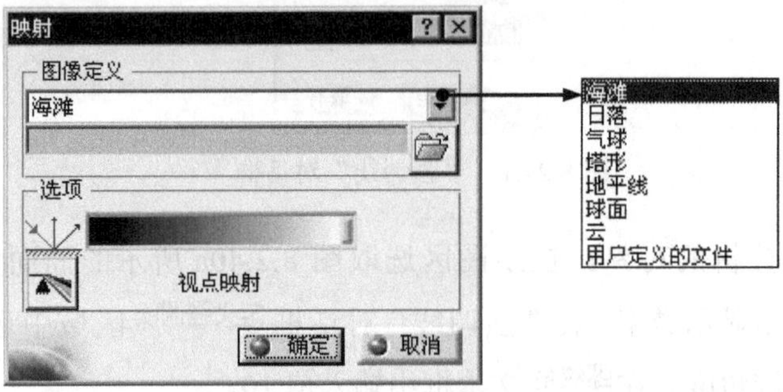

图 8.2.43 “映射”对话框

- 按钮：用户可以通过单击该按钮添加自定义图片。
- 选项 区域：用于设置映射的参数，其包括滑块和按钮。

  ☑ 滑块：用于定义反射率值，即结构使用的透明度。

  ☑ 按钮：定义映射是逐个零件完成还是在零部件上全局完成。

Step3. 定义分析图像。在“映射”对话框 图像定义 下拉列表中选择 气球 选项。

Step4. 定义要分析的对象。在绘图区选取图 8.2.42a 所示的曲面为要分析的对象。

Step5. 单击 确定 按钮，完成映射分析，如图 8.2.42b 所示。

说明：在分析完成后，用户可以转动模型观察反射。

8.2.10 斑马线分析

使用 Isophotes Mapping... 命令可以对已知曲面进行斑马线分析。下面通过图 8.2.44 所示的实例说明斑马线分析的操作过程。

Step1. 打开文件 D:\cat2016.8\work\ch08.02\Isophotes Mapping Analysis.CATPart。

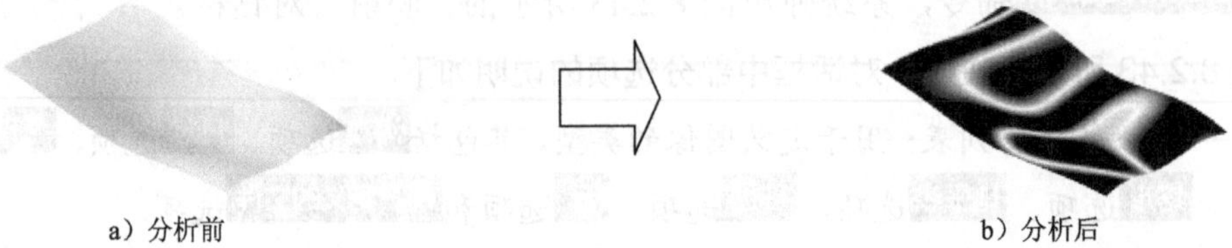

a）分析前　　　　b）分析后

图 8.2.44 斑马线分析

说明：在进行斑马线分析时，需将视图调整到“带材料着色”视图环境下。

Step2. 选择命令。选择下拉菜单 插入 → 形状分析 → Isophotes Mapping... 命令，系统弹出图 8.2.45 所示的“等照度线映射分析”对话框。

图 8.2.45 所示“等照度线映射分析”对话框中部分选项的说明如下。

- 类型选项 区域：用于设置映射分析的相关选项，其包括下拉列表、按钮、下拉列表、下拉列表、按钮和按钮。
  - ☑ 下拉列表：用于设置分析类型，其包括按钮、按钮和按钮。按钮：用于设置圆柱模式分析。按钮：用于设置球面模式分析。按钮：用于设置多区域模式分析。
  - ☑ 按钮：用于定义映射是逐个零件完成还是在零部件上全局完成。
  - ☑ 下拉列表：用于使用屏幕定义，其包括选项和选项。选项：用于将视角设置到视点位置。选项：将用户定义的视角定义到固定的位置。选择此选项，在绘图区会出现图 8.2.46 所示的视角点，用户可以通过此点来定义视角位置。

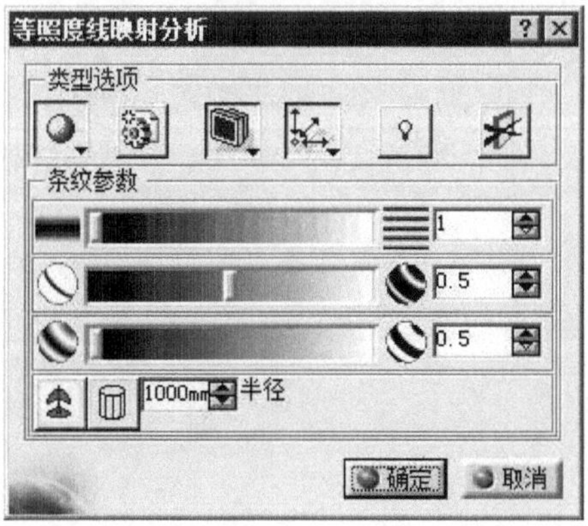

图 8.2.45 “等照度线映射分析”对话框

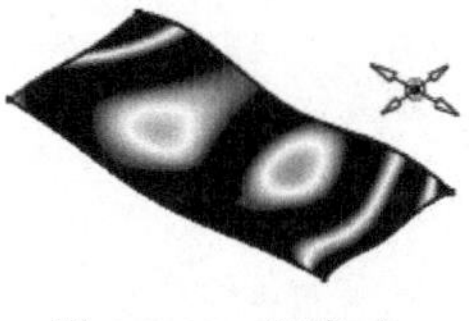

图 8.2.46 视角点

  - ☑ 下拉列表：用于使用用户视角位置定义映射分析入射方向，其包括选项和选项。选项：使用屏幕平面法向作为映射分析入射方向。选项：使用用户视角位置作为映射分析入射方向。
  - ☑ 按钮：用于突出显示展示部分的隐藏。
  - ☑ 按钮：用于进行环境光源明暗的调整。
- 条纹参数 区域：用于设置条纹的相关参数，其包括滑块、滑块、滑块、半径 文本框、按钮和按钮。
  - ☑ 滑块：用于设置条纹相对数量。

- ☑ 滑块：用于设置黑白条纹相对宽度。
- ☑ 滑块：用于设置颜色锐化和光顺的相对值。
- ☑ 半径 文本框：用于设置圆柱或球面的半径值。
- ☑ 按钮：用于通过移动指南针改变映射分析方向。
- ☑ 按钮：用于隐藏 3D 操作器。

Step3. 定义映射类型。在“等照度线映射分析”对话框 类型选项 区域的 下拉列表中单击 按钮。

Step4. 定义要分析的对象。在绘图区选取图 8.2.44a 所示的曲面为要分析的对象。

Step5. 单击 确定 按钮，完成映射分析，如图 8.2.44b 所示。

说明：在分析完成后，用户可以转动模型观察映射。

第9章 自顶向下设计

本章提要 自顶向下设计是一种由整体到局部的设计方法，也是一种较新的设计方法，主要用在产品模型的研发过程中，其应用领域主要是家用电器、电子玩具和生活日用品等。通过本节的内容，读者能掌握如何在 CATIA V5-6R2016 中进行产品的自顶向下设计。本章主要内容包括：

- 自顶向下设计概述。
- 自顶向下设计一般过程。
- 自顶向下设计范例。

9.1 自顶向下设计概述

在产品设计过程中，主要包括两种设计方法：自下向顶设计（Down_Top Design ）和自顶向下设计（Down_Top Design ）。

自下向顶设计是一种从局部到整体的设计方法。先做零部件，然后将零部件插入到装配体文件中进行组装，从而得到整个装配体。这种方法在零件之间不存在任何参数关联，仅仅存在简单的装配关系。

自顶向下设计是一种从整体到局部的设计方法。首先，创建一个反映装配体整体构架的一级控件（所谓控件就是控制元件，用于控制模型的外观及尺寸等，在设计中起承上启下的作用，最高级别称为一级控件）；其次，根据一级控件来分配各个零件间的位置关系和结构；最后，根据分配好零件间的关系，完成各零件的设计。

自顶向下设计的优点很多：① 管理大型的装配；② 组织复杂设计并与项目组成员共享设计信息；③ 多数零部件外形尺寸未确定的装配设计；④ 零部件配合复杂、相互影响的配合关系较多的装配设计；⑤ 具有复杂曲面的产品模型和整体造型要求高的产品设计。

9.2 自顶向下设计的一般过程

自顶向下设计是一种从整体到局部的设计方法。下面通过一个简易 U 盘模型的设计为例，说明自顶向下设计的一般过程。U 盘模型如图 9.2.1 所示，其设计流程如图 9.2.2 所示。

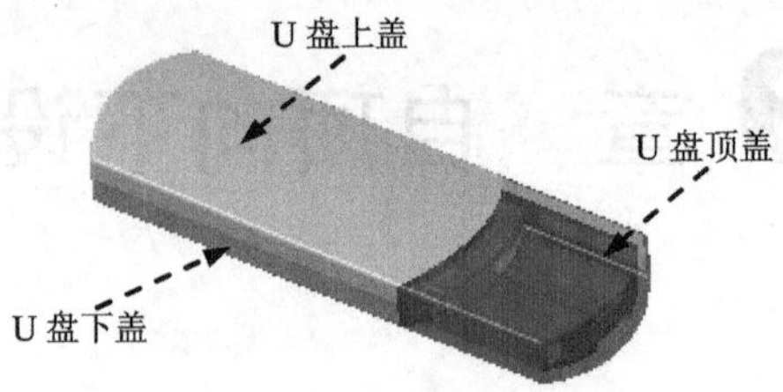

图 9.2.1　U 盘模型

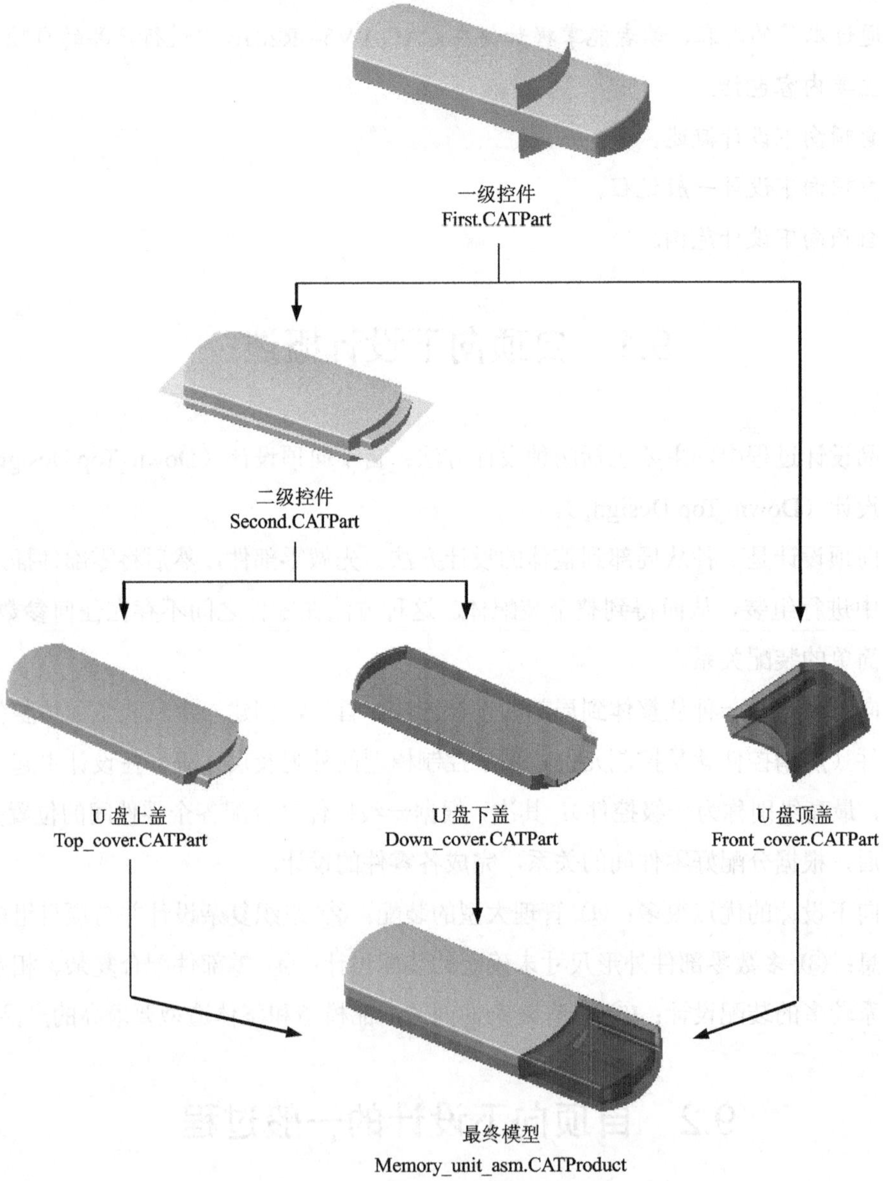

图 9.2.2　U 盘自顶向下设计流程

9.2.1 创建一级控件

一级控件在整个设计过程中起着十分重要的作用，它不仅确定了模型的整体外观形状，而且还为后面的各级控件提供原始模型。该一级控件零件模型和特征树如图 9.2.3 所示。

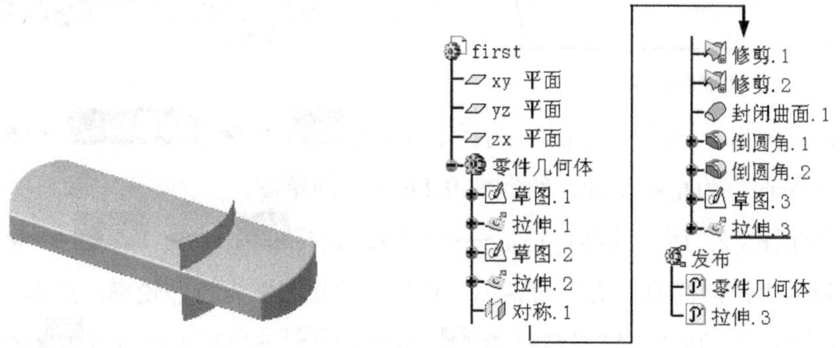

图 9.2.3 零件模型和特征树

Step1. 新建模型文件。选择下拉菜单 文件 ➡ 新建... 命令；在 类型列表： 列表中选择 Product 选项，单击 确定 按钮；进入“装配设计”工作台。

说明：如果进入的不是“装配设计”工作台，可以选择下拉菜单 开始 ➡ 机械设计 ➡ 装配设计 命令，将工作台切换至“装配设计”工作台。

Step2. 修改文件名。在 Product1 上右击，在弹出的快捷菜单中选择 属性 命令；系统弹出“属性”对话框。选择 产品 选项卡，在 产品 区域的 零件编号 文本框中将 Product1 改为 memory_unit_asm，单击 确定 按钮，完成文件名的修改。

Step3. 新建零件。在特征树中双击 memory_unit_asm 使其激活，选择下拉菜单 插入 ➡ 新建零件 命令；在 Part1 (Part1.1) 上右击，在弹出的快捷菜单中选择 属性 选项；系统弹出“属性”对话框。在 部件 区域的 实例名称 文本框中将 Part1.1 改为 first，在 产品 区域的 零件编号 文本框中将 Part1 改为 first，单击 确定 按钮，完成文件名的修改。

Step4. 编辑 first 部件。激活 first (first) 然后右击，在弹出的快捷菜单中选择 first 对象 ➡ 在新窗口中打开 命令；系统切换到 first 模型窗口。

Step5. 切换工作台。选择下拉菜单 开始 ➡ 形状 ➡ 创成式外形设计 命令，切换到“创成式外形设计”工作台。

Step6. 创建图 9.2.4 所示的草图 1。选择下拉菜单 插入 ➡ 草图编辑器 ➡ 草图 命令；选择“xy 平面”为草绘平面；绘制图 9.2.4 所示的草图 1。

Step7. 创建图 9.2.5 所示的零件特征——拉伸 1。选择 插入 ➡ 曲面 ➡ 拉伸... 命令，系统弹出“拉伸曲面定义”对话框。选取“草图 1”为拉伸轮廓；选取“xy 平面”为拉伸方向；在“拉伸曲面定义”对话框的 限制 1 区域的 类型： 下拉列表中选择 尺寸 选项；在 限制 1 区域的 长度： 文本框中输入值 5；选中 镜像范围 复选框，单击 确定 按钮，完成拉伸 1 的创建。

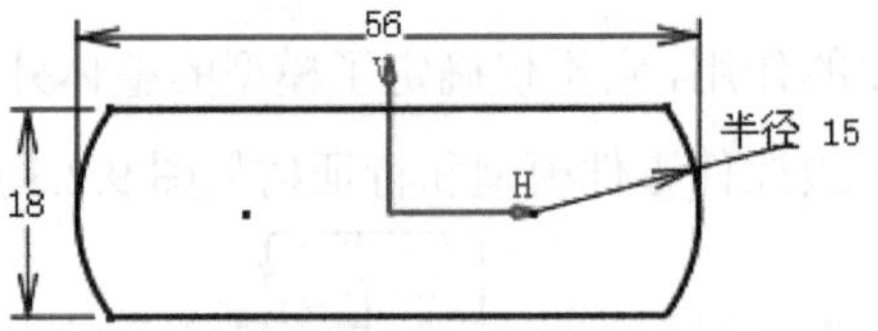

图 9.2.4　草图 1

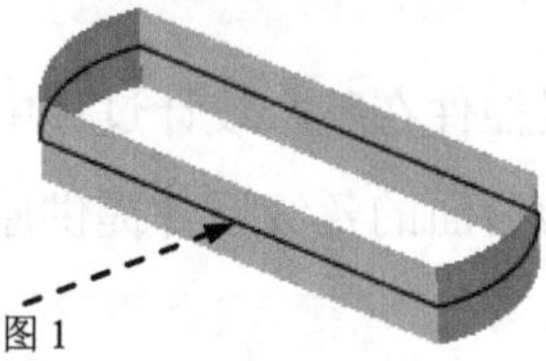

图 9.2.5　拉伸 1

Step8. 创建图 9.2.6 所示的草图 2。选择下拉菜单 插入 → 草图编辑器 → 草图 命令；选择“yz 平面”为草绘平面；绘制图 9.2.6 所示的草图。

Step9. 创建图 9.2.7 所示的零件特征——拉伸 2。选择 插入 → 曲面 → 拉伸... 命令，系统弹出“拉伸曲面定义”对话框。选取“草图 2”为拉伸轮廓；选取“yz 平面”为拉伸方向；在“拉伸曲面定义”对话框的 限制 1 区域的 类型： 下拉列表中选择 尺寸 选项；在 限制 1 区域的 长度： 文本框中输入值 30；选中 镜像范围 复选框，单击 确定 按钮，完成拉伸 2 的创建。

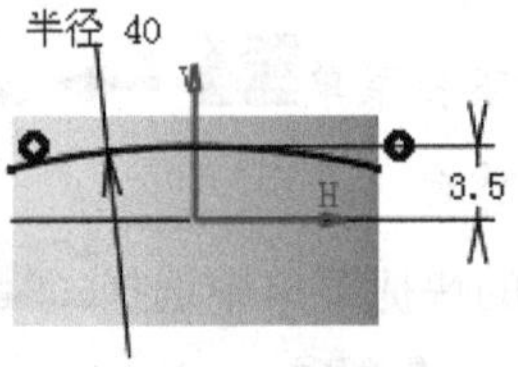

图 9.2.6　草图 2

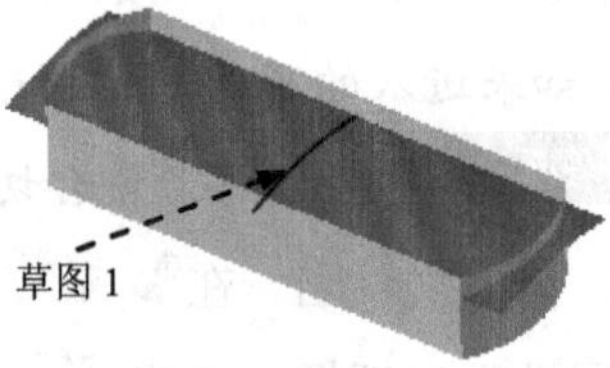

图 9.2.7　拉伸 2

Step10. 创建图 9.2.8 所示的零件特征——对称 1。选择下拉菜单 插入 → 操作 → 对称... 命令，系统弹出“对称定义”对话框，选取“拉伸 2”为对称元素，在特征树中选取“xy 平面”为对称参考，单击 确定 按钮，完成对称 1 的创建。

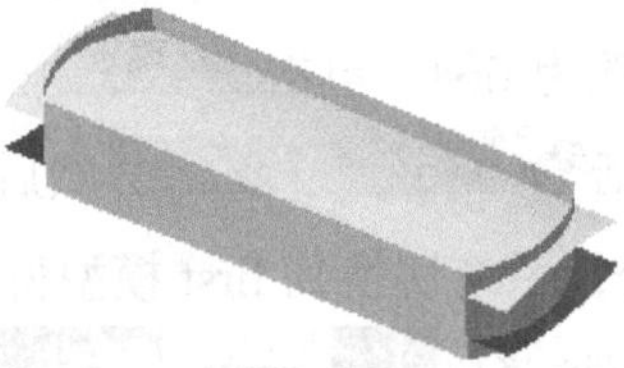

图 9.2.8　对称 1

Step11. 创建图 9.2.9 所示的零件特征——修剪 1。选择下拉菜单 插入 → 操作 → 修剪... 命令；选择“拉伸 1”“拉伸 2”为修剪元素；单击 另一侧/下一元素 和 另一侧/上一元素 按钮，调整修剪方向；单击 确定 按钮，完成修剪 1 的创建。

Step12. 创建图 9.2.10 所示的零件特征——修剪 2。选择下拉菜单 插入 → 操作 → 修剪... 命令；选择“对称 1”“修剪 1”为修剪元素；单击 另一侧/下一元素 和 另一侧/上一元素 按钮，调整修剪方向；单击 确定 按钮，完成修剪 2 的创建。

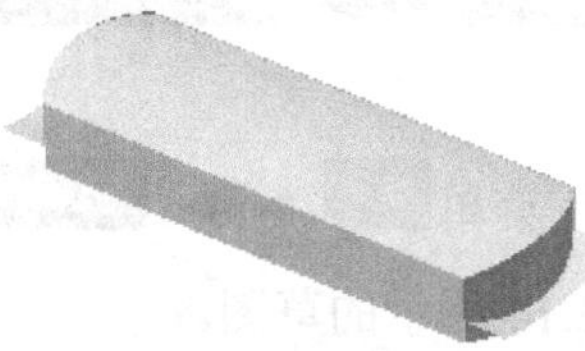

图 9.2.9 修剪 1

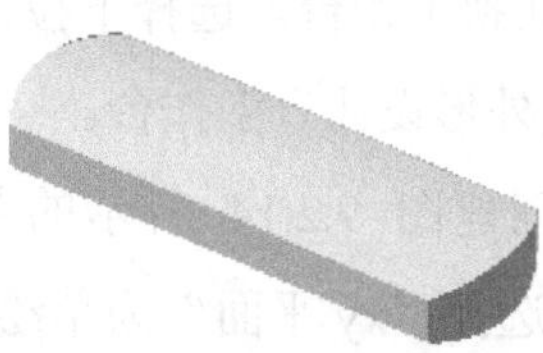

图 9.2.10 修剪 2

Step13. 切换工作台。选择下拉菜单 开始 → 机械设计 → 零件设计 命令，切换到“零件设计”工作台。

Step14. 创建图 9.2.11 所示的零件特征——封闭曲面 1。

（1）选择命令。选择下拉菜单 插入 → 基于曲面的特征 → 封闭曲面... 命令。

（2）定义要封闭的对象。选择“修剪 2”为要封闭的对象。

（3）单击 确定 按钮，完成封闭曲面 1 的创建。

说明：在完成此步后，将草图和曲面隐藏。

图 9.2.11 封闭曲面 1

Step15. 创建图 9.2.12b 所示的倒圆角 1。选择图 9.2.12a 所示的 4 条边线为倒圆角的对象，圆角半径值为 1。

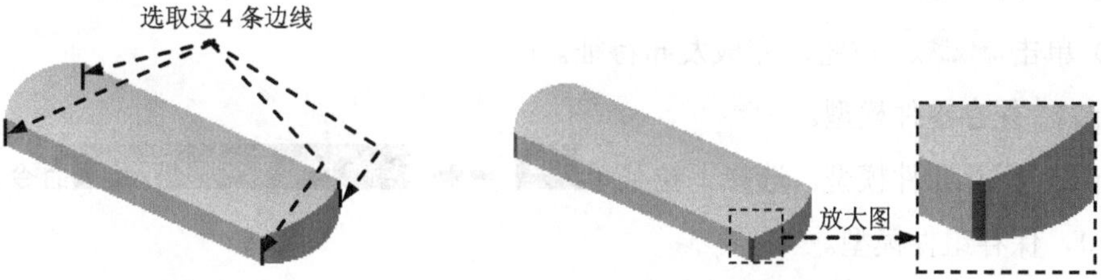

a）倒圆角前　　b）倒圆角后

图 9.2.12 倒圆角 1

Step16. 创建图 9.2.13b 所示的倒圆角 2。选择图 9.2.13a 所示的 2 条边链为倒圆角的对象，圆角半径值为 0.5。

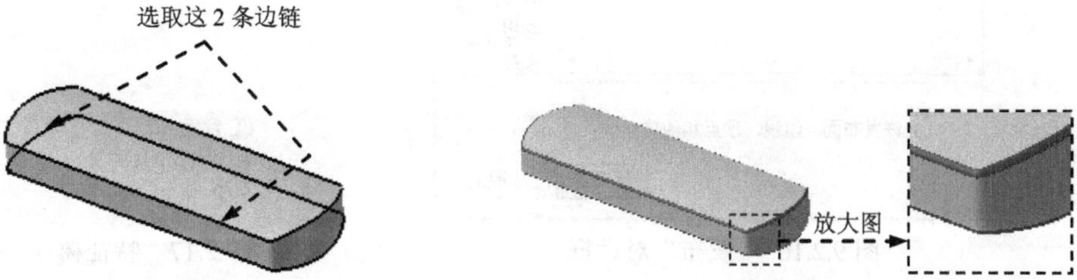

a）倒圆角前　　b）倒圆角后

图 9.2.13 倒圆角 2

Step17. 切换工作台。选择下拉菜单开始 → 形状 → 创成式外形设计命令，切换到“创成式外形设计”工作台。

Step18. 创建图 9.2.14 所示的草图 3。选择下拉菜单插入 → 草图编辑器 → 草图命令；选择“xy 平面”为草绘平面；绘制图 9.2.14 所示的草图。

Step19. 创建图 9.2.15 所示的零件特征——拉伸 3。选择插入 → 曲面 → 拉伸...命令，系统弹出“拉伸曲面定义”对话框。选取“草图 3”为拉伸轮廓；选取“xy 平面”为拉伸方向；在“拉伸曲面定义”对话框的限制 1区域的类型:下拉列表中选择尺寸选项；在限制 1区域的长度:文本框中输入值 8；选中镜像范围复选框，单击确定按钮，完成拉伸 3 的创建。

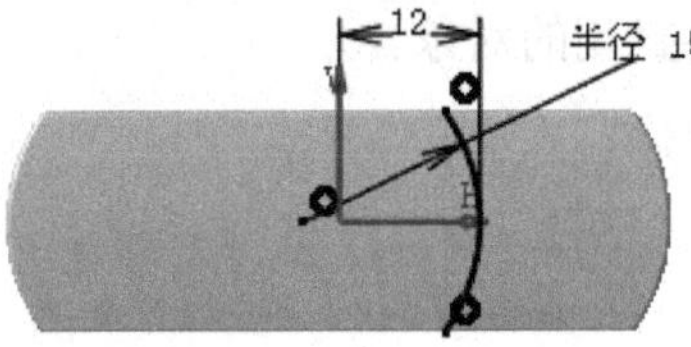

图 9.2.14 草图 3

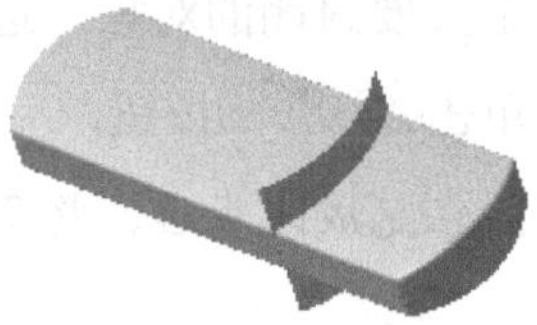
图 9.2.15 拉伸 3

Step20. 发布特征。

（1）选择命令。选择下拉菜单工具 → 发布...命令。系统弹出图 9.2.16 所示的“发布”对话框。

（2）选取要发布的特征。在特征树中选取“零件几何体”“拉伸 3”为发布对象。发布后的特征树如图 9.2.17 所示。

（3）单击确定按钮，完成发布特征。

Step21. 保存零件模型。

Step22. 保存组件模型。选择下拉菜单窗口 → 1 memory_unit_asm.CATProduct命令，切换到组件窗口，保存组件模型。

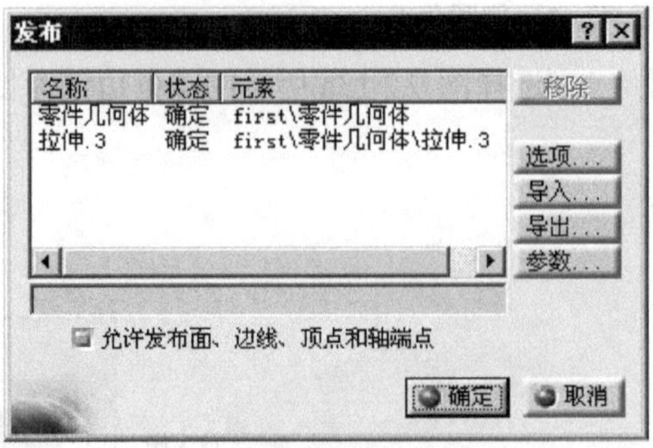

图 9.2.16 “发布”对话框

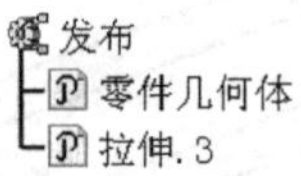

图 9.2.17 特征树

9.2.2 创建二级控件

下面要创建的二级控件（second）是从一级控件中分割出来的，它继承了一级控件的相应外观形状，同时它又作为控件模型为后续模型的创建提供相应外观和对应尺寸，保证零件之间的可装配性。零件模型及相应的特征树如图 9.2.18 所示。

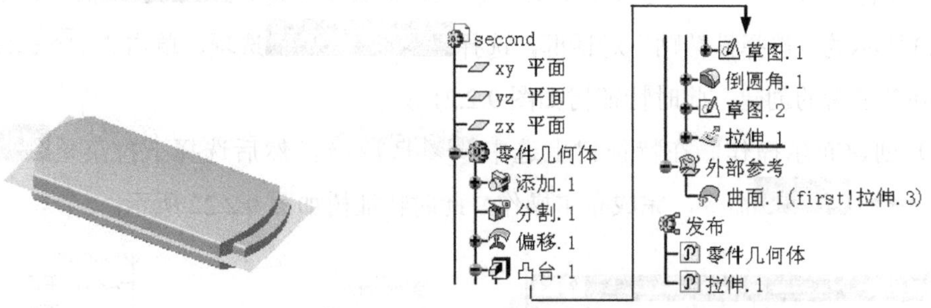

图 9.2.18　零件模型和特征树

Step1. 新建模型文件。激活 memory_unit_asm，选择下拉菜单 插入 → 新建零件 命令；系统弹出图 9.2.19 所示的“新零件：原点”对话框；单击 是(Y) 按钮完成零部件的新建。

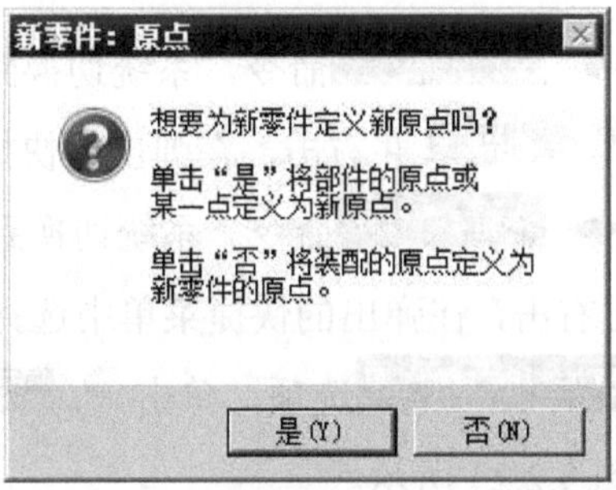

图 9.2.19　“新零件：原点”对话框

Step2. 修改文件名。在特征树 Part1 (Part1.2) 上右击，在弹出的快捷菜单中选择 属性 选项；系统弹出“属性”对话框。选择 产品 选项卡，在 部件 区域的 实例名称 文本框中将 Part1.2 改为 second，在 产品 区域的 零件编号 文本框中将 Part1 改为 second，单击 确定 按钮。

Step3. 编辑 second 部件。激活 second (second)；然后右击，在弹出的快捷菜单中选择 second 对象 → 在新窗口中打开 命令；系统切换至 second 模型窗口。

Step4. 切换工作台。选择下拉菜单 开始 → 机械设计 → 零件设计 命令，切换到“零件设计”工作台。

说明：如果系统目前处于“零件设计”工作台中，则不用切换工作台。

Step5. 创建实体外部参考。

（1）选择下拉菜单 窗口 → first.CATPart 命令。

（2）在发布特征树中选取 零件几何体 并右击，在弹出的快捷菜单中选择 复制 命令。

（3）选择下拉菜单 窗口 → second.CATPart 命令。系统切换到 second 模型窗口。

（4）在特征树 second 上右击，在弹出的快捷菜单中选择 选择性粘贴... 命令，系统弹出图 9.2.20 所示的“选择性粘贴”对话框，选择 与原文档相关联的结果 选项，单击 确定 按钮，完成实体外部参考的创建，此时特征树如图 9.2.21 所示。

（5）创建布尔操作。在特征树上选中 几何体.2，然后选择下拉菜单 插入 → 布尔操作 → 添加... 命令，完成布尔操作，此时特征树如图 9.2.22 所示。

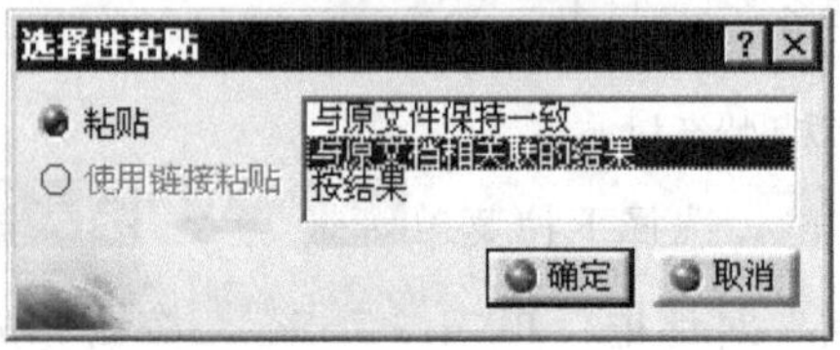

图 9.2.20 “选择性粘贴”对话框

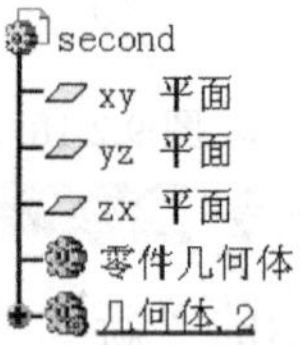

图 9.2.21 特征树

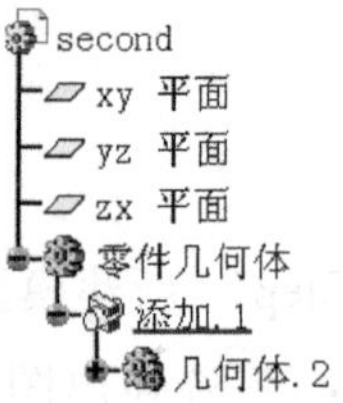

图 9.2.22 特征树

Step6. 创建特征外部参考。

（1）选择下拉菜单 窗口 → first.CATPart 命令。系统切换到 first 模型窗口。

（2）在发布特征树上选取 拉伸.3 并右击，在弹出的快捷菜单中选择 复制 命令。

（3）选择下拉菜单 窗口 → second.CATPart 命令。系统切换到 second 模型窗口。

（4）在特征树 second 上右击，在弹出的快捷菜单中选择 选择性粘贴... 命令，系统弹出“选择性粘贴”对话框，选择 与原文档相关联的结果 选项，单击 确定 按钮，完成外部参考的创建。此时零件模型及特征树如图 9.2.23 所示。

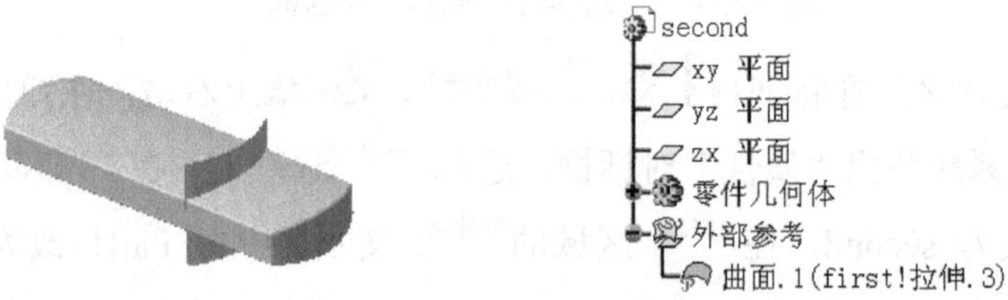

图 9.2.23 零件模型及特征树

Step7. 创建图 9.2.24 所示的特征——分割 1。选择下拉菜单 插入 → 基于曲面的特征 → 分割... 命令；选取外部参考中的 曲面.1(first!拉伸.3) 为分割元素；单击图 9.2.25 所示的箭头调整分割方向；单击 确定 按钮，完成分割 1 的创建。

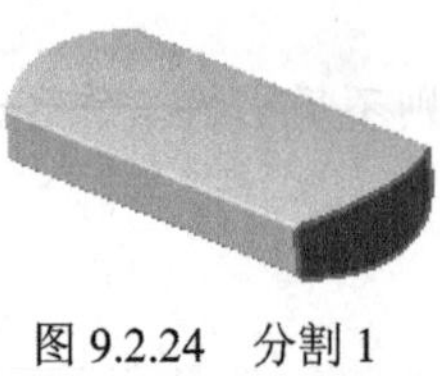

图 9.2.24 分割 1

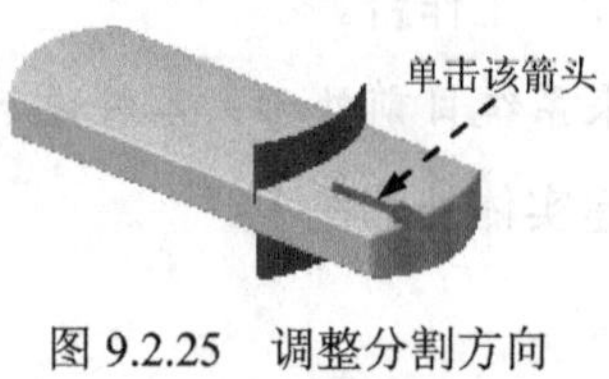

图 9.2.25 调整分割方向

说明：在完成此步后，将 曲面.1(first!拉伸.3) 隐藏。

Step8. 切换工作台。选择下拉菜单 开始 → 形状 → 创成式外形设计 命令，切换到“创成式外形设计”工作台。

Step9. 创建图 9.2.26 所示的特征——偏移 1。选择下拉菜单 插入 → 曲面 → 偏移... 命令；系统弹出“偏移曲面定义”对话框，选取图 9.2.27 所示的面为要偏移的面，在 偏移: 后的文本框中输入偏移距离值 2.0。单击 确定 按钮，完成偏移 1 的创建。

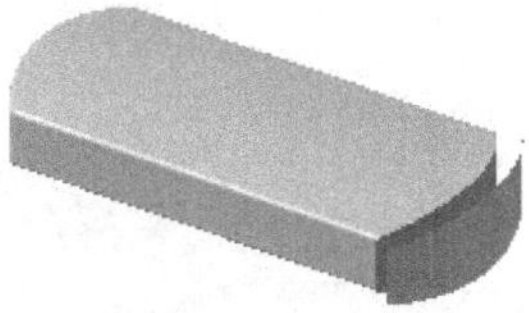

图 9.2.26　偏移 1

图 9.2.27　选取偏移面

Step10. 切换工作台。选择下拉菜单 开始 → 机械设计 → 零件设计 命令，切换到“零件设计”工作台。

Step11. 创建图 9.2.28 所示的特征——凸台 1。选择下拉菜单 插入 → 基于草图的特征 → 凸台... 命令；选取“yz 平面”为草图平面，绘制图 9.2.29 所示的截面草图，单击 按钮，退出草绘工作台。在 第一限制 区域的 类型: 下拉列表中选择 直到曲面 选项，然后选取“偏移 1”为限制面，单击 确定 按钮，完成凸台 1 的创建。

说明：在完成此步后，将偏移 1 隐藏。

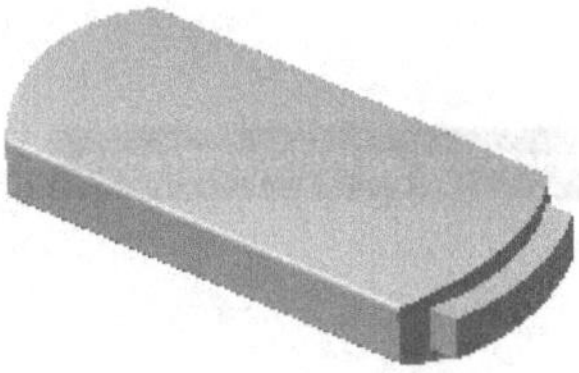

图 9.2.28　凸台 1

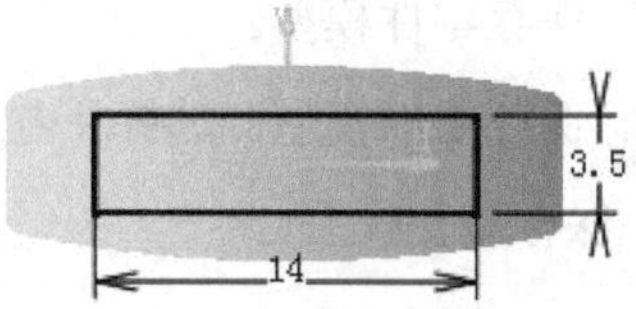

图 9.2.29　截面草图

Step12. 创建图 9.2.30b 所示的倒圆角 1。选择图 9.2.30a 所示的 4 条边线为倒圆角的对象，圆角半径值为 0.5。

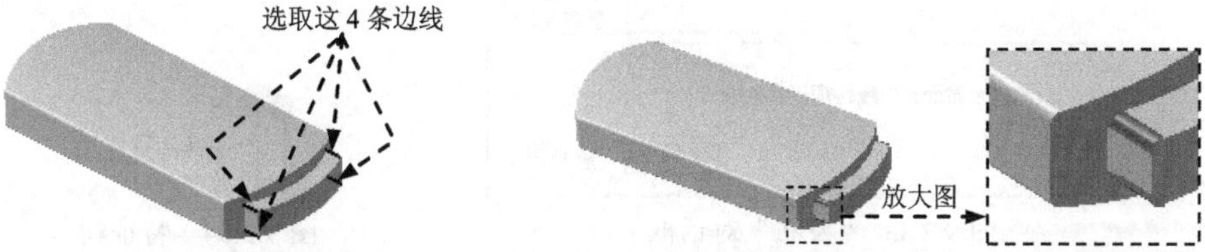

a）倒圆角前　　b）倒圆角后

图 9.2.30　倒圆角 1

Step13. 切换工作台。选择下拉菜单 开始 → 形状 → 创成式外形设计 命令，切换到“创成式外形设计”工作台。

Step14. 创建图 9.2.31 所示的草图 2。选择下拉菜单 插入 → 草图编辑器 → 草图 命令；选择“zx 平面”为草绘平面；绘制图 9.2.31 所示的草图。

Step15. 创建图 9.2.32 所示的零件特征——拉伸 1。选择 插入 → 曲面 → 拉伸... 命令，系统弹出“拉伸曲面定义”对话框。选取“草图 2”为拉伸轮廓；选取“zx 平面”为拉伸方向；在“拉伸曲面定义”对话框的 限制 1 区域的 类型: 下拉列表中选择 尺寸 选项；在 限制 1 区域的 长度: 文本框中输入值 10；选中 镜像范围 复选框，单击 确定 按钮，完成拉伸 1 的创建。

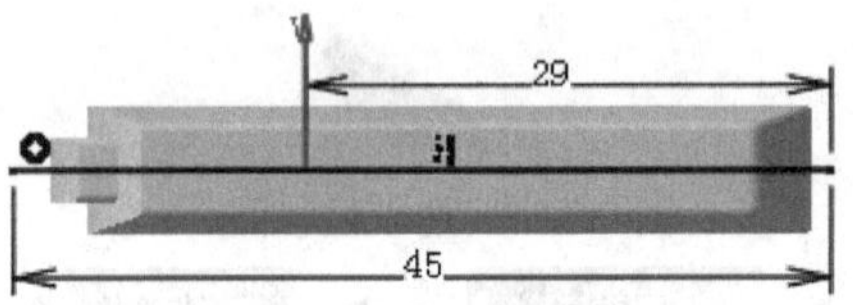

图 9.2.31　草图 2

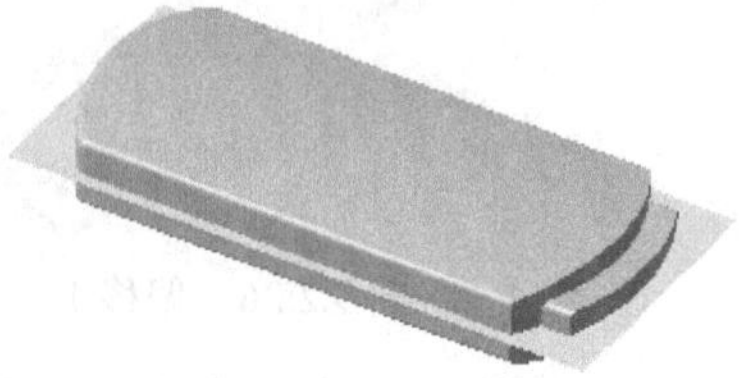

图 9.2.32　拉伸 1

Step16. 发布特征。

（1）选择命令。选择下拉菜单 工具 → 发布... 命令。系统弹出图 9.2.33 所示的“发布”对话框。

（2）选取要发布的特征。在特征树中选取“零件几何体”“拉伸 1”为发布对象。发布后的特征树如图 9.2.34 所示。

（3）单击 确定 按钮，完成发布特征。

Step17. 保存零件模型。

Step18. 保存组件模型。选择下拉菜单 窗口 → 1 memory_unit_asm.CATProduct 命令，切换到组件窗口，保存组件模型。

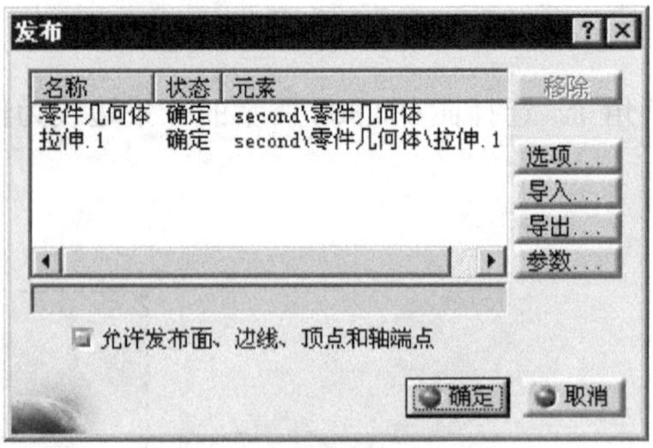

图 9.2.33　“发布”对话框

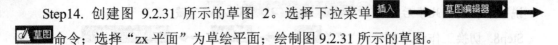

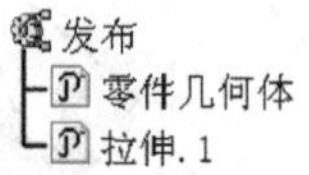

图 9.2.34　特征树

9.2.3　创建 U 盘上盖

下面要创建的 U 盘上盖是二级控件中分割出来的一部分，它继承了二级控件的相应外观形状，零件模型及特征树如图 9.2.35 所示。

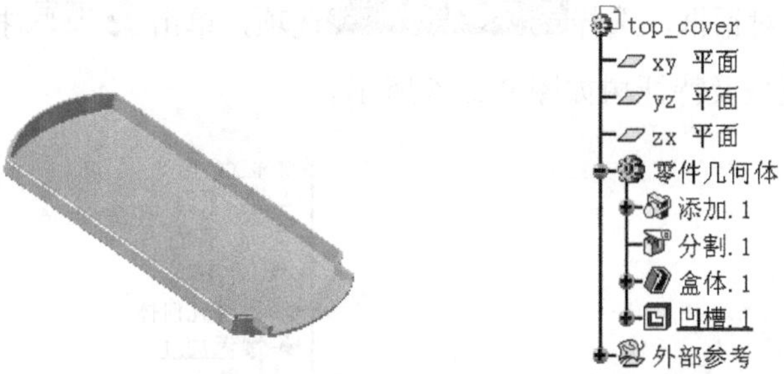

图 9.2.35 零件模型及特征树

Step1. 新建模型文件。激活 memory_unit_asm，选择下拉菜单 插入 → 新建零件 命令；系统弹出“新零件：原点”对话框；单击 是(Y) 按钮完成零部件的新建。

Step2. 修改文件名。在特征树 Part1 (Part1.3) 上右击，在弹出的快捷菜单中选择 属性 选项；系统弹出“属性”对话框。选择 产品 选项卡，在 部件 区域的 实例名称 文本框中将 Part1.3 改为 top_cover，在 产品 区域的 零件编号 文本框中将 Part1 改为 top_cover，单击 确定 按钮。

Step3. 编辑 top_cover 部件。激活 top_cover (top_cover)；然后右击，在弹出的快捷菜单中选择 top_cover 对象 → 在新窗口中打开 命令；系统切换至 top_cover 模型窗口。

Step4. 切换工作台。选择下拉菜单 开始 → 机械设计 → 零件设计 命令，切换到“零件设计”工作台。

说明：如果系统目前处于“零件设计”工作台中，则不用切换工作台。

Step5. 创建实体外部参考。

（1）选择下拉菜单 窗口 → second.CATPart 命令。

（2）在发布特征树中选取 零件几何体 并右击，在弹出的快捷菜单中选择 复制 命令。

（3）选择下拉菜单 窗口 → top_cover.CATPart 命令。系统切换到 top_cover 模型窗口。

（4）在特征树 top_cover 上右击，在弹出的快捷菜单中选择 选择性粘贴... 命令，系统弹出“选择性粘贴”对话框，选择 与原文档相关联的结果 选项，单击 确定 按钮，完成实体外部参考的创建。

（5）创建布尔操作。在特征树上选中 几何体.2，然后选择下拉菜单 插入 → 布尔操作 → 添加 命令，完成布尔操作。

Step6. 创建特征外部参考。

（1）选择下拉菜单 窗口 → second.CATPart 命令。系统切换到 second 模型窗口。

（2）在发布特征树上选取 拉伸.1 并右击，在弹出的快捷菜单中选择 复制 命令。

（3）选择下拉菜单 窗口 → top_cover.CATPart 命令。系统切换到 top_cover 模型窗口。

（4）在特征树 top_cover 上右击，在弹出的快捷菜单中选择 选择性粘贴... 命令，系统弹出“选择性粘贴”对话框，选择 与原文档相关联的结果 选项，单击 确定 按钮，完成外部参考的创建。此时零件模型及特征树如图 9.2.36 所示。

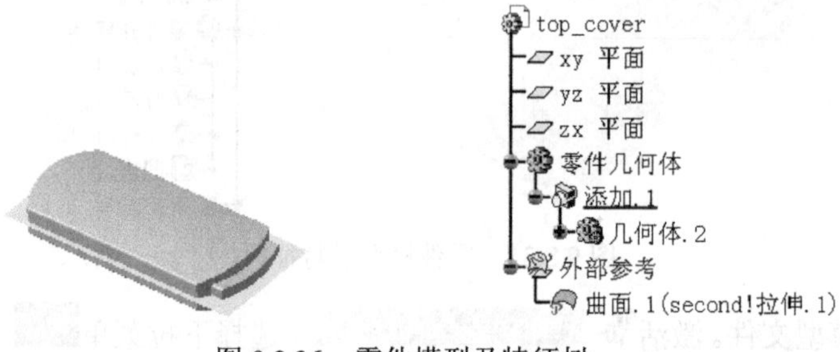

图 9.2.36　零件模型及特征树

Step7. 创建图 9.2.37 所示的特征——分割 1。选择下拉菜单 插入 → 基于曲面的特征 → 分割... 命令；选取外部参考中的 曲面.1(second!拉伸.1) 为分割元素；单击图 9.2.38 所示的箭头调整分割方向；单击 确定 按钮，完成分割 1 的创建。

说明：在完成此步后，将 曲面.1(second!拉伸.1) 隐藏。

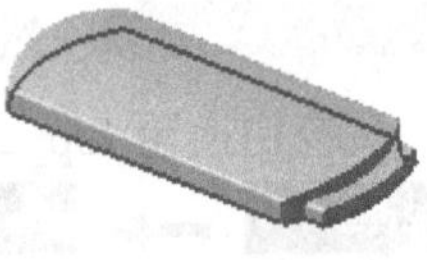

图 9.2.37　分割 1

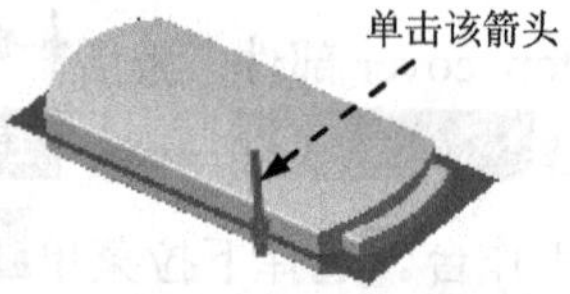

图 9.2.38　调整分割方向

Step8. 创建图 9.2.39b 所示的特征——抽壳 1。选择下拉菜单 插入 → 修饰特征 → 抽壳... 命令；选取图 9.2.39a 所示的面为要移除的面；在 默认内侧厚度: 文本框中输入值 0.5，在 默认外侧厚度: 文本框中输入值 0；单击 确定 按钮，完成抽壳 1 的创建。

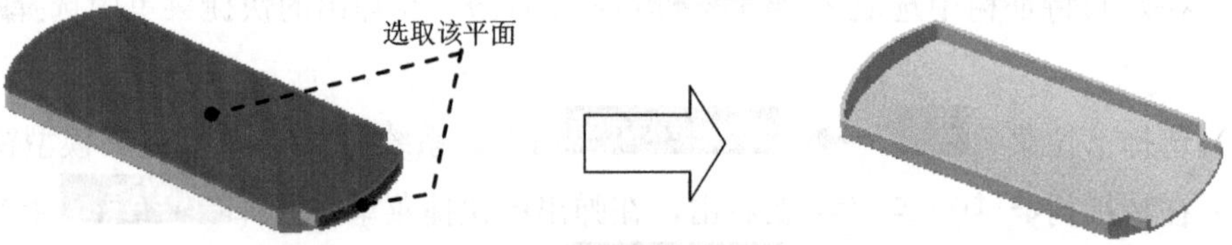

a）抽壳前　　b）抽壳后

图 9.2.39　抽壳 1

Step9. 创建图 9.2.40 所示的特征——凹槽 1。

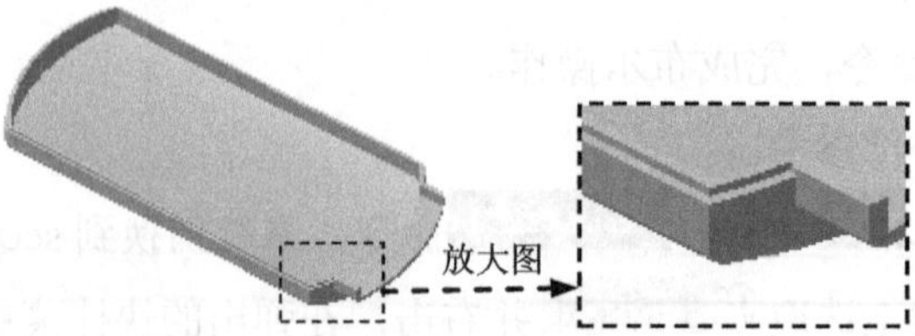

图 9.2.40　凹槽 1

（1）选择命令。选择下拉菜单插入 → 基于草图的特征 → 凹槽...命令，系统弹出“定义凹槽”对话框。

（2）单击按钮，选取图 9.2.41 所示的平面为草图平面。绘制图 9.2.42 所示的截面草图，单击按钮，退出草绘工作台。

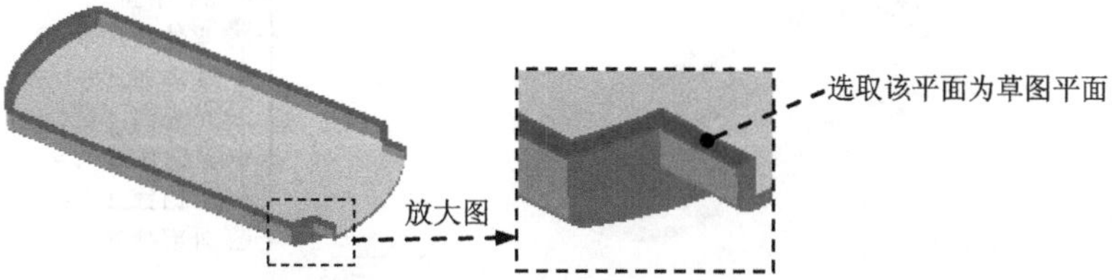

图 9.2.41　定义草图平面

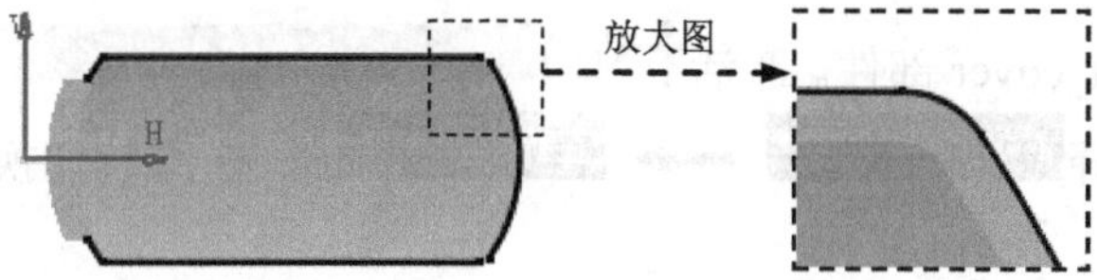

图 9.2.42　截面草图

（3）定义深度属性。

① 定义深度方向。采用系统默认的深度方向。

② 定义深度类型。在对话框 第一限制 区域的 类型：下拉列表选择尺寸选项，在限制 1 区域的 长度：文本框中输入值 0.3。

③ 定义轮廓类型。在对话框中选中厚复选框。

④ 定义薄凹槽属性。在对话框中单击更多>>按钮，在薄凹槽区域的厚度 1 文本框中输入厚度值为 0.25，在厚度 2：文本框中输入厚度值为 0。单击确定按钮，完成凹槽 1 的创建。

Step10. 保存零件模型。

Step11. 保存组件模型。选择下拉菜单窗口 → 1 memory_unit_asm.CATProduct命令并保存组件模型。

9.2.4　创建 U 盘下盖

下面要创建的 U 盘下盖是二级控件中分割出来的一部分，它继承了二级控件的相应外观形状。零件模型及相应的特征树如图 9.2.43 所示。

Step1. 新建模型文件。激活memory_unit_asm，选择下拉菜单插入 → 新建零件命令；系统弹出“新零件：原点”对话框；单击是(Y)按钮完成零部件的新建。

Step2. 修改文件名。在特征树Part1 (Part1.4)上右击，在弹出的快捷菜单中选择属性选项；系统弹出“属性”对话框。选择 产品 选项卡，在 部件 区域的 实例名称 文本框中将 Part1.4 改为 down_cover，在 产品 区域的 零件编号 文本框中将 Part1 改为 down_cover，单击 确定 按钮。

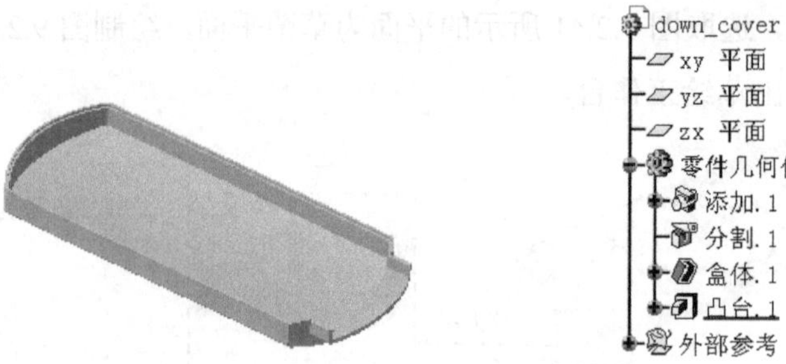

图 9.2.43　零件模型及特征树

Step3. 编辑 down_cover 部件。激活 down_cover (down_cover)；然后右击，在弹出的快捷菜单中选择 down_cover 对象 ▸ → 在新窗口中打开 命令；系统切换至 down_cover 模型窗口。

Step4. 切换工作台。选择下拉菜单 开始 → 机械设计 ▸ → 零件设计 命令，切换到“零件设计”工作台。

说明：如果系统目前处于“零件设计”工作台中，则不用切换工作台。

Step5. 创建实体外部参考。

（1）选择下拉菜单 窗口 → second.CATPart 命令。

（2）在发布特征树中选取 零件几何体 并右击，在弹出的快捷菜单中选择 复制 命令。

（3）选择下拉菜单 窗口 → down_cover.CATPart 命令。系统切换到 down_cover 模型窗口。

（4）在特征树 down_cover 上右击，在弹出的快捷菜单中选择 选择性粘贴... 命令，系统弹出“选择性粘贴”对话框，选择 与原文档相关联的结果 选项，单击 确定 按钮，完成实体外部参考的创建。

（5）创建布尔操作。在特征树上选中 几何体.2，然后选择下拉菜单 插入 → 布尔操作 → 添加... 命令，完成布尔操作。

Step6. 创建特征外部参考。

（1）选择下拉菜单 窗口 → second.CATPart 命令。系统切换到 second 模型窗口。

（2）在发布特征树上选取 拉伸.1 并右击，在弹出的快捷菜单中选择 复制 命令。

（3）选择下拉菜单 窗口 → down_cover.CATPart 命令。系统切换到 down_cover 模型窗口。

（4）在特征树 down_cover 上右击，在弹出的快捷菜单中选择 选择性粘贴... 命令，系统弹出“选择性粘贴”对话框，选择 与原文档相关联的结果 选项，单击 确定 按钮，完成外部参考的创建。

Step7. 创建图 9.2.44 所示的特征——分割 1。选择下拉菜单 插入 → 基于曲面的特征 ▸

→ 分割... 命令；选取外部参考中的 曲面.1(second!拉伸.1) 为分割元素；单击图 9.2.44 中所示的箭头调整分割方向；单击 确定 按钮，完成分割 1 的创建。

说明：在完成此步后，将 曲面.1(second!拉伸.1) 隐藏。

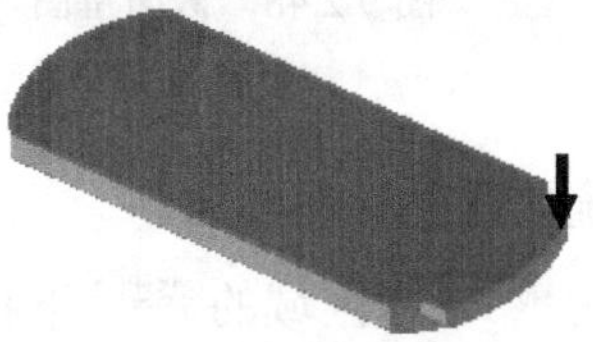

图 9.2.44 分割 1

Step8. 创建图 9.2.45b 所示的特征——抽壳 1。选择下拉菜单 插入 → 修饰特征 → 抽壳... 命令；选取图 9.2.45a 所示的面为要移除的面；在 默认内侧厚度: 文本框中输入值 0.5，在 默认外侧厚度: 文本框中输入值 0；单击 确定 按钮，完成抽壳 1 的创建。

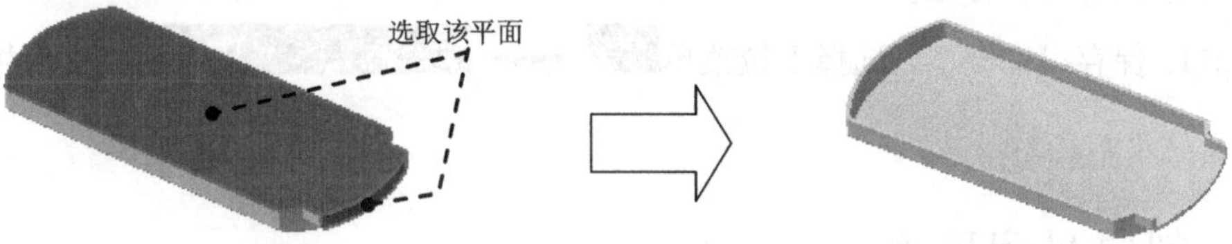

a）抽壳前　　b）抽壳后

图 9.2.45 抽壳 1

Step9. 创建图 9.2.46 所示的特征——凸台 1。

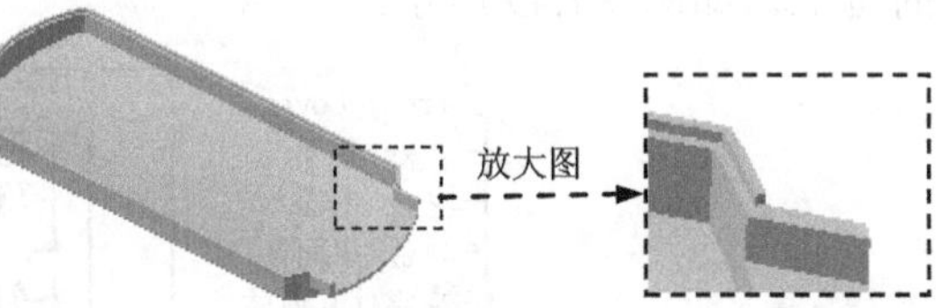

图 9.2.46 凸台 1

（1）选择命令。选择下拉菜单 插入 → 基于草图的特征 → 凸台... 命令，系统弹出“定义凸台”对话框。

（2）单击 按钮，选取图 9.2.47 所示的平面为草图平面。绘制图 9.2.48 所示的截面草图，单击 按钮，退出草绘工作台。

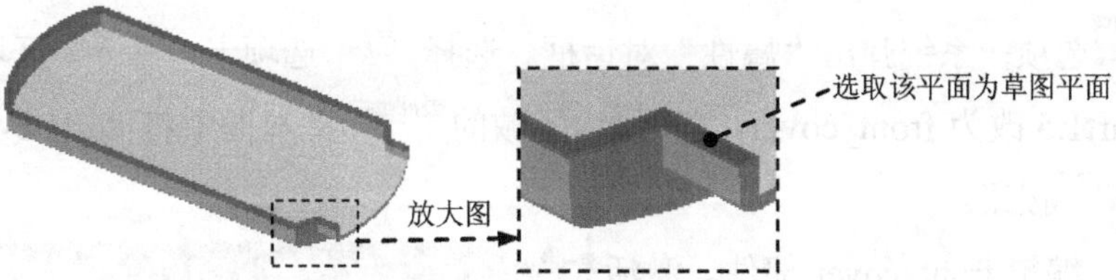

图 9.2.47 定义草图平面

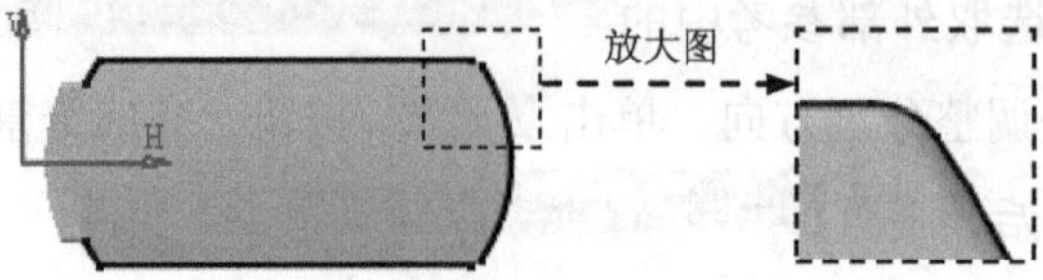

图 9.2.48　截面草图

（3）定义深度属性。

① 定义深度方向。采用系统默认的深度方向。

② 定义深度类型。在对话框 第一限制 区域的 类型： 下拉列表选择 尺寸 选项，在 限制 1 区域的 长度： 文本框中输入值 0.3。

③ 定义轮廓类型。在对话框中选中 厚 复选框。

④ 定义薄凹槽属性。在对话框中单击 更多>> 按钮，在 薄凸台 区域的 厚度 1 文本框中输入厚度值 0.25，在 厚度 2： 文本框中输入厚度值 0。单击 确定 按钮，完成凸台 1 的创建。

Step10. 保存零件模型。

Step11. 保存组件模型。选择下拉菜单 窗口 → 1 memory_unit_asm.CATProduct 命令并保存组件模型。

9.2.5　创建 U 盘顶盖

下面要创建的 U 盘顶盖是一级控件中分割出来的一部分，它继承了一级控件的相应外观形状。零件模型及相应的特征树如图 9.2.49 所示。

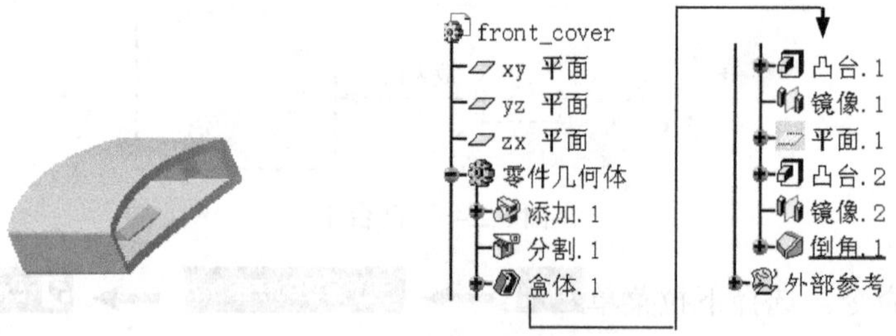

图 9.2.49　零件模型及特征树

Step1. 新建模型文件。激活 memory_unit_asm，选择下拉菜单 插入 → 新建零件 命令；系统弹出“新零件：原点”对话框；单击 是(Y) 按钮完成零部件的新建。

Step2. 修改文件名。在特征树 Part1 (Part1.5) 上右击，在弹出的快捷菜单中选择 属性 选项；系统弹出“属性”对话框。选择 产品 选项卡，在 部件 区域的 实例名称 文本框中将 Part1.5 改为 front_cover，在 产品 区域的 零件编号 文本框中将 Part1 改为 front_cover，单击 确定 按钮。

Step3. 编辑 front_cover 部件。激活 front_cover (front_cover)；然后右击，

在弹出的快捷菜单中选择 front_cover 对象 → 在新窗口中打开 命令；系统切换至 front_cover 模型窗口。

Step4. 切换工作台。选择下拉菜单 开始 → 机械设计 → 零件设计 命令，切换到“零件设计”工作台。

说明：如果系统目前处于“零件设计”工作台中，则不用切换工作台。

Step5. 创建实体外部参考。

（1）选择下拉菜单 窗口 → first.CATPart 命令。

（2）在发布特征树中选取 零件几何体 并右击，在弹出的快捷菜单中选择 复制 命令。

（3）选择下拉菜单 窗口 → front_cover.CATPart 命令。系统切换到 front_cover 模型窗口。

（4）在特征树 front_cover 上右击，在弹出的快捷菜单中选择 选择性粘贴... 命令，系统弹出“选择性粘贴”对话框，选择 与原文档相关联的结果 选项，单击 确定 按钮，完成实体外部参考的创建。

（5）创建布尔操作。在特征树上选中 几何体.2，然后选择下拉菜单 插入 → 布尔操作 → 添加... 命令，完成布尔操作。

Step6. 创建特征外部参考。

（1）选择下拉菜单 窗口 → first.CATPart 命令。系统切换到 first 模型窗口。

（2）在发布特征树上选取 拉伸.3 并右击，在弹出的快捷菜单中选择 复制 命令。

（3）选择下拉菜单 窗口 → front_cover.CATPart 命令。系统切换到 front_cover 模型窗口。

（4）在特征树 front_cover 上右击，在弹出的快捷菜单中选择 选择性粘贴... 命令，系统弹出“选择性粘贴”对话框，选择 与原文档相关联的结果 选项，单击 确定 按钮，完成外部参考的创建。

Step7. 创建图 9.2.50 所示的特征——分割 1。选择下拉菜单 插入 → 基于曲面的特征 → 分割... 命令；选取外部参考中的 曲面.1(first!拉伸.3) 为分割元素；采用默认的分割方向；单击 确定 按钮，完成分割 1 的创建。

说明：在完成此步后，将 曲面.1(first!拉伸.3) 隐藏。

Step8. 创建图 9.2.51b 所示的特征——抽壳 1。选择下拉菜单 插入 → 修饰特征 → 抽壳... 命令；选取图 9.2.51a 所示的面为要移除的面；在 默认内侧厚度： 文本框中输入值 0.5，在 默认外侧厚度： 文本框中输入值 0；单击 确定 按钮，完成抽壳 1 的创建。

图 9.2.50　分割 1

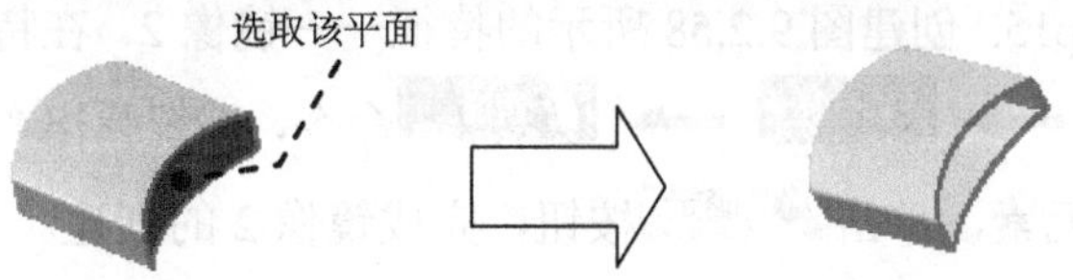

a）抽壳前　　b）抽壳后

图 9.2.51　抽壳 1

Step9. 创建图 9.2.52 所示的特征——凸台 1。选择下拉菜单 插入 → 基于草图的特征 ▸ → 凸台... 命令，选取“xy 平面”为草图平面，绘制图 9.2.53 所示的截面草图，单击按钮，退出草绘工作台。在 第一限制 区域的 类型： 下拉列表中选择 尺寸 选项，在 第一限制 区域的 长度： 文本框中输入值 1，选中 镜像范围 复选框，单击 确定 按钮，完成凸台 1 的创建。

Step10. 创建图 9.2.54 所示的特征——镜像 1。在特征树中选取“凸台 1”，选择下拉菜单 插入 → 变换特征 ▸ → 镜像... 命令，系统弹出“定义镜像”对话框，选取“zx 平面”为镜像元素，单击 确定 按钮，完成镜像 1 的创建。

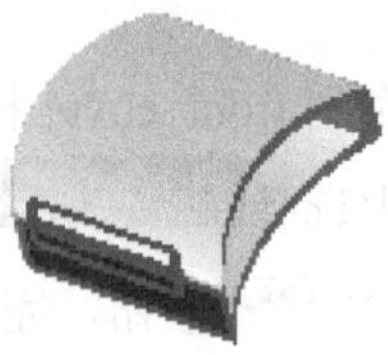

图 9.2.52　凸台 1

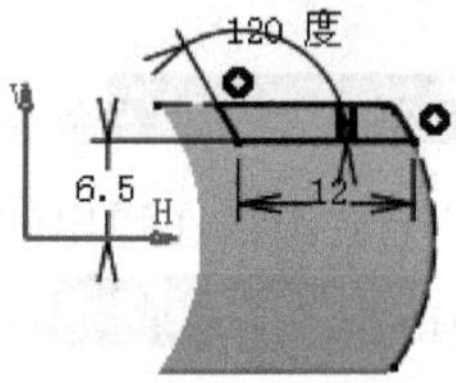

图 9.2.53　截面草图

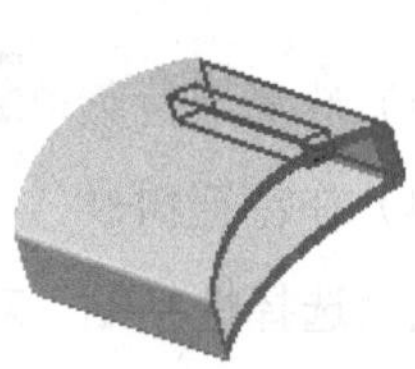

图 9.2.54　镜像 1

Step11. 切换工作台。选择下拉菜单 开始 → 形状 ▸ → 创成式外形设计 命令，切换到“创成式外形设计”工作台。

Step12. 创建图 9.2.55 所示的特征——平面 1。选择下拉菜单 插入 → 线框 ▸ → 平面... 命令；在 平面类型： 下拉列表中选择 偏移平面 选项；选取“xy 平面”为参考平面，在 偏移： 文本框输入值 1.25；单击 确定 按钮，完成平面 1 的创建。

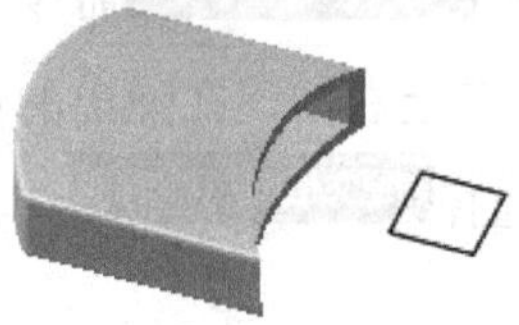

图 9.2.55　平面 1

Step13. 切换工作台。选择下拉菜单 开始 → 机械设计 ▸ → 零件设计 命令，切换到“零件设计”工作台。

Step14. 创建图 9.2.56 所示的特征——凸台 3。选择下拉菜单 插入 → 基于草图的特征 ▸ → 凸台... 命令，选取“平面 1”为草图平面，绘制图 9.2.57 所示的截面草图，单击按钮，退出草绘工作台。在 第一限制 区域的 类型： 下拉列表中选择 直到下一个 选项，单击 确定 按钮，完成凸台 3 的创建。

Step15. 创建图 9.2.58 所示的特征——镜像 2。在特征树中选取“凸台 3”，选择下拉菜单 插入 → 变换特征 ▸ → 镜像... 命令，系统弹出“定义镜像”对话框，选取“xy 平面”为镜像元素，单击 确定 按钮，完成镜像 2 的创建。

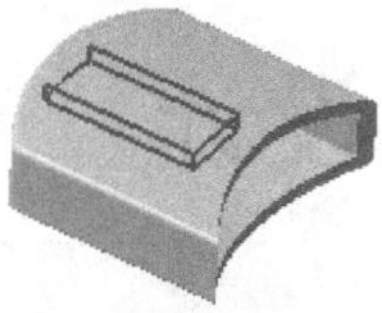

图 9.2.56 凸台 3

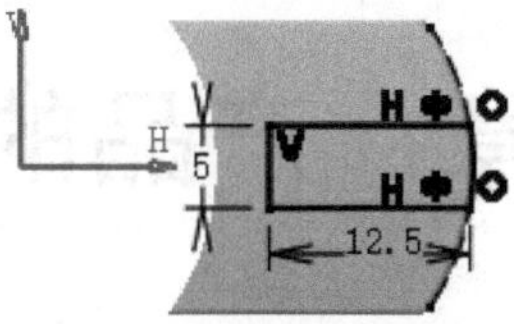

图 9.2.57 截面草图

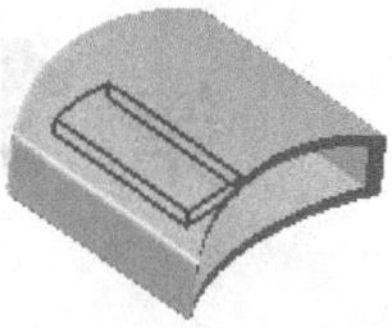

图 9.2.58 镜像 2

Step16. 创建图 9.2.59b 所示的倒角 1。选择图 9.2.59a 所示的 2 条边线为倒角的对象，在对话框的模式：下拉列表中选中长度 1/角度选项，在长度 1：文本框中输入值 1.0，在角度：文本框中输入角度值 45。

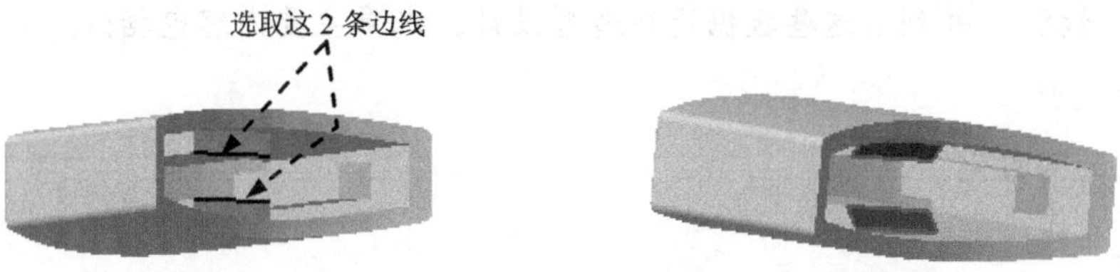

a）倒角前 b）倒角后

图 9.2.59 倒角 1

Step17. 保存零件模型。

Step18. 切换窗口。选择下拉菜单窗口 → 1 memory_unit_asm.CATProduct命令。

Step19. 隐藏控件。在特征树中选取first (first)和second (second)，然后右击，在弹出的快捷菜单中选择隐藏/显示命令，完成控件的隐藏。

Step20. 保存装配体模型。

第 10 章 产品的逆向设计

本章提要 产品的逆向设计主要是针对现有的产品进行研究，从而发现其规律，复制、改进并超越现有产品的过程。逆向工程不仅仅是对现实世界的模仿，更是对现实世界的改造，是一种超越。通过本节的内容，读者能掌握如何在 CATIA V5-6R2016 中输入点云数据（抄数数据），并利用这些数据进行造型设计。本章主要内容包括：

- 点云处理。
- 点云的网格化。
- 创建曲线。
- 逆向综合范例。

10.1 逆向工程技术概述

10.1.1 概念

逆向工程是对产品设计过程的一种描述。在实际的产品研发过程中，设计人员所能得到的技术资料往往只是其他厂家产品的实物模型，因此设计人员就需要通过一定的途径，将这些实物信息转化为 CAD 模型，这就需要应用逆向工程技术（Reverse Engineering）。

所谓逆向工程技术，俗称“抄数”，是指利用三维激光扫描技术（又称“实景复制技术”）或使用三坐标测量仪对实物模型进行测量，以获得物体的点云数据（三维点数据），再利用一定的工程软件对获得的点云数据进行整理、编辑，并获取所需的三维特征曲线，最终通过三维曲面表达出物体的外形，从而重构实物的 CAD 模型。

一般来说，产品逆向工程包括形状反求、工艺反求和材料反求等几个方面。在工业领域的实际应用中，主要包括以下几个内容：

- 新零件的设计，主要用于产品的改型或仿型设计。
- 损坏或磨损零件的还原。
- 已有零件的复制，再现原产品的设计意图。
- 数字化模型的检测，借助于工业 CT 技术，可以快速发现、定位物体的内部缺陷。还可以检验产品的变形分析和焊接质量等，以及进行模型的比较。

逆向工程技术为快速设计和制造产品提供了很好的技术支持，它已经成为制造业信息传递的重要而简洁的途径之一。

10.1.2 逆向工程设计前的准备工作

在设计一个产品之前，首先必须尽量理解原有模型的设计思想，在此基础上还可能要修复或克服原有模型上存在的缺陷。从某种意义上看，逆向设计也是一个重新设计的过程。在开始进行一个逆向设计前，应该对零件进行仔细分析，主要考虑以下一些要点。

（1）确定设计的整体思路，对自己手中的设计模型进行系统的分析。面对大批量、无序的点云数据，初次接触的设计人员会感觉到无从下手。这时应首先周全地考虑好先做什么，后做什么，用什么方法做，可以将模型划分为几个特征区，得出设计的整体思路，并找到设计的难点，基本做到心中有数。

（2）确定模型基本构成形状的曲面类型，这关系到相应设计软件的选择和软件模块的确定。对于自由曲面，例如车的外覆盖件和内饰件等，一般需要采用具有方便调整曲线和曲面的模块；对于初等解析曲面件，如平面、圆柱面和圆锥面等，则没必要因有测量数据而用自由曲面去拟合一张显然是平面或圆柱面的曲面。

10.1.3 CATIA V5-6R2016 逆向设计简介

CATIA V5-6R2016 的逆向设计是在数字化曲面设计和快速曲面重建两个模块中进行的。数字化曲面设计模块主要用于逆向设计的前期处理，该模块具有数据文件的导入导出、去除噪点、求截面线、求特征线以及质量检查等功能。点云经过编辑处理后再使用快速曲面重建模块创建曲面、编辑曲面，最终完成曲面造型设计。

选择下拉菜单 开始 → 形状 → Digitized Shape Editor 命令即可进入到数字化曲面设计模块。该模块主要用于逆向设计的前期处理。前期处理包括点云处理、点云网格化处理和创建基准曲线。

选择下拉菜单 开始 → 形状 → Quick Surface Reconstruction 命令即可快速进入曲面重建模块。该模块主要用于逆向设计的后期处理。后期处理包括：编辑基准曲线和根据曲线创建曲面，在逆向设计中，也可以使用 CATIA 提供的其他曲面模块来进行曲面的重建。

10.2 点 云 处 理

当我们使用一些测量仪器得到一些粗糙的点云数据后，还不能直接为我们设计所用，还要经过一系列步骤对已得到的点云数据进行处理，之后才可以进行后期的设计。下面具体介绍点云处理的一些方法。

10.2.1　点云数据的加载和输出

在使用 CATIA V5-6R2016 进行逆向设计之前，必须将获取的点云数据加载到 CATIA 中。根据需要，还可以将 CATIA 处理好的点云数据导出。下面具体介绍点云数据的加载和输出。

1. 加载点云数据

在数字化曲面设计模块中，使用 Import... 命令可以将点云数据加载到 CATIA 中，下面以图 10.2.1 所示的实例来说明加载点云数据的一般过程。

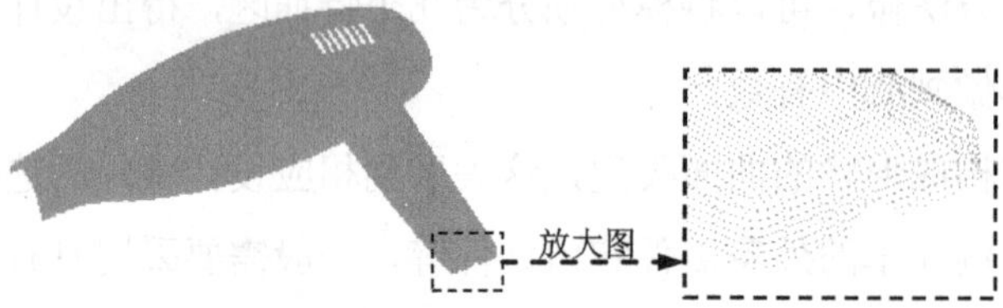

图 10.2.1　加载点云数据

Step1. 打开文件 D:\cat2016.8\work\ch10.02.01\cloud_import.CATPart。

Step2. 选择下拉菜单 开始 → 形状 → Digitized Shape Editor 命令，进入数字化曲面设计工作台。

Step3. 选择命令。选择下拉菜单 插入 → Import... 命令，系统弹出图 10.2.2 所示的“Import”对话框（一）。

Step4. 选择打开文件格式。在“Import”对话框的 Selected File 区域的 Format 下拉列表中选择 Iges 选项。

说明：在 CATIA V5-6R2016 中能够导入的数据文件格式有 Ascii free、Atos、Cgo、Gom-3d、Hyscan、Iges、Kreon、Steinbichler 和 STL 等 15 种格式。

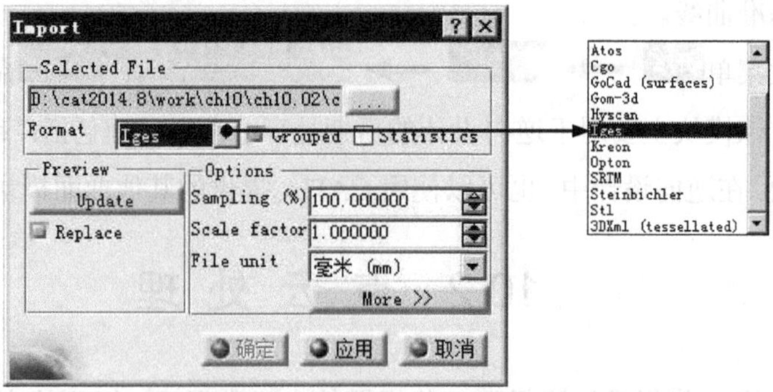

图 10.2.2　“Import”对话框（一）

Step5. 选择打开文件。在对话框中单击 ... 按钮，系统弹出“选择文件”对话框，在查找范围(I):下拉列表中选择目录 D:\cat2016.8\work\ch10\ch10.02.01，然后选择“cloud.igs”，单击打开(O)按钮。

Step6. 完成导入。其他参数接受系统默认设置，单击对话框中的应用按钮，确认无误后单击确定按钮，完成点云数据加载。

图 10.2.2 所示“Import”对话框（一）中部分选项的说明如下。

- Grouped 复选框：选中此复选框，在一次性导入多个点云数据时可以将其合并成一个点云，在特征树中显示只有一个点云数据。
- Statistics 复选框：选中此复选框，在对话框下部的 Statistics 列表框中显示加载数据文件的相关信息（图 10.2.3）。

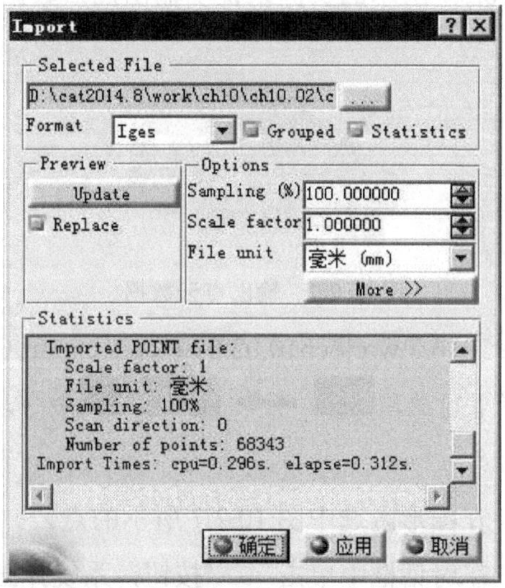

图 10.2.3 “Import”对话框（二）

- Update 按钮：单击此按钮，在加载的点云数据周围出现图 10.2.4 所示的操控方框，在操控方框 6 个面中心各有一个绿色控制点，将鼠标指针移至控制点上会出现两个方向箭头（图 10.2.4），沿着箭头方向拖动控制点可以改变加载点云数据的范围（图 10.2.5），此时导入的点云数据如图 10.2.6 所示。

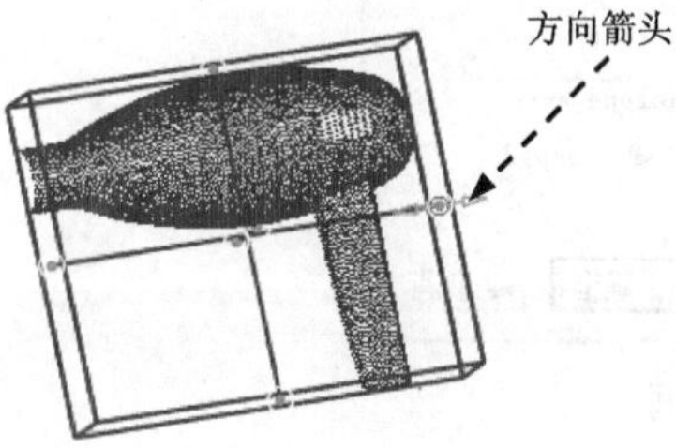

图 10.2.4 操纵方框

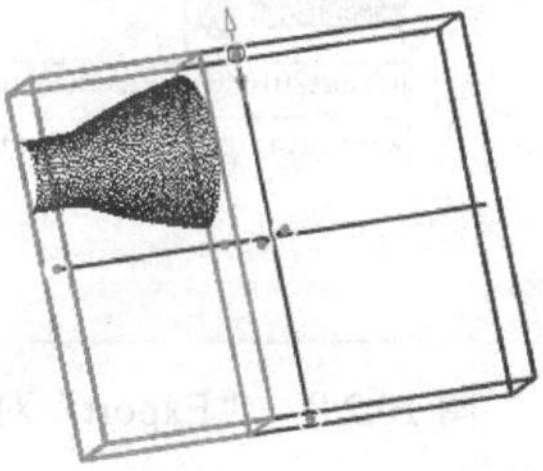
图 10.2.5 改变加载范围

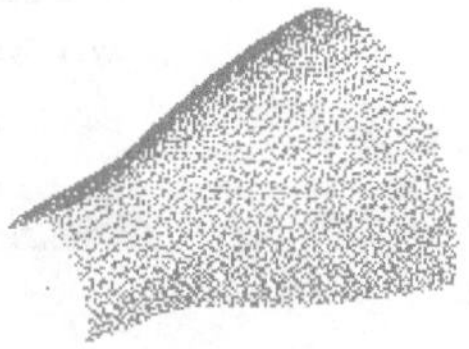
图 10.2.6 加载的点云

- Replace 复选框：选中此复选框，在加载点云时可以用最新选择的点云数据替换原有的点云数据，如果没有选中此选项，单击 Update 进行更新时，原始点云数据仍然是可见的。

- Options 区域：此区域主要用于定义加载点云数据的属性。包括以下内容。
  - ☑ Sampling (%) 文本框：用来定义加载点云数据的取样比率。
  - ☑ Scale factor 文本框：用来定义加载点云数据的比例。
  - ☑ File unit 文本框：用来定义加载数据的单位。

2. 点云数据输出

在数字化曲面设计模块中，使用 Export... 命令可以将点云数据从 CATIA 中导出为其他格式的点云。下面以图 10.2.7 所示的实例来说明输出点云数据的一般过程。

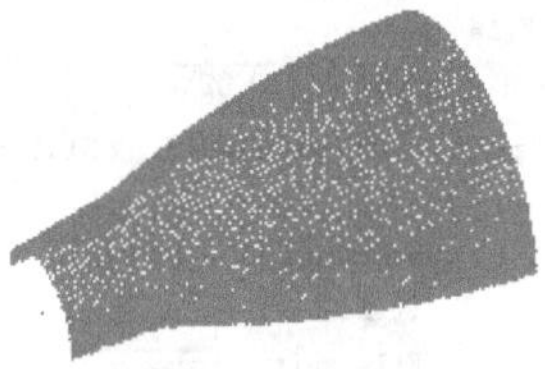

图 10.2.7　输出点云数据

Step1. 打开文件 D:\cat2016.8\work\ch10.02.01\cloud_export.CATPart。

Step2. 选择命令。选择下拉菜单 插入 → Export... 命令，系统弹出图 10.2.8 所示的“Export”对话框。

Step3. 选择输出点云。在图形区选中图 10.2.7 所示的点云。

Step4. 选择打开文件。在对话框中单击 ... 按钮，系统弹出“另存为”对话框，在对话框中指定合适的保存路径（此处采用默认的保存路径），在 文件名(N): 文本框中输入文件名称 cloud_export_ok，在 保存类型(T): 下拉列表中选择 Ascii free (*.asc;*.libre;*.ascii) 选项，单击 保存(S) 按钮。

Step5. 在“Export”对话框中单击 确定 按钮，完成点云数据的输出。

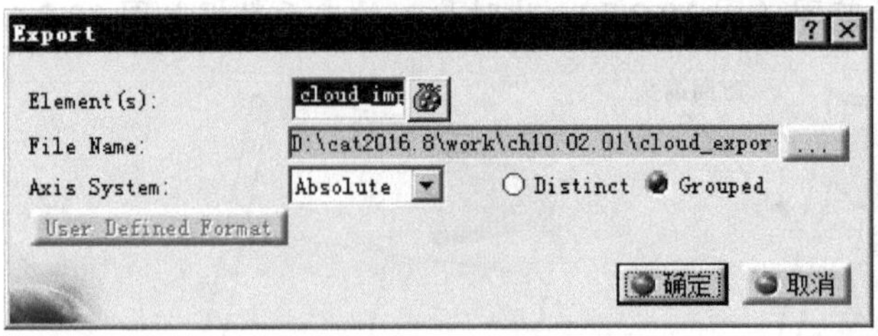

图 10.2.8　“Export”对话框

说明：在 CATIA V5-6R2016 中能够导出的数据文件格式有 Ascii free、Ascii RGB、Ascii User、Cgo 和 Stl 五种格式。

10.2.2 编辑点云

加载点云数据后，需要对点云进行进一步的处理，使点云符合设计的需要。编辑点云主要包括删除点云（删除后的点云不能恢复）、过滤点云、激活局部点云和点云合并等。

1. 删除点云

使用删除点云命令可以将部分点云删除。下面以如图 10.2.9 所示的实例来说明删除点云的一般过程。

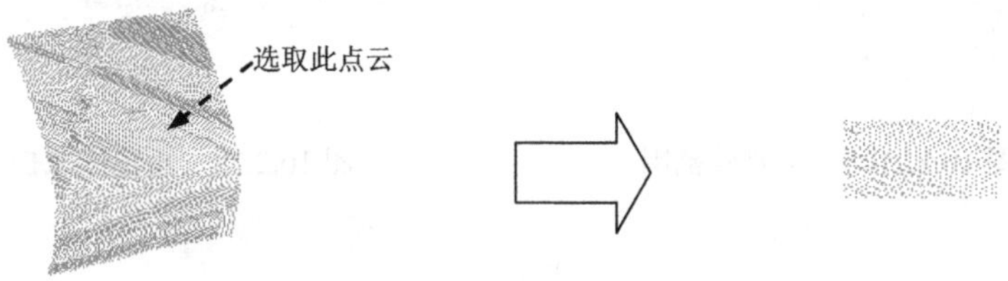

a）删除前　　b）删除后

图 10.2.9　删除点云

Step1. 打开文件 D:\cat2016.8\work\ch10.02.02\cloud_remove.CATPart。

Step2. 选择命令。选择下拉菜单 插入 → Cloud Edition ▸ → Remove... 命令，系统弹出图 10.2.10 所示的“Remove”对话框。

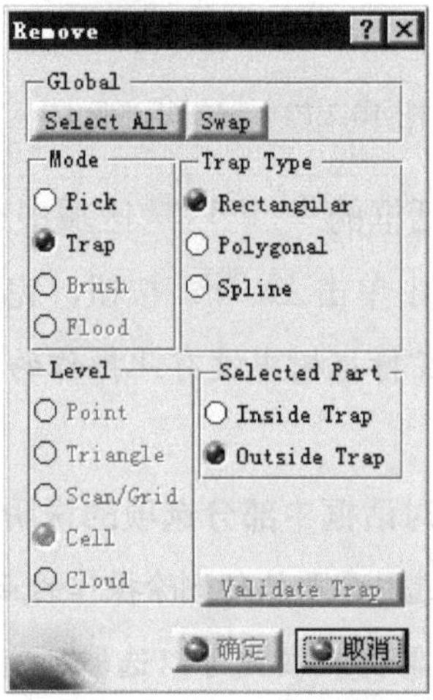

图 10.2.10　“Remove”对话框

Step3. 选择点云。在图形区选中图 10.2.9a 所示的点云。

Step4. 定义拾取点云模式。在“Remove”对话框的 Mode 区域中选中 Trap 单选项。

Step5. 定义删除类型和范围。在对话框的 Trap Type 区域中选中 Rectangular 单选项，然后在图形区点云上绘制图 10.2.11 所示的矩形区域作为删除范围。

说明：绘制的矩形区域只是当前视图方向上的一个矩形区域，转动模型后会发现实际上是一个长方体的控制框（图 10.2.12），矩形区域实际上就是该控制框和点云相交的区域；此处的控制框和导入点云时的控制框类似，在控制框上也有 6 个绿色的控制点，将鼠标移到控制点上会出现带有 4 个方向箭头的圆（图 10.2.12），沿方向箭头拖动控制框可以编辑矩形区域（图 10.2.13）。

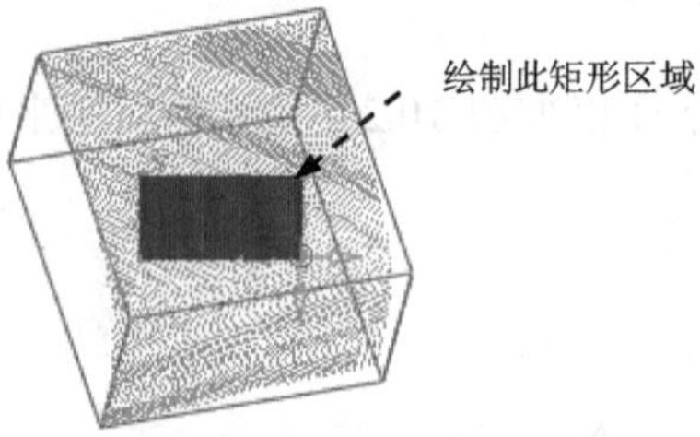

图 10.2.11　定义删除范围

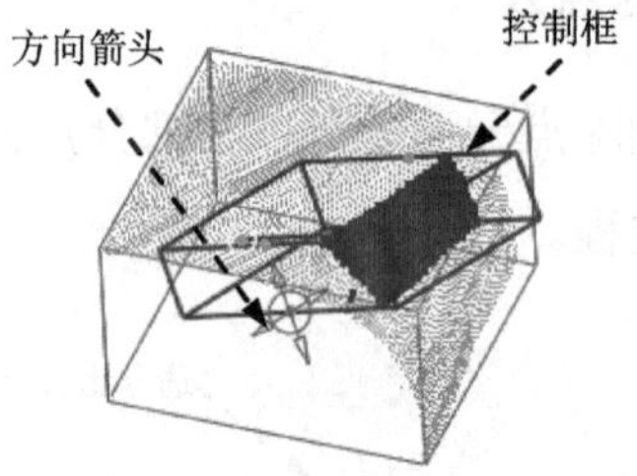

图 10.2.12　矩形区域控制框

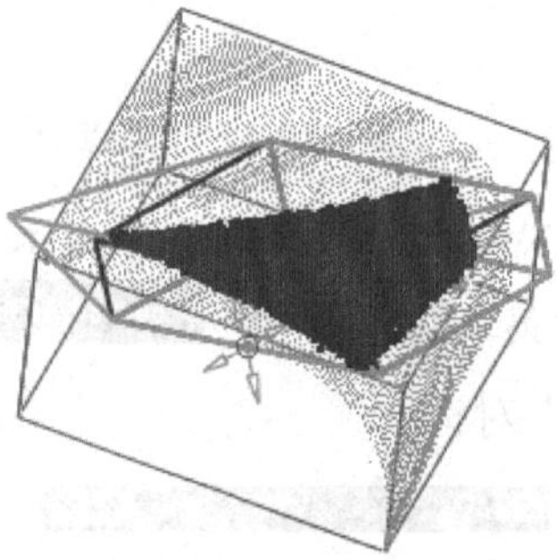
图 10.2.13　编辑矩形区域

Step6. 定义删除部分。在对话框的 Selected Part 区域中选中 Outside Trap 单选项。

Step7. 在“Remove”对话框中单击 确定 按钮，完成删除点云的操作。

说明：使用此命令删除点云在特征树中没有此操作的显示，所以删除后的点云是无法恢复的。

图 10.2.10 所示“Remove”对话框中部分选项的说明如下。

- Global 区域：此区域用于选取需要执行删除操作的点云，包括以下两种方法。
  - ☑ Select All 按钮：单击此按钮可以选取所有点云数据。
  - ☑ Swap 按钮：单击此按钮可以切换选取点云。如果原来选取的是区域内的点云，单击此按钮后可以切换到选取区域外的点云。
- Mode 区域：此区域用于定义拾取点云模式，包括以下 4 种模式。
  - ☑ Pick 单选项：选中此单选项后 Level 区域被激活，可以使用 5 种方法来拾取点云数据。
  - ☑ Trap 单选项：选中此单选项后 Trap Type 区域被激活，可以使用 3 种方法来拾取点云数据。

☑ Brush 单选项：网格刷，只对三角网格有效。选中此选项后，光标处会出现一个圆，拖动光标所有刷中的网格将被删除。

☑ Flood 单选项：只对三角网格有效，选中此选项后，可以选取一定角度范围内的网格。

- Level 区域：此区域主要用于选取较少的点云，包括以下5种方法。

☑ Point 单选项：选中此单选项可以选取点云中的一个点。

☑ Triangle 单选项：点云网格化后，选中此单选项可以选取一个三角网格面。

☑ Scan/Grid 单选项：选中此单选项可以选取点云中的一条交线。

☑ Cell 单选项：选中此单选项可以选取点云中的一个子点云。

☑ Cloud 单选项：选中此单选项可以选取整个点云。

- Trap Type 区域：此区域主要用于选取区域中的点云，包括以下3种方法。

☑ Rectangular 单选项：选中此单选项然后绘制一个矩形区域，可以选取矩形区域中的点云（图10.2.11）。

☑ Polygonal 单选项：选中此单选项然后绘制一个多边形区域，可以选取多边形区域中的点云（图10.2.14）。

☑ Spline 单选项：选中此单选项然后绘制一个样条区域，可以选取样条区域中的点云（图10.2.15）。

- Validate Trap 按钮：单击此按钮，预览删除的点云。

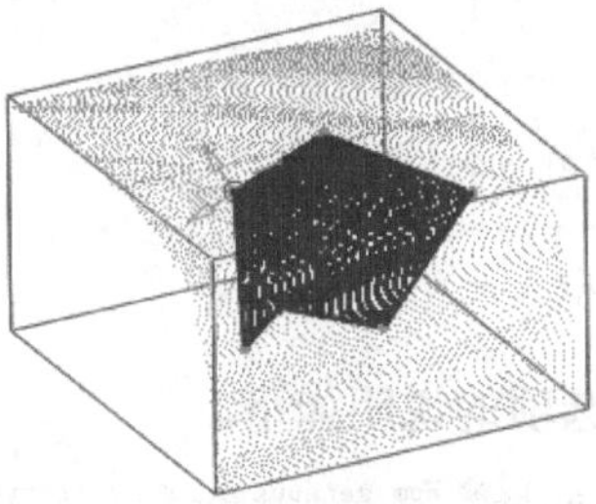

图10.2.14　使用多边形方式选取点云

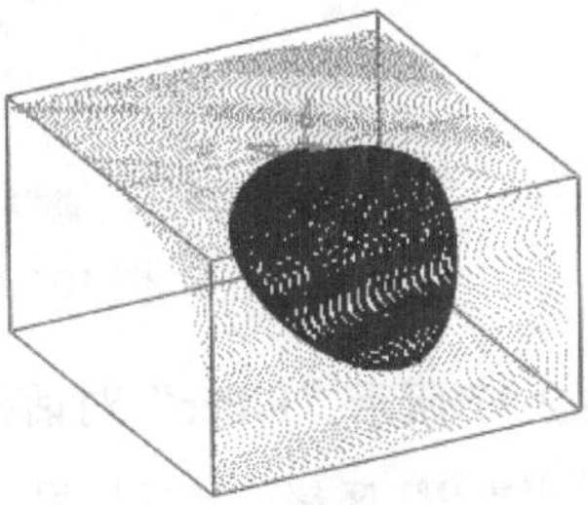

图10.2.15　使用样条区域选取点云

2. 过滤点云

当点云密度较大时，会影响后期点云处理的速度。为了提高处理速度，在保证保留特征的前提下，可以对点云进行适当的过滤处理。下面以图10.2.16所示的实例来说明过滤点云的一般过程。

Step1. 打开文件D:\cat2016.8\work\ch10.02.02\cloud_filter.CATPart。

Step2. 选择命令。选择下拉菜单 插入 ➡ Cloud Edition ▸ ➡ Filter... 命令，系统弹出图10.2.17所示的“Filter”对话框（一）。

Step3. 选择点云。在图形区选中图 10.2.16a 所示的点云。

Step4. 定义过滤方式。在“Filter”对话框的 Filter Type 区域中选中 Homogeneous 单选项，然后在其后的文本框中输入公差球半径值 3。

Step5. 在“Filter”对话框（一）中单击 确定 按钮，完成过滤点云的操作。

说明： 完成点云过滤后在对话框的 Statistics 区域中显示出点云过滤的信息，包括过滤操作中设置的参数，保留下来的点云数目和比例。

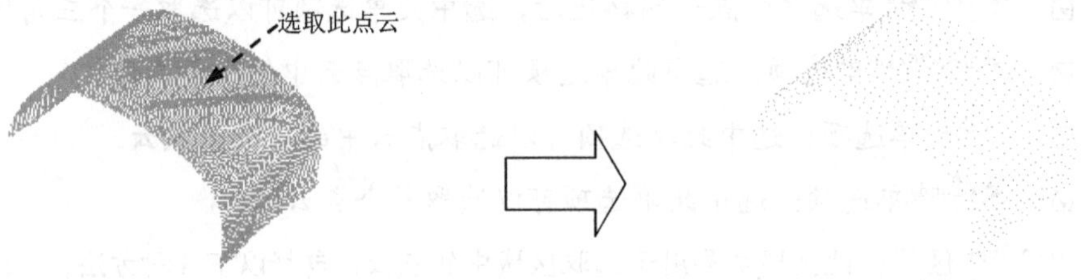

a）过滤前　　b）过滤后

图 10.2.16　过滤点云

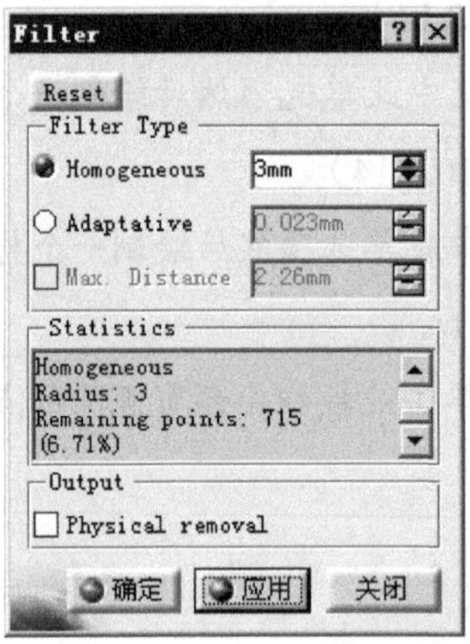

图 10.2.17　“Filter”对话框（一）

图 10.2.17 所示“Filter”对话框（一）中部分选项的说明如下。

- Filter Type 区域：此区域用于定义过滤方式，包括 Homogeneous 和 Adaptative 两种方式。
  - ☑ Homogeneous 单选项：公差球方式。公差球半径值越大，过滤后的点云越稀疏，使用此方式过滤的点云比较平均。
  - ☑ Adaptative 单选项：弦高差方式。使用此方式过滤点云，对特征变化小的部分过滤较多点云，对特征变化大的部分过滤较少点云。因此，使用该方法过滤点云更加有利于获得更明显的特征保留。其操作和对话框如图 10.2.18 和图 10.2.19 所示。
  - ☑ Max. Distance 复选框：选中此复选框，输入最大距离进行过滤。此选项只有在 Adaptative 被激活的情况下才有效。
- Physical removal 复选框：选中此复选框，删除过滤掉的点云，并且不能恢复。

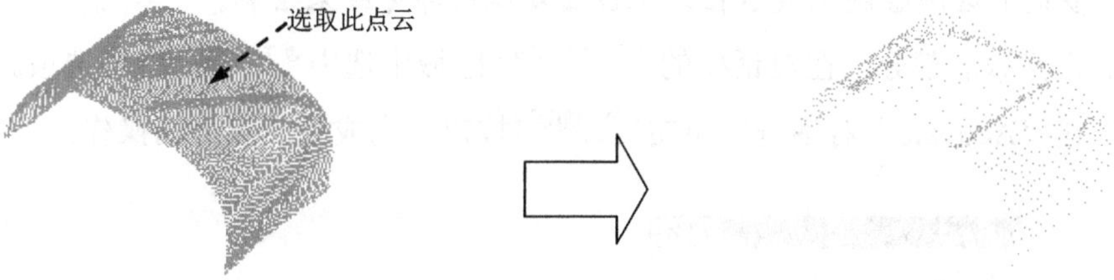

a）过滤前　　　　b）过滤后

图 10.2.18　使用弦高差方式过滤点云

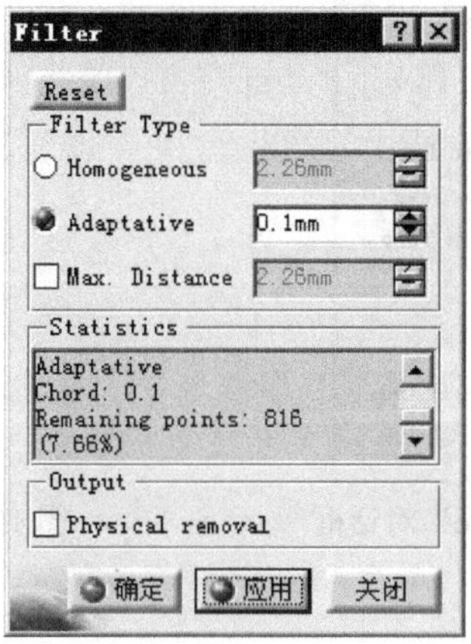

图 10.2.19　“Filter”对话框（二）

3. 激活局部点云

使用激活局部点云命令可以将局部点云激活，其操作和删除点云类似。下面以图 10.2.20 所示的实例来说明激活局部点云的一般过程。

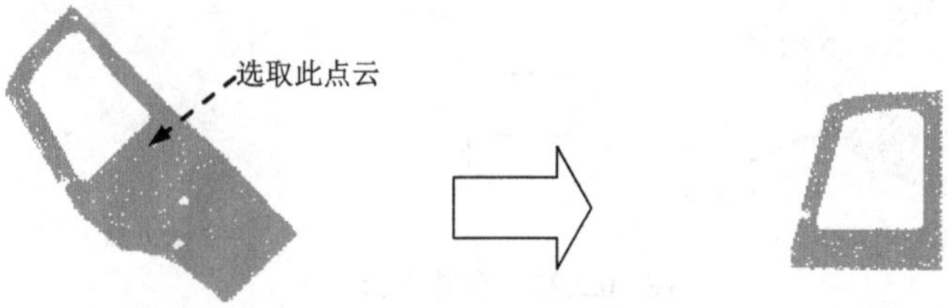

a）激活前　　　　b）激活后

图 10.2.20　激活局部点云

Step1. 打开文件 D:\cat2016.8\work\ch10.02.02\cloud_activate.CATPart。

Step2. 选择命令。选择下拉菜单 插入 → Cloud Edition ▸ → Activate... 命令，系统弹出图 10.2.21 所示的“Activate”对话框。

Step3. 选择点云。在图形区选取图 10.2.20a 所示的点云。

Step4. 定义拾取点云模式。在“Activate”对话框的 Mode 区域中选中 ● Trap 单选项。

Step5. 定义激活类型和范围。在对话框的 Trap Type 区域中选中 ● Polygonal 单选项，然后在图形区点云上绘制图 10.2.22 所示的多边形区域作为激活范围。

说明： 多边形区域绘制完成后在终止位置处双击即可结束绘制。

Step6. 定义激活部分。在对话框的 Selected Part 区域中选中 Inside Trap 单选项。

Step7. 在“Activate”对话框中单击 确定 按钮，完成激活点云的操作。

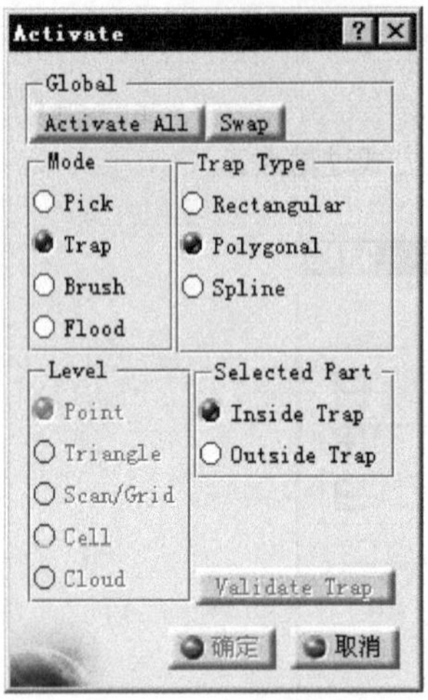

图 10.2.21　“Activate”对话框

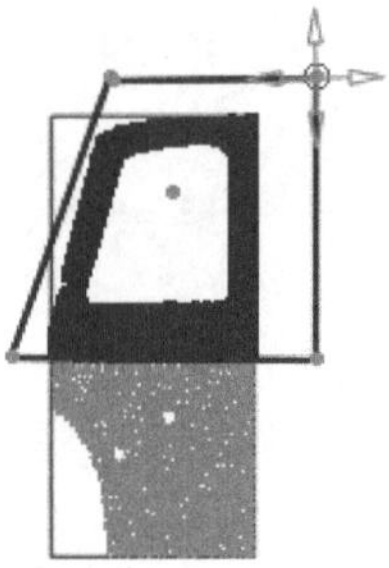

图 10.2.22　定义激活区域

4. 点云合并

使用点云合并可以将若干个独立的点云合并成一个点云。下面以图 10.2.23 所示的实例来说明合并点云的一般过程。

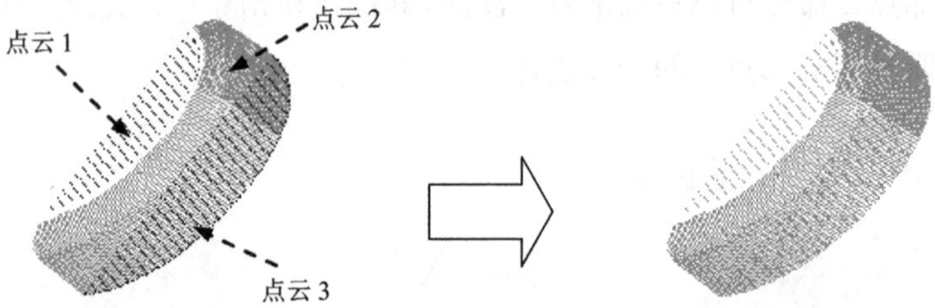

a）合并前　　b）合并后

图 10.2.23　合并点云

Step1. 打开文件 D:\cat2016.8\work\ch10.02.02\cloud_merge.CATPart。

Step2. 选择命令。选择下拉菜单 插入 → Operations ▸ → Merge Clouds... 命令，系统弹出图 10.2.24 所示的“Merge Clouds”对话框。

Step3. 选取合并对象。在图形区选取图 10.2.23a 所示的点云 1、点云 2 和点云 3 为合并对象。

Step4. 在“Merge Clouds”对话框中单击 确定 按钮，完成激活点云的操作。

说明： 完成点云合并后，系统自动将原始点云隐藏。

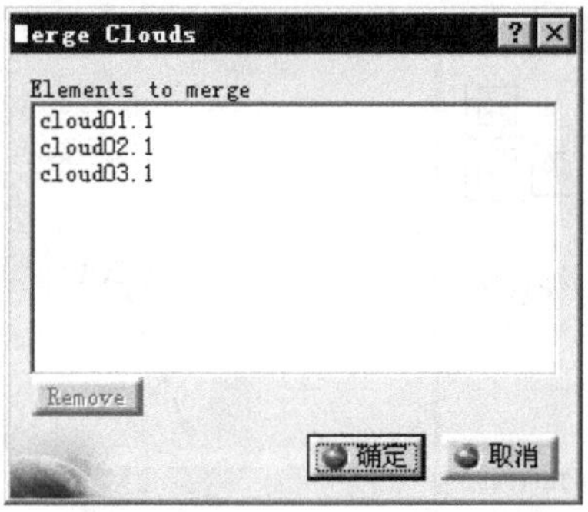

图 10.2.24 “Merge Clouds”对话框

10.2.3 对齐点云

由于某些扫描仪器不能一次获得模型各个面的点云数据，需要进行多次扫描，然后将点云导入，这些点云导入后就存在一定的位置误差。对齐点云就是通过处在正确坐标系的已有点云、曲面和特征线等来对齐当前点云数据。

1.指南针对齐

下面以图 10.2.25 所示的实例来说明使用指南针对齐点云的一般过程。

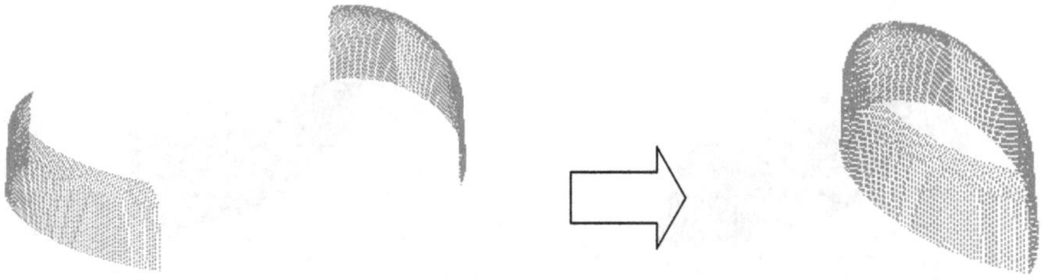

图 10.2.25 使用指南针对齐

Step1. 打开文件 D:\cat2016.8\work\ch10.02.03\align_compass.CATPart。

Step2. 选择命令。选择下拉菜单 插入 → Cloud Reposit ▸ → Align using the Compass... 命令，系统弹出图 10.2.26 所示的“Align using the Compass”对话框。

Step3. 选取对齐点云和参考点云。在图形区选取图 10.2.27 所示的点云 1 为要对齐的点云，然后选取点云 2 为参考点云。

Step4. 移动点云。在“Align using the Compass”对话框中单击 Move 区域中的按钮，在要对齐的点云上出现指南针图标，移动指南针，将点云移动到合适的位置，如图 10.2.27 所示。

Step5. 隐藏原始点云。在对话框中单击 Cloud to Align: 文本框后的按钮，将要对齐的源点云隐藏。

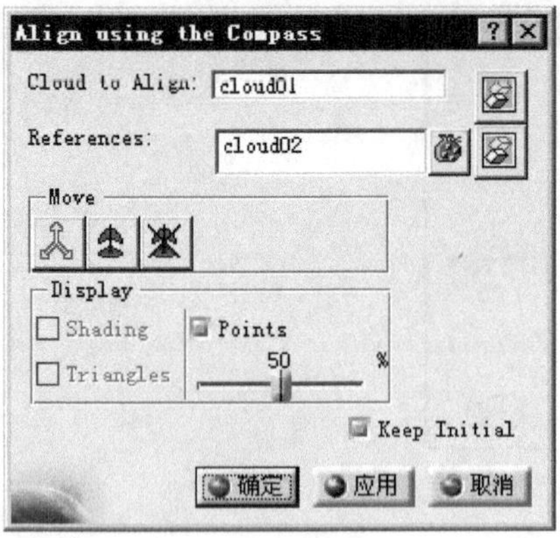

图 10.2.26 “Align using the Compass”对话框

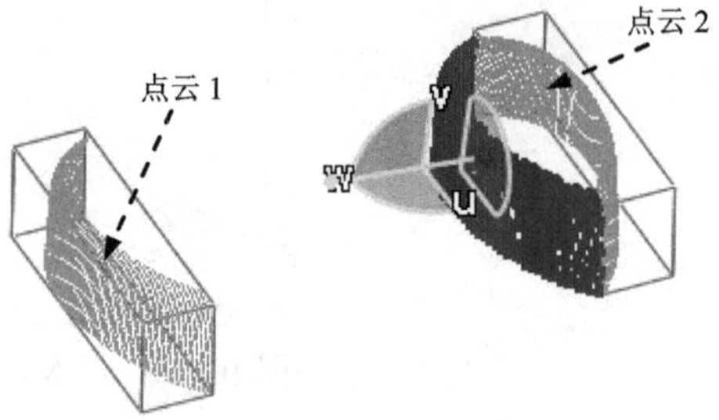

图 10.2.27 对齐点云

说明：在对话框中单击 References: 文本框后的按钮，可以隐藏参考点云；单击该文本框后的按钮，可以选取多个参考点云。

Step6. 单击 确定 按钮，完成使用指南针对齐点云的操作。

图 10.2.26 所示“Align using the Compass”对话框中部分选项的说明如下。

- Move 区域：此区域用于定义对齐点云的移动方式。
  - ☑ 按钮：单击此按钮，可以通过点云的惯性轴对齐点云，包括 4 种不同的对齐结果（图 10.2.28）。

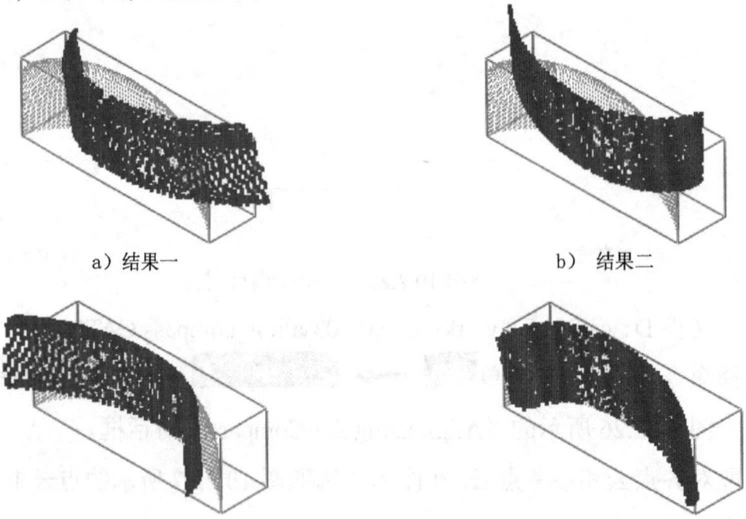

a）结果一　b）结果二　c）结果三　d）结果四

图 10.2.28 通过点云惯性轴对齐点云

  - ☑ 按钮：单击此按钮，可以通过移动指南针对齐点云。
  - ☑ 按钮：单击此按钮，撤销指南针对齐。
- Display 区域：此区域用于定义在对齐网格面时，对齐后网格面的显示模式。
  - ☑ Shading 复选框：选中此复选框，对齐后的网格面以打光网格面模式显示。

☑ Triangles 复选框：选中此复选框，对齐后的网格面以三角网格面模式显示。

☑ Points 复选框：选中此复选框，在移动点云的过程中以点的方式高亮显示点云。拖动下方的滑块可以调整点的显示比例。

- Keep Initial 复选框：选中此复选框保持最初点云数据，点云对齐后会生成一个新的点云。

2.拟合对齐

下面以图 10.2.29 所示的实例来说明拟合对齐点云的一般过程。

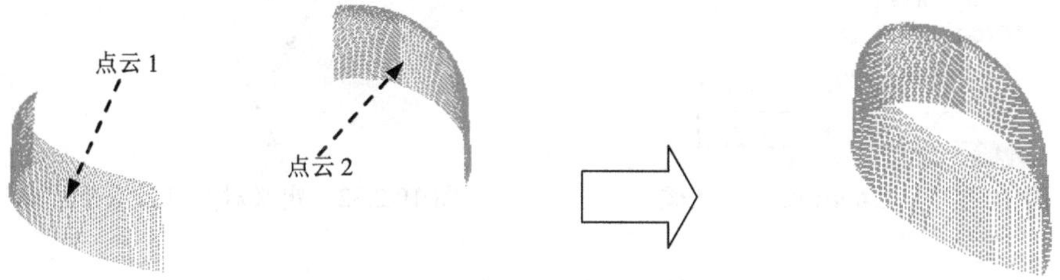

a）对齐前　　b）对齐后

图 10.2.29　拟合对齐

Step1. 打开文件 D:\cat2016.8\work\ch10.02.03\align_best_fit.CATPart。

Step2. 选择命令。选择下拉菜单 插入 → Cloud Reposit ▸ → Align by Best Fit... 命令，系统弹出图 10.2.30 所示的“Align by Best Fit”对话框。

Step3. 选取对齐点云和参考点云。在图形区选取图 10.2.29a 所示的点云 1 为要对齐的点云，然后选取点云 2 为参考点云。

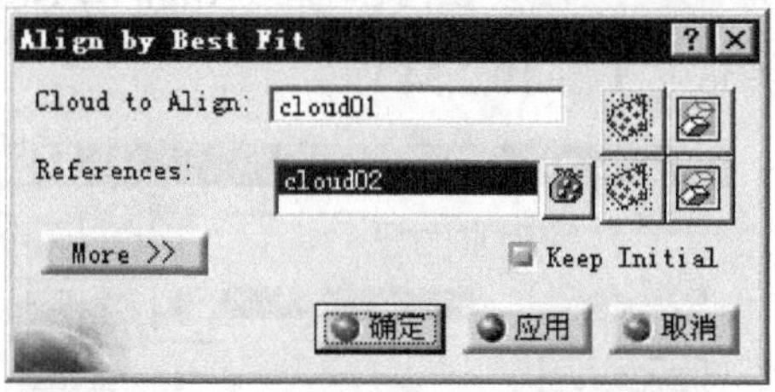

图 10.2.30　“Align by Best Fit”对话框（一）

Step4. 定义对齐点云上的拟合区域。在对话框中单击 Cloud to Align: 后的按钮，系统弹出图 10.2.31 所示的“Activate”对话框，在该对话框中进行图示设置，然后在要对齐的点云上选取图 10.2.32 所示的 3 个点作为拟合区域，单击 确定 按钮，系统返回至“Align by Best Fit”对话框。

Step5. 定义参考点云上的拟合区域。参照 Step4 的方法，在参考点云与对齐点云拟合区域相对应的位置上选取 3 个点作为拟合区域，如图 10.2.33 所示，单击 确定 按钮。

Step6. 隐藏原始点云。在对话框中单击 Cloud to Align: 文本框后的按钮，将要对齐的源点云隐藏。

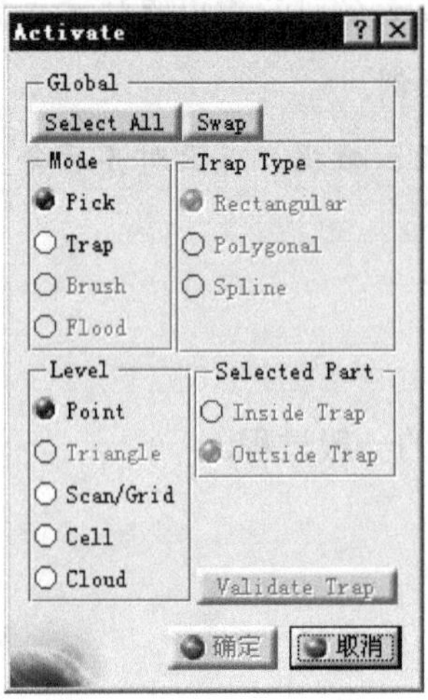

图 10.2.31 "Activate"对话框

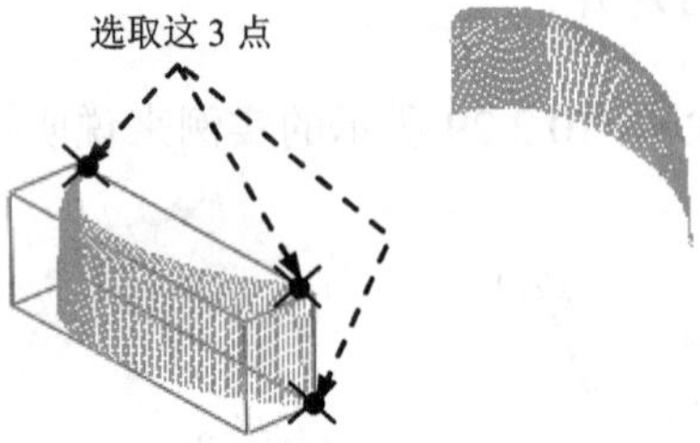

图 10.2.32 定义对齐点云拟合区域

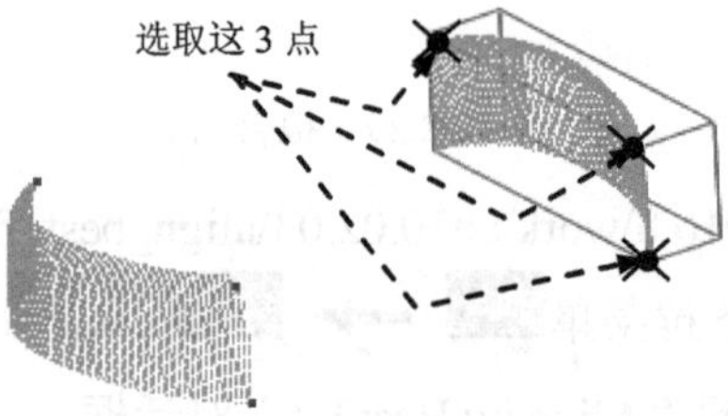

图 10.2.33 定义参考点云拟合区域

Step7. 单击 确定 按钮，完成拟合对齐点云的操作。

说明：在对话框中单击 More >> 按钮，此时在"Align by Best Fit"对话框中的 Statistics 区域下显示对齐点云的相关信息（图 10.2.34）。

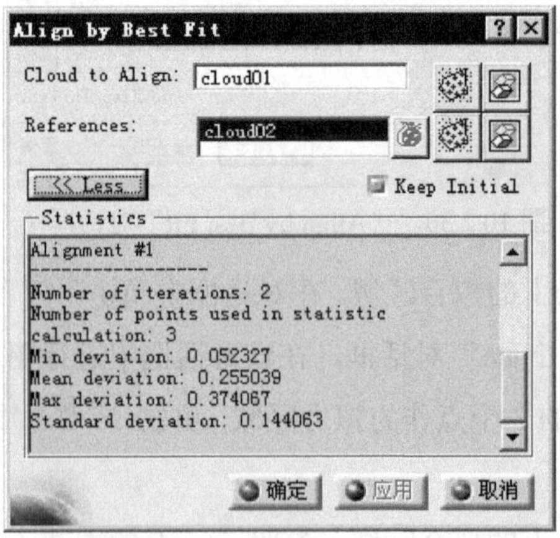

图 10.2.34 "Align by Best Fit"对话框（二）

3.约束对齐

使用约束对齐命令可以通过约束来对齐点云。下面以图 10.2.35 所示的实例来说明约束对齐点云的一般过程。

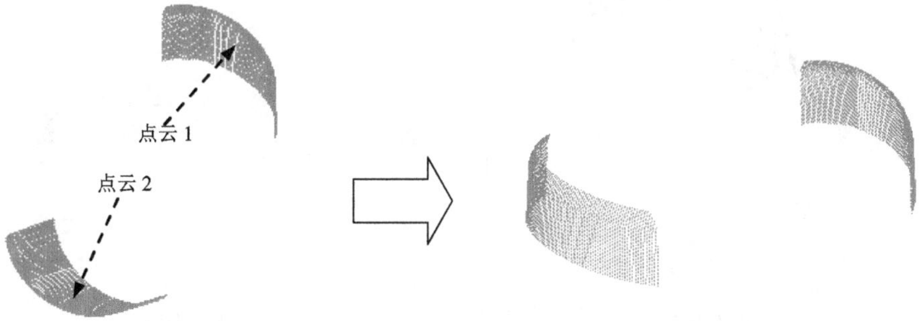

a）对齐前　　b）对齐后

图 10.2.35　约束对齐

Step1. 打开文件 D:\cat2016.8\work\ch10.02.03\align_constraints.CATPart。

Step2. 选择命令。选择下拉菜单 插入 → Cloud Reposit ▸ → Align with Constraints... 命令，系统弹出图 10.2.36 所示的“Align with Constraints”对话框。

Step3. 选取要对齐的点云。在图形区选取图 10.2.35a 所示的点云 2 为要对齐的点云。

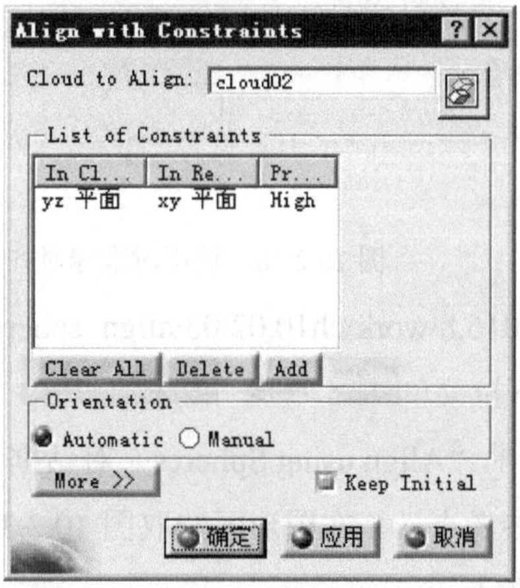

图 10.2.36　“Align with Constraints”对话框

Step4. 定义对齐约束。在“Align with Constraints”对话框中的 List of Constraints 区域下单击 Add 按钮，在特征树中选取 yz 平面作为对齐点云中的约束，然后选取 xy 平面作为参考点云中的约束。

Step5. 定义对齐方向。在对话框的 Orientation 区域中选中 Automatic 单选项。

说明：此处如果在对话框的 Orientation 区域中选中 Manual 单选项，表示采用手动方式定义对齐方向，操作过程如图 10.2.37 所示。

Step6. 隐藏原始点云。在对话框中单击 Cloud to Align: 文本框后的按钮，将要对齐的源点云隐藏。

Step7. 单击 确定 按钮，完成通过约束对齐点云的操作。

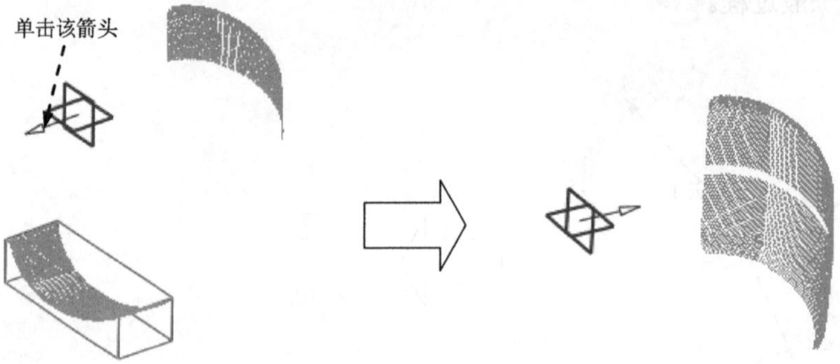

a）对齐前　　　　b）对齐后

图 10.2.37　手动定义对齐方向

4.对准球对齐

在点云重叠部位加入校正球，在定位时使用定位球对齐可以很方便地对齐点云。下面以图 10.2.38 所示的实例来说明使用对准球对齐点云的一般过程。

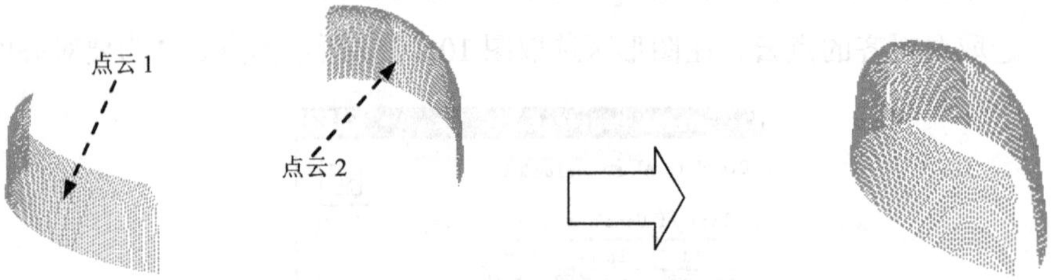

a）对齐前　　　　b）对齐后

图 10.2.38　使用对准球对齐

Step1. 打开文件 D:\cat2016.8\work\ch10.02.03\align_spheres.CATPart。

Step2. 选择命令。选择下拉菜单 插入 → Cloud Reposit ▸ → Align using Spheres... 命令，系统弹出图 10.2.39 所示的“Align using Spheres”对话框。

Step3. 选取对齐点云和参考点云。在图形区选取图 10.2.38a 所示的点云 1 为要对齐的点云，然后选取点云 2 为参考点云。

Step4. 定义对准球半径。在“Align using Spheres”对话框的 Sphere Radius 区域中选中 Constrained 选项，然后在其后的文本框中输入对准球半径值 2。

说明：此处如果没有选中 Constrained 选项，定义的对准球半径不相等。

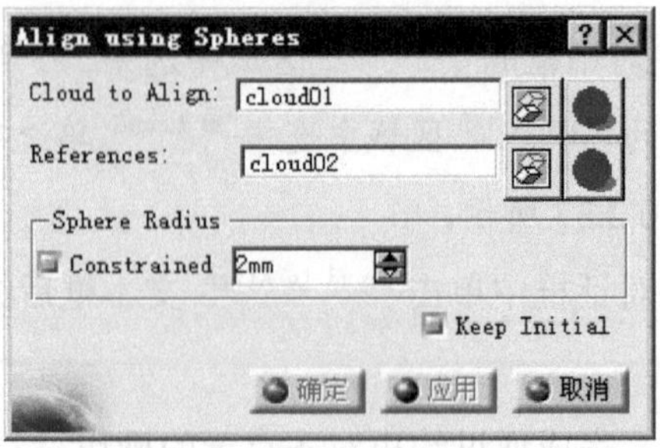

图 10.2.39　“Align using Spheres”对话框

Step5. 定义对齐点云上的对准球。在对话框中单击 Cloud to Align: 后的按钮，然后在要对齐的点云上定义图 10.2.40 所示的 3 个对准球。

Step6. 定义参考点云上的对准球。在对话框中单击 References: 后的按钮，然后在参考点云上定义图 10.2.40 所示的 3 个对准球。

Step7. 隐藏原始点云。在对话框中单击 Cloud to Align: 文本框后的按钮，将要对齐的源点云隐藏。

Step8. 单击 确定 按钮，完成使用对准球对齐点云的操作。

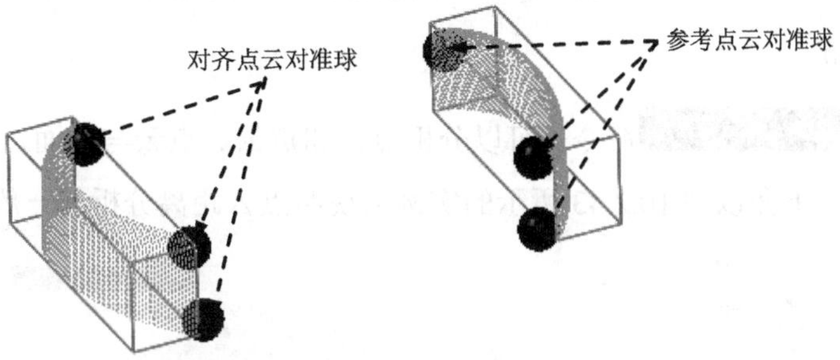

图 10.2.40　定义对准球

10.2.4　点云分析

在得到一个点云数据后，通常需要先分析点云数据，以便对点云有一个初步的了解，便于后续工作的展开。

1.点云信息分析

选择下拉菜单 插入 → Analysis ▸ → Information... 命令，然后选取需要分析的点云，可以查看点云信息。下面以图 10.2.41 所示的实例来说明点云信息分析的一般过程。

图 10.2.41　点云信息分析

Step1. 打开文件 D:\cat2016.8\work\ch10.02.04\cloud_information.CATPart。

Step2. 选择命令。选择下拉菜单 插入 → Analysis ▸ → Information... 命令，系统弹出图 10.2.42 所示的“Information”对话框。

Step3. 选取分析对象。在图形区选取图 10.2.41 所示的点云为分析对象。此时在“Information”对话框中显示点云信息（图 10.2.42）。

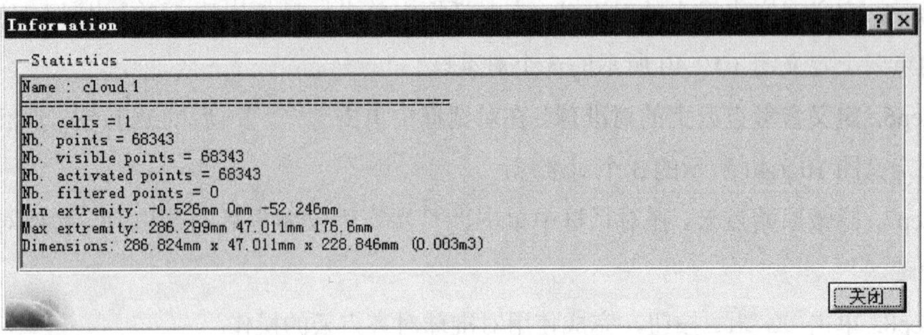

图 10.2.42 “Information”对话框

2.距离分析

使用 Deviation Analysis... 命令，可以分析点云和点云、点云与曲面、点云与曲线和网格面之间的距离。下面以图 10.2.43 所示的实例来说明点云距离分析的一般过程。

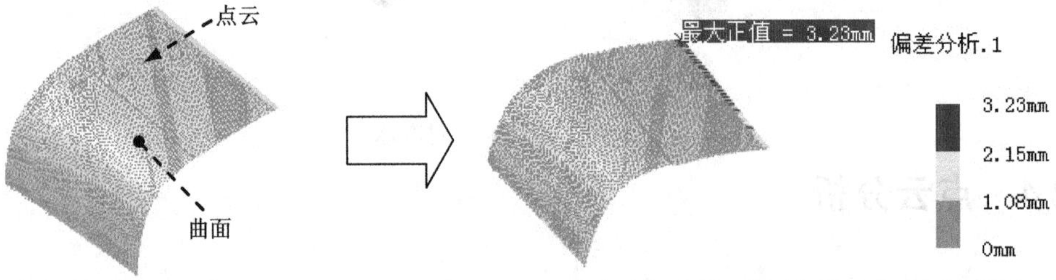

a）分析前　　b）分析结果

图 10.2.43 点云距离分析

Step1. 打开文件 D:\cat2016.8\work\ch10.02.04\deviation_analysis.CATPart。

Step2. 选择命令。选择下拉菜单 插入 → Analysis ▸ → Deviation Analysis... 命令，系统弹出图 10.2.44 所示的“Deviation Analysis”对话框（一）。

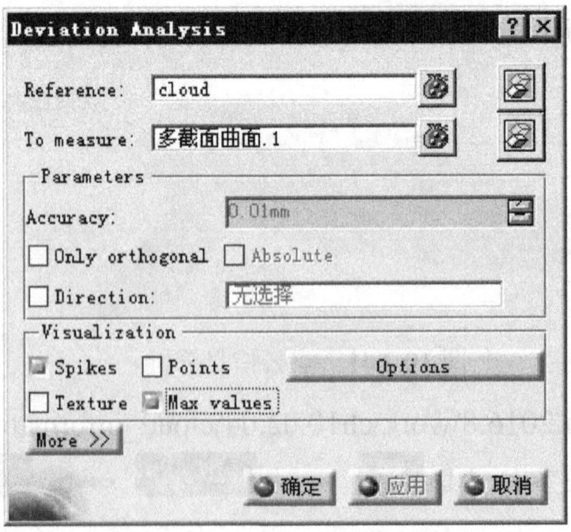

图 10.2.44 “Deviation Analysis”对话框（一）

Step3. 定义参考对象和测量目标。在图形区选取图 10.2.43a 所示的点云为参考对象；选取图 10.2.43a 所示的曲面为测量目标。

Step4. 定义分析显示。在对话框的 Visualization 区域中选中 Spikes 和 Max values 复选框，单击对话框中的 应用 按钮，此时在图形区中显示出分析结果（图 10.2.43b）。

Step5. 单击 确定 按钮，完成点云距离分析。

图 10.2.44 所示“Deviation Analysis”对话框（一）中部分选项的说明如下。

- Parameters 区域：此区域用于定义过滤方式，包括 Homogeneous 和 Adaptative 两种方式。
  - ☑ Accuracy: 文本框：用来定义分析精度。
  - ☑ Only orthogonal 复选框：只在垂直方向上进行分析。
  - ☑ Absolute 复选框：以绝对坐标系作为原点进行分析。
  - ☑ Direction: 复选框：选中此复选框可以沿着指定参考方向进行分析。
- Visualization 区域：用于定义分析结果的显示模式。
  - ☑ Spikes 复选框：选中此复选框，用距离连线显示分析结果（图 10.2.45a）。
  - ☑ Points 复选框：选中此复选框，用点显示分析结果（图 10.2.45b）。
  - ☑ Texture 复选框：选中此复选框，用纹理显示分析结果（图 10.2.45c）。
  - ☑ Max values 复选框：选中此复选框，用最大值显示分析结果（图 10.2.45d）。
  - ☑ Options 按钮：单击此按钮，系统弹出图 10.2.46 所示的“Visualization Options”对话框，在该对话框中可以设置点的显示比例和点样式。

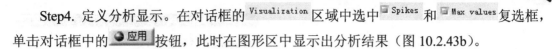

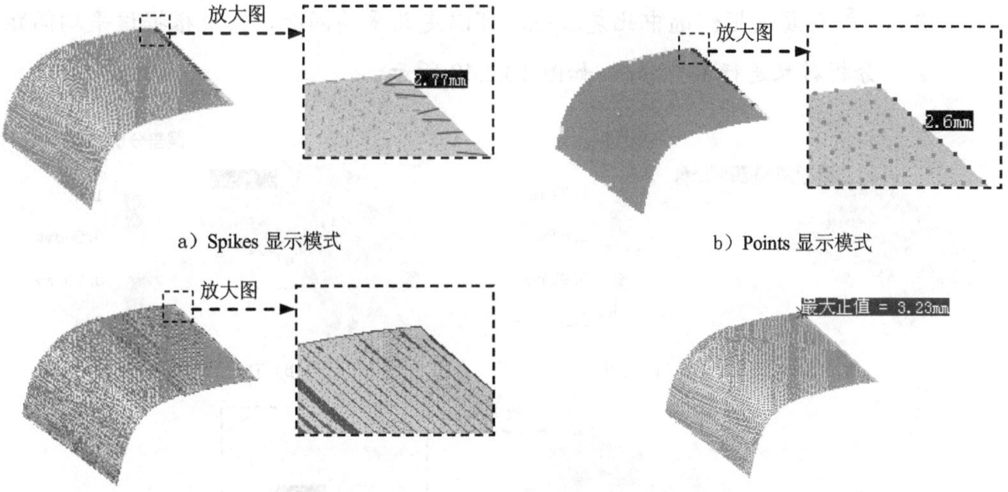

a）Spikes 显示模式　　b）Points 显示模式

c）Texture 显示模式　　d）Max values 显示模式

图 10.2.45　结果显示模式

说明：单击“Deviation Analysis”对话框中的 More >> 按钮，系统弹出图 10.2.47 所示的“Deviation Analysis”对话框（二），在该对话框中可以进行更多参数的设置。

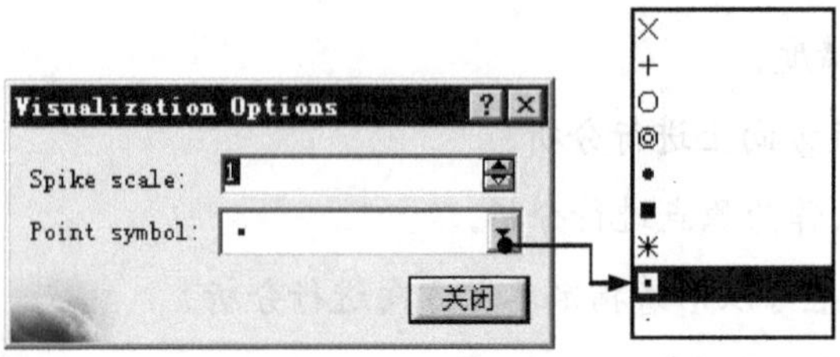

图 10.2.46 “Visualization Options”对话框

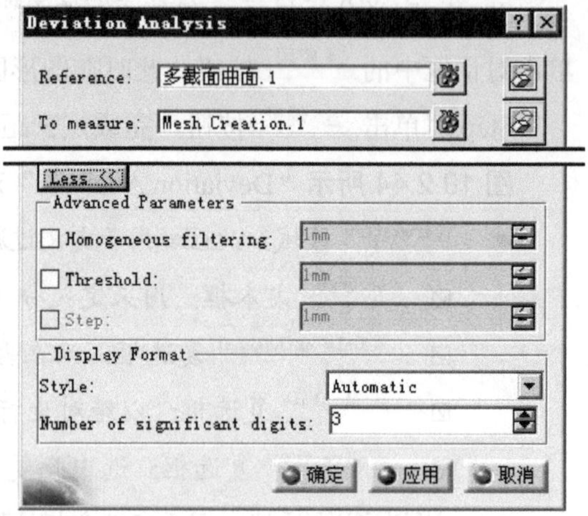

图 10.2.47 “Deviation Analysis”对话框（二）

图 10.2.47 所示“Deviation Analysis”对话框（二）中部分选项的说明如下。

- Advanced Parameters 区域：此区域用于定义对分析对象进行不同形式的抽样分析，包括以下 3 种方式。
  - ☑ Homogeneous filtering: 复选框：选中此复选框可以使用公差球方式对分析对象进行抽样分析，公差球半径越小，分析越精确。
  - ☑ Threshold: 复选框：选中此复选框，可以定义分析的边界值，大于该值的不做分析，只对低于该值的部分做分析。
  - ☑ Step: 复选框：选中此复选框，可以定义平均间距，系统根据该平均间距对分析对象进行抽样分析，如图 10.2.48 所示。

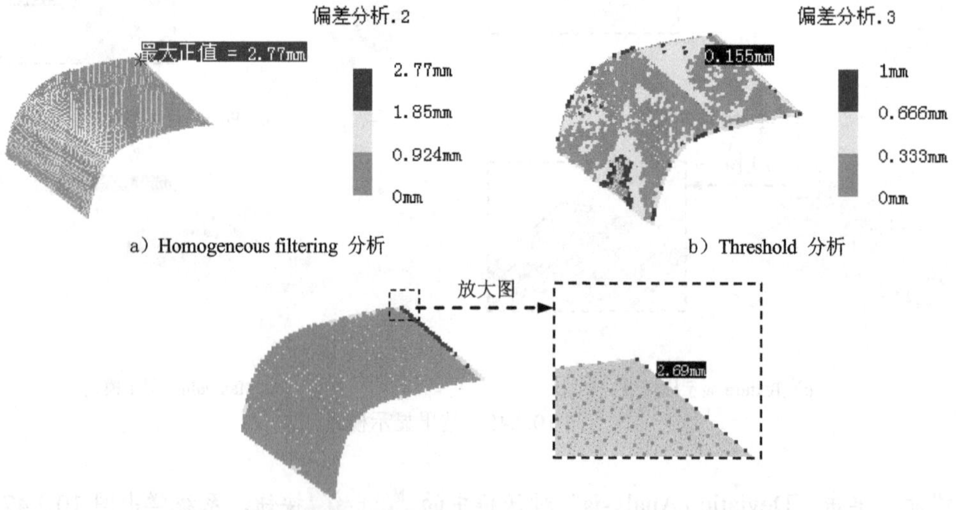

a）Homogeneous filtering 分析　　b）Threshold 分析

c）Step 分析

图 10.2.48 抽样分析参数

- Display Format 区域：此区域用于定义分析结果显示格式。

☑ Style: 下拉列表：用于定义结果显示样式，包括Scientific、Decimal和Automatic 3 种显示方式。

☑ Number of significant digits: 文本框：在此文本框中定义结果显示的小数位数。

10.3 点云网格化

点云网格化就是在点云上创建三角网格，使点云的几何形状更加明显，方便点云轮廓以及曲线、曲面的创建。

10.3.1 创建网格面

使用 Mesh Creation... 命令，可以根据点云数据创建网格面。下面以图 10.3.1 所示的实例来说明根据点云创建网格面的一般过程。

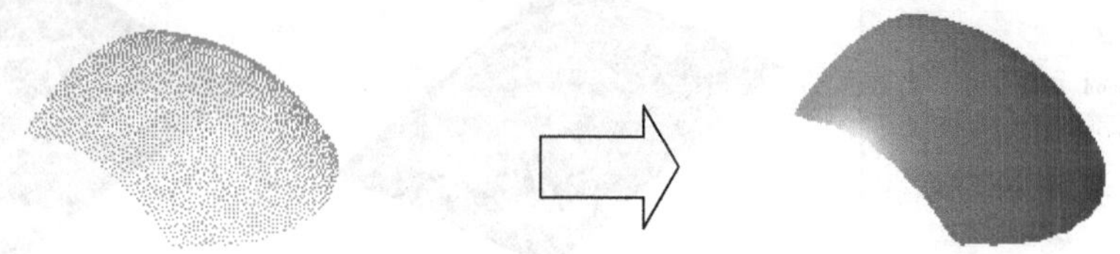

a）创建前　　b）创建后

图 10.3.1　创建网格面

Step1. 打开文件 D:\cat2016.8\work\ch10.03.01\mesh_creation.CATPart。

Step2. 选择命令。选择下拉菜单 插入 ➡ Mesh ▸ ➡ Mesh Creation... 命令，系统弹出图 10.3.2 所示的“Mesh Creation”对话框（一）。

Step3. 选取创建对象。在图形区选取图 10.3.3 所示的点云为创建对象。

图 10.3.2　“Mesh Creation”对话框（一）

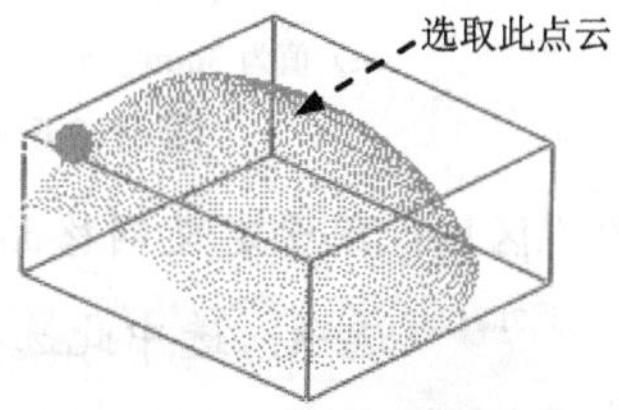

图 10.3.3　选取创建对象

Step4. 定义创建方式。在“Mesh Creation”对话框（一）中选中 3D Mesher 选项。

Step5. 定义网格面参数和显示模式。在对话框中选中 Neighborhood 选项，此时在点云上出现一个绿色的圆点，在 Neighborhood 后的文本框中输入小平面边缘长度值 7。然后在 Display 区域中选中 Shading 和 Smooth 选项。

Step6. 单击对话框中的 应用 按钮，然后单击 确定 按钮，完成点云网格面的创建。

图 10.3.2 所示“Mesh Creation”对话框（一）中部分选项的说明如下。

- 3D Mesher 选项：选中此选项，系统直接根据选取的点云数据拟合创建网格面。
- 2D Mesher 选项：选中此选项，可以根据指定的投影方向创建网格面，对话框如图 10.3.4 所示。在该对话框中单击按钮，可以选择一个平面作为投影方向（图 10.3.5a）；单击按钮，可以使用指南针确定投影方向（图 10.3.5b），指南针的 W 方向即为投影方向。

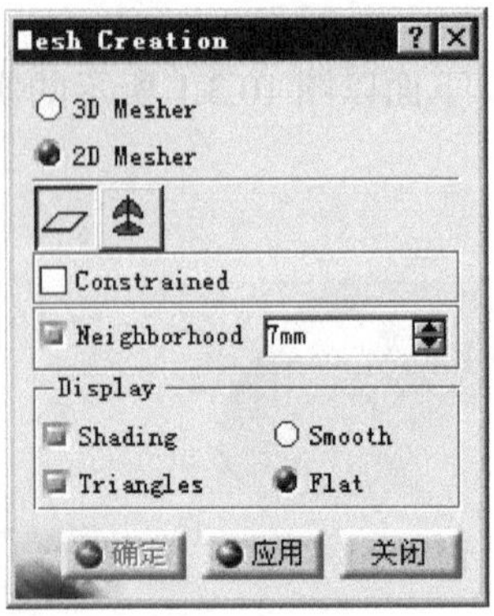

图 10.3.4 “Mesh Creation”对话框（三）

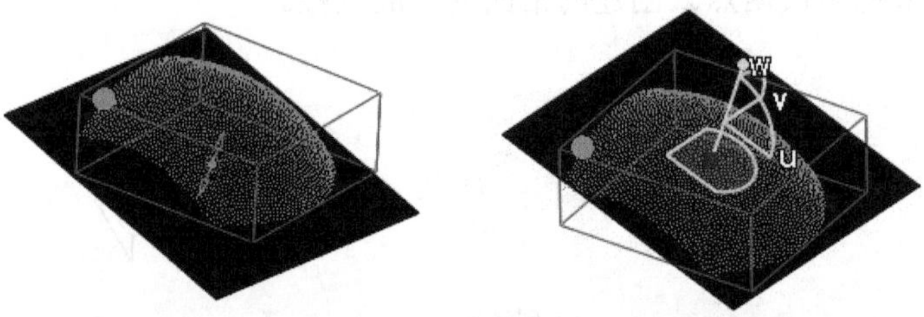

a）选择平面作为投影方向　　b）使用指南针确定投影方向

图 10.3.5 使用“2D Mesher”创建网格面

- Neighborhood 文本框：用于定义小平面边缘长度值。值越小，网格面越密集（图 10.3.6a）；值越大，网格面越粗糙（图 10.3.6b）。

说明：在定义该长度值时，如果给定的值太小，系统将无法生成网格面。

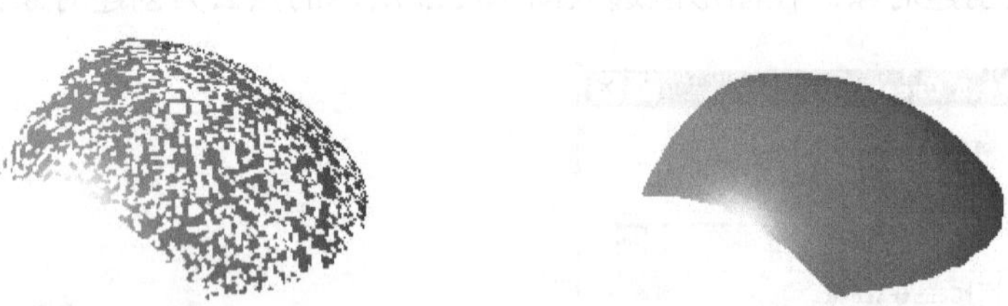

a）值为 3mm　　b）值为 10mm

图 10.3.6 定义“Neighborhood”参数

- Display 区域：用于定义网格面的显示模式。
  - ☑ Shading 选项：选中此选项，在网格面上显示打光效果。
  - ☑ Smooth 选项：选中此选项，使创建的网格面光顺显示。
  - ☑ Triangles 选项：选中此选项，生成三角网格面（图 10.3.7）。
  - ☑ Flat 选项：选中此选项，表示光线向三角面的法向照射。

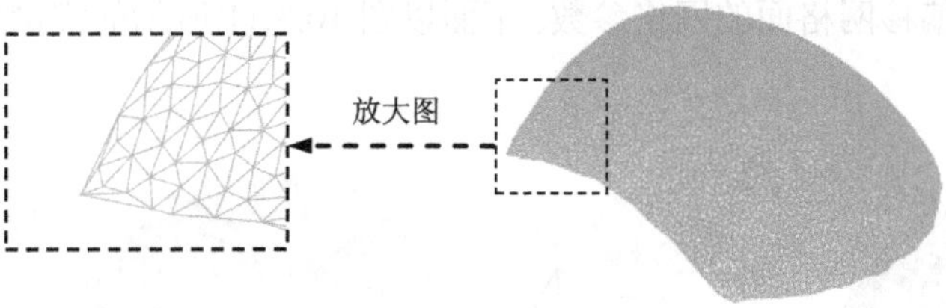

图 10.3.7　三角网格面

10.3.2　偏移网格面

使用偏移网格面命令可以将网格面沿着网格面的法向偏置一定的距离得到新的网格面，此操作和曲面偏移类似。下面以图 10.3.8 所示的实例来说明偏移网格面的一般过程。

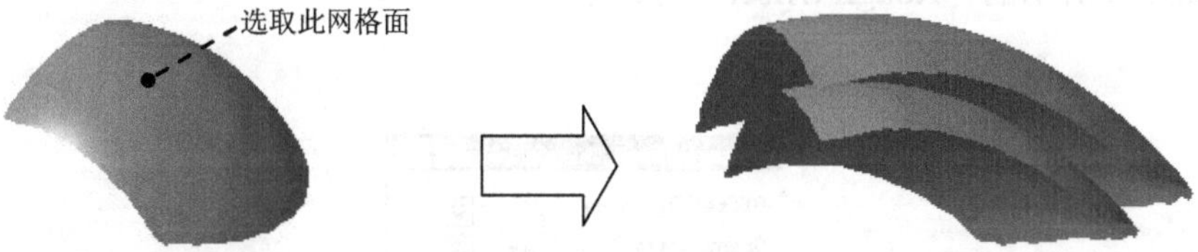

a）偏移前　　b）偏移后

图 10.3.8　偏移网格面

Step1. 打开文件 D:\cat2016.8\work\ch10.03.02\mesh_offset.CATPart。

Step2. 选择命令。选择下拉菜单 插入 → Mesh ▸ → Mesh Offset... 命令，系统弹出图 10.3.9 所示的“Mesh Offset”对话框。

Step3. 选取偏移对象。在图形区选取图 10.3.8a 所示的网格面为偏移对象。

Step4. 定义偏移距离值。在“Mesh Offset”对话框的 Offset Value 文本框中输入偏移距离值 20。

Step5. 单击 确定 按钮，完成偏移网格面的创建。

说明：在对话框的 Free Edges 区域中选中 Create scans 复选框，在偏移的网格面边缘生成离散点（图 10.3.10）。

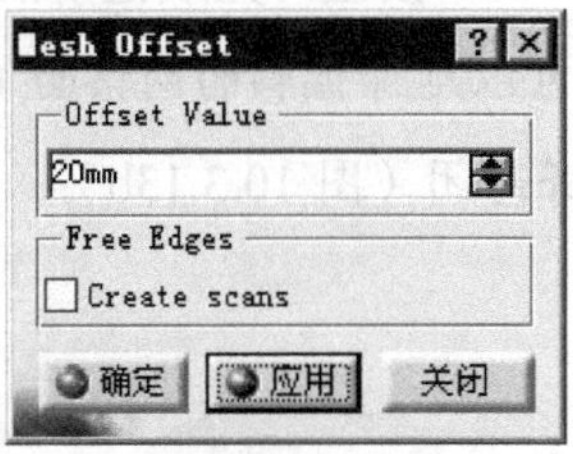

图 10.3.9　“Mesh Offset”对话框

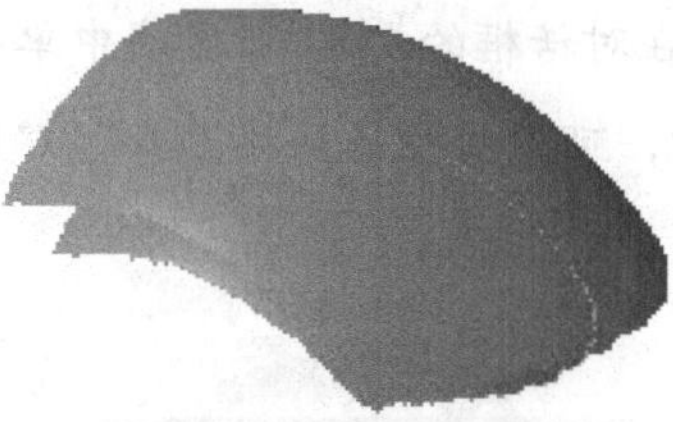

图 10.3.10　Create scans

10.3.3　粗略偏移

使用粗略偏移命令可以将网格面沿着网格面的法向偏置一定的距离得到新的网格面，

而且还可以修改偏移网格面的网格参数。下面以图 10.3.11 所示的实例来说明粗略偏移的一般过程。

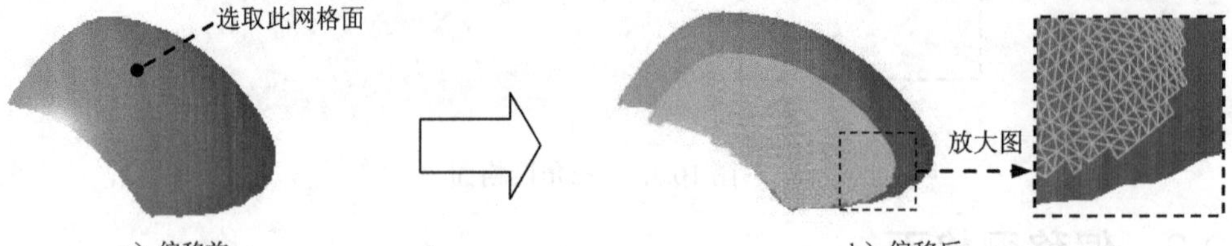

a）偏移前　　b）偏移后

图 10.3.11　粗略偏移

Step1. 打开文件 D:\cat2016.8\work\ch10.03.03\rough_offset.CATPart。

Step2. 选择命令。选择下拉菜单 插入 → Mesh → Rough Offset... 命令，系统弹出图 10.3.12 所示的“Rough Offset”对话框。

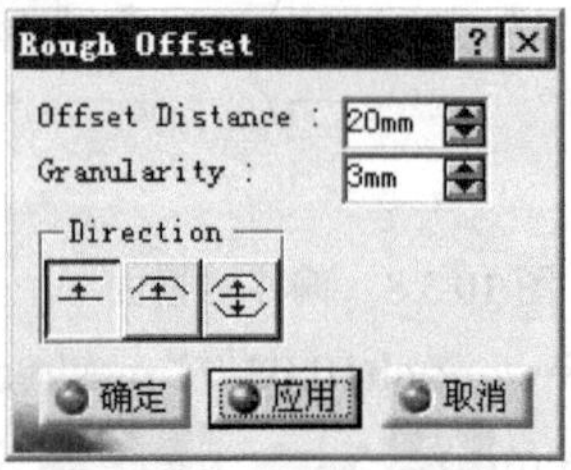

图 10.3.12　“Rough Offset”对话框

Step3. 选取偏移对象。在图形区选取图 10.3.11a 所示的网格面为偏移对象。

Step4. 定义偏移距离值。在“Rough Offset”对话框 Offset Distance : 后的文本框中输入偏移距离值 20。

Step5. 定义偏移网格面参数。在对话框 Granularity : 后的文本框中输入偏移网格面的间距值为 3。

Step6. 定义偏移方式。在对话框 Direction 区域下单击按钮。

Step7. 单击对话框中的 应用 按钮，再单击 确定 按钮，完成粗略偏移的创建。

说明： 在对话框的 Direction 区域中单击按钮，可以延伸偏移的网格面（图 10.3.13a），单击按钮，可以将原始网格面和偏移网格面延伸并封闭（图 10.3.13b）。

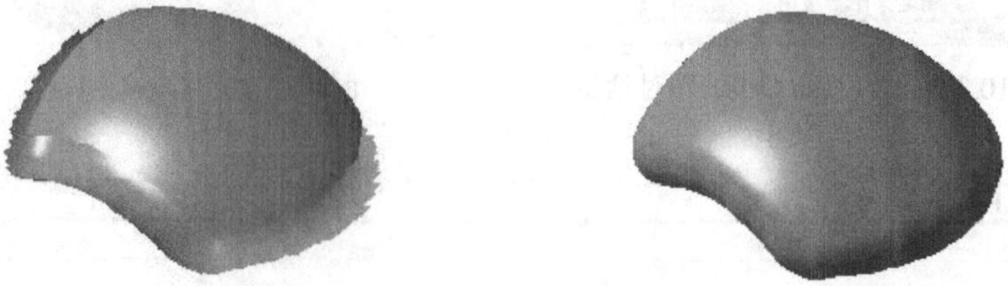

a）一侧延伸　　b）两侧延伸

图 10.3.13　偏移方式

10.3.4 翻转边线

使用翻转边线命令可以修正网格面边线，重建三角网格，使网格面更加平滑。下面以图 10.3.14 所示的实例来说明翻转边线的一般过程。

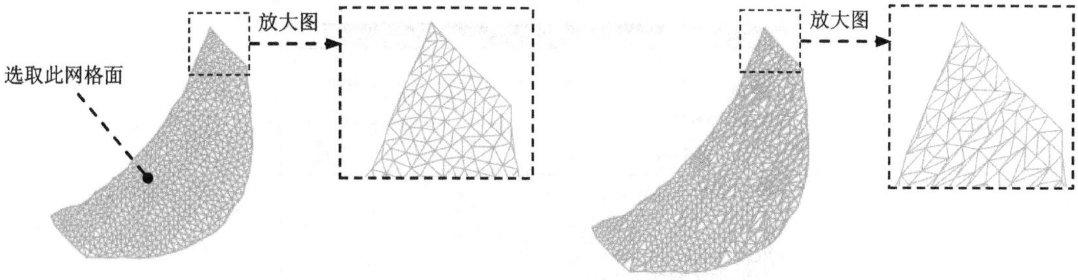

a）翻转前　　b）翻转后

图 10.3.14 翻转边线

Step1. 打开文件 D:\cat2016.8\work\ch10.03.04\flip_edge.CATPart。

Step2. 选择命令。选择下拉菜单 插入 → Mesh ▸ → Flip Edges... 命令，系统弹出图 10.3.15 所示的“Flip Edges”对话框。

Step3. 选取翻转网格面。在图形区选取图 10.3.14a 所示的网格面为翻转对象。

图 10.3.15 “Flip Edges”对话框

Step4. 定义翻转深度值。在“Flip Edges”对话框 Depth: 后的文本框中输入翻转深度值 5。

Step5. 单击对话框中的 应用 按钮，再单击 确定 按钮，完成翻转网格面边线的操作。

10.3.5 平顺网格面

使用平顺网格面命令可以使网格面更加平顺。下面以图 10.3.16 所示的实例来说明平顺网格面的一般过程。

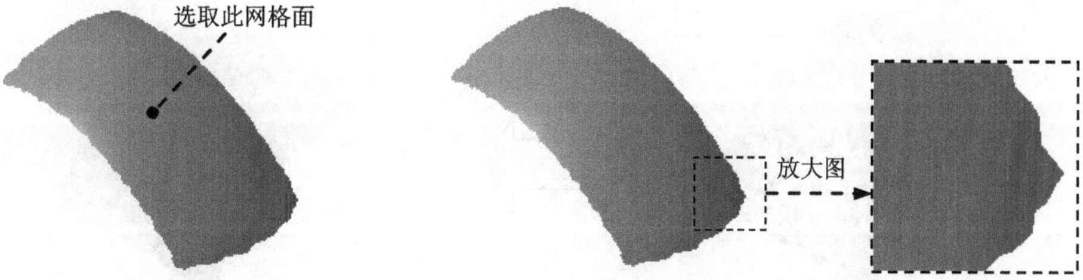

a）平顺前　　b）平顺后

图 10.3.16 平顺网格面

Step1. 打开文件 D:\cat2016.8\work\ch10.03.05\mesh_smoothing.CATPart。

Step2. 选择命令。选择下拉菜单 插入 → Mesh → Mesh Smoothing... 命令，系统弹出图 10.3.17 所示的“Mesh Smoothing”对话框。

Step3. 选取网格面。在图形区选取图 10.3.16a 所示的网格面为平顺对象。

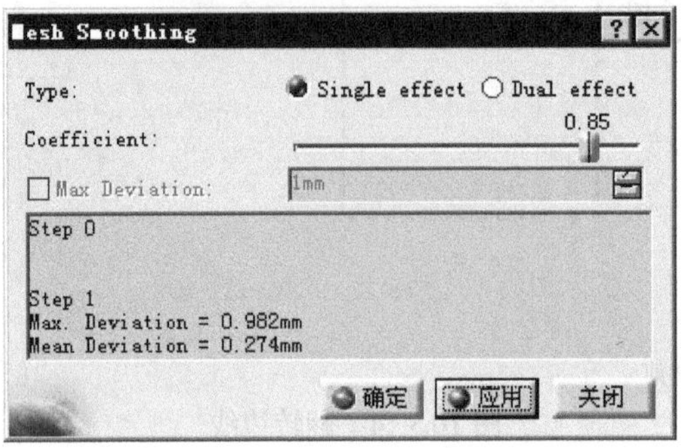

图 10.3.17 “Mesh Smoothing”对话框

Step4. 定义平顺类型。在“Mesh Smoothing”对话框的 Type: 区域中选中 Single effect 选项。

Step4. 定义平顺系数。在对话框中拖动 Coefficient: 后的滑块，调节平顺系数值为 0.85。

Step5. 单击对话框中的 应用 按钮，再单击 确定 按钮，完成平顺网格面的操作。

说明：对于同一个网格面，根据需要可以进行多次平顺操作使其变得更加光顺。

图 10.3.17 所示“Mesh Smoothing”对话框中部分选项的说明如下。

- Type: 区域：用于定义平顺类型，包括以下两种平顺类型。
  - ☑ Single effect 单选项：选中此单选项，表示移去太小的网格面。
  - ☑ Dual effect 单选项：选中此单选项，表示减少网格面的粗糙程度。
- Coefficient: 滑块：用于定义平顺系数，系数越大，调整后的网格面越平顺。
- Max Deviation: 复选框：用于定义允许进行平顺调整的最大距离。

10.3.6 修补网格面

使用修补网格面命令可以修补网格面上存在的破孔。下面以图 10.3.18 所示的实例来说明修补网格面的过程。

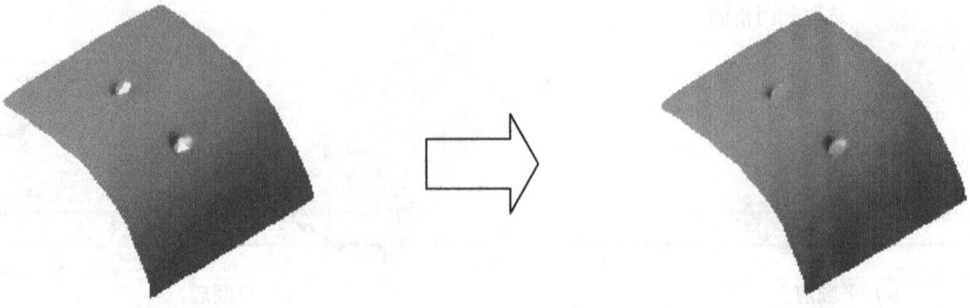

a）修补前　　b）修补后

图 10.3.18 修补网格面

Step1. 打开文件 D:\cat2016.8\work\ch10.03.06\fill_hole.CATPart。

Step2. 选择命令。选择下拉菜单 插入 → Mesh ▸ → Fill Holes... 命令，系统弹出图 10.3.19 所示的“Fill Holes”对话框。

Step3. 选取修补对象。在图形区选取图 10.3.20 所示的网格面为修补对象，系统自动找到网格面的破孔（图 10.3.20），V 表示该破孔的边线被选中，X 表示未被选中。

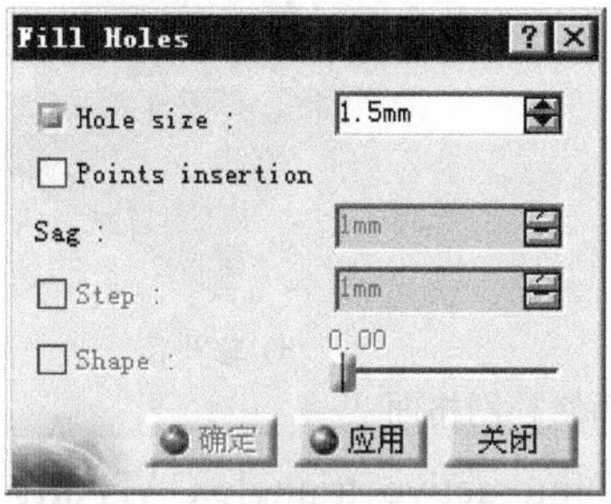

图 10.3.19 “Fill Holes”对话框

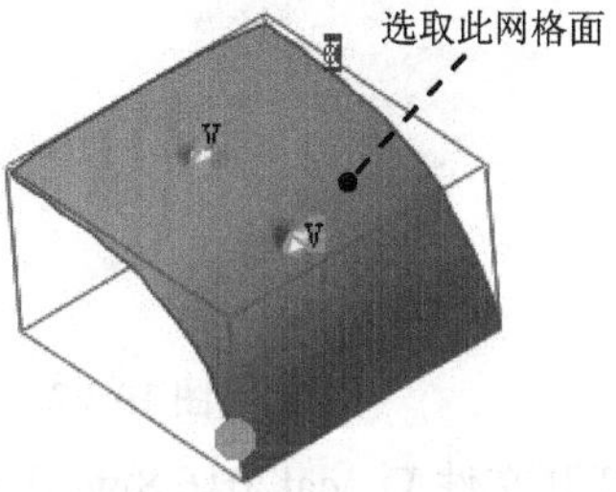

图 10.3.20 选取修补对象

Step4. 定义修补方式。在“Fill Holes”对话框中选中 Hole size : 复选框，在其后的文本框中输入破孔尺寸值 1.5。

Step5. 单击对话框中的 应用 按钮，再单击 确定 按钮，完成修补网格面的操作。

图 10.3.19 所示“Fill Holes”对话框中部分选项的说明如下。

- Hole size : 复选框：选中此复选框，然后在其后的文本框中输入破孔尺寸，表示小于此值的破孔被选中，大于或等于此值的不被选中。
- Points insertion 复选框：选中此复选框，然后在 Sag : 文本框中设置网格最大边长，如果网格边长大于此值将增加节点。
- Step : 复选框：选中此复选框，可以调整修补网格面的精度，值越小网格被划分得越细致；值越大，网格被划分得越粗糙（图 10.3.21）。
- Shape : 复选框：选中此复选框，修补网格面是平滑过渡的，调整其后的滑块，可以改变修补网格面的曲率。

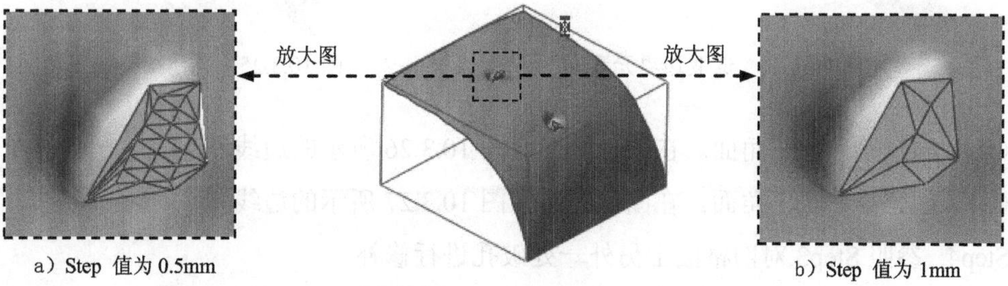

a）Step 值为 0.5mm　　b）Step 值为 1mm

图 10.3.21 Step 参数

10.3.7 创建三角面

使用三角面命令可以在网格面上破孔处根据破孔边线创建若干个三角面对破孔进行修补。下面以图 10.3.22 所示的实例来说明创建三角面修补网格面的一般过程。

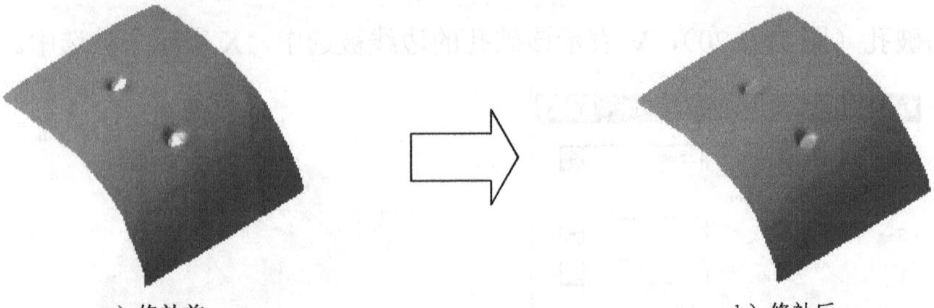

a）修补前　　b）修补后

图 10.3.22 创建三角面修补网格面

Step1. 打开文件 D:\cat2016.8\work\ch10.03.07\interactive_triangle.CATPart。

Step2. 选择命令。选择下拉菜单 插入 → Mesh ▸ → Interactive Triangle Creation... 命令，系统弹出图 10.3.23 所示的“Interactive Triangle Creation”对话框。

图 10.3.23 “Interactive Triangle Creation”对话框

Step3. 创建三角面。

（1） 创建第一块三角面。在图形区选取图 10.3.24 所示的边线和点，点和边线形成一个三角形的区域，系统自动将该三角形区域填充成网格面，如图 10.3.25 所示。

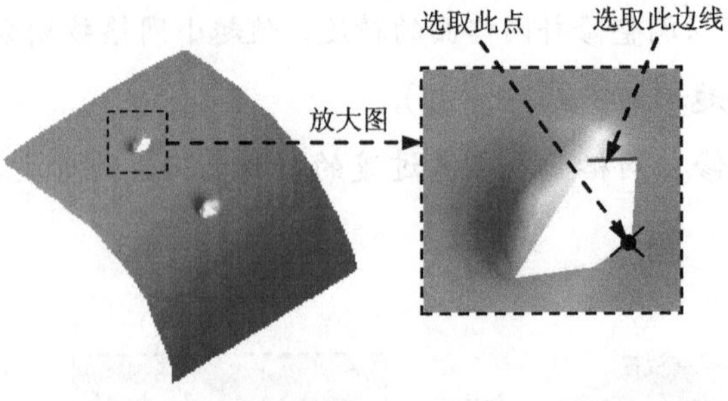

图 10.3.24 选取边界元素

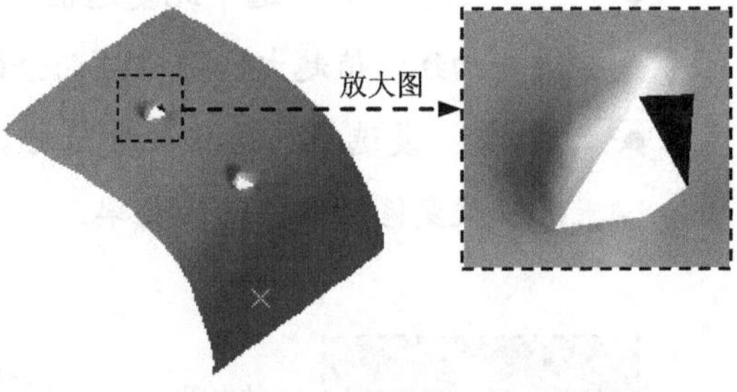

图 10.3.25 创建第一块三角面

（2） 创建第二块三角面。在图形区选取图 10.3.26 所示的边线和点。

（3） 创建第三块三角面。在图形区选取图 10.3.27 所示的边线和点。

Step4. 参照 Step3 对网格面上另外一处破孔进行修补。

Step5. 单击对话框中的 应用 按钮，再单击 确定 按钮，完成使用三角面修补网格面的操作。

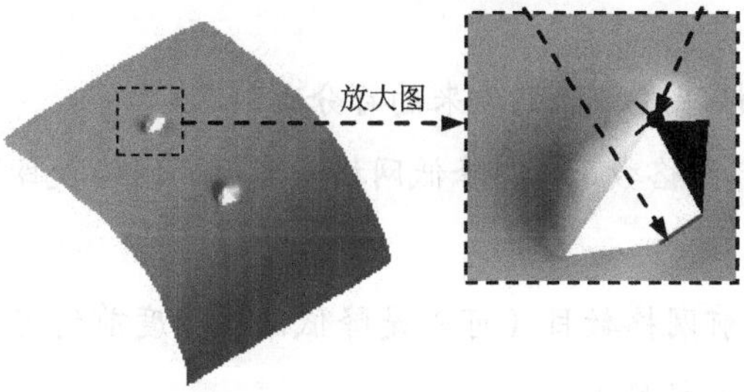

图 10.3.26　创建第二块三角面

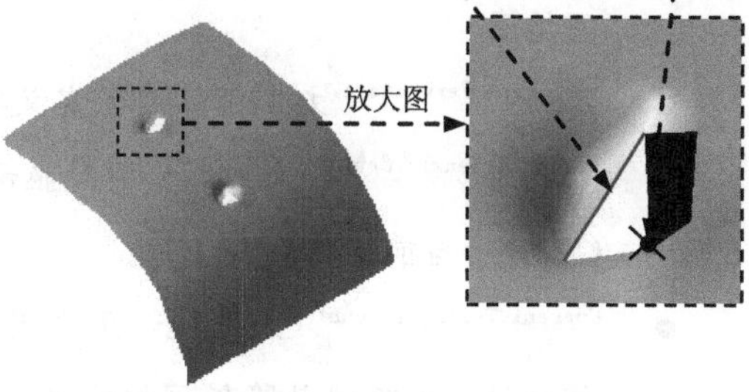

图 10.3.27　创建第三块三角面

10.3.8　降低网格密度

当网格密度较大时，系统运行会比较慢，使用降低网格密度命令可以降低网格密度，提高系统运行速度。下面以图 10.3.28 所示的实例来说明降低网格密度的一般过程。

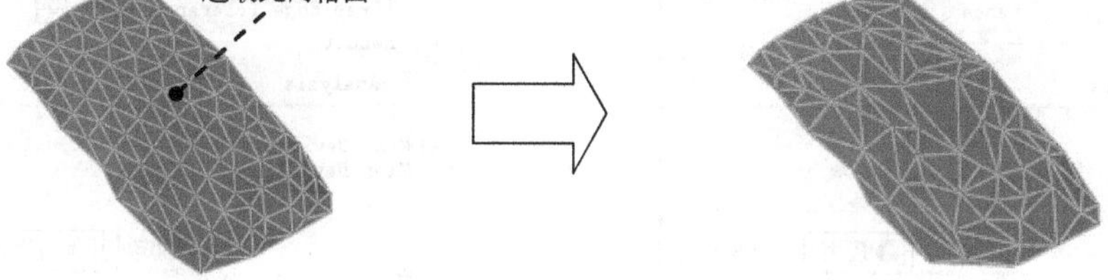

a）降低密度前　　b）降低密度后

图 10.3.28　降低网格密度

Step1. 打开文件 D:\cat2016.8\work\ch10.03.08\decimation.CATPart。

Step2. 选择命令。选择下拉菜单 插入 → Mesh ▸ → Decimate... 命令，系统弹出图 10.3.29 所示的"Decimate"对话框（一）。

Step3. 选取网格面。在图形区选取图 10.3.28a 所示的网格面，此时在对话框的 Current Triangle Count : 文本框中显示当前网格数目。

Step4. 定义降低密度方式。在"Decimate"对话框中选中 Chordal Deviation 和 Maximum 复选框，在 Maximum 后的文本框中输入最大值 0.03。

Step5. 单击对话框中的 应用 按钮，再单击 确定 按钮，完成降低网格面密度的操作。

说明：在对话框中的 Result 区域下选中 Analysis 复选框，系统将在 Result 区域下的列表框中显示降低密度后的网格面的相关信息（图 10.3.30）。

图 10.3.29 所示"Decimate"对话框（一）中部分选项的说明如下。

- Chordal Deviation 单选项：选中此单选项，然后选中 Maximum 复选框，在其后的文本框中设置最大值，大于此值的不做处理，这种方式可以较好地保留网格面的形状。
- Edge Length 单选项：选中此单选项，然后选中 Minimum 复选框，在其后的文本框中设置最小值，系统将网格面中小于设定最小值的三角网格面移去，形成较平均的网格面。

- Target Percentage 文本框：用于定义将网格密度降低到原来的百分比。
- Target Triangle Count : 文本框：用来显示目标网格数目，即降低网格密度后的网格数目（相对于当前网格数目）。
- Current Triangle Count : 文本框：用来显示当前网格数目（可以是降低网格密度前的当前数目，也可以是降低网格密度后的当前数目）。
- Free Edge Tolerance 文本框：用于设置自由边的最大偏差值。

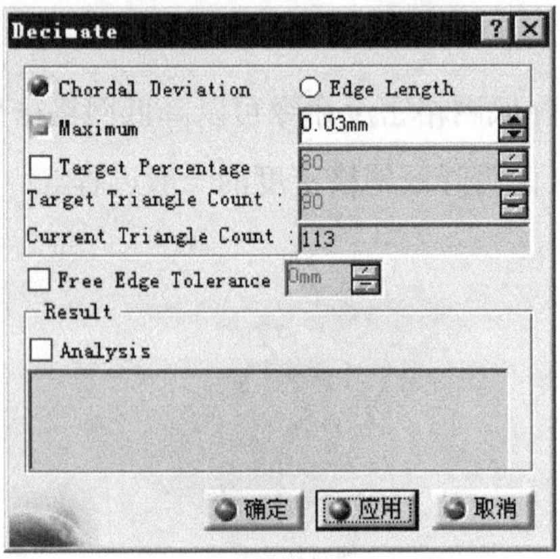

图 10.3.29 “Decimate”对话框（一）

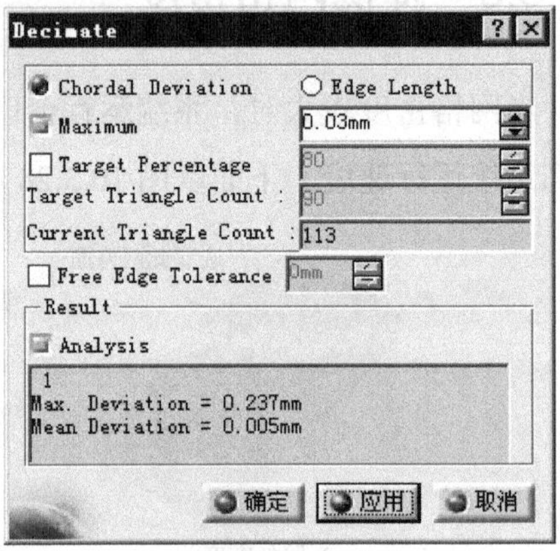

图 10.3.30 “Decimate”对话框（二）

10.3.9 优化网格

使用优化网格命令可以对存在的网格面进行优化处理，使网格面更加均匀。下面以图 10.3.31 所示的实例来说明优化网格的一般过程。

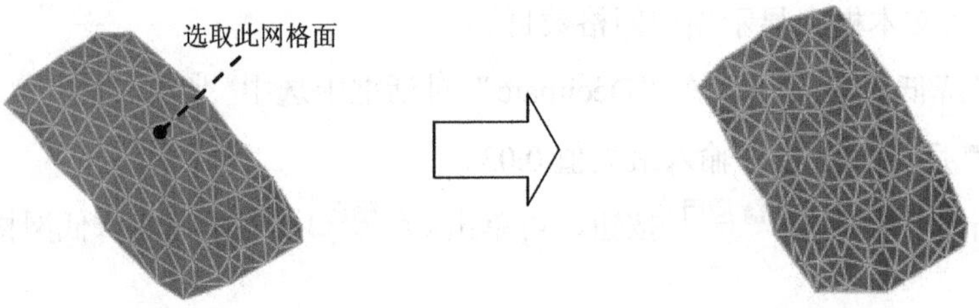

a）优化前　　b）优化后

图 10.3.31 优化网格面

Step1. 打开文件 D:\cat2016.8\work\ch10.03.09\mesh_optimize.CATPart。

Step2. 选择命令。选择下拉菜单 插入 → Mesh ▸ → Optimize... 命令，系统弹出图 10.3.32 所示的“Optimize”对话框。

Step3. 选取优化网格面。在图形区选取图 10.3.31a 所示的网格面。

Step4. 定义优化参数。在“Optimize”对话框的 Minimum Length: 文本框中输入最小长度值为 0.2，在 Maximum Length: 文本框中输入最大长度值 0.5，其他参数采用系统默认设置值。

说明：对话框中的 Minimum Length: 和 Maximum Length: 分别指三角面边长的最小值或最大值。其中最小值必须小于或等于最大值的一半。

Step5. 单击对话框中的 应用 按钮，再单击 确定 按钮，完成优化网格面的操作。

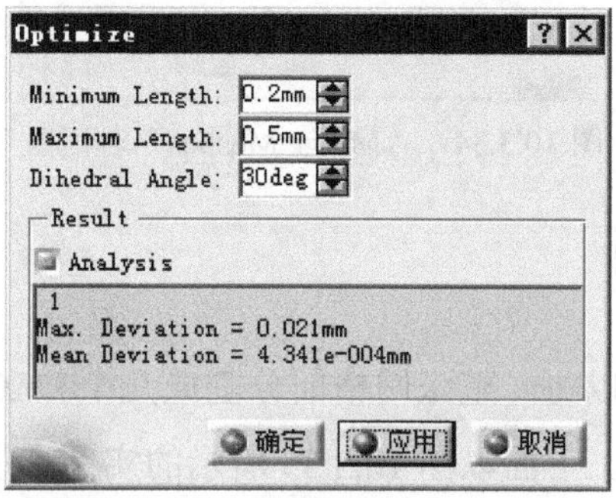

图 10.3.32 “Optimize”对话框

说明：在对话框中的 Result 区域下选中 Analysis 复选框，系统将在 Result 区域下的列表框中显示优化网格面的相关信息（图 10.3.32）。

10.3.10 合并网格面

使用合并网格命令，可以将若干个网格面合并成一整张网格面。下面以图 10.3.33 所示的实例来说明合并网格面的一般过程。

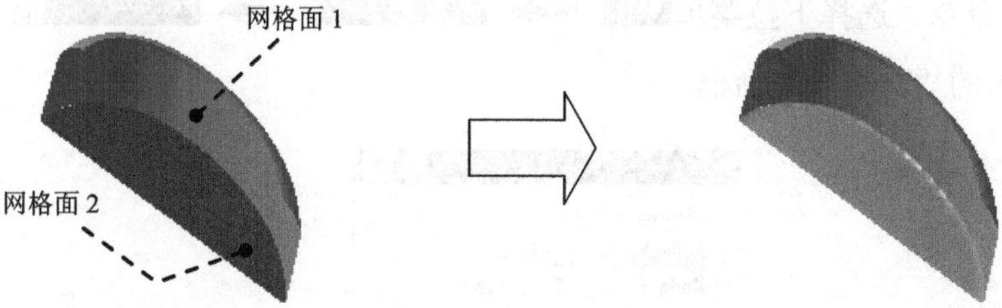

a）合并前　　b）合并后

图 10.3.33 合并网格面

Step1. 打开文件 D:\cat2016.8\work\ch10.03.10\meshs_merges.CATPart。

Step2. 选择命令。选择下拉菜单 插入 → Operations ▸ → Merge Meshes... 命令，系统弹出图 10.3.34 所示的“Merge Meshes”对话框。

Step3. 选取合并网格面。在图形区选取图 10.3.33a 所示的网格面 1 和网格面 2 为合并网格面。

Step4. 单击 确定 按钮，完成合并网格面的操作。

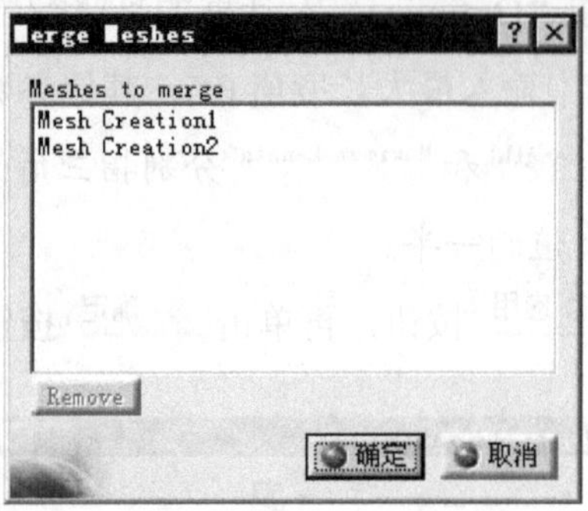

图 10.3.34 “Merge Meshes”对话框

10.3.11 分割网格面

使用分割网格面命令可以将一整张网格面分割成几个独立的网格面，其操作和删除点云以及激活点云的操作类似。下面以图 10.3.35 所示的实例来说明分割网格面的一般过程。

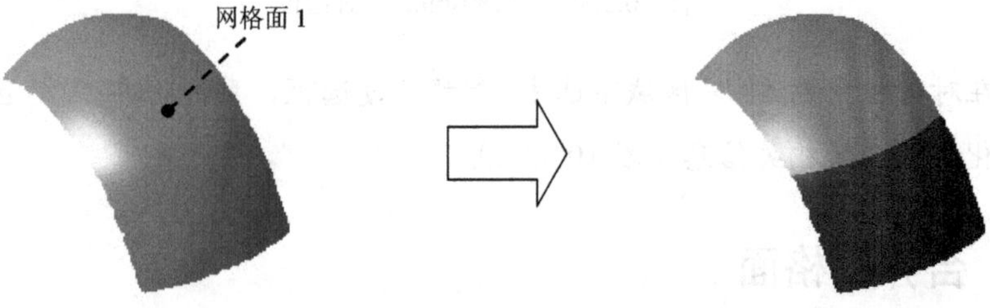

a）分割前　　b）分割后

图 10.3.35 分割网格面

Step1. 打开文件 D:\cat2016.8\work\ch10.03.11\meshs_split.CATPart。

Step2. 选择命令。选择下拉菜单 插入 → Operations ▸ → Split... 命令，系统弹出图 10.3.36 所示的“Split”对话框。

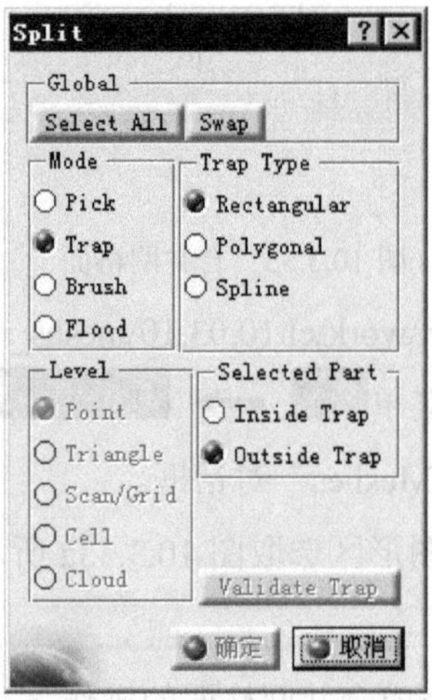

图 10.3.36 “Split”对话框

Step3. 选取分割网格面。在图形区选取图 10.3.35a 所示的网格面为分割网格面。

Step4. 定义拾取点云模式。在 "Split" 对话框的 Mode 区域中选中 Trap 单选项。

Step5. 定义分割类型和区域。在对话框的 Trap Type 区域中选中 Rectangular 单选项，然后在图形区点云上绘制图 10.3.37 所示的矩形区域作为分割区域。

Step6. 定义分割部分。在对话框的 Selected Part 区域中选中 Outside Trap 单选项。

Step7. 单击 确定 按钮，完成分割网格面的操作。

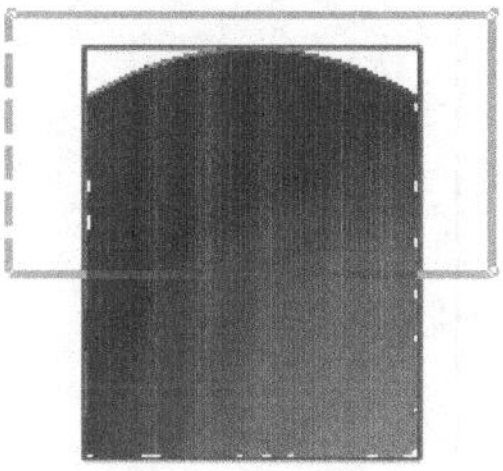

图 10.3.37 定义分割区域

10.3.12 修剪/分割

使用修剪/分割命令可以对网格面进行修剪处理，同时还可以进行分割处理。下面以图 10.3.38 所示的实例来说明修剪网格面的一般过程。

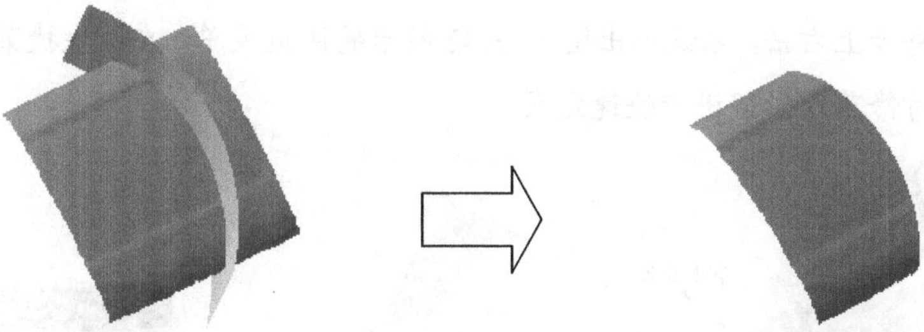

a）修剪前　　b）修剪后

图 10.3.38 修剪网格面

Step1. 打开文件 D:\cat2016.8\work\ch10.03.12\trim_split.CATPart。

Step2. 选择命令。选择下拉菜单 插入 → Operations ▸ → Trim/Split... 命令，系统弹出图 10.3.39 所示的 "Trim/Split" 对话框。

Step3. 选取修剪网格面。在图形区选取图 10.3.40 所示的网格面为要修剪的网格面。

Step4. 定义修剪元素。在图形区选取图 10.3.40 所示的曲面为修剪元素。

说明：修剪元素可以是曲线、平面、曲面和网格面等。

Step5. 定义修剪方向。在 "Trim/Split" 对话框 Projection 区域的 Type 下拉列表中选择 Normal 选项。

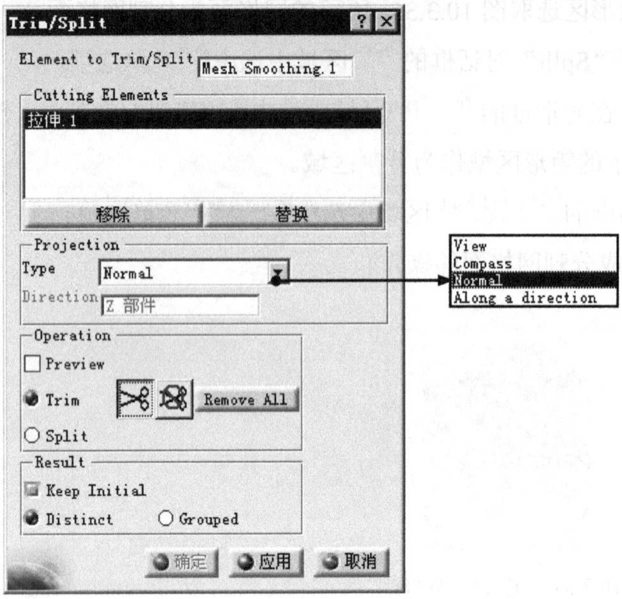

图 10.3.39 “Trim/Split”对话框

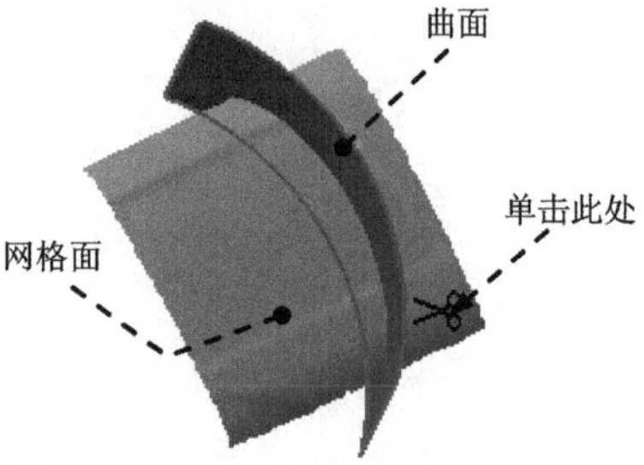

图 10.3.40 定义修剪元素

Step6. 定义修剪模式。在对话框的 Operation 区域中选中 Trim 选项，然后单击按钮，在图 10.3.41 所示的位置单击，在单击处会出现一个“剪刀”符号，表示该侧是要被修剪掉的部分。

说明：如果在对话框中单击按钮，表示该侧是要保留的部分（图 10.3.41）。在定义修剪或保留的符号上右击，系统弹出图 10.3.42 所示的快捷菜单，在该快捷菜单中选择相应的命令，可以对修剪或保留进行快速定义。

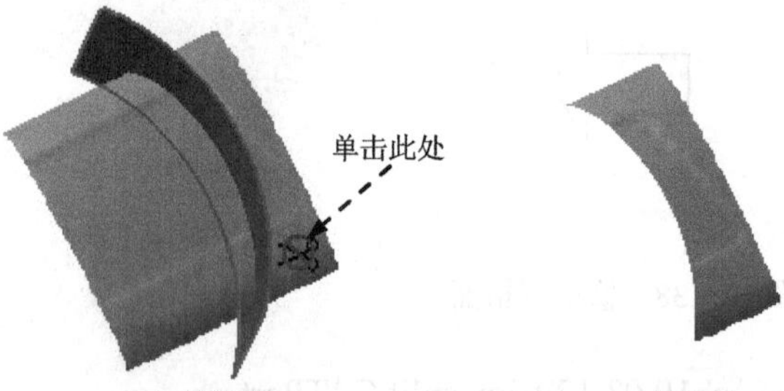

a）修剪前　　b）修剪后

图 10.3.41 定义保留侧

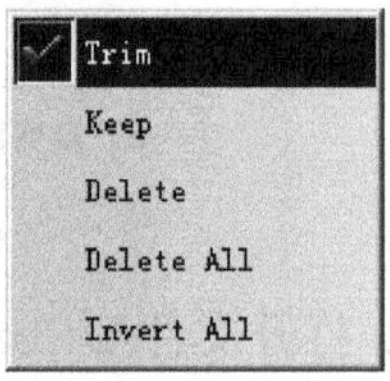

图 10.3.42 快捷菜单

Step7. 单击 确定 按钮，完成网格面的修剪操作。

图 10.3.39 所示“Trim/Split”对话框中部分选项的说明如下。

- Type 下拉列表：用来定义投影方向，包括以下 4 种投影方向。
  - ☑ View 选项：选中此选项，表示沿着当前视图方向投影。
  - ☑ Compass 选项：选中此选项，可以使用指南针来定义投影方向。
  - ☑ Normal 选项：选中此选项，表示沿着网格面法向方向投影。

☑ Along a direction选项：选中此选项，表示沿着指定的方向投影。

- Operation区域：用于定义修剪模式和分割模式。

☑ Preview复选框：选中此复选框，可以预览修剪边界线。

☑ Trim单选项：选中此单选项，用于定义修剪。

☑ Remove All按钮：单击该按钮，可以将定义的修剪（符号）删除（不修剪）。

☑ Split单选项：选中此单选项，用于定义分割。

- Result区域：用于定义修剪或分割的结果显示。

☑ Keep Initial复选框：选中此复选框，表示保留最初的对象，即修剪操作不直接在原始网格面上进行修剪，修剪完成后在特征树中单独显示操作。

☑ Distinct选项：选中此选项，修剪结果在特征树中单独显示。

☑ Grouped选项：选中此选项，修剪结果在特征树中显示成一个特征。

10.3.13 平面上投影

使用平面上投影命令可以将网格面或点云投影到平面上，从而创建一个平面网格面或平面点云。下面以图 10.3.43 所示的实例来说明使用平面上投影命令创建投影网格面的一般过程。

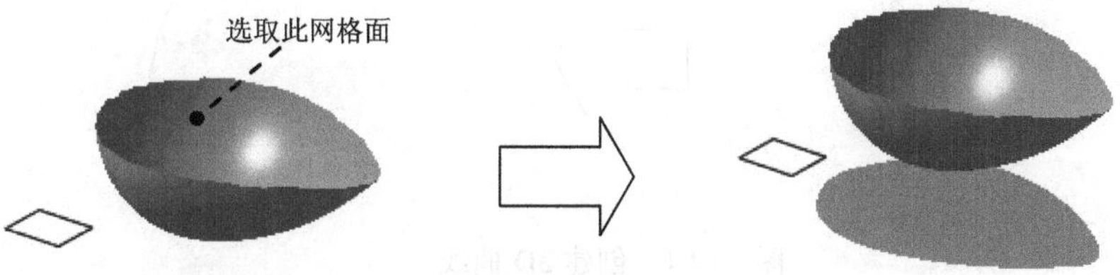

a）创建前　　b）创建后

图 10.3.43 创建投影网格面

Step1. 打开文件 D:\cat2016.8\work\ch10.03.13\projection.CATPart。

Step2. 选择命令。选择下拉菜单 插入 → Operations ▸ → Projection on Plane... 命令，系统弹出图 10.3.44 所示的“Projection On Plane”对话框。

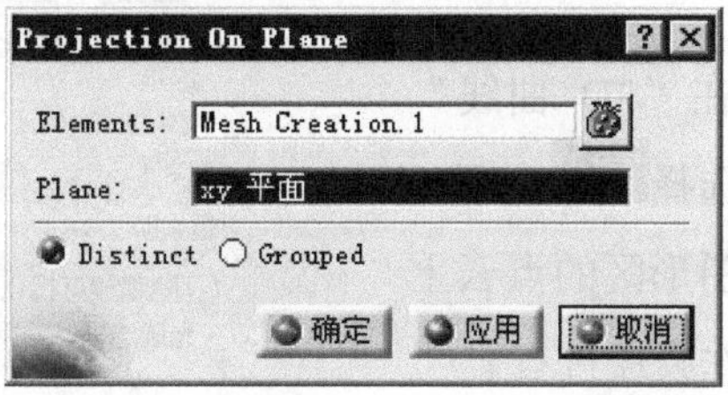

图 10.3.44 “Projection On Plane”对话框

Step3. 选取投影网格面。在图形区选取图 10.3.43a 所示的网格面为投影网格面。

说明： 如果此处选取的是一个点云，投影到平面上的就是一个平面点云（图 10.3.45）。

Step4. 定义投影平面。选取 xy 平面为投影平面。

Step5. 单击 确定 按钮，完成投影网格面的操作。

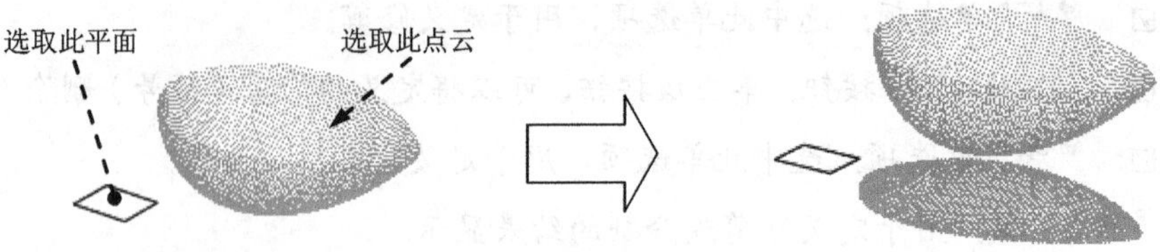

a）创建前　　b）创建后

图 10.3.45　创建投影点云

10.4 创建曲线

10.4.1 3D 曲线

使用 3D 曲线命令可以根据空间任意点或者点云创建空间曲线。下面以图 10.4.1 所示的实例来说明创建 3D 曲线的一般过程。

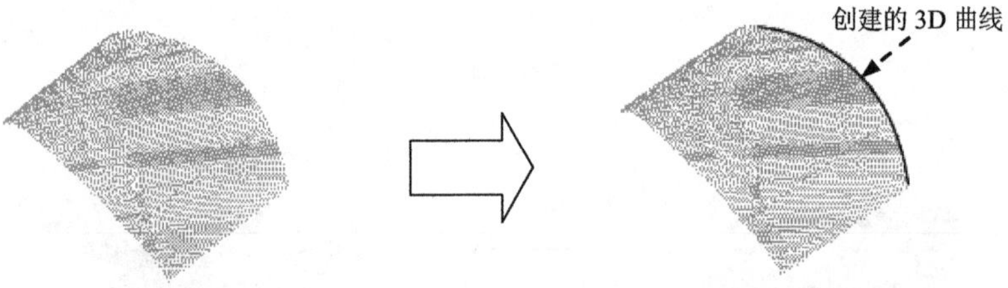

a）创建前　　b）创建后

图 10.4.1　创建 3D 曲线

Step1. 打开文件 D:\cat2016.8\work\ch10.04.01\3D_curve.CATPart。

Step2. 选择命令。选择下拉菜单 插入 → Curve Creation ▸ → 3D Curve... 命令，系统弹出图 10.4.2 所示的“3D 曲线”对话框。

Step3. 定义创建类型。在“3D 曲线”对话框的 创建类型 下拉列表中选择 通过点 选项。

Step4. 定义通过点。在图形区的点云上选取图 10.4.3 所示的 6 个点作为通过点。

说明： 在点云上选取一点后，在该点处出现 4 个箭头的方位图标，拖动箭头可以改变点

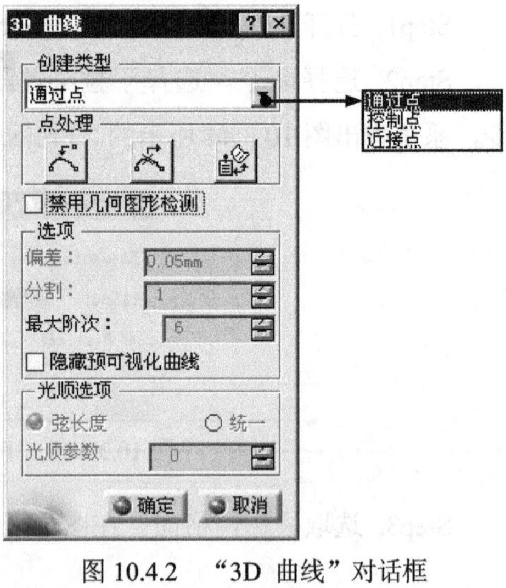

图 10.4.2　“3D 曲线”对话框

的位置。

Step5. 单击 确定 按钮，完成 3D 曲线的创建。

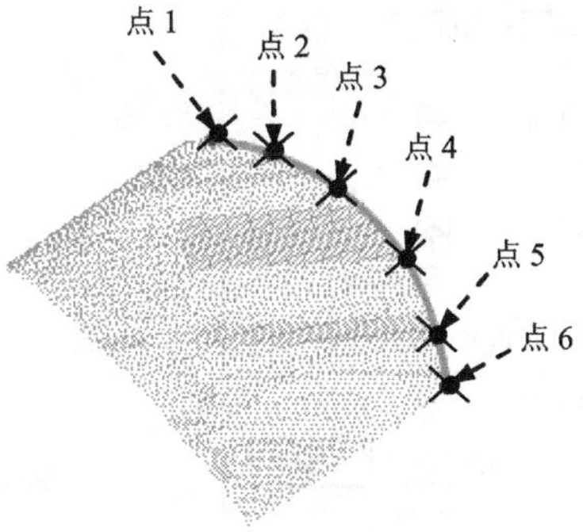

图 10.4.3 选取通过点

10.4.2 在网格面上绘制曲线

使用在网格面上绘制命令可以在已有的网格面上绘制曲线。下面以图 10.4.4 所示的实例来说明在网格面上绘制曲线的一般过程。

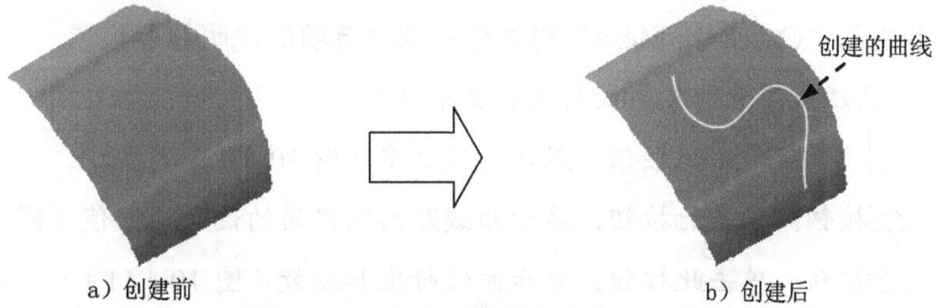

图 10.4.4 创建网格面上曲线

Step1. 打开文件 D:\cat2016.8\work\ch10.04.02\curve_on_mesh.CATPart。

Step2. 选择命令。选择下拉菜单 插入 → Curve Creation ▸ → Curve on Mesh... 命令，系统弹出图 10.4.5 所示的“Curve On Mesh”对话框。

Step3. 选取支持网格面。在图形区选取图 10.4.6 所示的网格面为支持网格面。

Step4. 定义曲线参数。在“Curve On Mesh”对话框 Tolerance 文本框中输入公差值 0.1；在 Max. Order 文本框中输入曲线最大阶次 6；在 Max. Segments 文本框中输入曲线最大段数 20。

Step5. 定义通过点。在图形区选取图 10.4.6 所示的 4 个点为曲线通过点。

Step6. 单击 确定 按钮，完成网格面上曲线的创建。

说明：在选取的点上右击，系统弹出图 10.4.7 所示的快捷菜单。选择 Point Continuity 命令，设置该点处连续类型为点连续；选择 Tangent Continuity 命令，设置该点处连续类型为相切连续；选择 Internal Point 命令，生成曲线上的内部点；选择 Remove Point 命令，可以将该点移除；选择

Close Curve 命令，可以将绘制的曲线封闭（图 10.4.8）。

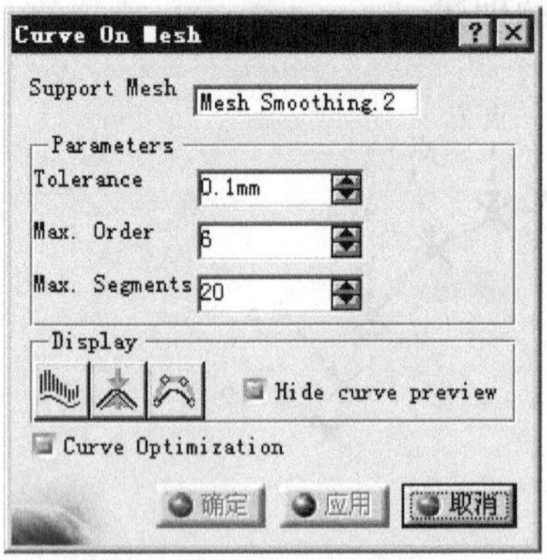

图 10.4.5 “Curve On Mesh”对话框

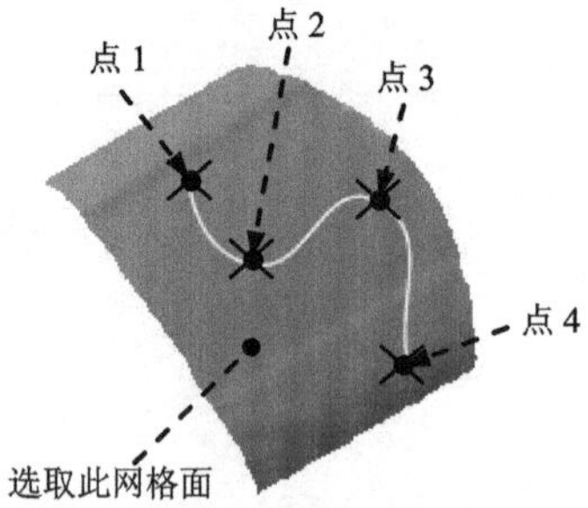

图 10.4.6 曲线通过点

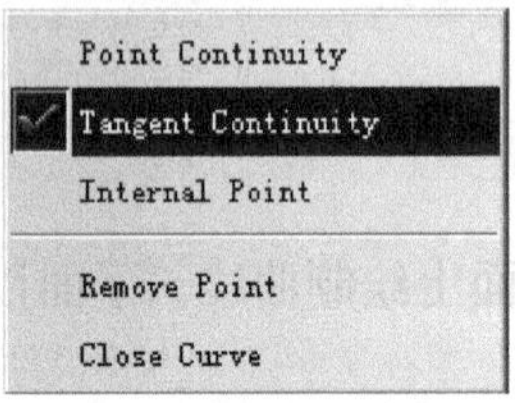

图 10.4.7 快捷菜单

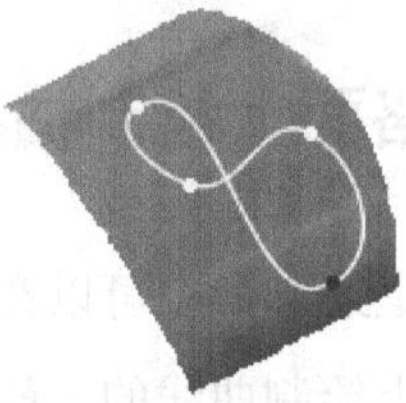

图 10.4.8 封闭曲线

图 10.4.5 所示“Curve On Mesh”对话框中部分选项的说明如下。

- Display 区域：用来定义生成曲线的显示样式。
  - ☑ 按钮：单击此按钮，显示曲线曲率（图 10.4.9）。
  - ☑ 按钮：单击此按钮，显示曲线距离网格面的最大距离值（图 10.4.10）。
  - ☑ 按钮：单击此按钮，显示曲线阶次和段数（图 10.4.11）。

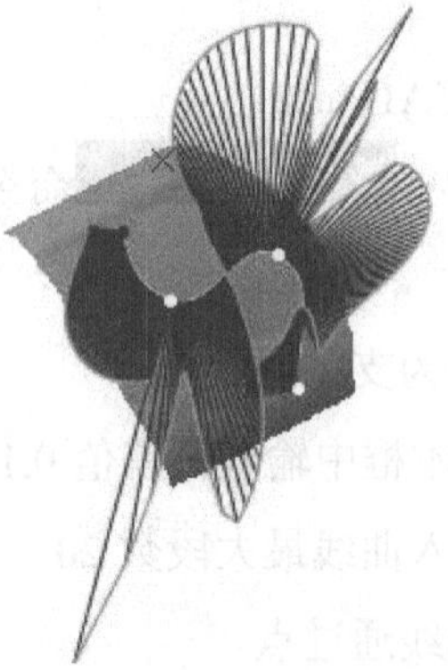

图 10.4.9 显示曲率

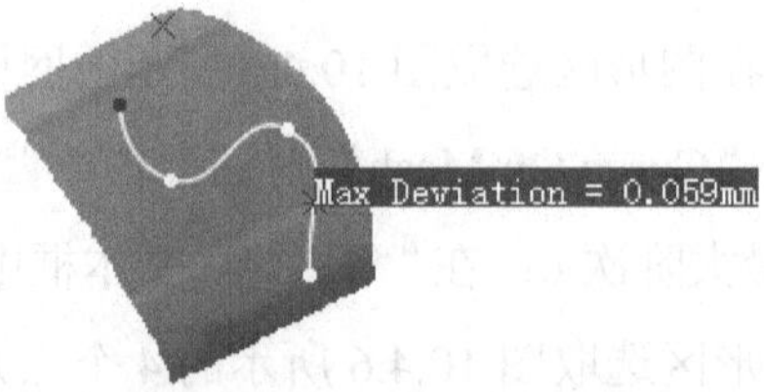

图 10.4.10 显示最大距离

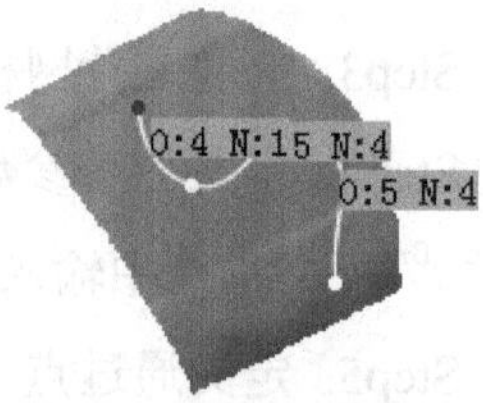

图 10.4.11 显示曲线阶次和段数

10.4.3 离散点云创建曲线

使用离散点云创建曲线命令可以将离散点云拟合生成曲线。下面以图 10.4.12 所示的实例来说明由离散点云创建曲线的一般过程。

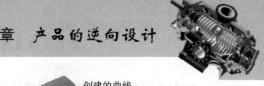

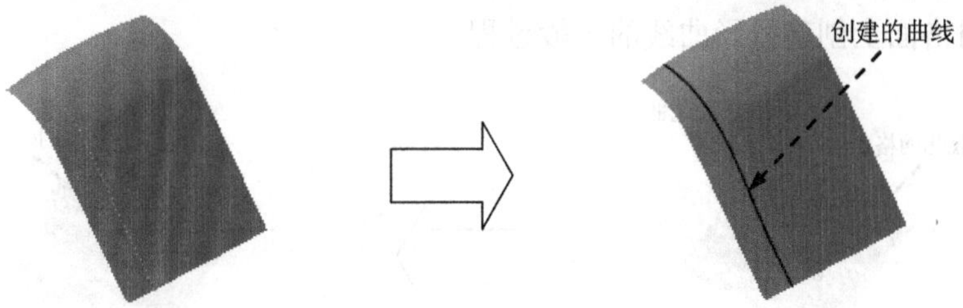

a）创建前　　b）创建后

图 10.4.12　离散点云创建曲线

Step1. 打开文件 D:\cat2016.8\work\ch10.04.03\curve_from_scan.CATPart。

Step2. 选择命令。选择下拉菜单 插入 → Curve Creation ▸ → Curve from Scan... 命令，系统弹出图 10.4.13 所示的“Curve from Scan”对话框。

Step3. 选取离散点云。在图形区选取图 10.4.14 所示的离散点云。

Step4. 定义创建模式。在“Curve from Scan”对话框的 Creation mode 区域中选中 Smoothing 单选项。

Step5. 定义曲线参数。在对话框 Tolerance 文本框中输入公差值 0.1；在 Max. Order 文本框中输入曲线最大阶次 6；在 Max. Segments 文本框中输入曲线最大段数 20。

Step6. 单击 应用 按钮，然后单击 确定 按钮，完成由离散点云创建曲线的操作。

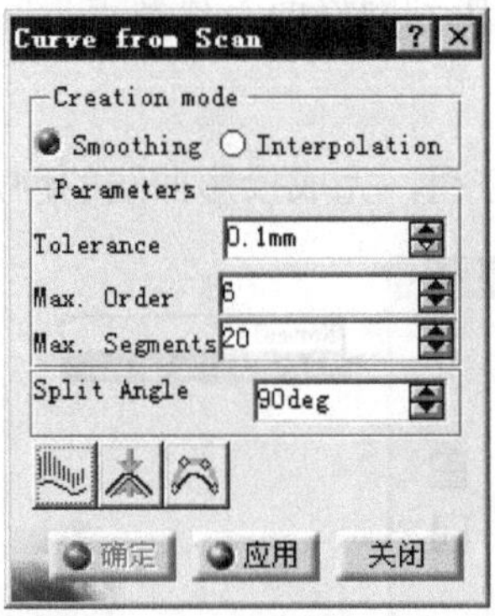

图 10.4.13　“Curve from Scan”对话框

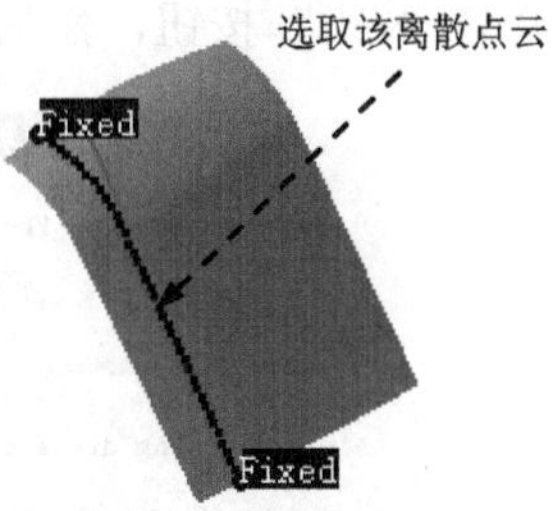

图 10.4.14　选取离散点云

图 10.4.13 所示“Curve from Scan”对话框中部分选项的说明如下。

- Creation mode 区域：用来定义生成曲线的方式。
  - ☑ Smoothing 单选项：选中此单选项，表示在移动误差范围内，将离散点云平滑排列，并用这些点创建曲线。
  - ☑ Interpolation 单选项：选中此单选项，表示在离散点云中插入点，并用这些点创建曲线。

10.4.4　投影曲线

使用投影曲线命令可以在点云或网格面上生成投影曲线。下面以图 10.4.15 所示的实例来说明在网格面上创建投影曲线的一般过程。

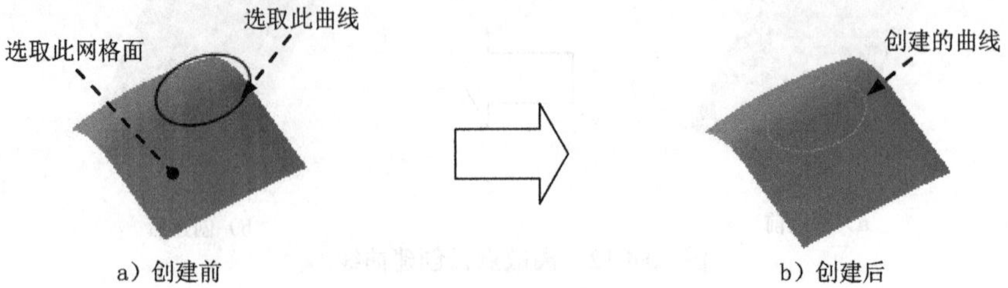

图 10.4.15 创建网格面投影曲线

Step1. 打开文件 D:\cat2016.8\work\ch10.04.04\curve_projection.CATPart。

Step2. 选择命令。选择下拉菜单 插入 → Scan Creation ▸ → Curve Projection... 命令，系统弹出图 10.4.16 所示的“Curve Projection”对话框。

Step3. 选取投影对象和目标。在图形区选取图 10.4.15a 所示的曲线和网格面。

Step4. 定义投影方式。在“Curve Projection”对话框的 Projection type : 下拉列表中选择 Along a direction 选项。

Step5. 定义投影方向。在对话框中右击 Direction : 后的文本框，在弹出的快捷菜单中选择 Y 部件 选项。

Step6. 定义投影参数。在 Sag 文本框中设置投影到网格面上离散点云间距值 0.1，其他参数采用系统默认设置值。

Step7. 单击 应用 按钮，然后单击 确定 按钮，完成投影曲线的创建。

图 10.4.16 “Curve Projection”对话框

图 10.4.16 所示“Curve Projection”对话框中部分选项的说明如下。

- Projection type : 下拉列表：用来定义投影方式，包括以下两种方式。
  - ☑ Normal 选项：选中此选项，表示沿曲线法向方向投影。
  - ☑ Along a direction 选项：选中此选项，表示沿着指定的方向投影。
- Sag 文本框：用来设置投影到点云（或网格面）上的离散点云之间的间距。数值越大，离散线上的点云越少（图 10.4.17）。
- Working distance 文本框：用来设置生成的交线所涉及的点云的宽度，数值越大交线上的点越多（图 10.4.18）。只有将曲线投影到点云上时，此文本框才有效。

a）Sag 值为 0.1　　b）Sag 值为 0.5

图 10.4.17　定义 Sag 参数

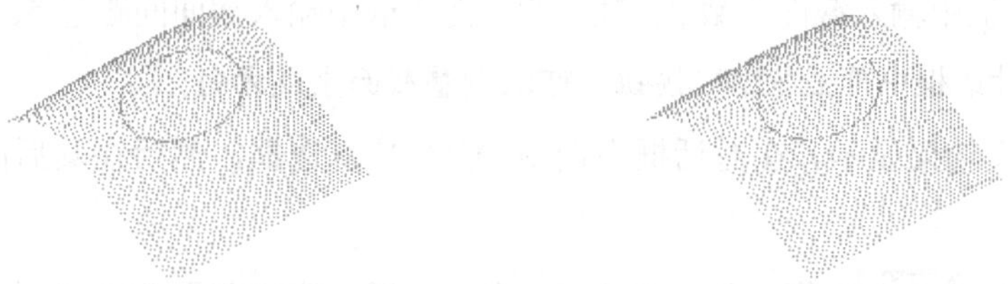

a）Working distance 值为 2　　b）Working distance 值为 0.1

图 10.4.18　定义 Working distance 参数

- Curve creation 复选框：选中此复选框，系统弹出图 10.4.19 所示的“Curve from Scan”对话框，可以对生成的投影曲线做进一步的处理，将生成离散点云创建成投影曲线（图 10.4.20）。

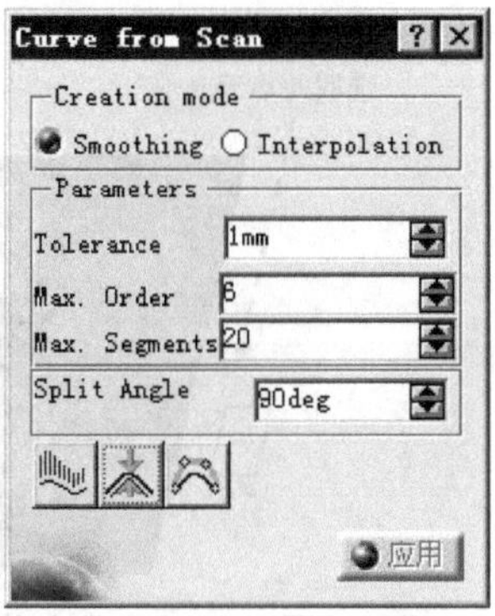

图 10.4.19　“Curve from Scan”对话框

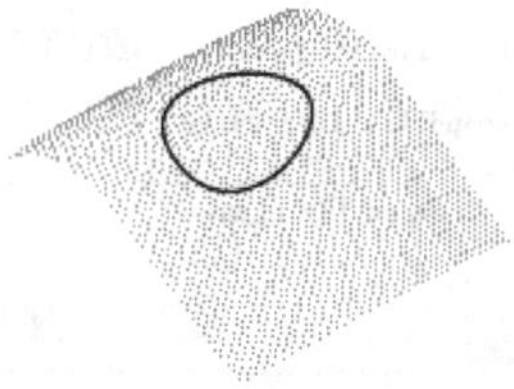

图 10.4.20　创建投影曲线

10.4.5　截面曲线

使用截面曲线命令可以用剖截面去剖切点云或网格面，然后将相交线生成曲线。下面以图 10.4.21 所示的实例来说明创建截面曲线的一般过程。

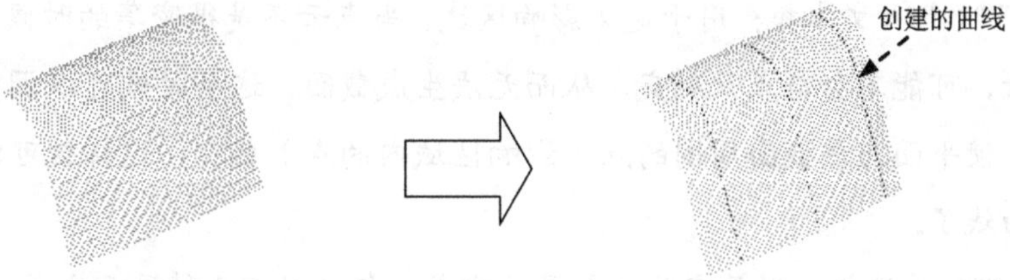

a）创建前　　b）创建后

图 10.4.21　创建截面曲线

Step1. 打开文件 D:\cat2016.8\work\ch10.04.05\planar_sections.CATPart。

Step2. 选择命令。选择下拉菜单 插入 → Scan Creation ▸ → Planar Sections... 命令，系统弹出图 10.4.22 所示的“Planar Sections”对话框。

Step3. 选取元素。在图形区选取图 10.4.23 所示的点云，此时在图形区出现一个黑色的截面。

Step4. 定义截面参数。在“Planar Sections”对话框中单击 按钮，然后单击 按钮，在 Number: 文本框中输入截面个数 3；在 Step: 文本框中输入截面间距值 5。

说明：在对话框中单击 Swap 按钮，可以调整截面生成方向。

Step5. 定义结果显示。在对话框中选中 Grouped 复选框，然后在其后的下拉列表中选择 By plane 选项。

Step6. 单击 应用 按钮，然后单击 确定 按钮，完成截面曲线的创建。

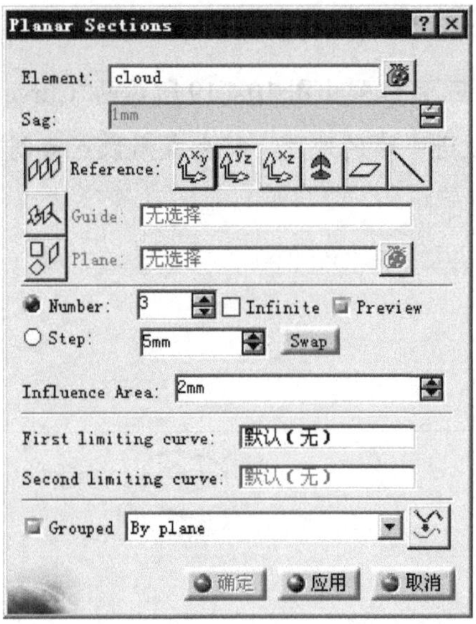

图 10.4.22 “Planar Sections”对话框

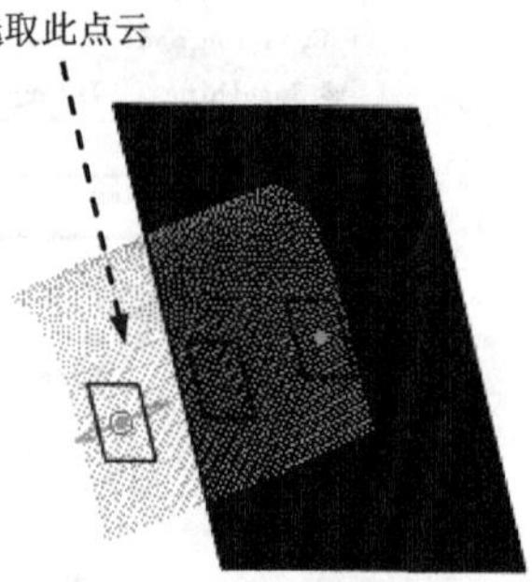

图 10.4.23 定义截面

图 10.4.22 所示“Planar Sections”对话框中部分选项的说明如下。

- 按钮：单击此按钮，可以创建平行截面。
- 按钮：单击此按钮，可以沿曲线创建截面，截面与曲线垂直。
- 按钮：单击此按钮，可以选择已有的平面来创建截面。
- Influence Area: 文本框：用于定义影响区域。当点云不是很密集的时候，用平面去切点云，可能不会与点云相交，从而无法生成截面，这个时候可以调整影响区域大小，使平面与该截面周围的点（影响区域内的点）相交，这样就可以顺利创建截面曲线了。
- Grouped 复选框：用于定义结果显示方式。包括以下 3 种显示方式。

☑ In one entity选项：选中此选项，在特征树中只显示一个特征信息（图 10.4.24a）。

☑ By element选项：选中此选项，在特征树中只显示一个特征信息，同时还显示出创建该截面的元素（点云或网格面）信息（图 10.4.24b）。

☑ By plane选项：选中此选项，在特征树中分别显示各截面信息（图 10.4.24c）。

a）分割后　　b）分割后　　c）分割后

图 10.4.24　定义结果显示方式

- 按钮：单击此按钮，系统弹出图 10.4.25 所示的“Curve from Scan”对话框，可以将创建的截面点云生成截面曲线。

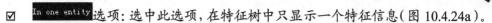

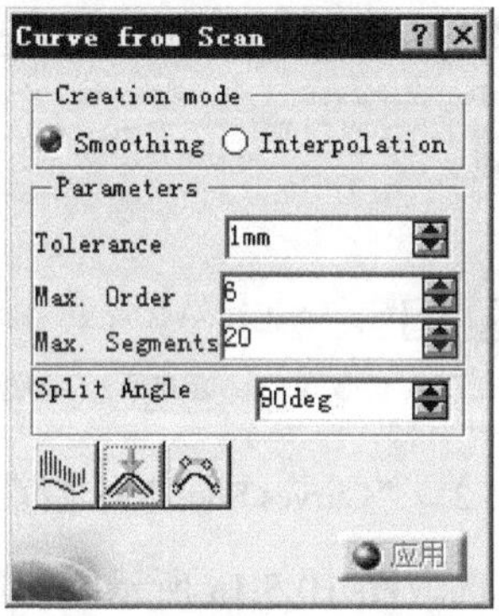

图 10.4.25　“Curve from Scan”对话框

10.5　快速曲面重建

逆向设计的前处理（主要包括点云处理、网格化处理和曲线创建）完成以后，即可进入到逆向设计的后处理阶段，主要包括曲线的编辑、曲面的重建等内容，逆向设计的后处理是在“快速曲面重建”工作台中完成的。

该工作台中有一部分命令与“数字形状编辑”工作台和“创成式外形设计”工作台相同，在此不再赘述。下面具体介绍该工作台中常用的一些命令和操作。

10.5.1　曲线分割

使用曲线分割命令可以将相交的曲线或边在相交处进行分割。下面以图 10.5.1 所示的实例来说明创建曲线分割的一般过程。

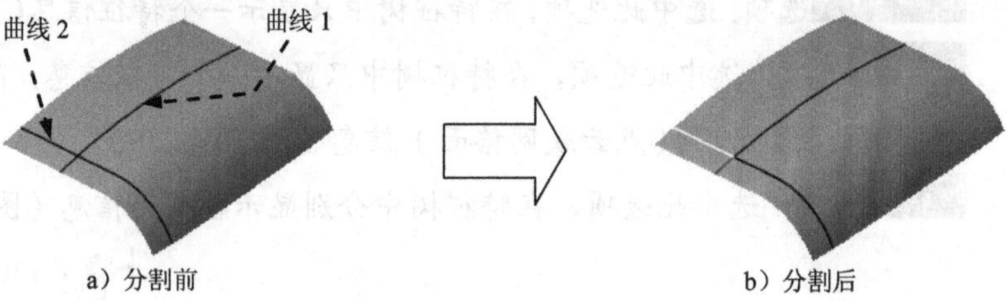

图 10.5.1　曲线分割

Step1. 打开文件 D:\cat2016.8\work\ch10.05.01\curves_slice.CATPart。

Step2. 选择下拉菜单 开始 → 形状 → Quick Surface Reconstruction 命令，进入“快速曲面重建”工作台。

Step3. 选择命令。选择下拉菜单 插入 → Operations ▸ → Curves Slice... 命令，系统弹出图 10.5.2 所示的“Curves Slice”对话框（一）。

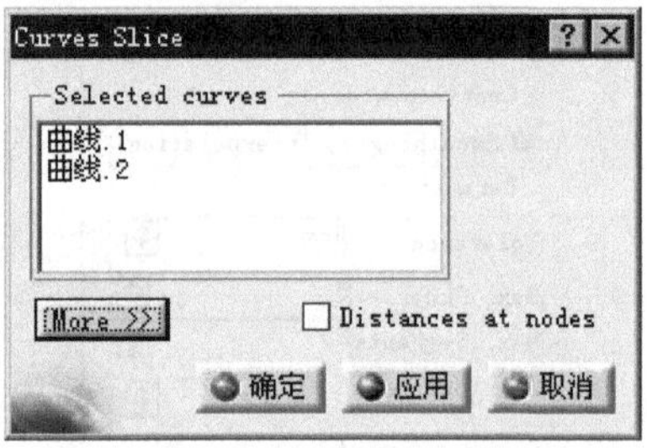

图 10.5.2　“Curves Slice”对话框（一）

Step4. 选取曲线。在图形区选取图 10.5.1a 所示的曲线 1 和曲线 2 为分割对象。

Step5. 单击 确定 按钮，完成曲线分割的操作，此时两条曲线被分割成 4 段曲线（图 10.5.1b）。

图 10.5.2 所示“Curves Slice”对话框（一）中部分选项的说明如下。

- Distances at nodes 复选框：选中此复选框，然后单击 应用 按钮，系统将显示分割后曲线与原来曲线之间的距离偏差值（图 10.5.3）。
- 在对话框中单击 More >> 按钮，此时“Curves Slice”对话框如图 10.5.4 所示。

☑ Max distance 文本框：设置最大距离。

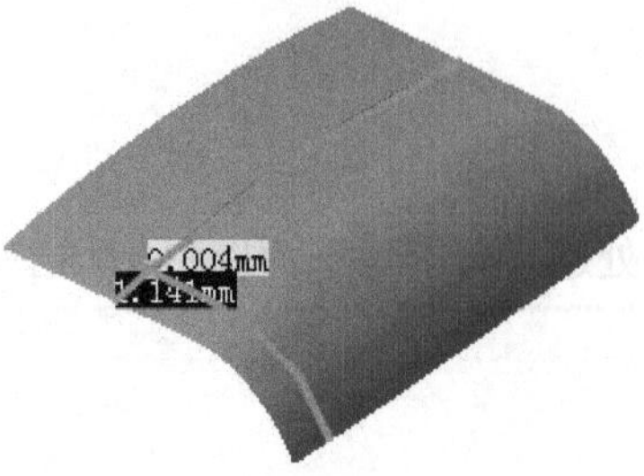

图 10.5.3　显示最大值标记

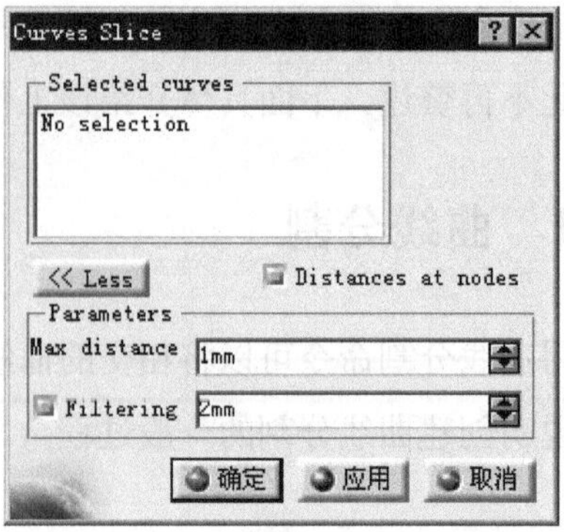

图 10.5.4　“Curves Slice”对话框（二）

☑ Filtering 选项：设置过滤值，大于该值的曲线将保留，否则不做保留。

10.5.2 校正连接点

使用校正连接点命令可以将选中的两条曲线进行首尾连接。下面以图 10.5.5 所示的实例来说明校正连接点的一般过程。

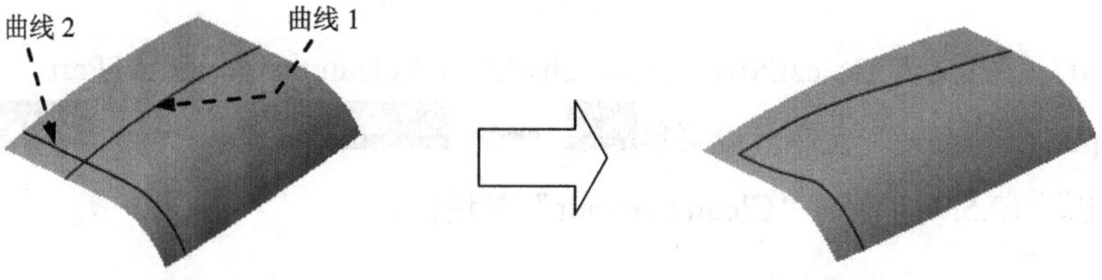

a）校正前　　b）校正后

图 10.5.5 校正连接点

Step1. 打开文件 D:\cat2016.8\work\ch10.05.02\adjust_nodes.CATPart。

Step2. 选择命令。选择下拉菜单 插入 → Operations ▸ → Adjust Nodes... 命令，系统弹出图 10.5.6 所示的“Adjust Nodes”对话框。

Step3. 选取曲线。在图形区中选取图 10.5.5a 所示的曲线 1 和曲线 2，在对话框中选中 Global deformation 复选框。

Step4. 单击 应用 按钮，然后单击 确定 按钮，系统弹出图 10.5.7 所示的“多重结果管理”对话框，在该对话框中选中 保留所有子元素。单选项。

Step5. 单击 确定 按钮，完成操作，结果如图 10.5.5b 所示。

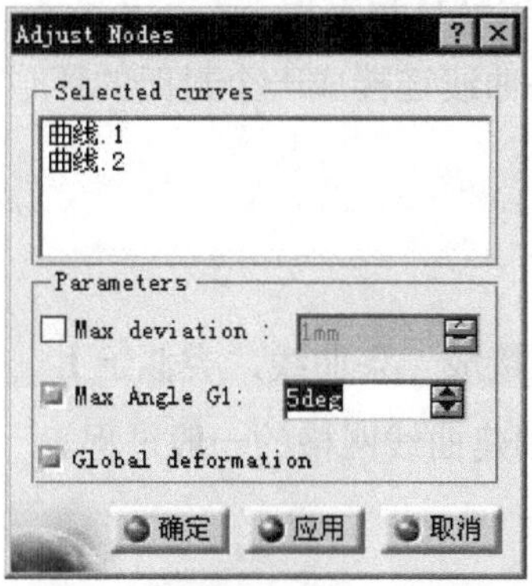

图 10.5.6 “Adjust Nodes”对话框

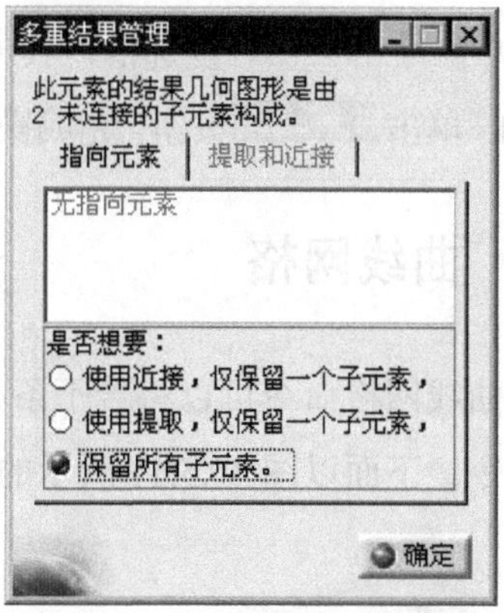

图 10.5.7 “多重结果管理”对话框

10.5.3 整理轮廓

使用整理轮廓命令可以将若干条单独的曲线连接成一整条曲线。下面以图 10.5.8 所示的实例来说明整理轮廓的一般过程。

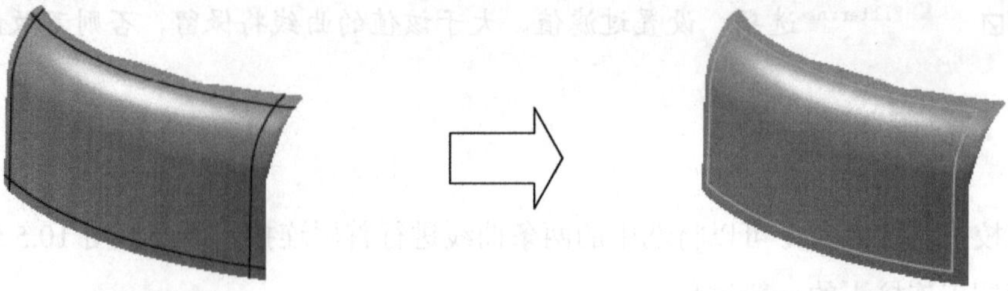

a）创建前　　　　b）创建后

图 10.5.8　整理轮廓

Step1. 打开文件 D:\cat2016.8\work\ch10.05.03\clean_contour.CATPart。

Step2. 选择命令。选择下拉菜单 插入 → Domain Creation ▸ → Clean Contour... 命令，系统弹出图 10.5.9 所示的“Clean Contour”对话框。

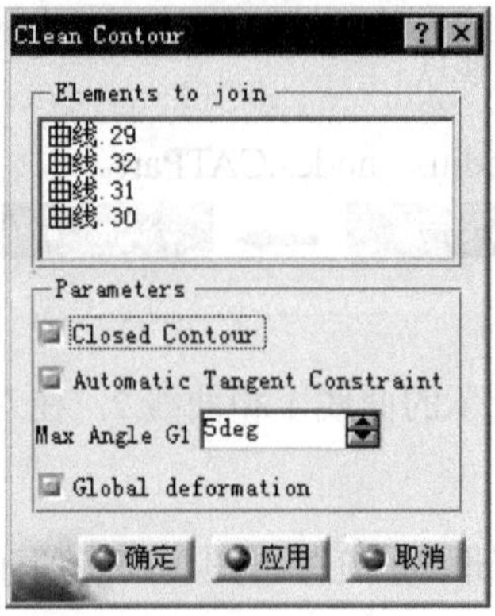

图 10.5.9　“Clean Contour”对话框

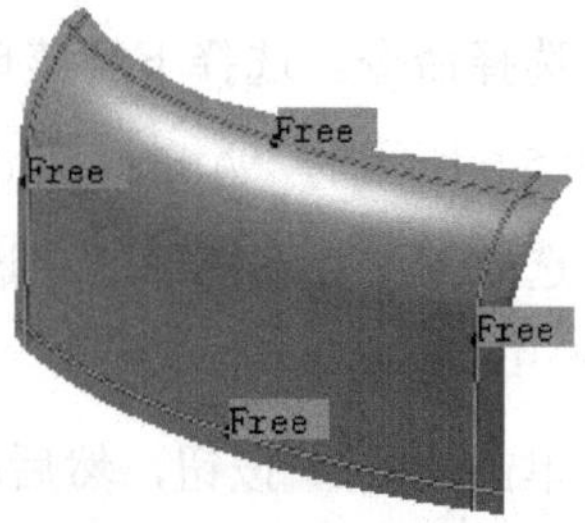

图 10.5.10　选取曲线

Step3. 选择曲线对象。在图形区选取图 10.5.10 所示的 4 条曲线，在对话框的 Parameters 区域中选中 Closed Contour 复选框，其他参数接受系统默认设置值。

Step4. 单击 确定 按钮，完成操作，此时四条曲线连接成一个封闭的环（图 10.5.8b）。

10.5.4　曲线网格

使用曲线网格命令可以将若干条相连的曲线连接成一条曲线，类似于上一节介绍的整理轮廓命令。下面以图 10.5.11 所示的实例来说明创建曲线网格的一般过程。

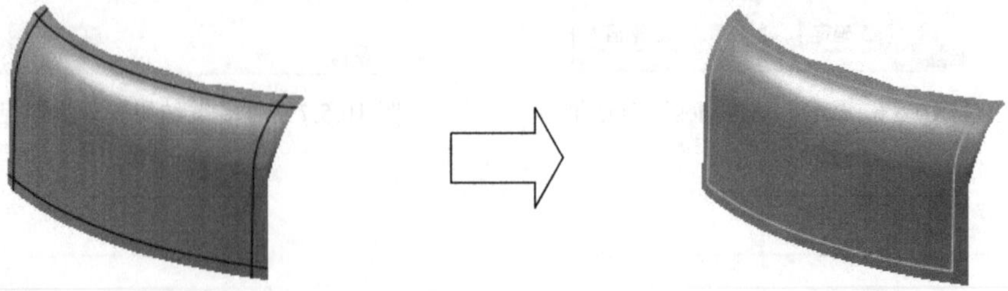

a）创建前　　　　b）创建后

图 10.5.11　曲线网格

Step1. 打开文件 D:\cat2016.8\work\ch10.05.04\corver_network.CATPart。

Step2. 选择命令。选择下拉菜单 插入 → Domain Creation ▸ → Curves Network... 命令，系统弹出图 10.5.12 所示的“Curves Network”对话框。

Step3. 选择曲线和网格面。在图形区选取图 10.5.11 所示的 4 条曲线，然后选取网格面对象。

Step4.设置公差。在对话框的 Parameters 区域的 Max distance 文本框中输入最大距离值 0.05，其他参数采用系统默认设置值。

Step5. 单击 应用 按钮，然后单击 确定 按钮，系统弹出图 10.5.13 所示的“Curves Network information”对话框，在对话框中单击 是(Y) 按钮，完成操作，结果如图 10.5.11b 所示。

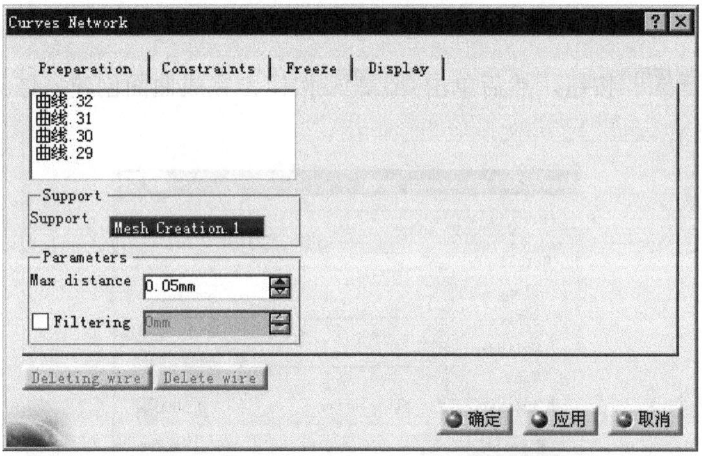

图 10.5.12 “Curves Network”对话框

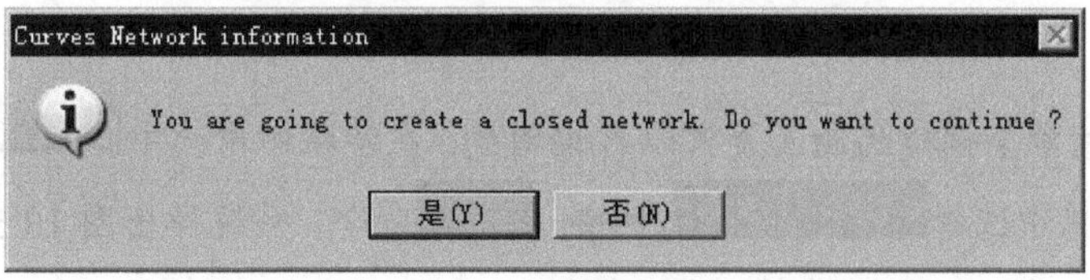

图 10.5.13 “Curves Network information”对话框

10.5.5 拟合基础曲面

使用拟合基础曲面命令可以根据已有的点云的轮廓形状，创建与点云形状大致一致的曲面，并且创建的曲面可以进行再编辑。下面以图 10.5.14 所示的实例来说明拟合基础曲面的一般过程。

Step1. 打开模型文件 D:\cat2016.8\work\ch10.05.05\basic_surf_recognition.CATPart。

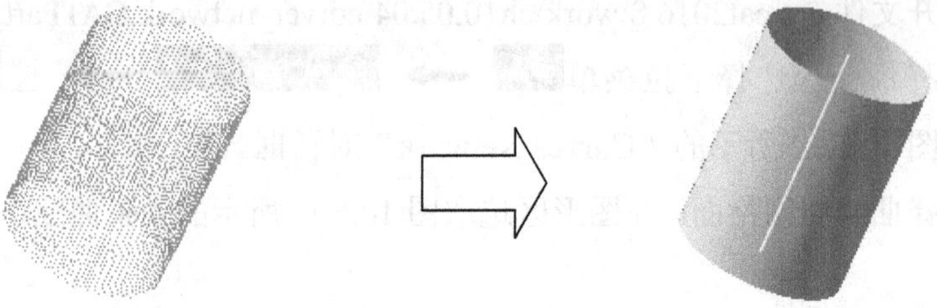

a）创建前　　　　　　　　　　　　b）创建后

图 10.5.14　拟合基础曲面

Step2. 选择下拉菜单 插入 → Surface Creation ▸ → Basic Surface Recognition... 命令，系统弹出图 10.5.15 所示的“Basic Surface Recognition”对话框（一）。

Step3. 选择点云。在图形区选取图 10.5.14a 所示的点云数据。

Step4. 定义拟合方法。在对话框的 Method 区域中选中 Automatic 选项，其他选项采用系统默认设置。

Step5.单击 应用 按钮，然后单击 确定 按钮，完成曲面创建，结果如图 10.5.14b 所示。

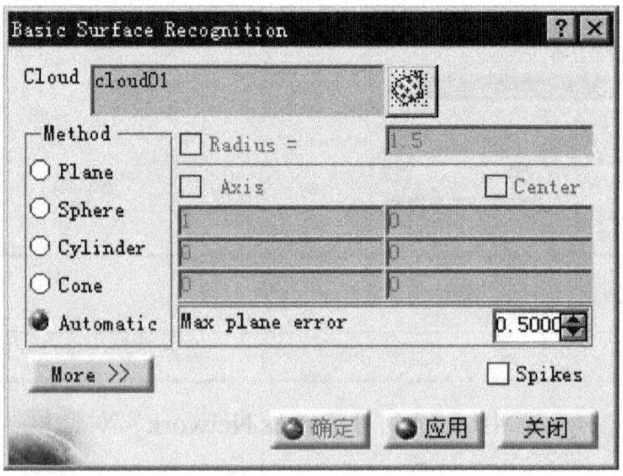

图 10.5.15　“Basic Surface Recognition”对话框（一）

说明：使用该命令创建的曲面是可以再编辑的。在特征树中选中 Cylinder.1 并右击，在弹出的快捷菜单中选择 Cylinder.1 对象 ▸ → 定义... 命令，系统弹出图 10.5.16 所示的“圆柱曲面定义”对话框，同时在模型上出现图 10.5.17 所示的操控图标，表示当前曲面对象是可以编辑的。

图 10.5.15 所示“Basic Surface Recognition”对话框（一）中部分选项的说明如下。

- Method 区域：用于设置拟合方法，包括以下 5 种方法。
  - ☑ Plane 单选项：选中此选项，系统根据选中的点云拟合成平面。
  - ☑ Sphere 单选项：选中此选项，系统根据选中的点云拟合成球面。
  - ☑ Cylinder 单选项：选中此选项，系统根据选中的点云拟合成圆柱面。本例中，点云形状比较接近圆柱面，选中该选项同样可以得到图 10.5.14b 所示的结果。

☑ Cone 单选项：选中此选项，系统根据选中的点云拟合成圆锥面。

☑ Automatic 单选项：选中此选项，系统根据选中的点云自动选择拟合方法。

- Spikes 复选框：在对话框中选中该复选框，系统将显示创建的标准曲面与原始文件间的距离偏差值（图 10.5.18）。
- 在对话框中单击 More >> 按钮，在对话框中显示创建的曲面的相关信息（图 10.5.19）。

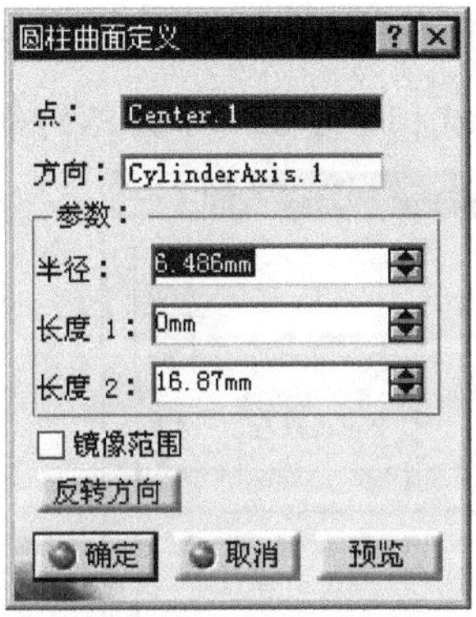

图 10.5.16 “圆柱曲面定义”对话框

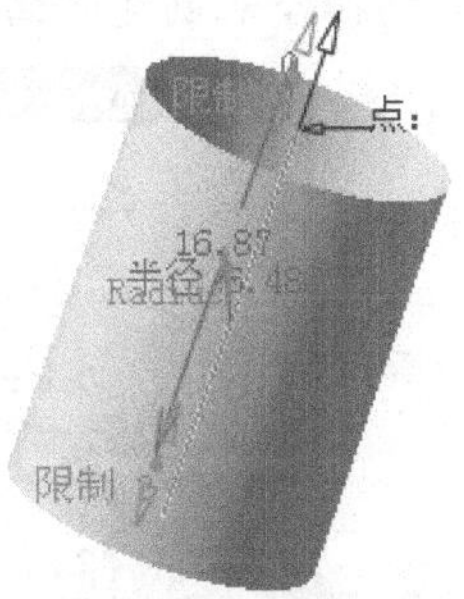

图 10.5.17 编辑圆柱曲面

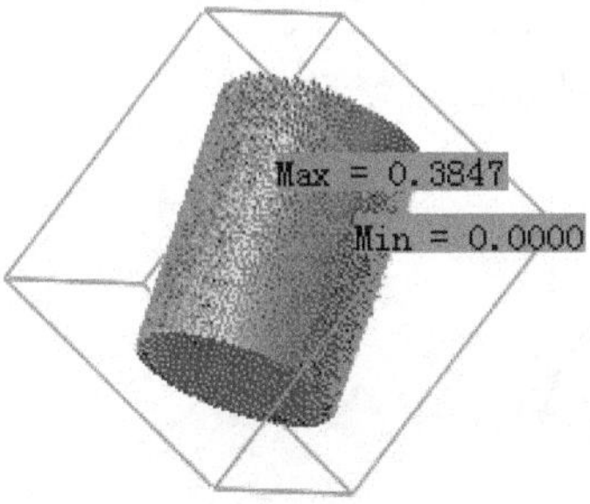

图 10.5.18 显示距离偏差

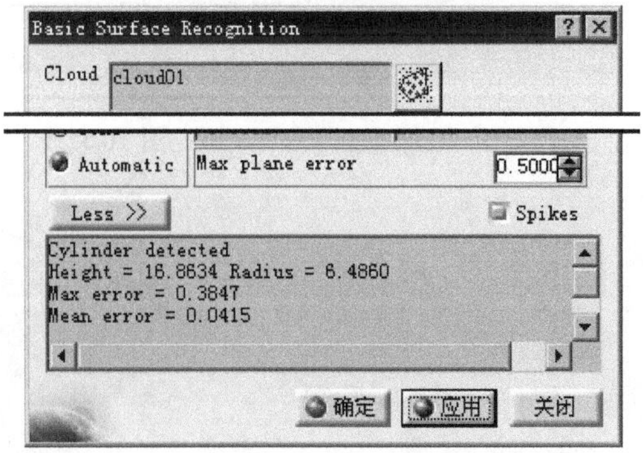

图 10.5.19 “Basic Surface Recognition”对话框（二）

10.5.6 强制拟合曲面

使用强制拟合曲面命令可以根据选择的点云、网格面或曲线来创建拟合曲面。下面以图 10.5.20 所示的实例来说明创建强制拟合曲面的一般过程。

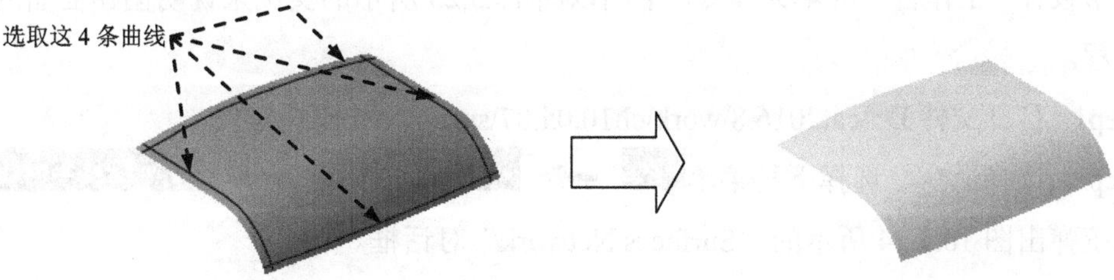

a）创建前 b）创建后

图 10.5.20 强制拟合曲面

Step1. 打开文件 D:\cat2016.8\work\ch10.05.06\power_fit.CATPart。

Step2. 选择命令。选择下拉菜单 插入 ➡ Surface Creation ▸ ➡ Power Fit... 命令，系统弹出图 10.5.21 所示的“Power Fit”对话框。

Step3. 在图形区选取图 10.5.20a 所示的网格面。

Step4. 选取边界曲线。选取图 10.5.20a 所示的 4 条边界曲线。

Step5. 单击 应用 按钮，然后单击 确定 按钮，完成操作，结果如图 10.5.20b 所示。

说明：此处如果只选择拟合网格面也可以完成该曲面的创建，此时，系统会根据选择的网格面形状自动拟合来创建曲面（图 10.5.22），这时就相当于上一节介绍的命令了。

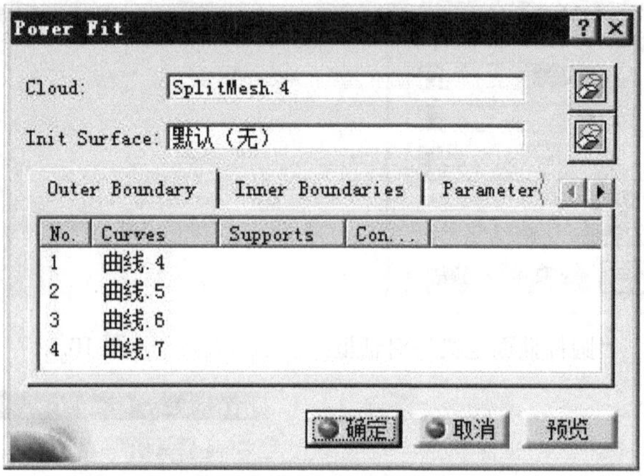

图 10.5.21 “Power Fit”对话框

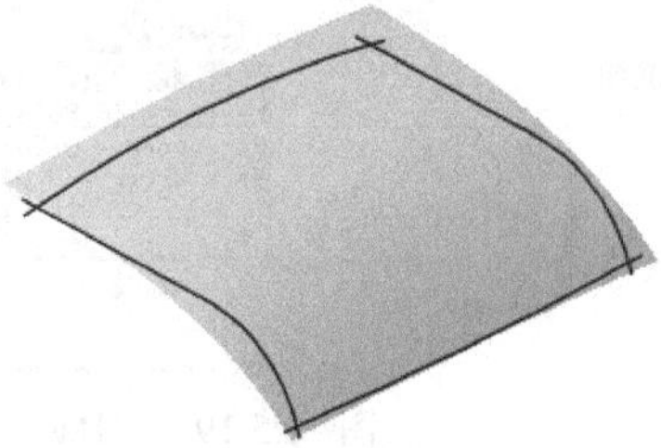

图 10.5.22 创建拟合曲面

10.5.7 曲面网格

使用曲面网格命令可以根据选择的封闭曲面网格自动创建形状一致的曲面，类似于“创成式外形设计”工作台中的填充命令。下面以图 10.5.23 所示的实例来说明创建曲面网格的一般过程。

Step1. 打开文件 D:\cat2016.8\work\ch10.05.07\surf_network.CATPart。

Step2. 选择命令。选择下拉菜单 插入 ➡ Surface Creation ▸ ➡ Surfaces Network... 命令，系统弹出图 10.5.24 所示的“Surfaces Network”对话框。

Step3. 选择曲线网格和点云。在图形区选取图 10.5.25 所示的封闭曲线网格；在对话框中选中 Cloud 复选框，然后在图形区选中网格面。

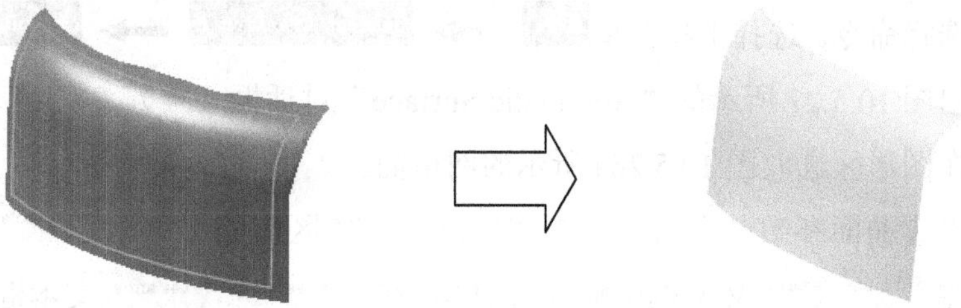

a）创建前　　b）创建后

图 10.5.23 曲面网格

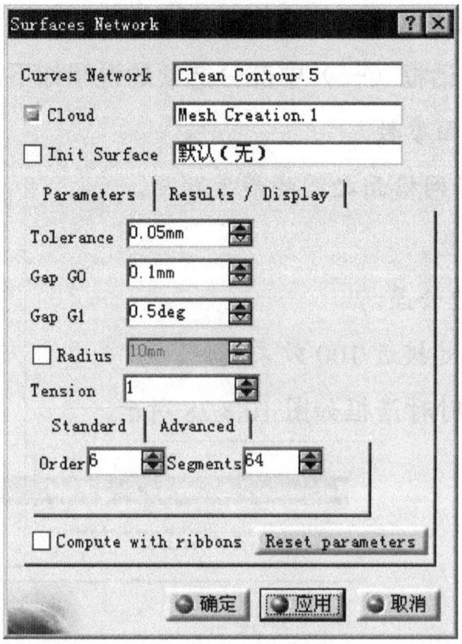

图 10.5.24 “Surfaces Network”对话框

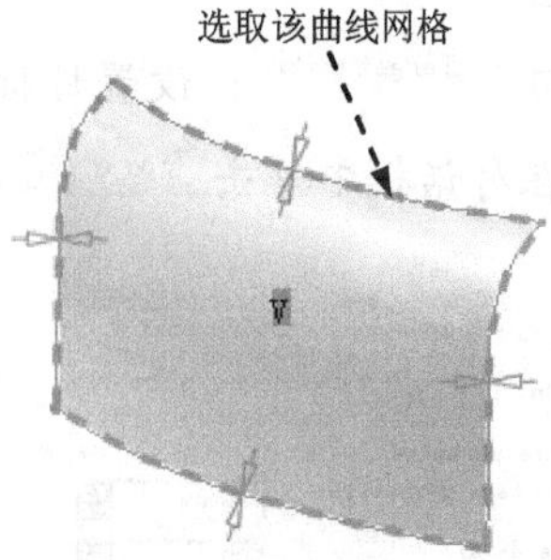

图 10.5.25 曲面网格

Step4. 设置曲面参数。在对话框中单击 Parameters 选项卡，在 Tolerance 文本框中输入公差值 0.05。

Step5. 单击 应用 按钮，然后单击 确定 按钮，完成操作，结果如图 10.5.23b 所示。

10.5.8 自动曲面

使用自动曲面命令可以根据选择的网格面自动创建形状一致的曲面。下面以图 10.5.26 所示的实例来说明创建自动曲面的一般过程。

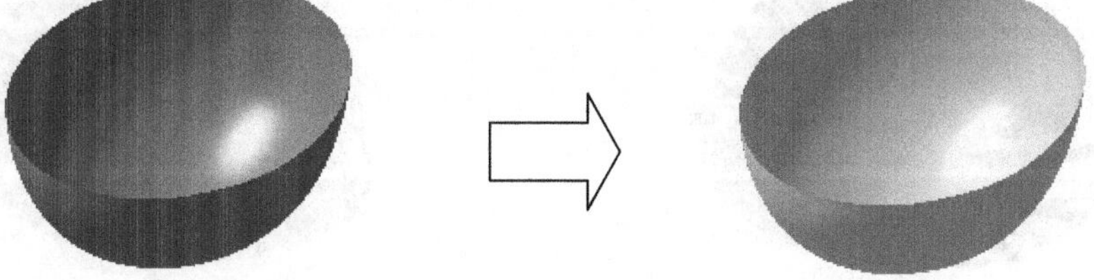

a）创建前　　b）创建后

图 10.5.26 自动曲面

Step1. 打开文件 D:\cat2016.8\work\ch10.05.08\automatic_surf.CATPart。

Step2. 选择命令。选择下拉菜单 插入 → Surface Creation ▸ → Automatic Surface... 命令，系统弹出图 10.5.27 所示的“Automatic Surface”对话框（一）。

Step3. 在图形区选取图 10.5.26a 所示的网格面。`

Step4. 设置曲面参数。在对话框中 Surface parameters 区域的 Mean surface deviation 文本框中输入值 0.05，在 Surface detail 文本框中输入值 500，在 Free edge tolerance 文本框中输入值 0.5，在 Target ratio 文本框中输入值 90，选中 Full internal tangency 复选框。

Step5. 单击 确定 按钮，完成操作，结果如图 10.5.26b 所示。

图 10.5.27 所示“Automatic Surface”对话框（一）中部分选项的说明如下。

- Surface parameters 选项卡：用于设置曲面参数。
  - ☑ Mean surface deviation：设置曲面与网格面之间的最大距离。
  - ☑ Surface detail：设置曲面细部数量。
  - ☑ Free edge tolerance：设置自由边公差。
  - ☑ Target ratio：设置目标比率，值越接近 100 效果越好。
- 在对话框中单击 More >> 按钮，此时对话框如图 10.5.28 所示。

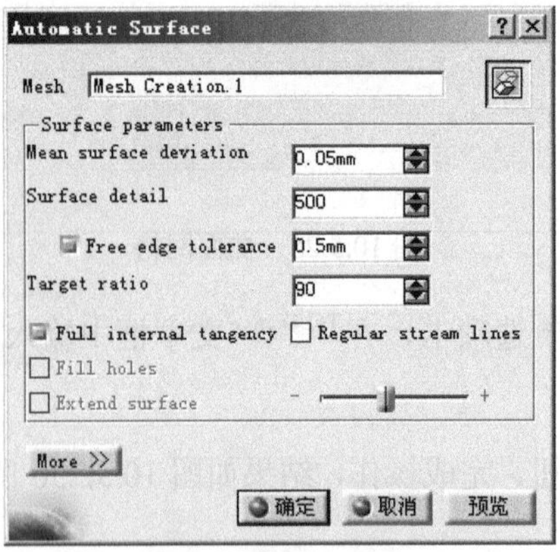

图 10.5.27 “Automatic Surface”对话框（一）

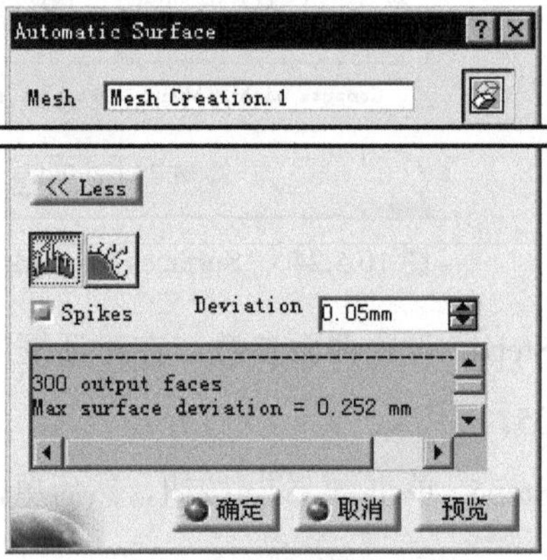

图 10.5.28 “Automatic Surface”对话框（二）

☑ 按钮：单击该按钮，显示曲面与网格面之间的距离偏差（图 10.5.29）。

☑ 按钮：单击该按钮，显示自由边距离偏差（图 10.5.30）。

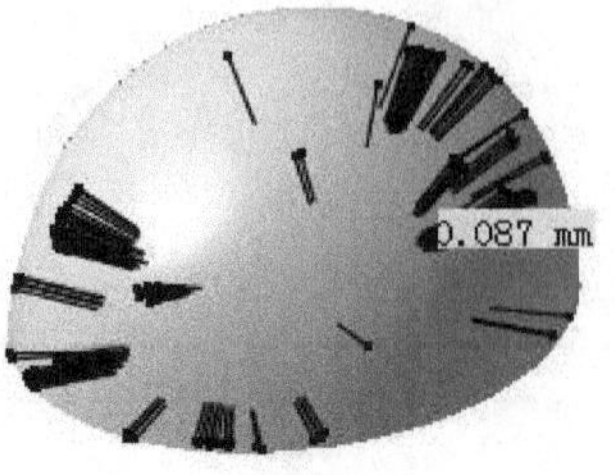

图 10.5.29 显示曲面与网格面距离偏差

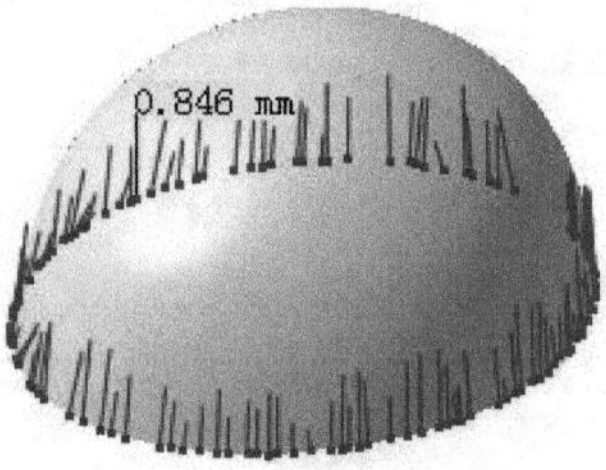

图 10.5.30 显示自由边距离偏差

10.6 范例——电吹风机的逆向造型设计

本范例主要的创建过程是，首先导入点云数据，然后对点云进行编辑处理，再进行点云交线的创建，根据点云交线创建曲线，然后根据创建的曲线构造主要曲面，最后对曲面质量进行分析，从而完成模型的创建。

下面通过一个吹风机的逆向设计为例，说明逆向工程设计的一般过程，如图 10.6.1 所示。

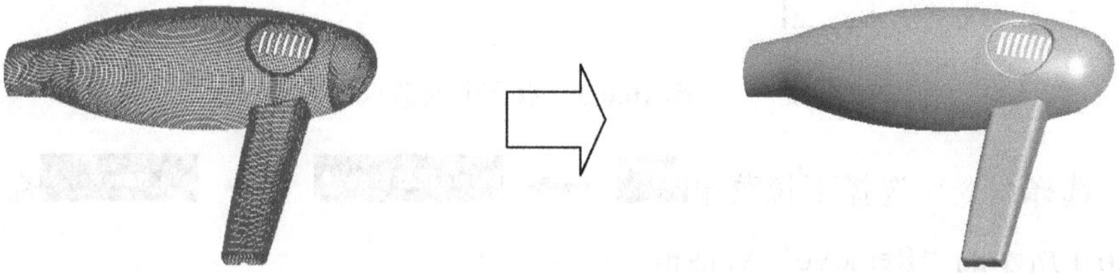

图 10.6.1 吹风机的逆向设计

Task1. 导入点云数据

Step1. 新建零件。新建一个名称为“blower”的 Part 文件。

Step2. 切换工作台。选择下拉菜单 开始 → 形状 → Digitized Shape Editor 命令，系统切换至“数字化外形编辑器”工作台。

Step3. 选择命令。选择下拉菜单 插入 → Import... 命令，系统弹出“Import”对话框。

Step4. 选择打开文件格式。在“Import”对话框的 Selected File 区域的 Format 下拉列表中选择 Iges 选项。

Step5. 选择打开文件。在对话框中单击 ... 按钮，系统弹出“选择文件”对话框，在 查找范围(I): 下拉列表中选择目录 D:\cat2016.8\work\ch10.06，然后选择“cloud.igs”，单击 打开(O) 按钮。

Step6. 单击对话框中的 应用 按钮，然后单击 确定 按钮，完成点云数据加载，结果如图 10.6.2 所示。

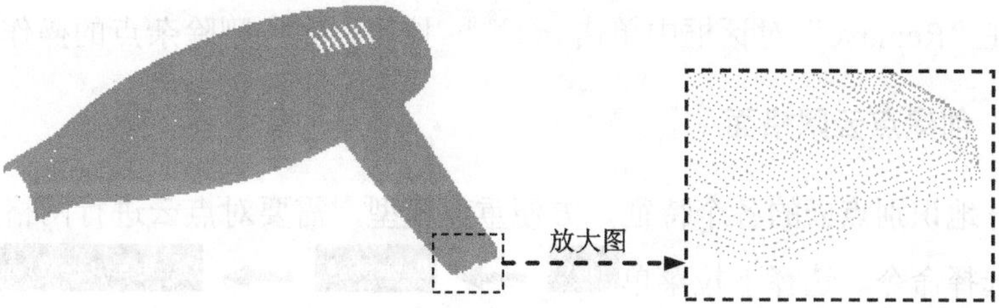

图 10.6.2 导入点云数据

Task2. 编辑点云

Stage1. 删除点云

加载点云数据后，需要对点云进行进一步的处理，使点云符合设计的需要。在该点云中包含图 10.6.3 所示的杂点，需要删除。

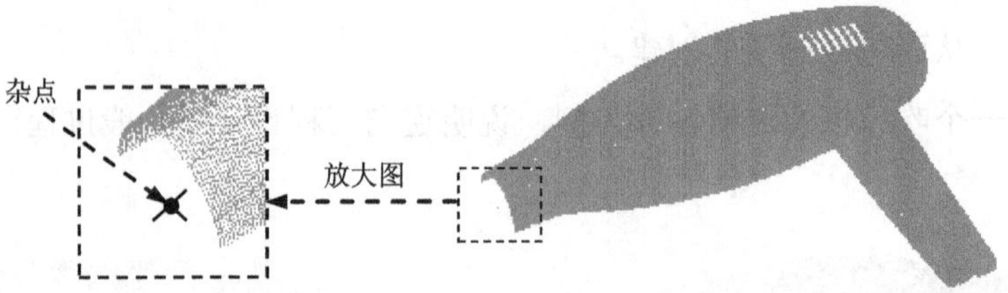

图 10.6.3 点云中的杂点

Step1. 选择命令。选择下拉菜单 插入 → Cloud Edition ▸ → Remove... 命令，系统弹出图 10.6.4 所示的“Remove”对话框。

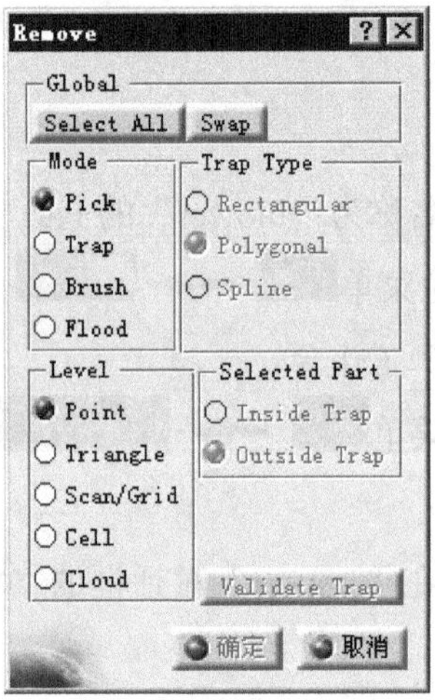

图 10.6.4 “Remove”对话框

Step2. 选择点云。在图形区选中导入的点云。

Step3. 定义拾取点云模式。在“Remove”对话框的 Mode 区域中选中 Pick 单选项。

Step4. 定义删除类型和对象。在对话框的 Level 区域中选中 Point 单选项，然后在图形区中选取图 10.6.3 所示的杂点。

Step5. 在“Remove”对话框中单击 确定 按钮，完成删除杂点的操作。

Stage2. 创建点云网格面

为了更好地识别点云的各个特征，方便重建模型，需要对点云进行网格化处理。

Step1. 选择命令。选择下拉菜单 插入 → Mesh ▸ → Mesh Creation... 命令，系统

弹出“Mesh Creation”对话框。

Step2. 选取创建对象。在图形区选取导入的点云。

Step3. 定义创建方式。在“Mesh Creation”对话框中选中 3D Mesher 选项。

Step4. 定义网格面参数和显示模式。在对话框中选中 Neighborhood 选项，在 Neighborhood 后的文本框中输入小平面边缘长度值 2。然后在 Display 区域中选中 Shading 和 Smooth 选项。

Step5. 单击对话框中的 应用 按钮，然后单击 确定 按钮，完成点云网格面的创建，结果如图 10.6.5 所示。

说明：为了便于观察，此处将导入的点云隐藏。

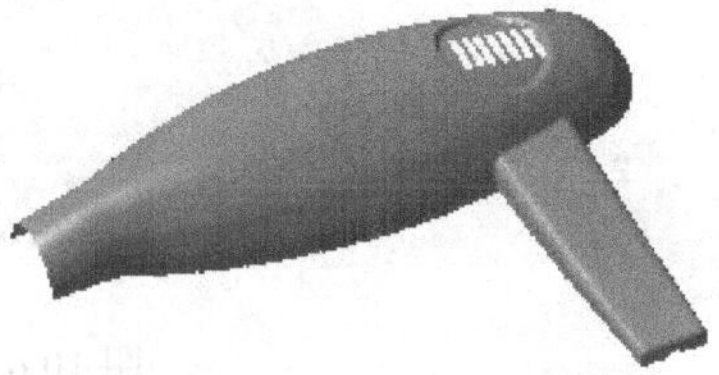

图 10.6.5　创建点云网格面

Task3. 创建吹风机主体部分曲面

Stage1. 激活主体部分网格面

Step1. 选择命令。选择下拉菜单 插入 → Cloud Edition ▸ → Activate... 命令，系统弹出“Activate”对话框。

Step2. 定义激活。选取整个网格面，在“Activate”对话框的 Mode 区域中选中 Trap 选项，在 Trap Type 区域中选中 Polygonal 选项，然后在图形区点云上绘制图 10.6.6 所示的多边形区域作为激活范围。在 Selected Part 区域中选中 Inside Trap 选项。

Step3. 单击 确定 按钮，完成激活点云的操作，结果如图 10.6.7 所示。

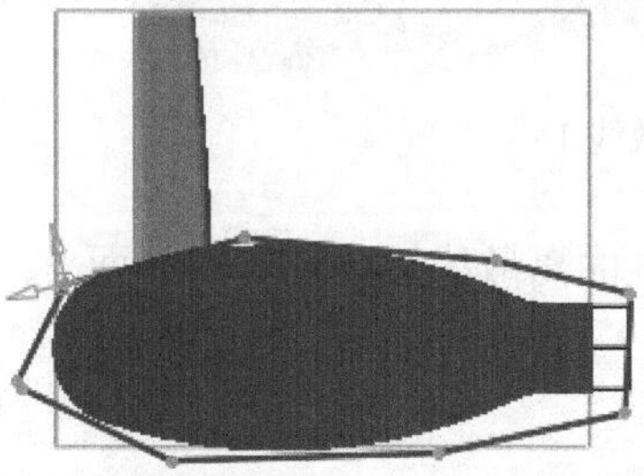

图 10.6.6　定义激活范围

图 10.6.7　激活点云

Stage2. 创建曲线

Step1. 切换工作台。选择下拉菜单 开始 → 形状 → 创成式外形设计 命令，切换到“创成式外形设计”工作台。

Step2. 创建图 10.6.8 所示的特征——平面 1。选择下拉菜单 插入 → 线框 ▸ → 平面 命令；选取 yz 平面为参考面，输入偏移距离值 2.0，单击 确定 按钮，完成平面 1 的创建。

Step3. 参照 Step2 创建图 10.6.9 所示的平面 2、平面 3 和平面 4。偏移距离值分别为 110.0、196.0 和 267.0。

Step4. 参照 Step2 创建图 10.6.9 所示的平面 5。选取 zx 平面为参考面，输入偏移距离值 3.0。

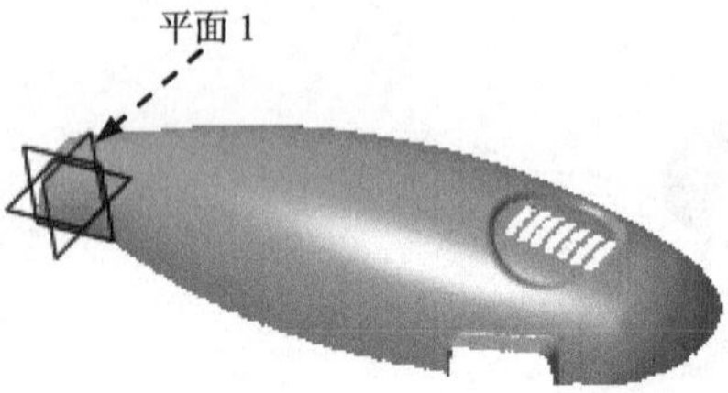

图 10.6.8 创建平面 1

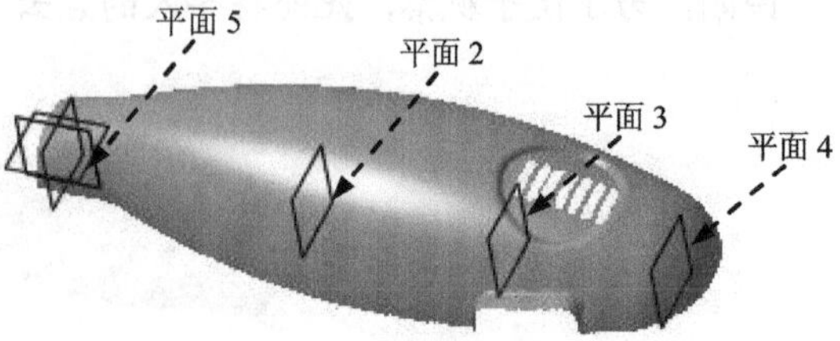

图 10.6.9 创建平面

Step5. 切换工作台。选择下拉菜单 开始 → 形状 → Digitized Shape Editor 命令，切换到“数字化外形编辑器”工作台。

Step6. 创建图 10.6.10 所示的截面离散线 1。选择下拉菜单 插入 → Scan Creation ▸ → Planar Sections... 命令，系统弹出“Planar Sections”对话框；选取网格面，在对话框中单击 按钮，然后选取平面 1，在 Number: 文本框中输入截面个数 1，单击对话框中的 应用 按钮，再单击 确定 按钮，完成截面离散线 1 的创建。

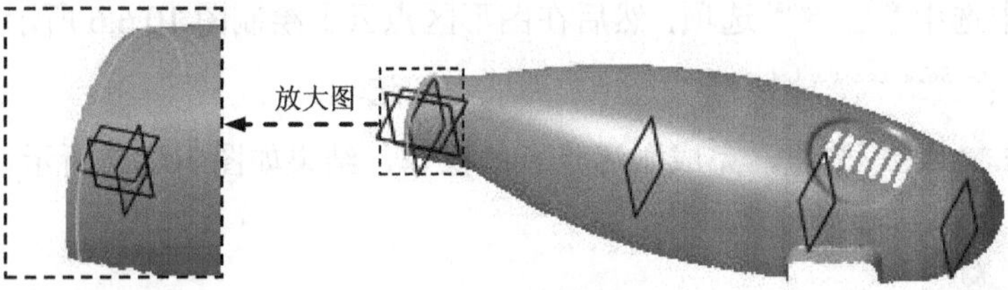

图 10.6.10 截面离散线 1

Step7. 参照 Step6 创建图 10.6.11 所示的其余截面离散线。分别选取平面 2、平面 3、平面 4、平面 5 和 xy 平面。

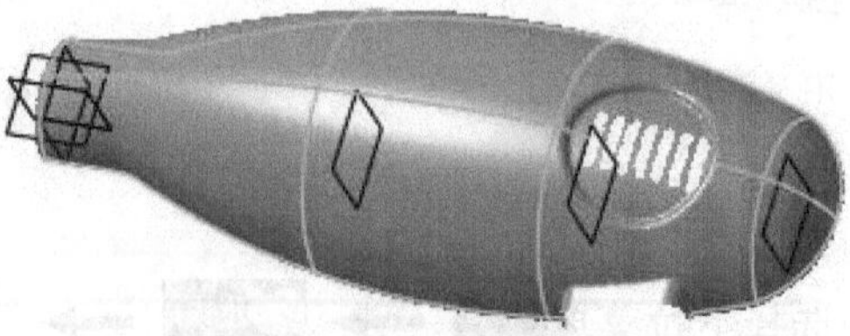

图 10.6.11 创建其余截面离散线

Step8. 创建图 10.6.12 所示的曲线 1。选择下拉菜单 插入 → Curve Creation ▸ → Curve from Scan... 命令，系统弹出“Curve from Scan”对话框；在图形区选取图 10.6.10 所示的截面离散线 1。在对话框的 Creation mode 区域中选中 Smoothing 单选项。在 Tolerance 文本框中输入公差值 0.01；在 Max. Order 文本框中输入曲线最大阶次 16；在 Max. Segments 文本框中输入曲线最大段数 100。单击 应用 按钮，然后单击 确定 按钮，完成曲线 1 的创建。

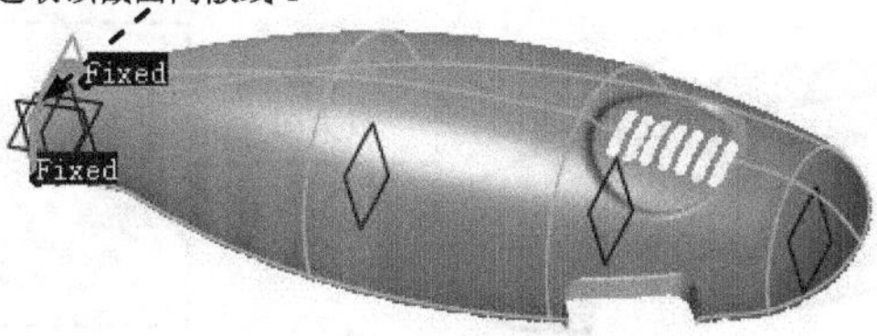

图 10.6.12　创建曲线 1

Step9. 参照 Step8 创建图 10.6.13 所示的其余曲线。分别选取截面离散线 2、截面离散线 3、截面离散线 4、截面离散线 5 和截面离散线 6、。

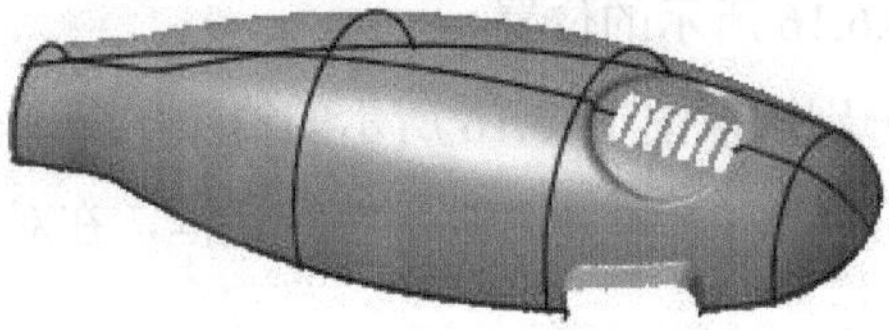

图 10.6.13　创建其余曲线

Step10. 切换工作台。选择下拉菜单 开始 → 形状 → Quick Surface Reconstruction 命令，切换到“快速曲面重建”工作台。

Step11. 分割曲线。选择下拉菜单 插入 → Operations ▸ → Curves Slice... 命令，系统弹出“Curves Slice”对话框，在特征树中选取所有的曲线对象；单击 确定 按钮，完成曲线分割的操作。

说明：为了便于后面的操作，此处完成分割曲线后，将前面的曲线、截面离散线和平面全部隐藏，删除不需要的曲线。

Step12. 创建图 10.6.14 所示的 3D 曲线。

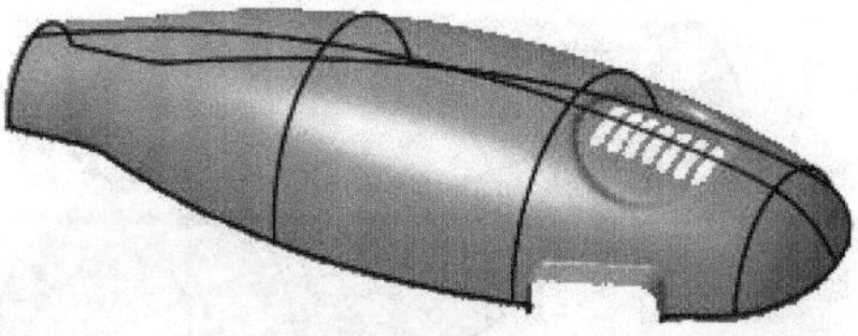

图 10.6.14　创建 3D 曲线

（1）选择下拉菜单 插入 → Curve Creation ▸ → 3D Curve... 命令，系统弹出“3D 曲

线”对话框。

（2）绘制初步的 3D 曲线。在对话框的创建类型下拉列表中选择通过点选项，然后选取图 10.6.15 所示的点 1 和点 2 为参考点，单击确定按钮，完成初步 3D 曲线的绘制。

注意：此处选择的点 1 和点 2 分别为图 10.6.15 所示的两条曲线上的点，而不是两曲线的端点。

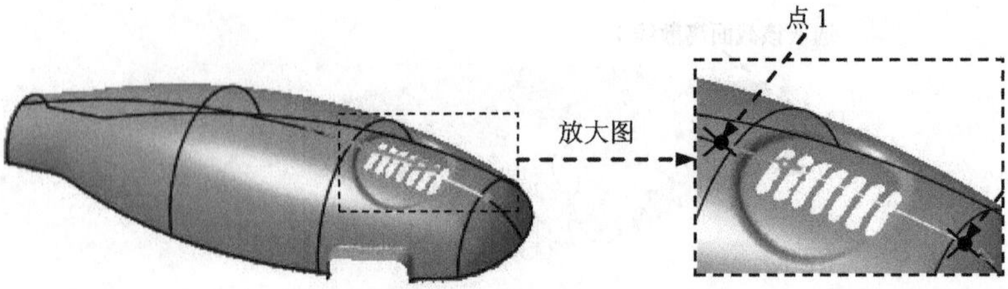

图 10.6.15　绘制初步的 3D 曲线

（3）编辑曲线约束。在图形区双击 3D 曲线，分别选取图 10.6.15 所示的点 1 和点 2 并右击，在弹出的快捷菜单中选择强加切线命令，系统自动捕捉 3D 曲线与相连曲线相切，然后分别将两点移动到图 10.6.16 所示的位置。

（4）编辑曲线约束。分别选取图 10.6.16 所示的箭头 1 和箭头 2 并右击，在弹出的快捷菜单中选择编辑命令，系统弹出“向量调谐器”对话框，在对话框的基准文本框中输入值 0.6 和 0.7，单击关闭按钮。

（5）单击确定按钮，完成 3D 曲线的绘制。

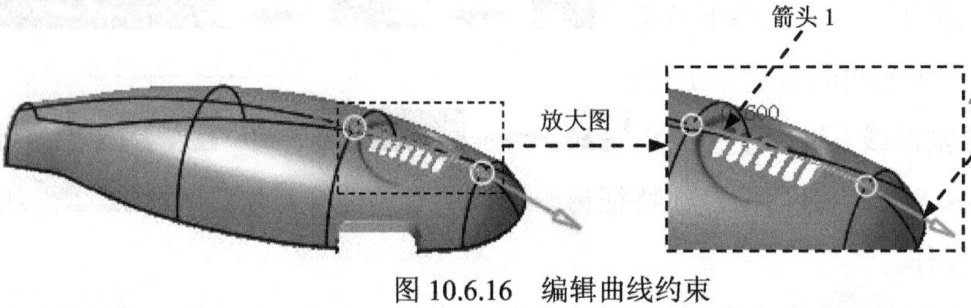

图 10.6.16　编辑曲线约束

Step13. 创建图 10.6.17 所示的对称曲线。选择下拉菜单插入 → Transformations ▸ → Symmetry...命令，系统弹出“对称定义”对话框，选取图 10.6.17 所示的曲线为曲线对象，选取 xy 平面为对称参考，单击确定按钮，完成对称曲线的创建。

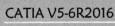

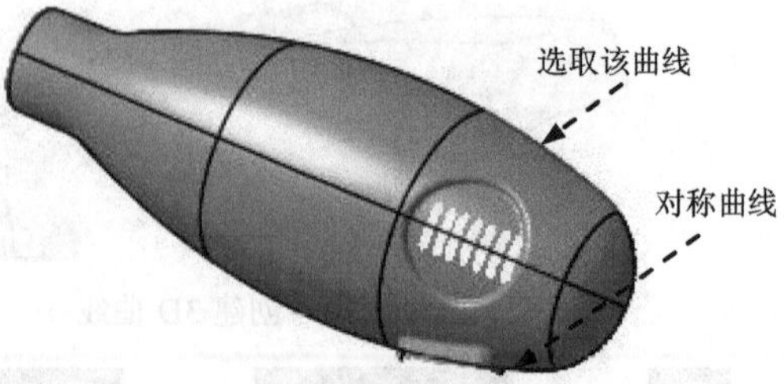

图 10.6.17　创建对称曲线

Stage3．曲面重建

Step1．创建图 10.6.18 所示的曲面 1。

（1）选择命令。选择下拉菜单 插入 → Surface Creation ▸ → Power Fit... 命令，系统弹出“Power Fit”对话框。

（2）定义拟合曲面。选取网格面为点云对象，然后选取图 10.6.19 所示的边界曲线，在对话框中选中 Constraint 单选项；单击对话框中的 Parameters 选项卡，在 Tolerance 文本框中输入值 0.01。

（3）单击 应用 按钮，然后单击 确定 按钮，完成曲面 1 的创建。

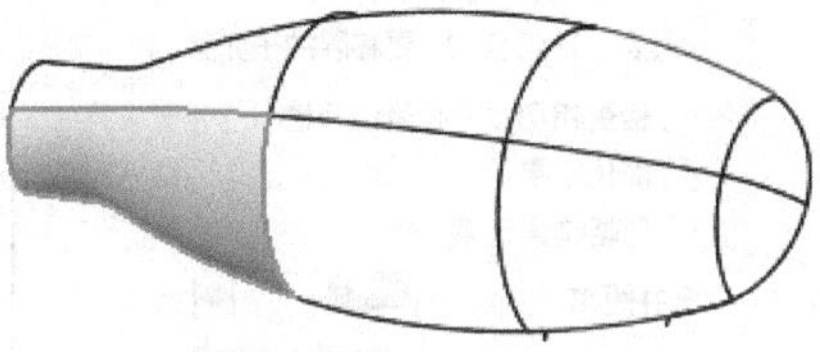

图 10.6.18　创建曲面 1

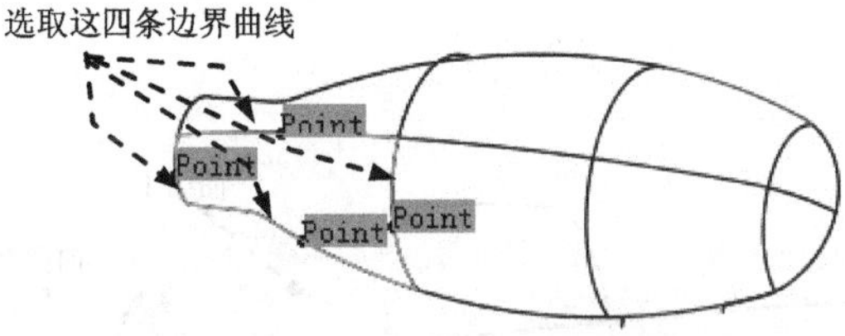

图 10.6.19　创建 3D 曲线

Step2．创建图 10.6.20 所示的曲面 2。选择下拉菜单 插入 → Surface Creation ▸ → Power Fit... 命令，选取网格面，然后选取图 10.6.21 所示的边界曲线。

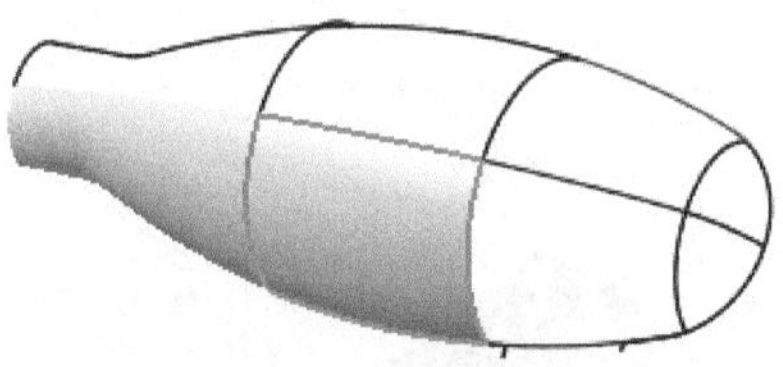

图 10.6.20　创建曲面 2

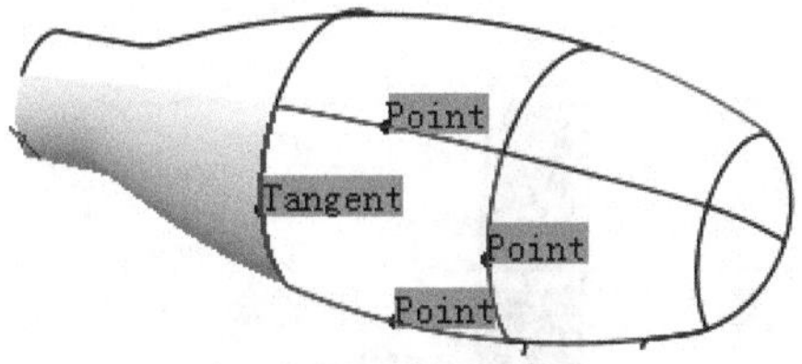

图 10.6.21　边界曲线

Step3．参照 Step2 创建图 10.6.22 所示的其余曲面。

注意：此处在创建图 10.6.22 所示的曲面 1 和曲面 2 时不需要选择网格面，直接选择边界来创建曲面即可。

Step4．创建接合曲面。选择下拉菜单 插入 → Operations ▸ → Join... 命令；系统弹出图 10.6.23 所示的“接合定义”对话框；选取所有的曲面为接合对象，在对话框的 合并距离 文本框中输入值 0.1，单击 确定 按钮，完成接合曲面的创建。

Task4．创建吹风机手柄部分曲面

Stage1．激活主体部分网格面

Step1．选择命令。选择下拉菜单 插入 → Cloud Edition ▸ → Activate... 命令，系统弹出“Activate”对话框。

Step2. 定义激活。选取整个网格面，单击对话框中的 Activate All 按钮，激活整个网格面；然后在对话框的 Mode 区域中选中 ● Trap 选项，在 Trap Type 区域中选中 ● Polygonal 选项，然后在图形区点云上绘制图 10.6.24 所示的多边形区域作为激活范围。在 Selected Part 区域中选中 ● Inside Trap 选项。

Step3. 单击 ● 确定 按钮，完成激活点云的操作，结果如图 10.6.25 所示。

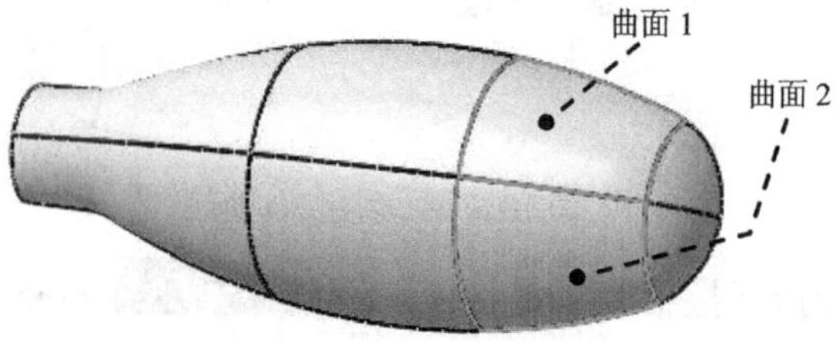

图 10.6.22　创建其余曲面

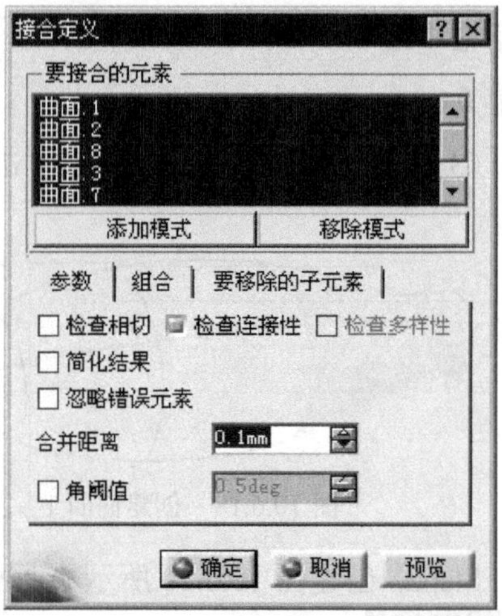

图 10.6.23　"接合定义"对话框

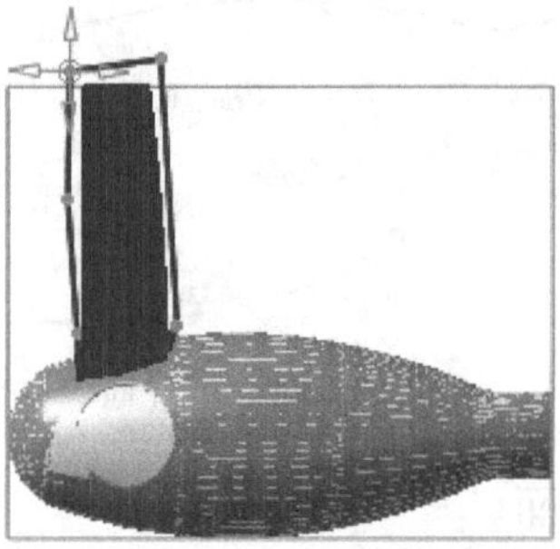

图 10.6.24　定义激活范围

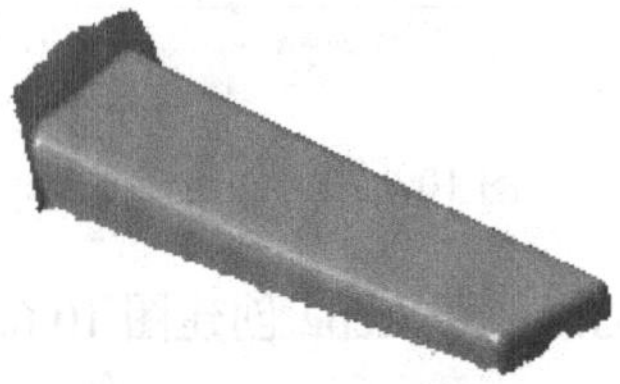

图 10.6.25　激活点云

Stage2. 曲面重建

Step1. 创建图 10.6.26 所示的曲面 1。

（1）激活网格面。选择下拉菜单 插入 ➡ Cloud Edition ▶ ➡ Activate... 命令，选取 Stage1 中激活的网格面，在对话框的 Mode 区域中选中 ● Trap 选项，在 Trap Type 区域中选中 ● Polygonal 选项，然后在图形区点云上绘制图 10.6.27 所示的多边形区域作为激活范围。在 Selected Part 区域中选中 ● Inside Trap 选项。单击 ● 确定 按钮，完成激活点云的操作，结果如图 10.6.28 所示。

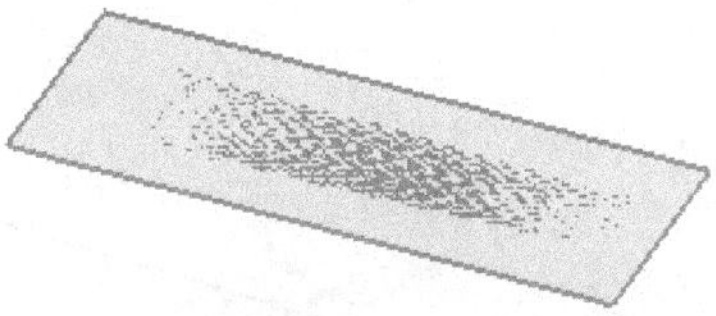

图 10.6.26 创建曲面 1

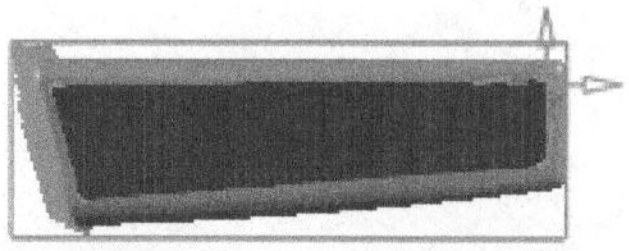

图 10.6.27 绘制激活范围

（2）曲面重建。选择下拉菜单 插入 → Surface Creation ▸ → Basic Surface Recognition... 命令，选取上一步激活的网格面，在对话框的 Method 区域中选中 Automatic 选项，其他选项采用系统默认设置；单击 应用 按钮，拖动图 10.6.29 所示的绿色箭头调整面的大小（图 10.6.26），然后单击 确定 按钮，完成曲面 1 创建。

图 10.6.28 激活点云

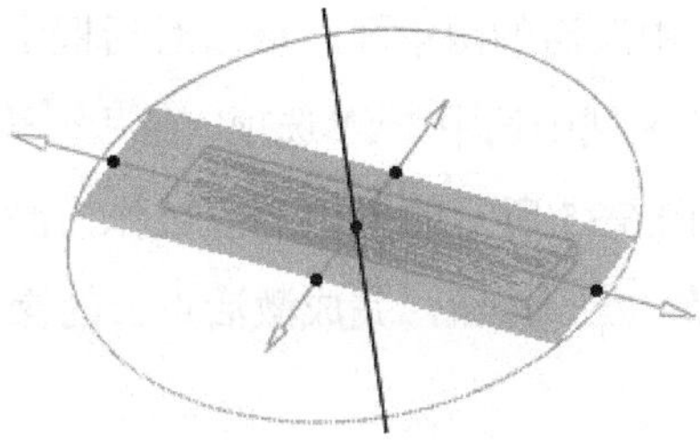

图 10.6.29 调整面大小

Step2. 创建图 10.6.30 所示的曲面 2（隐藏曲面 1）。

（1）激活网格面。选择下拉菜单 插入 → Cloud Edition ▸ → Activate... 命令，选取 Step1 中激活的网格面，单击对话框中的 Activate All 按钮，激活整个网格面；在对话框的 Mode 区域中选中 Trap 选项，在 Trap Type 区域中选中 Polygonal 选项，然后在图形区点云上绘制图 10.6.31 所示的多边形区域作为激活范围。在 Selected Part 区域中选中 Inside Trap 选项。单击 确定 按钮，完成激活点云的操作，结果如图 10.6.32 所示。

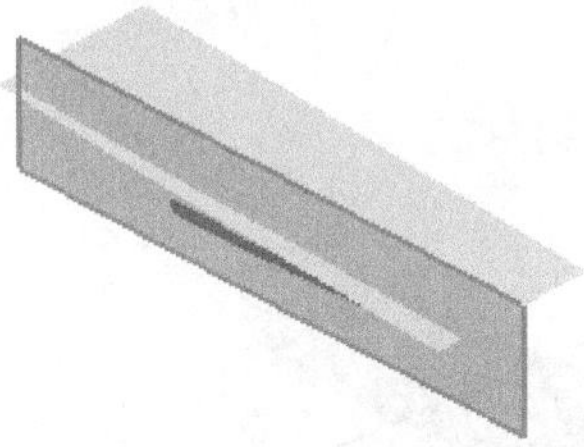

图 10.6.30 创建曲面 2

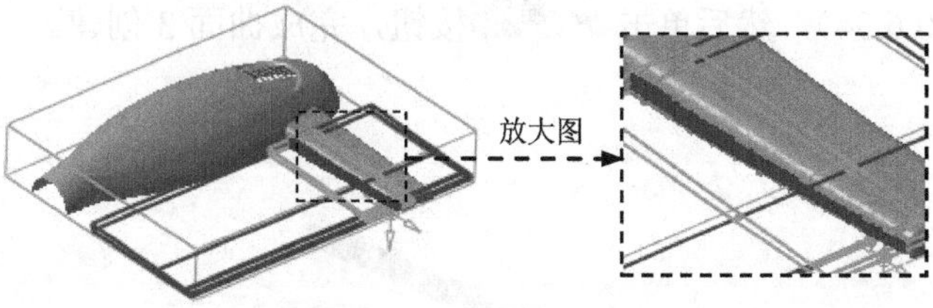

图 10.6.31 绘制激活范围

（2）曲面重建。选择下拉菜单 插入 → Surface Creation ▸ → Basic Surface Recognition... 命令，选取上一步激活的网格面，在对话框的 Method 区域中选中 Automatic 选项，其他选项采用系统默认设置；单击 应用 按钮，拖动图 10.6.33 所示的绿色箭头调整面的大小（图 10.6.30），然后单击 确定 按钮，完成曲面 2 创建。

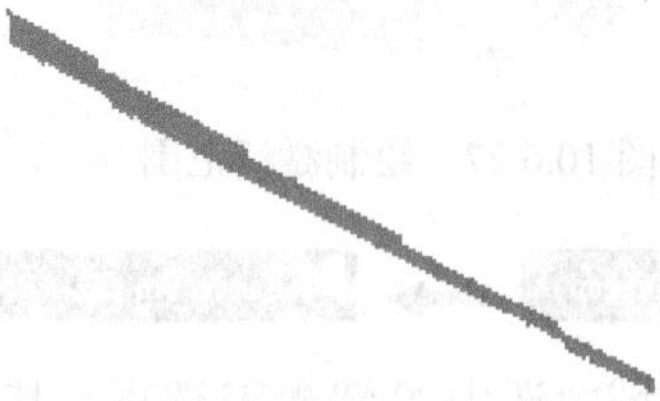

图 10.6.32　激活点云

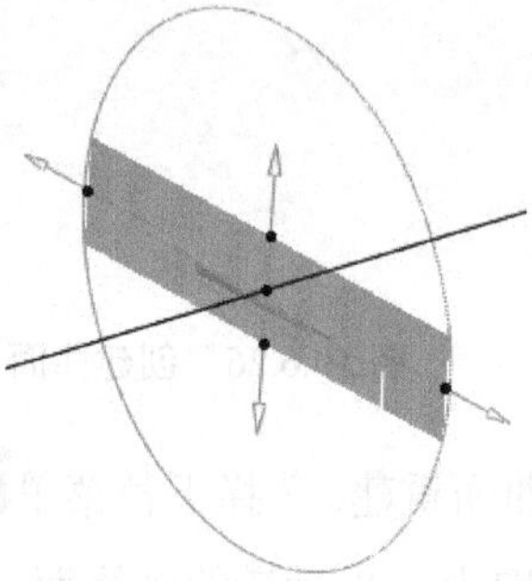

图 10.6.33　调整面大小

Step3. 创建图 10.6.34 所示的曲面 3（隐藏曲面 2）。

（1）激活网格面。选择下拉菜单 插入 → Cloud Edition ▸ → Activate... 命令，选取 Step2 中激活的网格面，单击对话框中的 Activate All 按钮，激活整个网格面；在对话框的 Mode 区域中选中 Trap 选项，在 Trap Type 区域中选中 Polygonal 选项，然后在图形区点云上绘制图 10.6.35 所示的多边形区域作为激活范围。在 Selected Part 区域中选中 Inside Trap 选项。单击 确定 按钮，完成激活点云的操作，结果如图 10.6.36 所示。

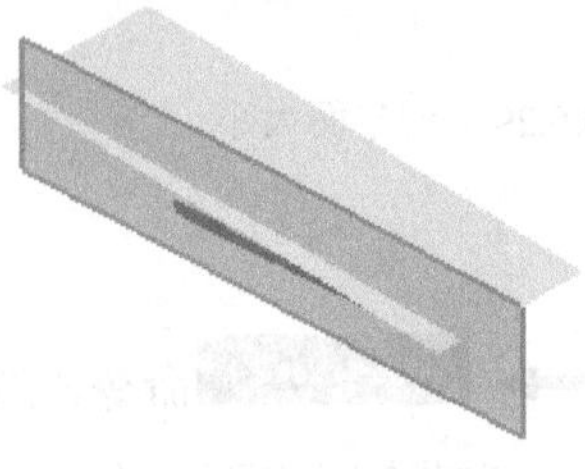

图 10.6.34　创建曲面 3

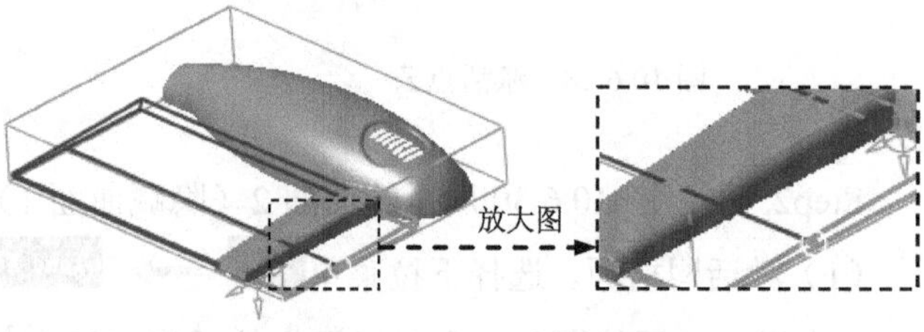

图 10.6.35　绘制激活范围

（2）曲面重建。选择下拉菜单 插入 → Surface Creation ▸ → Basic Surface Recognition... 命令，选取上一步激活的网格面，在对话框的 Method 区域中选中 Automatic 选项，其他选项采用系统默认设置；单击 应用 按钮，拖动图 10.6.37 所示的绿色箭头调整面的大小（图 10.6.34），然后单击 确定 按钮，完成曲面 3 创建。

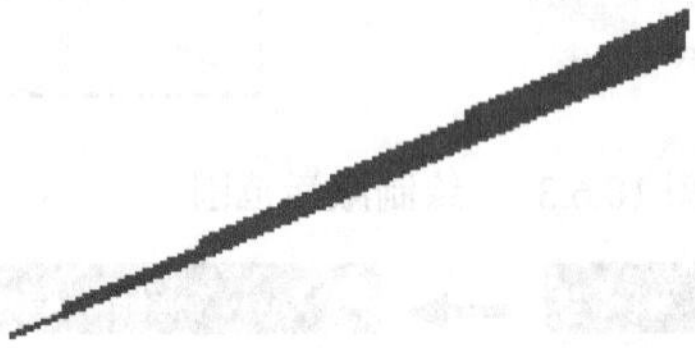

图 10.6.36　激活点云

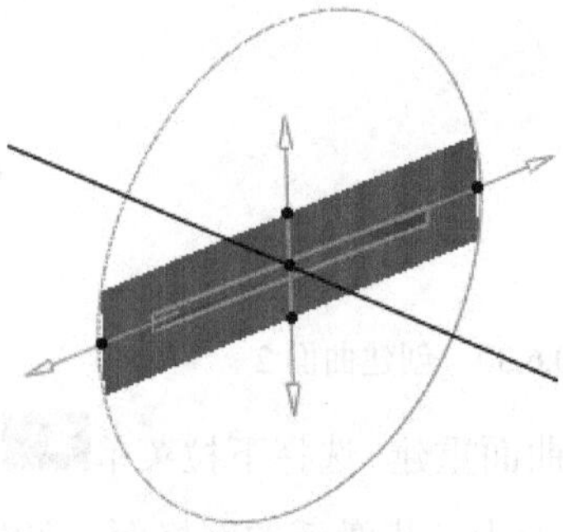

图 10.6.37　调整面大小

Step4. 创建图 10.6.38 所示的曲面 4（隐藏曲面 3）。

（1）激活网格面。选择下拉菜单 插入 → Cloud Edition ▸ → Activate... 命令，选取

Step3 中激活的网格面，单击对话框中的 Activate All 按钮，激活整个网格面；在对话框的 Mode 区域中选中 Trap 选项，在 Trap Type 区域中选中 Polygonal 选项，然后在图形区点云上绘制图 10.6.39 所示的多边形区域作为激活范围。在 Selected Part 区域中选中 Inside Trap 选项。单击 确定 按钮，完成激活点云的操作，结果如图 10.6.40 所示。

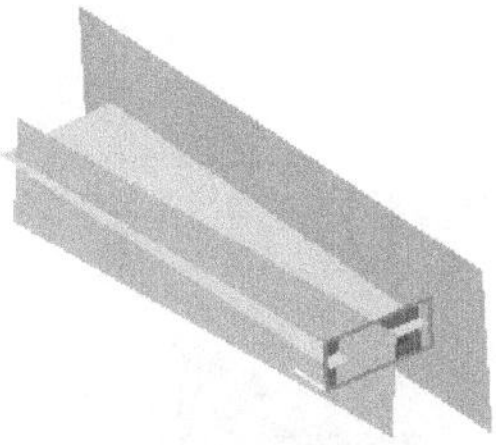

图 10.6.38 创建曲面 4

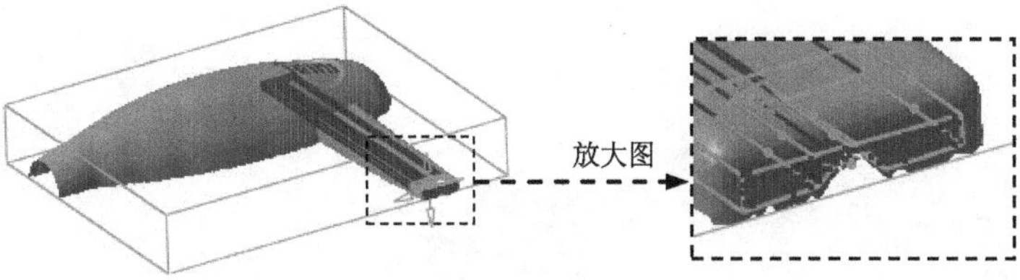

图 10.6.39 绘制激活范围

（2）曲面重建。选择下拉菜单 插入 → Surface Creation ▸ → Basic Surface Recognition... 命令，选取上一步激活的网格面，在对话框的 Method 区域中选中 Automatic 选项，其他选项采用系统默认设置；单击 应用 按钮，拖动图 10.6.41 所示的绿色箭头调整面的大小（图 10.6.38），然后单击 确定 按钮，完成曲面 4 创建。

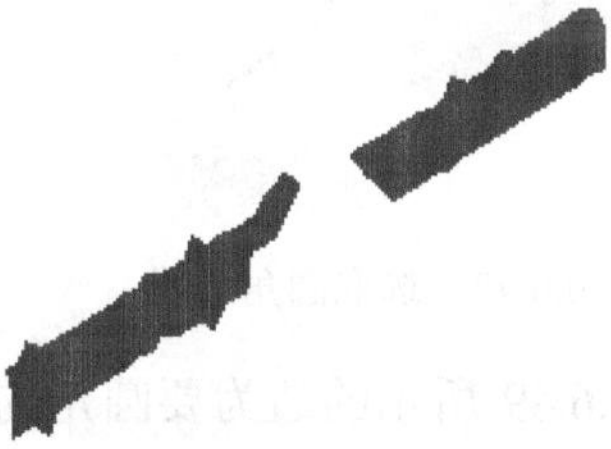

图 10.6.40 激活点云

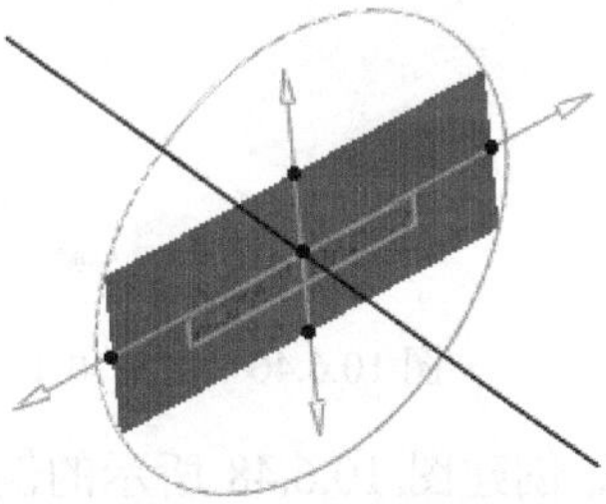

图 10.6.41 调整面大小

Step5. 创建图 10.6.42 所示的修剪 1。选择下拉菜单 插入 → Operations ▸ → Trim... 命令；选取图 10.6.43 所示的曲面 1 和曲面 2 为修剪元素（可通过 另一侧/下一元素 和 另一侧/上一元素 按钮调整修剪方向）；单击 确定 按钮，完成修剪 1 的创建。

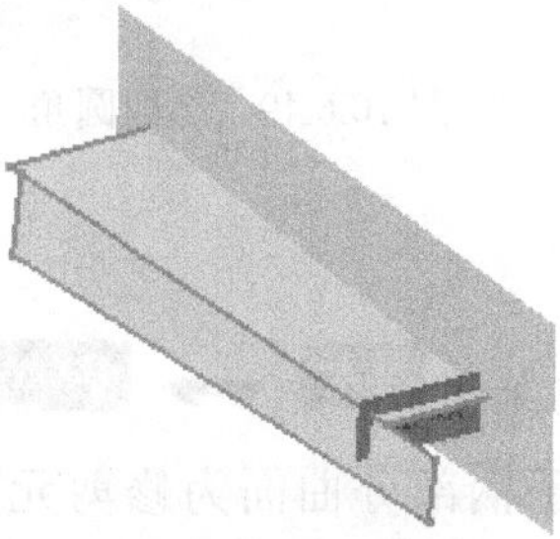

图 10.6.42 修剪 1

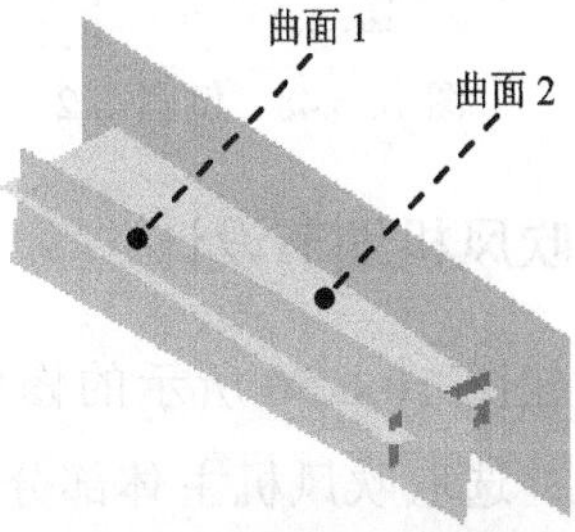

图 10.6.43 选取修剪对象

Step6. 创建图 10.6.44 所示的修剪 2。选择下拉菜单 插入 → Operations ▸ → Trim... 命令；选取修剪 1 和曲面 3 为修剪元素（可通过 另一侧/下一元素 和 另一侧/上一元素按钮调整修剪方向)；单击 确定 按钮，完成修剪 2 的创建。

Step7. 创建图 10.6.45 所示的修剪 3。选择下拉菜单 插入 → Operations ▸ → Trim... 命令；选取修剪 2 和曲面 4 为修剪元素（可通过 另一侧/下一元素 和 另一侧/上一元素 按钮调整修剪方向)；单击 确定 按钮，完成修剪 3 的创建。

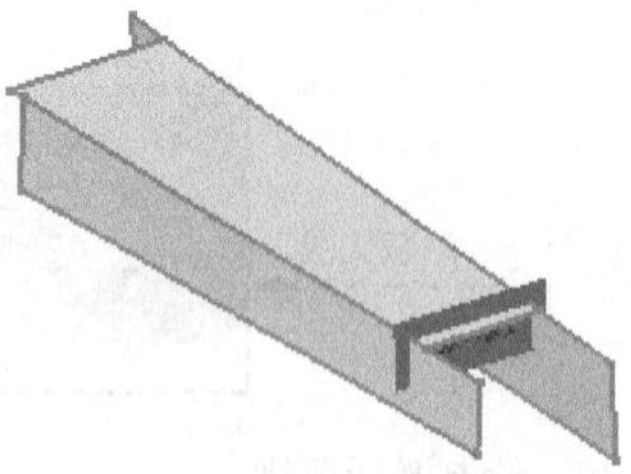
图 10.6.44　修剪 2

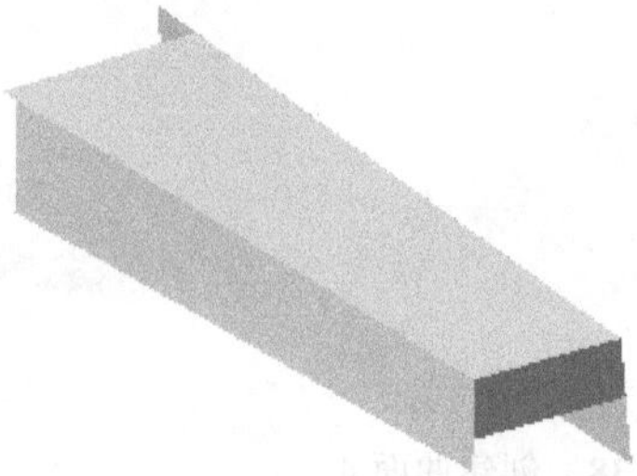
图 10.6.45　修剪 3

Step8. 创建图 10.6.46 所示的倒圆角 1。选择下拉菜单 插入 → Operations ▸ → Edge Fillet... 命令；选取图 10.6.47 所示的边为要圆角的对象；在 半径： 文本框中输入值 3.5；单击 确定 按钮，完成倒圆角 1 的创建。

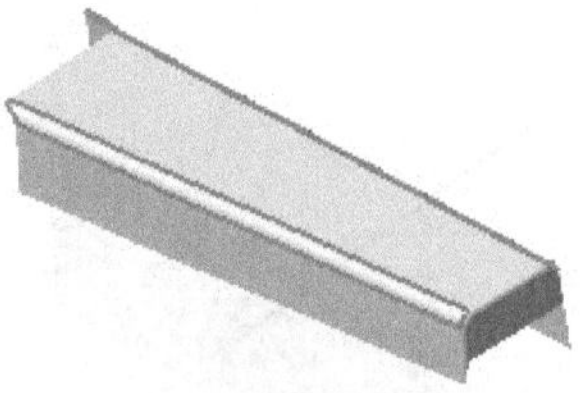
图 10.6.46　倒圆角 1

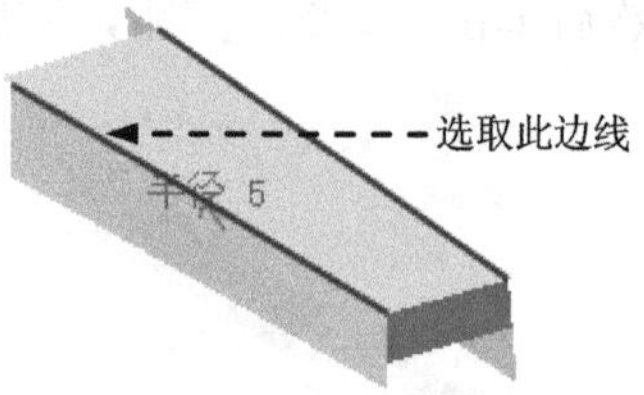

图 10.6.47　选取圆角边线

Step9. 创建图 10.6.48 所示的倒圆角 2。选取图 10.6.49 所示的边为要圆角的对象；在 半径： 文本框中输入值 1.5。

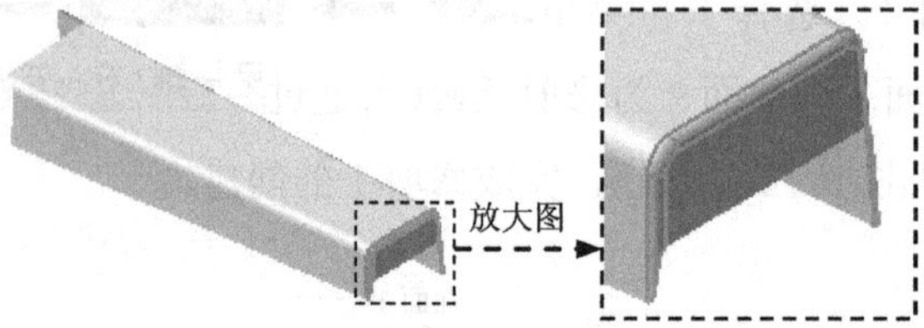

图 10.6.48　倒圆角 2

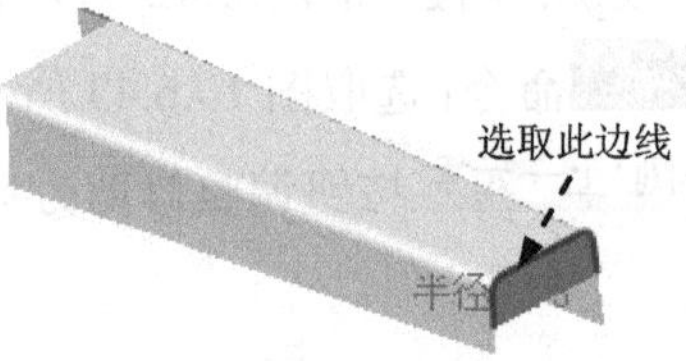

图 10.6.49　选取圆角边线

Task5. 吹风机细节设计

Step1. 创建图 10.6.50 所示的修剪 4。选择下拉菜单 插入 → Operations ▸ → Trim... 命令；选取吹风机主体部分曲面和吹风机手柄部分曲面为修剪元素（可通过 另一侧/下一元素 和 另一侧/上一元素 按钮调整修剪方向)；单击 确定 按钮，完成修剪 4 的创建。

Step2. 创建图 10.6.51 所示的分割 1。选择下拉菜单 插入 → Operations ▸ →

Split... 命令；选取吹风机外壳曲面为要切除的元素，选取平面 5 为切除元素，单击 确定 按钮，完成分割 1 的创建。

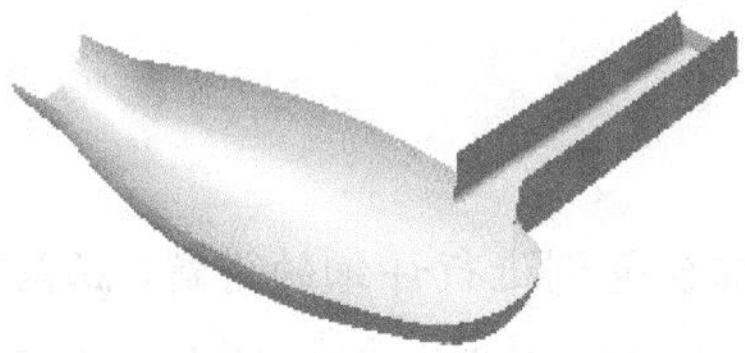

图 10.6.50 修剪 4

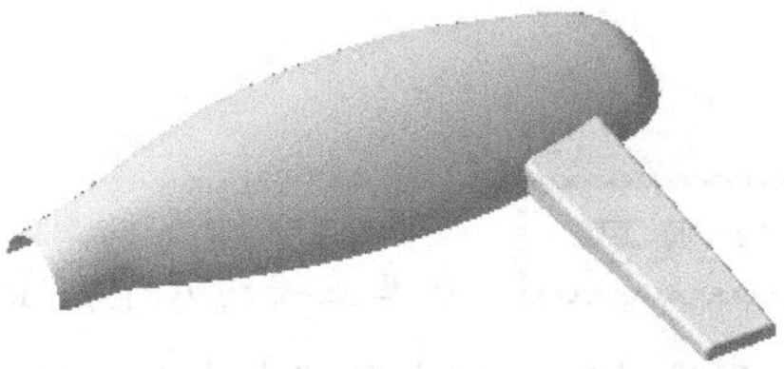

图 10.6.51 分割 1

Step3. 创建图 10.6.52 所示的倒圆角 3。选择下拉菜单 插入 → Operations ▸ → Edge Fillet... 命令；选取图 10.6.53 所示的边为要圆角的对象；在 半径: 文本框中输入值 3.5。

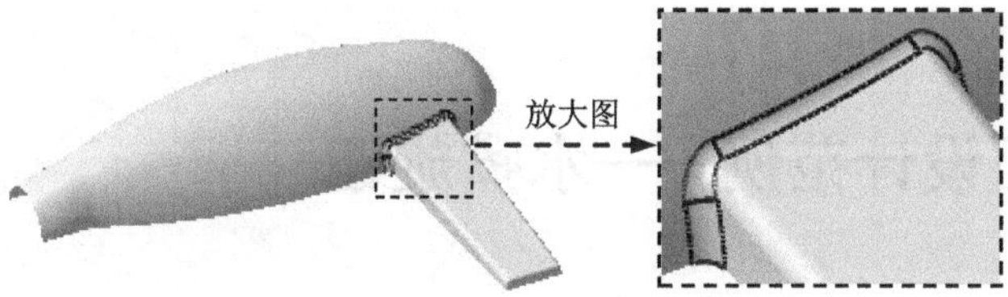

图 10.6.52 倒圆角 3

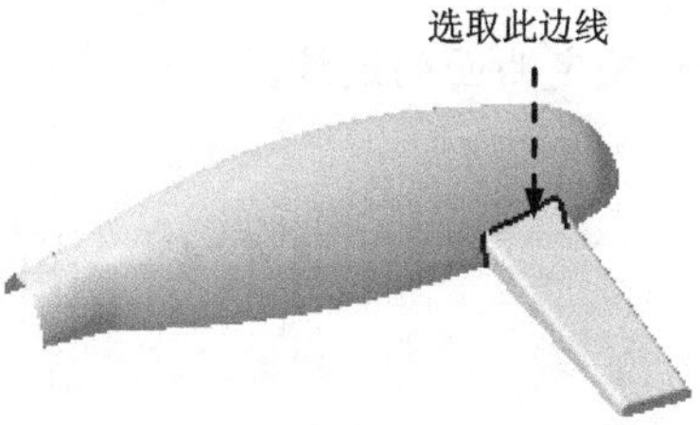

图 10.6.53 选取圆角边线

Step4. 至此，吹风机主体曲面创建完成了，下面就是吹风机细节部分的设计（吹风机散热孔），这一部分可以在创成式外形设计工作台中进行。此处不再赘述，结果如图 10.6.1 所示。

第 11 章 曲面设计综合范例

本章提要 本章主要对几个典型的曲面设计综合范例进行详细的讲解，涵盖了“创成式外形设计”工作台和“自由曲面设计”工作台中常用的曲线、曲面创建及编辑操作。读者在学习时，重点是要体会各种曲面零件的建模思路、线框的构建技巧以及高级曲面指令对线框的要求；了解曲线的绘制、投影、光顺、分析以及曲面的修剪、分割和合并的一般套路；另外，要注意曲面和曲面之间的连接关系，曲线的质量决定曲面的质量，曲线的连续决定曲面的连续。

11.1 曲面设计范例——水嘴旋钮

范例概述：

本范例介绍了一个水嘴旋钮的设计过程。主要是讲述实体零件设计工作台与曲面设计工作台的交互结合使用、多截面曲面和填充曲面的基本应用以及封闭曲面转化为实体的操作方法。其零件模型如图 11.1.1 所示。

图 11.1.1 零件模型

Step1. 新建一个零件模型，命名为 FAUCET_KNOB。

Step2. 创建图 11.1.2 所示的零件基础特征——旋转体 1。

（1）选择下拉菜单 插入 → 基于草图的特征 ▸ → 旋转体... 命令；在“定义旋转体”对话框中单击 按钮，选取 yz 平面为草图平面；在草绘工作台中绘制图 11.1.3 所示的截面草图；单击 按钮，退出草绘工作台。

（2）定义旋转轴线。在“定义旋转体”对话框 轴线 区域的 选择： 文本框中右击，选择 Z 轴为旋转的轴线。

（3）定义旋转角度。在对话框 限制 区域的 第一角度： 文本框中输入值 360。

（4）单击对话框中的 确定 按钮，完成旋转体 1 的创建。

图 11.1.2　旋转体 1

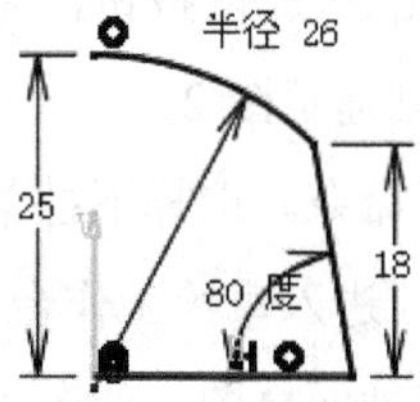

图 11.1.3　截面草图

Step3. 创建轴系 1。

（1）选择命令。选择下拉菜单 插入 ➡ 轴系... 命令，系统弹出“轴系定义”对话框。

（2）定义轴系定义参数。

① 定义轴系类型。在“轴系类型”的下拉列表中选择“标准”选项。

② 定义原点。在“原点”的文本框中右击，选择“坐标”选项，系统弹出“原点”对话框，采用系统默认的参数，单击 关闭 按钮。

③ 定义 X 轴、Y 轴和 Z 轴。单击激活“X 轴”右侧的下拉列表，在绘图区域选择 X 轴为参考，参考定义 X 轴的方法，定义 Y 轴和 Z 轴。单击“轴系定义”对话框中的 更多... 按钮，定义图 11.1.4 所示的参数。单击 关闭 按钮。

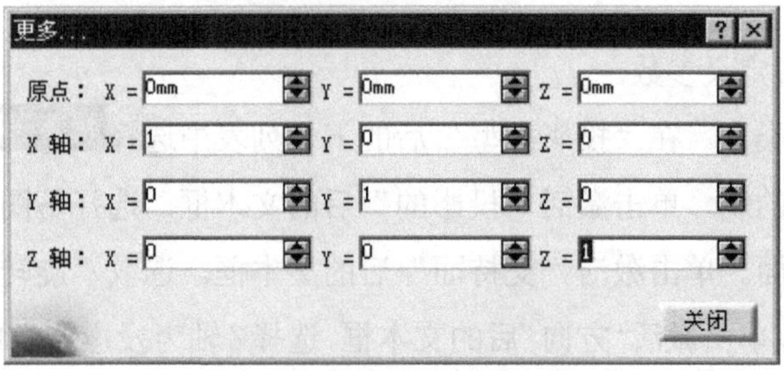

图 11.1.4　“更多”对话框

（3）单击 确定 按钮，完成轴系 1 的创建。

Step4. 创建平面 1。

（1）选择命令。单击“参考元素（扩展）”工具栏中的 按钮，系统弹出“平面定义”对话框。

（2）定义平面的创建类型。在对话框的 平面类型： 下拉列表中选择 与平面成一定角度或垂直 选项。

（3）定义平面参数。

① 选择旋转轴。选取 Z 轴作为旋转轴。

② 选择参考平面。选取 yz 平面为旋转参考平面。

③ 输入旋转角度值。在对话框的 角度： 文本框中输入旋转数值 25。

（4）单击 确定 按钮，完成平面 1 的创建。

Step5. 创建草图 2。

① 选择命令。选择下拉菜单 插入 → 草图编辑器 → 草图 命令，选择 xy 平面为草图平面，进入草绘工作台。

② 绘制截面草图，如图 11.1.5 所示。

③ 单击“工作台”工具栏中的 按钮，退出草绘工作台。

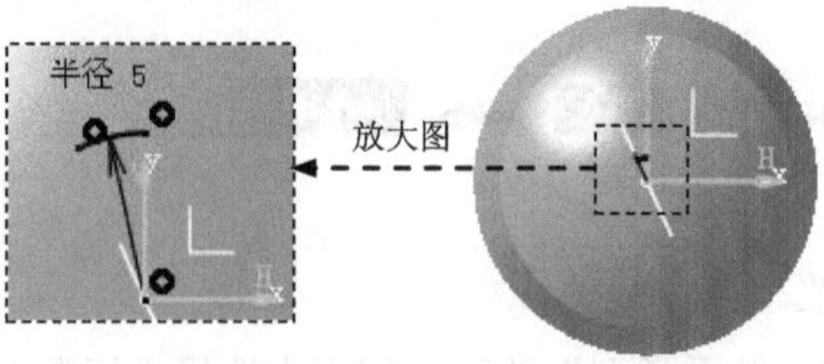

图 11.1.5　草图 2

Step6. 切换工作台，选择下拉菜单 开始 → 形状 → 创成式外形设计 命令，切换到“创成式外形设计”工作台。

Step7. 创建项目 1。

（1） 选择命令。选择下拉菜单 插入 → 线框 → 投影... 命令，系统弹出“投影定义”对话框。

（2）定义投影定义参数。

① 定义投影类型。在“投影类型”后的下拉列表中选择 沿某一方向。

② 定义投影的线。单击激活“投影的”后的文本框，选择草图 2 为要投影的线。

③ 定义支持面。单击激活“支持面”后的文本框，选取“旋转体 1”为支持面。

④ 定义方向。单击激活“方向”后的文本框，选择 Z 轴为投影的方向，取消选中 □ 近接解法 复选框。

（3）单击 确定 按钮。系统弹出“多重结果管理”对话框，在“是否想要：”区域下选择 使用提取，仅保留一个子元素，单选项。单击 确定 按钮。

（4）定义提取定义。

① 定义拓展类型。在“拓展类型”后的下拉列表中选择 点连续。

② 定义要提取的元素。在图形区域选取“项目 1”为要提取的元素。

（5）单击 确定 按钮。

Step8. 切换工作台。选择下拉菜单 开始 → 机械设计 → 零件设计 命令，切换到零件设计工作台。

Step9. 创建图 11.1.6b 所示的特征——倒圆角 1。选取图 11.1.6a 所示的边为倒圆角的对象，倒圆角半径为 5。

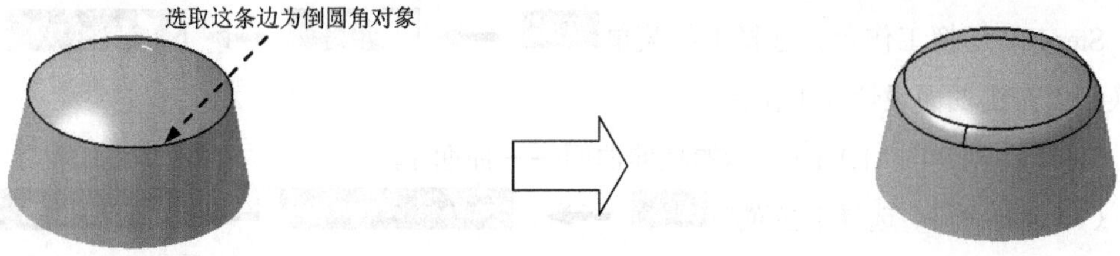

图 11.1.6　倒圆角 1

Step10. 创建草图 3。

（1）选择命令。选择下拉菜单 插入 → 草图编辑器 → 草图 命令，选择 yz 平面为草图平面，进入草绘工作台。

（2）绘制截面草图，如图 11.1.7 所示。

（3）单击“工作台”工具栏中的 按钮，退出草绘工作台。

Step11. 创建草图 4。

（1）选择命令。选择下拉菜单 插入 → 草图编辑器 → 草图 命令，选择平面 1 为草图平面，进入草绘工作台。

（2）绘制截面草图，如图 11.1.8 所示。

（3）单击“工作台”工具栏中的 按钮，退出草绘工作台。

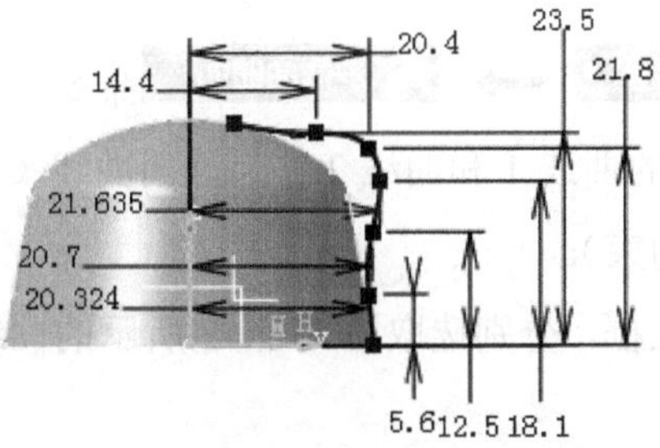

图 11.1.7　草图 3

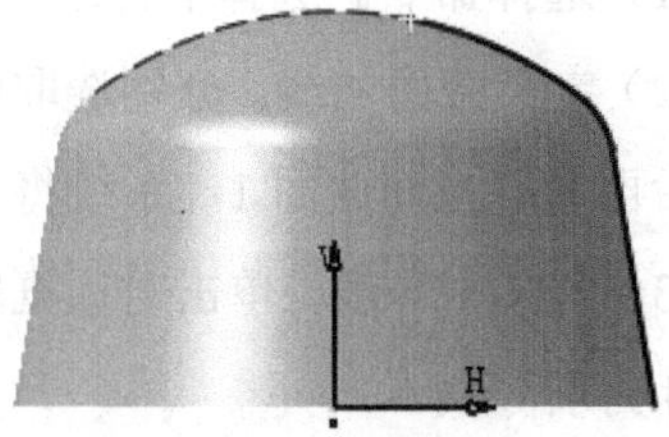

图 11.1.8　草图 4

Step12. 创建草图 5。

（1）选择命令。选择下拉菜单 插入 → 草图编辑器 → 草图 命令，选择 xy 平面为草图平面，进入草绘工作台。

（2）绘制截面草图，如图 11.1.9 所示。

（3）单击“工作台”工具栏中的 按钮，退出草绘工作台。

图 11.1.9　草图 5

Step13. 切换工作台。选择下拉菜单 开始 → 形状 ▸ → FreeStyle 命令，切换到“自由曲面设计”工作台。

Step14. 创建图 11.1.10 所示的拉伸曲面——曲面 1。

（1）选择命令。选择下拉菜单 插入 → Surface Creation ▸ → 拉伸曲面... 命令。

（2）选择拉伸轮廓，在绘图区选取草图 3 为拉伸曲面。

（3）确定拉伸高度。在 长度 文本框中输入值-3。

（4）单击 确定 按钮，完成拉伸曲面 1 创建。

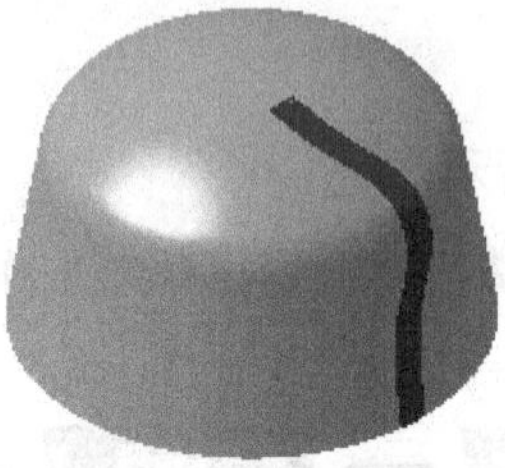

图 11.1.10　曲面 1

Step15. 切换工作台。选择下拉菜单 开始 → 形状 ▸ → 创成式外形设计 命令，切换到“创成式外形设计”工作台。

Step16. 创建图 11.1.11 所示的多截面曲面 1。

（1）选择命令。选择下拉菜单 插入 → 曲面 ▸ → 多截面曲面... 命令。

（2）定义截面曲线。分别选取图 11.1.12 所示的曲线 1 和曲线 2 作为截面曲线（选取曲线 2 后再选取拉伸曲面 1，系统将自动添加相切约束）。

（3）定义引导线。单击对话框中的 引导线 列表框，分别选取图 11.1.12 所示的曲线 3 和曲线 4 为引导线。

（4）单击 确定 按钮，完成多截面曲面 1 的创建。

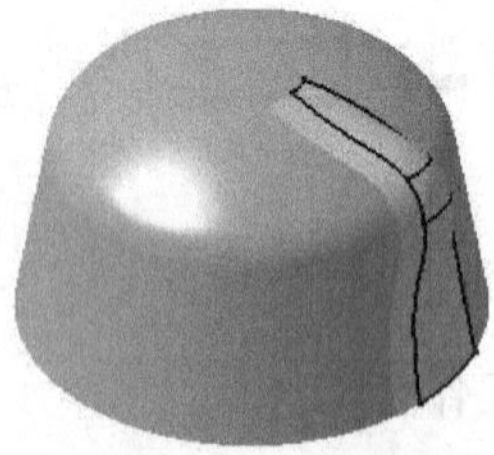

图 11.1.11　多截面曲面 1

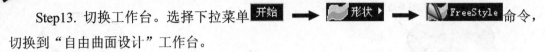

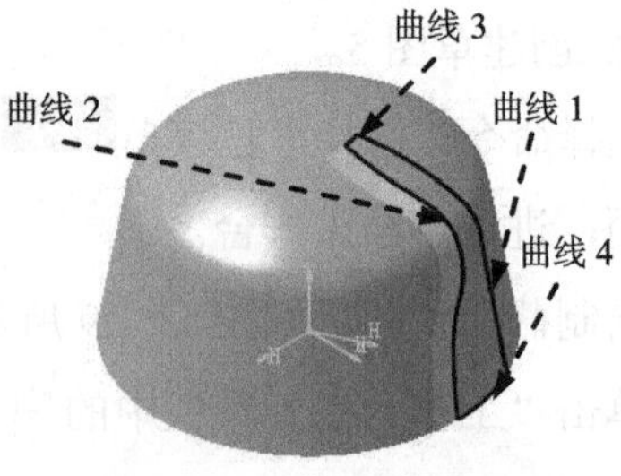

图 11.1.12　定义截面曲线

Step17. 切换工作台。选择下拉菜单 开始 → 形状 ▸ → FreeStyle 命令，切换到“自由曲面设计”工作台。

Step18. 创建图 11.1.13 所示的对称 1（将拉伸 2 隐藏）。

（1）选择命令。选择下拉菜单 插入 → Shape Modification ▸ → Symmetry... 命令。

（2）定义对称元素。在特征树中选取“多截面曲面 1”为对称元素。

（3）定义参考元素。在特征树中选取“yz 平面”为参考元素。

（4）单击 确定 按钮，完成对称 1 的创建。

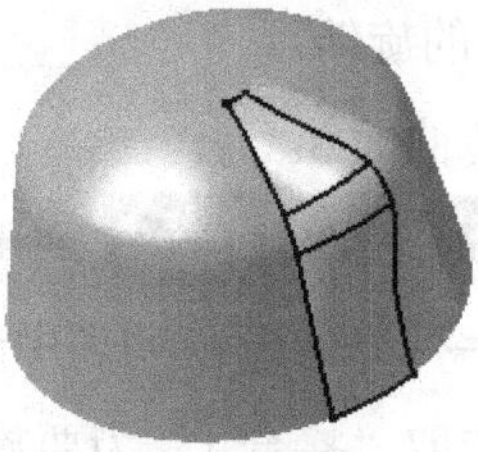

图 11.1.13 对称 1

Step19. 切换工作台。选择下拉菜单 开始 → 形状 ▸ → 创成式外形设计 命令，切换到“创成式外形设计”工作台。

Step20. 创建接合曲面 1。

（1）选择命令。选择下拉菜单 插入 → 操作 ▸ → 接合... 命令。

（2）定义要接合的元素。在特征树中选取“多截面曲面 1”“对称 1”作为要接合的曲面。

（3）单击 确定 按钮，完成接合曲面 1 的创建。

Step21. 创建图 11.1.14 所示的旋转曲面 1。

（1）选择命令。选择下拉菜单 插入 → 操作 ▸ → 旋转... 命令。

（2）定义旋转类型。在对话框的 定义模式： 下拉列表中选择 轴线-角度 选项。

（3）定义旋转元素。在特征树中选取“接合 1”为要旋转的元素。

（4）定义旋转参数。在 轴线： 后的文本框中右击，选择 Z 轴选项，在 角度： 后的文本框中输入值 90。

（5）单击 确定 按钮，完成曲面的旋转。

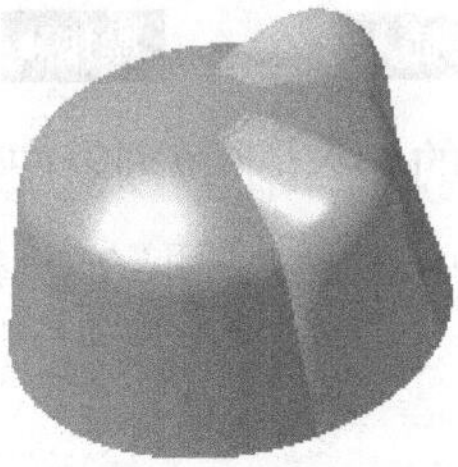

图 11.1.14 旋转曲面 1

Step22. 创建图 11.1.15 所示的旋转曲面 2。

（1）选择命令。选择下拉菜单 插入 → 操作 ▸ → 旋转... 命令。

（2）定义旋转类型。在对话框的 定义模式： 下拉列表中选择 轴线-角度 选项。

（3）定义旋转元素。在特征树中选取“接合 1”为要旋转的元素。

（4）定义旋转参数。在 轴线： 后的文本框中右击，选择 Z 轴选项，在 角度： 后的文本框中输入值 180。

（5）单击 确定 按钮，完成曲面的旋转。

Step23. 创建图 11.1.16 所示的旋转曲面 3。

（1）选择命令。选择下拉菜单 插入 → 操作 ▸ → 旋转... 命令。

（2）定义旋转类型。在对话框的 定义模式： 下拉列表中选择 轴线-角度 选项。

（3）定义旋转元素。在特征树中选取“接合 1”为要旋转的元素。

（4）定义旋转参数。在 轴线： 后的文本框中右击，选择 Z 轴选项，在 角度： 后的文本框中输入值 270。

（5）单击 确定 按钮，完成曲面的旋转。

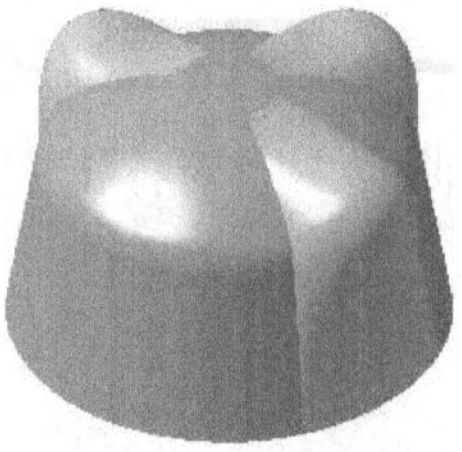
图 11.1.15　旋转曲面 2

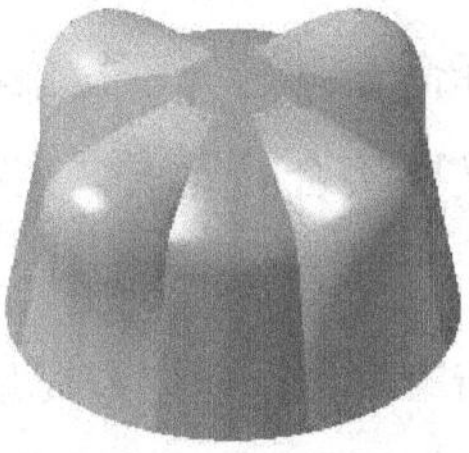
图 11.1.16　旋转曲面 3

Step24. 创建提取 2。

（1）选择命令。选择下拉菜单 插入 → 操作 ▸ → 提取... 命令。

（2）定义拓展类型。在对话框的 拓展类型： 下拉列表中选择 切线连续 选项。

（3）定义要提取的元素。在图像区中选取“旋转体 1”为要提取的元素。

（4）单击 确定 按钮，完成曲面的提取。

Step25. 创建修剪 1（隐藏旋转体 1）。

（1）选择命令。选择下拉菜单 插入 → 操作 ▸ → 修剪... 命令。

（2）定义修剪类型。在对话框的 模式： 下拉列表中选择 标准 选项。

（3）定义修剪元素。在图像区中选取“提取 2”“接合 1”“旋转曲面 1”“旋转曲面 2”“旋转曲面 3”为要修剪的元素。

说明：修剪时可参照视频。

（4）单击 确定 按钮，完成曲面的修剪操作。

Step26. 创建接合 2。

（1）选择命令。选择下拉菜单 插入 → 操作 ▸ → 接合... 命令。

（2）定义要接合的元素。在绘图区中选取图 11.1.17 所示的曲线作为要接合的曲线。

（3）单击 确定 按钮，完成接合曲线的创建。

Step27. 创建图 11.1.18 所示的填充曲面 1。

（1）选择命令。选择下拉菜单 插入 → 曲面 ▸ → 填充... 命令。

（2）定义填充边界。在特征树中选取“接合 1”作为填充边界。

（3）单击 确定 按钮，完成填充曲面的创建。

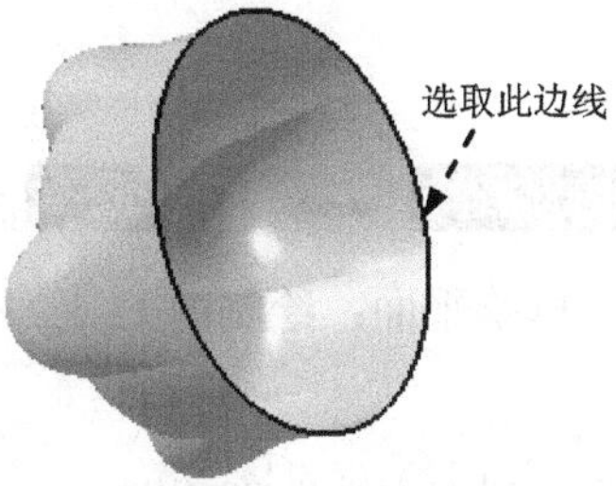

图 11.1.17　接合曲线

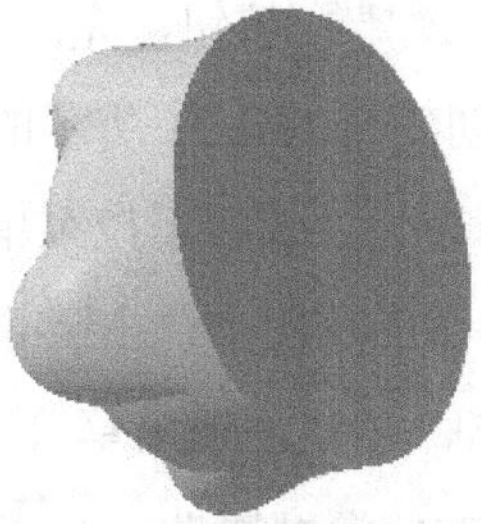
图 11.1.18　填充曲面 1

Step28. 创建图 11.1.19b 所示的特征——倒圆角 2。选取图 11.1.19a 所示的边为倒圆角的对象，倒圆角半径为 1。

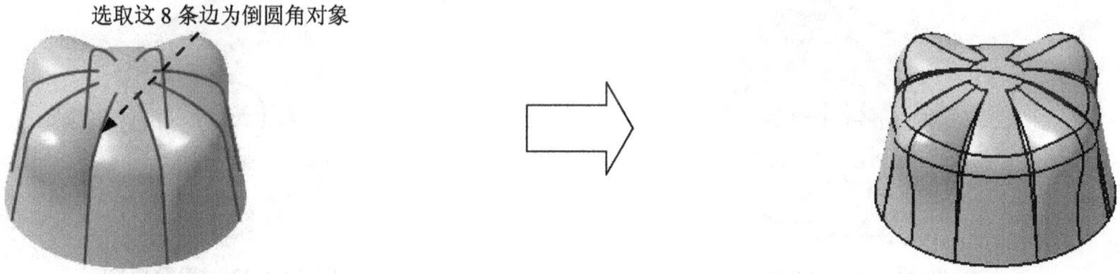

a）倒圆角前　　b）倒圆角后

图 11.1.19　倒圆角 2

Step29. 创建接合 3。

（1）选择命令。选择下拉菜单 插入 → 操作 ▸ → 接合... 命令。

（2）定义要接合的元素。在特征树中选取倒圆角 2 和填充 1 作为要接合的曲面。

（3）单击 确定 按钮，完成接合曲面的创建。

Step30. 创建倒圆角特征 3。选取图 11.1.20 所示的边为倒圆角的对象，倒圆角半径为 0.5。

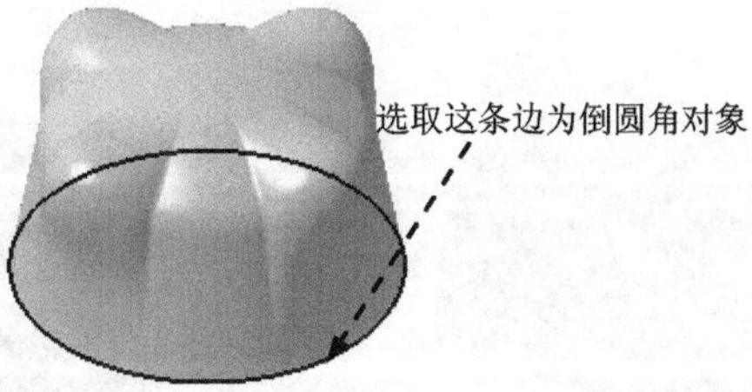

图 11.1.20　倒圆角 3

Step31. 切换工作台。选择下拉菜单 开始 → 机械设计 → 零件设计 命令，切换到零件设计工作台。

Step32. 创建封闭曲面 1。

（1）选择命令。选择下拉菜单 插入 → 基于曲面的特征 → 封闭曲面... 命令。

（2）选择要封闭的面。在特征树中选取倒圆角 3 为要封闭的面。

（3）单击 确定 按钮，完成封闭曲面 1 的创建。

Step33. 创建图 11.1.21 所示的特征——凹槽 1。

（1）选择命令。选择下拉菜单 插入 → 基于草图的特征 → 凹槽... 命令。

（2）创建截面草图。单击按钮，选取 xy 平面为草绘平面；绘制图 11.1.22 所示的截面草图；单击按钮，退出草绘工作台。

（3）定义拉伸深度属性。在 第一限制 区域的 类型： 下拉列表中选取 尺寸 选项，在 长度： 文本框中输入值 10，单击 反转方向 按钮。

（4）单击 确定 按钮，完成凹槽 1 的创建。

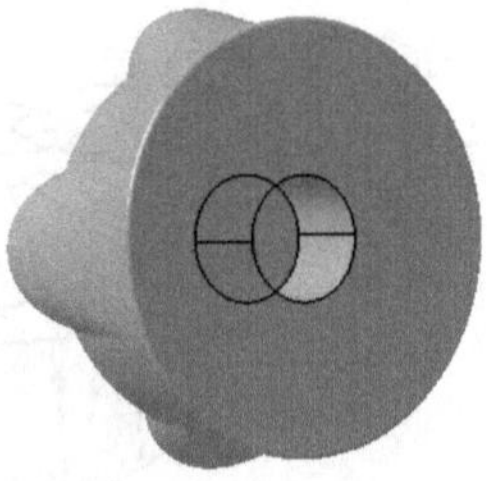

图 11.1.21 凹槽 1

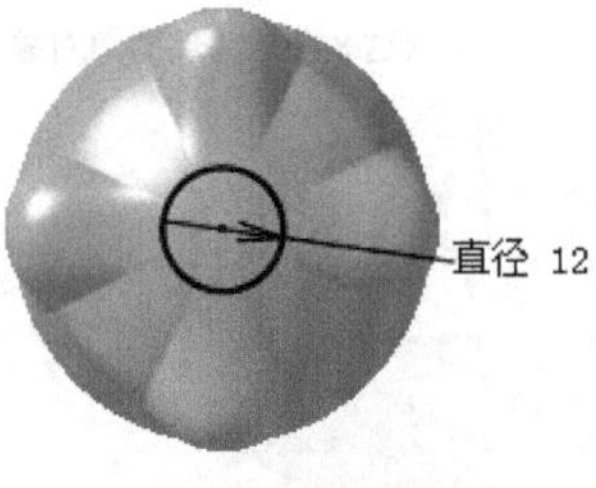

图 11.1.22 截面草图

Step34. 保存零件模型。

11.2 自由曲面设计范例——概念机箱

范例概述:

本范例介绍了概念机箱外壳的造型设计过程。主要是讲述了一些自由曲面的基本操作命令，如 3D 曲线、填充、偏移和分割等特征命令的应用。所建的概念机箱模型如图 11.2.1 所示。

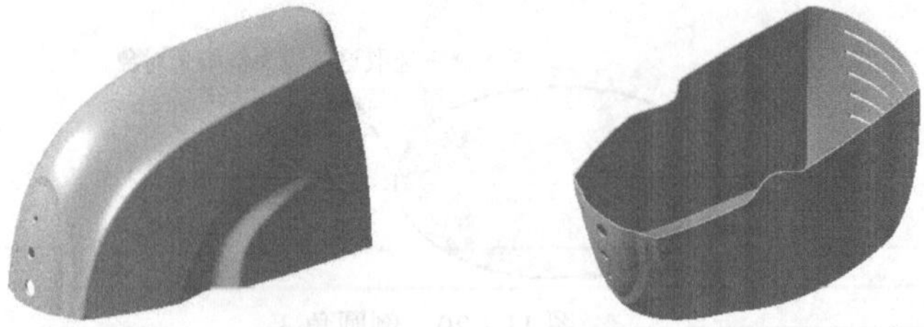

图 11.2.1 概念机箱模型

Step1. 打开文件 D:\cat2016.8\work\ch11.02\idea_machinery_ex.prt。

Step2. 新建模型文件。选择下拉菜单 开始 → 形状 → FreeStyle 命令，在系统弹出的“新建零件”对话框中输入名称 idea_machinery，选取 启用混合设计 复选项，单击 确定 按钮，进入“自由曲面设计”工作台。

Step3. 创建几何图形集 curve_frame。选择下拉菜单 插入 → 几何图形集... 命令；在“插入几何图形集”对话框的 名称: 文本框中输入 curve_frame；并单击 确定 按钮，完成几何图形集的创建。

Step4. 创建图 11.2.2 所示的草图 1。选择下拉菜单 开始 → 形状 → 创成式外形设计 命令，切换至“创成式外形设计”工作台；选择下拉菜单 插入 → 草图编辑器 → 草图 命令；选取 yz 平面为草绘平面；绘制图 11.2.2 所示的草图 1。

Step5. 创建图 11.2.3 所示的草图 2。选择下拉菜单 插入 → 草图编辑器 → 定位草图... 命令；选取 xy 平面为参考，并选中 反转 H 和 交换 复选框，单击 确定 按钮；绘制图 11.2.3 所示的草图 2。

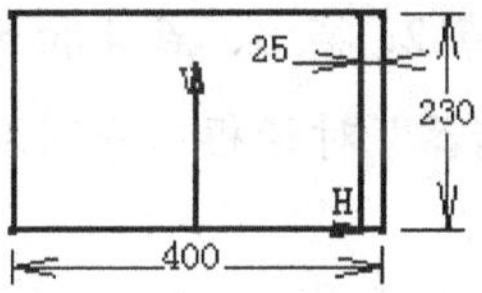

图 11.2.2 草图 1

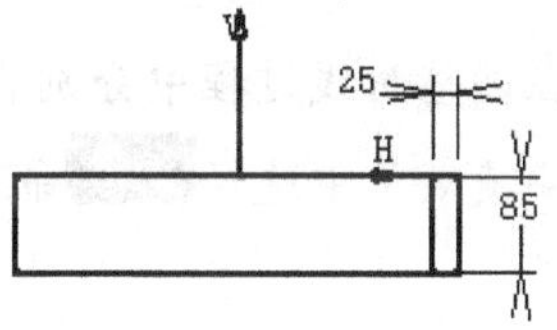

图 11.2.3 草图 2

Step6. 创建几何图形集 curve_surf。选择下拉菜单 插入 → 几何图形集... 命令；在“插入几何图形集”对话框的 名称: 文本框中输入 curve_surf；并单击 确定 按钮，完成几何图形集的创建。

Step7. 创建图 11.2.4 所示的 3D 曲线 1。选择下拉菜单 开始 → 形状 → FreeStyle 命令，切换至“自由曲面设计”工作台；选择下拉菜单 插入 → Curve Creation → 3D Curve... 命令；在“3D 曲线”对话框的 创建类型 下拉列表中选择 通过点 选项，取消选中 禁用几何图形检测 复选框；绘制图 11.2.5 所示的 3D 曲线并调整（在“视图”工具栏的下拉列表中选择选项，单击“工具仪表盘”工具栏中的按钮，调出“快速确定指南针方向”工具栏，并按下按钮）；单击 确定 按钮，完成 3D 曲线 1 的创建。

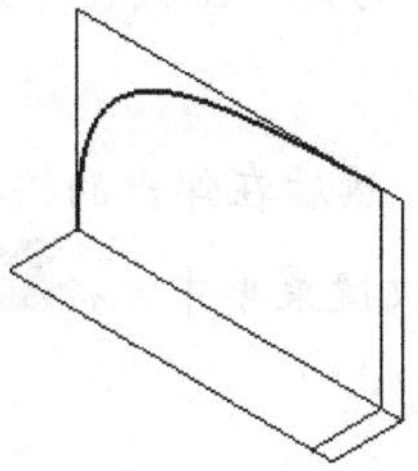

图 11.2.4 3D 曲线 1

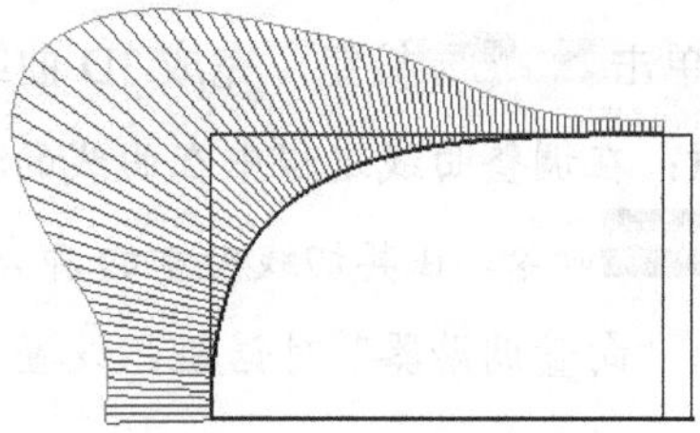

图 11.2.5 曲线调整后的情况

注意：单击“分析”工具栏中的“箭状曲率分析”按钮，系统弹出“箭状曲率”对话框，选取3D曲线1为要显示曲率分析的曲线，调整其曲率梳如图11.2.5所示。

Step8. 创建图11.2.6所示的3D曲线2。选择下拉菜单 插入 → Curve Creation ▸ → 3D Curve... 命令；在“3D曲线”对话框的 创建类型 下拉列表中选择 通过点 选项，绘制图11.2.7所示的3D曲线并调整（在“视图”工具栏的下拉列表中选择选项，单击“工具仪表盘”工具栏中的按钮，调出“快速确定指南针方向”工具栏，并按下按钮）；单击 确定 按钮，完成3D曲线2的创建。

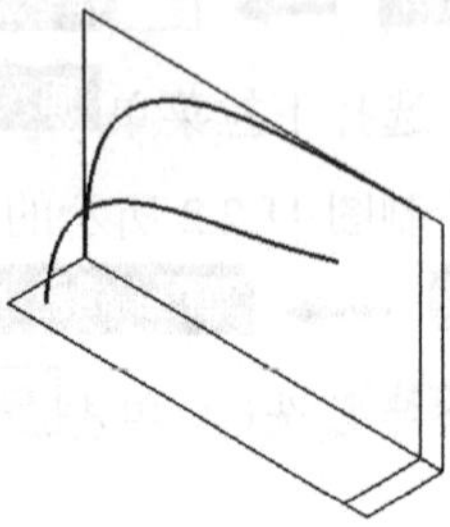

图11.2.6　3D曲线2

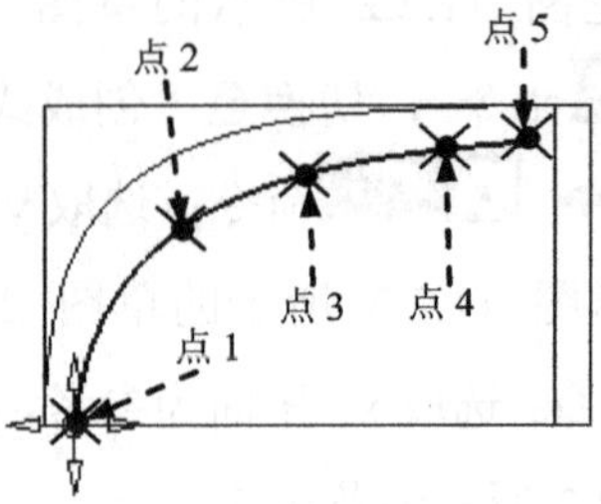

图11.2.7　编辑3D曲线

注意：在调整曲线过程中分别在曲线的控制点1、点2、点3、点4和点5上右击，然后在弹出的快捷菜单中选择 编辑 命令，系统弹出“调谐器”对话框，分别设置其参数如图11.2.8所示。

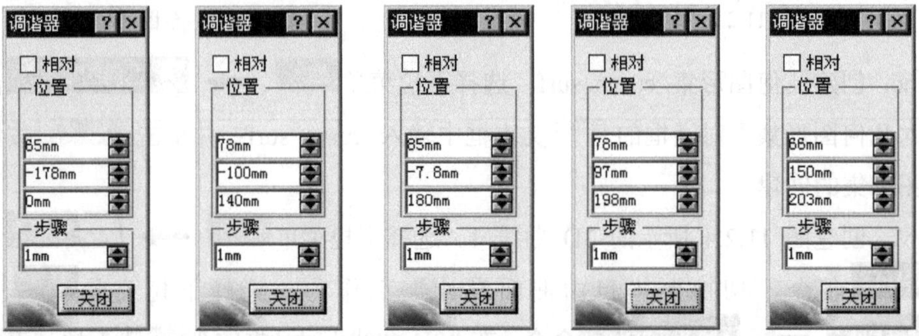

图11.2.8　“调谐器”对话框（一）

Step9. 创建图11.2.9所示的3D曲线3。选择下拉菜单 插入 → Curve Creation ▸ → 3D Curve... 命令；在“3D曲线”对话框的 创建类型 下拉列表中选择 通过点 选项，绘制图11.2.10所示的3D曲线并调整（在“视图”工具栏的下拉列表中选择选项，单击“工具仪表盘”工具栏中的按钮，调出“快速确定指南针方向”工具栏，并按下按钮）；单击 确定 按钮，完成3D曲线3的创建。

注意：在调整曲线过程中在曲线的控制点（起点）上右击，然后在弹出的快捷菜单中选择 强加切线 命令，在其切线矢量的箭头上右击，然后在弹出的快捷菜单中选择 编辑 命令，系统弹出“向量调谐器”对话框，设置其参数如图11.2.11所示。

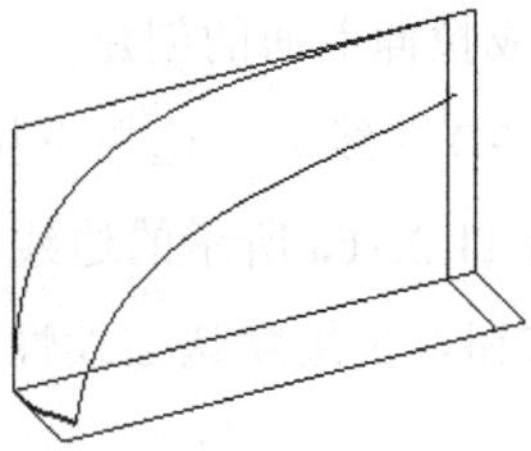

图 11.2.9 3D 曲线 3

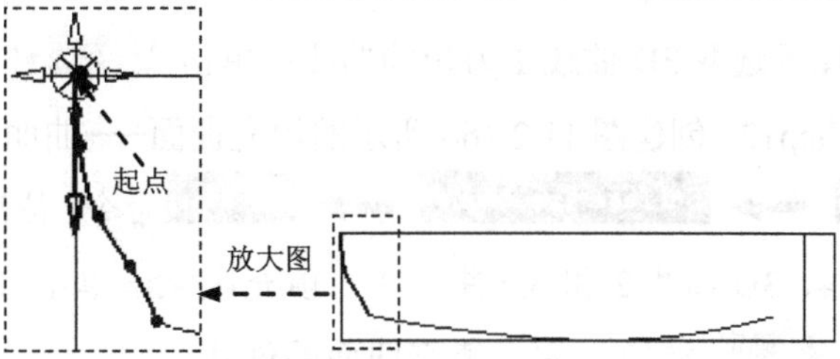

图 11.2.10 编辑 3D 曲线

Step10. 创建图 11.2.12 所示的 3D 曲线 4。选择下拉菜单 插入 → Curve Creation ▸ → 3D Curve... 命令；在"3D 曲线"对话框的 创建类型 下拉列表中选择 通过点 选项，取消选中 □禁用几何图形检测 复选框；绘制图 11.2.13 所示的 3D 曲线并调整（单击"工具仪表盘"工具栏中的 按钮，调出"快速确定指南针方向"工具栏，并按下 按钮，另外还要在 xz 平面进行调节）；单击 确定 按钮，完成 3D 曲线 4 的创建。

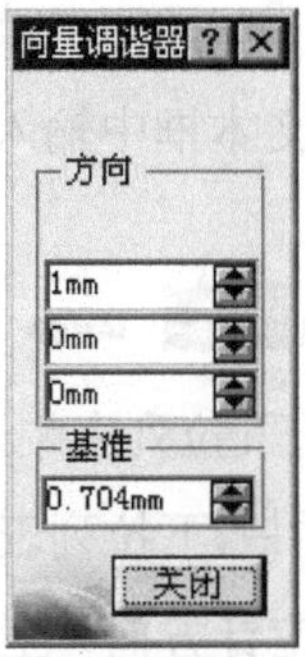

图 11.2.11 "向量调谐器"对话框（一）

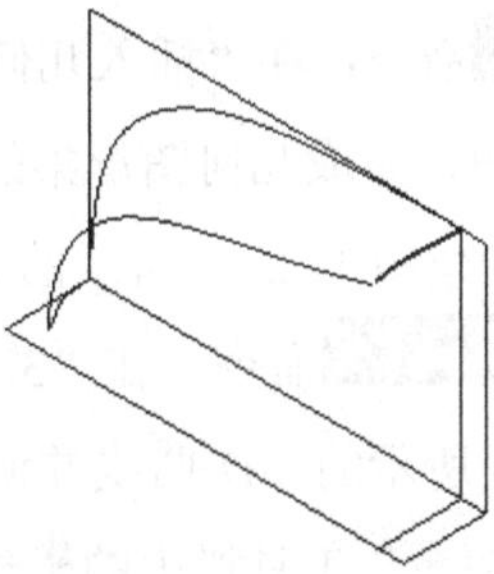

图 11.2.12 3D 曲线 4

注意：在调整曲线过程中在曲线的控制点（起点）上右击，然后在弹出的快捷菜单中选择 强加切线 命令，在其切线矢量的箭头上右击，然后在弹出的快捷菜单中选择 编辑 命令，系统弹出"向量调谐器"对话框，设置其参数如图 11.2.14 所示。

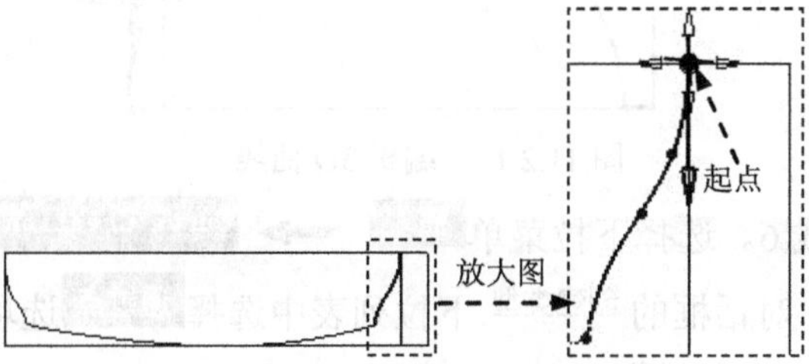

图 11.2.13 编辑 3D 曲线

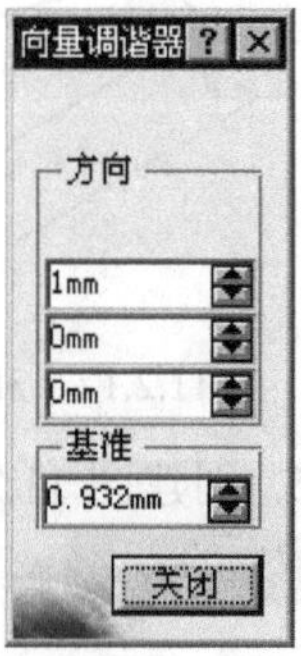

图 11.2.14 "向量调谐器"对话框（二）

Step11. 创建图 11.2.15 所示的拉伸曲面——曲面 1。选择下拉菜单 插入 →

Surface Creation ▸ → 拉伸曲面...命令；单击按钮，在长度文本框中输入数值 50；在绘图区选取 3D 曲线 1 为拉伸曲线；单击 确定 按钮，完成拉伸曲面的创建。

Step12. 创建图 11.2.16b 所示的填充曲面——曲面 2（隐藏 3D 曲线 1）。选择下拉菜单 插入 → Surface Creation ▸ → Fill...命令；依次选取图 11.2.16a 所示的边线 1、3D 曲线 4、3D 曲线 2 和 3D 曲线 3 为填充区域，单击 应用 按钮，采用默认连续性设置，单击 确定 按钮，完成填充曲面的创建。

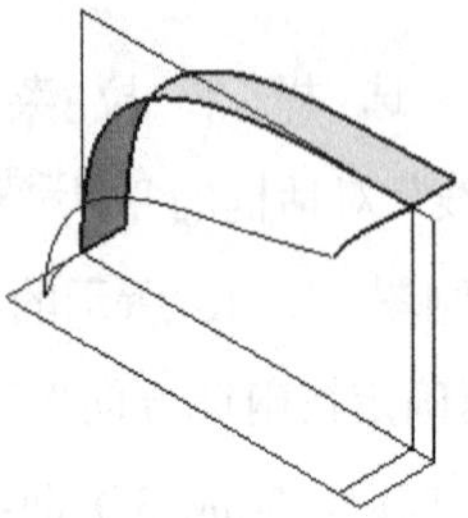

图 11.2.15　曲面 1

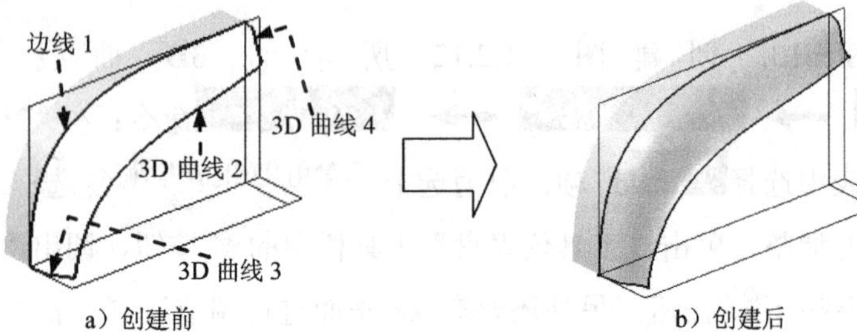

图 11.2.16　曲面 2

Step13. 创建几何图形集 back_surf（隐藏曲面 1）。选择下拉菜单 插入 → 几何图形集...命令；在“插入几何图形集”对话框的名称：文本框中输入 back_surf；并单击 确定 按钮，完成几何图形集的创建。

Step14. 创建图 11.2.17 所示的 3D 曲线 5。选择下拉菜单 插入 → Curve Creation ▸ → 3D Curve...命令；在“3D 曲线”对话框的创建类型下拉列表中选择通过点选项，绘制图 11.2.18 所示的 3D 曲线并调整（在“视图”工具栏的下拉列表中选择选项，单击“工具仪表盘”工具栏中的按钮，调出“快速确定指南针方向”工具栏，并按下按钮）；单击 确定 按钮，完成 3D 曲线 5 的创建。

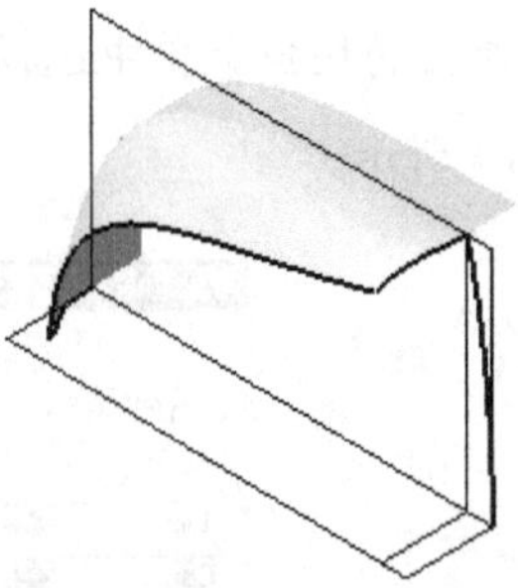

图 11.2.17　3D 曲线 5

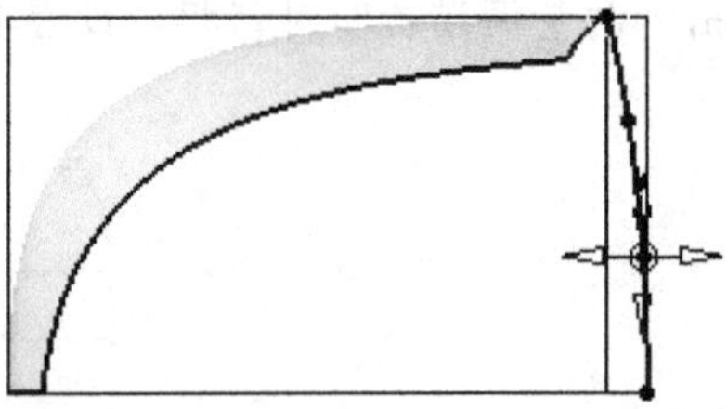

图 11.2.18　编辑 3D 曲线

Step15. 创建图 11.2.19 所示的 3D 曲线 6。选择下拉菜单 插入 → Curve Creation ▸ → 3D Curve...命令；在“3D 曲线”对话框的创建类型下拉列表中选择通过点选项，绘制图 11.2.20 所示的 3D 曲线并调整；单击 确定 按钮，完成 3D 曲线 6 的创建。

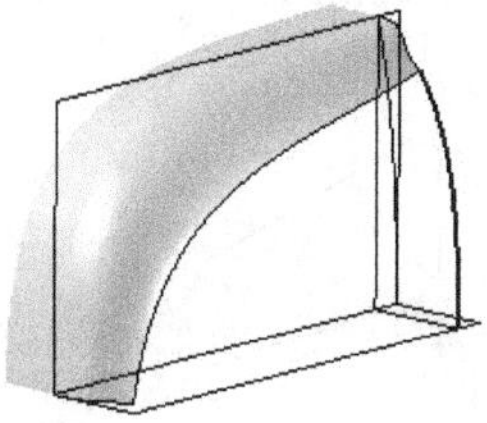
图 11.2.19 3D 曲线 6

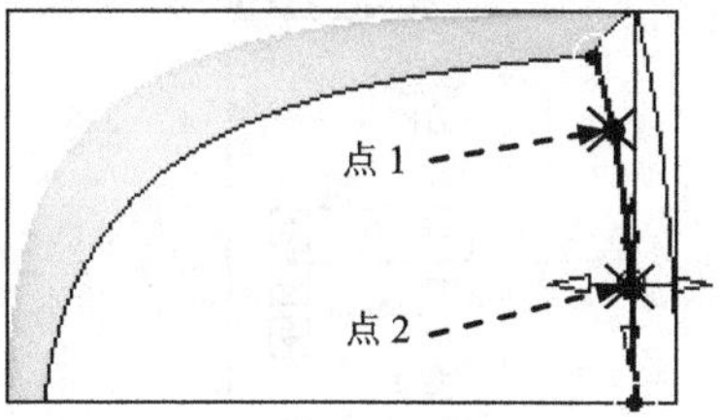

图 11.2.20 编辑 3D 曲线

注意：在调整曲线过程中分别在曲线的控制点 1 和点 2 上右击，然后在弹出的快捷菜单中选择编辑命令，系统弹出“调谐器”对话框，分别设置其参数如图 11.2.21 所示。

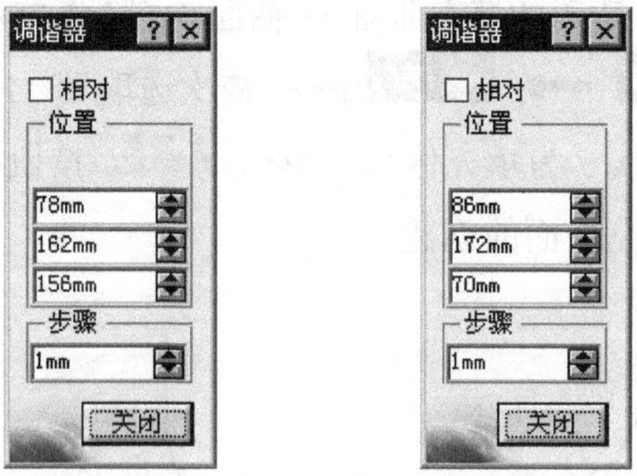

图 11.2.21 “调谐器”对话框（二）

Step16. 创建图 11.2.22 所示的 3D 曲线 7。选择下拉菜单插入 → Curve Creation ▸ → 3D Curve... 命令；在“3D 曲线”对话框的创建类型下拉列表中选择通过点选项，绘制图 11.2.23 所示的 3D 曲线并调整（在“视图”工具栏的下拉列表中选择选项，单击“工具仪表盘”工具栏中的按钮，调出“快速确定指南针方向”工具栏，并按下按钮）；单击确定按钮，完成 3D 曲线 7 的创建。

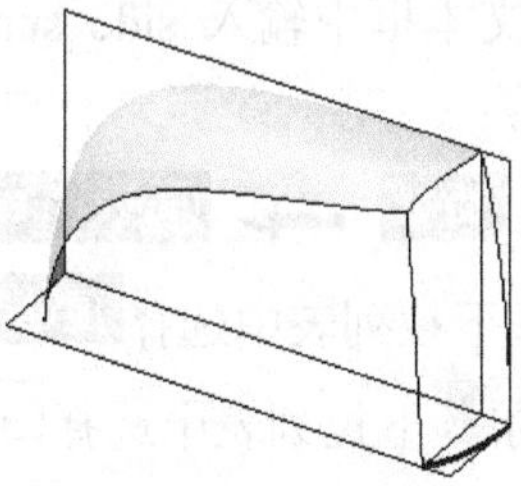
图 11.2.22 3D 曲线 7

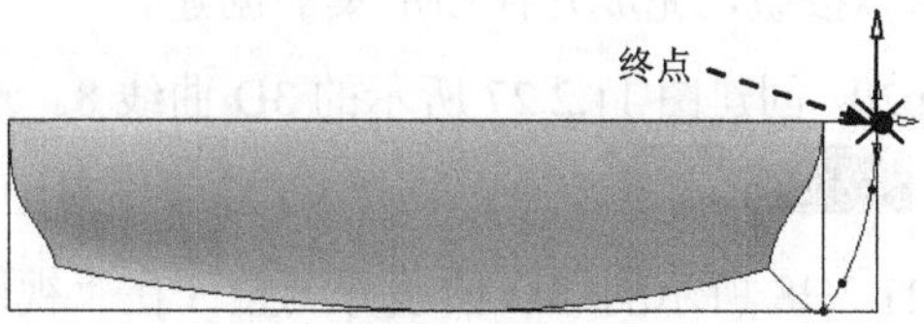

图 11.2.23 编辑 3D 曲线

注意：在调整曲线过程中在曲线的控制点（终点）上右击，然后在弹出的快捷菜单中选择强加切线命令，在其切线矢量的箭头上右击，然后在弹出的快捷菜单中选择编辑命令，系统弹出“向量调谐器”对话框，设置其参数如图 11.2.24 所示。

Step17. 创建图 11.2.25 所示的拉伸曲面——曲面 3。选择下拉菜单插入 → Surface Creation ▸ → 拉伸曲面... 命令；单击按钮，在长度文本框中输入数值 50；在绘图区选取 3D 曲线 5 为拉伸曲线；单击确定按钮，完成拉伸曲面的创建。

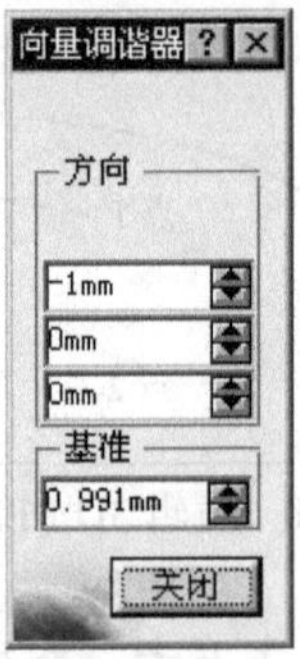

图 11.2.24 “向量调谐器”对话框（三）

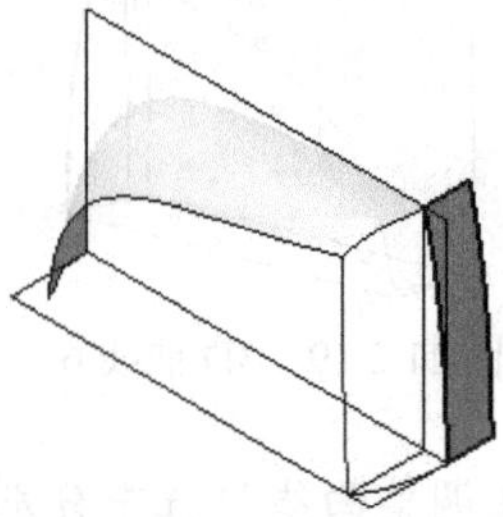
图 11.2.25 曲面 3

Step18. 创建图 11.2.26b 所示的填充曲面——曲面 4（隐藏 3D 曲线 5）。选择下拉菜单 插入 → Surface Creation ▸ → Fill... 命令；依次选取图 11.2.26a 所示的边线 1、3D 曲线 4、3D 曲线 6 和 3D 曲线 7 为填充区域，单击 应用 按钮，采用默认连续性设置，单击 确定 按钮，完成填充曲面的创建。

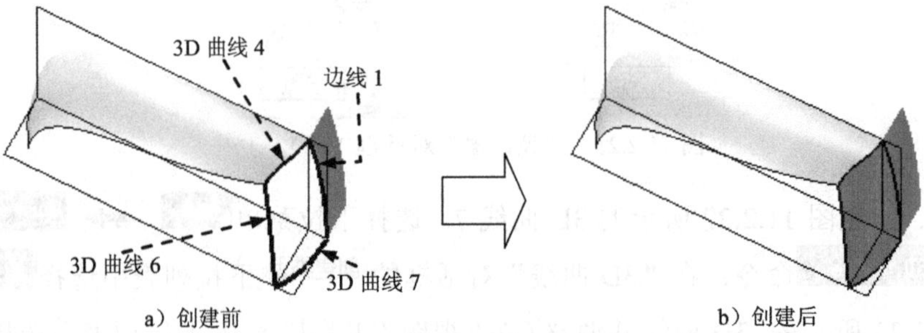

图 11.2.26 曲面 4

Step19. 创建几何图形集 side_surf（隐藏曲面 3）。选择下拉菜单 插入 → 几何图形集... 命令；在“插入几何图形集”对话框的 名称： 文本框中输入 side_surf；并单击 确定 按钮，完成几何图形集的创建。

Step20. 创建图 11.2.27 所示的 3D 曲线 8。选择下拉菜单 插入 → Curve Creation ▸ → 3D Curve... 命令；在“3D 曲线”对话框的 创建类型 下拉列表中选择 通过点 选项，绘制图 11.2.28 所示的 3D 曲线并调整（在“视图”工具栏的 下拉列表中选择 选项，单击“工具仪表盘”工具栏中的 按钮，调出“快速确定指南针方向”工具栏，并按下 按钮）；单击 确定 按钮，完成 3D 曲线 8 的创建。

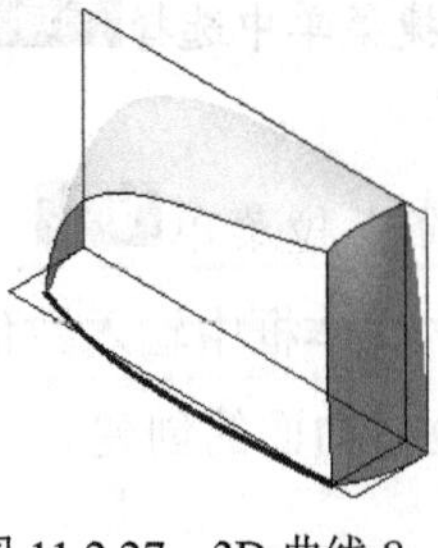
图 11.2.27 3D 曲线 8

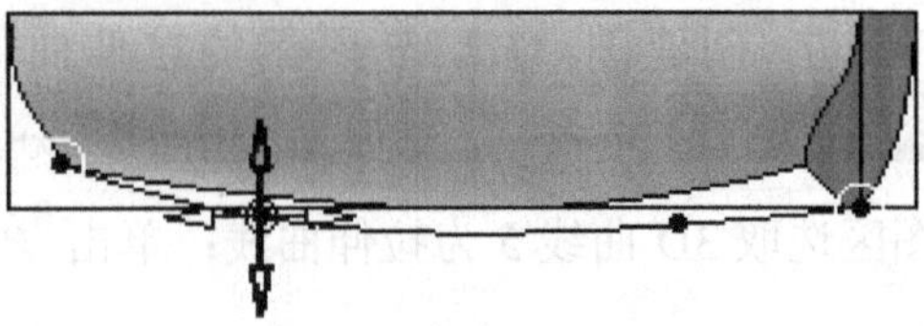
图 11.2.28 编辑 3D 曲线

Step21. 创建图 11.2.29b 所示的自由填充曲面——自由样式填充 1（隐藏草图 1 和草图 2）。选择下拉菜单 插入 → Surface Creation ▸ → FreeStyle Fill... 命令；依次选取图 11.2.29a 所示的 3D 曲线 2、3D 曲线 6 和 3D 曲线 8 为填充区域，单击 应用 按钮，此时在绘图区显示填充曲面的预览图；单击 确定 按钮，完成自由填充曲面的创建。

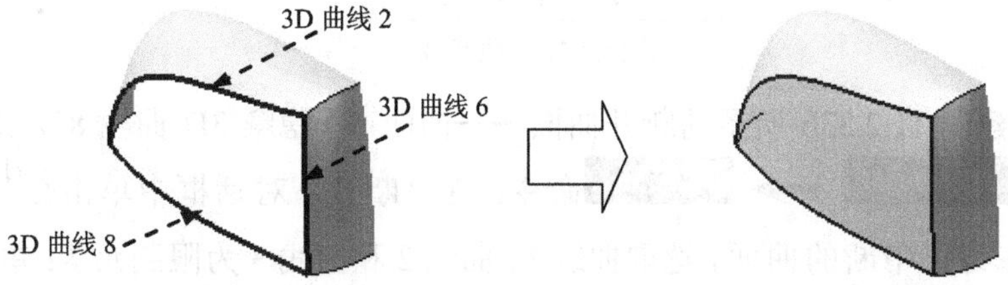

a）创建前　　b）创建后

图 11.2.29　自由样式填充 1

Step22. 创建几何图形集 disappear_surf。选择下拉菜单 插入 → 几何图形集... 命令；在“插入几何图形集”对话框的 名称: 文本框中输入 disappear_surf；并单击 确定 按钮，完成几何图形集的创建。

Step23. 创建图 11.2.30 所示的空间曲线——曲线 1。选择下拉菜单 插入 → Curve Creation ▸ → Curve on Surface... 命令；在 创建类型 下拉列表中选择 逐点 选项，在 模式 下拉列表中选择 通过点 选项；选取图 11.2.30 所示的曲面为约束面；在图形区从左至右依次单击点绘制图 11.2.30 所示的曲线（在“视图”工具栏的 下拉列表中选择 选项）；单击 确定 按钮，完成曲线的创建。

Step24. 创建图 11.2.31 所示的空间曲线——曲线 2。选择下拉菜单 插入 → Curve Creation ▸ → Curve on Surface... 命令；在 创建类型 下拉列表中选择 逐点 选项，在 模式 下拉列表中选择 通过点 选项；选取图 11.2.31 所示的曲面为约束面；在图形区从左至右依次单击点绘制图 11.2.31 所示的曲线（在“视图”工具栏的 下拉列表中选择 选项）；单击 确定 按钮，完成曲线的创建。

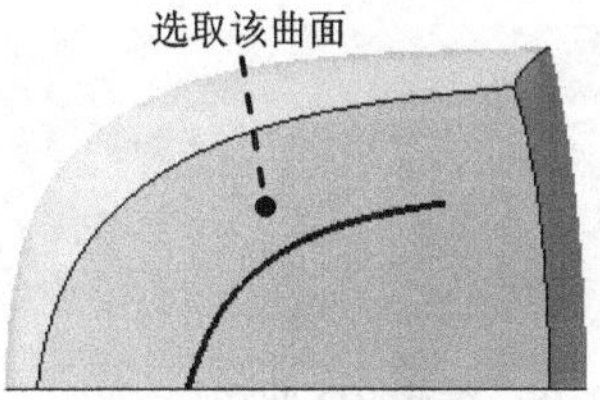

图 11.2.30　曲线 1

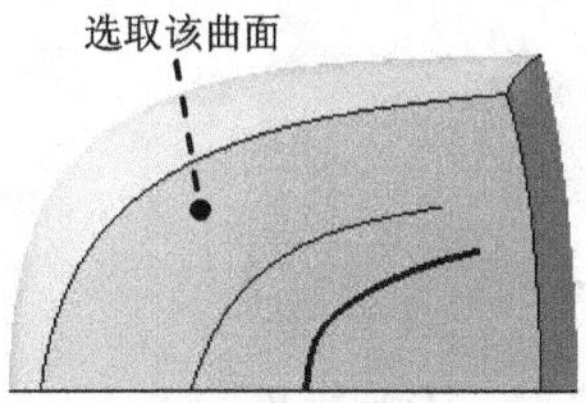

图 11.2.31　曲线 2

Step25. 创建图 11.2.32 所示的空间曲线——曲线 3。选择下拉菜单 插入 → Curve Creation ▸ → Curve on Surface... 命令；在 创建类型 下拉列表中选择 逐点 选项，在 模式 下拉列表中选择 通过点 选项；选取图 11.2.32 所示的曲面为约束面；在图形区从左至右依次单击点绘制图 11.2.32 所示的曲线（在“视图”工具栏的 下拉列表中选择 选项）；

单击确定按钮，完成曲线的创建。

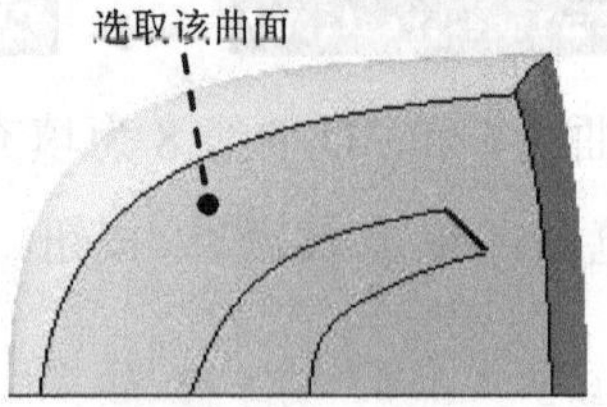

图 11.2.32　曲线 3

Step26. 创建图 11.2.33b 所示的断开曲面——曲面 5（隐藏 3D 曲线 8）。选择下拉菜单 插入 → Operations ▸ → 断开... 命令；在“断开”对话框中单击按钮，选取自由样式填充 1 为要中断的曲面，选取曲线 1、曲线 2 和曲线 3 为限制元素；单击 应用 按钮，此时在绘图区显示曲面已经被中断，选取图 11.2.33a 所示的曲面为要保留的曲面；单击 确定 按钮，完成断开曲面的创建。

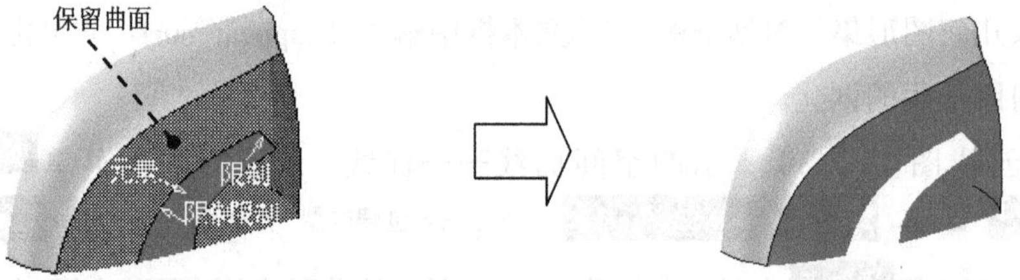

a）创建前　　b）创建后

图 11.2.33　曲面 5

Step27. 创建图 11.2.34 所示的 3D 曲线 9（隐藏所有曲线）。选择下拉菜单 插入 → Curve Creation ▸ → 3D Curve... 命令；在“3D 曲线”对话框的 创建类型 下拉列表中选择 通过点 选项，并选中 禁用几何图形检测 复选框；绘制图 11.2.35 所示的 3D 曲线并调整（在“视图”工具栏的下拉列表中选择选项，单击“工具仪表盘”工具栏中的按钮，调出“快速确定指南针方向”工具栏，并按下按钮）；单击 确定 按钮，完成 3D 曲线 9 的创建。

图 11.2.34　3D 曲线 9

图 11.2.35　编辑 3D 曲线

Step28. 创建图 11.2.36 所示的桥接曲线——曲线 4。选择下拉菜单 插入 → Curve Creation ▸ → Blend Curve 命令；选取图 11.2.37 所示的边线为要桥接的一条曲线，然后选取 3D 曲线 9 为要桥接的另一条曲线，调整两个桥接点的连续性显示均为“曲率”；单击 确定 按钮，完成桥接曲线的创建。

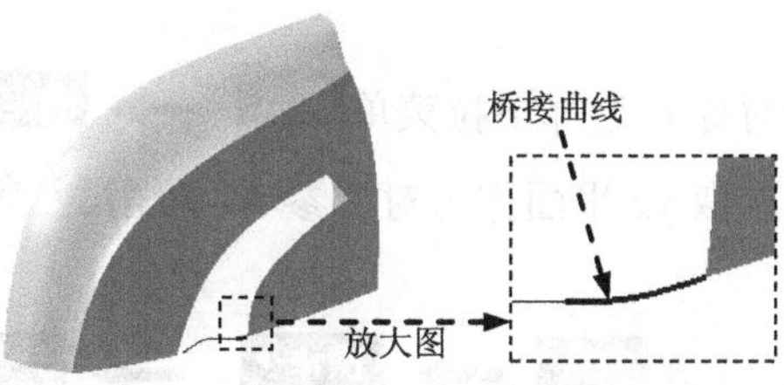

图 11.2.36 曲线 4

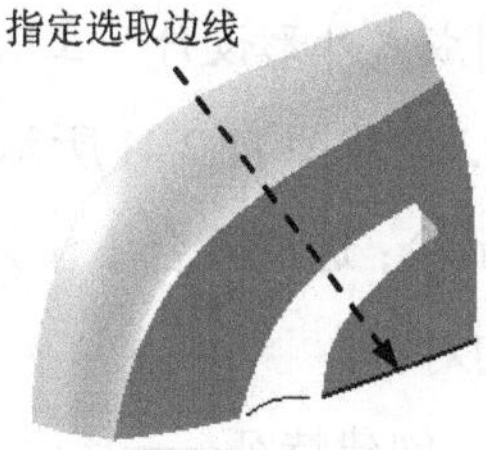

图 11.2.37 选取指定边线

Step29. 创建图 11.2.38 所示的桥接曲线——曲线 5。选择下拉菜单 插入 → Curve Creation ▸ → Blend Curve 命令；选取图 11.2.39 所示的边线为要桥接的一条曲线，然后选取 3D 曲线 9 为要桥接的另一条曲线，调整两个桥接点的连续性显示均为“曲率”；单击 确定 按钮，完成桥接曲线的创建。

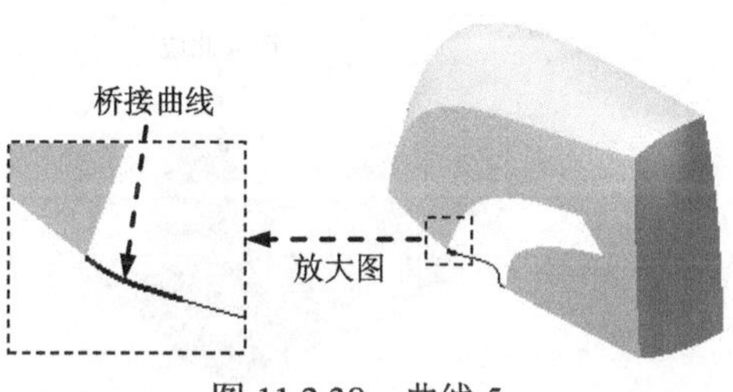

图 11.2.38 曲线 5

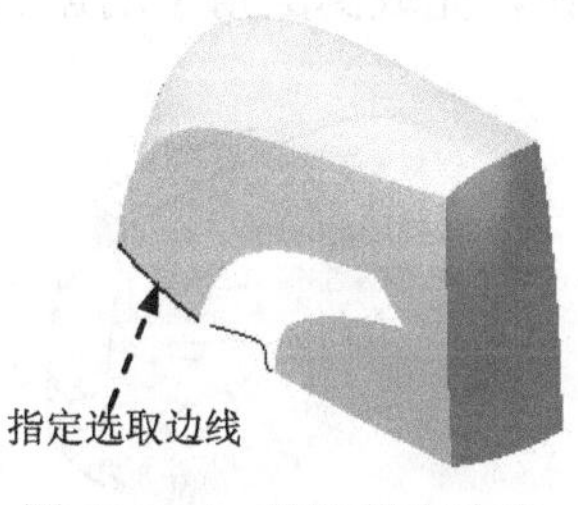

图 11.2.39 选取指定边线

Step30. 创建图 11.2.40b 所示的自由填充曲面——自由样式填充 2。选择下拉菜单 插入 → Surface Creation ▸ → FreeStyle Fill... 命令；依次选取图 11.2.40a 所示的边线 1、边线 2、边线 3、曲线 5、3D 曲线 9 和曲线 4 为填充区域，单击 应用 按钮，此时在绘图区显示填充曲面的预览图；单击 确定 按钮，完成自由填充曲面的创建。

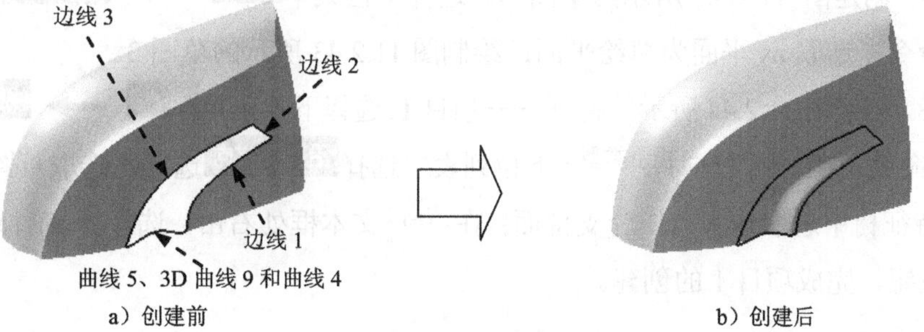

a）创建前 b）创建后

图 11.2.40 自由样式填充 2

Step31. 创建几何图形集 machinery_surf（隐藏其余曲线）。选择下拉菜单 插入 → 几何图形集... 命令；在“插入几何图形集”对话框的 名称： 文本框中输入 machinery_surf；并单击 确定 按钮，完成几何图形集的创建。

Step32. 创建特征——接合 1。选择下拉菜单 插入 → 操作 ▸ → 接合... 命令；选取曲面 2、曲面 4、曲面 5 和自由样式填充 2 为要接合的元素；在 合并距离 文本框中输入公差值 0.001；单击 确定 按钮，完成接合 1 的创建。

说明：该操作必须选择下拉菜单 开始 → 形状 ▸ → 创成式外形设计 命令，

切换至"创成式外形设计"工作台。

Step33. 创建图 11.2.41 所示的特征——对称 1。选择下拉菜单 插入 → 操作▶ → 对称… 命令；选取接合 1 作为对称元素；选取 yz 平面作为对称参考；单击 ●确定 按钮，完成曲面的对称。

Step34. 创建特征——接合 2。选择下拉菜单 插入 → 操作▶ → 接合… 命令；选取接合 1 和对称 1 为要接合的元素；在 合并距离 文本框中输入公差值 0.001；单击 ●确定 按钮，完成接合 2 的创建。

Step35. 创建特征——倒圆角 1。选择下拉菜单 插入 → 操作▶ → 倒圆角… 命令；选取图 11.2.42 所示的边为为要圆角的对象；在 半径：文本框中输入数值 20；单击 ●确定 按钮，完成倒圆角 1 的创建。

选取此边

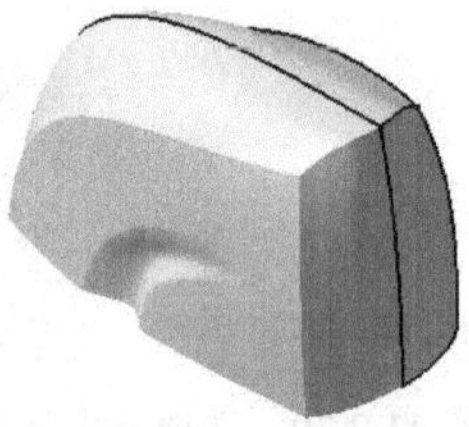

图 11.2.41　对称 1　　　　　　　图 11.2.42　选取圆角对象

Step36. 创建特征——偏移 1。选择下拉菜单 插入 → 曲面▶ → 偏移… 命令；在特征树中选取倒圆角 1 为偏移对象，在 偏移：文本框中输入值 3，定义偏移方向向内，单击 ●确定 按钮，完成偏移 1 的创建。

Step37. 创建图 11.2.43 所示的草图 3。选择下拉菜单 插入 → 草图编辑器▶ → 草图 命令；选取 zx 平面为草绘平面；绘制图 11.2.43 所示的草图 3。

Step38. 创建图 11.2.44 所示的特征——项目 1。选择下拉菜单 插入 → 线框▶ → 投影… 命令；在对话框的 投影类型：下拉列表中选择 沿某一方向 选项；选取草图 3 为投影对象，在特征树中选取倒圆角 1 为支持面；在 方向：文本框处右击，选择 Y 部件选项，单击 ●确定 按钮，完成项目 1 的创建。

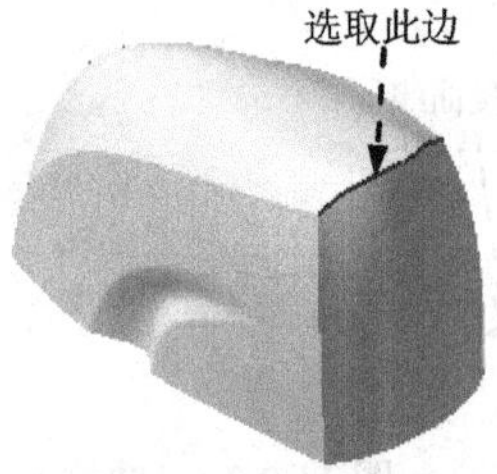

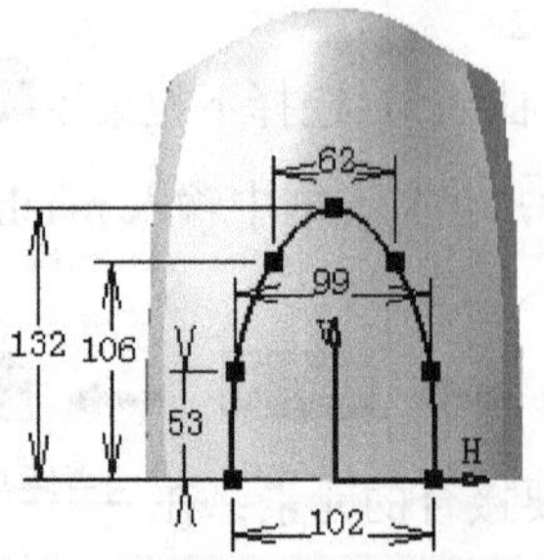

图 11.2.43　草图 3　　　　　　　图 11.2.44　项目 1

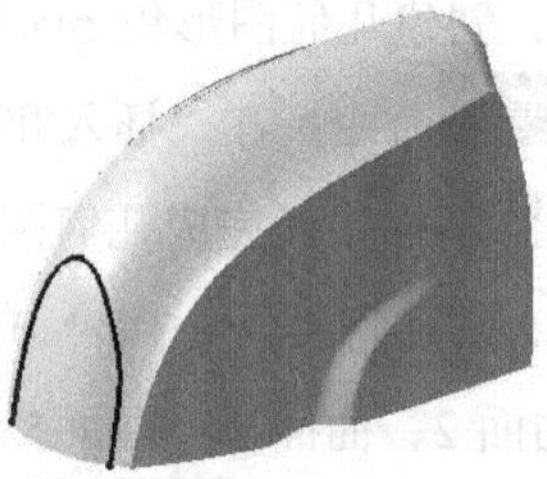

Step39. 创建图 11.2.45 所示的特征——分割 1(隐藏偏移 1)。选择下拉菜单 插入 → 操作 → 分割... 命令；在特征树中选取倒圆角 1 为要切除的元素，选取项目 1 为切除元素（可以通过 另一侧 按钮调整分割方向），单击 确定 按钮，完成分割 1 的创建。

Step40. 创建图 11.2.46 所示的草图 4。选择下拉菜单 插入 → 草图编辑器 → 草图 命令；选取 zx 平面为草绘平面；绘制图 11.2.46 所示的草图 4。

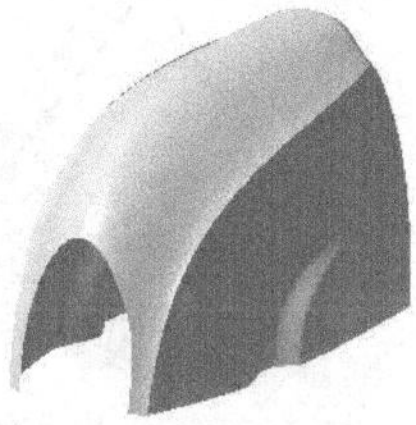

图 11.2.45　分割 1

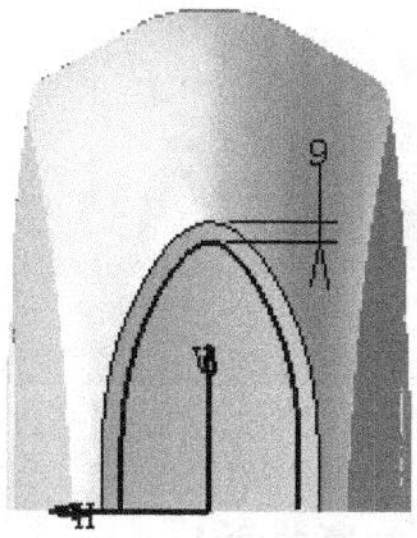

图 11.2.46　草图 4

Step41. 创建图 11.2.47 所示的特征——项目 2(显示偏移 1)。选择下拉菜单 插入 → 线框 → 投影... 命令；在对话框的 投影类型： 下拉列表中选择 沿某一方向 选项；选取草图 4 为投影对象，在特征树中选取偏移 1 为支持面；在 方向： 文本框处右击，选择 Y 部件选项，单击 确定 按钮，完成项目 2 的创建。

Step42. 创建图 11.2.48 所示的特征——分割2。选择下拉菜单 插入 → 操作 → 分割... 命令；在特征树中选取偏移 1 为要切除的元素，选取项目 2 为切除元素（可以通过 另一侧 按钮调整分割方向），单击 确定 按钮，完成分割 2 的创建。

Step43. 创建图 11.2.49 所示的特征——多截面曲面 1。选择下拉菜单 插入 → 曲面 → 多截面曲面... 命令；选取项目 1 和项目 2 为截面；单击 确定 按钮，完成多截面曲面 1 的创建。

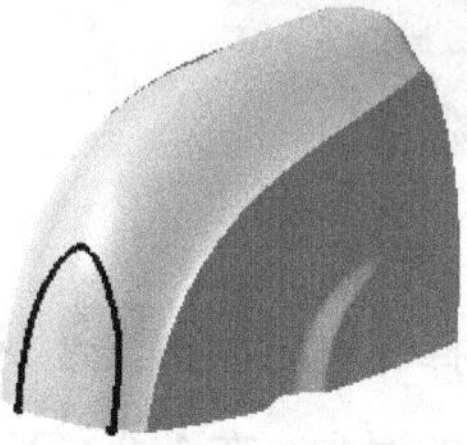

图 11.2.47　项目 2

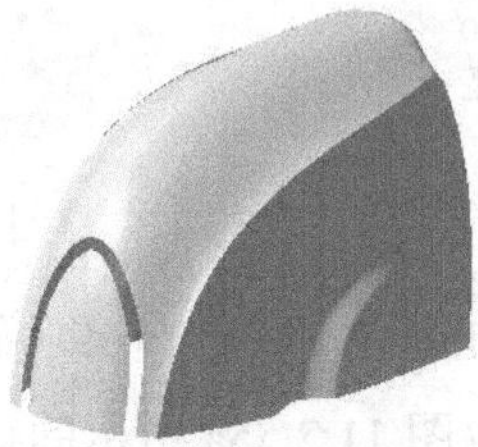

图 11.2.48　分割 2

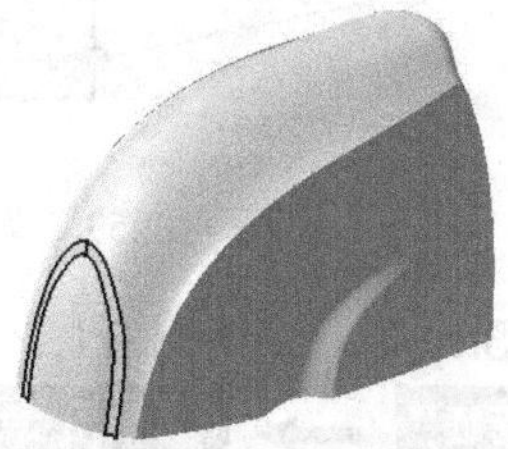

图 11.2.49　多截面曲面 1

Step44. 创建特征——接合 3。选择下拉菜单 插入 → 操作 → 接合... 命令；选取分割 1、多截面曲面 1 和分割 2 为要接合的元素；在 合并距离 文本框中输入公差值 0.001；单击 确定 按钮，完成接合 3 的创建。

Step45. 创建图 11.2.50 所示的特征——加厚曲面 1。选择下拉菜单 开始 → 机械设计 ▸ → 零件设计 命令，切换至“零件设计”工作台；选择下拉菜单 插入 → 基于曲面的特征 ▸ → 厚曲面... 命令；选取“接合 3”为要加厚的对象，在 第一偏移： 文本框中输入值 2.0；单击 确定 按钮，完成加厚曲面 1 的创建。

Step46. 创建图 11.2.51 所示的特征——倒圆角 2。选取图 11.2.52 所示的边为倒圆角的对象，倒圆角半径为 5。

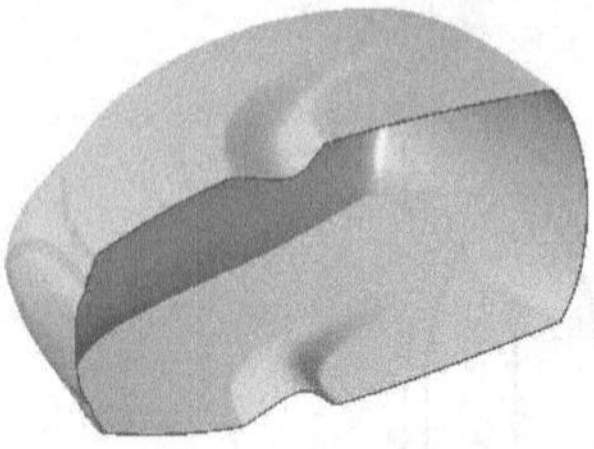
图 11.2.50　加厚曲面 1

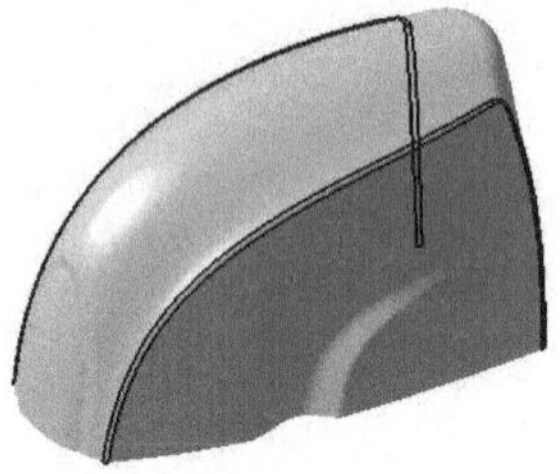
图 11.2.51　倒圆角 2

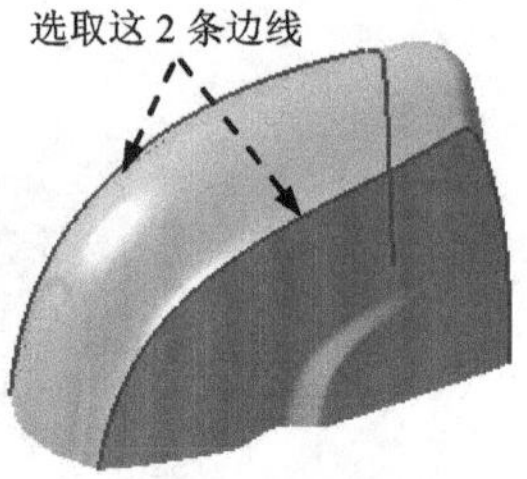

图 11.2.52　定义倒圆角边线

Step47. 创建图 11.2.53 所示的草图 5。选择下拉菜单 插入 → 草图编辑器 ▸ → 定位草图... 命令；选取 zx 平面为参考，并选中 反转 H 复选框，单击 确定 按钮；绘制图 11.2.53 所示的草图 5。

Step48. 创建图 11.2.54 所示的零件特征——凹槽 1。选择下拉菜单 插入 → 基于草图的特征 ▸ → 凹槽... 命令；选取草图 5 为轮廓；在对话框 第一限制 区域的 类型： 下拉列表中选取 直到最后 选项，并单击 反转方向 按钮，单击 确定 按钮，完成凹槽 1 的创建。

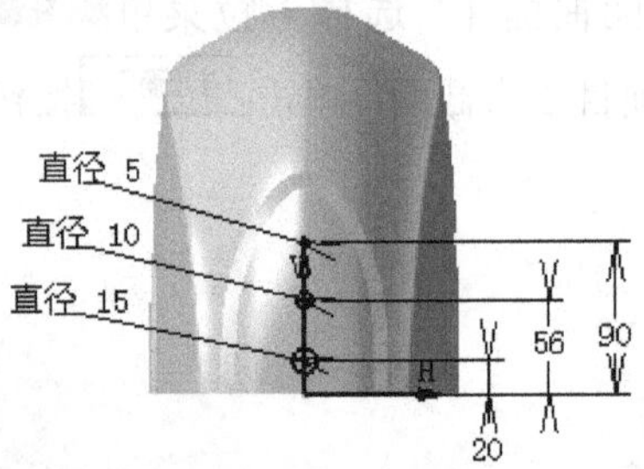

图 11.2.53　草图 5

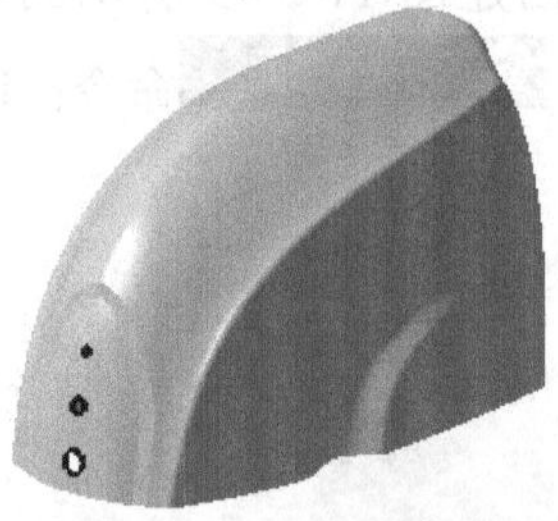
图 11.2.54　凹槽 1

Step49. 创建图 11.2.55b 所示的倒角特征——倒角 1。选择下拉菜单 插入 → 修饰特征 ▸ → 倒角... 命令；选取图 11.2.55a 所示的边为倒角的对象；在 模式： 下拉列表中选取 长度 1/角度 选项。在对话框的 长度 1： 文本框中输入值 1，在 角度： 文本框中输入值 45。单击 确定 按钮，完成倒角 1 的创建。

Step50. 创建图 11.2.56 所示的草图 6。选择下拉菜单 插入 → 草图编辑器 ▸ → 定位草图... 命令；选取 zx 平面为参考，单击 确定 按钮；绘制图 11.2.56 所示的草图 6。

Step51. 创建图 11.2.57 所示的零件特征——凹槽 2。选择下拉菜单 插入 ➡ 基于草图的特征 ▸ ➡ 凹槽... 命令；选取草图 6 为轮廓；在对话框 第一限制 区域的 类型： 下拉列表中选取 直到最后 选项，并单击 反转方向 按钮，单击 确定 按钮，完成凹槽 2 的创建。

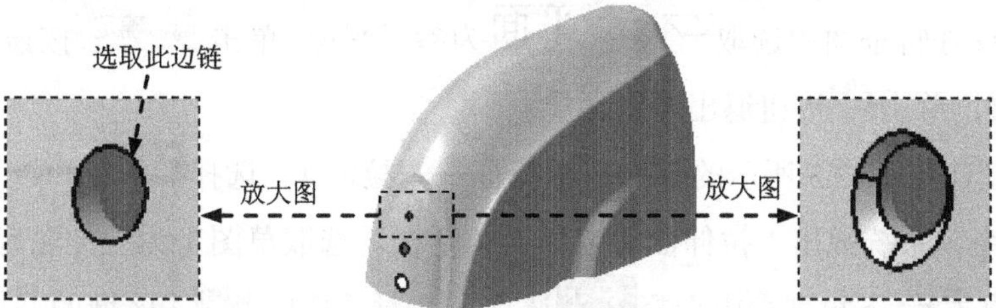

a）倒角前　　b）倒角后

图 11.2.55　倒角 1

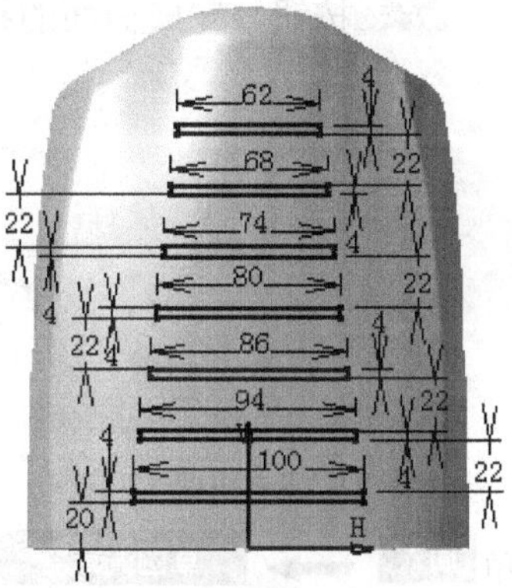

图 11.2.56　草图 6

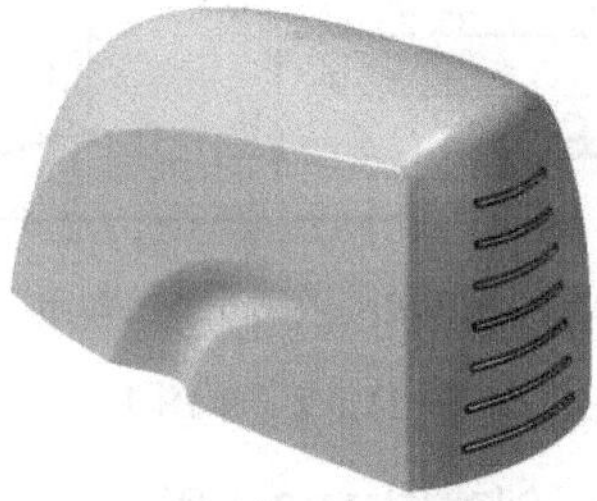

图 11.2.57　凹槽 2

Step52. 保存零件模型。

11.3　曲面设计范例——电话机面板

范例概述：

本范例介绍了电话机面板的设计过程。主要是讲述了曲线光顺、桥接曲面、拔模凹面、曲面修剪和拼接的操作。值得注意的是曲线光顺操作有助于改善曲线质量，移除曲线中的断点，减少曲面面片的生成。所建的零件模型如图 11.3.1 所示。

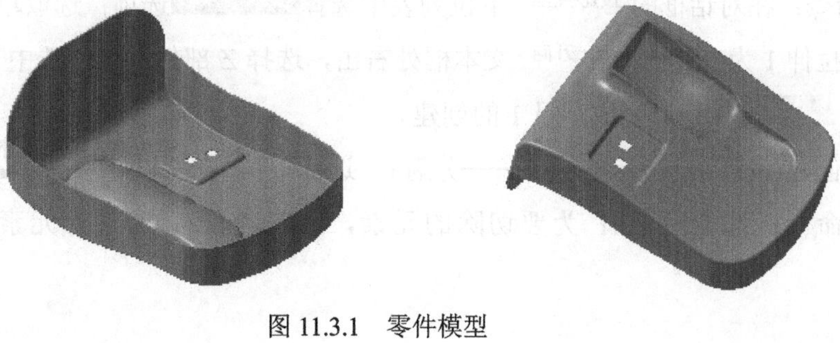

图 11.3.1　零件模型

Step1. 新建模型文件。选择下拉菜单 开始 → 形状 → 创成式外形设计 命令；系统弹出“新建零件”对话框，在 输入零件名称 文本框中输入文件名为 faceplate，单击 确定 按钮，进入“创成式外形设计”工作台。

Step2. 创建图 11.3.2 所示的草图 1。选择下拉菜单 插入 → 草图编辑器 → 草图 命令；在特征树中选取 yz 平面 为参考平面。单击 确定 按钮，绘制图 11.3.2 所示的草图 1，单击 按钮退出草图环境。

Step3. 创建图 11.3.3 所示的零件基础特征——拉伸 1。选择 插入 → 曲面 → 拉伸... 命令，系统弹出“拉伸曲面定义”对话框。选取草图 1 为拉伸轮廓。在对话框的 限制 1 区域的 类型： 下拉列表中选择 尺寸 选项，在对话框的 限制 1 区域的 尺寸： 文本框中输入拉伸高度值 60；在对话框的 限制 2 区域的 类型： 下拉列表中选择 尺寸 选项，在对话框的 限制 2 区域的 尺寸： 文本框中输入拉伸高度值 60。单击 确定 按钮，完成曲面的拉伸。

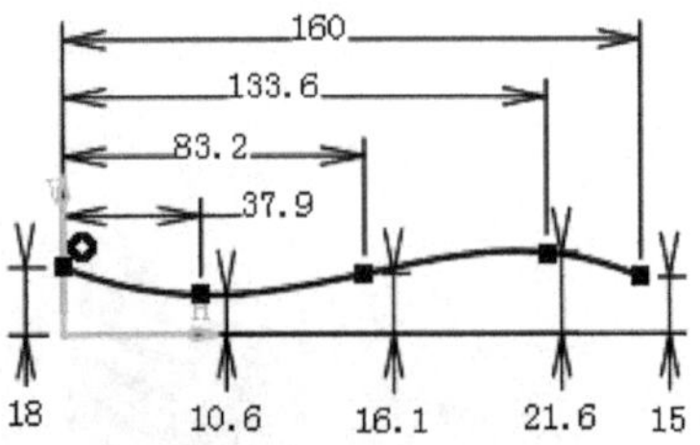

图 11.3.2 草图 1

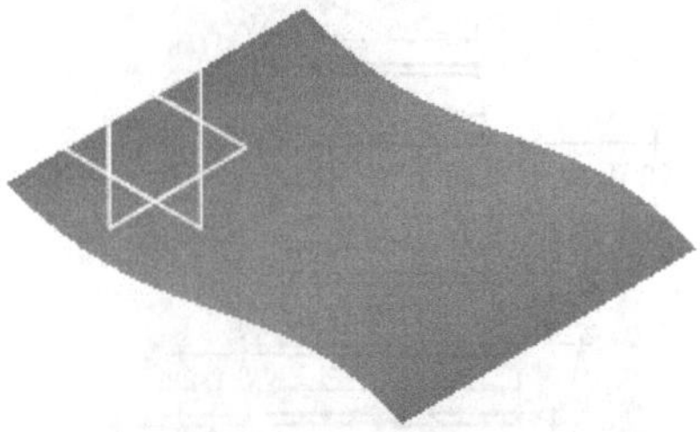

图 11.3.3 拉伸 1

Step4. 创建图 11.3.4 所示的草图 2。选择下拉菜单 插入 → 草图编辑器 → 草图 命令；在特征树中选取 xy 平面 为参考平面。单击 确定 按钮，绘制图 11.3.4 所示的草图 2，单击 按钮退出草图环境。

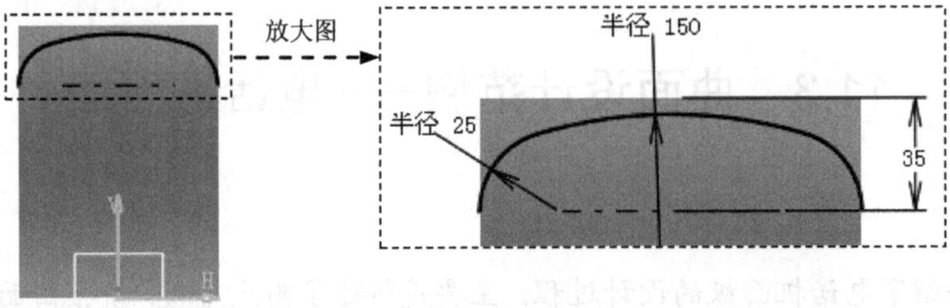

图 11.3.4 草图 2

Step5. 创建图 11.3.5 所示的特征——项目 1。选择下拉菜单 插入 → 线框 → 投影... 命令；在对话框的 投影类型： 下拉列表中选择 沿某一方向 选项；选取草图 2 为投影对象，选取拉伸 1 为支持面；在 方向： 文本框处右击，选择 Z 部件选项，选中 近接解法 复选框，单击 确定 按钮，完成项目 1 的创建。

Step6. 创建图 11.3.6 所示的特征——分割 1。选择下拉菜单 插入 → 操作 → 分割... 命令；选取拉伸 1 为要切除的元素，选取项目 1 为切除元素（可以通过另一侧按钮调整分割方向），单击确定按钮，完成分割 1 的创建。

Step7. 创建图 11.3.7 所示的草图 3。选择下拉菜单插入 → 草图编辑器 → 草图命令；在特征树中选取 xy 平面为参考平面。单击确定按钮，绘制图 11.3.7 所示的草图 3，单击按钮退出草图环境。

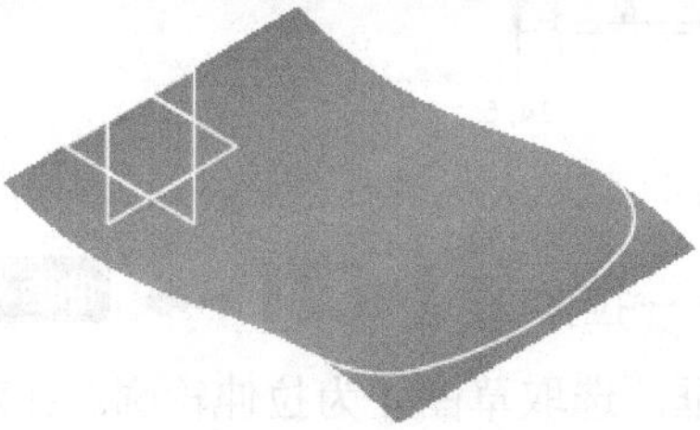
图 11.3.5　项目 1

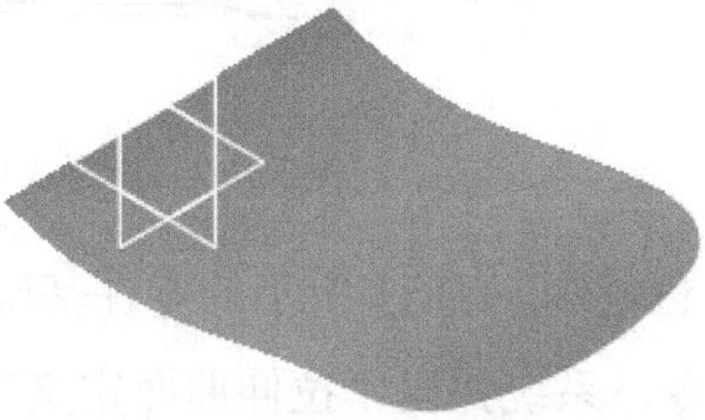
图 11.3.6　分割 1

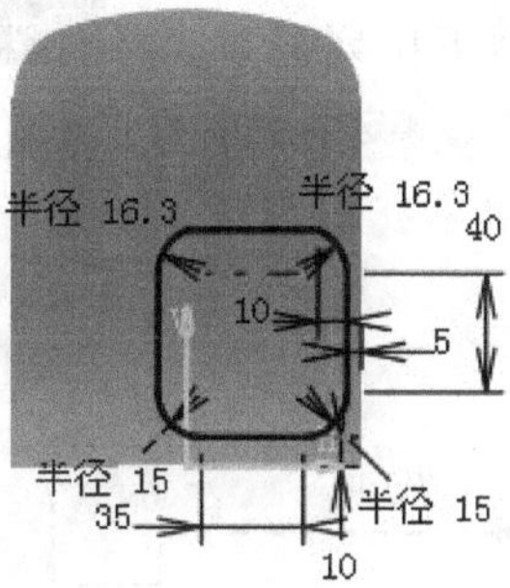

图 11.3.7　草图 3

Step8. 创建图 11.3.8 所示的特征——项目 2。选择下拉菜单插入 → 线框 → 投影...命令；在对话框的投影类型：下拉列表中选择沿某一方向选项；选取草图 3 为投影对象，选取分割 1 为支持面；在方向：文本框处右击，选择 Z 部件选项，选中近接解法复选框，单击确定按钮，完成项目 2 的创建。

Step9. 创建图 11.3.9 所示的特征——分割2。选择下拉菜单插入 → 操作 → 分割...命令；选取拉伸 1 为要切除的元素，选取项目 2 为切除元素（可以通过另一侧按钮调整分割方向），单击确定按钮，完成分割 2 的创建。

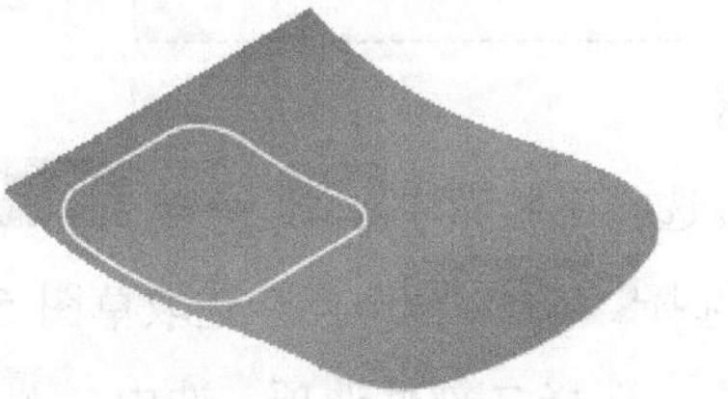
图 11.3.8　项目 2

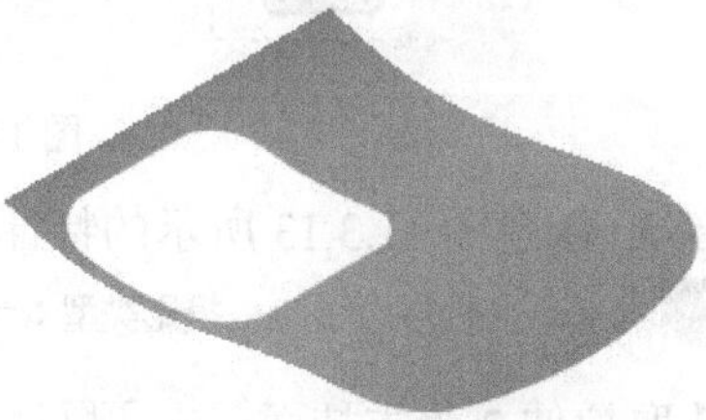
图 11.3.9　分割 2

Step10. 创建图 11.3.10 所示的草图 4。选择下拉菜单插入 → 草图编辑器 → 草图命令；在特征树中选取 yz 平面为参考平面。单击确定按钮，绘制图 11.3.10 所示的草图 4，单击按钮退出草图环境。

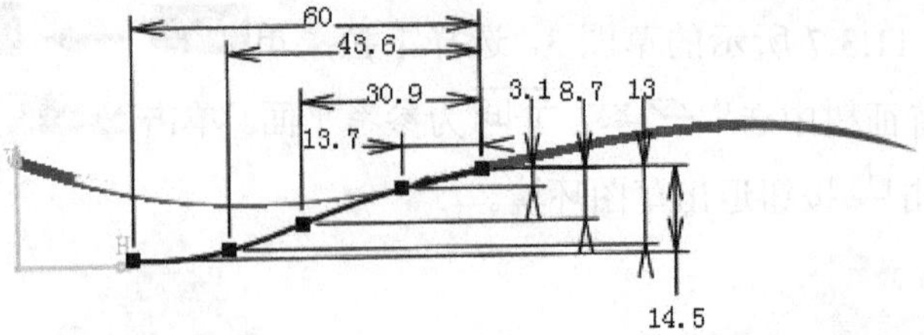

图 11.3.10　草图 4

Step11. 创建图 11.3.11 所示的零件基础特征——拉伸 2。选择插入 → 曲面 → 拉伸...命令，系统弹出“拉伸曲面定义”对话框。选取草图 4 为拉伸轮廓。在对话框的限制 1 区域的类型：下拉列表中选择直到元素选项，选取图 11.3.11 所示的点 1 为直到元素点；在对话框的限制 2 区域的类型：下拉列表中选择尺寸选项，在对话框的限制 2 区域的尺寸：文本框中输入拉伸值 0。单击确定按钮，完成曲面的拉伸。

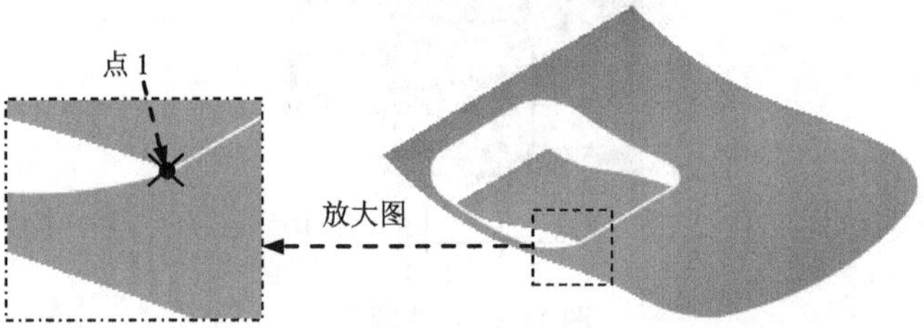

图 11.3.11　拉伸 2

Step12. 创建图 11.3.12 所示的草图 5。选择下拉菜单插入 → 草图编辑器 → 草图命令；在特征树中选取 xy 平面为参考平面。单击确定按钮，绘制图 11.3.12 所示的草图 5，单击按钮退出草图环境。

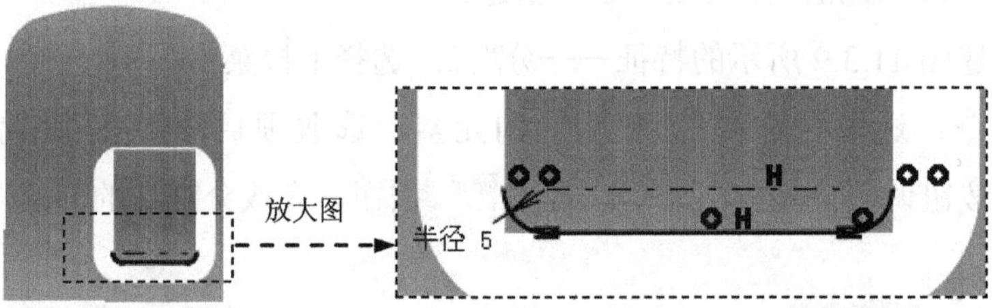

图 11.3.12　草图 5

Step13. 创建图 11.3.13 所示的特征——项目 3。选择下拉菜单插入 → 线框 → 投影...命令；在对话框的投影类型：下拉列表中选择沿某一方向选项；选取草图 5 为投影对象，选取拉伸 2 为支持面；在方向：文本框处右击，选择 Z 部件选项，选中近接解法复选框，单击确定按钮，完成项目 3 的创建。

Step14. 创建图 11.3.14 所示的特征——分割 3。选择下拉菜单插入 → 操作 → 分割...命令；选取拉伸 2 为要切除的元素，选取项目 3 为切除元素（可以通过另一侧按钮调整分割方向），单击确定按钮，完成分割 3 的创建。

图 11.3.13 项目 3

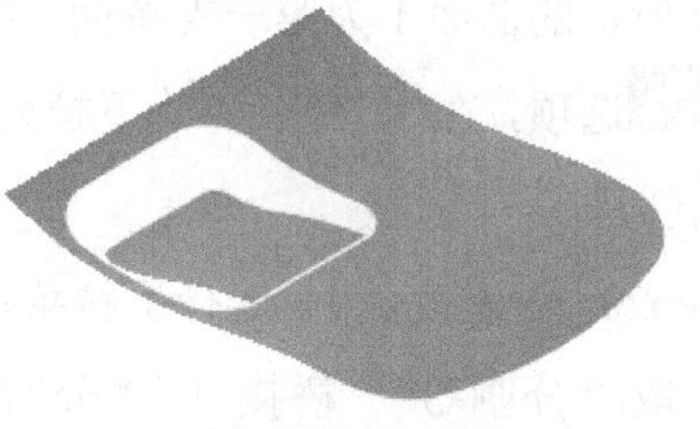

图 11.3.14 分割 3

Step15. 创建图 11.3.15 所示的边界 1。选择下拉菜单 插入 → 操作 → 边界... 命令；在 拓展类型： 后的文本框中选择 点连续 选项。选取图 11.3.16 所示的边线。选取点 1 与点 2 作为限制。单击 确定 按钮，完成边界 1 的创建。

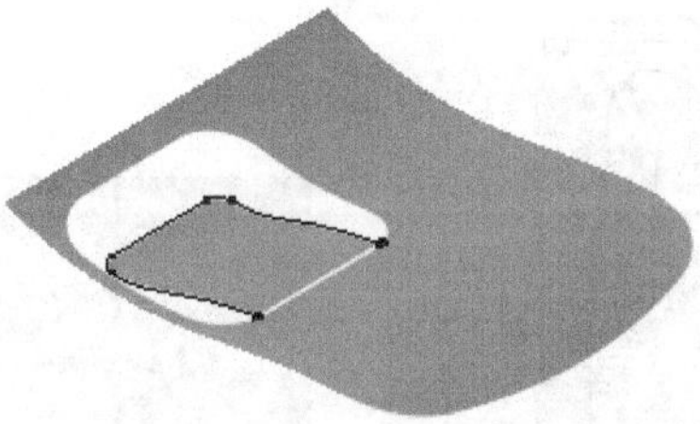

图 11.3.15 边界 1

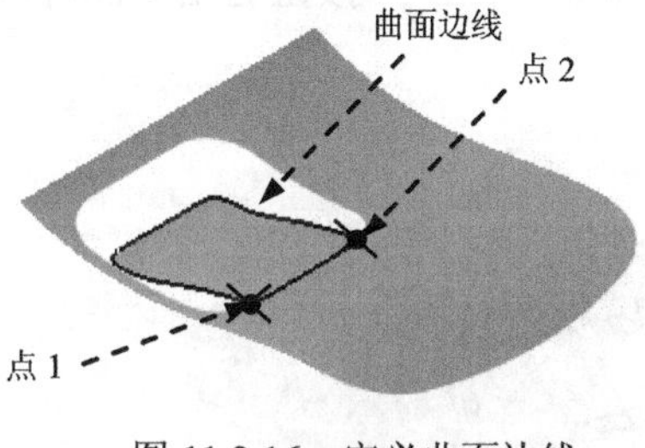

图 11.3.16 定义曲面边线

Step16. 创建图 11.3.17 所示的边界 2。选择下拉菜单 插入 → 操作 → 边界... 命令；在 拓展类型： 后的文本框中选择 点连续 选项。选取图 11.3.18 所示的边线。选取点 1 与点 2 作为限制。单击 确定 按钮，完成边界 2 的创建。

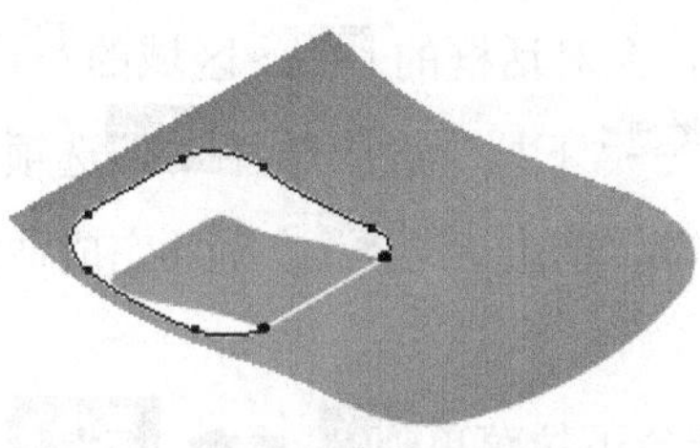

图 11.3.17 边界 2

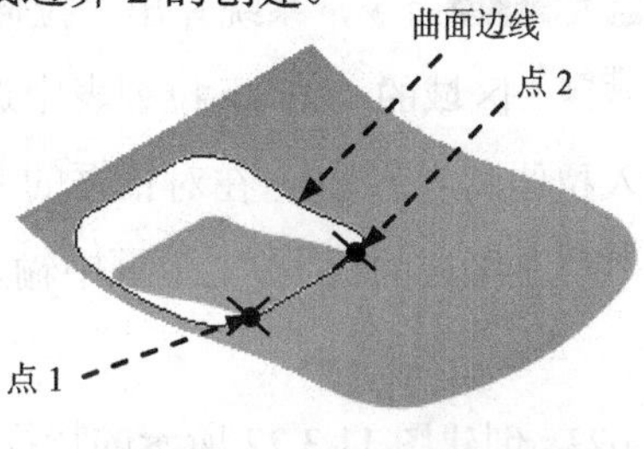

图 11.3.18 定义曲面边线

Step17. 创建特征——曲线光顺 1。选择下拉菜单 插入 → 操作 → 曲线光顺... 命令；选取 边界.1 为要光顺的曲线，在“曲线光滑定义”对话框 连续： 区域下，选中 曲率 单选项，单击 确定 按钮，完成曲线光顺 1 的创建。

Step18. 创建特征——曲线光顺 2。选择下拉菜单 插入 → 操作 → 曲线光顺... 命令；选取 边界.2 为要光顺的曲线，在“曲线光滑定义”对话框 连续： 区域下，选中 曲率 单选项，单击 确定 按钮，完成曲线光顺 2 的创建。

Step19. 创建图 11.3.19 所示的特征——桥接 1。选择下拉菜单 插入 → 曲面 ▸

→ 桥接... 命令，选取曲线光顺 2 和曲线光顺 1 分别为第一曲线和第二曲线，选取图 11.3.19 所示的曲面 1 为第一支持面。单击对话框中的 基本 选项卡，在 第一连续： 下拉列表中选择 相切 选项，在 第一相切边框： 下拉列表中选择 双末端 选项，单击 确定 按钮，完成桥接曲面的创建。

Step20. 创建接合 1。选择下拉菜单 插入 → 操作 ▸ → 接合... 命令，在绘图区中选取“分割 3”“桥接 1”“分割 2”作为要接合的元素。单击 确定 按钮，完成接合的创建。

Step21. 创建图 11.3.20 所示的草图 6。选择下拉菜单 插入 → 草图编辑器 → 草图 命令；在特征树中选取 xy 平面 为参考平面。单击 确定 按钮，绘制图 11.3.20 所示的草图 6，单击 按钮退出草图环境。

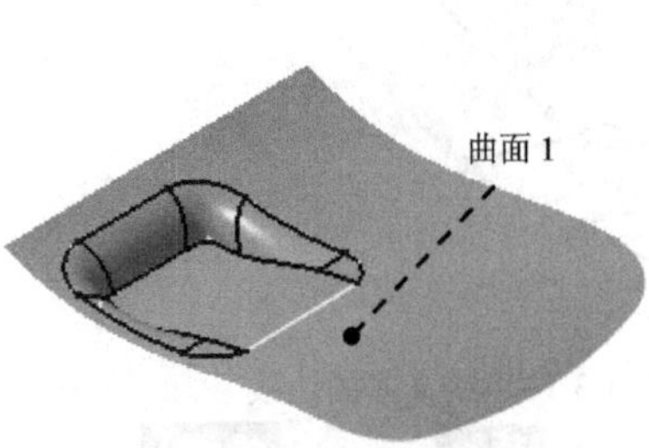

图 11.3.19　桥接 1

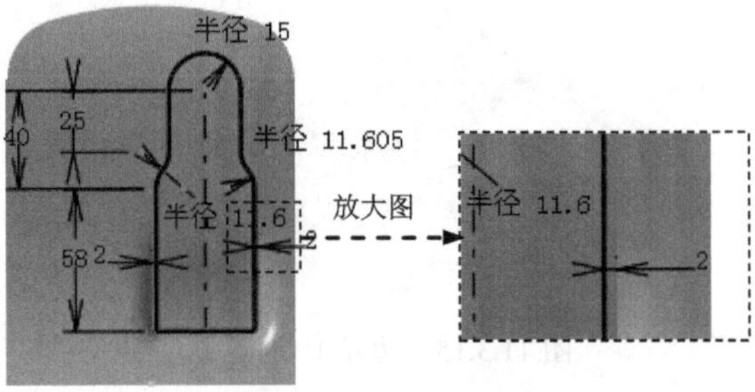

图 11.3.20　草图 6

Step22. 创建图 11.3.21 所示的零件基础特征——拉伸 3。选择 插入 → 曲面 ▸ → 拉伸... 命令，系统弹出“拉伸曲面定义”对话框。选取草图 6 为拉伸轮廓。在对话框的 限制 1 区域的 类型： 下拉列表中选择 尺寸 选项，在对话框的 限制 1 区域的 尺寸： 文本框中输入拉伸高度值 30；在对话框的 限制 2 区域的 类型： 下拉列表中选择 尺寸 选项，在对话框的 限制 2 区域的 尺寸： 文本框中输入拉伸高度值 5。单击 确定 按钮，完成曲面的拉伸。

Step23. 创建图 11.3.22 所示的特征——修剪 1。选择下拉菜单 插入 → 操作 ▸ → 修剪... 命令；在对话框的 模式： 下拉列表中选择 标准 选项，选取接合 1 和拉伸 3 为修剪元素，单击 确定 按钮，完成曲面的修剪操作。

说明：在选取曲面后，单击“修剪定义”对话框中的 另一侧/下一元素 和 另一侧/上一元素 按钮可以改变修剪方向。

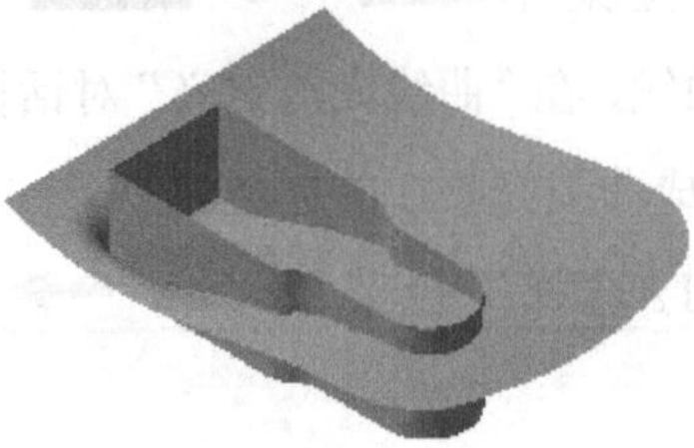
图 11.3.21　拉伸 3

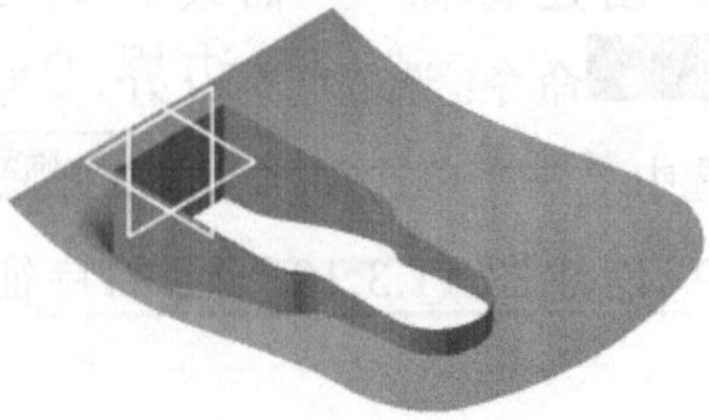
图 11.3.22　修剪 1

Step24. 创建图 11.3.23 所示的草图 7。选择下拉菜单 插入 → 草图编辑器 → 草图 命令；在特征树中选取 yz 平面 为参考平面。单击 确定 按钮，绘制图 11.3.23 所示的草图 7，单击 按钮退出草图环境。

Step25. 创建图 11.3.24 所示的特征——项目 4。选择下拉菜单 插入 → 线框 → 投影... 命令；在对话框的 投影类型：下拉列表中选择 沿某一方向 选项；选取草图 7 为投影对象，选取修剪 1 为支持面；在 方向：文本框处右击，选择 X 部件选项，选中 近接解法 复选框，单击 确定 按钮，完成项目 4 的创建。

Step26. 创建特征——多重提取 1。选择下拉菜单 插入 → 操作 → 多重提取... 命令；在 拓展类型：下拉列表中选取 无拓展 选项，选取图 11.3.25 所示的边线（4 条边线）为要提取的元素。单击 确定 按钮，完成多重提取 1 的创建。

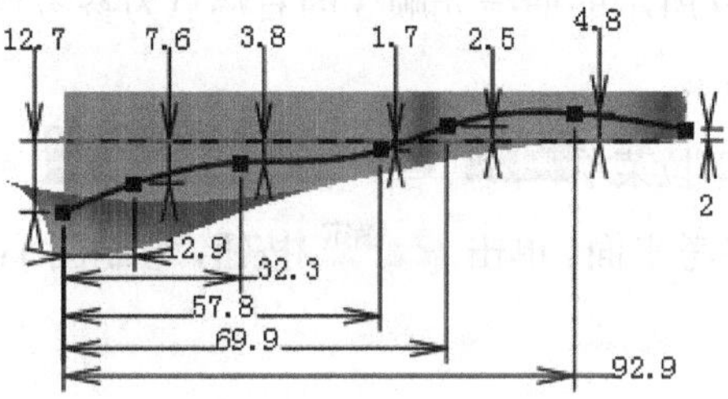

图 11.3.23 草图 7

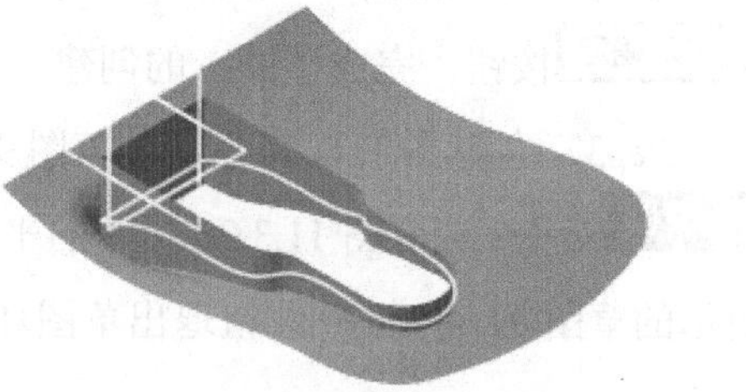

图 11.3.24 项目 4

Step27. 创建特征——多重提取 2。选择下拉菜单 插入 → 操作 → 多重提取... 命令；在 拓展类型：下拉列表中选取 无拓展 选项，选取图 11.3.26 所示的边线（4 条边线）为要提取的元素。单击 确定 按钮，完成多重提取 2 的创建。

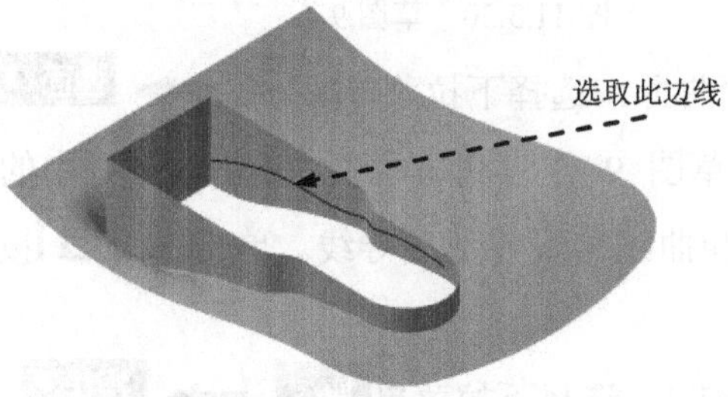

图 11.3.25 多重提取 1

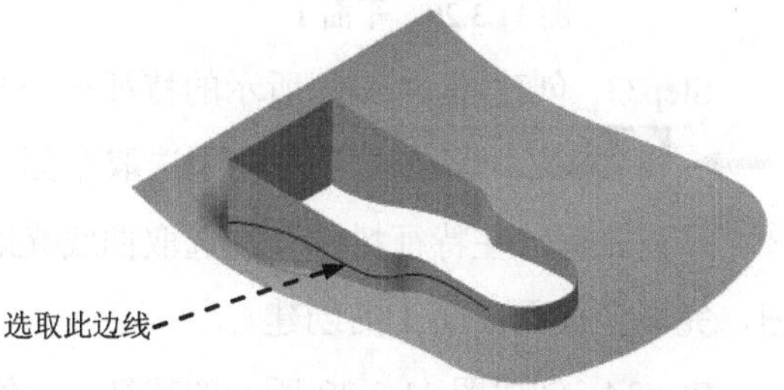

图 11.3.26 多重提取 2

Step28. 创建特征——曲线光顺 3。选择下拉菜单 插入 → 操作 → 曲线光顺... 命令；选取 多重提取. 1为要光顺的曲线，在"曲线光滑定义"对话框 连续：区域下，选中 曲率 单选项，单击 确定 按钮，完成曲线光顺 3 的创建。

Step29. 创建特征——曲线光顺 4。选择下拉菜单 插入 → 操作 → 曲线光顺... 命令；选取 多重提取. 2为要光顺的曲线，在"曲线光滑定义"对话框 连续：区域下，选中 曲率 单选项，单击 确定 按钮，完成曲线光顺 4 的创建。

Step30. 创建图 11.3.27 所示的草图 8。选择下拉菜单 插入 → 草图编辑器 →

草图命令；选取图 11.3.28 所示的面为参考平面。单击确定按钮，绘制图 11.3.27 所示的草图 8，单击按钮退出草图环境。

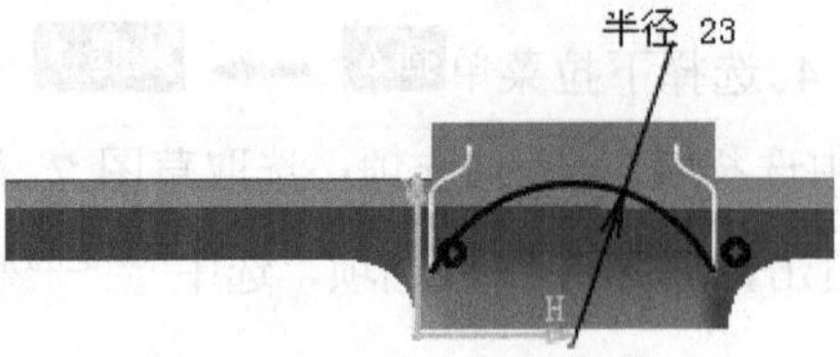

图 11.3.27 草图 8

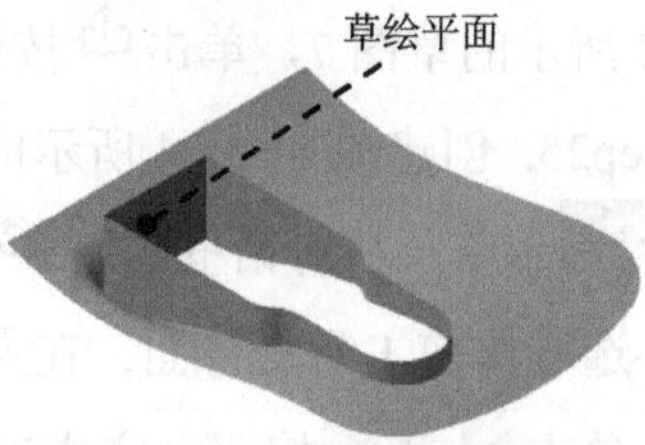

图 11.3.28 参考平面

Step31. 创建图 11.3.29 所示的特征——平面 1。选择下拉菜单 插入 → 线框 → 平面... 命令；在 平面类型： 下拉列表中选取 平行通过点 选项；在 参考： 文本框中右击，选取 zx 为参考平面；激活 点： 文本框，选取图 11.3.29 所示的曲线光顺 3 的右端点为参考点；单击 确定 按钮，完成平面 1 的创建。

Step32. 创建图 11.3.30 所示的草图 9。 选择下拉菜单 插入 → 草图编辑器 → 草图 命令；选取图 11.3.29 所示的平面 1 为参考平面。单击 确定 按钮，绘制图 11.3.30 所示的草图 9，单击按钮退出草图环境。

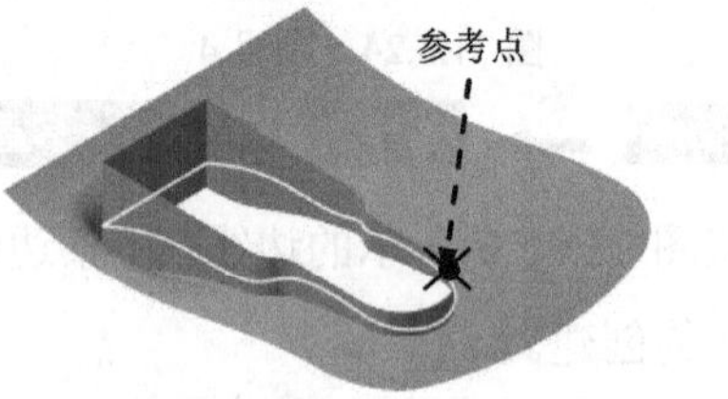

图 11.3.29 平面 1

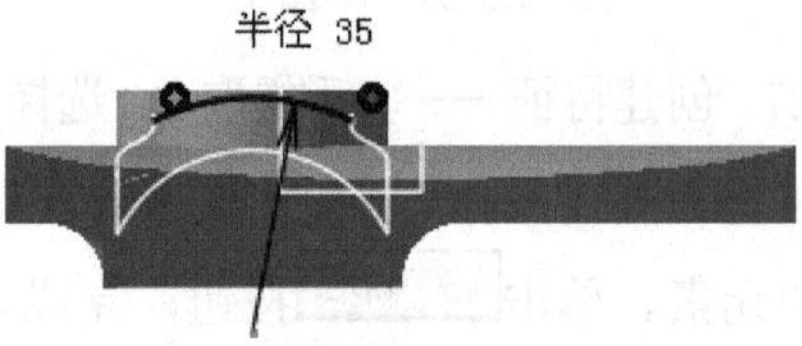

图 11.3.30 草图 9

Step33. 创建图 11.3.31 所示的特征——多截面曲面 1。选择下拉菜单 插入 → 曲面 → 多截面曲面... 命令；分别选取草图 8 和草图 9 作为截面曲线。单击对话框中的 引导线 列表框，在特征树中分别选取曲线光顺 3 和曲线光顺 4 为引导线。单击 确定 按钮，完成多截面曲面 1 的创建。

Step34. 创建图 11.3.32 所示的特征——外插延伸 1。选择下拉菜单 插入 → 操作 → 外插延伸... 命令，在图形区域选取草图 9 为边界，选取多截面曲面 1 为外插延伸的对象，在 限制 区域 类型： 下拉列表中选择 长度，输入长度值为 20.0。单击 确定 按钮，完成外插延伸 1 的创建。

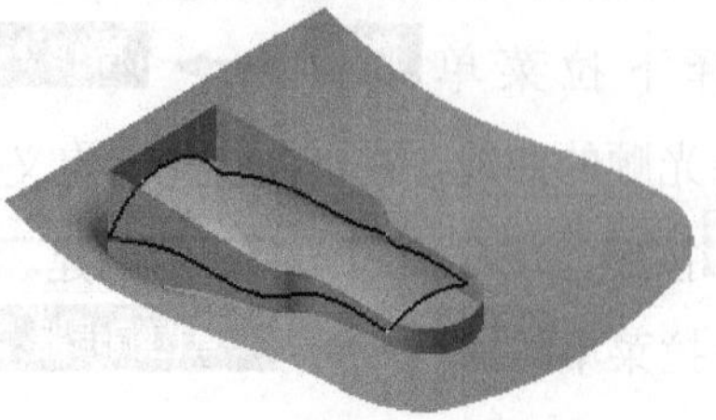

图 11.3.31 多截面曲面 1

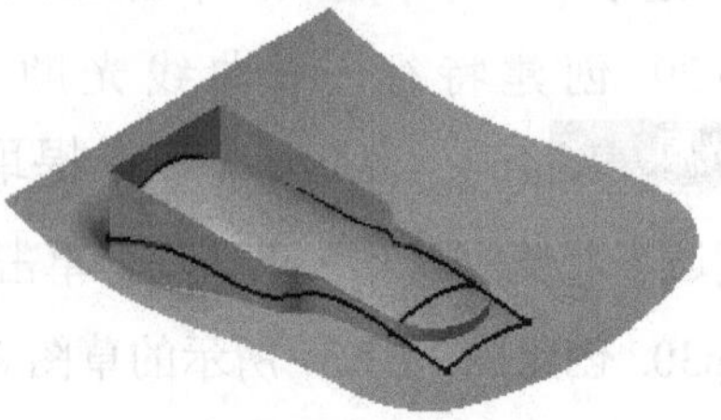

图 11.3.32 外插延伸 1

Step35. 创建图 11.3.33 所示的特征——修剪 2。选择下拉菜单 插入 → 操作 ▸ → 修剪... 命令；在对话框的 模式： 下拉列表中选择 标准 选项，选取外插延伸 1 和修剪 1 为修剪元素，单击 确定 按钮，完成曲面的修剪操作。

说明：在选取曲面后，单击"修剪定义"对话框中的 另一侧/下一元素 和 另一侧/上一元素 按钮可以改变修剪方向。

Step36. 创建特征——倒圆角 1。选取图 11.3.34 所示的边线为倒圆角的对象，倒圆角半径为 2.5。

Step37. 创建特征——倒圆角 2。选取图 11.3.35 所示的边线为倒圆角的对象，倒圆角半径为 2.5。

Step38. 创建提取 1。选择下拉菜单 插入 → 操作 ▸ → 提取... 命令，在对话框的 拓展类型： 下拉列表中选择 无拓展 选项。在图形区中选取图 11.3.36 所示的面为要提取的元素。单击 确定 按钮，完成曲面的提取。

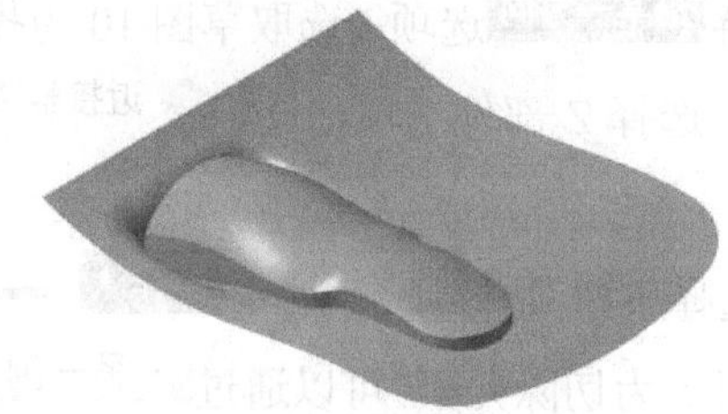

图 11.3.33　修剪 2

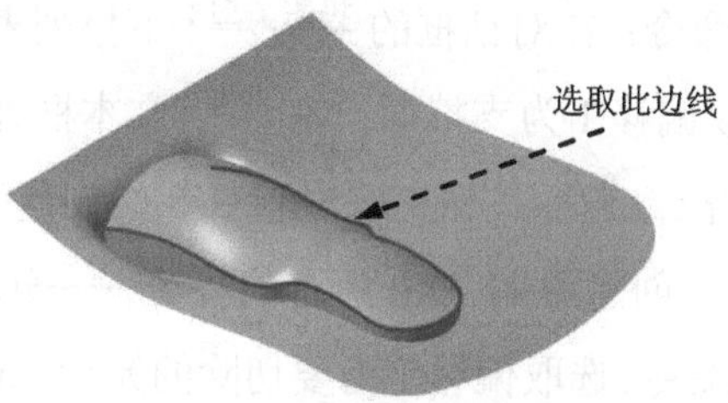

图 11.3.34　倒圆角 1

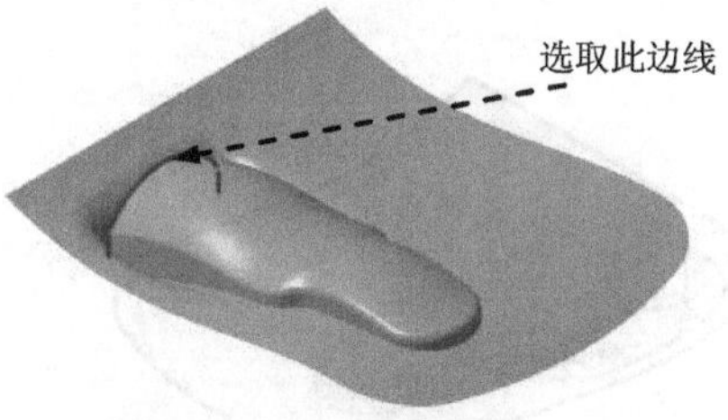

图 11.3.35　倒圆角 2

图 11.3.36　提取 1

Step39. 创建图 11.3.37 所示的特征——偏移 1。选择下拉菜单 插入 → 曲面 ▸ → 偏移... 命令；选取提取 1 作为偏移曲面，在对话框 偏移： 后的文本框中输入值 3.0，并单击 反转方向 按钮，单击 确定 按钮，完成偏移曲面的创建。

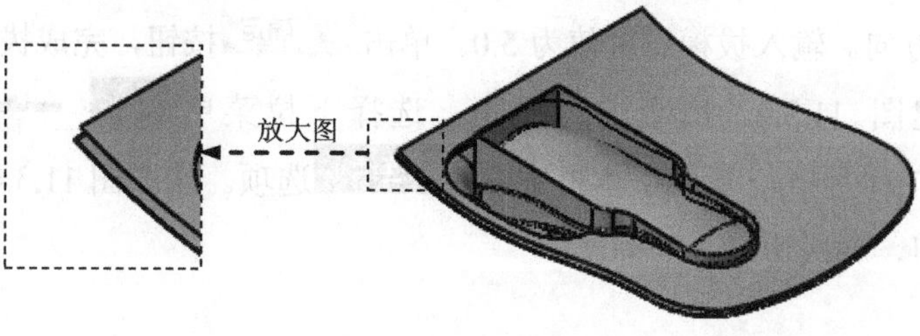

图 11.3.37　偏移 1

Step40. 创建图 11.3.38 所示的草图 10。选择下拉菜单 插入 → 草图编辑器 → 草图 命令；在特征树中选取 xy 平面 为参考平面。单击 确定 按钮，绘制图 11.3.38 所示的草图 10，单击 按钮退出草图环境。

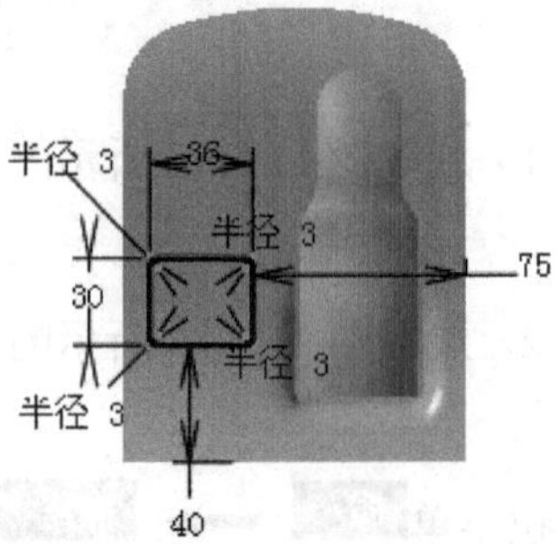

图 11.3.38　草图 10

Step41. 创建图 11.3.39 所示的特征——项目 5。选择下拉菜单 插入 → 线框 → 投影... 命令；在对话框的 投影类型： 下拉列表中选择 沿某一方向 选项；选取草图 10 为投影对象，选取偏移 1 为支持面；在 方向： 文本框处右击，选择 Z 部件选项，选中 近接解法 复选框，单击 确定 按钮，完成项目 5 的创建。

Step42. 创建图 11.3.40 所示的特征——分割 4。选择下拉菜单 插入 → 操作 → 分割... 命令；选取偏移 1 为要切除的元素，选取项目 5 为切除元素（可以通过 另一侧 按钮调整分割方向），单击 确定 按钮，完成分割 4 的创建。

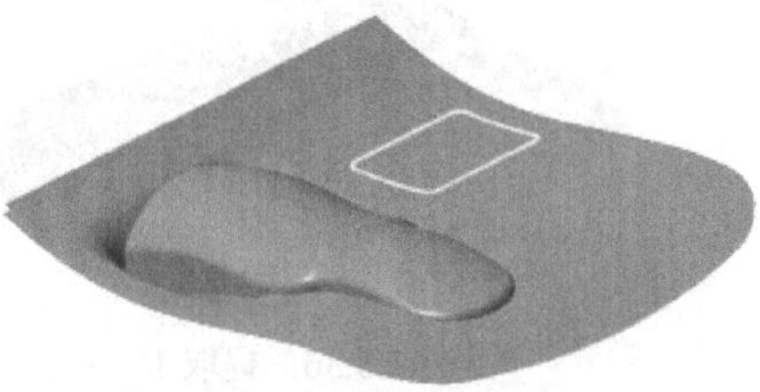

图 11.3.39　项目 5

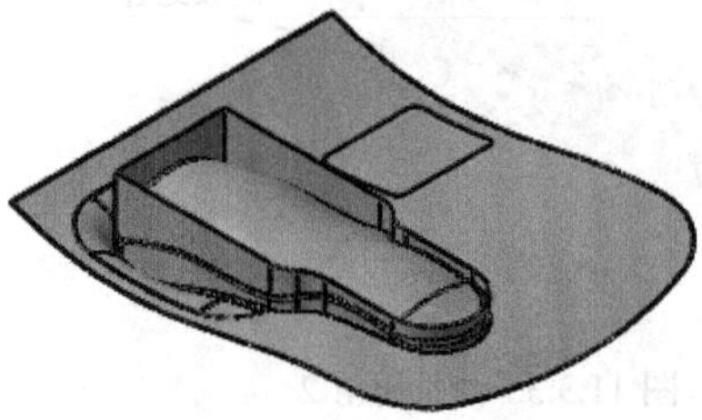

图 11.3.40　分割 4

Step43. 创建图 11.3.41 所示的特征——拔模凹面 1。选择下拉菜单 插入 → BiW Templates → 拔模凹面... 命令；选取分割 4 为坐落曲面，选取倒圆角 2 为基元素，采用默认的拔模方向。输入拔模斜度值为 5.0。单击 确定 按钮，完成拔模凹面 1 的创建。

Step44. 创建图 11.3.42 所示的边界 3。选择下拉菜单 插入 → 操作 → 边界... 命令；在 拓展类型： 后的文本框中选择 点连续 选项。选取图 11.3.42 所示的边线。单击 确定 按钮，完成边界 3 的创建。

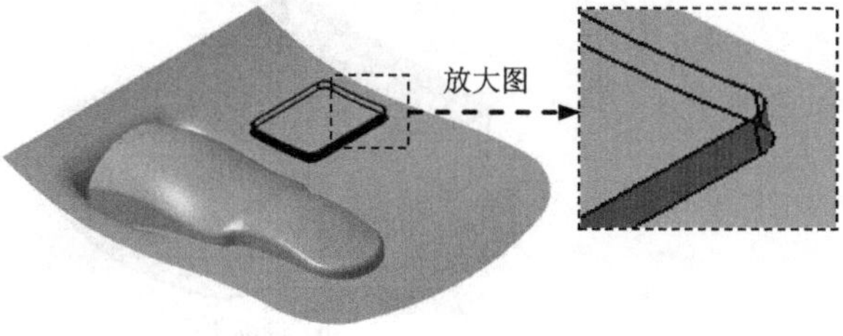

图 11.3.41　拔模凹面 1

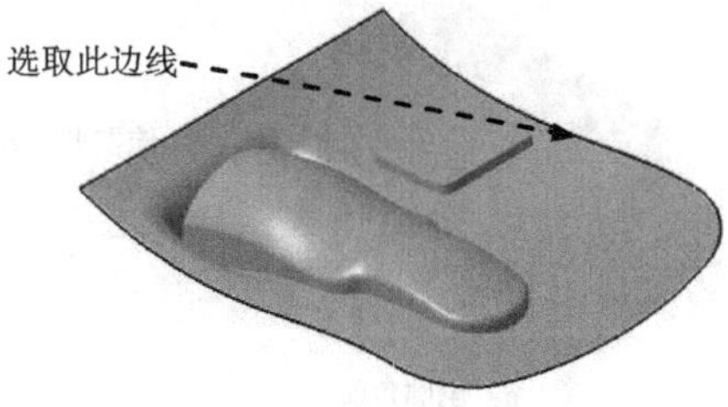

图 11.3.42　边界 3

Step45. 创建图 11.3.43 所示的拉伸曲面——拉伸 4。选择 插入 → 曲面 ▸ → 拉伸... 命令，系统弹出“拉伸曲面定义”对话框。选取边界 3 为拉伸轮廓。选取 Z 部件为方向参考，在对话框的 限制 1 区域的 类型： 下拉列表中选择 尺寸 选项，在对话框的 限制 1 区域的 尺寸： 文本框中输入拉伸高度值 30；在对话框的 限制 2 区域的 类型： 下拉列表中选择 尺寸 选项，在对话框的 限制 2 区域的 尺寸： 文本框中输入拉伸高度值 0。单击 确定 按钮，完成曲面的拉伸。

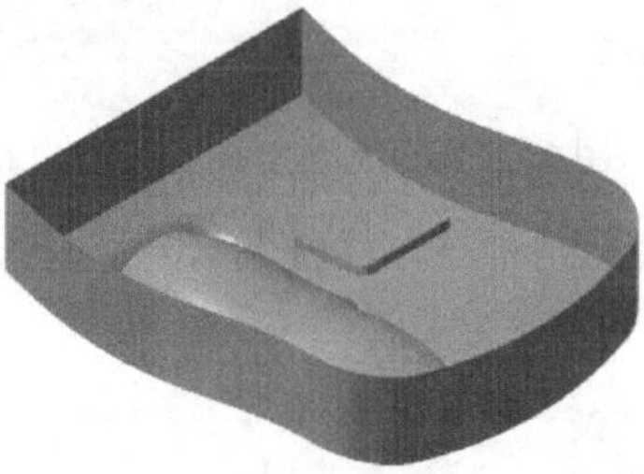

图 11.3.43　拉伸 4

Step46. 创建接合 2。选择下拉菜单 插入 → 操作 ▸ → 接合... 命令，在特征树中选取拉伸 4 和拔模凹面 1 作为要接合的曲面。单击 确定 按钮，完成接合曲面的创建。

Step47. 创建图 11.3.44b 所示的特征——倒圆角 3。选取图 11.3.44a 所示的边线为倒圆角的对象，倒圆角半径为 12。

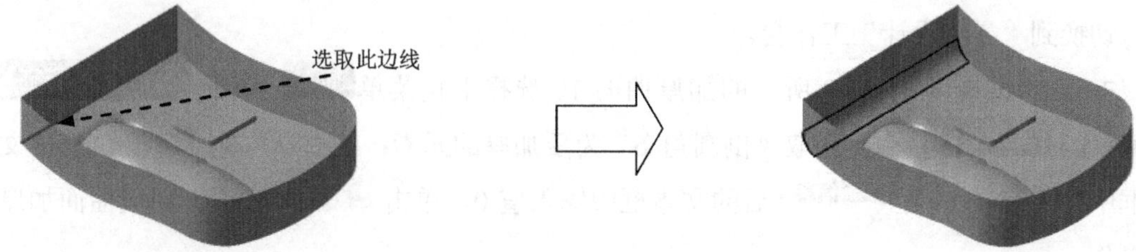

a）倒圆角前　　b）倒圆角后

图 11.3.44　倒圆角 3

Step48. 创建图 11.3.45b 所示的特征——倒圆角 4。选取图 11.3.45a 所示的边线为倒圆角的对象，倒圆角半径为 2。

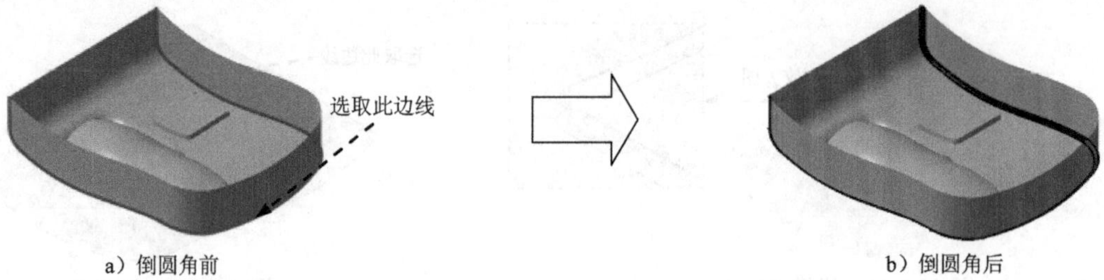

图 11.3.45　倒圆角 4

Step49. 创建图 11.3.46b 所示的特征——倒圆角 5。选取图 11.3.46a 所示的边线为倒圆角的对象，倒圆角半径为 2。

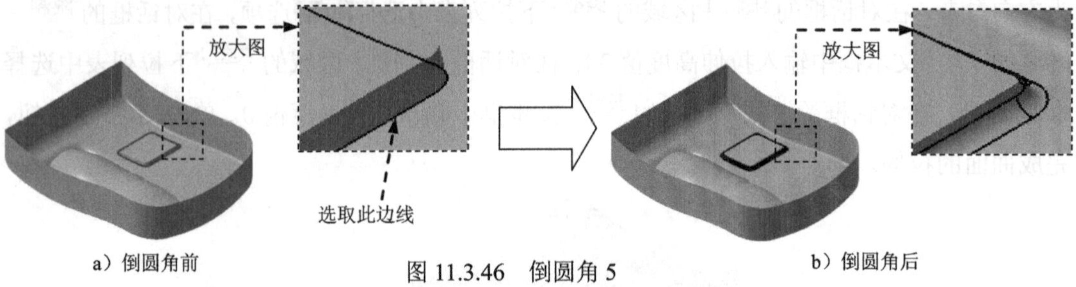

图 11.3.46　倒圆角 5

Step50. 创建图 11.3.47b 所示的特征——倒圆角 6。选取图 11.3.47a 所示的边线为倒圆角的对象，倒圆角半径为 1.5。

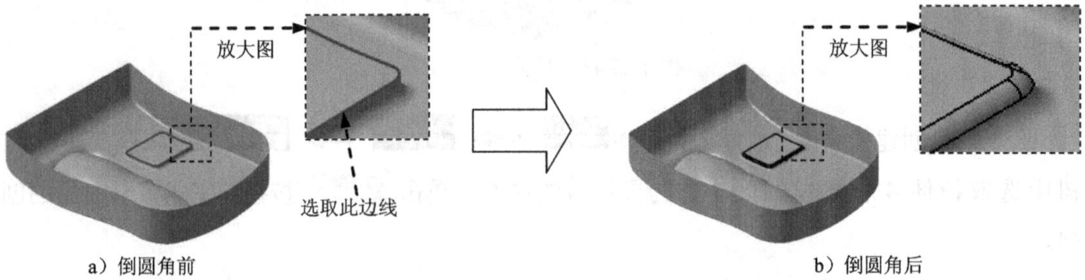

图 11.3.47　倒圆角 6

Step51. 切换工作台。选择下拉菜单 开始 → 机械设计 ▸ → 零件设计 命令，切换到“零件设计”工作台。

Step52. 创建图 11.3.48 所示的加厚曲面 1。选择下拉菜单 插入 → 基于曲面的特征 ▸ → 厚曲面... 命令，选取“倒圆角 6”为要加厚的元素；在对话框的 第一偏移： 后的文本框中输入值 1.0，在 第二偏移： 后的文本框中输入值 0。单击 确定 按钮，完成曲面加厚的操作。

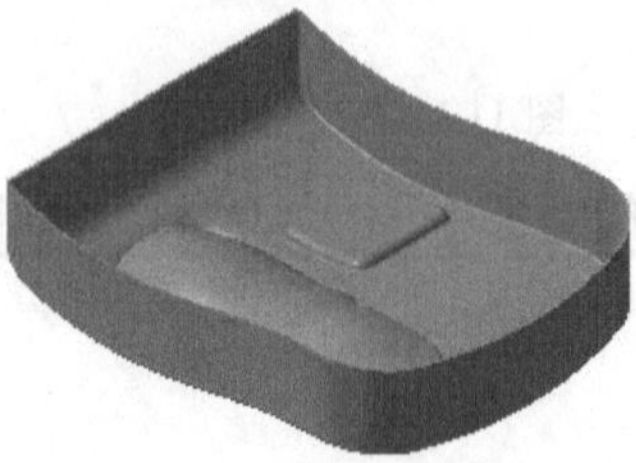

图 11.3.48　加厚曲面 1

Step53. 创建图 11.3.49 所示的零件特征——凹槽 1。选择下拉菜单 插入 → 基于草图的特征 ▸ → 凹槽... 命令；选取 yz 平面 为草绘平面，绘制图 11.3.50 所示的截面草图；在对话框 第一限制 区域和 第二限制 区域的 类型： 下拉列表中均选取 直到最后 选项，单击 确定 按钮，完成凹槽 1 的创建。

图 11.3.49 凹槽 1

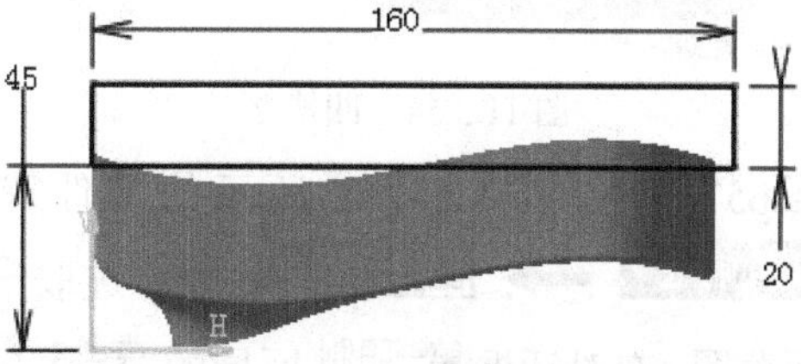

图 11.3.50 截面草图

Step54. 创建图 11.3.51 所示的草图 12。选择下拉菜单 插入 → 草图编辑器 → 草图 命令；在特征树中选取图 11.3.52 所示的面为参考平面。单击 确定 按钮，绘制图 11.3.52 所示的草图 11，单击 按钮退出草图环境。

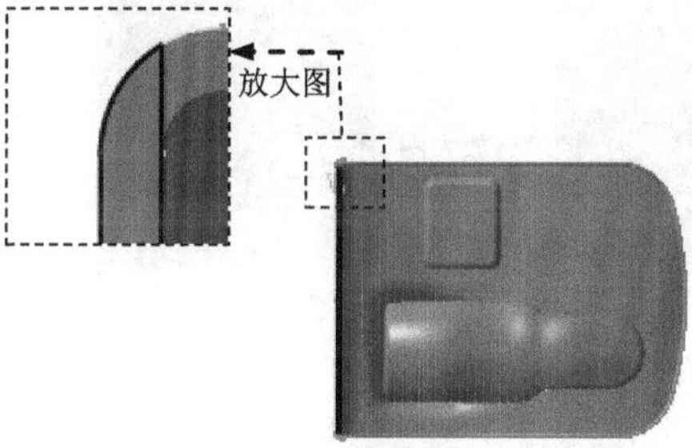

图 11.3.51 草图 11

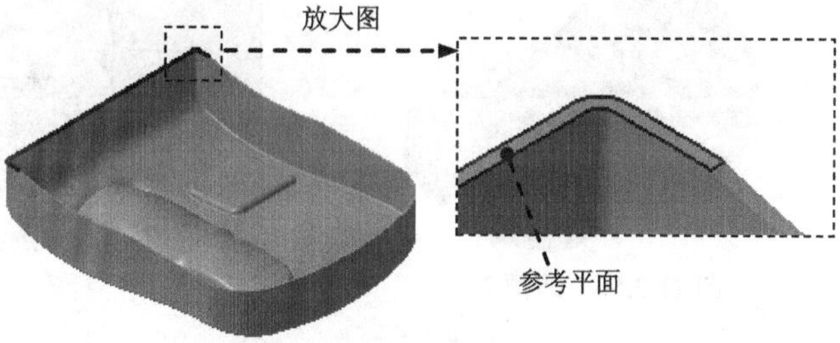

图 11.3.52 参考平面

Step55. 创建图 11.3.53 所示的零件基础特征——凸台 1。选择下拉菜单 插入 → 基于草图的特征 ▸ → 凸台... 命令，选取“草图 12”为轮廓。在 第一限制 区域的 类型： 下拉列表中选取 尺寸 选项，在 长度： 文本框中输入值 50。单击 反转方向 按钮，单击 确定 按钮，完成凸台 1 的创建。

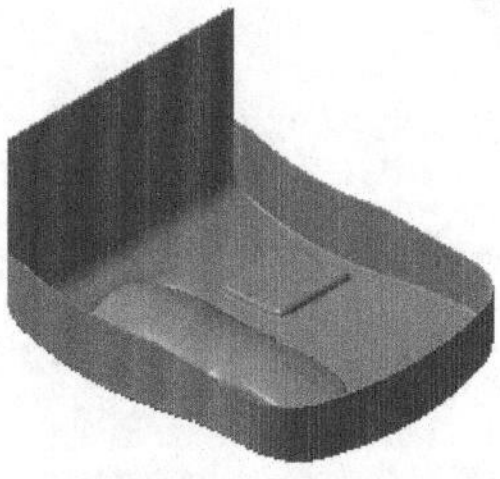
图 11.3.53 凸台 1

Step56. 创建图 11.3.54 所示的零件特征——凹槽 2。选择下拉菜单 插入 → 基于草图的特征 ▸ → 凹槽... 命令；选取图 11.3.54 所示平面为草图平面，绘制图 11.3.55 所示的截面草图；在对话框 第一限制 区域的 类型： 下拉列表中选取 直到最后 选项，单击 确定 按钮，完成凹槽 2 的创建。

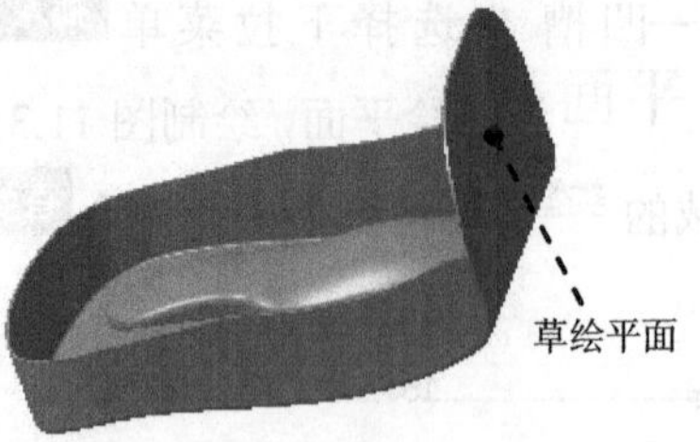

图 11.3.54 凹槽 2

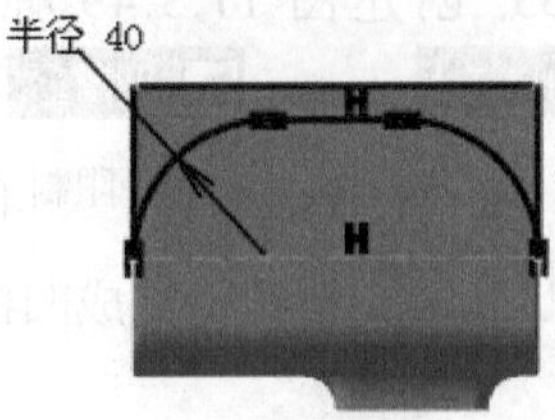

图 11.3.55 截面草图

Step57. 创建图 11.3.56 所示的零件特征——凹槽 3。选择下拉菜单 插入 → 基于草图的特征 ▸ → 凹槽... 命令；选取 xy 平面 为草图平面，绘制图 11.3.57 所示的截面草图；在对话框 第一限制 区域的 类型： 下拉列表中选取 直到最后 选项。单击 反转方向 按钮，单击 确定 按钮，完成凹槽 3 的创建。

Step58. 创建图 11.3.58b 所示的特征——倒圆角 7。选取图 11.3.58a 所示的边线为倒圆角的对象，倒圆角半径为 0.5。

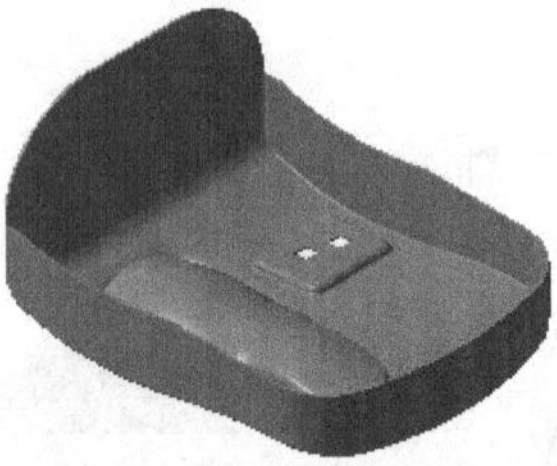

图 11.3.56 凹槽 3

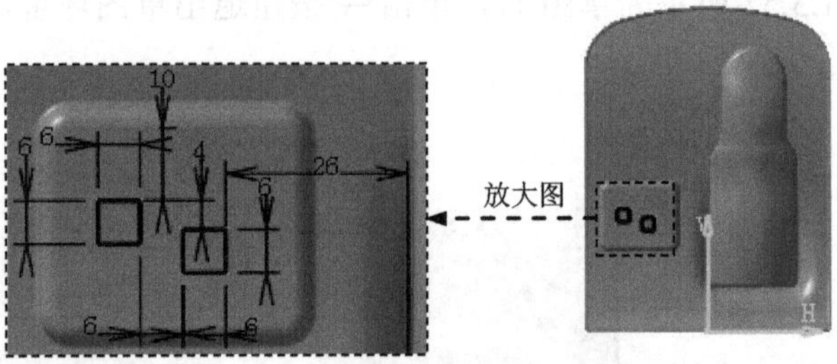

图 11.3.57 截面草图

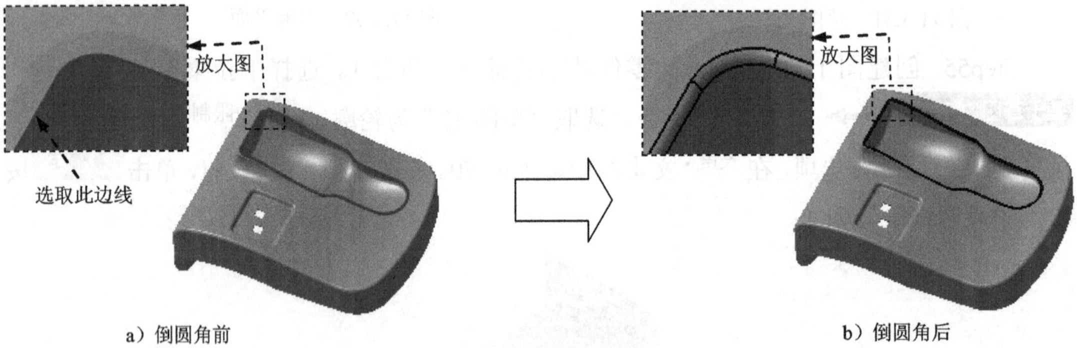

a）倒圆角前

b）倒圆角后

图 11.3.58 倒圆角 7

Step59. 保存零件模型。

11.4 自由曲面设计范例——遥控手柄

范例概述：

本范例介绍了遥控手柄的设计过程，综合运用了“创成式外形设计”“自由曲面设计”

中的曲面创建工具，操作较复杂，注意重点体会自由曲面中的桥接曲面、填充曲面的操作与创成式外形设计工作台中的区别以及在自由曲面设计工作台中分割曲面的方法。所建的零件模型如图 11.4.1 所示。

图 11.4.1　零件模型

Step1. 新建模型文件。选择下拉菜单 开始 → 形状 ▸ → 创成式外形设计 命令；系统弹出“新建零件”对话框，在 输入零件名称 文本框中输入文件名为 telecontrol_hand，单击 确定 按钮，进入“创成式外形设计”工作台。

Step2. 创建几何图形集 main_sur01。选择下拉菜单 插入 → 几何图形集... 命令；在“插入几何图形集”对话框的 名称: 文本框中输入 main_sur01；单击 确定 按钮，完成几何图形集的创建。

Step3. 创建图 11.4.2 所示的平面 1。选择下拉菜单 插入 → 线框 → 平面... 命令；系统弹出“平面定义”对话框，在特征树中选取 zx 平面 为参考平面。输入偏移距离为 15.0，单击 确定 按钮，完成平面 1 的创建。

Step4. 创建图 11.4.3 所示的平面 2。选择下拉菜单 插入 → 线框 → 平面... 命令；系统弹出“平面定义”对话框，在特征树中选取 yz 平面 为参考平面。输入偏移距离为-50.0，单击 确定 按钮，完成平面 2 的创建。

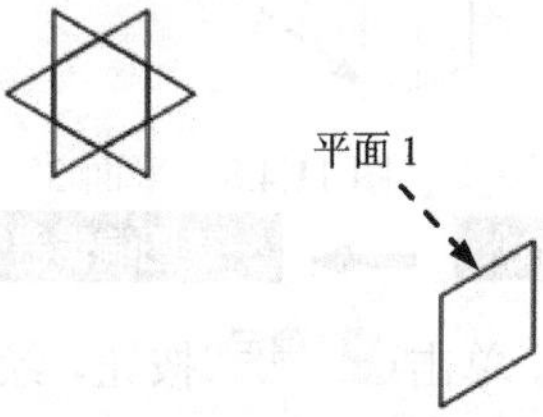

图 11.4.2　平面 1

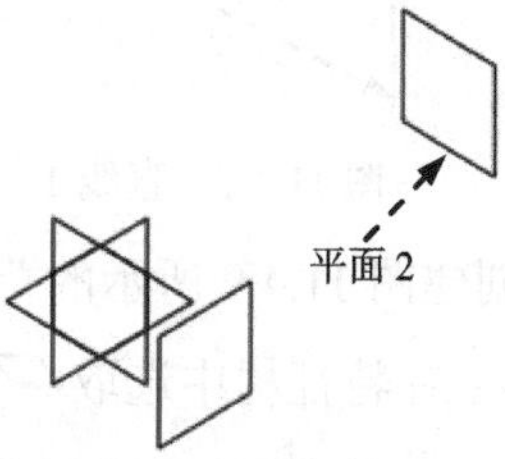

图 11.4.3　平面 2

Step5. 创建图 11.4.4 所示的草图 1。选择下拉菜单 插入 → 草图编辑器 → 草图 命令；在特征树中选取 平面.2 为参考平面。单击 确定 按钮，绘制图 11.4.4

所示的草图 1，单击按钮退出草图环境。

Step6. 创建图 11.4.5 所示的特征——点 1。选择下拉菜单 插入 → 线框 ▸ → 点... 命令；在 点类型： 下拉列表中选取 平面上 选项，选取 平面.2 为参考平面；参考图 11.4.6 所示设置其他参数，单击 确定 按钮，完成点 1 的创建。

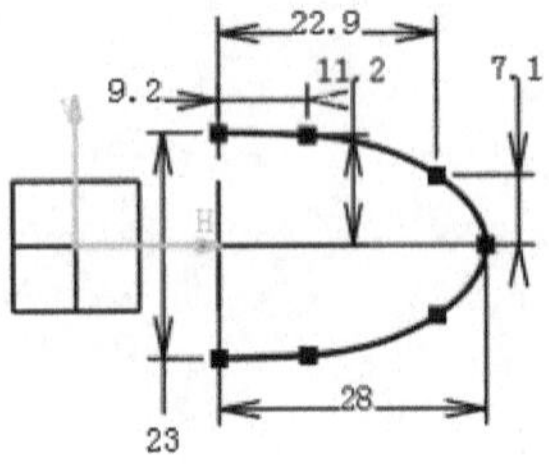

图 11.4.4 草图 1

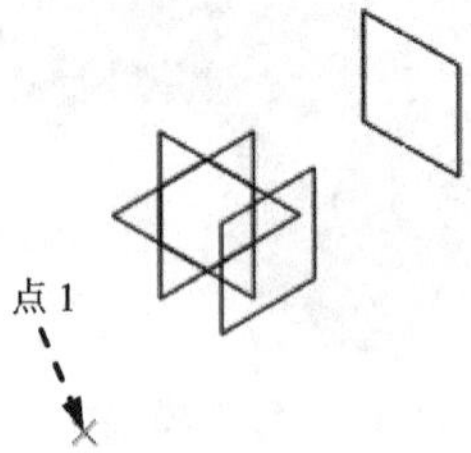

图 11.4.5 点 1

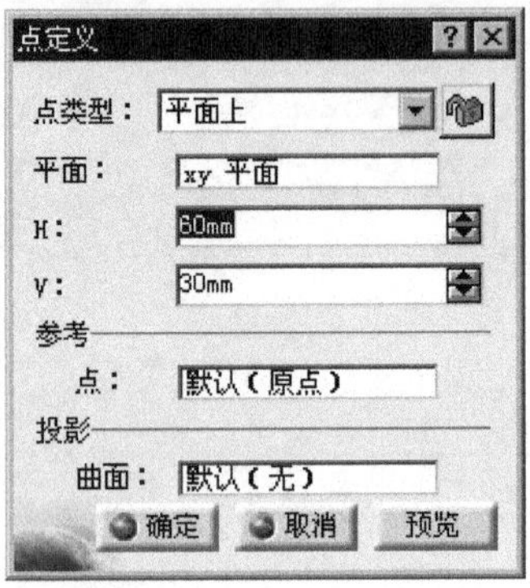

图 11.4.6 “点定义”对话框

Step7. 创建图 11.4.7 所示的特征——直线 1。选择下拉菜单 插入 → 线框 ▸ → 直线... 命令；在 线型： 下拉列表中选取 点-方向 选项，选取 点.1 为参考点；选取 Z 部件 为参考方向，在 起点： 下拉列表中输入值 15.0，在 终点： 下拉列表中输入值-15.0，单击 确定 按钮，完成直线 1 的创建。

Step8. 创建图 11.4.8 所示的平面 3。选择下拉菜单 插入 → 线框 → 平面... 命令；系统弹出“平面定义”对话框，在 平面类型： 下拉列表中选取 与平面成一定角度或垂直 选项；选取直线 1 为旋转轴，在 参考： 文本框中右击，选取 yz 平面 为参考平面；输入角度值 10.0；单击 确定 按钮，完成平面 3 的创建。

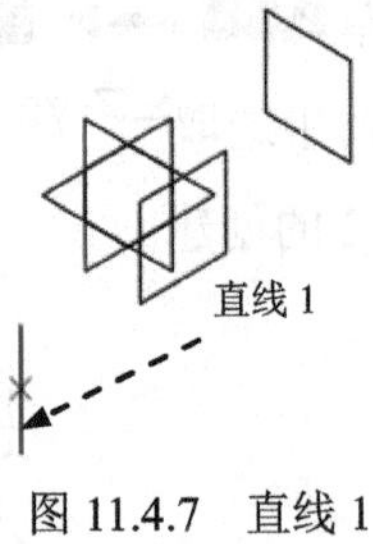

图 11.4.7 直线 1

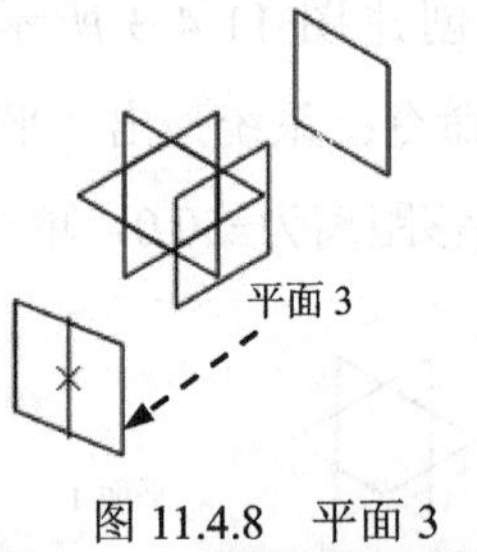

图 11.4.8 平面 3

Step9. 创建图 11.4.9 所示的草图 2。选择下拉菜单 插入 → 草图编辑器 → 草图 命令；在特征树中选取 平面.3 为参考平面。单击 确定 按钮，绘制图 11.4.9 所示的草图 2，单击按钮退出草图环境。

Step10. 创建图 11.4.10 所示的特征——点 2。选择下拉菜单 插入 → 线框 ▸ → 点... 命令；在 点类型： 下拉列表中选取 平面上 选项，选取 yz 平面 为参考平面；参考图 11.4.11 所示设置其他参数，单击 确定 按钮，完成点 2 的创建。

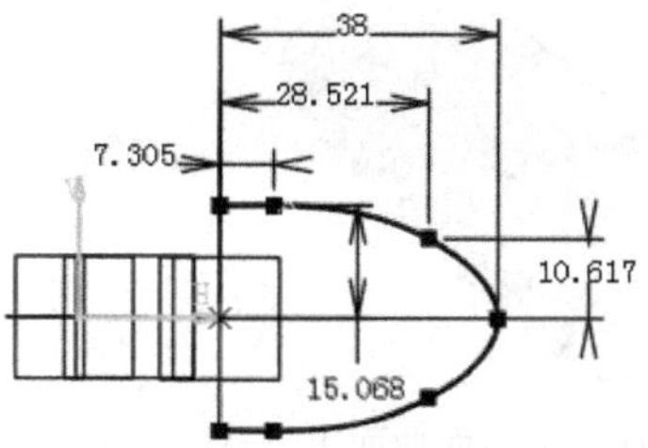

图 11.4.9 草图 2

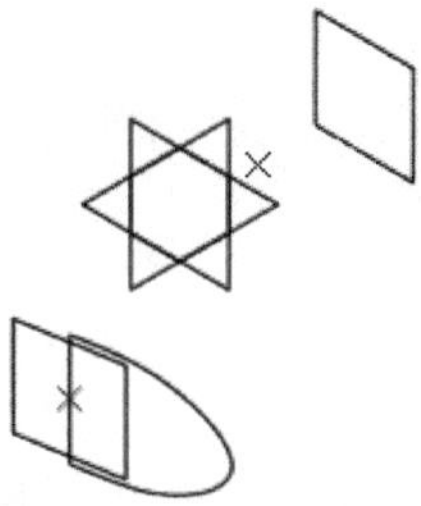
图 11.4.10 点 2

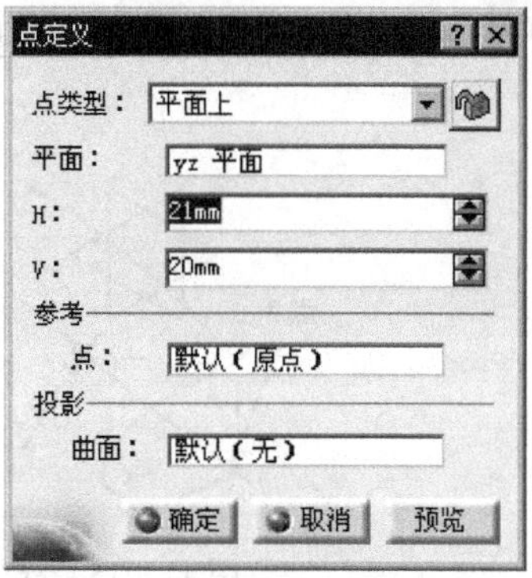

图 11.4.11 “点定义”对话框

Step11. 创建图 11.4.12 所示的样条线 1。选择下拉菜单 插入 → 线框 ▸ → 样条线... 命令；依次选取图 11.4.12 所示的点 1、 点 2 和点 3。单击 确定 按钮，绘制图 11.4.12 所示的样条线 1，单击 按钮退出草图环境。

Step12. 创建图 11.4.13 所示的特征——点 3。选择下拉菜单 插入 → 线框 ▸ → 点... 命令；在 点类型： 下拉列表中选取 平面上 选项，选取 yz 平面 为参考平面；参考图 11.4.14 所示设置其他参数，单击 确定 按钮，完成点 3 的创建。

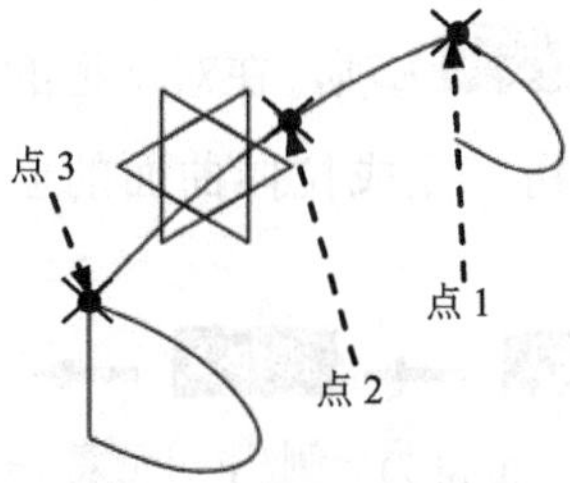

图 11.4.12 样条线 1

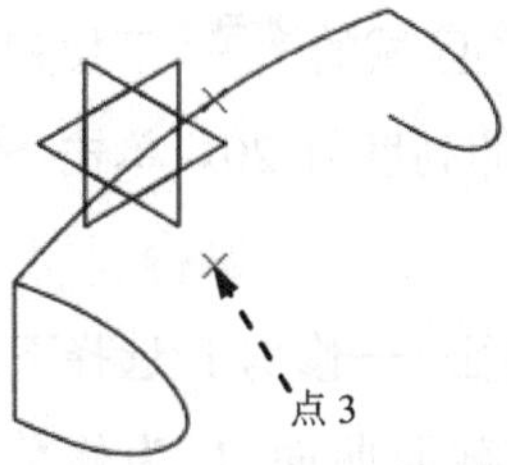

图 11.4.13 点 3

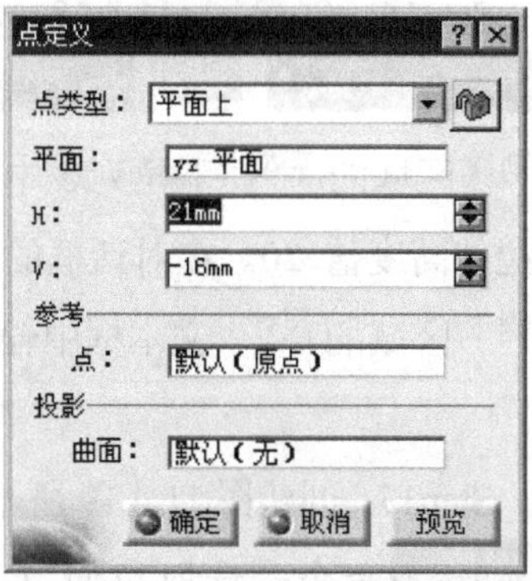

图 11.4.14 “点定义”对话框

Step13. 创建图 11.4.15 所示的样条线 2。选择下拉菜单 插入 → 线框 ▸ → 样条线... 命令；依次选取图 11.4.15 所示的点 1、点 2 和点 3。单击 确定 按钮，绘制图 11.4.15 所示的样条线 2，单击 按钮退出草图环境。

Step14. 创建图 11.4.16 所示的特征——多截面曲面 1。选择下拉菜单 插入 → 曲面 ▸ → 多截面曲面... 命令；分别选取样条线 1 和样条线 2 作为截面曲线。单击对话框中的 引导线 列表框，分别选取草图 1 和草图 2 为引导线。单击 确定 按钮，完成多截面曲面 1 的创建。

Step15. 创建图 11.4.17 所示的草图 3。选择下拉菜单 插入 → 草图编辑器 → 草图 命令；在特征树中选取 xy 平面 为参考平面。单击 确定 按钮，绘制图 11.4.17

所示的草图 3，单击 按钮退出草图环境。

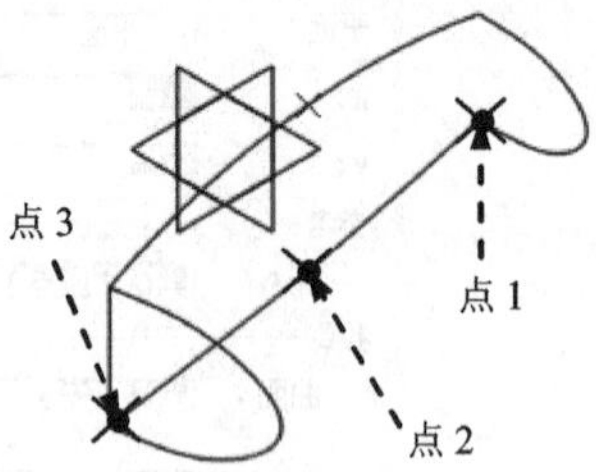

图 11.4.15 样条线 2

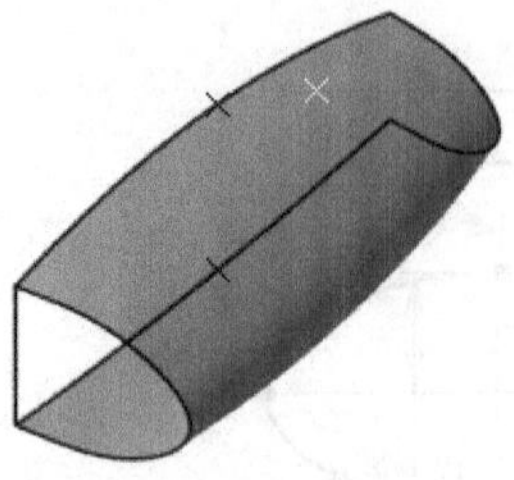

图 11.4.16 多截面曲面 1

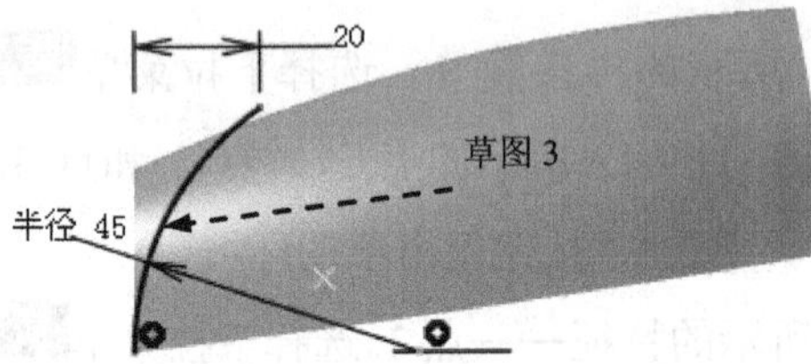

图 11.4.17 草图 3

Step16. 创建图 11.4.18 所示的拉伸曲面——拉伸 1。选择下拉菜单 插入 → Surface Creation ▸ → 拉伸曲面... 命令；在绘图区选取草图 3 为拉伸曲线；在对话框的 限制 1 区域的 类型： 下拉列表中选择 尺寸 选项，在对话框的 限制 1 区域的 尺寸： 文本框中输入拉伸高度值 20。在对话框的 限制 2 区域的 类型： 下拉列表中选择 尺寸 选项，在对话框的 限制 2 区域的 尺寸： 文本框中输入拉伸高度值 20。单击 确定 按钮，完成拉伸曲面的创建。

Step17. 创建图 11.4.19 所示的特征——修剪 1。选择下拉菜单 插入 → 操作 ▸ → 修剪... 命令；选取拉伸 1 和多截面曲面 1 为修剪元素（可通过 另一侧/下一元素 和 另一侧/上一元素 按钮调整修剪方向）；单击 确定 按钮，完成修剪 1 的创建。

图 11.4.18 拉伸 1

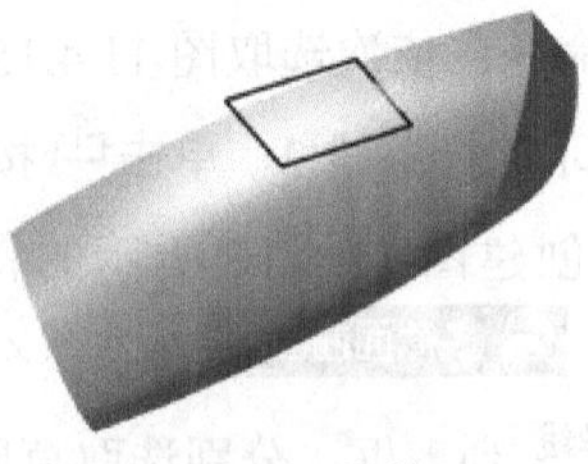

图 11.4.19 修剪 1

Step18. 创建图 11.4.20 所示的特征——填充 1。选择下拉菜单 插入 → 曲面 ▸ → 填充... 命令；选取草图 2 和直线 1 为边界曲线，单击 确定 按钮，完成填充 1 的创建。

Step19. 创建图 11.4.21 所示的草图 4。选择下拉菜单 插入 → 草图编辑器 → 草图 命令；在特征树中选取 xy 平面 为参考平面。单击 确定 按钮，绘制图 11.4.21 所示的草图 4，单击 按钮退出草图环境。

图 11.4.20 填充 1

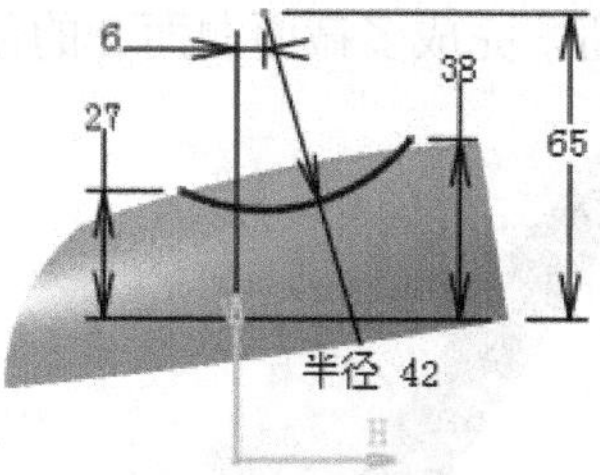

图 11.4.21 草图 4

Step20. 创建图 11.4.22 所示的拉伸曲面——拉伸 2。选择下拉菜单 插入 → Surface Creation ▸ → 拉伸曲面... 命令；在绘图区选取草图 4 为拉伸曲线；在对话框的 限制 1 区域的 类型： 下拉列表中选择 尺寸 选项，在对话框的 限制 1 区域的 尺寸： 文本框中输入拉伸高度值 20；在对话框的 限制 2 区域的 类型： 下拉列表中选择 尺寸 选项，在对话框的 限制 2 区域的 尺寸： 文本框中输入拉伸高度值 20。单击 确定 按钮，完成拉伸曲面的创建。

Step21. 创建图 11.4.23 所示的特征——修剪 2。选择下拉菜单 插入 → 操作 ▸ → 修剪... 命令；选取修剪 1 和拉伸 2 为修剪元素（可通过 另一侧/下一元素 和 另一侧/上一元素 按钮调整修剪方向）；单击 确定 按钮，完成修剪 2 的创建。

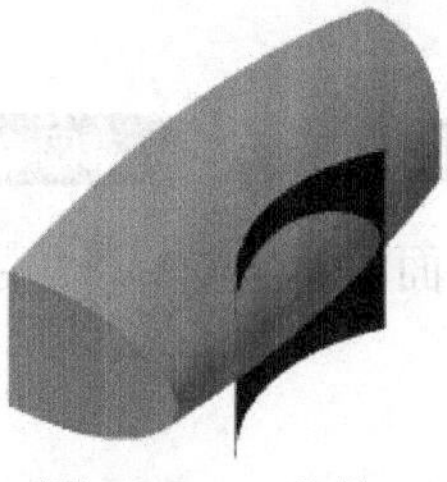

图 11.4.22 拉伸 2

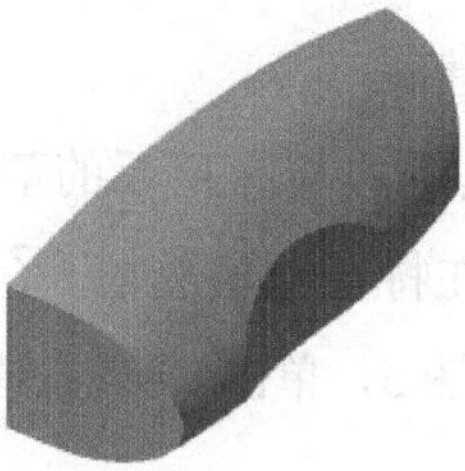

图 11.4.23 修剪 2

Step22. 创建图 11.4.24b 所示的特征——倒圆角 1。选取图 11.4.24a 所示的边线为倒圆角的对象，倒圆角半径为 5。

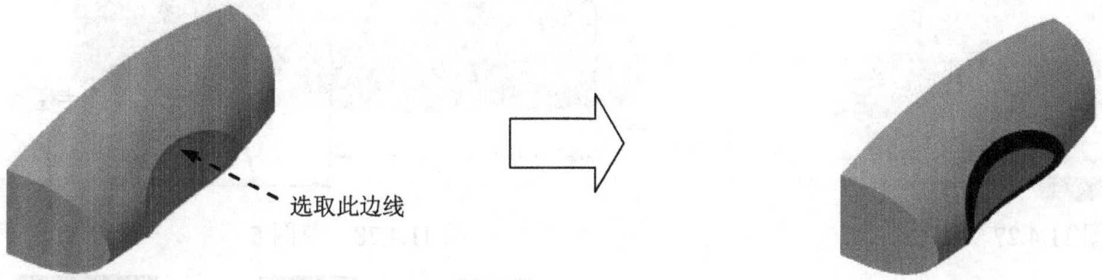

a）倒圆角前　　b）倒圆角后

图 11.4.24 倒圆角 1

Step23. 创建图 11.4.25 所示的特征——多截面曲面 2。选择下拉菜单 插入 → 曲面 ▸ → 多截面曲面... 命令；分别选取图 11.4.26 所示的曲线 1、曲线 2 作为截面曲线。单击对话框中的 引导线 列表框，分别选取图 11.4.26 所示的曲线 3、曲线 4 为引导线。单击 确定 按钮，完成多截面曲面 2 的创建。

图 11.4.25　多截面曲面 2

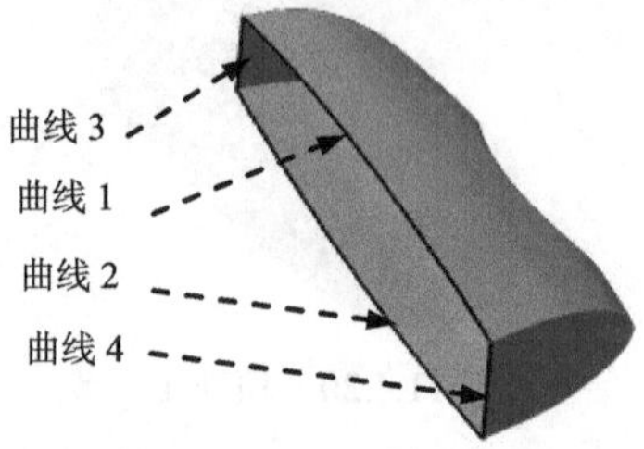

图 11.4.26　定义截面曲线

Step24. 创建特征——接合 1。选择下拉菜单 插入 → 操作 ▸ → 接合... 命令；选取倒圆角 1、多截面曲面 2 和填充 1 为接合对象。单击 确定 按钮，完成接合曲面的创建。

Step25. 创建图 11.4.27 所示对称 1。选择下拉菜单 插入 → 操作 ▸ → 对称... 命令，在特征树中选取接合 1 为对称元素。在特征树中选取 zx 平面为参考元素。单击 确定 按钮，完成对称的创建。

Step26. 创建几何图形集 main_sur02。选择下拉菜单 插入 → 几何图形集... 命令；在“插入几何图形集”对话框的 名称： 文本框中输入 main_sur02；单击 确定 按钮，完成几何图形集的创建。

Step27. 创建图 11.4.28 所示的草图 5。选择下拉菜单 插入 → 草图编辑器 → 草图 命令；在特征树中选取 zx 平面为参考平面。单击 确定 按钮，绘制图 11.4.28 所示的草图 5，单击 按钮退出草图环境。

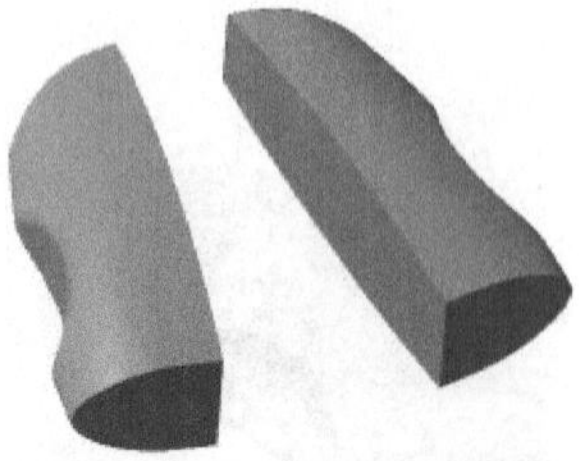

图 11.4.27　对称 1

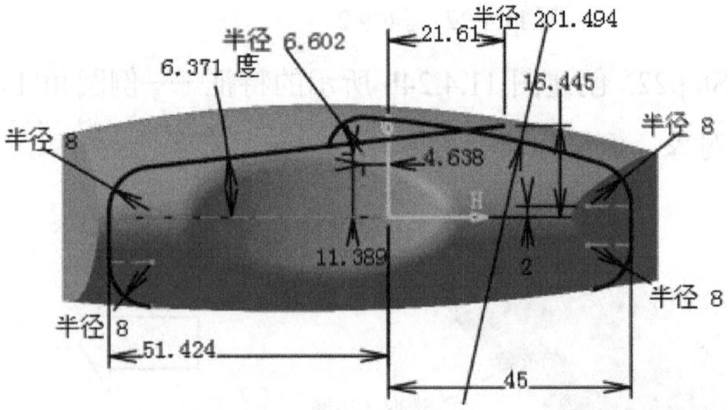

图 11.4.28　草图 5

Step28. 创建特征——提取 1。选择下拉菜单 插入 → 操作 ▸ → 提取... 命令；在 拓展类型： 下拉列表中选取 切线连续 选项，选取图 11.4.29 所示边线为要提取的元素；单击确定按钮，完成提取 1 的创建。

Step29. 创建特征——提取 2。选择下拉菜单插入 → 操作 ▸ → 提取...命令；在拓展类型：下拉列表中选取切线连续选项，选取图 11.4.30 所示边线为要提取的元素；单击确定按钮，完成提取 2 的创建。

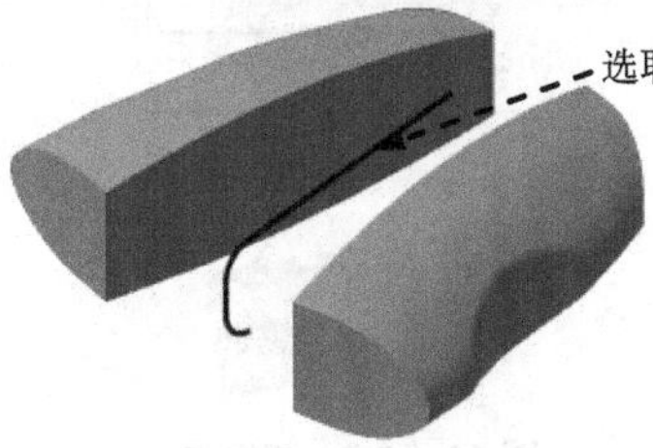

图 11.4.29　提取 1

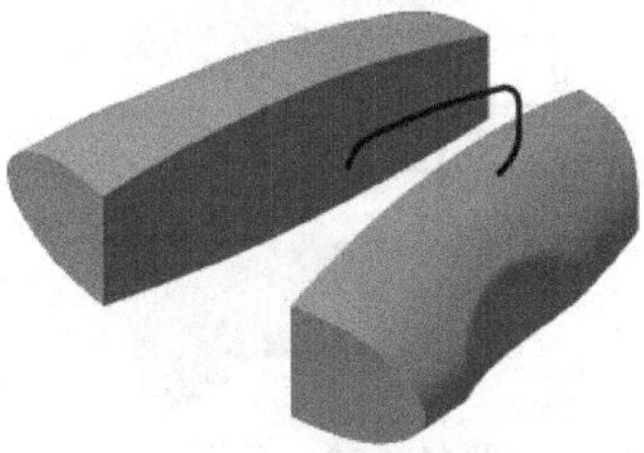

图 11.4.30　提取 2

Step30. 创建特征——曲线光顺 1。选择下拉菜单插入 → 操作 ▸ → 曲线光顺...命令；选取提取. 1为要光顺的曲线，在“曲线光滑定义”对话框连续：区域下，选中曲率单选项，单击确定按钮，完成曲线光滑 1 的创建。

Step31. 创建特征——曲线光顺 2。选择下拉菜单插入 → 操作 ▸ → 曲线光顺...命令；选取提取. 2为要光顺的曲线，在“曲线光滑定义”对话框连续：区域下，选中曲率单选项，单击确定按钮，完成曲线光滑 2 的创建。

Step32. 创建图 11.4.31 所示的多重输出 1（项目）。选择下拉菜单插入 → 线框 ▸ → 投影...命令；系统弹出“投影定义”对话框，在投影类型：下拉列表中选择沿某一方向选项，选取“曲线光顺 1”“曲线光顺 2”为投影对象。选取“对称 1”为支持面。在方向：文本框处右击，选择Y 部件选项，单击确定按钮，完成多重输出 1 的创建。

Step33. 创建图 11.4.32 所示的多重输出 2（项目）。选择下拉菜单插入 → 线框 ▸ → 投影...命令；系统弹出“投影定义”对话框，在投影类型：下拉列表中选择沿某一方向选项，选取“曲线光顺 1”“曲线光顺 2”为投影对象。选取“接合 1”为支持面。在方向：文本框处右击，选择Y 部件选项，单击确定按钮，完成多重输出 2 的创建。

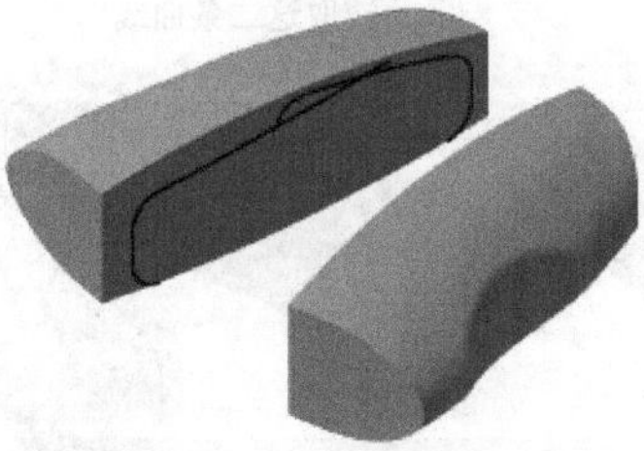

图 11.4.31　多重输出 1（项目）

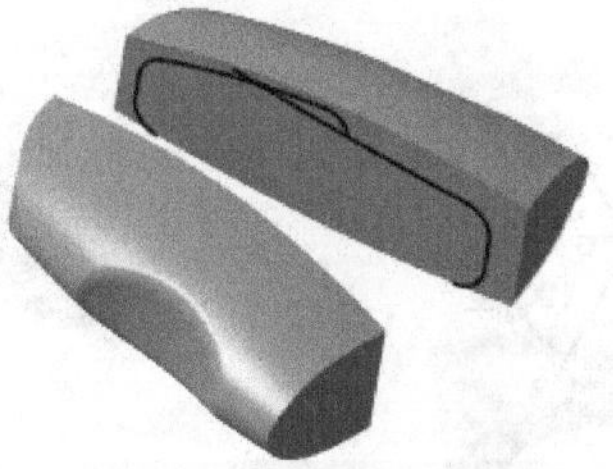

图 11.4.32　多重输出 2（项目）

Step34. 创建图 11.4.33 所示的草图 6。选择下拉菜单插入 → 草图编辑器 → 草图命令；在特征树中选取 xy 平面为参考平面。单击确定按钮，绘制图 11.4.33 所示的草图 6，单击按钮退出草图环境。

Step35. 创建图 11.4.34 所示的草图 7。选择下拉菜单 插入 → 草图编辑器 → 草图 命令；在特征树中选取 xy 平面 为参考平面。单击 确定 按钮，绘制图 11.4.34 所示的草图 7，单击按钮退出草图环境。

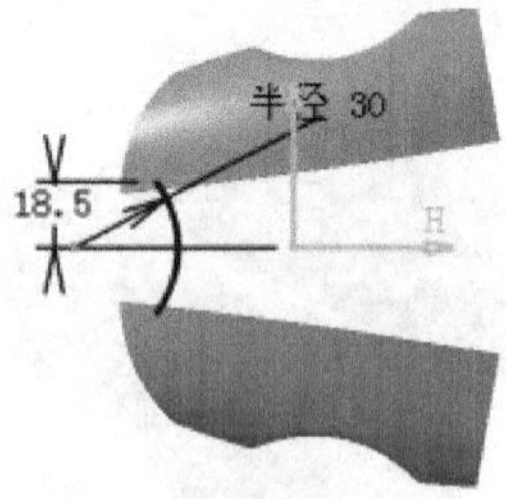

图 11.4.33　草图 6

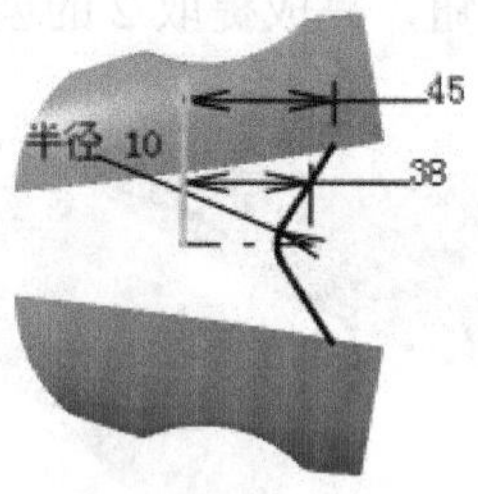

图 11.4.34　草图 7

Step36. 创建特征——曲线光顺 3。选择下拉菜单 插入 → 操作 → 曲线光顺... 命令；选取 草图.7 为要光顺的曲线，在“曲线光滑定义”对话框 连续: 区域下，选中 曲率 单选项，单击 确定 按钮，完成曲线光滑 3 的创建。

Step37. 创建图 11.4.35 所示的草图 8。选择下拉菜单 插入 → 草图编辑器 → 草图 命令；在特征树中选取 xy 平面 为参考平面。单击 确定 按钮，绘制图 11.4.35 所示的草图 8，单击按钮退出草图环境。

Step38. 创建特征——曲线光顺 4。选择下拉菜单 插入 → 操作 → 曲线光顺... 命令；选取 草图.8 为要光顺的曲线，在“曲线光滑定义”对话框 连续: 区域下，选中 曲率 单选项，单击 确定 按钮，完成曲线光滑 4 的创建。

Step39.切换工作台，选择下拉菜单 开始 → 形状 → FreeStyle 命令；切换到“自由曲面设计”工作台。

Step40. 创建图 11.4.36 所示的曲面 1。选择下拉菜单 插入 → Surface Creation → Blend Surface... 命令；系统弹出“桥接曲面”对话框，选取图 11.4.37 所示的曲线，调整两个桥接点的连续性显示均为“点”，单击 确定 按钮，完成曲面 1 的创建。

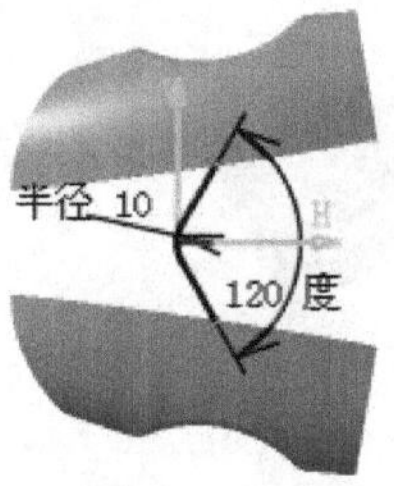

图 11.4.35　草图 8

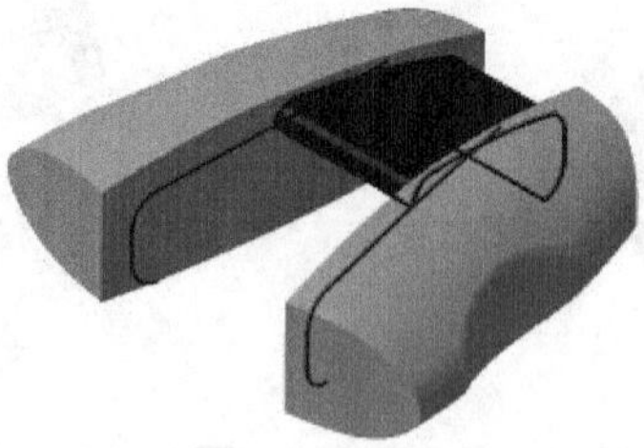

图 11.4.36　曲面 1

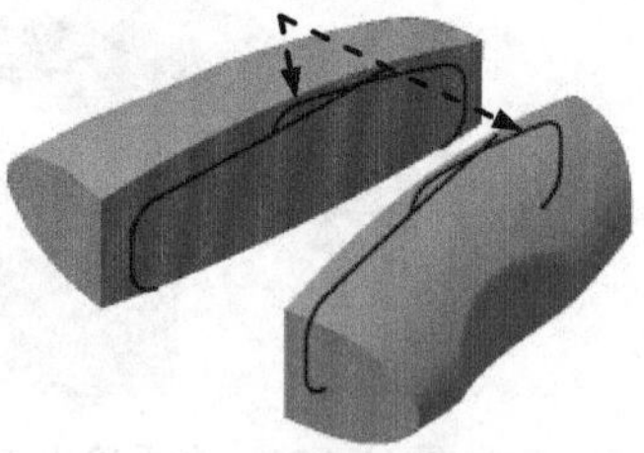

图 11.4.37　需桥接的线

Step41. 创建图 11.4.38 所示的中断曲面。选择下拉菜单 插入 → Operations → 断开... 命令，在对话框中单击按钮。单击 选择 区域 元素: 后的按钮，系统弹出

“元素列表”对话框，在特征树中选择曲面.1,单击“元素列表”对话框中的关闭按钮。单击限制:后的按钮，系统弹出“限制列表”对话框，在特征树中依次选择草图.6、曲线光顺.4,单击“限制列表”对话框中的关闭按钮。单击应用按钮，在图形区域选取要保留的区域。单击确定按钮，完成中断曲面的创建。

Step42. 创建图 11.4.39 所示的曲面 2。选择下拉菜单 插入 → Surface Creation → Blend Surface... 命令；系统弹出“桥接曲面”对话框，选取图 11.4.40 所示的曲线，调整两个桥接点的连续性显示均为“点”,单击确定按钮，完成曲面 2 的创建。

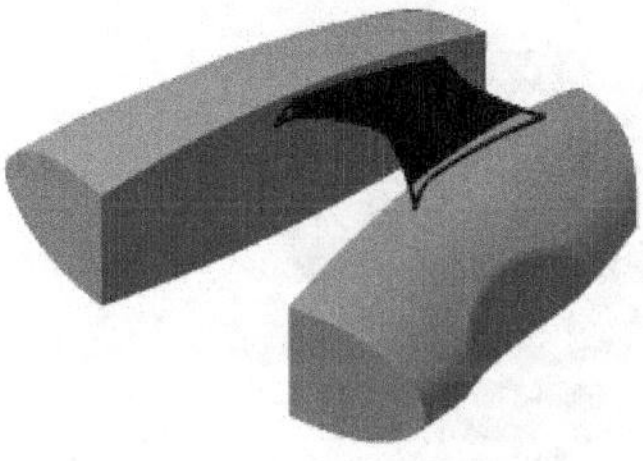
图 11.4.38 中断曲面

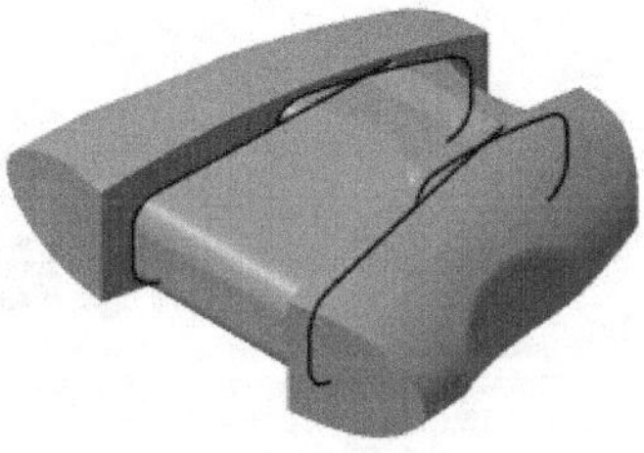
图 11.4.39 曲面 2

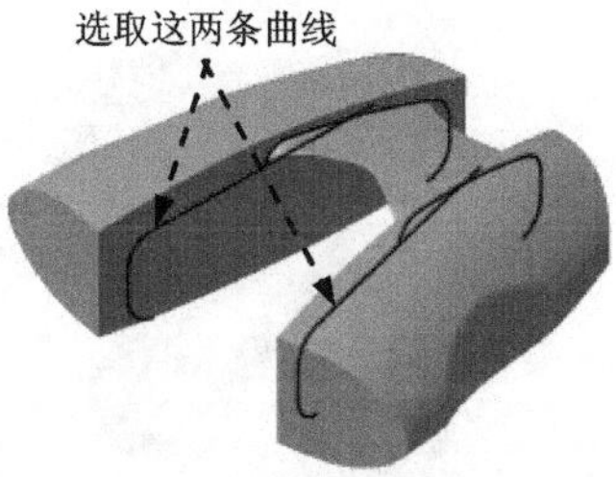

图 11.4.40 需桥接的线

Step43. 创建图 11.4.41 所示的中断曲面。选择下拉菜单 插入 → Operations → 断开... 命令，在对话框中单击按钮。单击选择区域元素:后的按钮，系统弹出“元素列表”对话框，在特征树中选择曲面.2，单击“元素列表”对话框中的关闭按钮。单击限制:后的按钮，系统弹出“限制列表”对话框，在特征树中依次选择曲线光顺.3、曲线光顺.4，单击“限制列表”对话框中的关闭按钮。单击应用按钮，在图形区域选取要保留的区域。单击确定按钮，完成中断曲面的创建。

Step44. 创建图 11.4.42 所示的曲面 3。选择下拉菜单 插入 → Surface Creation → Blend Surface... 命令；系统弹出“桥接曲面”对话框，选取图 11.4.43 所示的曲线，调整两个桥接点的连续性显示均为“点”,单击确定按钮，完成曲面 3 的创建。

图 11.4.41 中断曲面

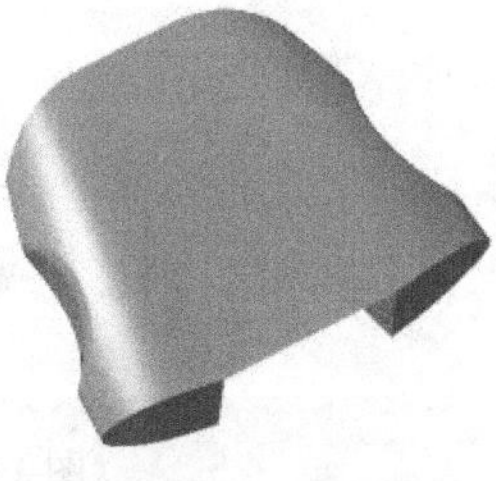
图 11.4.42 曲面 3

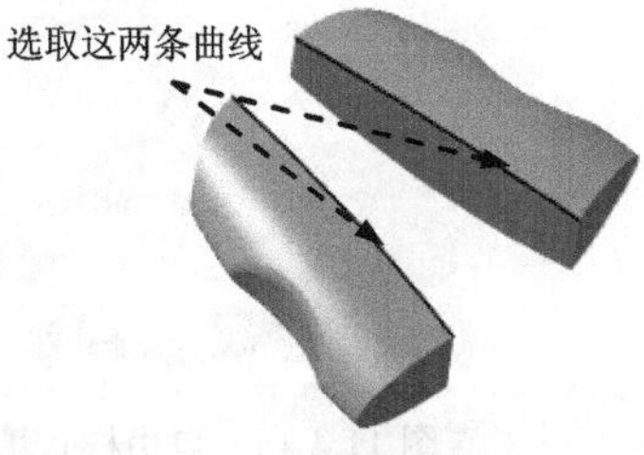

图 11.4.43 需桥接的线

Step45. 创建图 11.4.44 所示的中断曲面。选择下拉菜单 插入 → Operations → 断开... 命令，在对话框中单击按钮。单击选择区域元素:后的按钮，系统弹出

“元素列表”对话框，在特征树中选择 曲面.3，单击“元素列表”对话框中的 关闭 按钮。单击 限制： 后的 按钮，系统弹出“限制列表”对话框，在特征树中依次选择 草图.6、 曲线光顺.3，单击“限制列表”对话框中的 关闭 按钮。单击 应用 按钮，在图形区域选取要保留的区域。单击 确定 按钮，完成中断曲面的创建。

Step46. 创建图 11.4.45 所示的自由填充曲面——自由样式填充 1。选择下拉菜单 插入 → Surface Creation ▸ → FreeStyle Fill... 命令；依次选取图 11.4.46 所示的曲线 1、2、3 和 4 为填充区域，单击 应用 按钮，将曲面间的连接方式设置为图 11.4.47 所示，此时在绘图区显示填充曲面的预览图；单击 确定 按钮，完成自由填充曲面的创建。

图 11.4.44　中断曲面

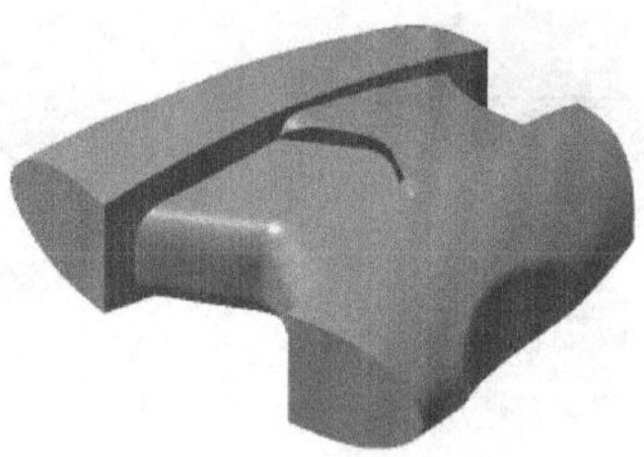
图 11.4.45　自由样式填充 1

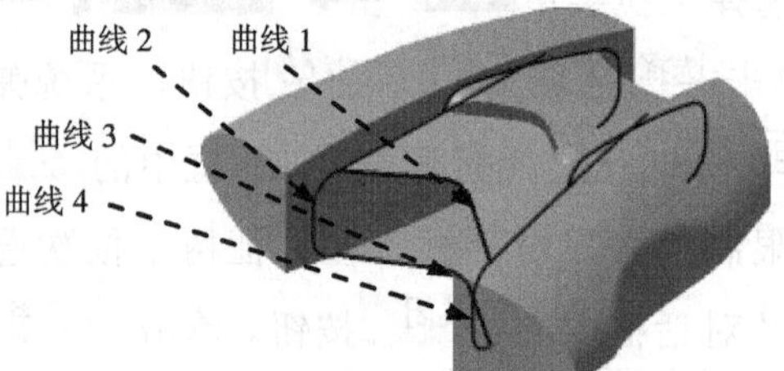

图 11.4.46　填充区域边界

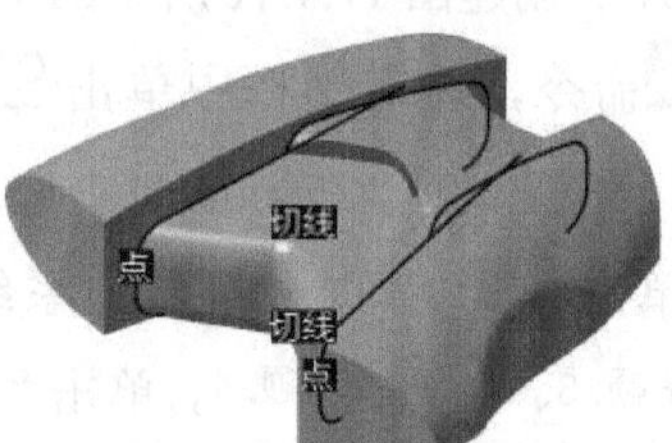

图 11.4.47　曲面间的连接方式

Step47. 创建图 11.4.48 所示的自由填充曲面——自由样式填充 2。具体步骤参照上一步。曲面间的连接方式如图 11.4.49 所示。

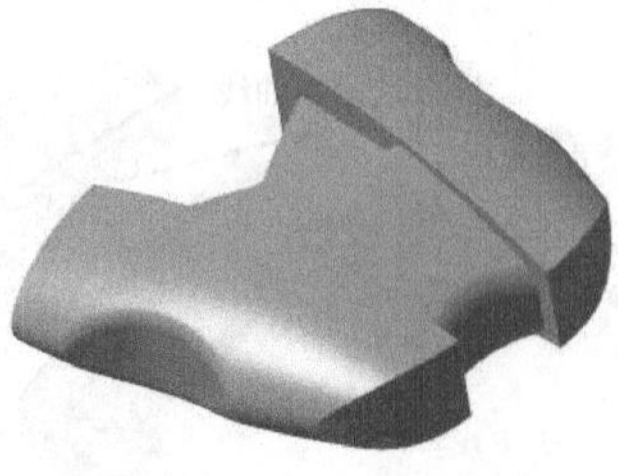
图 11.4.48　自由样式填充 2

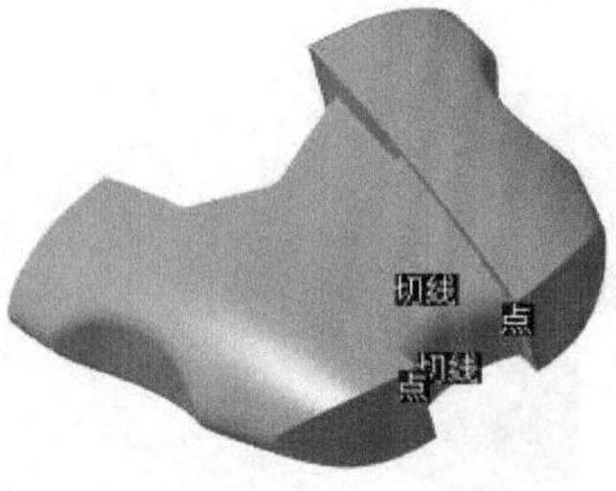

图 11.4.49　曲面间的连接方式

Step48. 创建图 11.4.50 所示的自由填充曲面——自由样式填充 3。具体步骤参见 Step46。曲面间的连接方式如图 11.4.51 所示（将曲面 1 隐藏）。

Step49. 创建特征——接合 2。选择下拉菜单 插入 → 操作 ▸ → 接合... 命令

（切换到创成式外形设计工作台）；选取曲面 2、曲面 3、自由样式填充 1、自由样式填充 2 和自由样式填充 3 为要接合的元素；单击 确定 按钮，完成接合 2 的创建。

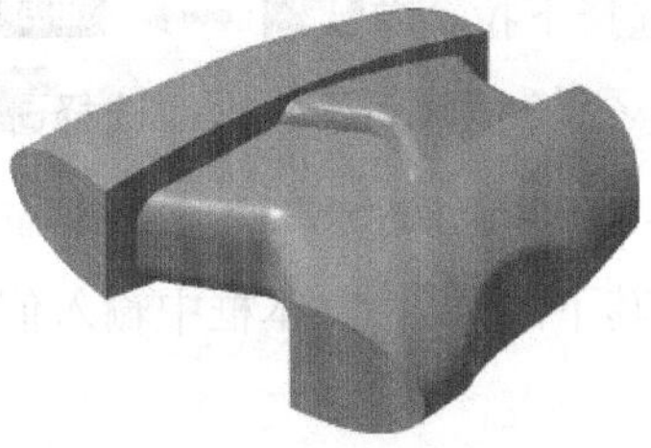

图 11.4.50　自由样式填充 3

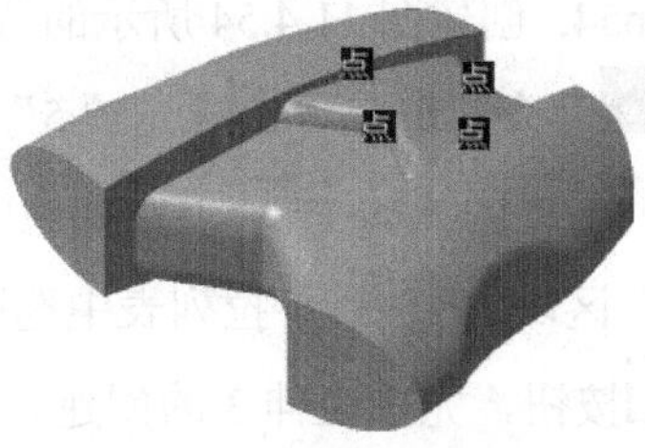

图 11.4.51　曲面间的连接方式

Step50. 创建图 11.4.52 所示的特征——修剪 3。选择下拉菜单 插入 → 操作 ▸ → 修剪... 命令；选取接合 2、接合 1 和对称 1 为修剪元素（可通过 另一侧/下一元素、另一侧/上一元素 按钮调整修剪方向）；单击 确定 按钮，完成修剪 3 的创建。

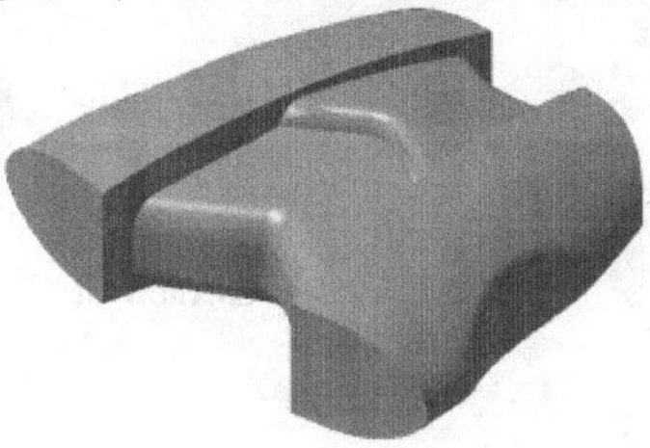

图 11.4.52　修剪 3

Step51. 创建几何图形集 main_sur03。选择下拉菜单 插入 → 几何图形集... 命令；在“插入几何图形集”对话框的 名称： 文本框中输入 main_sur03 并单击 确定 按钮，完成几何图形集的创建。

Step52. 创建图 11.4.53 所示的草图 9。选择下拉菜单 插入 → 草图编辑器 → 草图 命令；在特征树中选取 xy 平面 为参考平面。单击 确定 按钮，绘制图 11.4.53 所示的草图 9，单击 按钮退出草图环境。

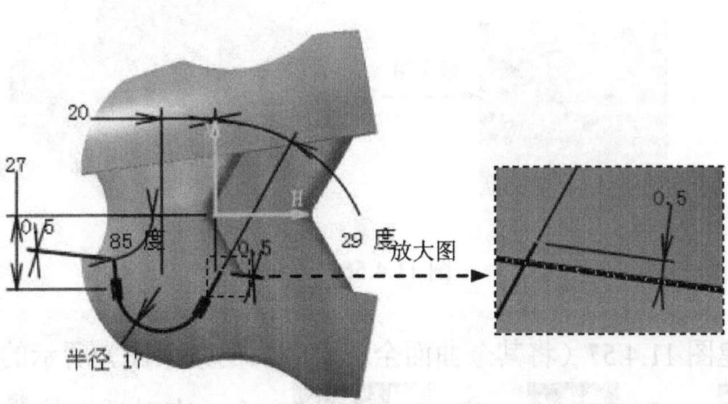

图 11.4.53　草图 9

Step53. 创建特征——曲线光顺 5。选择下拉菜单 插入 → 操作 ▸ → 曲线光顺...

命令；选取草图.9为要光顺的曲线，在“曲线光滑定义”对话框连续：区域下，选中曲率单选项，单击确定按钮，完成曲线光滑5创建。

Step54. 创建图11.4.54所示的特征——拉伸3。选择下拉菜单插入 → 曲面 → 拉伸...命令；选取“曲线光顺5”为拉伸轮廓；在方向：文本框处右击，选择Z部件选项，在限制1区域的类型：下拉列表中选取尺寸选项，在其下的尺寸：文本框中输入值25；在限制2区域的类型：下拉列表中选取尺寸选项，在其下的尺寸：文本框中输入值0；单击确定按钮，完成拉伸3的创建。

Step55. 创建提取3。选择下拉菜单插入 → 操作 → 提取...命令，在对话框的拓展类型：下拉列表中选择无拓展选项。在图形区中选取图11.4.55所示的面为要提取的元素。单击确定按钮，完成曲面的提取。

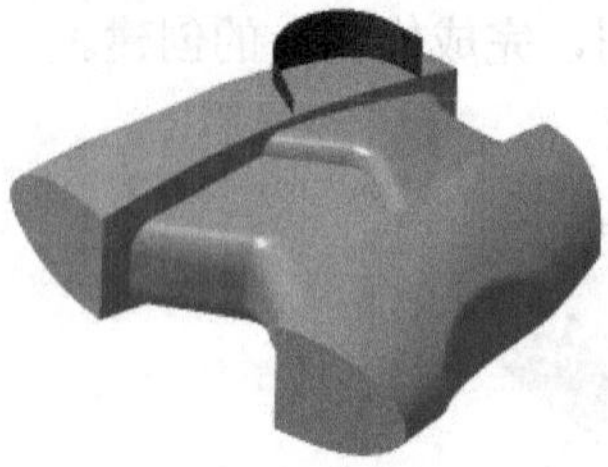

图11.4.54　拉伸3

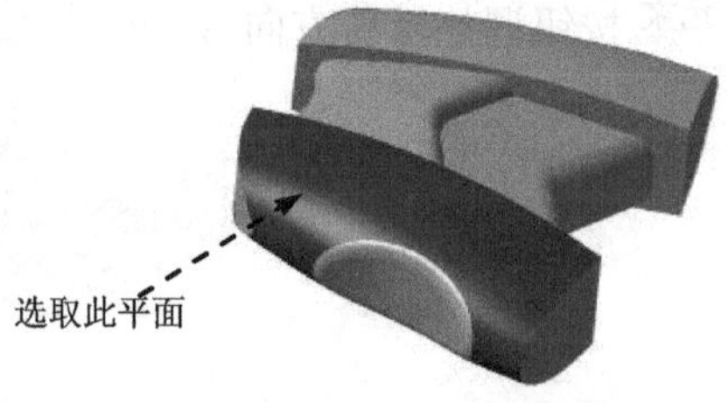

图11.4.55　提取3

Step56. 创建偏移1。选择下拉菜单插入 → 曲面 → 偏移...命令，在图形区中选取“提取3”为要偏移的元素。输入偏移距离值2.0。单击确定按钮，完成曲面的偏移。

Step57. 创建图11.4.56所示的平移1。选择下拉菜单插入 → 操作 → 平移...命令，在向量定义：下拉列表中选取方向、距离选项，选取偏移1为要平移的元素，在方向：文本框处右击，选择Y部件选项，输入偏移距离值0.5。单击确定按钮，完成平移的操作。

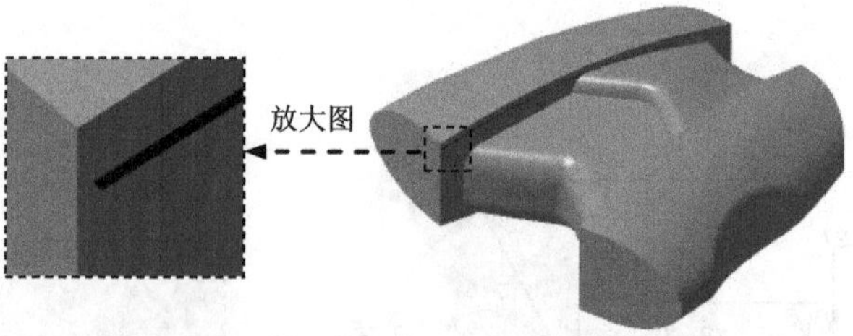

图11.4.56　平移1

Step58. 创建图11.4.57（将其余曲面全部隐藏后的效果图）所示的特征——修剪4。选择下拉菜单插入 → 操作 → 修剪...命令；在对话框的模式：下拉列表中选择标准选项，选取拉伸3和平移1为修剪元素，单击确定按钮，完成曲面的修剪操作。

说明：在选取曲面后，单击“修剪定义”对话框中的另一侧/下一元素和另一侧/上一元素按钮可以改变修剪方向。

Step59. 创建图 11.4.58 所示的对称 3。选择下拉菜单 插入 → 操作 ▸ → 对称... 命令；系统弹出“对称定义”对话框，在特征树中选取“修剪 4”为要对称的元素。选取 zx 平面为参考平面。单击 确定 按钮，完成对称 2 的创建。

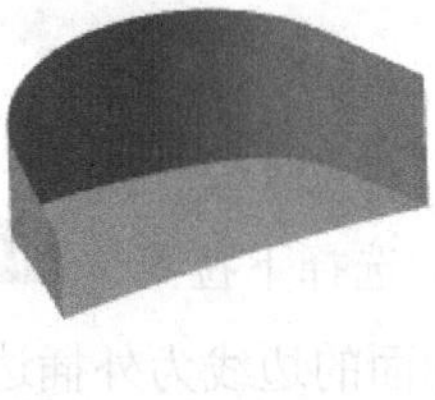

图 11.4.57 修剪 4

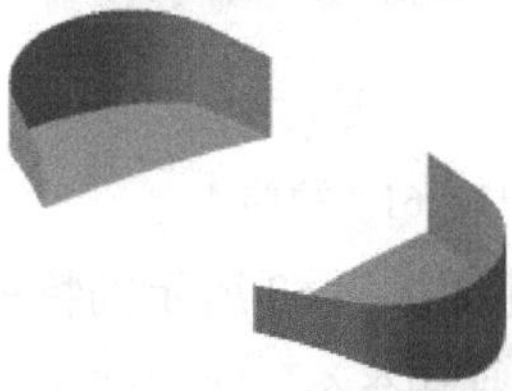

图 11.4.58 对称 2

Step60. 创建图 11.4.59 所示的特征——修剪 5。选择下拉菜单 插入 → 操作 ▸ → 修剪... 命令；在对话框的 模式： 下拉列表中选择 标准 选项，选取修剪 4、修剪 3 和对称 3 为修剪元素，单击 确定 按钮，完成曲面的修剪操作。

说明：在选取曲面后，单击“修剪定义”对话框中的 另一侧/下一元素 和 另一侧/上一元素 按钮可以改变修剪方向，

Step61. 创建几何图形集 main_sur04。选择下拉菜单 插入 → 几何图形集... 命令；在“插入几何图形集”对话框的 名称： 文本框中输入 main_sur04；并单击 确定 按钮，完成几何图形集的创建。

Step62. 创建图 11.4.60 所示的草图 10。选择下拉菜单 插入 → 草图编辑器 → 草图 命令；在特征树中选取 xy 平面为参考平面。单击 确定 按钮，绘制图 11.4.60 所示的草图，单击 按钮退出草图环境。

Step63. 创建图 11.4.61 所示的特征——拉伸 4。选择下拉菜单 插入 → 曲面 ▸ → 拉伸... 命令；选取草图 10 为拉伸轮廓；在 限制 1 区域的 类型： 下拉列表中选取 尺寸 选项，在其下的 尺寸： 文本框中输入值 25；在 限制 2 区域的 类型： 下拉列表中选取 尺寸 选项，在其下的 尺寸： 文本框中输入值 0；单击 确定 按钮，完成拉伸 4 的创建。

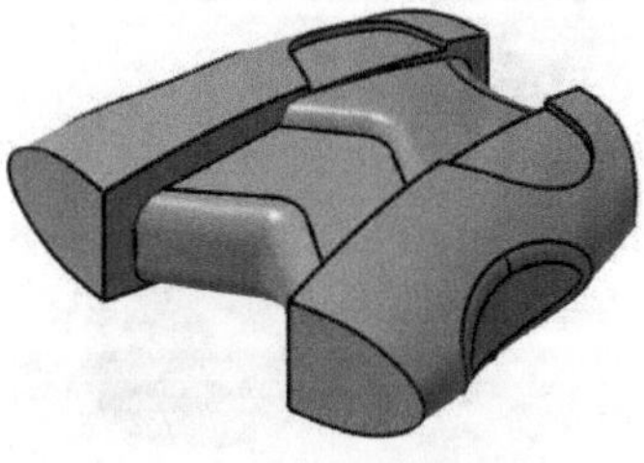

图 11.4.59 修剪 5

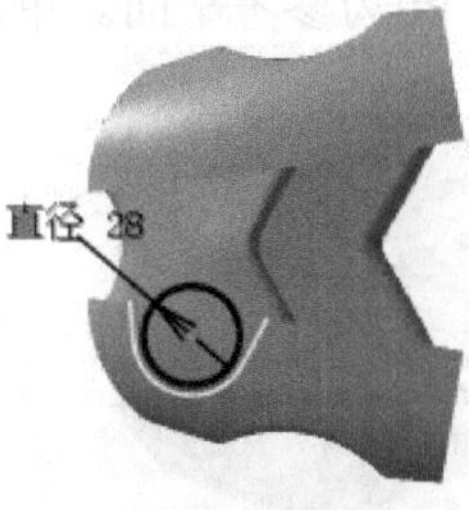

图 11.4.60 草图 10

Step64. 创建图 11.4.62 所示的偏移 2。选择下拉菜单 插入 → 曲面 ▸ → 偏移... 命令，在图形区中选取拉伸 4 为要偏移的元素。输入偏移距离为-2.0。单击 确定按钮，完成曲面的偏移。

图 11.4.61　拉伸 4

图 11.4.62　偏移 2

Step65. 创建图 11.4.63 所示的特征——外插延伸 1。选择下拉菜单 插入 → 操作 ▸ → 外插延伸... 命令；选取图 11.4.64 所示的偏移曲面的边线为外插边界；选取“提取 3”为外插延伸元素；在 限制 区域的 类型: 下拉列表中选择 长度 选项；在 长度: 文本框中输入值 9，单击 确定 按钮，完成外插延伸 1 的创建。

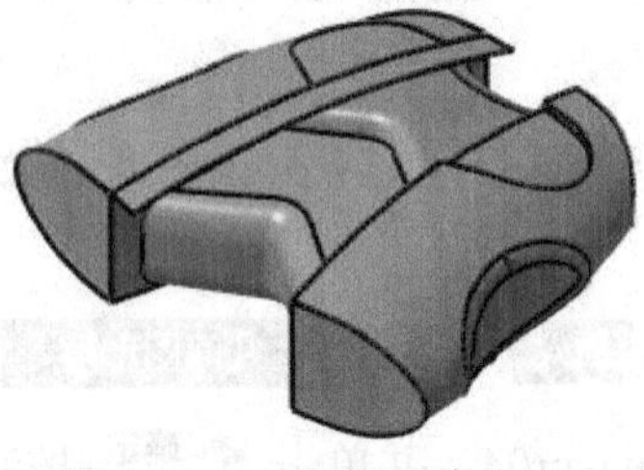

图 11.4.63　外插延伸 1

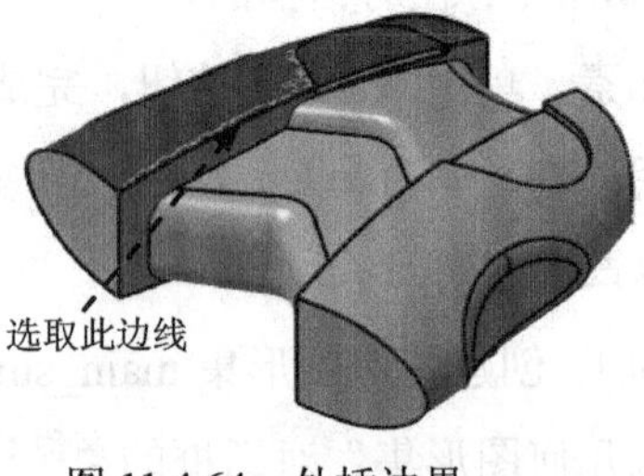

图 11.4.64　外插边界

Step66. 创建图 11.4.65 所示的特征——修剪 6（将其余曲面全部隐藏后的效果图）。选择下拉菜单 插入 → 操作 ▸ → 修剪... 命令；在对话框的 模式: 下拉列表中选择 标准 选项，选取拉伸 4、外插延伸 1 和偏移 2 为修剪元素，单击 确定 按钮，完成曲面的修剪操作。

说明：在选取曲面后，单击“修剪定义”对话框中的 另一侧/下一元素 和 另一侧/上一元素 按钮可以改变修剪方向。

Step67. 创建图 11.4.66 所示的对称 4。选择下拉菜单 插入 → 操作 ▸ → 对称... 命令；系统弹出“对称定义”对话框，在特征树中选取修剪 6 为要对称的元素。选取 ZX 平面为参考平面。单击 确定 按钮，完成对称 4 的创建。

图 11.4.65　修剪 6

图 11.4.66　对称 4

Step68. 创建图 11.4.67 所示的特征——修剪 7。选择下拉菜单 插入 → 操作 ▸ → 修剪... 命令；在对话框的 模式: 下拉列表中选择 标准 选项，选取修剪 5、修剪 6 和对称 4

为修剪元素，单击确定按钮，完成曲面的修剪操作。

说明：在选取曲面后，单击“修剪定义”对话框中的另一侧/下一元素和另一侧/上一元素按钮可以改变修剪方向，使修剪 6 与对称 4 在修剪 5 内侧的部分修剪掉。

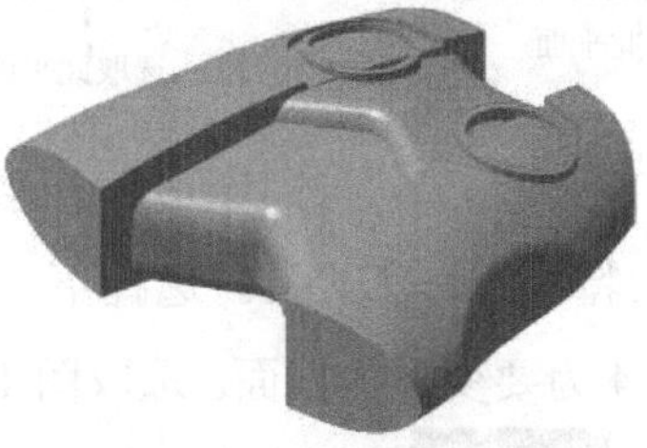

图 11.4.67 修剪 7

Step69. 切换工作台。选择下拉菜单开始 → 机械设计 → 零件设计命令，切换到“零件设计”工作台。

Step70. 创建特征——封闭曲面 1。选择下拉菜单插入 → 基于曲面的特征 → 封闭曲面...命令；在特征树中选取修剪 7 为要封闭的对象；单击确定按钮，完成封闭曲面 1 的创建。

Step71. 创建图 11.4.68 所示的特征——移除面 1。选择下拉菜单插入 → 修饰特征 → 移除面...命令，选取图 11.4.69 所示的面为要移除的面。单击确定按钮，完成曲面的移除操作。

Step72. 切换工作台，选择下拉菜单开始 → 形状 → 创成式外形设计命令，切换到“创成式外形设计”工作台。

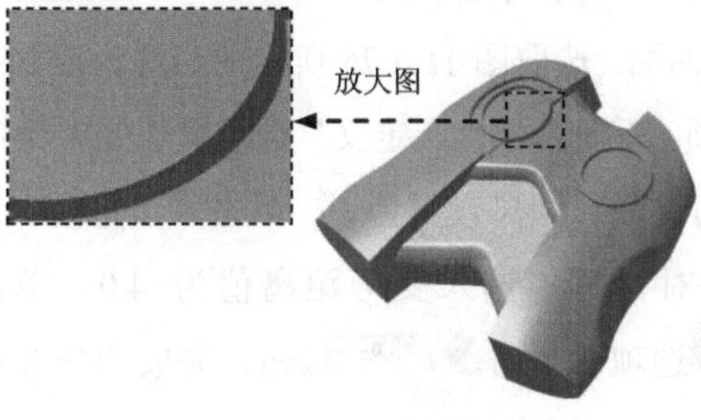

图 11.4.68 移除面 1

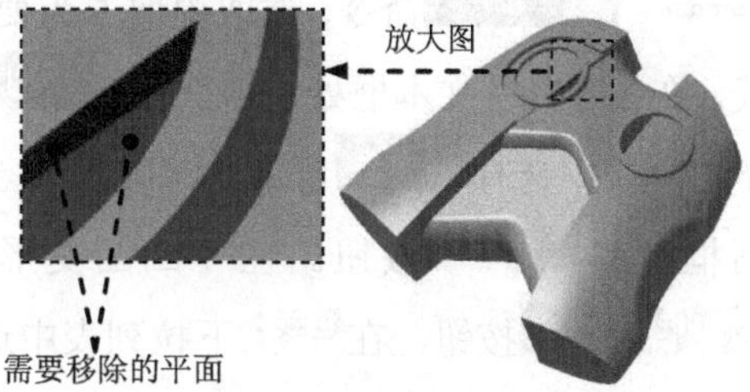

图 11.4.69 要移除面

Step73. 创建提取 4。选择下拉菜单插入 → 操作 → 提取...命令，在对话框的拓展类型：下拉列表中选择无拓展选项。在图形区中选取图 11.4.70 所示的面为要提取的元素。单击确定按钮，完成曲面的提取。

Step74. 创建提取 5。选择下拉菜单插入 → 操作 → 提取...命令，在对话框的拓展类型：下拉列表中选择无拓展选项。在图形区中选取图 11.4.71 所示的面为要提取的元素。单击确定按钮，完成曲面的提取。

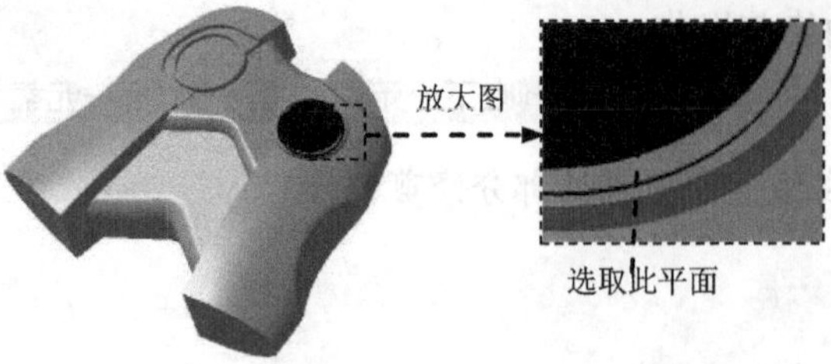

图 11.4.70　提取 4

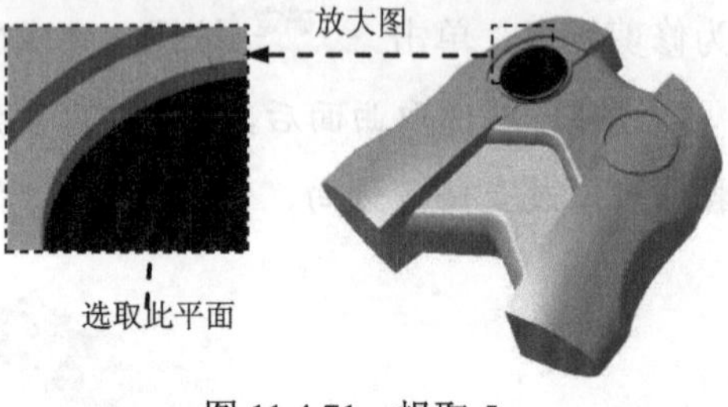

图 11.4.71　提取 5

Step75. 创建图 11.4.72 所示的特征——凹凸 1。选择下拉菜单 插入 → 高级曲面 ▸ → 凹凸... 命令，选取提取 4 为要变形的曲面。选取图 11.4.73 所示的边线为限制边线，在 变形中心： 文本框处右击，选择 创建点 选项，系统弹出“点定义”对话框。在 点类型： 下拉列表中选择 曲面上 选项，选取提取 4 为参考曲面。距离设置为 0。单击“点定义”对话框中的 确定 按钮。在“凹凸变形定义”对话框中输入变形距离值为-4.0。单击 添加参数 >> 按钮，在 连续： 下拉列表中选择 点 选项。单击 确定 按钮，完成凹凸 1 的创建。

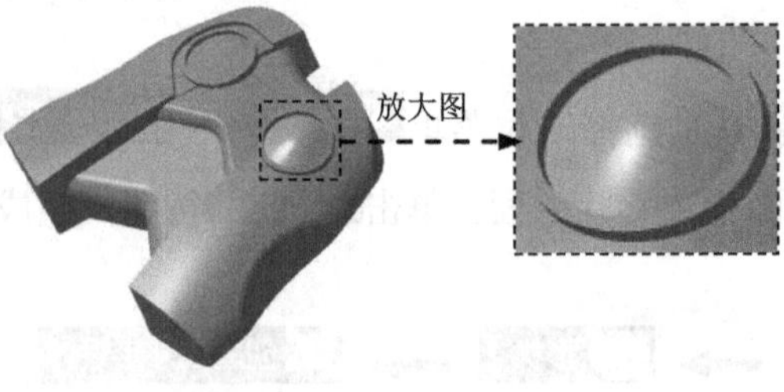

图 11.4.72　凹凸 1

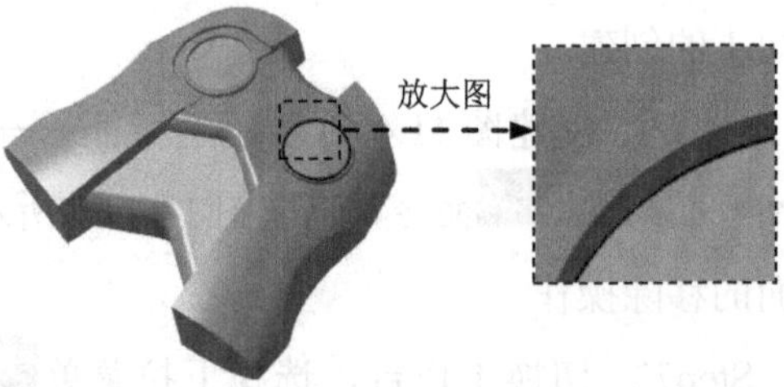

图 11.4.73　限制边线

Step76. 创建图 11.4.74 所示的特征——凹凸 2。选择下拉菜单 插入 → 高级曲面 ▸ → 凹凸... 命令，选取提取 5 为要变形的曲面。选取图 11.4.75 所示的边线为限制边线，在 变形中心： 文本框处右击，选择 创建点 选项，系统弹出“点定义”对话框。在 点类型： 下拉列表中选择 曲面上 选项，选取提取 5 为参考曲面。距离设置为 0。单击“点定义”对话框中的 确定 按钮。在“凹凸变形定义”对话框中输入变形距离值为-4.0。单击 添加参数 >> 按钮，在 连续： 下拉列表中选择 点 选项。单击 确定 按钮，完成凹凸 2 的创建。

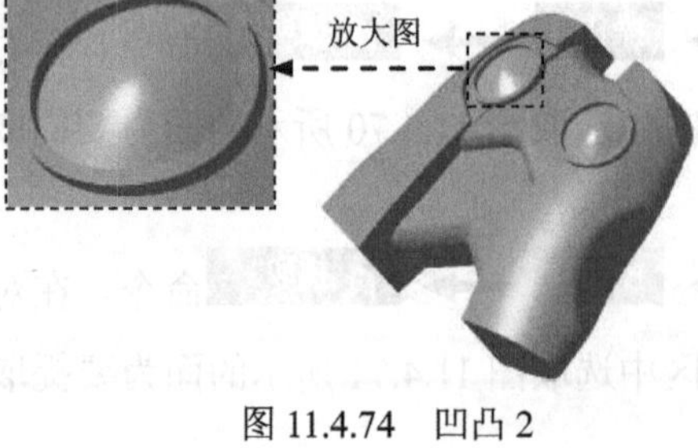

图 11.4.74　凹凸 2

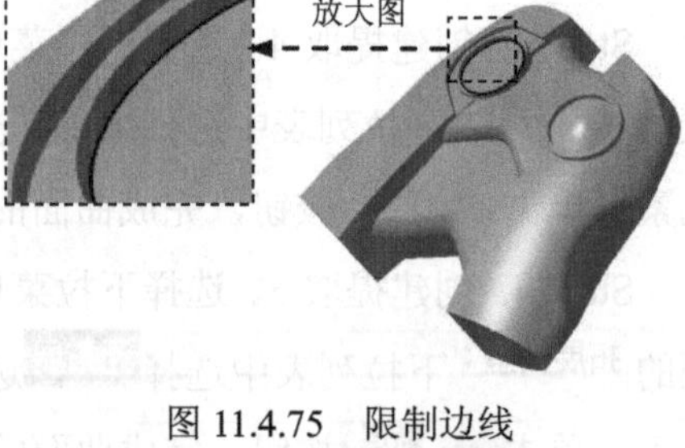

图 11.4.75　限制边线

Step77. 创建图 11.4.76 所示的平面 4。选择下拉菜单 插入 → 线框 →

平面...命令；系统弹出“平面定义”对话框，在特征树中选取 xy 平面为参考平面。输入偏移距离值为 28，单击确定按钮，完成平面 4 的创建。

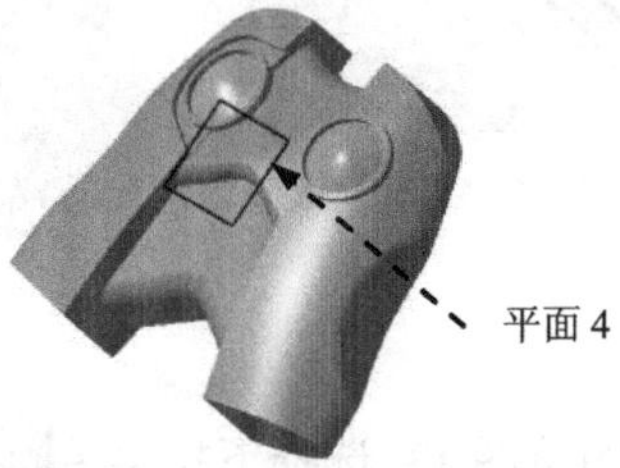

图 11.4.76 平面 4

Step78. 切换工作台。选择下拉菜单开始 → 机械设计 → 零件设计命令，切换到“零件设计”工作台。

Step79. 创建缝合曲面 1。定义移除面 1 为工作对象，选择下拉菜单插入 → 基于曲面的特征 → 缝合曲面...命令，选取凹凸 2 为要缝合的对象，单击确定按钮，完成缝合曲面 1 的创建。

Step80. 创建缝合曲面 2。选择下拉菜单插入 → 基于曲面的特征 → 缝合曲面...命令，选取凹凸 1 为要缝合的对象，单击确定按钮，完成缝合曲面 2 的创建。

Step81. 创建图 11.4.77 所示的零件特征——凹槽 1。选择下拉菜单插入 → 基于草图的特征 → 凹槽...命令；单击按钮，选取平面. 4为草绘平面，绘制图 11.4.78 所示的截面草图；在对话框第一限制区域类型：下拉列表中选取直到曲面选项，选取图 11.4.77 所示的曲面为限制面，输入偏移距离值 1.0；单击确定按钮，完成凹槽 1 的创建。

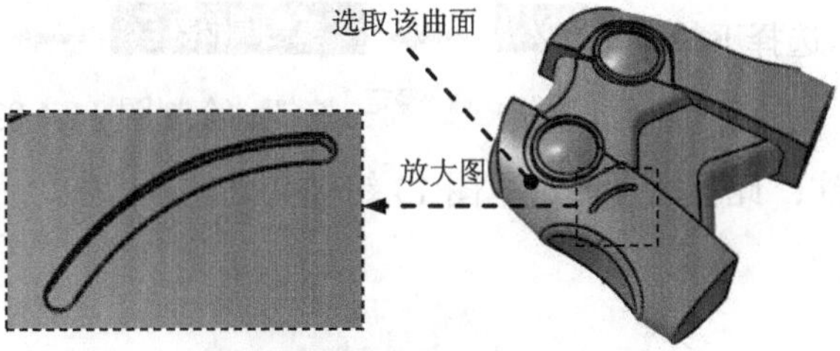

图 11.4.77 凹槽 1

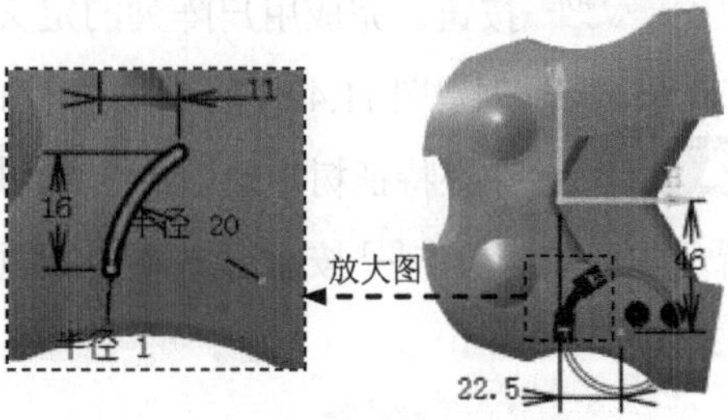

图 11.4.78 截面草图

Step82. 创建图 11.4.79 所示的零件特征——凹槽 2。选择下拉菜单插入 → 基于草图的特征 → 凹槽...命令；单击按钮，选取平面. 4为草图平面，绘制图 11.4.80 所示的截面草图；在对话框第一限制区域类型：下拉列表中选取直到曲面选项，选取图 11.4.79 所示的曲面为限制面，输入偏移距离值 1.0；单击确定按钮，完成凹槽 2 的创建。

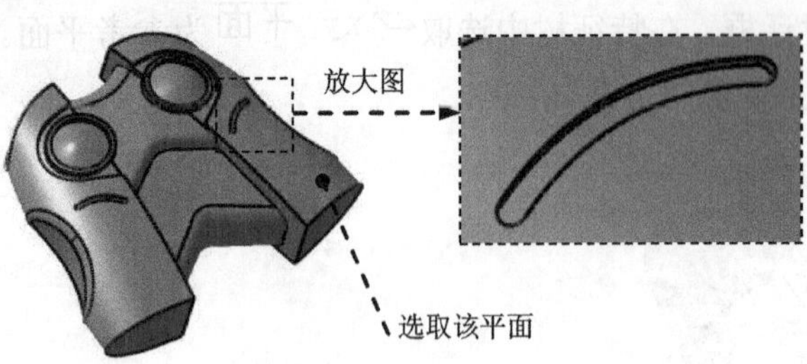

图 11.4.79　凹槽 2

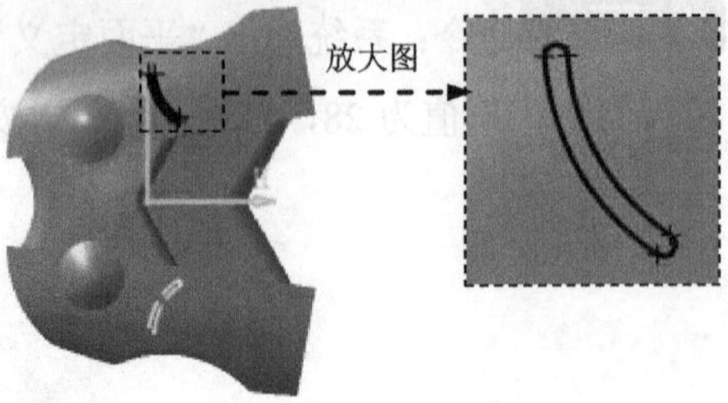

图 11.4.80　截面草图

Step83. 创建图 11.4.81 所示的草图 13。选择下拉菜单 插入 → 草图编辑器 → 草图 命令；在特征树中选取 平面. 4 为参考平面。单击 确定 按钮，绘制图 11.4.81 所示的草图，单击 按钮退出草图环境。

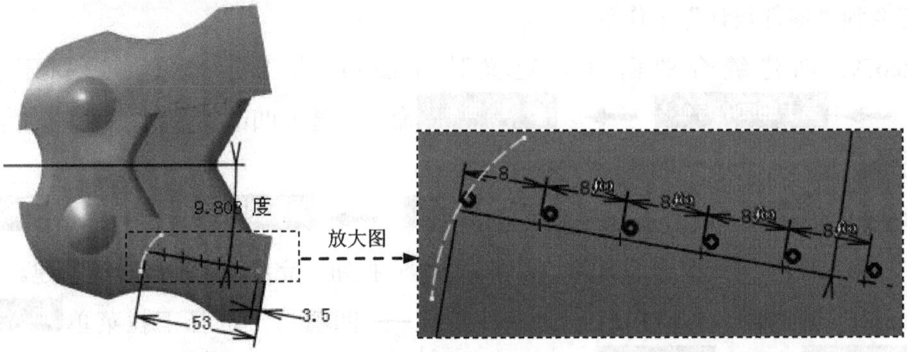

图 11.4.81　草图 13

Step84. 创建图 11.4.82 所示的用户阵列 1。在特征树中选取特征 凹槽. 1 作为用户阵列的源特征。选择下拉菜单 插入 → 变换特征 ▸ → 用户阵列... 命令，在系统 选择草图。的提示下，选择 草图. 13 作为阵列位置，选中 保留规格 复选框。单击对话框中的 确定 按钮，完成用户阵列的定义。

Step85. 创建图 11.4.83 所示的草图 14。选择下拉菜单 插入 → 草图编辑器 → 草图 命令；在特征树中选取 平面. 4 为参考平面。单击 确定 按钮，绘制图 11.4.83 所示的草图，单击 按钮退出草图环境（注：此草图是通过草图 13 镜像得到的）。

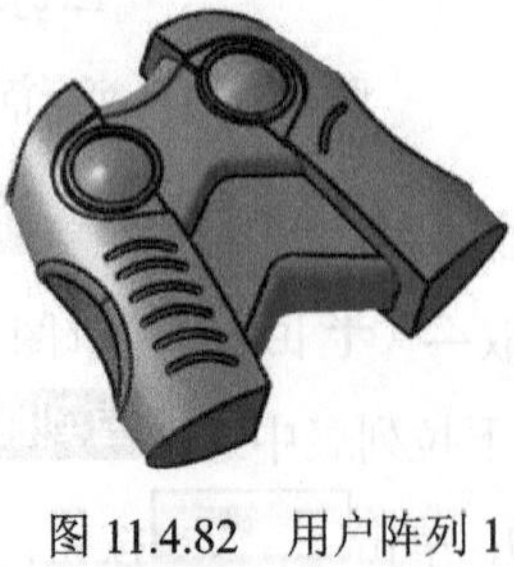

图 11.4.82　用户阵列 1

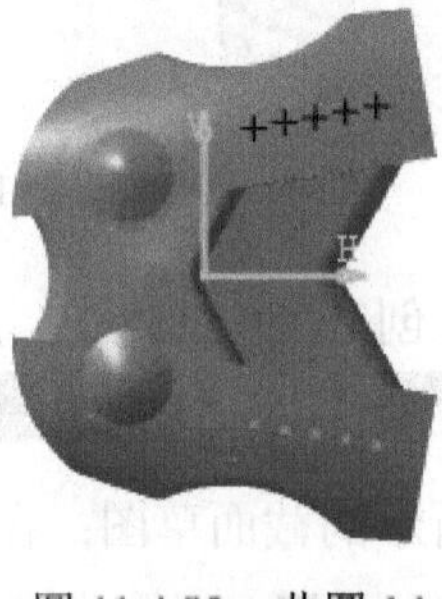

图 11.4.83　草图 14

Step86. 创建图 11.4.84 所示的用户阵列 2。在特征树中选取特征 凹槽. 2 作为用户阵列的源特征。选择下拉菜单 插入 → 变换特征 ▸ → 用户阵列... 命令，在系统 选择草图。的提示下，选择 草图.14作为阵列位置，选中 保留规格 复选框，单击对话框中的 确定 按钮，完成用户阵列的定义。

图 11.4.84 用户阵列 2

Step87. 创建图 11.4.85 所示的零件特征——旋转体 1。选择下拉菜单 插入 → 基于草图的特征 ▸ → 旋转体... 命令，单击对话框中的 按钮，选择 xy 平面 为草图平面，进入草绘工作台。绘制图 11.4.86 所示截面几何图形。完成特征截面的绘制后，单击 按钮，退出草绘工作台。单击“定义旋转体”对话框 轴线 区域的 选择：文本框，在图形区中选择 H 轴作为旋转体的中心轴线（此时 选择：文本框显示为 横向）。在对话框 限制 区域的 第一角度：文本框中输入值 360。单击对话框中的 确定 按钮，完成旋转体特征的创建。

图 11.4.85 旋转体 1

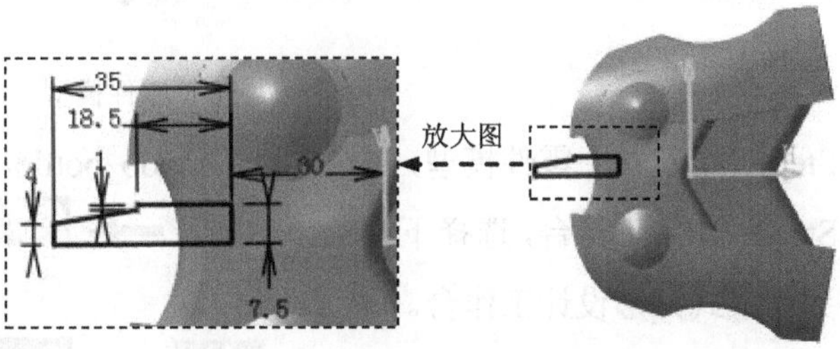

图 11.4.86 截面草图

Step88. 创建图 11.4.87b 所示的特征——倒圆角 2。选取图 11.4.87a 所示的边线为倒圆角的对象，倒圆角半径值为 5。

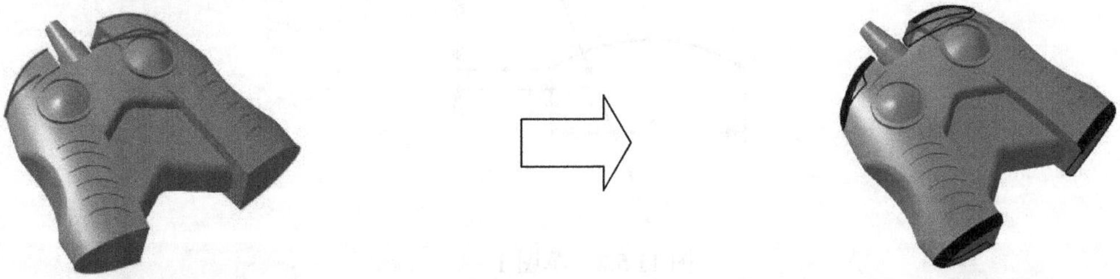

a）倒圆角前　　b）倒圆角后

图 11.4.87 倒圆角 2

Step89. 保存零件模型。

11.5 曲面设计范例——洗发水瓶

范例概述：

本范例介绍了一个洗发水瓶的设计过程。主要是讲述投影、分割、填充、多截面曲面、边界、修剪和加厚曲面等命令的应用。其中还运用到了接合和倒圆角等命令。要注意曲线的质量对曲面的影响，灵活运用各种曲线及曲面分析工具查看曲线及曲面中的缺陷并进行修改。其零件模型如图 11.5.1 所示。

图 11.5.1 零件模型

Step1. 新建一个零件模型，命名为 shampoo_bottle。

Step2. 切换工作台，选择下拉菜单 开始 → 形状 → 创成式外形设计 命令，切换到创成式外形设计工作台。

Step3. 创建草图 1。选择下拉菜单 插入 → 草图编辑器 → 定位草图... 命令，选择 xy 平面为草图平面，选中 反转 H 复选框，单击 确定 按钮，进入草绘工作台。绘制图 11.5.2 所示的截面草图。单击“工作台”工具栏中的 按钮，退出草绘工作台。

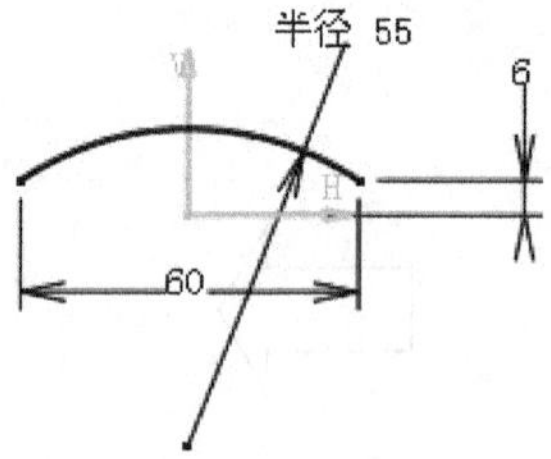

图 11.5.2 草图 1

Step4. 创建图 11.5.3 所示的零件基础特征——拉伸 1。选择 插入 → 曲面 → 拉伸... 命令，系统弹出“拉伸曲面定义”对话框。选取草图 1 为拉伸轮廓。在对话框的 限制 1 区域的 类型： 下拉列表中选择 尺寸 选项，在对话框的 限制 1 区域的 尺寸： 文本框中输入拉伸高度值 150。单击 反转方向 按钮。单击 确定 按钮，完成曲面的拉伸。

Step5. 创建草图 2。选择下拉菜单 插入 → 草图编辑器 → 定位草图... 命令，选择 zx 平面为草图平面，选中 交换、反转 V 和 反转 H 复选框，进入草绘工作台。绘制图 11.5.4 所示的截面草图。单击“工作台”工具栏中的 按钮，退出草绘工作台。

图 11.5.3　拉伸 1

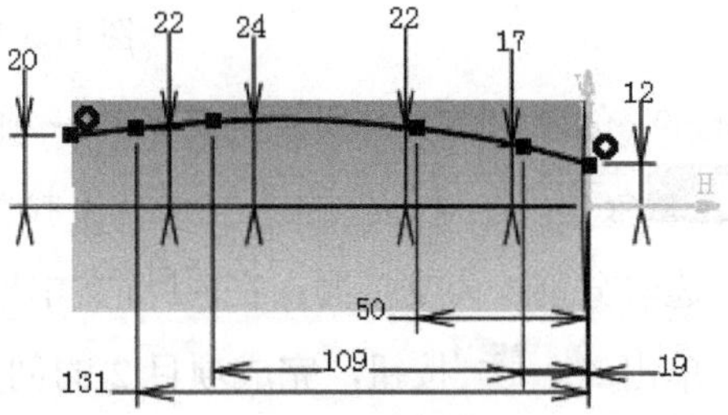

图 11.5.4　草图 2

Step6. 创建图 11.5.5 所示的特征——项目 1。选择下拉菜单 插入 → 线框 → 投影... 命令；在对话框的 投影类型：下拉列表中选择 沿某一方向 选项；选取草图 2 为投影对象，选取拉伸 1 为支持面；在 方向：文本框处右击，选择 Y 部件选项，选中 近接解法 复选框，单击 确定 按钮，完成项目 1 的创建。

Step7. 创建图 11.5.6 所示的特征——分割 1。选择下拉菜单 插入 → 操作 → 分割... 命令；选取拉伸 1 为要切除的元素，选取项目 1 为切除元素（可以通过 另一侧 按钮调整分割方向），单击 确定 按钮，完成分割 1 的创建。

Step8. 创建草图 3。选择下拉菜单 插入 → 草图编辑器 → 定位草图... 命令，选择 zx 平面为草图平面，选中 交换、反转 V 和 反转 H 复选框，进入草绘工作台。绘制图 11.5.7 所示的截面草图。单击“工作台”工具栏中的 按钮，退出草绘工作台。

图 11.5.5　项目 1

图 11.5.6　分割 1

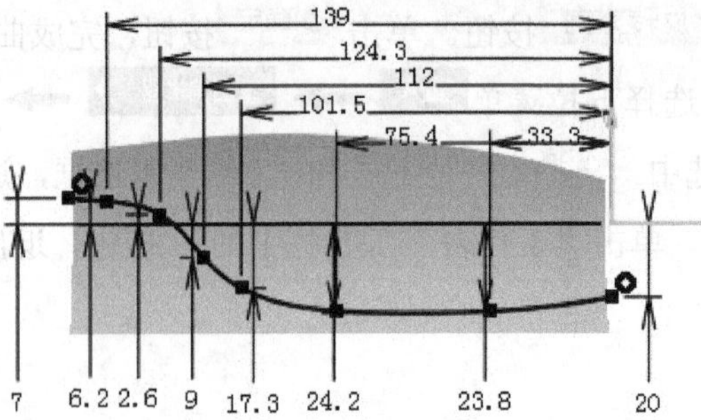

图 11.5.7　草图 3

Step9. 创建图 11.5.8 所示的特征——项目 2。选择下拉菜单 插入 → 线框 ▸ → 投影... 命令；在对话框的 投影类型： 下拉列表中选择 沿某一方向 选项；选取草图 3 为投影对象，选取分割 1 为支持面；在 方向： 文本框处右击，选择 Y 部件选项，选中 近接解法 复选框，单击 确定 按钮，完成项目 2 的创建。

Step10. 创建图 11.5.9 所示的特征——分割 2。选择下拉菜单 插入 → 操作 ▸ → 分割... 命令；选取分割 1 为要切除的元素，选取项目 2 为切除元素（可以通过 另一侧 按钮调整分割方向），单击 确定 按钮，完成分割 2 的创建。

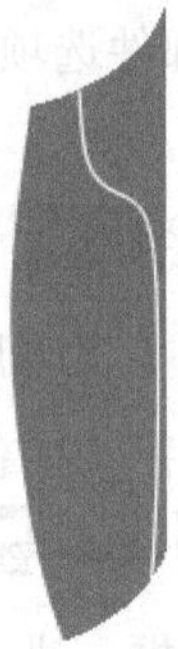

图 11.5.8　项目 2

图 11.5.9　分割 2

Step11.创建草图 4。选择下拉菜单 插入 → 草图编辑器 ▸ → 定位草图... 命令，选择 xy 平面为草图平面，进入草绘工作台。绘制图 11.5.10 所示的截面草图。单击“工作台”工具栏中的 按钮，退出草绘工作台。

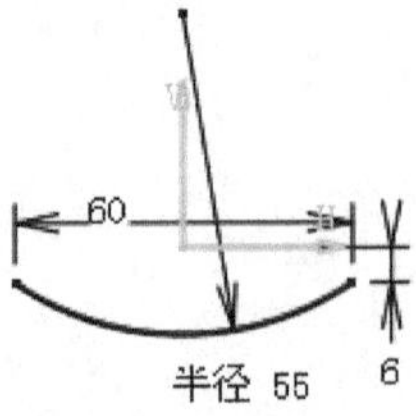

图 11.5.10　草图 4

Step12. 创建图 11.5.11 所示的特征——拉伸 2。选择 插入 → 曲面 ▸ → 拉伸... 命令，系统弹出“拉伸曲面定义”对话框。选取草图 4 为拉伸轮廓。在对话框的 限制 1 区域的类型：下拉列表中选择尺寸选项，在对话框的限制 1 区域的尺寸：文本框中输入拉伸高度值 150。单击确定按钮，完成曲面的拉伸。

Step13.创建草图 5。选择下拉菜单插入 → 草图编辑器 → 定位草图...命令，选择 zx 平面为草图平面，选中交换、反转 V 和反转 H 复选框，进入草绘工作台。绘制图 11.5.12 所示的截面草图。单击“工作台”工具栏中的按钮，退出草绘工作台。

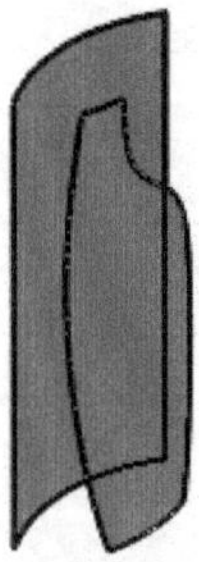

图 11.5.11 拉伸 2

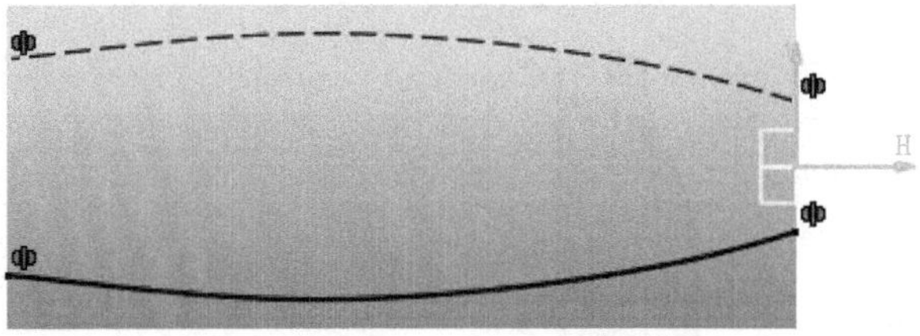

图 11.5.12 草图 5

Step14. 创建图 11.5.13 所示的特征——项目 3。选择下拉菜单插入 → 线框 → 投影...命令；在对话框的投影类型：下拉列表中选择沿某一方向选项；选取草图 5 为投影对象，选取拉伸 2 为支持面；在方向：文本框处右击，选择 Y 部件选项，单击确定按钮，完成项目 3 的创建。

Step15. 创建图 11.5.14 所示的特征——分割3。选择下拉菜单插入 → 操作 → 分割...命令；选取拉伸 2 为要切除的元素，选取项目 3 为切除元素（可以通过另一侧按钮调整分割方向），单击确定按钮，完成分割 3 的创建。

Step16. 创建草图 6(此草图可通过草图 3 对称而得)。选择下拉菜单插入 → 草图编辑器 → 定位草图...命令，选择 zx 平面为草图平面，选中交换、反转 V 和反转 H 复选框，进入草绘工作台。绘制截面草图，如图 11.5.15 所示。单击“工作台”工具栏中的按钮，退出草绘工作台。

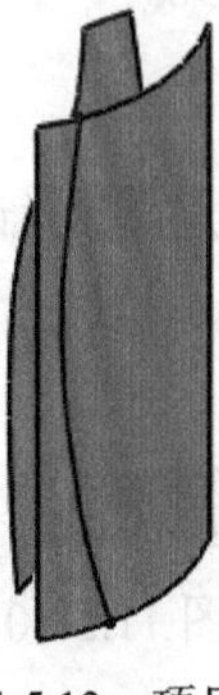

图 11.5.13 项目 3

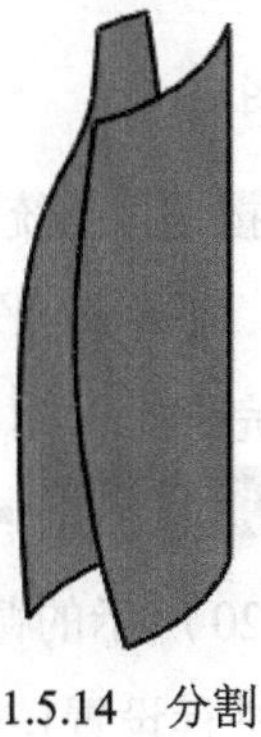

图 11.5.14 分割 3

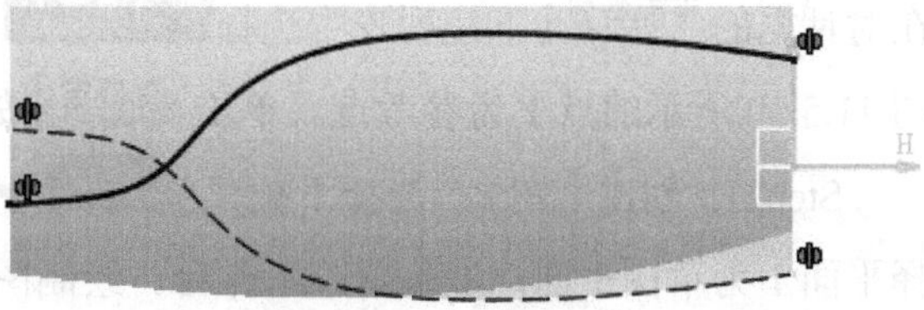

图 11.5.15 草图 6

Step17. 创建图 11.5.16 所示的特征——项目 4。选择下拉菜单插入 → 线框

➡ 投影... 命令；在对话框的 投影类型： 下拉列表中选择 沿某一方向 选项；选取草图 6 为投影对象，选取分割 3 为支持面；在 方向： 文本框处右击，选择 Y 部件选项，选中 近接解法 复选框，单击 确定 按钮，完成项目 4 的创建。

Step18. 创建图 11.5.17 所示的特征——分割4。选择下拉菜单 插入 ➡ 操作 ➡ 分割... 命令；选取分割 3 为要切除的元素，选取项目 4 为切除元素（可以通过 另一侧 按钮调整分割方向）。单击 确定 按钮，完成分割 4 的创建。

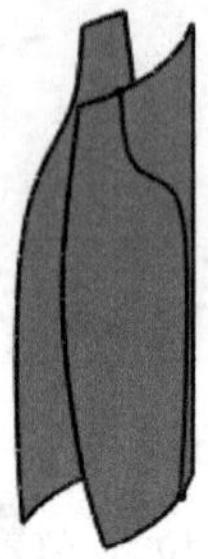

图 11.5.16　项目 4

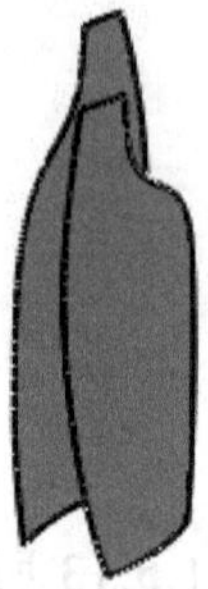

图 11.5.17　分割 4

Step19. 创建草图 7。选择下拉菜单 插入 ➡ 草图编辑器 ➡ 定位草图... 命令，选择 xy 平面为草图平面，进入草绘工作台。绘制图 11.5.18 所示的截面草图。单击“工作台”工具栏中的按钮，退出草绘工作台。

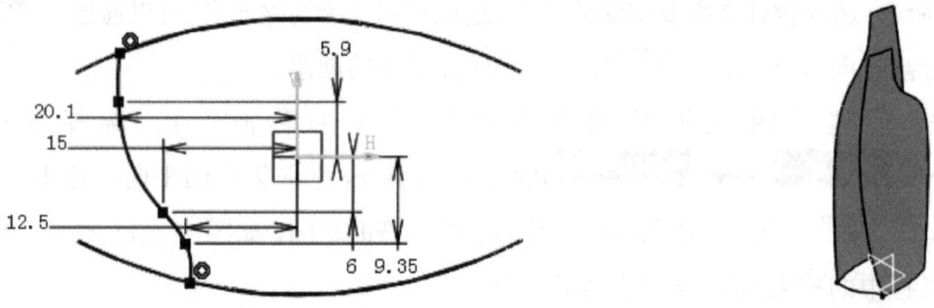

a）草绘环境　　b）建模环境

图 11.5.18　草图 7

Step20. 创建平面 1。单击“线框”工具栏中的按钮，系统弹出“平面定义”对话框。在对话框的 平面类型： 下拉列表中选择 平行通过点 选项。选取 xy 平面为旋转参考平面。选取图 11.5.19 所示的点 1 为参考点。单击 确定 按钮，完成平面 1 的创建。

Step21. 创建草图 8。选择下拉菜单 插入 ➡ 草图编辑器 ➡ 定位草图... 命令，选择平面 1 为草图平面，进入草绘工作台。绘制图 11.5.20 所示的截面草图。(图 11.5.20 所示点 1、2、3、4 的坐标可参考图 11.5.21 所示的 4 个图进行设置)，单击“工作台”工具栏中的按钮，退出草绘工作台。

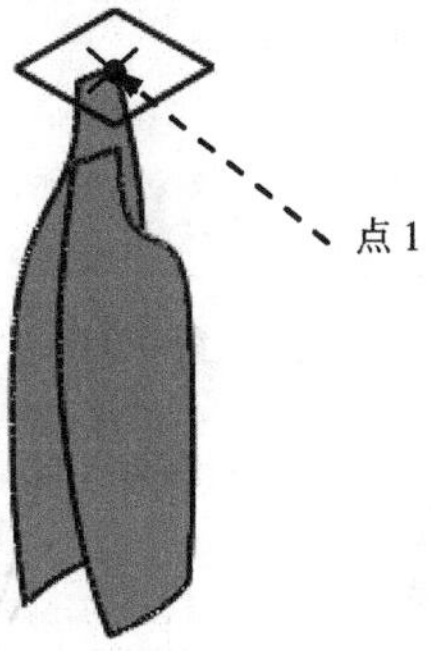

图 11.5.19 平面 1

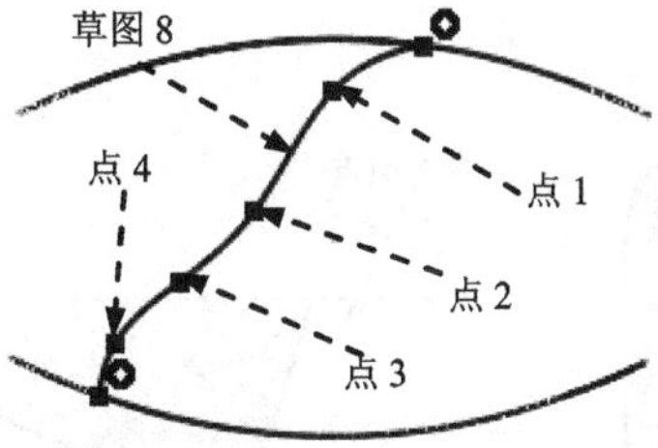

图 11.5.20 草图 8

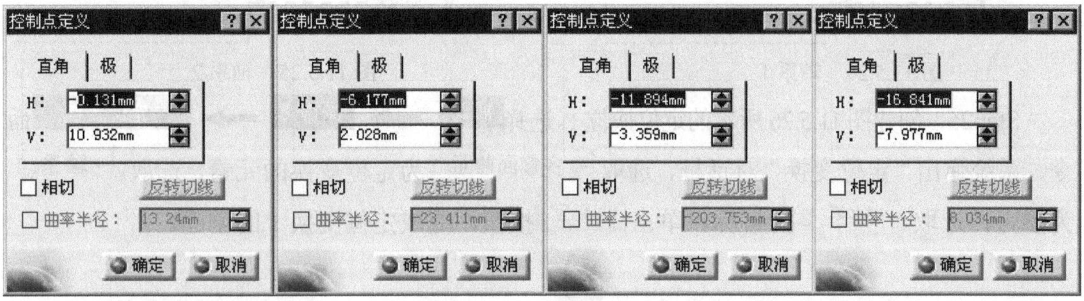

图 11.5.21 参考坐标值

Step22. 创建图 11.5.22 所示的特征——多截面曲面 1。选择下拉菜单 插入 → 曲面 → 多截面曲面... 命令；分别选取图 11.5.23 所示的曲线 1 和曲线 2 作为截面曲线。单击对话框中的 引导线 列表框，分别选取图 11.5.23 所示的曲线 3 和曲线 4 为引导线。单击 确定 按钮，完成多截面曲面 1 创建。

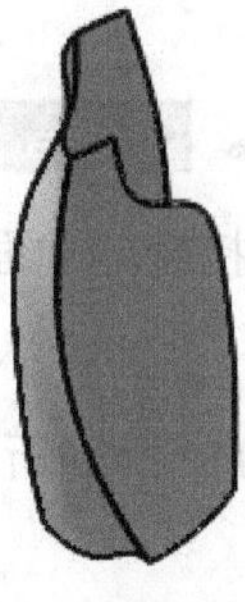

图 11.5.22 多截面曲面 1

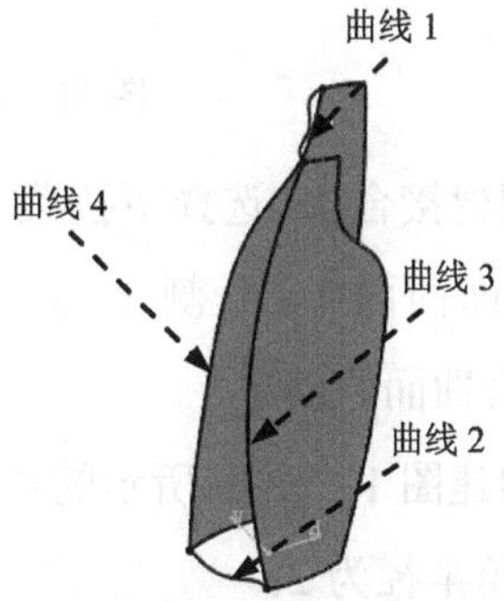

图 11.5.23 定义截面曲

Step23. 创建图 11.5.24 所示的轴系 1。选择下拉菜单 插入 → 轴系... 命令，系统弹出“轴系定义”对话框，在 轴系类型: 下拉列表中选择 标准，选取图 11.5.24 所示的点为原点，单击 确定 按钮，完成轴系 1 的创建。

Step24. 创建图 11.5.25 所示的轴系 2。选择下拉菜单 插入 → 轴系... 命令，系统弹出“轴系定义”对话框，在 轴系类型: 下拉列表中选择 标准，选取图 11.5.25 所示的点为原点，单击激活 X 轴: 后的文本框，选取轴系 1 的 X 轴为参考，然后选中 反转 按钮，单击激活 Y 轴: 后的文本框，选取轴系 1 的 Y 轴为参考，然后选中 反转 按钮，单击 确定 按钮，完成轴系 2 的创建。

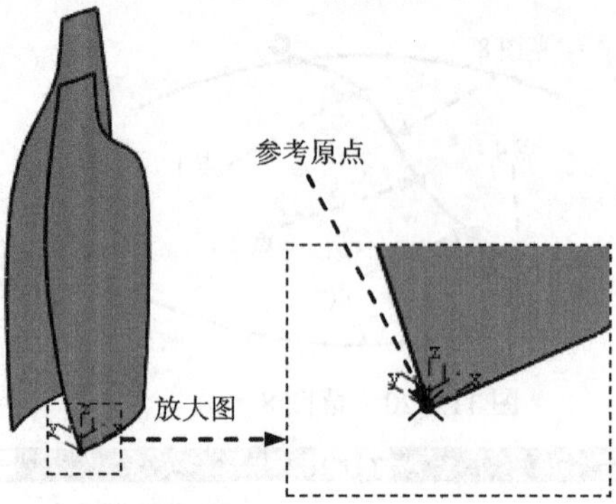

图 11.5.24　轴系 1

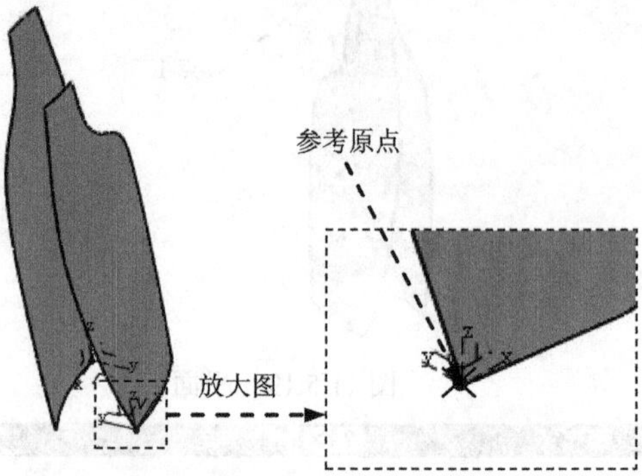

图 11.5.25　轴系 2

Step25. 创建图 11.5.26 所示的定位换位 1。选择 插入 → 操作 ▸ → 定位变换... 命令，系统弹出“定位变换”对话框，选取 多截面曲面.1 为定位变换的元素，选取 轴系.1 为参考，选取 轴系.2 为目标。单击 确定 按钮，完成定位变换 1 的创建。

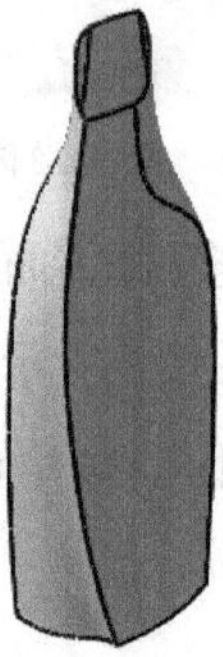

图 11.5.26　定位变换 1

Step26. 创建接合 1。选择下拉菜单 插入 → 操作 ▸ → 接合... 命令，在特征树中选取多截面曲面 1、分割 2、定位变换 1 和分割 4 作为要接合的曲面。单击 确定 按钮，完成接合曲面的创建。

Step27. 创建图 11.5.27b 所示的特征——倒圆角 1。选取图 11.5.27a 所示的边为倒圆角的对象，倒圆角半径为 2。

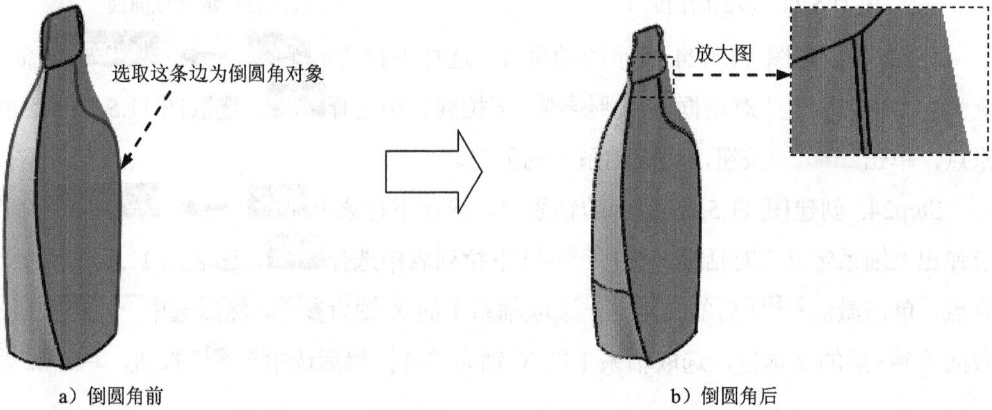

a）倒圆角前　　b）倒圆角后

图 11.5.27　倒圆角 1

Step28. 创建草图 9。选择下拉菜单 插入 → 草图编辑器 ▸ → 定位草图... 命令，选择 zx 平面为草图平面，进入草绘工作台。绘制图 11.5.28 所示的截面草图(图中所示相合约束是点与草图 5 的约束)。单击“工作台”工具栏中的 按钮，退出草绘工作台。

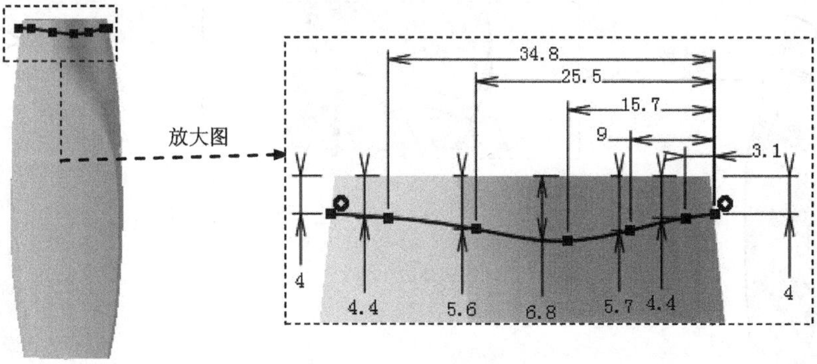

图 11.5.28 草图 9

Step29. 创建特征——项目 5。选择下拉菜单 插入 → 线框 ▸ → 投影... 命令；在对话框的 投影类型： 下拉列表中选择 沿某一方向 选项；选取草图 9 为投影对象，选取倒圆角 1 为支持面；在 方向： 文本框处右击，选择 Y 部件选项，选中 近接解法 复选框，单击 确定 按钮，完成项目 5 的创建。

Step30. 创建图 11.5.29 所示的特征——填充 1。选择下拉菜单 插入 → 曲面 ▸ → 填充... 命令；选取项目 5 为边界曲线；单击 确定 按钮，完成填充 1 的创建。

Step31. 创建图 11.5.30 所示的特征——偏移 1。选择下拉菜单 插入 → 曲面 ▸ → 偏移... 命令；选取填充 1 作为偏移曲面，在对话框 偏移： 后的文本框中输入值 2.0。单击 确定 按钮，完成偏移曲面的创建。

Step32. 创建图 11.5.31 所示的特征——修剪 1。选择下拉菜单 插入 → 操作 ▸ → 修剪... 命令；在对话框的 模式： 下拉列表中选择 标准 选项，选取倒圆角 1 和填充 1 为修剪元素。单击 确定 按钮，完成曲面的修剪操作。

说明：在选取曲面后，单击“修剪定义”对话框中的 另一侧/下一元素 和 另一侧/上一元素 按钮可以改变修剪方向。

图 11.5.29 填充 1

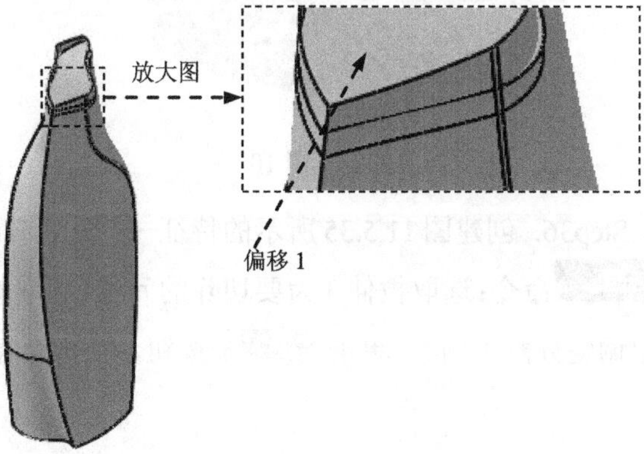

图 11.5.30 偏移 1

Step33. 创建图 11.5.32 所示的特征——平面 2。选择下拉菜单 插入 → 线框 → 平面 命令；在 平面类型： 下拉列表中选取 偏移平面 选项；在 参考： 文本框中右击，选取 xy 为参考平面；输入偏移距离值 155；单击 确定 按钮，完成平面 2 的创建。

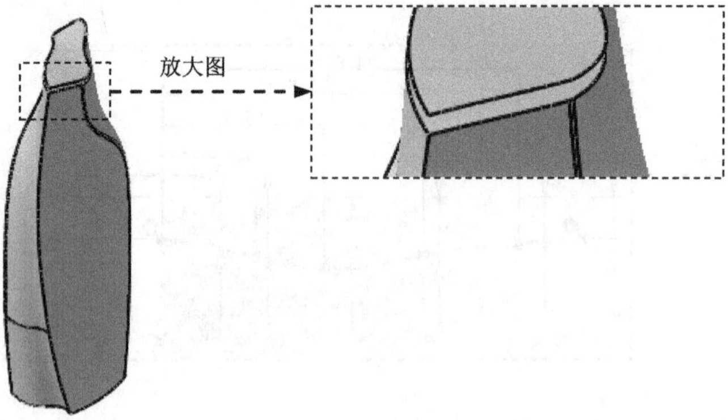

图 11.5.31 修剪 1

图 11.5.32 平面 2

Step34. 创建草图 10。选择下拉菜单 插入 → 草图编辑器 → 草图 命令，选择平面 2 为草图平面，进入草绘工作台。绘制图 11.5.33 所示的截面草图。单击“工作台”工具栏中的 按钮，退出草绘工作台。

Step35. 创建图 11.5.34 所示的零件基础特征——拉伸 3。选择 插入 → 曲面 → 拉伸... 命令，系统弹出“拉伸曲面定义”对话框。选取草图 10 为拉伸轮廓。在对话框的 限制 1 区域的 类型： 下拉列表中选择 尺寸 选项，在对话框的 限制 1 区域的 尺寸： 文本框中输入拉伸高度值 30。单击 反转方向 按钮调整拉伸方向。单击 确定 按钮，完成曲面的拉伸。

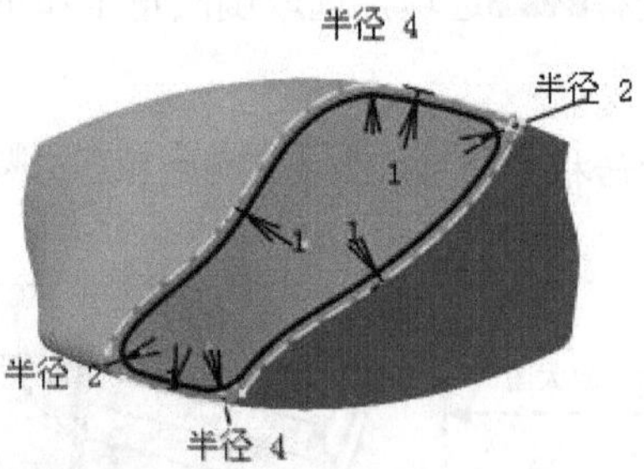

图 11.5.33 草图 10

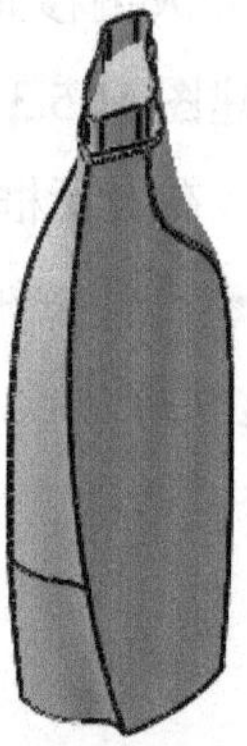

图 11.5.34 拉伸 3

Step36. 创建图 11.5.35 所示的特征——分割 5。选择下拉菜单 插入 → 操作 → 分割... 命令；选取拉伸 3 为要切除的元素。选取修剪 1 为切除元素（可以通过 另一侧 按钮调整分割方向）。单击 确定 按钮，完成分割 5 的创建。

Step37. 创建图 11.5.36 所示的特征——分割6。选择下拉菜单 插入 → 操作 ▸ → 分割... 命令；选取分割 5 为要切除的元素。选取偏移 1 为切除元素（可以通过 另一侧 按钮调整分割方向）。单击 确定 按钮，完成分割 6 的创建。

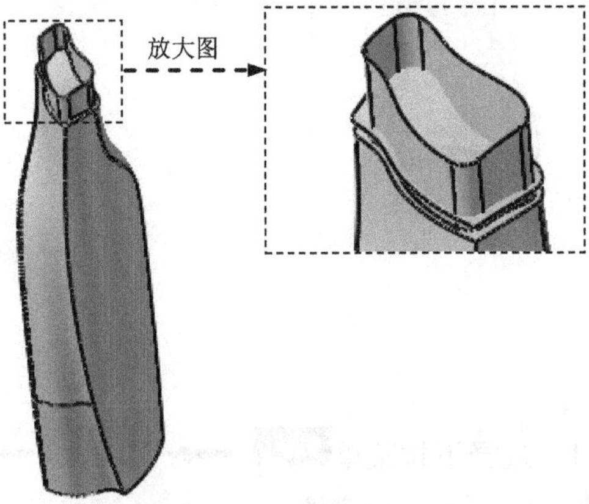

图 11.5.35　分割 5

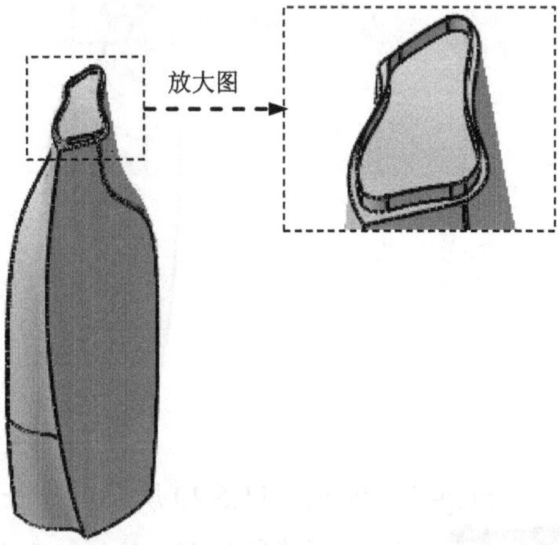

图 11.5.36　分割 6

Step38. 创建图 11.5.37 所示的特征——修剪 2。选择下拉菜单 插入 → 操作 ▸ → 修剪... 命令；选取修剪 1 和分割 6 为修剪元素（可通过 另一侧/下一元素 和 另一侧/上一元素 按钮调整修剪方向）；单击 确定 按钮，完成修剪 2 的创建。

Step39. 创建草图 11。选择下拉菜单 插入 → 草图编辑器 ▸ → 草图 命令，选择平面 2 为草图平面，进入草绘工作台。绘制图 11.5.38 所示的截面草图。单击“工作台”工具栏中的 按钮，退出草绘工作台。

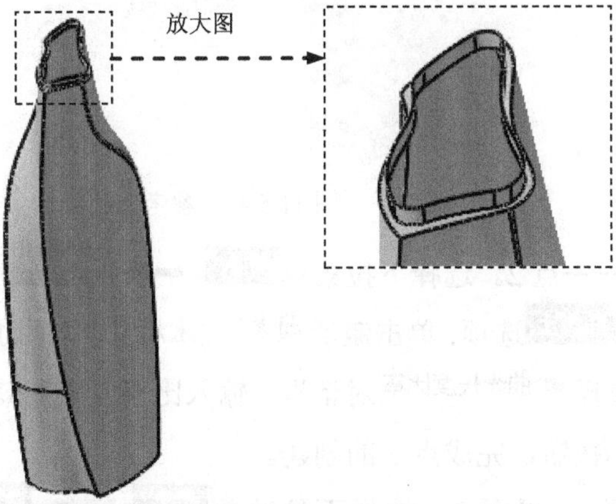

图 11.5.37　修剪 2

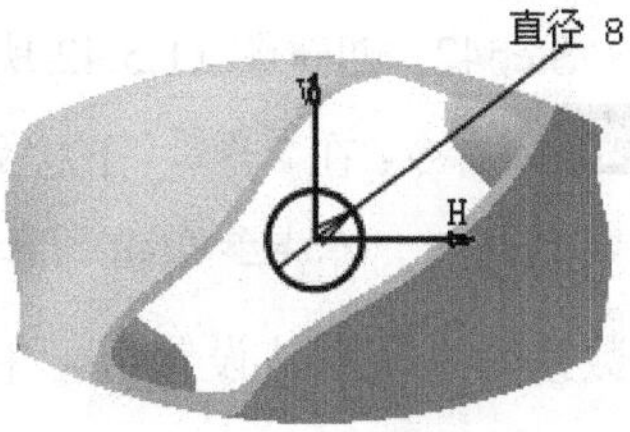

图 11.5.38　草图 11

Step40. 创建图 11.5.39 所示的零件基础特征——拉伸 4。选择 插入 → 曲面 ▸ → 拉伸... 命令，系统弹出“拉伸曲面定义”对话框。选取草图 11 为拉伸轮廓。在对话框的限制 1区域的类型:下拉列表中选择尺寸选项，在对话框的限制 1区域的尺寸:文本框中输入拉伸高度值 6。单击确定按钮，完成曲面的拉伸。

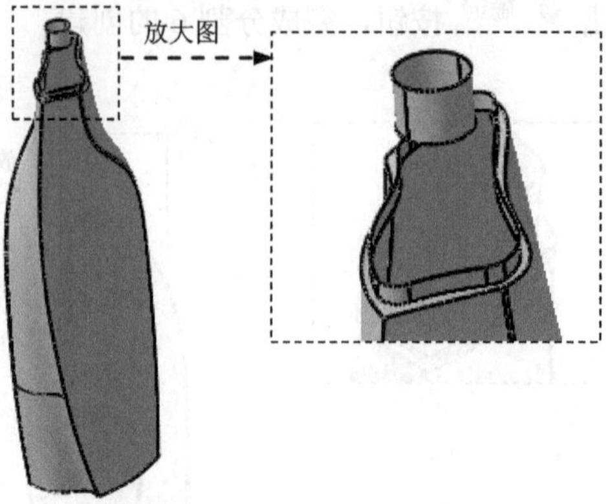

图 11.5.39　拉伸 4

Step41. 创建图 11.5.40 所示的特征——点 1。选择下拉菜单插入 → 线框 → 点...命令；在点类型:下拉列表中选取曲线上选项；单击激活曲线:文本框，选取图 11.5.41 所示的曲线。在与参考点的距离区域下，选择曲线长度比率对话框，输入比率值为 0.5。其他参数接受系统默认设置值。单击确定按钮，完成点 1 的创建。

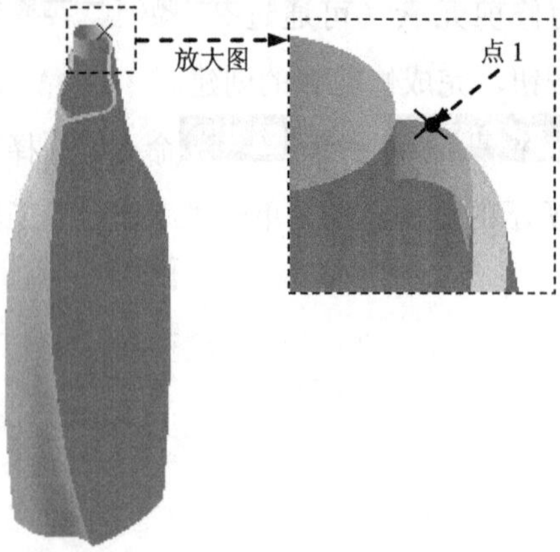

图 11.5.40　点 1

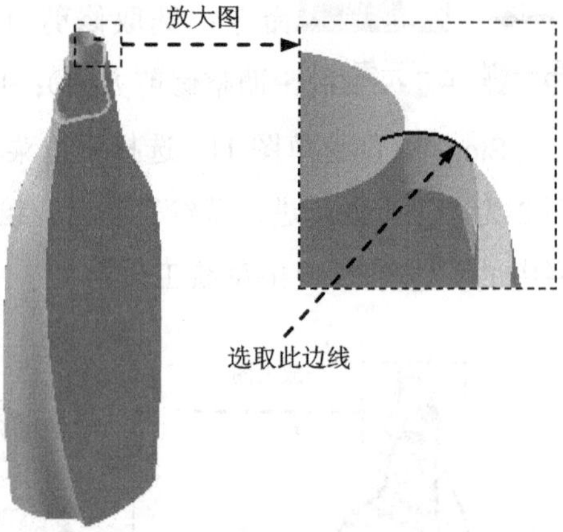

图 11.5.41　参考曲线

Step42. 创建图 11.5.42 所示的特征——点 2。选择下拉菜单插入 → 线框 → 点...命令；在点类型:下拉列表中选取曲线上选项；单击激活曲线:文本框，选取图 11.5.43 所示的曲线。在与参考点的距离区域下，选择曲线长度比率对话框，输入比率值为 0.5。其他参数接受系统默认设置值。单击确定按钮，完成点 2 的创建。

Step43. 创建图 11.5.44 所示的特征——平面 3。选择下拉菜单插入 → 线框 → 平面...命令；在平面类型:下拉列表中选取通过三个点选项；在图形区域选取点 1 和点 2，右击点 3:后的文本框，选择创建点命令，定义点类型为圆/球面/椭圆中心，选取图 11.5.45 所示的边线为参考，单击确定按钮，再次单击确定按钮，完成平面 3 的创建。

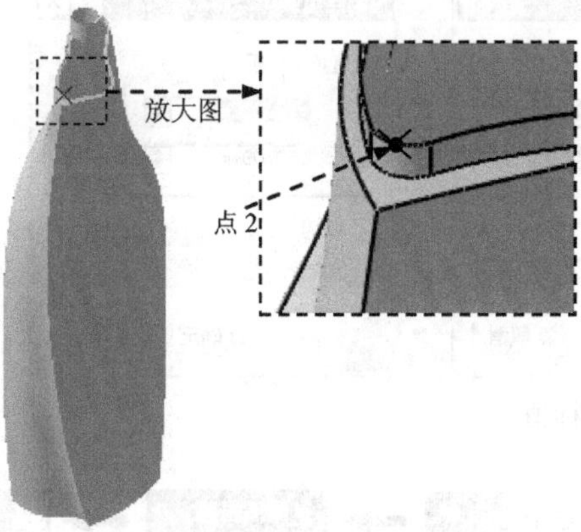

图 11.5.42　点 2

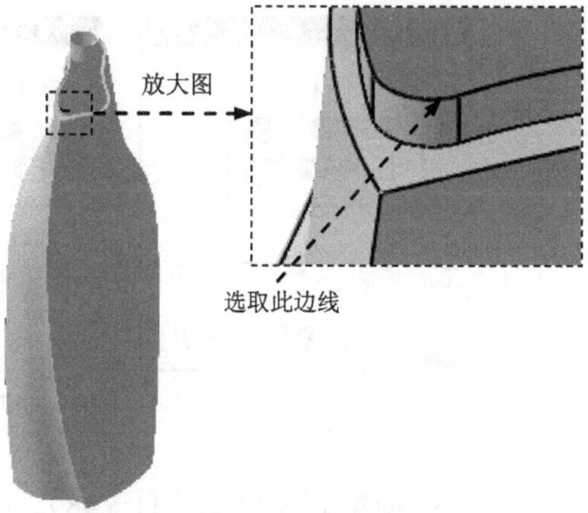

图 11.5.43　参考曲线

图 11.5.44　平面 3

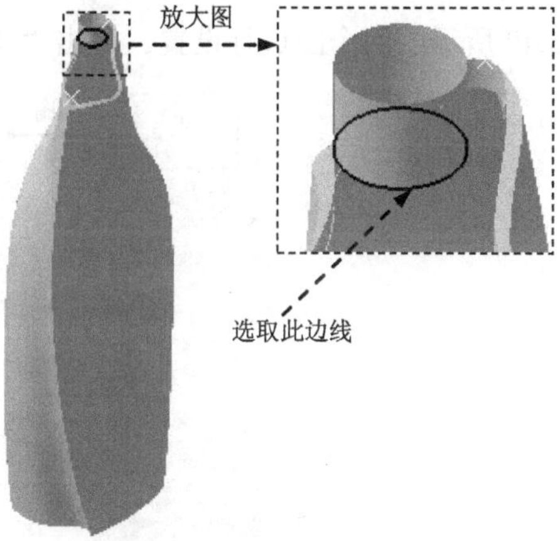

图 11.5.45　参考边线

Step44. 创建草图 12。选择下拉菜单 插入 → 草图编辑器 → 草图 命令，选择平面 3 为草图平面，进入草绘工作台。绘制图 11.5.46 所示的截面草图，图 11.5.46 所示点 1、2、3 的坐标可参考图 11.5.47 所示的 3 个图进行设置。单击“工作台”工具栏中的按钮，退出草绘工作台。

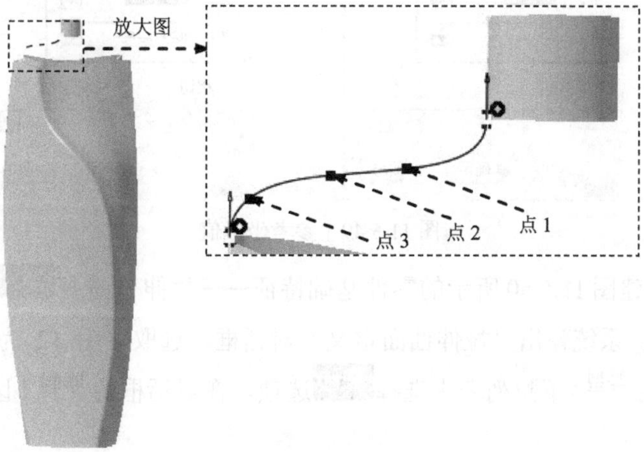

图 11.5.46　草图 12

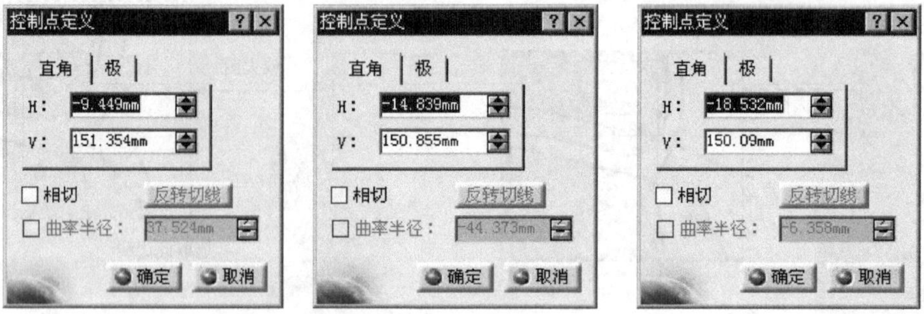

图 11.5.47 参考坐标值

Step45. 创建草图 13（图 11.5.48）。选择下拉菜单 插入 → 草图编辑器 → 草图 命令，选择平面 3 为草图平面，进入草绘工作台。图 11.5.48 所示点 1、2 的坐标可参考图 11.5.49 所示的两个图进行设置。单击“工作台”工具栏中的 按钮，退出草绘工作台。

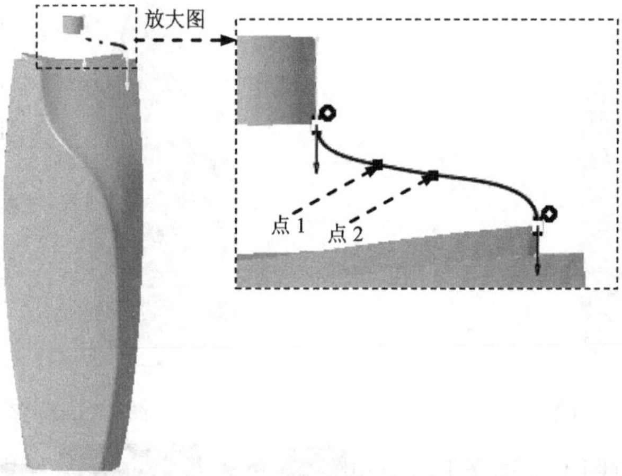

图 11.5.48 草图 13

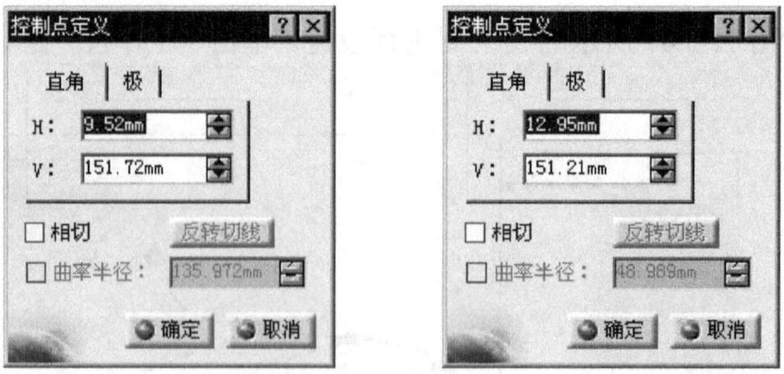

图 11.5.49 参考坐标值

Step46. 创建图 11.5.50 所示的零件基础特征——拉伸 5。选择 插入 → 曲面 → 拉伸... 命令，系统弹出“拉伸曲面定义”对话框。选取草图 12 为拉伸轮廓。在对话框的 限制 1 区域的 类型： 下拉列表中选择 尺寸 选项，在对话框的 限制 1 区域的 尺寸： 文本框中输入拉伸高度值 4。单击 确定 按钮，完成曲面的拉伸。

Step47. 创建图 11.5.51 所示的零件基础特征——拉伸 6。选择 插入 ➡ 曲面 ➡ 拉伸... 命令，系统弹出“拉伸曲面定义”对话框。选取草图 13 为拉伸轮廓。在对话框的 限制 1 区域的 类型: 下拉列表中选择 尺寸 选项，在对话框的 限制 1 区域的 尺寸: 文本框中输入拉伸高度值 4。单击 确定 按钮，完成曲面的拉伸。

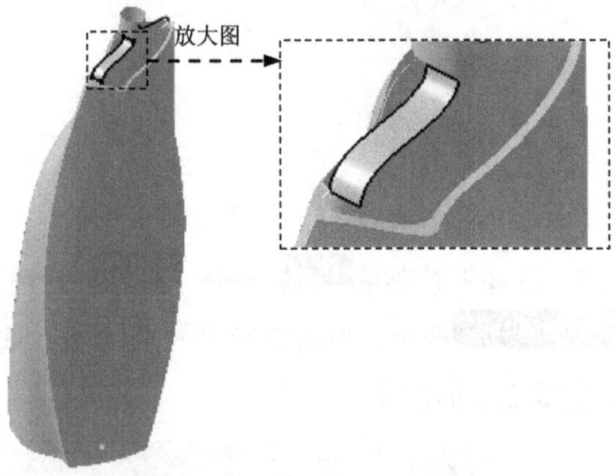

图 11.5.50 拉伸 5

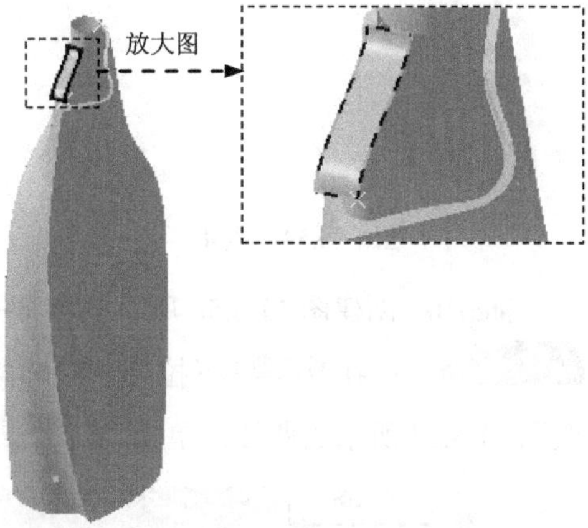

图 11.5.51 拉伸 6

Step48. 创建图 11.5.52 所示的特征——点 3。选择下拉菜单 插入 ➡ 线框 ➡ 点... 命令；在 点类型: 下拉列表中选取 曲线上 选项；单击激活 曲线: 文本框，选取图 11.5.53 所示的曲线。在 与参考点的距离 区域下，选择 曲线长度比率 文本框，输入比率值 0.4。其他参数接受系统默认设置值。单击 确定 按钮，完成点 3 的创建。

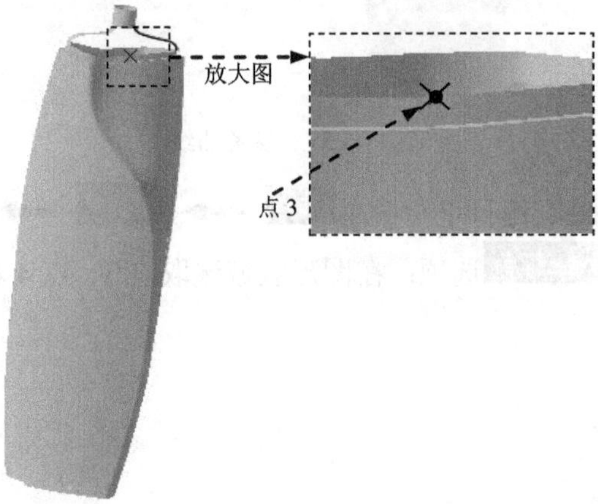

图 11.5.52 点 3

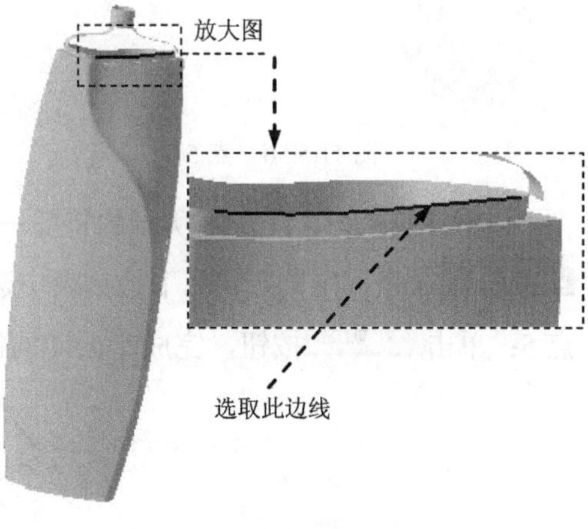

图 11.5.53 参考曲线

Step49. 创建图 11.5.54 所示的特征——点 4。选择下拉菜单 插入 ➡ 线框 ➡ 点... 命令；在 点类型: 下拉列表中选取 曲线上 选项；单击激活 曲线: 文本框，选取图 11.5.55 所示的曲线。在 与参考点的距离 区域下，选择 曲线长度比率 文本框，输入比率值 0.4。其他参数接受系统默认设置值。单击 确定 按钮，完成点 4 的创建。

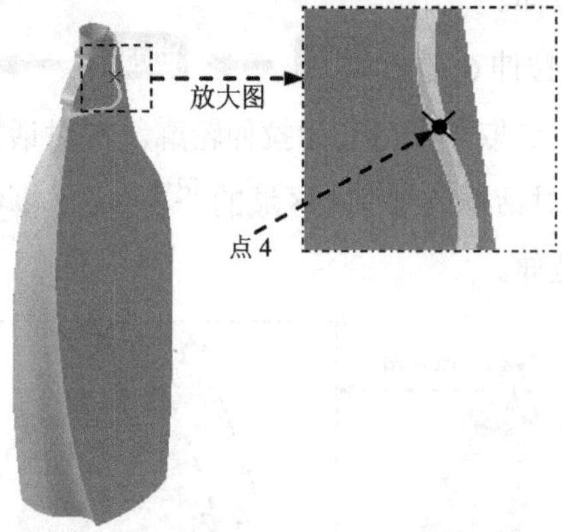

图 11.5.54　点 4

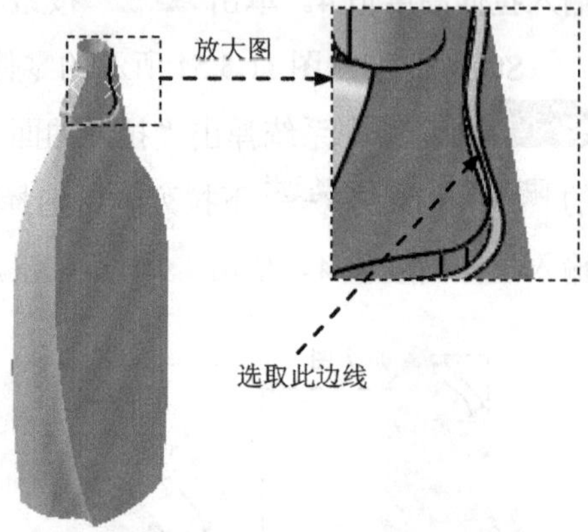

图 11.5.55　参考曲线

Step50. 创建图 11.5.56 所示的特征——点 5。选择下拉菜单 插入 → 线框 ▸ → 点... 命令；在 点类型： 下拉列表中选取 圆/球面/椭圆中心 选项；单击激活 曲线： 文本框，选取图 11.5.57 所示的曲线。单击 确定 按钮，完成点 5 的创建。

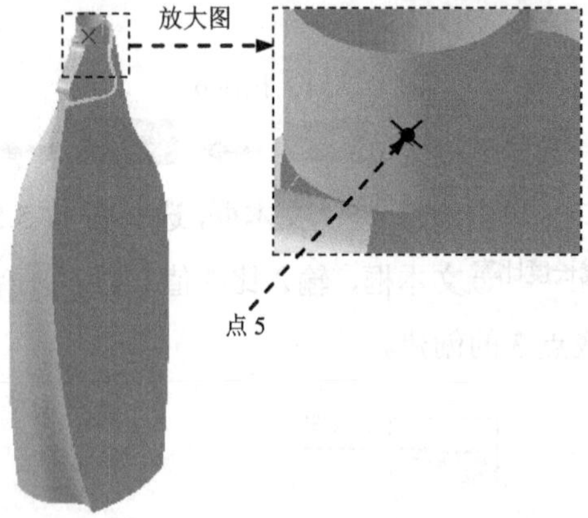

图 11.5.56　点 5

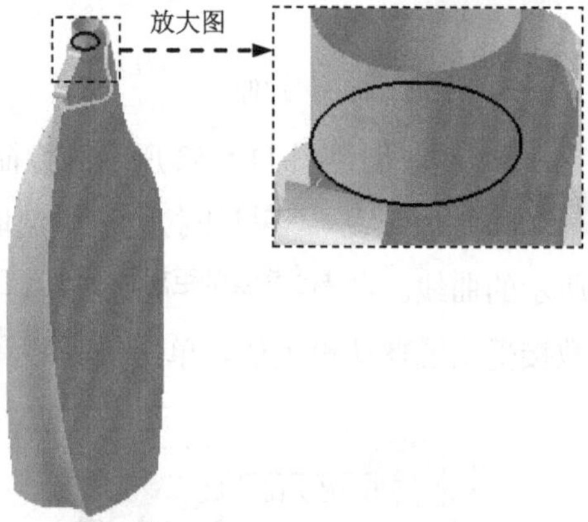

图 11.5.57　参考曲线

Step51. 创建图 11.5.58 所示的特征——平面 4。选择下拉菜单 插入 → 线框 ▸ → 平面... 命令；在 平面类型： 下拉列表中选取 通过三个点 选项；在图形区域选取点 3、点 4 和点 5；单击 确定 按钮，完成平面 4 的创建。

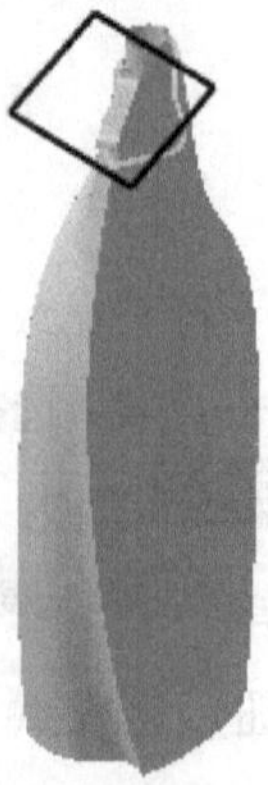

图 11.5.58　平面 4

Step52. 创建草图 14。选择下拉菜单 插入 → 草图编辑器 → 草图 命令，选择“平面 4”为草图平面，进入草绘工作台。绘制图 11.5.59 所示的截面草图(此样条曲线的部分参数可参考图 11.5.60 进行设置) 。单击“工作台”工具栏中的 按钮，退出草绘工作台。

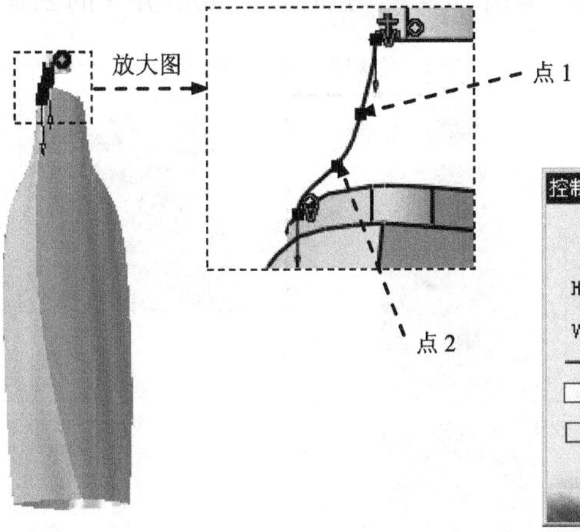

图 11.5.59 草图 14

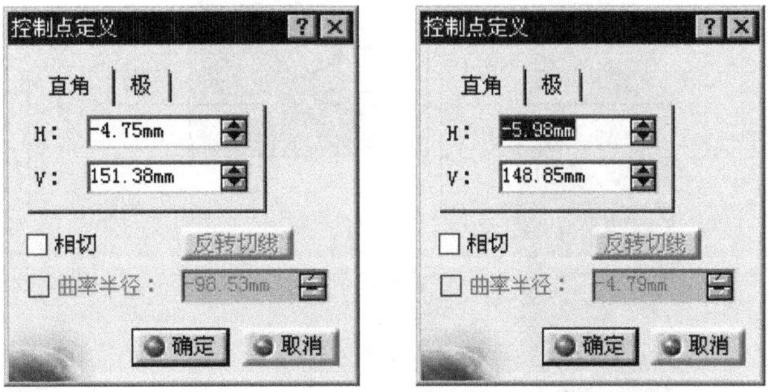

图 11.5.60 参考坐标值

Step53. 创建草图 15。选择下拉菜单 插入 → 草图编辑器 → 草图 命令，选择平面 4 为草图平面，进入草绘工作台。绘制图 11.5.61 所示的截面草图，图 11.5.61 所示点 1 的坐标可参考图 11.5.62 进行设置。单击“工作台”工具栏中的 按钮，退出草绘工作台。

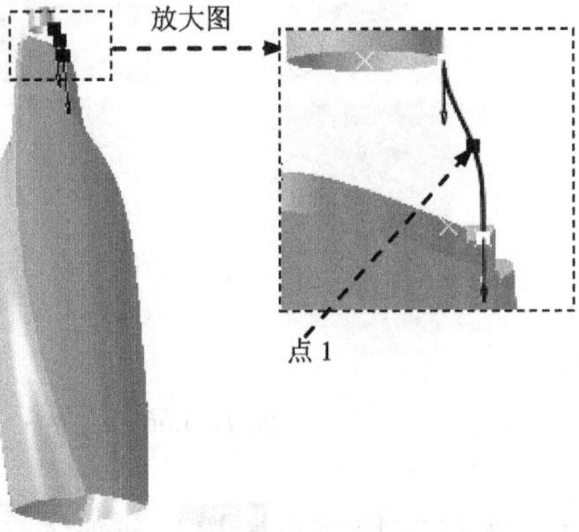

图 11.5.61 草图 15

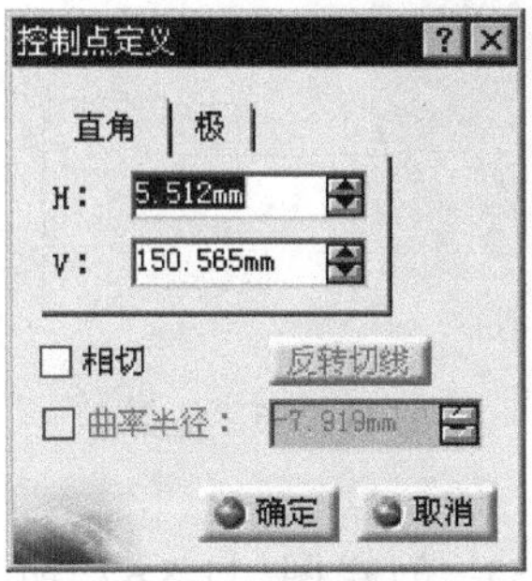

图 11.5.62 参考坐标值

Step54. 创建图 11.5.63 所示的边界 1。选择下拉菜单 插入 → 操作 → 边界... 命令；在 拓展类型： 后的文本框中选择 切线连续 选项。选取图 11.5.64 所示的边线为曲面边线。选取草图 14 和草图 12 作为限制曲线。单击 确定 按钮，完成边界 1 的创建。

Step55. 创建图 11.5.65 所示的边界 2。选择下拉菜单 插入 → 操作 → 边界... 命令；在 拓展类型： 后的文本框中选择 切线连续 选项。选取图 11.5.65 所示的边线为曲面边线。选取草图 14 和草图 13 作为限制曲线。单击 确定 按钮，完成边界 2 的创建。

Step56. 创建图 11.5.66 所示的边界 3。选择下拉菜单 插入 → 操作 ▸ → 边界... 命令；在 拓展类型: 后的文本框中选择 切线连续 选项。选取图 11.5.66 所示的边线为曲面边线。选取草图 13 和草图 15 作为限制曲线。单击 确定 按钮，完成边界 3 的创建。

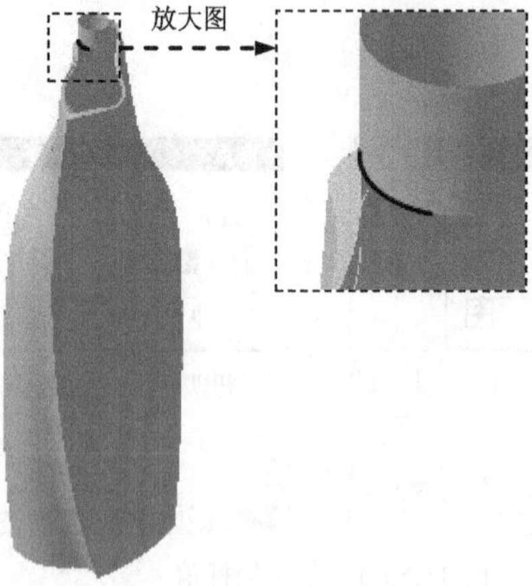

图 11.5.63　边界 1

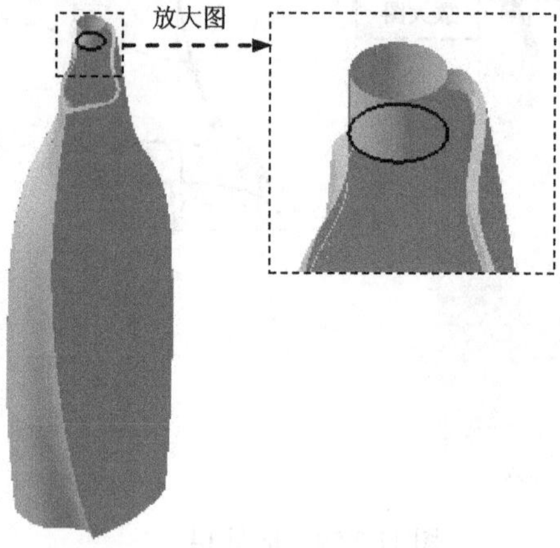

图 11.5.64　定义曲面边线

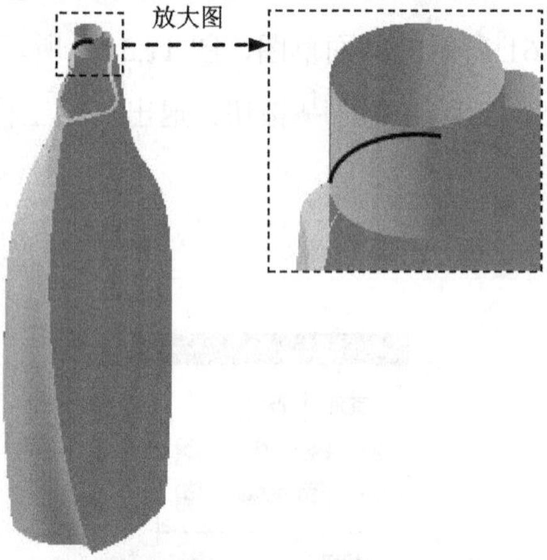

图 11.5.65　边界 2

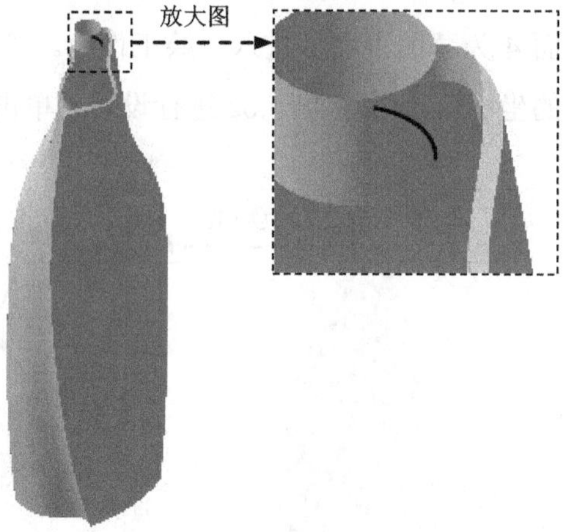

图 11.5.66　边界 3

Step57. 创建图 11.5.67 所示的边界 4。选择下拉菜单 插入 → 操作 ▸ → 边界... 命令；在 拓展类型: 后的文本框中选择 切线连续 选项。选取图 11.5.67 所示的边线为曲面边线。选取草图 12 和草图 15 作为限制曲线。单击 确定 按钮，完成边界 4 的创建。

Step58. 创建图 11.5.68 所示的边界 5。选择下拉菜单 插入 → 操作 ▸ → 边界... 命令；在 拓展类型: 后的文本框中选择 切线连续 选项。选取图 11.5.69 所示的边线为曲面边线。（按住 shift 键选取）选取草图 12 和草图 15 作为限制曲线。单击 确定 按钮，完成边界 5 的创建。

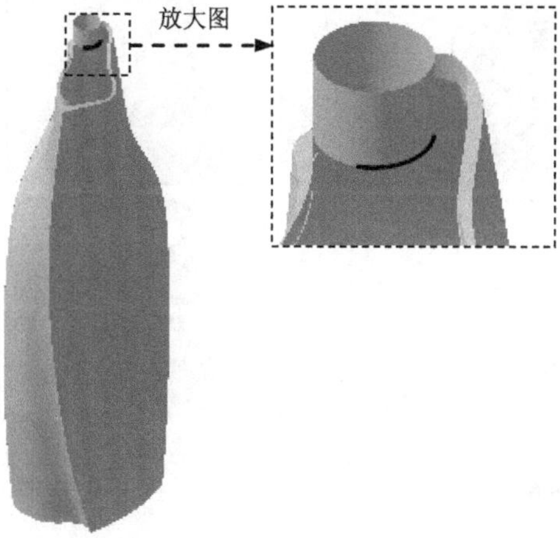

图 11.5.67 边界 4

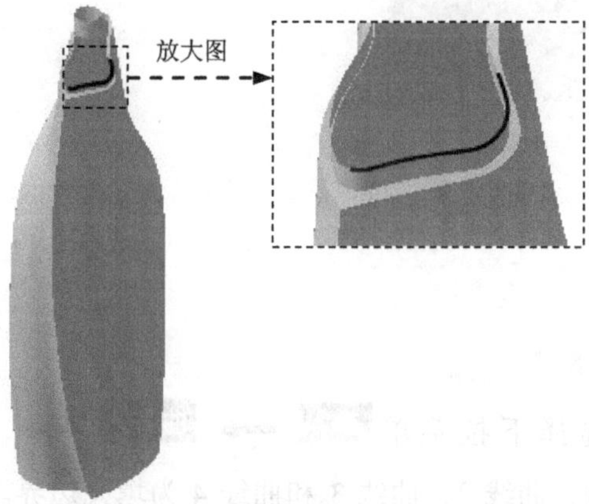

图 11.5.68 边界 5

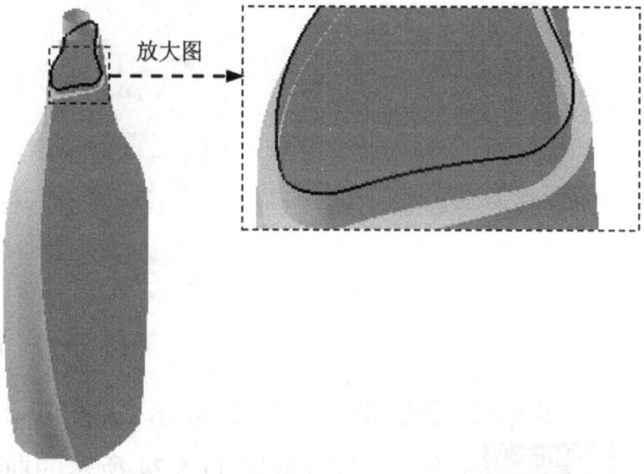

图 11.5.69 定义曲面边线

Step59. 创建图 11.5.70 所示的边界 6。选择下拉菜单 插入 → 操作 → 边界... 命令；在 拓展类型： 后的文本框中选择 切线连续 选项。选取图 11.5.70 所示的边线为曲面边线。选取草图 13 和草图 15 作为限制曲线。单击 确定 按钮，完成边界 6 的创建。

Step60. 创建图 11.5.71 所示的边界 7。选择下拉菜单 插入 → 操作 → 边界... 命令；在 拓展类型： 后的文本框中选择 切线连续 选项。选取图 11.5.71 所示的边线为曲面边线。选取草图 13 和草图 14 作为限制曲线。单击 确定 按钮，完成边界 7 的创建。

Step61. 创建图 11.5.72 所示的边界 8。选择下拉菜单 插入 → 操作 → 边界... 命令；在 拓展类型： 后的文本框中选择 切线连续 选项。选取图 11.5.72 所示的边线为曲面边线。选取草图 14 和草图 12 作为限制曲线。单击 确定 按钮，完成边界 8 的创建。

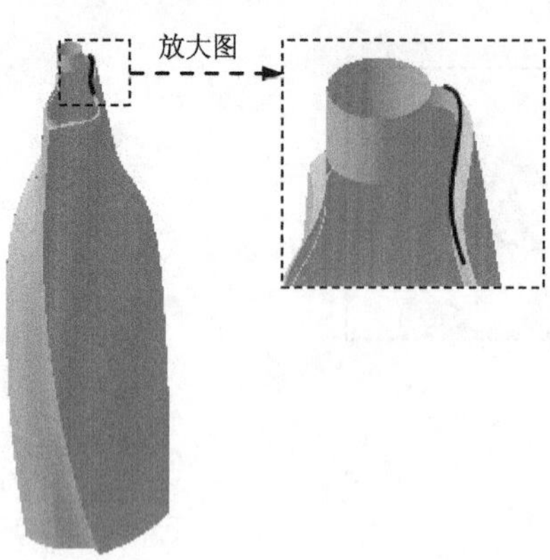

图 11.5.70　边界 6

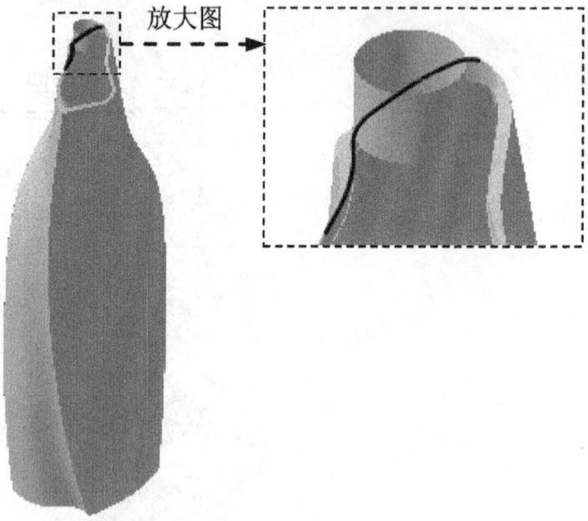

图 11.5.71　边界 7

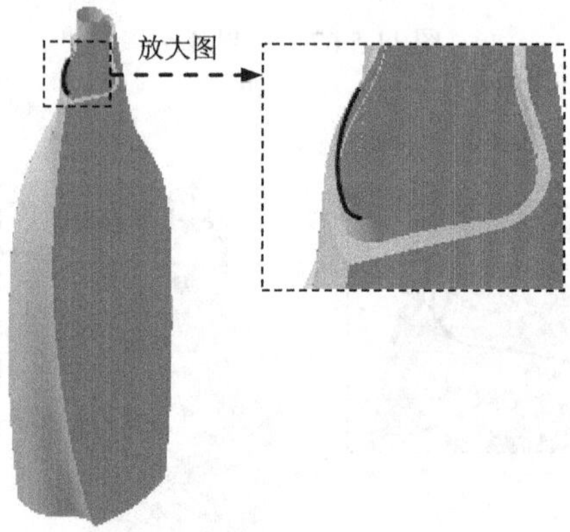

图 11.5.72　边界 8

Step62. 创建图 11.5.73 所示的填充 2。选择下拉菜单 插入 → 曲面 → 填充... 命令；依次选取图 11.5.74 所示的曲线 1、曲线 2、曲线 3 和曲线 4 为填充边界。（为了方便选取曲线，可将草图 15、14，边界 3、6 显示，完成填充 2 的创建后，再将它们隐藏）选取拉伸 4 为曲线 1 的支持面，选取拉伸 6 为曲线 2 的支持面，选取修剪 2 为曲线 4 的支持面。单击 确定 按钮，完成填充曲面的创建。

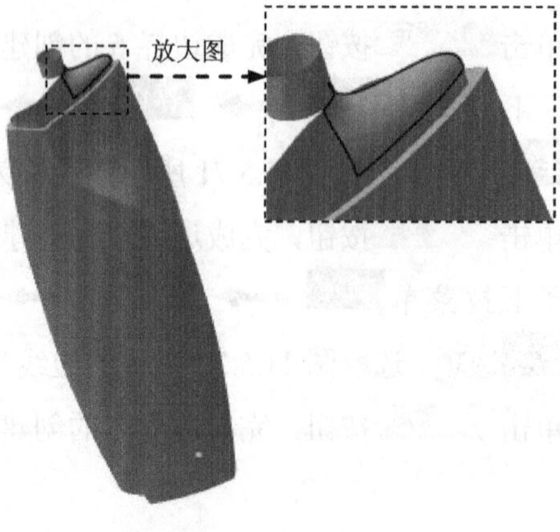

图 11.5.73　填充 2

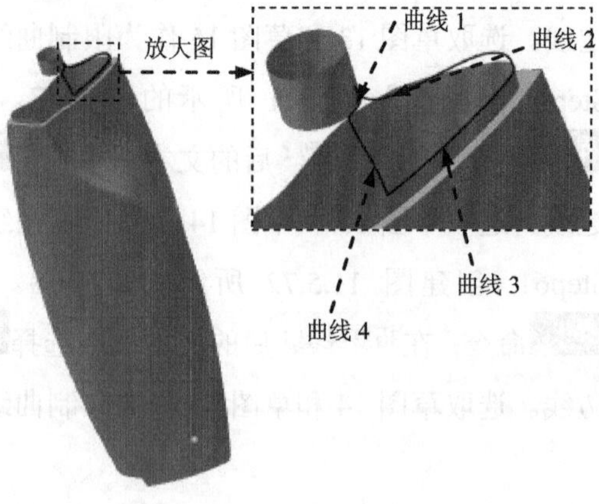

图 11.5.74　定义填充边界

Step63. 创建图 11.5.75 所示的填充 3。选择下拉菜单 插入 → 曲面 ▸ → 填充... 命令；依次选取图 11.5.76 所示的曲线 1、曲线 2、曲线 3 和曲线 4 为填充边界（为了方便选取曲线，可将草图 15、14，边界 2、7 显示，完成填充 3 的创建后，再将它们隐藏）。选取拉伸 4 为曲线 1 的支持面，选取修剪 2 为曲线 3 的支持面，选取填充 2 为曲线 4 的支持面。单击 确定 按钮，完成填充曲面的创建。

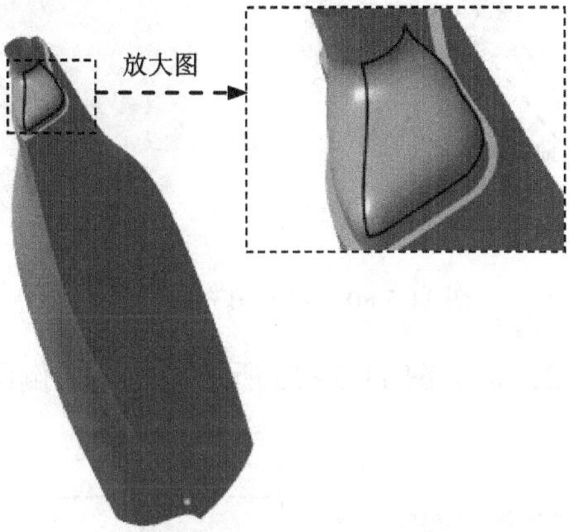

图 11.5.75　填充 3

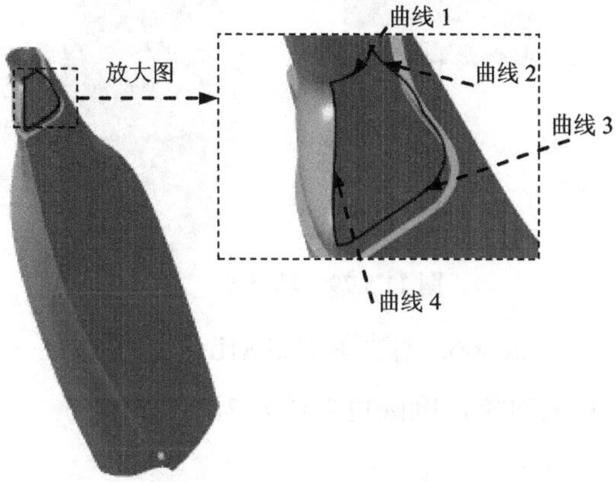

图 11.5.76　定义填充边界

Step64. 创建图 11.5.77 所示的填充 4。选择下拉菜单 插入 → 曲面 ▸ → 填充... 命令；依次选取图 11.5.78 所示的曲线 1、曲线 2、曲线 3 和曲线 4 为填充边界。（为了方便选取曲线，可将草图 15、14，边界 1、8 显示，完成填充 4 的创建后，再将它们隐藏）选取拉伸 4 为曲线 1 的支持面，选取填充 3 为曲线 2 的支持面，选取修剪 2 为曲线 3 的支持面，选取拉伸 4 为曲线 4 的支持面。单击 确定 按钮，完成填充曲面的创建。

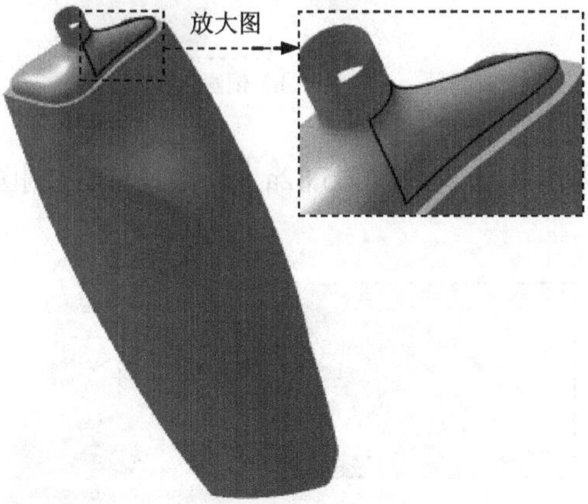

图 11.5.77　填充 4

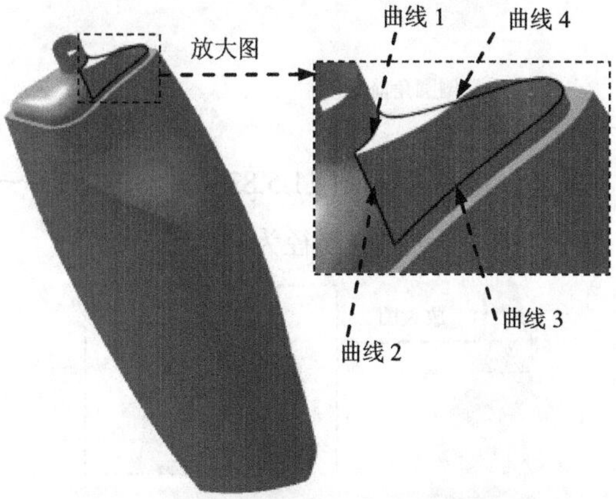

图 11.5.78　定义填充边界

Step65. 创建图 11.5.79 所示的填充 5。选择下拉菜单 插入 → 曲面 ▸ → 填充... 命令；依次选取图 11.5.80 所示的曲线 1、曲线 2、曲线 3 和曲线 4 为填充边界。（为了方便选取曲线。可将草图 15、14，边界 4、5 显示，完成填充 5 的创建后，再将它们隐藏）

选取拉伸 4 为曲线 1 的支持面，选取填充 2 为曲线 2 的支持面，选取修剪 2 为曲线 3 的支持面，选取填充 4 为曲线 4 的支持面。单击 确定 按钮，完成填充曲面的创建。

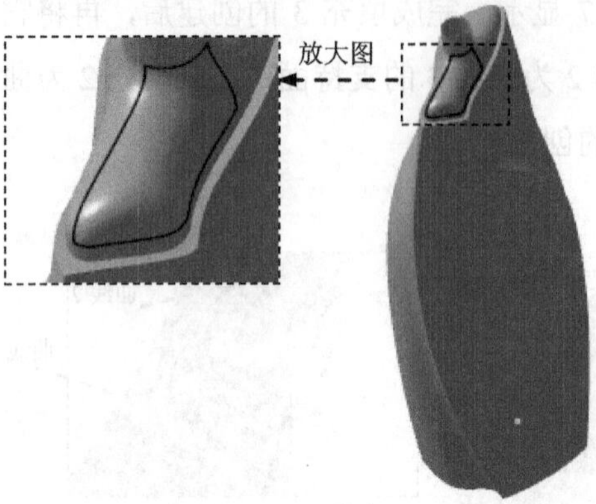

图 11.5.79　填充 5

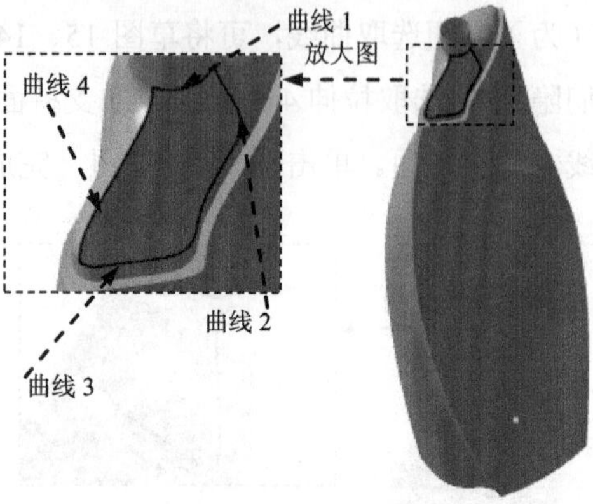

图 11.5.80　定义填充边界

Step66. 创建图 11.5.81b 所示的特征——倒圆角 2。选取图 11.5.81a 所示的边线为倒圆角的对象，倒圆角半径为 2。

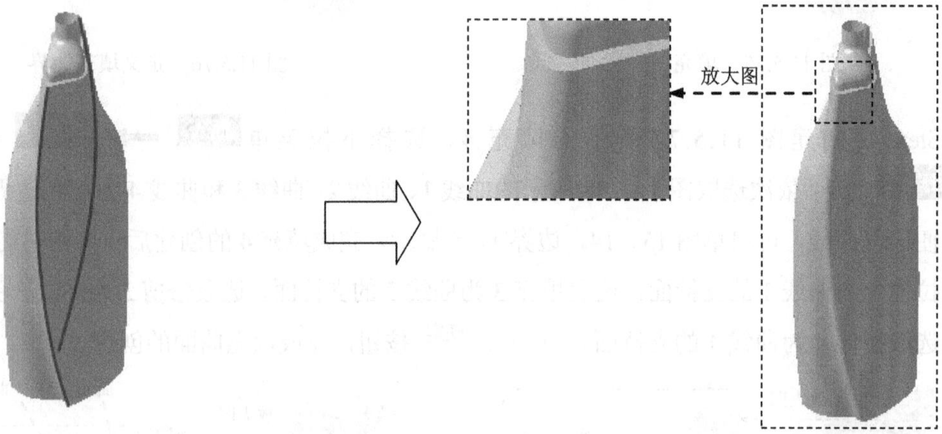

a）倒圆角前　　b）倒圆角后

图 11.5.81　倒圆角 2

Step67. 创建图 11.5.82b 所示的特征——倒圆角 3。选取图 11.5.82a 所示的边线为倒圆角的对象，倒圆角半径为 0.5。

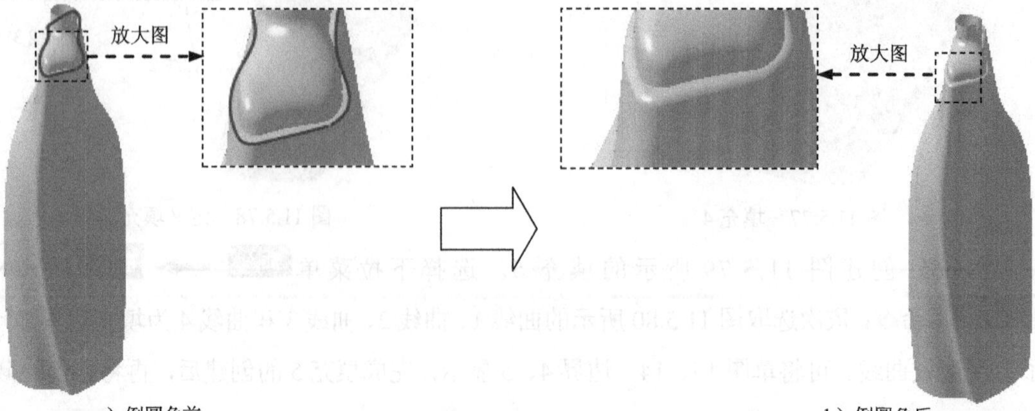

a）倒圆角前　　b）倒圆角后

图 11.5.82　倒圆角 3

Step68. 创建图 11.5.83b 所示的特征——倒圆角 4。选取图 11.5.83a 所示的边线为倒圆角的对象，倒圆角半径为 0.5。

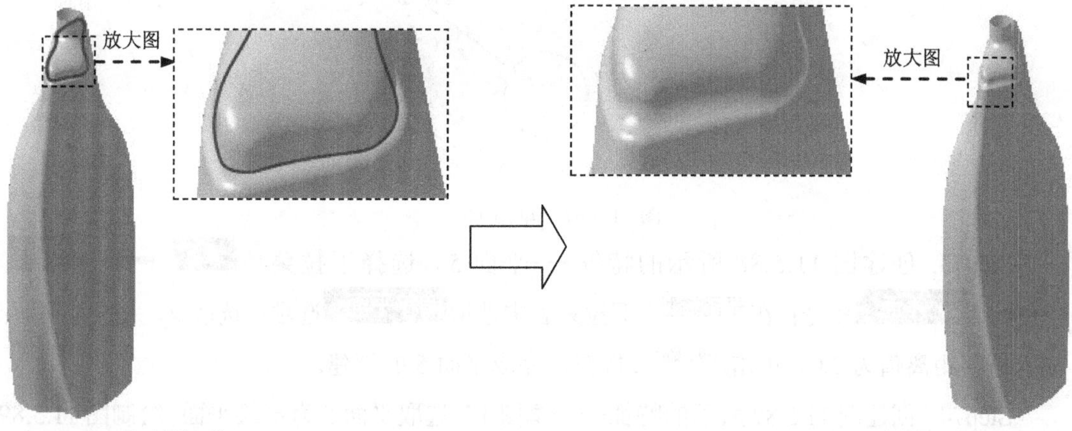

a）倒圆角前　　b）倒圆角后

图 11.5.83　倒圆角 4

Step69. 创建图 11.5.84 所示的填充 6。选择下拉菜单 插入 → 曲面 ▸ → 填充... 命令；依次选取图 11.5.85 所示的边线为填充边界。单击 确定 按钮，完成填充曲面的创建。

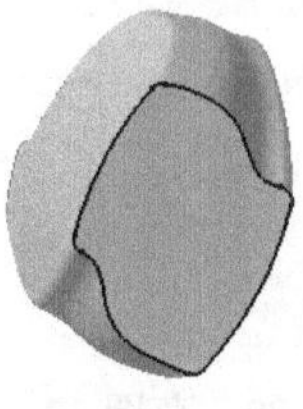

图 11.5.84　填充 6

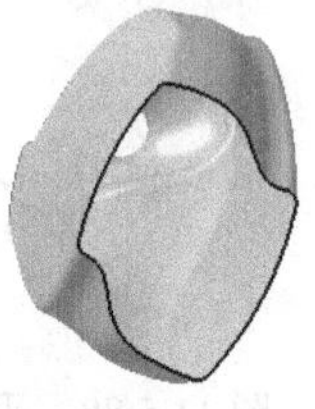

图 11.5.85　定义填充边界

Step70. 创建特征——接合 2。选择下拉菜单 插入 → 操作 ▸ → 接合... 命令；选取倒圆角 4、填充 5、填充 4、填充 3、填充 2、填充 6 和拉伸 4 为接合对象。单击 确定 按钮，完成接合曲面的创建。

Step71. 创建图 11.5.86b 所示的特征——倒圆角 5。选取图 11.5.86a 所示的边线为倒圆角的对象，倒圆角半径为 1。

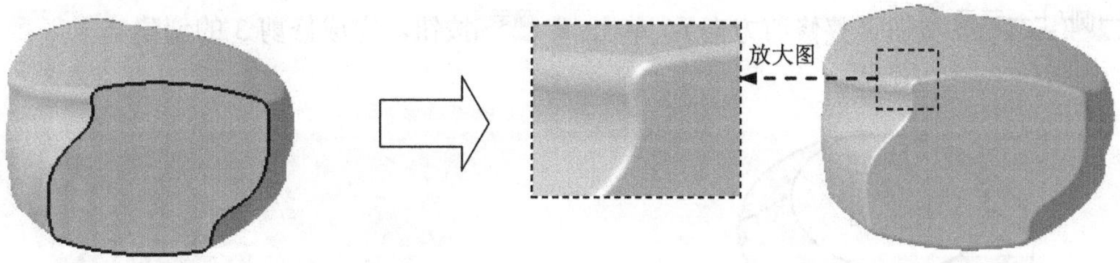

a）倒圆角前　　b）倒圆角后

图 11.5.86　倒圆角 5

Step72. 创建图 11.5.87 所示的特征——草图 16。选取 xy 平面为草绘平面；绘制图 11.5.87 所示的截面草图。

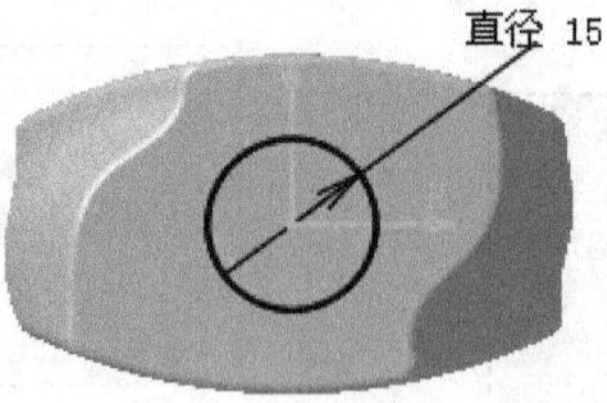

图 11.5.87 草图 16

Step73. 创建图 11.5.88 所示的特征——平面 5。选择下拉菜单 插入 → 线框 → 平面... 命令；在 平面类型： 下拉列表中选取 偏移平面 选项；选取 xy 为参考平面；输入偏移距离值为 2.0。单击 确定 按钮，完成平面 5 的创建。

Step74. 创建图 11.5.89 所示的特征——草图 17。选取平面 5 为草绘平面；绘制图 11.5.89 所示的截面草图。

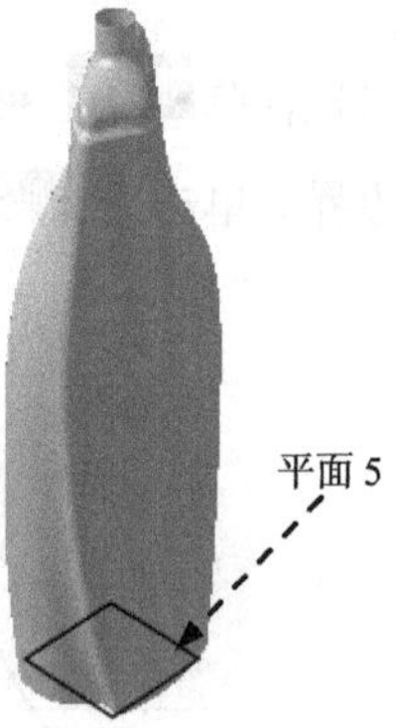

图 11.5.88 平面 5

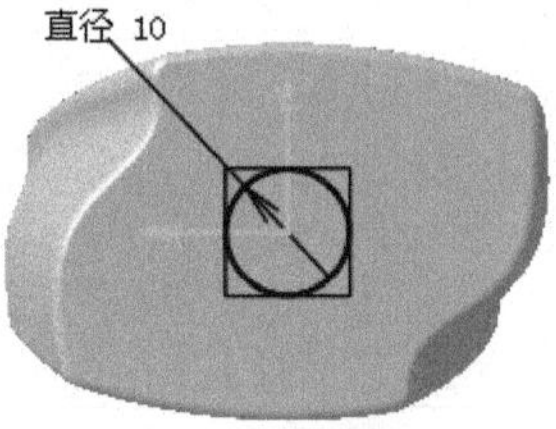

图 11.5.89 草图 17

Step75. 创建图 11.5.90 所示的特征——多截面曲面 2（为了将多截面曲面 2 显示，此处将其他曲面实体隐藏。完成此步可再将其全部显示）。选择下拉菜单 插入 → 曲面 → 多截面曲面... 命令；选取草图 16 为截面 1，选取草图 17 为截面 2，单击 确定 按钮，完成多截面曲面 2 的创建。

Step76. 创建图 11.5.91 所示的特征——修剪 3。选择下拉菜单 插入 → 操作 → 修剪... 命令；选取倒圆角 5 和多截面曲面 2 为修剪元素（可通过 另一侧/下一元素、另一侧/上一元素 按钮调整修剪方向）；单击 确定 按钮，完成修剪 3 的创建。

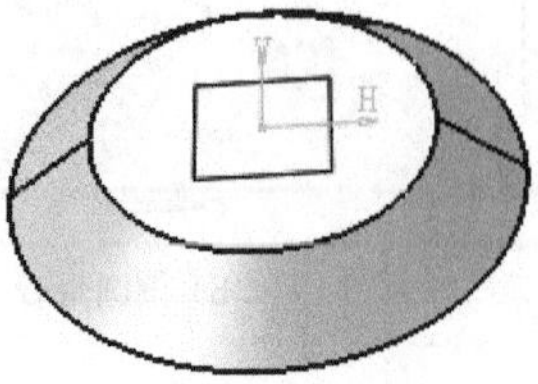

图 11.5.90 多截面曲面 2

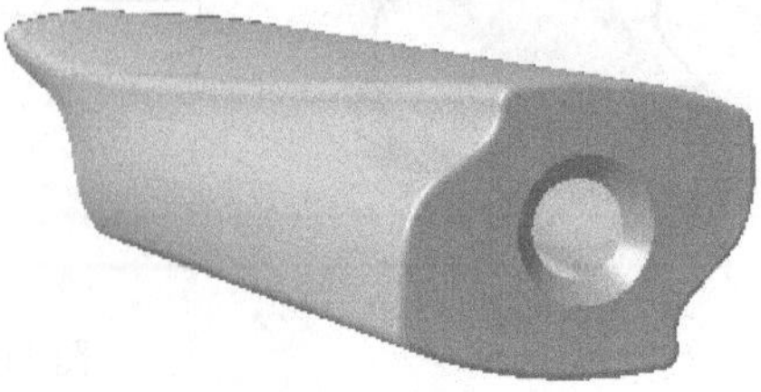

图 11.5.91 修剪 3

Step77. 创建图 11.5.92 所示的特征——填充 7。选择下拉菜单 插入 → 曲面 ▸ → 填充... 命令；选取草图 17 为边界曲线；单击 确定 按钮，完成填充 7 的创建。

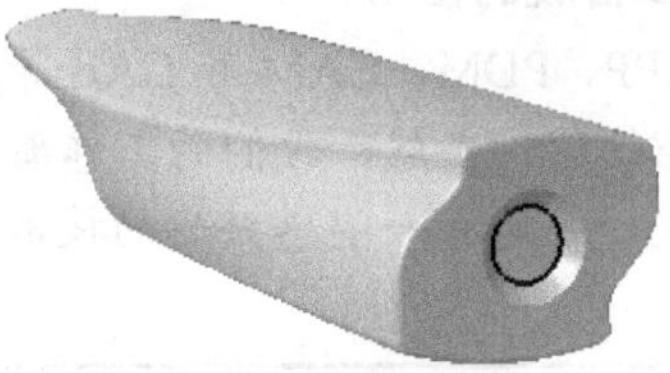

图 11.5.92　填充 7

Step78. 创建特征——接合 3。选择下拉菜单 插入 → 操作 ▸ → 接合... 命令；选取修剪 3 和填充 7 为要接合的元素；单击 确定 按钮，完成接合 3 的创建。

Step79. 创建图 11.5.93b 所示的特征——倒圆角 6。选取图 11.5.93a 所示的边线为倒圆角的对象，倒圆角半径为 2。

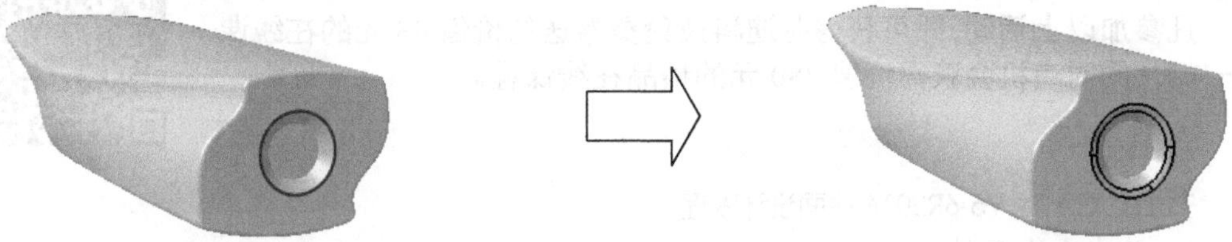

a）倒圆角前　　b）倒圆角后

图 11.5.93　倒圆角 6

Step80. 切换工作台。选择下拉菜单 开始 → 机械设计 ▸ → 零件设计 命令，切换到零件设计工作台。

Step81. 创建图 11.5.94 所示的特征——加厚曲面 1。选择下拉菜单 插入 → 基于曲面的特征 ▸ → 厚曲面... 命令，选取倒圆角 6 为要加厚的元素；在对话框的 第一偏移： 后的文本框中输入值 0.5，在 第二偏移： 后的文本框中输入值 0。单击 确定 按钮，完成曲面加厚的操作。

说明： 若加厚操作无法完成，请参考随书学习资源中的视频修改部分草图。

图 11.5.94　加厚曲面 1

Step82. 保存零件模型。

读者意见反馈卡

尊敬的读者：

感谢您购买机械工业出版社出版的图书！

我们一直致力于 CAD、CAPP、PDM、CAM 和 CAE 等相关技术的跟踪，希望能将更多优秀作者的宝贵经验与技巧介绍给您。当然，我们的工作离不开您的支持。如果您在看完本书之后，有什么好的意见和建议，或是有一些感兴趣的技术话题，都可以直接与我联系。

策划编辑：丁锋

读者购书回馈活动：

活动一：本书“随书学习资源”中含有该“读者意见反馈卡”的电子文档，请认真填写本反馈卡，并发 E-mail 给我们。E-mail: 兆迪科技 zhanygjames@163.com，丁锋 fengfener@qq.com。

活动二：扫一扫右侧二维码，关注兆迪科技官方公众微信（或搜索公众号 zhaodikeji），参与互动，也可进行答疑。

凡参加以上活动，即可获得兆迪科技免费奉送的价值 48 元的在线课程一门，同时有机会获得价值 780 元的精品在线课程。

书名：CATIA V5-6R2016 曲面设计教程

1. 读者个人资料：

姓名：________性别：___年龄：____职业：________职务：________学历：______

专业：_______单位名称：__________________电话：___________手机：_________

邮寄地址：________________________邮编：___________E-mail：___________

2. 影响您购买本书的因素（可以选择多项）：

□内容　　□作者　　□价格

□朋友推荐　　□出版社品牌　　□书评广告

□工作单位（就读学校）指定　　□内容提要、前言或目录　　□封面封底

□购买了本书所属丛书中的其他图书　　□其他___________

3. 您对本书的总体感觉：

□很好　　□一般　　□不好

4. 您认为本书的语言文字水平：

□很好　　□一般　　□不好

5. 您认为本书的版式编排：

□很好　　□一般　　□不好

6. 您认为 CATIA 其他哪些方面的内容是您所迫切需要的？

____

7. 其他哪些 CAD/CAM/CAE 方面的图书是您所需要的？

____

8. 您认为我们的图书在叙述方式、内容选择等方面还有哪些需要改进？

____